全国普通高等中医药院校药学类专业"十三五"规划教材（第二轮规划教材）

生 物 化 学

（第 2 版）

（供中药学、药学、制药技术、制药工程及相关专业使用）

主　　编　郑里翔　杨　云

副 主 编　王和生　毛水龙　孙　聪　陈会敏　陈美娟

编　　者　（以姓氏笔画为序）

丁芳芳（陕西国际商贸学院）　　　　于水澜（黑龙江中医药大学）

王和生（贵州中医药大学）　　　　　毛水龙（浙江中医药大学）

冯伟科（山东中医药大学）　　　　　冯晓帆（辽宁中医药大学）

朱　洁（安徽中医药大学）　　　　　孙　聪（长春中医药大学）

杨　云（云南中医药大学）　　　　　李爱英（河北中医学院）

何迎春（湖南中医药大学）　　　　　汪　红（成都中医药大学）

宋高臣（牡丹江医学院）　　　　　　张晓薇（山西中医药大学）

陈　彻（甘肃中医药大学）　　　　　陈会敏（湖北中医药大学）

陈美娟（南京中医药大学）　　　　　卓少元（广西中医药大学）

郑里翔（江西中医药大学）　　　　　顾志敏（天津中医药大学）

翁美芝（江西中医药大学）　　　　　崔炳权（广东药科大学）

魏敏惠（陕西中医药大学）

中国健康传媒集团

中国医药科技出版社

内容提要

　　本书是"全国普通高等中医药院校药学类专业'十三五'规划教材（第二轮规划教材）"之一，依照教育部相关文件和精神，根据本专业教学要求和课程特点及执业药师资格考试要求编写而成。全书包括绪论及生命的物质基础、物质代谢及调节、遗传信息、药学生化4篇19章，即糖类化学、脂质化学、蛋白质化学、核酸化学、维生素、酶、生物氧化、糖代谢、脂质代谢、蛋白质分解代谢、核苷酸代谢、物质代谢的调节、DNA的生物合成、RNA的生物合成、蛋白质的生物合成、基因表达调控、药物在机体内的生物转化、生物药物、药物研究与生物化学技术。

　　本书为书网融合教材，即纸质教材有机融合电子教材、教学配套资源和数字化教学服务（在线教学、在线作业、在线考试），主要供中医药院校中药学、药学、制药技术、制药工程及相关专业教学使用。

图书在版编目（CIP）数据

生物化学／郑里翔，杨云主编 . —2版 . —北京：中国医药科技出版社，2018.8
全国普通高等中医药院校药学类专业"十三五"规划教材（第二轮规划教材）
ISBN 978-7-5214-0256-8

Ⅰ. ①生… Ⅱ. ①郑… ②杨… Ⅲ. ①生物化学-中医学院-教材 Ⅳ. ①Q5

中国版本图书馆 CIP 数据核字（2018）第 097873 号

美术编辑　陈君杞
版式设计　诚达誉高

出版　**中国健康传媒集团**｜中国医药科技出版社
地址　北京市海淀区文慧园北路甲 22 号
邮编　100082
电话　发行：010-62227427　邮购：010-62236938
网址　www.cmstp.com
规格　889×1194mm　１/₁₆
印张　24¼
字数　516 千字
初版　2015 年 1 月第 1 版
版次　2018 年 8 月第 2 版
印次　2019 年 7 月第 2 次印刷
印刷　三河市万龙印装有限公司
经销　全国各地新华书店
书号　ISBN 978-7-5214-0256-8
定价　62.00 元

获取新书信息、投稿、为图书纠错，请扫码联系我们。

全国普通高等中医药院校药学类专业"十三五"规划教材(第二轮规划教材)

出 版 说 明

"全国普通高等中医药院校药学类'十二五'规划教材"于2014年8月至2015年初由中国医药科技出版社陆续出版,自出版以来得到了各院校的广泛好评。为了更新知识、优化教材品种,使教材更好地服务于院校教学,同时为了更好地贯彻落实《国家中长期教育改革和发展规划纲要(2010-2020年)》《"十三五"国家药品安全规划》《中医药发展战略规划纲要(2016-2030年)》等文件精神,培养传承中医药文明,具备行业优势的复合型、创新型高等中医药院校药学类专业人才,在教育部、国家药品监督管理局的领导下,在"十二五"规划教材的基础上,中国健康传媒集团·中国医药科技出版社组织修订编写"全国普通高等中医药院校药学类专业'十三五'规划教材(第二轮规划教材)"。

本轮教材建设,旨在适应学科发展和食品药品监管等新要求,进一步提升教材质量,更好地满足教学需求。本轮教材吸取了目前高等中医药教育发展成果,体现了涉药类学科的新进展、新方法、新标准;旨在构建具有行业特色、符合医药高等教育人才培养要求的教材建设模式,形成"政府指导、院校联办、出版社协办"的教材编写机制,最终打造我国普通高等中医药院校药学类专业核心教材、精品教材。

本轮教材包含47门,其中39门教材为新修订教材(第2版),《药理学思维导图与学习指导》为本轮新增加教材。本轮教材具有以下主要特点。

一、教材顺应当前教育改革形势,突出行业特色

教育改革,关键是更新教育理念,核心是改革人才培养体制,目的是提高人才培养水平。教材建设是高校教育的基础建设,发挥着提高人才培养质量的基础性作用。教材建设以服务人才培养为目标,以提高教材质量为核心,以创新教材建设的体制机制为突破口,以实施教材精品战略、加强教材分类指导、完善教材评价选用制度为着力点。为适应不同类型高等学校教学需要,需编写、出版不同风格和特色的教材。而药学类高等教育的人才培养,有鲜明的行业特点,符合应用型人才培养的条件。编写具有行业特色的规划教材,有利于培养高素质应用型、复合型、创新型人才,是高等医药院校教育教学改革的体现,是贯彻落实《国家中长期教育改革和发展规划纲要(2010-2020年)》的体现。

二、教材编写树立精品意识,强化实践技能培养,体现中医药院校学科发展特色

本轮教材建设对课程体系进行科学设计,整体优化;对上版教材中不合理的内容框架进行适当调整;内容(含法律法规、食品药品标准及相关学科知识、方法与技术等)上吐故纳新,实现了基础学科与专业学科紧密衔接,主干课程与相关课程合理配置的目标。编写过程注重突出中医药院校特色,适当融入中医药文化及知识,满足21世纪复合型人才培养的需要。

参与教材编写的专家以科学严谨的治学精神和认真负责的工作态度,以建设有特色的、教师易用、学生易学、教学互动、真正引领教学实践和改革的精品教材为目标,严把编写各个环节,确保教材建设质量。

三、坚持"三基、五性、三特定"的原则,与行业法规标准、执业标准有机结合

本轮教材修订编写将培养高等中医药院校应用型、复合型药学类专业人才必需的基本知识、基本理论、基本技能作为教材建设的主体框架,将体现教材的思想性、科学性、先进性、启发性、适用性作为教材建设灵魂,在教材内容上设立"要点导航""重点小结"模块对其加以明确;使"三基、五性、三特定"有机融合,相互渗透,贯穿教材编写始终。并且,设立"知识拓展""药师考点"等模块,与《国家执业药师资格考试考试大纲》和新版《药品生产质量管理规范》(GMP)、《药品经营管理质量规范》(GSP)紧密衔接,避免理论与实践脱节,教学与实际工作脱节。

四、创新教材呈现形式,书网融合,使教与学更便捷、更轻松

本轮教材全部为书网融合教材,即纸质教材与数字教材、配套教学资源、题库系统、数字化教学服务有机融合。通过"一书一码"的强关联,为读者提供全免费增值服务。按教材封底的提示激活教材后,读者可通过 PC、手机阅读电子教材和配套课程资源,并可在线进行同步练习,实时反馈答案和解析。同时,读者也可以直接扫描书中二维码,阅读与教材内容关联的课程资源("扫码学一学",轻松学习 PPT 课件;"扫码练一练",随时做题检测学习效果),从而丰富学习体验,使学习更便捷。教师可通过 PC 在线创建课程,与学生互动,开展在线课程内容定制、布置和批改作业、在线组织考试、讨论与答疑等教学活动,学生通过 PC、手机均可实现在线作业、在线考试,提升学习效率,使教与学更轻松。此外,平台尚有数据分析、教学诊断等功能,可为教学研究与管理提供技术和数据支撑。

本套教材的修订编写得到了教育部、国家药品监督管理局相关领导、专家的大力支持和指导;得到了全国高等医药院校、部分医药企业、科研机构专家和教师的支持和积极参与,谨此,表示衷心的感谢!希望以教材建设为核心,为高等医药院校搭建长期的教学交流平台,对医药人才培养和教育教学改革产生积极的推动作用。同时精品教材的建设工作漫长而艰巨,希望各院校师生在教学过程中,及时提出宝贵的意见和建议,以便不断修订完善,更好地为药学教育事业发展和保障人民用药安全有效服务!

中国医药科技出版社

2018 年 6 月

为了更好地体现和把握生物化学学科发展的特点和趋势，满足国家医药卫生事业快速发展的要求，实现我国"十三五"期间高等中医药教育教学改革"新形式、新目标、新要求"的人才培养目标，培养高质量、高素质的中医药人才，中国健康传媒集团·中国医药科技出版社在全国普通高等中医药院校药学类专业"十二五"规划教材的基础上，组织启动了全国普通高等中医药院校药学类专业"十三五"规划教材（第二轮规划教材）修订编写工作。为保证教材修订编写质量，教材编写委员会对参加教材修订工作的专家进行了认真遴选，对教材主编、副主编、编委进行了部分调整，成立了由一线专家和教学经验丰富的教师组成的编委会，从而更进一步保证了教材质量。

本版教材的修订在保留第一版框架体系和特点的基础上，继续遵循教材必须实现知识性、系统性、科学性、前瞻性与实用性五性结合的原则，在教学理念上突出"以学生为中心"，强调了对学生知识应用能力的培养；在内容上强调加强"基础理论、基本知识和基本技能"的"三基"要求，突出生物化学理论与现代生物化学技术的结合、现代生物化学与现代药学的结合，以及生物化理论和技术在药学领域的研究和应用，紧密对接国家执业药师资格考试。编写人员从专业人才培养目标出发，结合本版教材特点，主要删除了上一版教材中不合理的内容和陈旧的数据，对更新较多的章节如第七章进行了重新编写，对大部分章节内容进行了重新调整，全面修改完善了教材内容。在教材的呈现方式上，本版教材为书网融合教材，即纸质教材有机融合电子教材、教学配套资源和数字化教学服务（在线教学、在线作业、在线考试），为教师和学生提供了多样化、立体化的教学资源，以适应当前教学改革的需要。本版教材主要供中医药院校中药学、药学、制药技术、制药工程及相关专业教学使用。

本版教材的编写分工如下：绪论由江西中医药大学郑里翔编写；第一章由云南中医学院杨云、黑龙江中医药大学于水澜编写；第二章由浙江中医药大学毛水龙、陕西国际商贸学院丁芳芳编写；第三章由长春中医药大学孙聪编写；第四章由湖北中医药大学陈会敏编写；第五章由陕西中医药大学魏敏惠编写；第六章由广西中医药大学卓少元编写；第七章由辽宁中医药大学冯晓帆编写；第八章由贵阳中医学院王和生编写；第九章由山西中医药大学张晓薇编写；第十章由天津中医药大学顾志敏编写；第十一章由山东中医药大学冯伟科编写；第十二章由安徽中医药大学朱洁编写；第十三章由甘肃中医药大学陈彻编写；第十四章由湖南中医药大学何迎春编写；第十五章由牡丹江医学院宋高臣编写；第十六章由南京中医药大学陈美娟编写；第十七章由成都中医药大学汪红编写；第十八章由广东中医药大学崔炳权编写；第十九章由河北中医学院李爱英编写。

本版教材的修订工作得到了全国22所高等中医药院校生物化学专业众多专家、教师的支持和积极参与。在此，对相关单位和个人表示衷心地感谢！但由于时间紧，教材的不足之处在所难免，恳请各院校和广大教师、学生对本教材提出宝贵意见和建议，以便不断修订和完善。

编　者

2018 年 6 月

目 录
CONTENTS

第一篇　生命的物质基础

第一章 ● 糖类化学

第二篇 物质代谢及其调节

第七章 ● 生物氧化

第八章 ● 糖代谢

第三篇　遗传信息

第十三章 ● DNA 的生物合成

第四篇 药学生化

第十七章 ● 药物在机体内的生物转化

第十八章 ● 生物药物

绪 论

要点导航

掌握 生物化学的概念，研究的主要内容。

熟悉 生物化学的发展史，与中医药的关系。

了解 我国古代人民和现代科学家为本学科所做的贡献。

扫码"学一学"

生物化学（biochemistry）是分子水平研究生物体化学组成、结构和生命活动化学原理的科学，它阐明了生命活动的本质，故又可称为生命的化学（chemistry of life）。由于这门学科集化学、数学、物理、生理学、细胞生物学、遗传学和免疫学等诸多学科的理论和方法，使之与众多学科有着广泛的联系；并且，随着现代物理、化学、数学等学科的发展，该学科得以飞速发展，是现代生命科学研究的重要的基础学科之一。

一、生物化学的发展历程

生物化学是一门既古老又年轻的学科，两千多年前，劳动人民就已经开始将生物化学功能大分子——酶应用于生产、生活中。从 19 世纪末到现在，其作为一门系统学科，发展经历了三个阶段：叙述生物化学、动态生物化学及功能生物化学（分子生物学）阶段。

1. 叙述生物化学阶段 大约从 18 世纪中叶起到 20 世纪末，欧美国家化学家、生理学家对生物体化学组成（包括糖类、脂质、蛋白质和核酸等有机物质的组成）进行了研究，对生物体各种组成成分进行了分离、纯化、结构测定、合成及理化性质的研究，从而客观描述了组成生物体的物质含量、分布、结构、性质与功能。虽然也有一些生物体内的化学过程被发现、被研究，但总的来说，这一时期还是以分析和研究生物体的组成成分为主，是生物化学的萌芽时期，为叙述生物化学或静态生物化学阶段。

2. 动态生物化学阶段 从 20 世纪初期开始，随着科学技术的不断发展，生物化学进入了飞速发展阶段。在营养学方面，科学家们研究了人体对蛋白质的需要及需要量，并发现了必需氨基酸、必需脂肪酸、多种维生素等。在内分泌方面，发现了许多不同的激素。在酶学方面，J. Sumner 于 1926 年分离出脲酶，并成功地将其结晶。接着，胃蛋白酶及胰蛋白酶等相继被分离纯化，酶是蛋白质得到了肯定，酶的性质及功能研究发展迅速。在体内新陈代谢方面，生物化学工作者应用当时较为先进的手段，如放射性核素示踪法，深入研究了各种物质在生物体内的化学变化，使各种物质代谢途径，如三羧酸循环、脂肪酸 β 氧化、糖酵解及鸟氨酸循环等过程得以明确阐释。由于代谢是一个动态过程，所以，这个时期可以被看作是动态生物化学阶段。

3. 功能生物化学（分子生物学）阶段 从 20 世纪 50 年代开始，生物大分子——蛋白质与核酸的研究成为焦点，核酸的结构和蛋白质生物合成的途径被阐明。尤其是 James D. Watson 和 Francis H. Crick 1953 年提出了 DNA 双螺旋结构模型，随后证明了遗传中心法则（central dogma），从而产生了分子生物学，并成为生物化学的主体。

P. Berg 于 20 世纪 70 年代建立了体外重组 DNA 方法，标志着基因工程的诞生。1981 年西克（T. Cech）发现了核酶（ribozyme），从而打破了酶的化学本质都是蛋白质的传统观念。1985 年 Kary Mullis 发明了聚合酶链反应技术，使体外高效率扩增 DNA 得以实现。而 20 世纪末开始实施的人类基因组计划（Human Genome Project，HGP），是生命科学领域有史以来最庞大的全球性研究计划。至 21 世纪初，人类基因组"工作框架图"宣告完成，随之产生了与之相关的基因组学、蛋白质组学、转录组学等，通过对这些数据进行整合，形成了目前应用非常广泛的生物信息学（bioinformatics）学科，这对生命科学研究将起到非常重要的作用。

二、我国对生物化学发展的贡献

公元前，我国人民已能酿酒，酿酒必用曲，故称曲为酒母，又叫做酶。从《周礼》的记载来推测，公元前 12 世纪以前，已能制饴（饴即今之麦芽糖，是大麦芽中的淀粉酶水解谷物中的淀粉的产物）。不但如此，还可将酒发酵成醋。可见，我国人民在上古时期，已会使用生物体内一类很重要的有生物学活性的物质——"酶"，并使之成为了饮食制作及加工的一种工具。这显然是酶学的萌芽时期。

我国生物化学的奠基人吴宪（1893～1959 年），1929 年在波士顿召开的第 13 届国际生理学会上率先提出蛋白质变性学说，该学说对于研究蛋白质大分子的高级结构具有重要价值。他在血液分析、蛋白质变性、食物营养和免疫化学等四个领域都作出了重要贡献，他提出的血液系统分析法至今在临床诊断方面起着重要作用。

进入 21 世纪以来，我国生命科学领域的科学家在结构生物学、合成生物学等领域取得巨大突破，处于世界领先水平，如我国科学家完成了 4 条真核生物酿酒酵母染色体的从头设计与化学合成，这是继合成原核生物染色体之后又一里程碑式突破，有望开启人类"设计生命、再造生命和重塑生命"的新纪元。

三、生物化学研究的主要内容

生物化学研究对于探索生命奥秘、揭示生命的化学本质具有重要意义，其研究内容十分广泛，主要集中在以下 3 个方面。

1. 生物体的物质组成及生物分子的结构与功能　生物化学的研究内容之一就是研究这些基本物质的化学组成、结构、理化性质、生物功能及结构与功能的关系。除了水和无机盐之外，生物体的有机物主要由碳原子与氢、氧、氮、磷、硫等元素结合而成。生物体的物质组成看起来比较简单，其实非常复杂。依据分子量大小，分为生物大分子和小分子两大类。所谓生物大分子，是指由某些结构单位按一定顺序和方式连接而形成的多聚体（polymer），生物大分子的特征之一是具有信息功能，故又称之为生物信息分子。它包括蛋白质、核酸、多糖和以结合状态存在的脂质，这些生物分子种类繁多，结构复杂，是一切生命现象的物质基础。结构与功能密切相关，结构是功能的基础，功能是结构的体现。生物大分子的功能通过分子的相互识别和相互作用而实现，因此，分子结构、分子识别和相互作用是实现生物大分子功能的基本要素。小分子有维生素、激素、各种代谢中间物以及合成生物大分子所需的氨基酸、核苷酸、糖、脂肪酸和甘油等。

2. 物质代谢及其调节　生命基本活动的特征之一是新陈代谢（metabolism），即生物体不断地与外环境进行有规律的物质交换，在物质代谢的过程中还伴随有能量的变化。生物体内机械能、化学能、热能以及光、电等能量的相互转化和变化称为能量代谢，此过程中ATP起着重要作用。而这些化学反应是在体内较温和的环境中，在酶的催化下，以极高的速度进行。物质代谢是在生物体的调节控制之下有条不紊地进行。人体内各个反应和各个代谢途径之间在复杂的调控机制作用下，通过改变酶的催化活性，彼此协调和制约，从而保证各组织器官乃至整体正常的生理功能和生命活动。一旦出现代谢紊乱，机体就会发生疾病。现在，机体内主要的代谢途径虽然已经基本阐明，但仍然有许多问题有待探讨，代谢调节的分子机制也有待进一步阐明。

3. 基因表达及其调控　核酸结构与功能的研究为阐明基因的本质、了解生物体遗传信息的流动作出了贡献。核酸是遗传信息的携带者，遗传信息按照传统的中心法则指导蛋白质的生物合成，控制生命现象，使生物性状得以稳定的代代相传。基因表达是指基因通过转录和翻译等一系列复杂过程指导合成具有特定功能的产物。基因表达调控可以在多环节上进行，是一个错综复杂而协调有序的过程，这一过程与细胞生长、分化以及机体生长、发育密切相关。

对基因表达调控的研究将进一步阐明生物大分子的结构、功能及疾病发生、发展的机制，从而在分子水平上为疾病的预防、诊断及治疗提供科学依据和技术支持。目前基因表达及其调控是生物化学与分子生物学研究最重要、最活跃的领域之一。

四、生物化学与中医药学的关系

生物化学从分子水平探讨生命的本质，为研究疾病发生机制及其诊疗方法提供更为科学的手段。目前国际上基于单核苷酸多态性（single nucleotide polymorphism，SNP）分析产生的"个体化诊疗"特点与中医的"辨证论治"有相似之处，中医辨证论治治疗疾病时，相同的疾病，辨证分型不同，治疗方药不同；不同的疾病，辨证分型相同，可用相同的方药治疗。而SNP与疾病诊断和药物治疗的关联性分析，不仅可以通过所检测出的SNP来预测、确定与疾病有关的基因，同时，也能够事先把握患者个体对于某种药物的反应特点，并根据这一特点选择治疗效果最好、不良反应等危险性最小的药物进行准确的治疗。

20世纪中叶以来，许多新理论、新技术，如电子学、波谱技术、立体化学、量子理论与遗传中心法则等，迅速渗透到药学研究领域，使实验医学有了重大突破，从而为新药的发展提供了理论、技术和方法的支撑。到20世纪末，药学科学已步入新的发展阶段，其特点是以化学模式为主体的药学科学迅速转向与生物学和化学相结合的新模式。各种组学技术，如基因组学、蛋白质组学、转录组学、代谢组学以及系统生物学的迅速发展为新药的发现和中医药研究提供了重要的理论基础和技术手段。

应用现代生物化学技术，可将从生物体获取的生理活性物质直接开发为有意义的生物药物，此外，还可从中寻找出结构新颖的先导化合物，从而设计合成新的化合物。天然生化药物是运用生物化学的研究结果，将生物体的重要活性物质用于疾病防治的一大类药物，在临床中应用的已达数百种。中草药学的研究对象也是取材于天然生物体，其有效成分的分离纯化及作用原理的研究，也常常应用生物化学的原理与技术。

生物化学在制药工业中也起着重要作用。以生物化学、微生物学和分子生物学为基础发展起来的生物技术制药工业已经成为制药工业的一个新门类。新的生物技术药物种类日益增加，应用生物技术改造传统制药工业，也取得巨大突破；组织工程技术和生物技术在制药工业中的广泛应用将使传统制药工业发生深刻变革。

总之，生物化学是现代药学科学的重要理论基础，是医药院校学生学好专业课及今后从事药物研究、生产、质量控制与临床应用的必要基础学科。

重点小结

重 点	难 点
1. 生物化学是从分子水平研究生物体的化学组成、结构和生命活动化学原理的科学，又称为生命的化学	1. 生物化学的发展历程：从研究生物体的组成成分为主的叙述生物化学，发展到研究体内新陈代谢的动态生物化学及研究生物大分子为主的功能生物化学（分子生物学）阶段
2. 生物化学研究的主要内容：①生物体的物质组成及生物分子的结构与功能；②物质代谢及其调节；③基因表达及其调控	2. 生物化学与中医药的关系：生物化学中的技术和方法可应用于中医药研究

简答题

1. 什么是生物化学？
2. 生物化学的发展分为几个阶段？
3. 生物化学在中医药方面有哪些应用？

（郑里翔）

第一篇
生命的物质基础

第一章 糖类化学

扫码"学一学"

糖类是自然界分布最广、含量最多的生物分子，也是食物的主要成分。绝大多数非光合生物通过氧化糖获取能量。糖类是机体中许多含碳物质分子的前体，可转化为多种非糖物质，并与蛋白质、脂质等物质组成复合糖，具有多种重要的生物学功能。

第一节 糖类的分布、分类及生理功能

糖类是多羟基醛或多羟基酮及其缩聚物或衍生物的统称。早年发现的一些糖的分子式可用通式 $C_n(H_2O)_m$ 表示，符合水分子中氢和氧的比例，因此被称为碳水化合物（carbohydrate）。但后来的研究发现，有些糖的分子式不符合这一通式，如脱氧核糖（$C_5H_{10}O_4$），而有些符合这一通式的却不具备糖的特征和性质，如乳酸（$C_3H_6O_3$）。因此，碳水化合物的名称是不够确切的。

一、糖类的分布

糖类在生物界中分布极广，特别是在植物界。糖类物质按干重，占植物的85%～90%，占细菌的10%～30%，人和动物的器官组织中含糖量不超过干重的2%。虽然人和动物体内糖的含量不高，但其生命活动所需的能量主要来源于糖类。

二、糖类的分类

糖类可以根据其水解程度分为单糖、寡糖和多糖三类。

1. 单糖 单糖（monosaccharide）是最简单的糖，只含一个多羟基醛或多羟基酮单位。按分子中所含碳原子的数目，单糖可分为丙糖、丁糖、戊糖和己糖等。自然界中最丰富的单糖是含6个碳原子的葡萄糖。根据分子中羰基的特点，单糖又分为醛糖（aldose）和酮糖（ketose），如葡萄糖是醛糖，果糖是酮糖。

2. 寡糖 寡糖（oligosaccharide）又称低聚糖，是由2～9个糖单位通过糖苷键连接形成的短链缩聚物。寡糖中最常见的是双糖，由2个糖单位组成。典型的双糖如蔗糖、乳糖

等。细胞内含 3 个以上糖单位的寡糖都不是游离存在的，而是与非糖物质（脂质或蛋白质）形成复合糖（glycoconjugate）。

3. 多糖　多糖（polysaccharide）是由 9 个以上糖单位缩合而成的高分子聚合物。有些多糖如纤维素为直链结构，有些多糖如糖原含分支结构。由相同糖单位构成的为同多糖，不同糖单位构成的为杂多糖。

三、糖类的生理功能

1. 糖类是人和动物的主要能源物质　糖类物质的主要生物学作用是通过氧化释放大量能量，以保证机体生命活动的需要。动物除利用植物淀粉作为能源外，食草类动物和某些微生物还能利用纤维素作为能源。生物体内作为能源储存的糖类主要有淀粉和糖原等。

2. 糖类是生物体重要的结构成分　植物的根、茎、叶中含有大量的纤维素、半纤维素等物质，它们是植物组织中主要起结构支持作用的物质。属于杂多糖的肽聚糖是细菌细胞壁的结构多糖。细胞结构中还有一些蛋白质、脂质，是与糖结合而成的糖复合物。

3. 糖类在生物体内转化为其他物质　一些糖类作为重要的中间代谢物，可合成转化为其他物质，如氨基酸、核苷酸、脂肪酸等，糖可为这些生物分子的合成提供碳骨架，是重要的碳源。

4. 糖类具有多种生物活性与功能　糖蛋白是生物体内一类分布极广的复合糖，其糖链具有信息识别作用，在细胞识别、免疫保护、代谢调控、受精机制、细胞衰老、细胞癌变、血型物质、器官移植等过程中均具有重要意义。一些糖类被应用于临床，如果糖-1,6-双磷酸可治疗急性心肌缺血性休克；多糖类则广泛应用于免疫系统、血液系统和消化系统疾病的治疗，如香菇多糖、猪苓多糖、右旋糖酐（葡聚糖）等都已在临床应用，为肿瘤、艾滋病及其他疾病的治疗开辟了新方向。

第二节　单糖的结构与性质

单糖分子中至少含两个羟基，含羟基的碳原子多数是手性碳原子，可形成具有不同立体结构（构型）的化合物。在各种单糖中，葡萄糖最具有代表性，它既是生物体内最丰富的单糖，又是寡糖和多糖最主要的组成成分。这里以葡萄糖为例介绍单糖的结构及其表示方式，以及单糖的主要化学性质。

一、单糖的结构

（一）葡萄糖

1. 葡萄糖的开链结构和构型　葡萄糖（glucose）的分子式为 $C_6H_{12}O_6$，它是含有 5 个羟基、1 个醛基的己醛糖。葡萄糖的开链结构中有 4 个手性碳原子（C_2、C_3、C_4 和 C_5）。对于含有多个手性碳原子的糖分子，其相对构型是根据其分子结构中离羰基最远的手性碳原子连接的—OH 来确定的。规定与 D-甘油醛一致的，即—OH 在右侧的单糖为 D 构型；与 L-甘油醛一致的，即—OH 在左侧的单糖为 L 构型。

```
                                          1 CHO
                                            |
                                     H —— C —— OH
                                          2 |
                                     HO —— C —— H
                                          3 |
                                     H —— C —— OH
                                          4 |
      1 CHO              1 CHO          H —— C —— OH
        |                  |              5 |
 HO —— C —— H       H —— C —— OH      H —— C —— OH
      2 |                2 |              6 |
     3 CH₂OH            3 CH₂OH          CH₂OH

   L-甘油醛           D-甘油醛            D-葡萄糖
```

　　具有不对称手性碳原子的分子一般具有旋光性，可使偏振光的偏振面发生旋转。具有旋光性的物质称为旋光性物质。旋光性物质使偏振光的偏振面旋转的角度称为旋光度。在标准条件下（1ml 含 1 g 旋光性物质浓度的溶液，放在 1dm 长的旋光管中）测得的旋光度称为该物质的比旋光度或比旋度，通常用 $[\alpha]_\lambda^t$ 表示（λ 为测定时光的波长，t 为测定时的温度）。对于旋光方向，规定用 （+） 表示偏振面向右（即顺时针方向）旋转，简称右旋；用（–）表示偏振面向左（即逆时针方向）旋转，简称左旋。葡萄糖可使偏振光右旋。

　　2. 葡萄糖的环式结构　在溶液状态下，D-葡萄糖 C_5 羟基与 C_1 醛基可发生分子内的加成反应，形成环式半缩醛结构，使 C_1 成为手性碳原子。C_1 通过加成得到的羟基叫半缩醛羟基，根据其投影位置的不同，分别命名为 α 构型（半缩醛羟基投影在右边）和 β 构型（半缩醛羟基投影在左边）。在水溶液中，开链结构与两种环式结构的葡萄糖形成一个动态平衡。

```
  ┌── H —— C —— OH              CHO               HO —— C —— H ──┐
  │       |                     |                      |        │
  │  H —— C —— OH          H —— C —— OH           H —— C —— OH   │
  │       |                     |                      |        │
  │ HO —— C —— H   O      HO —— C —— H      HO —— C —— H    O    │
  │       |                     |                      |        │
  │  H —— C —— OH          H —— C —— OH           H —— C —— OH   │
  │       |                     |                      |        │
  └── H —— C                H —— C                 H —— C ───────┘
          |                     |                      |
         CH₂OH                 CH₂OH                  CH₂OH

 α-D-(+)-葡萄糖(36%)      D-(+)-葡萄糖(0.024%)      β-D-(+)-葡萄糖(64%)
```

　　3. 葡萄糖的 Haworth 透视式　糖的环式结构用 Haworth 透视式表示更合理。在写 Haworth 透视式时，把糖环横写（省略成环碳原子），粗线表示偏向我们，将 Fischer 投影式中碳链左边的原子或基团写在环的上面，右边的原子或基团写在环的下面。

　　溶液中的单糖有两种环式结构：一种结构的环式骨架类似于吡喃，称为吡喃糖（pyranose）；另一种结构的环式骨架类似于呋喃，称为呋喃糖（furanose）。葡萄糖稳定的环式结构为吡喃糖，存在两种环式异构体，分别命名为 α-D-吡喃葡萄糖和 β-D-吡喃葡萄糖。

呋喃　　　　吡喃　　　α-D-(+)-吡喃葡萄糖　　β-D-(+)-吡喃葡萄糖

4. 葡萄糖的构象 构象是通过旋转单键使分子中的原子或基团在空间产生的不同排列形式。吡喃葡萄糖有椅式和船式等典型构象，其中以下两种椅式构象比较稳定。

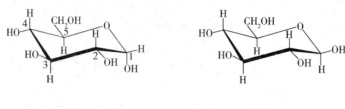

α-D-吡喃葡萄糖　　　　　　　β-D-吡喃葡萄糖

（二）其他单糖的 Haworth 结构

含 5 个以上碳原子的单糖都有环式结构和开链结构，在溶液中主要以环式结构存在，也都存在两种环式异构体，并参照葡萄糖命名为 α 构型和 β 构型。

1. 果糖、半乳糖 果糖（fructose）为己酮糖，有两种环式结构：游离果糖在溶液中主要以吡喃糖形式存在，结合型果糖则以呋喃糖形式存在。半乳糖（galactose）为己醛糖，其成环的方式与葡萄糖相同。

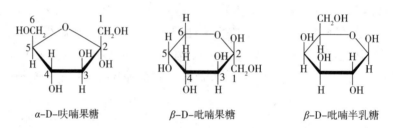

α-D-呋喃果糖　　　　　　β-D-吡喃果糖　　　　　　β-D-吡喃半乳糖

2. 核糖、脱氧核糖 核糖（ribose）和脱氧核糖（deoxyribose）都是含有 5 个碳原子的醛糖，都具有开链结构和环式结构，环式结构的核糖和脱氧核糖以呋喃糖形式存在。

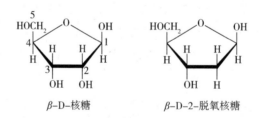

β-D-核糖　　　　　　β-D-2-脱氧核糖

二、单糖的性质

单糖既能发生醇的反应，也能发生醛或酮的反应，环式单糖的半缩醛羟基还能发生特殊反应。

（一）成苷反应

环式单糖的半缩醛羟基可与其他分子中的羟基（或活泼氢原子）反应，生成糖苷（glycoside）。例如，葡萄糖和甲醇反应生成 α-D-甲基葡萄糖苷和 β-D-甲基葡萄糖苷。

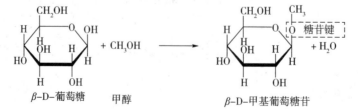

β-D-葡萄糖　　　　甲醇　　　　　　　　　　β-D-甲基葡萄糖苷

糖苷分子包括糖部分和非糖部分，一般将糖部分称为糖苷基，非糖部分称为糖苷配基。连接糖苷基和糖苷配基的化学键称为糖苷键（glycosidic bond），通常有 *O*-糖苷键（如上式中的 *β*-D-甲基葡糖苷）和 *N*-糖苷键（如核苷酸中的糖苷键）。

糖苷结构中没有游离半缩醛羟基，不能开环形成醛基，所以没有还原性。糖苷在自然界分布很广，很多是一些中草药的有效成分。如杏仁中含有苦杏仁苷，有止咳平喘的作用；人参中含有人参皂苷，有调节中枢神经系统、增强机体免疫功能等作用。

（二）成酯反应

单糖分子中的羟基都能与酸成酯，其中具有重要生物学意义的是形成磷酸酯。例如甘油醛-3-磷酸（又称 3-磷酸甘油醛）和葡糖-6-磷酸等，都是人体内糖代谢的重要中间产物。

甘油醛-3-磷酸　　　　　葡糖-6-磷酸

（三）氧化反应

一定条件下，单糖分子中的醛基和羟甲基可被氧化，氧化条件不同，则氧化产物不同。

1. 与碱性弱氧化剂反应　醛能被托伦试剂等碱性弱氧化剂氧化成酸，同时生成金属单质或低价金属氧化物。醛糖能被碱性弱氧化剂氧化成糖酸等复杂产物，称为还原糖（reducing sugar）。酮糖可通过醛酮异构生成醛糖，所以无论是醛糖还是酮糖，都能被碱性弱氧化剂氧化成糖酸等复杂产物，都是还原糖。

$$单糖 + Ag(NH_3)_2^+ \xrightarrow{\triangle} \underset{银镜}{Ag\downarrow} + 复杂氧化物 + NH_3\uparrow$$

$$单糖 + Cu(OH)_2 \xrightarrow{\triangle} \underset{砖红色}{Cu_2O\downarrow} + 复杂氧化物$$

班氏试剂是由硫酸铜、碳酸钠和柠檬酸钠配制而成的一种深蓝色溶液，性质稳定，使用方便，且不为尿酸和肌酸等干扰，临床上常用该试剂检验尿糖（尿液中的葡萄糖）含量。但班氏试剂与葡萄糖的反应不是特异性的，其他单糖或一些双糖也可以发生该反应。临床上采用特异性很强的葡萄糖氧化酶法检测血糖（即血液中的葡萄糖）含量，可排除其他单糖干扰。

2. 与非碱性弱氧化剂反应　醛糖与非碱性弱氧化剂作用生成相应的糖酸。例如葡萄糖与溴水反应生成葡糖酸（gluconate），利用该反应可区分醛糖和酮糖。

3. 酶促反应　在肝内，葡萄糖经酶促氧化生成尿苷二磷酸葡糖醛酸（UDP-葡糖醛酸），可参与肝的生物转化。

4. 与较强氧化剂反应　单糖与较强氧化剂（如稀 HNO_3）作用生成糖二酸。

5. 彻底氧化　单糖完全氧化生成二氧化碳和水。

$$
\begin{array}{c}
COOH \\
| \\
H-C-OH \\
| \\
HO-C-H \\
| \\
H-C-OH \\
| \\
H-C-OH \\
| \\
COOH
\end{array}
$$

D-葡糖二酸

↑ HNO₃(稀)

D-葡糖醛酸

$$
\begin{array}{c}
CHO \\
| \\
H-C-OH \\
| \\
HO-C-H \\
| \\
H-C-OH \\
| \\
H-C-OH \\
| \\
COOH
\end{array}
$$

[O] 酶 ←

D-葡萄糖

$$
\begin{array}{c}
CHO \\
| \\
H-C-OH \\
| \\
HO-C-H \\
| \\
H-C-OH \\
| \\
H-C-OH \\
| \\
CH_2OH
\end{array}
$$

→ 溴水

D-葡糖酸

$$
\begin{array}{c}
COOH \\
| \\
H-C-OH \\
| \\
HO-C-H \\
| \\
H-C-OH \\
| \\
H-C-OH \\
| \\
CH_2OH
\end{array}
$$

↓ 体内 [O]

CO_2+H_2O

(四) 还原反应

单糖可以被还原为相应的糖醇。例如核糖还原得核（糖）醇，葡萄糖还原得葡萄糖醇（即山梨醇）。

第三节　常见多糖的结构与性质

多糖在自然界分布很广，有着非常重要的生物学意义。多糖可按其组成分为同多糖和杂多糖。

一、同多糖

同多糖（homopolysaccharide）是仅由一种单糖构成的多糖。重要的同多糖有淀粉、糖原、纤维素和壳多糖等，它们是糖的储存形式或机体的结构成分。

1. 淀粉　淀粉（starch）是植物多糖，是葡萄糖在植物中的存储形式。淀粉主要存在于植物根茎和种子中。例如大米中含 75%～80%，小麦中约含 60%。

淀粉可分为直链淀粉（amylose）和支链淀粉（amylopectin）两类。直链淀粉由 D-葡萄糖通过 α-1,4-糖苷键相连而成线性分子，其 1′端为还原性末端，4′端为非还原性末端。直链淀粉在淀粉中占 20%～30%，不溶于冷水，能溶于热水。支链淀粉由 D-葡萄糖通过 α-1,4-糖苷键连接成短链，并通过 α-1,6-糖苷键相连形成分支。支链淀粉在淀粉中占 70%～80%，不溶于水，在热水中膨胀而成糊状。

淀粉溶液遇碘呈蓝色，是淀粉常用的定性鉴别反应。在酸或酶的催化下淀粉可发生逐步水解，生成一系列分子大小不同的水解中间产物，根据它们与碘反应的颜色不同，分别称为紫色糊精、红色糊精和无色糊精等。

α-1,4-糖苷键

α-1,6-糖苷键

α-1,4-糖苷键

支链淀粉　　　　直链淀粉

2. 糖原　糖原（glycogen）又称为动物淀粉，是葡萄糖在动物体内的储存形式，主要存在于肝和肌肉中，分别称为肝糖原和肌糖原。

糖原的结构与支链淀粉相似，但分支比支链淀粉更短、更密，每隔 8~12 个葡萄糖单位就有 1 个分支。

纯净的糖原为白色、无定形颗粒，易溶于热水，与碘作用呈紫红色或红褐色。

3. 纤维素　纤维素（cellulose）是自然界中分布最广、含量最多的一种多糖，是植物细胞壁的主要结构成分。棉花中含纤维素 92%~98%，脱脂棉和滤纸也几乎全部都是纤维素。此外，某些动物体内也有动物纤维素。

纤维素由 D-葡萄糖通过 β-1,4-糖苷键相连而成。其分子长链与长链之间绞成绳索状，有较强的韧性。

纯净的纤维素为白色固体，无臭无味，不溶于水、稀酸、稀碱及乙醇等有机溶剂，能溶于浓硫酸及氢氧化钠溶液。纤维素难以水解，在体外用浓碱或酸，经过高温、高压和长时间加热才能水解产生 D-葡萄糖。反刍动物（如牛、羊等）消化道微生物可分泌纤维素酶，所以它们能以草（含大量纤维素）为食。人类虽不能消化食物纤维，但肠道细菌却能分解部分纤维素，得到的部分产物和利用纤维素合成的维生素等物质可被人体吸收利用。食物中的纤维素能和胆固醇的代谢产物胆酸在肠道中结合，从而减少人体对胆固醇的吸收。纤维素还能促进肠蠕动，有防止便秘的作用。此外，纤维素在食物中起支架作用，可给人以饱足感。

纤维素

4. 壳多糖　壳多糖（chitin）又称几丁质、甲壳质，是虾、蟹和昆虫甲壳的主要成分。此外，低等植物、菌类和藻类的细胞膜，高等植物的细胞壁等也含有壳多糖，其量仅次于纤维素。壳多糖是由 N-乙酰葡糖胺（也称 N-乙酰氨基葡糖）通过 β-1,4-糖苷键连接起来的同聚多糖。

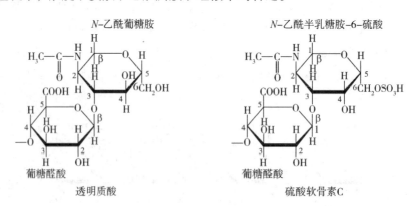

壳多糖

二、杂多糖

杂多糖（heteropolysaccharide）是由两种或两种以上单糖构成的多糖，是细胞外基质成分，可以维持细胞、组织、器官的形态，并具有重要的生物学功能。杂多糖以糖胺聚糖或者氨基多糖最为重要。

糖胺聚糖（glycosaminoglycan，GAG）是一类含氮的不均一多糖，通常为 N-乙酰氨基己糖和糖醛酸的聚合物或其衍生物。因其溶液具有较大黏性，故称为黏多糖（mucopolysaccharide）。有的黏多糖还有硫酸基团，因而具有酸性。

糖胺聚糖广泛分布于动物体内，是许多结缔组织基质的重要成分，腺体与黏膜的分泌液、血及尿等体液都含有少量糖胺聚糖。常见的有透明质酸、硫酸软骨素和肝素等物质。

1. 透明质酸 透明质酸（hyaluronic acid）是糖胺聚糖中结构较简单的一种，由葡糖醛酸和 N-乙酰葡糖胺通过 β-1,3-糖苷键和 β-1,4-糖苷键反复交替连接而成。透明质酸是分布最广的糖胺聚糖，存在于一切结缔组织中，眼球玻璃体、角膜、脐带、细胞间质、关节液、某些细菌细胞壁及恶性肿瘤中均含之。它与水形成黏稠凝胶，有润滑和保护细胞的作用。

2. 硫酸软骨素 硫酸软骨素（chondroitin sulfate）有硫酸软骨素 A、硫酸软骨素 B 和硫酸软骨素 C 三种，其中硫酸软骨素 C 由葡糖醛酸和 N-乙酰半乳糖胺-6-硫酸通过 β-1,3-糖苷键和 β-1,4-糖苷键反复交替连接而成。硫酸软骨素是骨骼和软骨的重要成分，广泛存在于结缔组织中，肌腱、皮肤、心脏瓣膜、唾液中均含之。

在机体中，硫酸软骨素与蛋白质结合形成糖蛋白。动脉粥样硬化病变时，硫酸软骨素 A 含量降低。因此，硫酸软骨素 A 可用于治疗动脉粥样硬化。

3. 肝素 肝素（heparin） 由二硫酸氨基葡糖与 L-2-硫酸艾杜糖醛酸通过 α-1,4-糖苷键和 β-1,4-糖苷键交替连接而成，广泛存在于动物的肝、肺、肾、脾、胸腺、肠、肌肉、血管等组织及肥大细胞中，因肝中含量最为丰富，且最早在肝中发现而得名。

二硫酸氨基葡糖　　L-2-硫酸艾杜糖醛酸

肝素

肝素具有阻止血液凝固的特性，是动物体内的天然抗凝血物质，对凝血过程的各个环节均有影响。临床上采血时以肝素为抗凝剂，肝素也常用于防止血栓形成。

第四节　重要糖复合物的生理功能

由一条或多条糖链与蛋白质共价结合形成的糖蛋白或蛋白聚糖，统称为糖复合物（glycoconjugate），或称复合糖，其中的糖链组分常被称为聚糖。糖蛋白或蛋白聚糖可以分布于细胞膜表面或细胞内，也可分泌出细胞作为细胞外基质成分。由于糖蛋白与蛋白聚糖分子中的聚糖组成结构等的不同，使得两者在功能上存在显著差异。

一、糖蛋白

糖蛋白（glycoprotein）分子中蛋白质质量百分比大于聚糖。糖蛋白分子中的聚糖，主要由葡萄糖（Glc）、半乳糖（Gal）、甘露糖（Man）、N-乙酰氨基葡糖（GlcNAc）、N-乙酰氨基半乳糖（GalNAc）和N-乙酰神经氨酸（NeuAc）等单糖构成。聚糖中单糖种类、数量因糖蛋白不同而异。聚糖链的还原端残基通过糖苷键与多肽链中的氨基酸残基相互连接。主要有两种类型：一种是糖基上半缩醛羟基与肽链上的苏氨酸、丝氨酸、羟脯氨酸或羟赖氨酸的羟基形成O-糖苷键；另一种是糖基上半缩醛羟基与肽链上天冬酰胺的氨基形成N-糖苷键。糖蛋白在自然界中分布很广，一切动植物（包括细菌）组织、体液都含有糖蛋白。人类血浆蛋白，除了清蛋白外都是糖蛋白，如血浆铜蓝蛋白、凝血酶原、纤维蛋白溶酶原、免疫球蛋白等；许多分泌蛋白，如血液中存在的激素蛋白绒毛膜促性腺激素、卵泡刺激素、黄体生成素、促甲状腺激素等；以及许多膜蛋白，如血型蛋白、受体和很多酶等都是糖蛋白。它们在机体中发挥着重要的生物学功能。膜上的糖蛋白还参与细胞识别、细胞通讯和细胞信号转导等过程。此外，糖蛋白中的聚糖还参与肽链的折叠和缔合，并能影响糖蛋白的分泌、稳定性、溶解性和降解等。如去除了N-糖链的免疫球蛋白不能被分泌到胞外。又如基因工程中，在真核细胞中表达的糖蛋白因含有糖链而不发生聚集，故能分泌到胞外；在原核生物中表达的产物因为缺乏糖基化机制常在细胞内聚集成包涵体。在缺失O-糖苷键合成的培养细胞中形成的LDL受体易被蛋白酶降解等。

二、蛋白聚糖

蛋白聚糖（proteoglycan）分子中的聚糖重量百分比大于蛋白质，甚至高达95%以上。蛋白聚糖分子中的糖链组分为糖胺聚糖，主要有透明质酸、硫酸软骨素和肝素等。蛋白聚糖中的糖胺聚糖的种类、数量、长度、硫酸化程度可以不同，而核心蛋白也有多种类型，因而蛋白聚糖种类繁多。蛋白聚糖中糖胺聚糖与蛋白质之间的连接方式主要有 3 种类型：①D-木糖与丝氨酸羟基之间形成的 *O*-糖苷键；②*N*-乙酰半乳糖胺与丝氨酸或苏氨酸之间形成的 *O*-糖苷键；③*N*-乙酰葡糖胺与天冬酰胺氨基之间形成的 *N*-糖苷键。其中，木糖与丝氨酸连接键为结缔组织蛋白聚糖所特有。在蛋白聚糖中，与糖胺聚糖共价结合的蛋白质称为核心蛋白（core protein），成熟蛋白聚糖的核心蛋白常被糖胺聚糖链的复杂结构包围。

蛋白聚糖主要存在于软骨、肌腱等结缔组织中，是构成细胞间质的重要成分。由于糖胺聚糖带有大量的负电荷，在组织中可吸收大量水分而赋予黏性和弹性，具有稳定、支持和保护细胞的作用，并在保持水盐平衡等方面也具有重要作用。如软骨蛋白聚糖是以透明质酸分子为主干形成的蛋白聚糖聚集体。每克干重能吸收 50ml 水，形成一个很大的水化区。在软骨细胞外基质中的蛋白聚糖浓度可达 10%，但它所占的体积只有或不足 10ml/g（干重），只相当于在水中充分伸展时的 1/5。这种被压缩的蛋白聚糖对网状结构的细胞外基质施以膨胀压，使软骨具有抗变形的能力。在多数细胞外间质中，还含有一些低分子量的蛋白聚糖，即胞外小分子间质蛋白聚糖，如饰胶蛋白聚糖（decorin）、纤调蛋白聚糖（fibromodulin）和光蛋白聚糖（lumican）等。饰胶蛋白聚糖因能修饰Ⅰ型和Ⅱ型胶原而得名。纤调蛋白聚糖主要存在于关节软骨、肌腱、主动脉等组织中。它能与Ⅰ型、Ⅱ型胶原及纤连蛋白结合，调节胶原纤维的形成。光蛋白聚糖存在于角膜中，对维持角膜的透明度有重要作用。此外，还有一些其他的蛋白聚糖，它们均有不同的生物学功能。

第五节　糖类药物

人们在对组成生物体糖类物质的研究过程中不仅认识了糖类物质的重要生理作用，也引发了人们对糖类药物的研究和应用。

一、糖类药物的概念及特点

1. 概念　糖类药物（carbohydrate drug）是指以糖类为基础的药物，包括多糖、寡糖以及糖的衍生物等。多糖类药物根据其来源不同分为三类：①动物多糖类药物，是研究最多、临床应用最早的药物。主要有肝素、类肝素、透明质酸、硫酸软骨素、壳多糖等。②植物多糖类药物，有人参多糖、刺五加多糖、黄芪多糖、枸杞多糖、当归多糖、牛膝多糖、海藻多糖等。③微生物多糖类药物，主要有右旋糖酐类、云芝糖苷、香菇多糖、猪苓多糖、猴头菇多糖、银耳多糖等。《中华人民共和国药典》（以下简称《中国药典》）（2015 年版）收载的部分多糖类药品见表 1-1。

表 1-1　《中国药典》（2015 年版）收载的部分多糖类药品

品种	来源	类别	剂型
右旋糖酐 20	发酵	血浆代用品	粉剂
右旋糖酐 20 葡萄糖注射液	右酐 20、葡萄糖	血浆代用品	注射剂

续表

品种	来源	类别	剂型
右旋糖酐 20 氯化钠注射液	右酐 20、氯化钠	血浆代用品	注射剂
右旋糖酐 40	发酵	血浆代用品	粉剂
右旋糖酐 40 葡萄糖注射液	右酐 40、葡萄糖	血浆代用品	注射剂
右旋糖酐 40 氯化钠注射液	右酐 40、氯化钠	血浆代用品	注射剂
右旋糖酐 70	发酵	血浆代用品	粉剂
右旋糖酐 70 葡萄糖注射液	右酐 70、葡萄糖	血浆代用品	注射剂
右旋糖酐 70 氯化钠注射液	右酐 70、氯化钠	血浆代用品	注射剂
右旋糖酐铁	络合物	抗贫血药	粉剂
右旋糖酐铁片	右酐铁	抗贫血药	片剂
右旋糖酐铁注射液	右酐铁	抗贫血药	注射剂
肝素钠	猪、牛肠黏膜	抗凝血药	粉剂
肝素钠注射液	肝素钠	抗凝血药	注射剂
肝素钠乳膏	肝素钠	抗凝血药	软膏
硫酸软骨素钠	猪喉骨、鼻中骨、气管	酸性黏多糖类	粉剂
硫酸软骨素钠片	硫酸软骨素钠	酸性黏多糖类	片剂
硫酸软骨素胶囊	硫酸软骨素钠	酸性黏多糖类	胶囊剂

2. 特点 糖类药物的特点是作用于细胞表面，毒副作用较小。因此不仅可以作为治疗疾病的药物，而且可以作为保健类药物。糖类药物的来源很广，其中大多数是天然存在的化合物，例如多糖类和糖苷类。糖类药物主要作用于免疫系统、血液系统、消化系统以及神经系统等。某些糖类药物通过补体活化、刺激巨噬细胞吞噬作用以及活化各种细胞因子来提高机体免疫系统的功能，起到抗炎、抗辐射和抗肿瘤作用。

二、多糖的药理活性

1. 免疫调节活性 多糖最为显著的生物活性是提高机体免疫功能。在免疫治疗中，多糖是一种无细胞毒的免疫促进剂。多糖的免疫调节方式主要通过促进细胞因子生成、激活免疫细胞（如巨噬细胞、天然杀伤细胞以及 T、B 淋巴细胞等）、激活补体系统；促进抗体产生等。具有免疫调节活性的多糖大多常见并被广泛应用，这类多糖有香菇多糖、黄芪多糖、人参多糖、灵芝多糖、党参多糖、银耳多糖等。到目前为止，已对 100 余种中药多糖进行了活性研究，香菇多糖、猪苓多糖、云芝多糖等一批质量稳定、疗效确切、毒性和不良反应小的多糖类新药已用于临床。

2. 抗肿瘤活性 抗肿瘤多糖分为两大类：一类是通过增强机体的免疫功能而发挥抗肿瘤作用，是目前公认的抗肿瘤作用的主要机制之一。比如灵芝多糖可提高自然杀伤细胞（natural killer cell，NK）细胞活性；人参多糖、黄芪多糖、牛膝多糖在一定浓度范围内均能够使淋巴因子激活的杀伤细胞（lymphokine activated killer cells，LAKC）的杀伤能力和增殖能力增强；云芝蛋白多糖可以促进白介素-2 的分泌，增强机体的免疫功能。另一类是具有细胞毒性的多糖，能够直接抑制或杀伤肿瘤细胞。如五味子多糖能诱导甲状腺癌细胞凋亡；

枸杞多糖能降低肝癌细胞血管内皮生长因子的表达，从而达到抑制肿瘤细胞增殖的目的。

3. 抗病毒活性 近 10 年来发现，多糖的衍生物尤其是硫酸酯多糖具有良好的抗免疫缺陷病毒作用，其作用机制是通过与 HIV-1 病毒包被膜蛋白 GP120 结合，阻止其与淋巴细胞、单核细胞以及巨噬细胞表面的 CD_4^+ 受体结合，从而阻止病毒进入宿主细胞。许多经硫酸酯化的多糖，如香菇多糖、裂褶菌多糖、右旋糖酐、木聚糖等经硫酸酯化后均有明显的抗病毒和抗凝血活性。

4. 降血糖、降血脂活性 有些多糖还具有降血糖、降血脂活性。仙人掌多糖可提高糖尿病小鼠的免疫功能，调节胰岛素和其受体的结合，提高机体对胰岛素的敏感性；壳多糖具有降血糖、降血脂活性，同时还能调节内分泌系统的功能，抑制血糖上升；现已发现甘蔗多糖、茶叶多糖、紫菜多糖、木耳多糖、银耳多糖等也具有降血糖、降血脂活性。

5. 其他活性 由于多糖的结构与来源不同，也决定了它功能的复杂性和多样性。黑木耳多糖、海带多糖、灵芝多糖、枸杞多糖、银耳多糖、云芝多糖具有一定的抗辐射活性，特别是对一些肿瘤患者，在临床治疗上辅助使用会改善患者的生活质量，并提高治愈率。研究表明，一些中药多糖具有很强的清除自由基的能力，比如灵芝多糖、地木耳多糖、发菜多糖能够清除超氧自由基，在抗衰老活性中发挥了很大的作用。

三、糖类药物的设计与应用

1. 设计开发含有糖类的"复方"药物 如 γ-干扰素，单独使用的半衰期为 1 分钟；与肝素合用后，半衰期提高到 100 分钟。有些糖类虽然不是"君"药，但能起到"臣""佐""使"的功效。

2. 开辟糖类药物新来源 采用酶解、化学降解或部分水解法建立不同类型的糖库，例如糖蛋白中 N, O-糖链的糖库、鞘糖脂类的糖库等；充分开发海洋生物资源，藻类多糖中有相当部分是酸性多糖，在结构上与蛋白聚糖上的糖胺聚糖有一定的相似，而且表现出多种相关的生物活性；利用糖类的合成技术开展拟糖蛋白、拟糖脂合成。

3. 对已有药物进行改造 主要通过以下三个方面对已有药物进行改造。

（1）对已有药物进行糖基化改造，制备多价糖药物 肝实质细胞表面半乳糖结合蛋白的配体，每增加一价，结合常数增加许多。因此，多价的糖复合物有其广阔的开发应用前景。

（2）提高原有药物的导向和靶向性 把糖类药物靶向定位到机体中特定的部位，不仅能进一步减小副作用，而且能降低糖类药物的使用剂量。

（3）提高蛋白质药物体内半衰期 通过基因工程的方法，在蛋白质中一些酶切位点附近引进糖基化位点，致使酶切位点因糖链的存在而得到保护。

4. 建立糖类研究新的技术平台 建立糖及衍生物的合成技术平台，如糖链固相合成技术、酶的组合生物合成技术、一釜法合成技术等；糖活性测试平台，如质谱技术、表面等离子共振技术、糖芯片技术等，以及细胞和整体动物水平评价方法平台等。

5. 探索糖类药物开发新用途 如肝素非抗凝活性等方面的用途等。

四、糖类药物的模拟研究

由于糖类的合成，不论是生物合成还是化学合成，都比核苷酸类和肽类的合成困难，为此，需要筛选糖类的模拟物，即用非糖类的化合物代替糖类分子。

1. 模拟糖链 研究人员对白细胞表面四糖（sLex）糖链构象进行计算机模拟，发现其中效果最好的是从甘草中提取的甘草素（glycyrrhizin），它与 sLex 的结构非常相似，并且具有与炎症有关的选择蛋白的结合活性，从而能起到抗炎作用，这一发现揭示了甘草素抗炎的机制。因此，模拟糖链的最大特点是保留与活性有关的糖基，其他与活性没有直接关系的仅起到支撑作用的糖基用非糖类物质代替。

2. 模拟糖多肽 糖多肽模拟物具有多肽的生物活性，作为药物，在消化和循环系统中比较稳定，不易被水解、被清除。研究人员以专一于葡萄糖或甘露糖的凝集素辅酶 A 为配体，从随机肽库中筛选出与辅酶 A 特异结合的多肽，得到的大部分多肽序列中都有一个共同的 YPY 结构，合成含有该结构模体的多肽，可以抑制辅酶 A 与葡聚糖的沉淀反应。说明含有 YPY 结构的多肽模拟了葡萄糖或甘露糖的结构。

五、糖基化工程与糖类药物

糖基化是指在酶的控制下，蛋白质或脂质附加上糖类的过程。糖基化是最重要的蛋白质翻译后修饰方式之一，蛋白质经过糖基化作用之后，可形成糖蛋白质。蛋白质的糖基化类型主要可分为两类：N-糖基化（N-linked glycosylation）和 O-糖基化（O-linked glycosylation）。前者是糖链与蛋白质 Asn-XXX-Ser/Thr 序列子（XXX 为除脯氨酸以外的氨基酸）中 Asn 残基上的—NH_2 相连，后者则是糖链与蛋白质 Ser/Thr 残基上的—OH 相连。

糖类化合物独特的结构是构成其药理活性的重要基础。首先，糖类化合物一般对人体无毒或低毒，当糖苷类分子被体内糖苷酶水解后，生成的水解产物对人体几乎无毒。其次，糖类化合物对某些细胞具有特异寻靶能力，该特性使得糖苷可作为识别分子专一识别某些特定酶，从而使药效选择性比其他前药更加突出。因此，利用前药原理，对抗生素类药物进行糖基化修饰和结构改造，改善药物抗菌活性及防止细菌耐药性的发生，是十分重要的研究课题。研究发现，当氯霉素被糖基化修饰后，其水溶性显著增加，促进了药物的吸收利用度，而且由于糖苷键能在体内被特定糖苷酶水解，可以转化为活性药物，从而增加了药物的选择性，并同时降低了原药的毒副作用，这有利于氯霉素类靶向抗菌药物的开发。

❀❀ 知识拓展 ❀❀

单糖药物

临床中常见的单糖药物除了葡萄糖、甘露糖、甘露糖醇、岩藻糖外，果糖-1,6-双磷酸（FDP）也是重要的单糖药物。FDP 具有保护细胞作用，临床上 FDP 主要用于治疗各种原因引起的心力衰竭和心肌缺血、脑血管疾病、糖尿病微血管并发症、支气管哮喘、肝炎、肝硬化等。

临床上常用单唾液酸四己糖神经节苷脂治疗帕金森病等神经性疾病，通过注射透明质酸或者口服硫酸软骨素和氨基葡萄糖硫酸盐治疗关节炎。

重点小结

重 点	难 点
1. 糖是一类多羟基醛或多羟基酮及其缩聚物或衍生物的统称，糖又被称为碳水化合物，包括单糖、寡糖和多糖	1. 单糖存在链式结构和环式结构。在溶液状态下，葡萄糖 C_5 羟基与 C_1 醛基发生分子内的加成反应，形成环式半缩醛结构，使 C_1 成为手性碳原子，得到两个构型不同的分子
2. 糖类是人和动物的主要能源物质，也是机体重要的结构物质。在机体中糖类可转化为多种非糖物质，并与蛋白质、脂质等物质组成复合糖，具有多种重要的生物学功能	2. 单糖的环式结构用 Haworth 透视式表示。结构的环式骨架类似于吡喃的糖，称为吡喃糖。结构的环式骨架类似于呋喃的糖，称为呋喃糖
3. 与生命活动关系密切的单糖有葡萄糖、核糖、脱氧核糖等。天然的单糖分子大多为 D 构型。戊糖和己糖既有开链结构又有环式结构，环式结构的单糖包括吡喃糖和呋喃糖	3. 糖蛋白分子中蛋白质质量的百分比通常大于聚糖，而蛋白聚糖正好相反。糖蛋白分布很广，生物学功能多样。机体中许多血浆蛋白、膜蛋白、酶、激素、受体、免疫球蛋白、血型蛋白等都是糖蛋白。蛋白聚糖主要存在于软骨、肌腱等结缔组织中，是细胞外基质的重要成分。具有稳定、维持细胞，组织，器官形态和提供保护的作用，并在保持水、盐平衡等方面也具有重要作用
4. 单糖的主要化学性质有：成苷反应、成酯反应、氧化反应和还原反应。能够被弱氧化剂氧化的糖叫还原糖，不能够被弱氧化剂氧化的糖叫非还原糖	4. 多糖类药物具有多种药理活性。它们可通过作用于免疫系统、血液系统、消化系统以及神经系统等发挥多种生理调节作用，从而起到抗炎、抗辐射、抗肿瘤和提高机体免疫力等作用。在糖类药物的研究、开发和中医药的研究应用的重要意义
5. 多糖包括同多糖和杂多糖。由相同单糖单位构成的多糖叫同多糖，包括淀粉、糖原、纤维素、壳多糖等。由不同单糖单位构成的糖叫杂多糖，最常见的杂多糖是糖胺聚糖，包括透明质酸、硫酸软骨素和肝素等	5. 利用模拟糖链、模拟糖多肽及糖基化工程等技术手段，对已有药物进行改造，开展糖类新药研究，开发新型糖类药物的技术应用
6. 淀粉是植物糖的储存形式，包括直链淀粉和支链淀粉。直链淀粉由多个葡萄糖以 $\alpha-1,4-$糖苷键连接而成，没有分支结构。支链淀粉由葡萄糖以 $\alpha-1,4-$糖苷键和 $\alpha-1,6-$糖苷键连接而成，存在分支结构。糖原是动物体内糖的储存形式，有肝糖原和肌糖原之分。糖原的结构同支链淀粉，只不过有更多的分支	
7. 蛋白质可通过共价键与一条或多条糖链相互连接组成糖复合物。根据含糖量以及结构、功能的不同可分为糖蛋白和蛋白聚糖，在生物体中均具有重要的生理功能	
8. 以糖类为基础的药物称为糖类药物，包括多糖、寡糖以及糖衍生物等。糖类药物作用于细胞表面，毒副作用较小，不仅可以作为治疗疾病的药物，也可作为保健类药物，在临床中具有广泛的应用	

简答题

1. 简述单糖的主要化学性质。

2. 以 D-葡萄糖为例，写出 D-葡萄糖的链式结构和 Haworth 结构，并命名。

3. 举例说明临床上糖类药物的应用。

（杨 云 于水澜）

扫码"练一练"

第二章 脂质化学

扫码"学一学"

要点导航

掌握 脂肪的结构与性质、脂肪酸的分类、磷脂的结构与生理功能、胆固醇和胆汁酸的结构与性质。

熟悉 糖脂的结构与生理功能、脂质分类及生理功能。

了解 脂质体、脂质体药物与脂肪替代物的概念。

脂质是生物体中存在的一类在化学组成、化学结构和生理功能上有较大差异，但都具有脂溶性的有机化合物。脂质分子不由基因编码，但脂质在生命活动以及疾病的发生、发展中具有特殊的重要性。

第一节 脂质的分布、分类及生理功能

脂质（lipid），是一类难溶于水，但易溶于非极性溶剂的生物有机分子。其化学本质是脂肪酸和醇所形成的酯及其衍生物，其中脂肪酸多为 4 碳以上的一元羧酸，醇包括甘油、鞘氨醇、高级一元醇和固醇（sterol）。

一、脂质的分布

1. 脂肪 体内脂肪主要分布在皮下、腹腔大网膜、肠系膜、内脏周围等处的脂肪组织中，这些储存脂肪的部位被称为脂库。脂库中的脂肪易受机体的营养状况、能量消耗情况、神经和激素等多种因素的影响而变动，故又被称为可变脂。

2. 类脂 类脂是组成细胞膜的基本成分，其含量比较恒定，机体的营养状况和活动量等因素对其影响很小，故被称为基本脂或固定脂。

二、脂质的分类

脂质可以简单分成脂肪与类脂两类。脂肪由甘油与脂肪酸构成。类脂是指在结构和理化性质上类似于脂肪的物质，包括固醇及其酯、磷脂和糖脂等。

脂质种类多且结构复杂，根据脂质的化学组成，也可将其分成以下三类。

1. 单纯脂质 单纯脂质（simple lipid）是指由脂肪酸和醇类所形成的酯，包括脂酰甘油酯和蜡。

2. 复合脂质 复合脂质（compound lipid）是指除脂肪酸和醇外，还含有磷酸、含氮碱和糖成分。复合脂质有磷脂和糖脂。

3. 衍生脂质 衍生脂质（derived lipid）是指由单纯脂质或复合脂质衍生而来或与它们

关系密切，具有脂质一般性质的物质，如固醇类、脂溶性维生素、脂肪酸、前列腺素、白三烯等。

根据脂质能否被碱水解，还可将其分成可皂化脂质和不可皂化脂质。前者是一类被碱水解可产生皂的脂质；后者为不能被碱水解而产生皂的脂质，主要为不含脂肪酸的萜类和固醇类。

三、脂质的生理功能

脂质具有多种复杂的生物学功能。

1. 脂肪 脂肪是机体重要供能和储能物质。1g 脂肪完全氧化可产生 38kJ 能量，高于 1g 蛋白质或 1g 糖类产生的 17kJ 能量。机体有专门储存脂肪的组织——脂肪组织。

脂肪可协助脂溶性维生素 A、D、E、K 和 β-胡萝卜素吸收；脂肪组织具有减少器官摩擦，保护器官和隔热作用；另二酰甘油（又称甘油二酯）还是重要的细胞信号分子。

2. 脂肪酸 具有重要生理功能。脂肪酸是脂肪、胆固醇酯和磷脂的重要组成成分；亚油酸、亚麻酸、花生四烯酸为人体必需的脂肪酸；花生四烯酸可形成体内三类重要生物活性物质前列腺素、血栓素和白三烯。

3. 磷脂 是重要的结构成分和信息分子。磷脂是构成生物膜的重要成分；磷脂酰肌醇第 4、5 位被磷酸化生成的磷脂酰肌醇-4,5-双磷酸（phosphatidylinositol-4,5-bisphosphate, PIP_2）是第二信使肌醇三磷酸（inositol triphosphate, IP_3）和二酰甘油（diacylglycerol, DAG）的前体。

4. 胆固醇 是生物膜的重要成分和具有重要生物学功能固醇类物质的前体。胆固醇是细胞膜的基本结构成分；胆固醇可转化为一些具有重要生物学功能的固醇类化合物，如类固醇激素、胆汁酸和维生素 D_3 原。

第二节　脂肪的化学和脂肪酸的分类及生理功能

一、脂肪的结构与性质

1. 脂肪的结构 脂肪（fat）是由 3 分子脂肪酸和 1 分子甘油通过酯键形成的甘油三酯（triglyceride, TG），又称三酰甘油（triacylglycerol, TAG）。通常将熔点较低、在室温下呈液态的脂肪称为油，将熔点较高、在室温下呈固态的脂肪称为脂。3 分子脂肪酸可以相同或不同，相同者为单纯甘油酯，不同的为混合甘油酯。生物体内的脂肪大多是混合甘油酯。

脂肪是体内含量最多的一种脂质。

2. 脂肪的化学性质

（1）水解与皂化　脂肪可以由酸或酶催化水解，生成脂肪酸和甘油。脂肪也可以由碱催化水解，生成脂肪酸盐（即肥皂）和甘油，这一反应称为皂化反应（saponification）。1g 脂肪完全皂化所需氢氧化钾（KOH）的毫克数称为皂化值（saponification number）。皂化值越大，表示脂肪中脂肪酸的平均分子量越小。

（2）氢化与碘化　脂肪中不饱和脂肪酸的碳-碳双键在催化剂存在下可以与氢或卤素发生加成反应，其中与碘的加成反应可以用于分析脂肪酸的不饱和程度。通常将100g脂肪通过加成反应所消耗碘的克数称为碘值（iodine number）。脂肪所含的不饱和脂肪酸越多，不饱和程度越高，其碘值越大。植物油比动物脂所含的不饱和脂肪酸多，所以碘值较大。植物油与氢加成反应可制备人造奶油。

（3）酸败作用　脂肪长期放置于潮湿、闷热的空气中，其分子内的碳-碳双键和酯键等会发生氧化、水解等反应，生成游离脂肪酸及低级的醛、醛酸和羧酸等物质，而产生难闻的气味，这种作用称为酸败作用（rancidity）。中和1g脂肪中的游离脂肪酸所需KOH的毫克数称为酸值（acid number），可用来表示酸败的程度，通常酸值大于6.0的脂肪不宜食用。

《中国药典》（2015年版）对药用油脂的皂化值、碘值和酸值都有严格的规定。

二、脂肪酸的分类及生理功能

1. 脂肪酸的分类　脂肪酸（fatty acid）是脂质的基本组成成分。从动、植物和微生物体内分离出百余种脂肪酸，表2-1为生物体中常见的脂肪酸。

表2-1　生物体中常见的脂肪酸

类型	碳原子数	双键个数及位置	名　称	分子式
饱和脂肪酸	12	0	月桂酸（十二烷酸）	$CH_3(CH_2)_{10}COOH$
	14	0	豆蔻酸（十四烷酸）	$CH_3(CH_2)_{12}COOH$
	16	0	软脂酸（十六烷酸）	$CH_3(CH_2)_{14}COOH$
	18	0	硬脂酸（十八烷酸）	$CH_3(CH_2)_{16}COOH$
	20	0	花生酸（二十烷酸）	$CH_3(CH_2)_{18}COOH$
	22	0	山嵛酸（二十二烷酸）	$CH_3(CH_2)_{20}COOH$
	24	0	掬焦油酸（二十四烷酸）	$CH_3(CH_2)_{22}COOH$
不饱和脂肪酸	16	$1,\Delta^9$	棕榈油酸（十六碳烯酸）	$CH_3(CH_2)_5CH{=}CH(CH_2)_7COOH$
	18	$1,\Delta^9$	油酸（十八碳烯酸）	$CH_3(CH_2)_7CH{=}CH(CH_2)_7COOH$
	18	$2,\Delta^{9,12}$	亚油酸（十八碳二烯酸）	$CH_3(CH_2)_4(CH{=}CHCH_2)_2(CH_2)_6COOH$
	18	$3,\Delta^{9,12,15}$	α-亚麻酸（十八碳三烯酸）	$CH_3CH_2(CH{=}CHCH_2)_3(CH_2)_6COOH$
	20	$4,\Delta^{5,8,11,14}$	花生四烯酸（二十碳四烯酸）	$CH_3(CH_2)_4(CH{=}CHCH_2)_4(CH_2)_2COOH$
	20	$5,\Delta^{5,8,11,14,17}$	EPA（二十碳五烯酸）	$CH_3CH_2(CH{=}CHCH_2)_5(CH_2)_2COOH$
	22	$5,\Delta^{7,10,13,16,19}$	DPA（二十二碳五烯酸）	$CH_3CH_2(CH{=}CHCH_2)_5(CH_2)_4COOH$
	22	$6,\Delta^{4,7,10,13,16,19}$	DHA（二十二碳六烯酸）	$CH_3CH_2(CH{=}CHCH_2)_6CH_2COOH$

脂肪酸具有以下结构特点：①都是烃链一元羧酸，通式可写成RCOOH，R为脂肪链；②碳原子多为偶数，链长一般在12~24个碳原子；③R可以是饱和的（烷烃），也可以是不饱和的（烯烃）；④天然不饱和脂肪酸的碳-碳双键都是顺式构型。

脂肪酸有Δ编码体系、ω编码体系和希腊字母编码体系。从羧基碳起计数碳原子的位置为Δ编码体系；从甲基碳起计数碳原子的位置为ω编码体系；希腊字母编码体系则从羧基碳起第2个碳原子开始用α、β、γ等希腊字母编码碳原子。

脂肪酸可按碳原子数目，是否含有碳-碳双键和碳-碳双键的数目以及ω编码体系进行分类（表2-2）。人体内脂肪酸主要是软脂酸、硬脂酸、油酸以及亚油酸、亚麻酸和花生四烯酸。因人体缺乏 Δ^9 以上去饱和酶，亚油酸、亚麻酸在体内不能合成，花生四烯酸虽能在人体内以亚油酸为原料合成，但人体缺乏亚油酸，故三者必须由食物提供，称为必需脂肪酸（essential fatty acid）。

表 2-2　脂肪酸分类

分类方法	类别
按所含碳原子的数目	短链脂肪酸（2碳~4碳）、中链脂肪酸（6碳~10碳）和长链脂肪酸（12碳~26碳）
按是否含有碳-碳双键	饱和脂肪酸和不饱和脂肪酸
按所含碳-碳双键的数目	单不饱和脂肪酸（含有 1 个碳-碳双键）和多不饱和脂肪酸（含有两个及以上碳-碳双键）
按 ω 编码体系（不饱和脂肪酸）	①ω-7 族（棕榈油酸及其衍生的脂肪酸）；②ω-9 族（油酸及其衍生的脂肪酸）；③ω-6 族（亚油酸及其衍生的脂肪酸）；④ω-3 族（α-亚麻酸及其衍生的脂肪酸）

脂肪酸有特定的命名书写原则和简写符号。例如，亚油酸 Δ 编码体系的系统命名为 $\Delta^{9,12}$-十八碳二烯酸，简写符号 $18:2\ \Delta^{9,12}$；ω 编码体系的系统命名则为 ω-6,9-十八碳二烯酸，简写符号 $18:2\ \omega^{6,9}$。硬脂酸分子中无双键，简写符号为 $18:0$。

用 ω 编码体系标定不饱和脂肪酸第一个双键的位置，不饱和脂肪酸被分成了 ω-7 族、ω-9 族、ω-6 族和 ω-3 族，同族内的不饱和脂肪酸在体内可以相互转化，而不同族的脂肪酸则不能相互转化。

2. 脂肪酸的生理功能　α-亚麻酸是 ω-3 族的原始成员，人体利用膳食的亚麻酸可合成 ω-3 族的多烯脂肪酸二十碳五烯酸（eicosapentaenoic acid，EPA）和二十二碳六烯酸（docosahexenoic acid，DHA）。ω-3 族多烯脂肪酸对于心血管疾病的防治有重要作用。研究发现，大量摄入富含 EPA 和 DHA 的鱼油，有增加高密度脂蛋白（HDL）的作用，能清除沉积在血管壁上的胆固醇。EPA 和 DHA 还有抑制血小板聚集、降低血黏度和扩张血管等作用。

类花生酸（eicosanoid）是花生四烯酸的衍生物，包括前列腺素、血栓素和白三烯，它们在体内含量虽少，但分布很广，具有重要的生理功能。

知识拓展

反式脂肪酸

反式脂肪酸又称逆态脂肪酸或转脂肪酸（trans fatty acid），是一种不饱和脂肪酸。人类食用的反式脂肪酸主要来自经过部分氢化的植物油，植物油"精制"，油炸温度增加也会产生反式脂肪酸。食品工业需要黄油、奶油等饱和脂肪，厂商出于成本考虑，往往使用氢化的植物油来代替。因完全氢化的产物过硬而没有实用价值，所以常通过控制氢气的量来实现部分氢化。植物油中原本含有多个顺式双键，部分氢化的结果是其中的若干个被还原（加氢），剩下的一个或几个顺式双键很容易被转化为反式双键（顺反比约 1：2）。反式脂肪酸因为被归类为不饱和脂肪酸，所以在被发现其危害健康之前，是被视为可取代饱和脂肪酸的健康食品。反式脂肪酸会使高密度脂蛋白减少，低密度脂蛋白增加，从而提高了患动脉粥样硬化和冠心病的风险。此外，反式脂肪酸更容易导致糖尿病等其他严重疾病。人造反式脂肪酸在少数国家中被严格管制，多数国家要求食品制造商必须在产品上标注是否含有反式脂肪酸，美国加工食品内的反式脂肪酸几乎已经消失，并将正式被全面禁用。

第三节　类脂的化学及生理功能

一、磷脂

磷脂（phospholipid）是分子内含有磷酸基的复合脂，由醇（甘油或鞘氨醇）、脂肪酸、磷酸和含氮有机化合物构成。磷脂是生物膜的重要组成成分。磷脂组成复杂，种类繁多，广泛分布于动、植物体内，特别是分布于动物的脑、骨髓、神经组织及心脏、肝、肾等器官内。根据所含醇的不同，磷脂可分为甘油磷脂和神经鞘磷脂。

1. 甘油磷脂　甘油磷脂（glycerophospholipid）也称磷酸甘油酯（phosphoglyceride），是由甘油构成的磷脂。甘油磷脂可以看作是 L-磷脂酸（phosphatidate）的衍生物。磷脂酸为二酰甘油与磷酸通过磷酸酯键形成的化合物，其中 R_1 和 R_2 为长脂肪链，R_2 常为不饱和链，C_2 为手性碳原子，天然存在的甘油磷脂都为 L 构型。磷脂酸上磷酸基再与含有游离醇羟基的多种 HO—X 通过磷酸酯键连接，可以得到不同种类的甘油磷脂（表2-3），每一类磷脂可因脂肪酸不同而又有若干种。体内以磷脂酰胆碱、磷脂酰乙醇胺含量最多，约占总磷脂75%。

L-磷脂酸　　　　　　　　　　L-甘油磷脂

表 2-3　生物体内常见的甘油磷脂

名称	HO—X 名称	HO—X 结构
磷脂酸	水	HO—[H]
磷脂酰乙醇胺	乙醇胺	HO—[CH₂—CH₂—NH₂]
磷脂酰胆碱	胆碱	HO—[CH₂—CH₂—N⁺(CH₃)₃]
磷脂酰丝氨酸	丝氨酸	HO—[CH₂—CH—NH₂ ; COOH]
磷脂酰甘油	甘油	[CH₂OH ; CHOH ; HO—CH₂]
磷脂酰肌醇	肌醇	肌醇结构

续表

名称	HO—X 名称	HO—X 结构
心磷脂	磷脂酰甘油	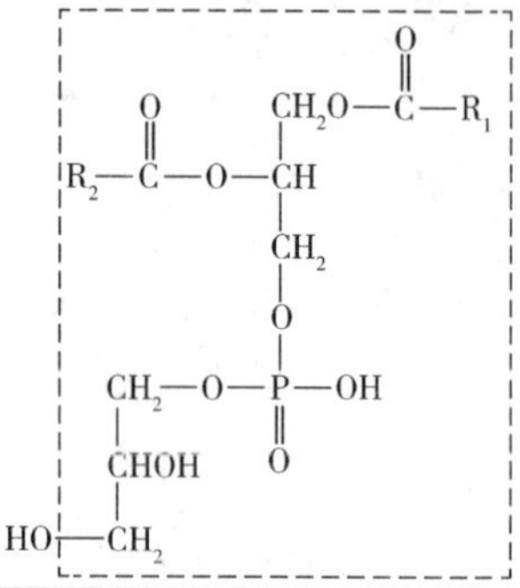 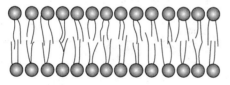

（1）磷脂酰胆碱　磷脂酰胆碱（phosphatidylcholine，PC）又称为卵磷脂（lecithin），是各种生物膜的主要成分，存在于动物的各组织器官中，在脑、心脏、肝、肾上腺、骨髓和神经组织中的含量最多。磷脂酰胆碱参与各种生命活动，包括协助脂质运输。肝合成磷脂酰胆碱不足是形成脂肪肝的原因之一，所以磷脂酰胆碱及其合成原料胆碱可以用来防治脂肪肝。

PC 是真核生物细胞膜含量最丰富的磷脂，在细胞增殖和分化过程中具有重要作用，对维持正常细胞周期有重要意义。一些疾病如肿瘤、阿尔茨海默病（Alzheimer disease）和脑卒中（stroke）等的发生与 PC 代谢异常密切相关。

（2）磷脂酰乙醇胺　磷脂酰乙醇胺（phosphatidyl ethanolamine，PE）又称为脑磷脂（cephalin），广泛存在于动物的各组织器官中，在脑和神经组织中的含量较多。

甘油磷脂含有两条疏水脂肪链 R_1 和 R_2，称为非极性尾（nonpolar tail）；又含有极性强的磷酸基、X 基团及酯化的醇部分，称为极性头（polar head），因此磷脂是两性化合物。甘油磷脂分散在水溶液中，其亲水的极性头趋向于水相；而非极性尾则相互聚集，避免与水接触，形成稳定微团或自动排列成双分子层（lipid bilayer）。磷脂双分子层是生物膜最基本的结构（图 2-1）。人工制作的封闭的磷脂双分子层囊泡称为脂质体。

图 2-1　磷脂双分子层示意图

2. 神经鞘磷脂　神经鞘磷脂简称鞘磷脂（sphingomyelin），由鞘氨醇（sphingosine）、脂肪酸和磷酸胆碱构成，在脑和神经组织中的含量较多，是某些神经细胞髓鞘的主要成分。鞘氨醇为不饱和的十八碳氨基二元醇，它以酰胺键与脂肪酸结合生成 N-脂酰鞘氨醇，即神经酰胺（ceramide）。后者进一步通过磷酸酯键与磷酸胆碱或磷酸乙醇胺结合，构成鞘磷脂。鞘磷脂是神经细胞髓鞘的主要成分，在脑和神经组织中含量高。

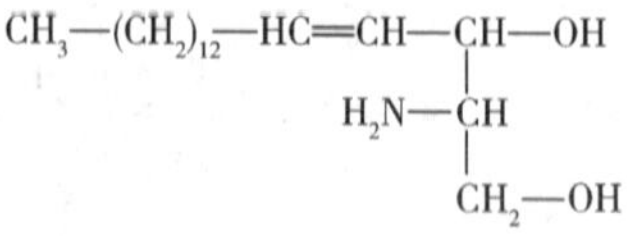

$$CH_3-(CH_2)_{12}-HC=CH-CH-OH$$
$$H_2N-CH$$
$$CH_2-OH$$

鞘氨醇

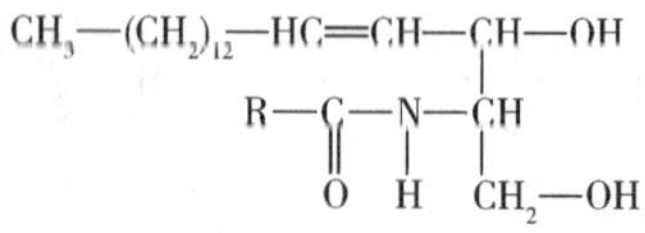

$$CH_3-(CH_2)_{12}-HC=CH-CH-OH$$
$$R-C-N-CH$$
$$O\ \ H\ \ CH_2-OH$$

神经酰胺

$$CH_3-(CH_2)_{12}-HC=CH-CH-OH$$
$$R-C-N-CH\ \ \ O$$
$$O\ \ H\ \ CH_2-O-P-O-CH_2-CH_2-N^+(CH_3)_3$$
$$OH$$

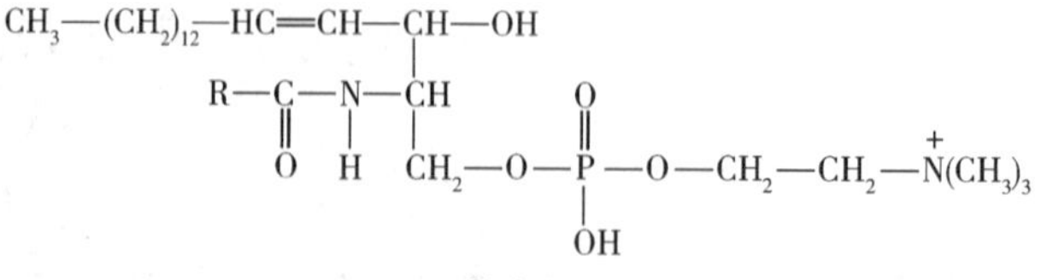

鞘磷脂

二、糖脂

糖脂（glycolipid）是指分子内含有糖基的复合脂。糖脂是细胞的结构成分，也是构成血型物质及细胞膜抗原的重要成分，在脑和神经髓鞘中含量最多。根据所含醇的不同，糖脂可分为甘油糖脂和鞘糖脂。

1. 甘油糖脂　甘油糖脂（glyceroglycolipid）由二酰甘油与单糖或寡糖通过糖苷键连接而成，如存在于脊椎动物神经组织中的半乳糖二酰甘油。

2. 鞘糖脂　鞘糖脂（glycosphingolipid）由鞘氨醇、脂肪酸和糖构成，包括脑苷脂和神经节苷脂等。

（1）脑苷脂　脑苷脂（cerebroside）是只含有一个糖基的鞘糖脂，即由鞘氨醇与脂肪酸形成的神经酰胺与单糖通过糖苷键相连而成。含半乳糖的脑苷脂称为半乳糖脑苷脂，含葡萄糖的脑苷脂称为葡糖脑苷脂；前者是神经组织细胞膜的成分，后者是非神经组织细胞膜的成分。

（2）神经节苷脂　神经节苷脂（ganglioside）是最复杂的糖脂，由脂肪酸、鞘氨醇、己糖、己糖胺和唾液酸等构成。神经节苷脂分子中至少含有一个唾液酸残基构成的寡糖链，寡糖链再与神经酰胺通过糖苷键相连，故神经节苷脂属于酸性鞘糖脂。已知的神经节苷脂有 60 多种，最常见的一种为神经节苷脂 GM_1。

神经节苷脂在脑灰质中含量最多，是神经组织细胞膜，特别是突触的重要组成成分，参与神经传导过程。神经节苷脂分子的糖基和唾液酸部分是亲水基团，向细胞膜的外表面突出，形成许多结合位点，是细胞膜受体的重要组成部分。由于寡糖链蕴藏着丰富的生物学信息，神经节苷脂参与细胞免疫和细胞识别，在组织生长、分化，甚至癌变中扮演重要角色。

神经节苷脂

三、胆固醇和胆汁酸

类固醇（steroid）是广泛存在于动、植物体且具有重要生理活性的天然产物。类固醇的化学结构都含有环戊烷多氢菲的基本骨架。类固醇包括固醇和固醇衍生物，主要为胆固醇、胆固醇酯、维生素 D_3 原、胆汁酸和类固醇激素等，其中胆固醇酯、维生素 D_3 原、胆汁酸和类固醇激素是胆固醇在体内的转化产物。

1. 胆固醇　胆固醇（cholesterol）是脊椎动物细胞膜的重要组成成分，在脑和神经组织中含量较多。胆固醇除从膳食中获取外，也可通过人体自身合成。胆固醇是生理必需物质，但过多又会引起某些疾病。临床研究发现，心脑血管病与血清总胆固醇含量呈正相关。

胆固醇结构中 C_3 上有羟基（—OH）；$C_5 \sim C_6$ 之间有双键；C_{17} 的 R 为 8 个碳的侧链。胆固醇有 α 和 β 两种构型，大多数为 β 构型。α 构型为 C_3 上的—OH 与 C_{10} 上—CH_3 在环平面异侧，羟基的连接以虚线表示；β 构型为 C_3 上的—OH 与 C_{10} 上—CH_3 在环平面同侧，其连接以实线表示。

环戊烷多氢菲　　　　　　　　胆固醇　　　　　　　　　　胆固醇酯

胆固醇为无色或略带黄色结晶，难溶于水，易溶于热乙醇、乙醚和三氯甲烷等有机溶剂。胆固醇的三氯甲烷溶液与乙酸酐及浓硫酸作用，可呈现红色→紫色→褐色→绿色的颜色变化。

胆固醇在体内有两种存在形式：游离胆固醇和胆固醇酯（cholesterol ester）。胆固醇酯是胆固醇的酯化产物，是胆固醇的储存和运输形式。胆固醇与胆固醇酯在不同组织中比例不同：在肝中，两者各占 50%；在中枢神经系统、红细胞和胆汁中，基本只含胆固醇；在血浆中，胆固醇酯占总胆固醇的 65%。

2. 胆汁酸　胆汁酸（bile acid）是胆固醇的主要代谢产物，是动物胆汁的主要成分。胆汁酸按来源分为初级胆汁酸和次级胆汁酸，按结构分为游离胆汁酸和结合胆汁酸。肝细胞以胆固醇为原料合成初级胆汁酸，初级胆汁酸经肠菌作用（第 7 位 α-羟基脱氧）生成次级胆汁酸。与胆固醇的结构相比较，胆汁酸结构中 C_{17} 的 R 为 5 个碳的侧链，侧链末端为羧基；环上无双键。胆汁酸至今已发现 100 余种，常见的游离胆汁酸有胆酸（3α,7α,12α-三羟基胆酸）、脱氧胆酸（3α,12α-二羟基胆酸）、鹅脱氧胆酸（3α,7α-二羟基胆酸）和石胆酸（3α-羟基胆酸）等，它们结构的差异是环上羟基的数目及位置的不同。

	胆酸	鹅脱氧胆酸	脱氧胆酸	石胆酸
R_1	OH	OH	OH	OH
R_2	OH	OH	H	H
R_3	OH	H	OH	H

胆汁酸

胆汁中存在多种结合胆汁酸，游离胆汁酸的羧基与甘氨酸（H_2NCH_2COOH）或牛磺酸（$H_2NCH_2CH_2SO_3H$）的氨基结合，生成结合胆汁酸。胆汁酸在碱性胆汁中以钠盐或钾盐形式存在，称为胆汁酸盐，简称胆盐。胆汁酸分子中既含极性基团构成的亲水面，又有疏水基团组成的疏水面，是很好的乳化剂。胆汁酸在肠道中促进脂质的消化吸收。甘氨胆酸钠和牛磺胆酸钠的混合物在临床上用于治疗胆汁分泌不足而引起的疾病。

甘氨胆酸　　　　　　　　　　　牛磺胆酸

第四节　脂质体、脂质体药物与脂肪替代物

一、脂质体

脂质体（liposome）又称脂小球，是人工制备的由两性分子如磷脂等分散于水相时形成的具有双分子层结构的封闭微型泡囊体（图2-2）。构成脂质体的主要成分是磷脂和其他类脂化合物。

脂质体按所包含类脂质双分子层的层数不同，分为单室脂质体（小单室脂质体、大单室脂质体）和多室脂质体（多层双分子层的泡囊）；按所带电荷不同，分为中性脂质体、负电荷脂质体和正电荷脂质体；按性能不同，又可分成一般脂质体和特殊功效脂质体。

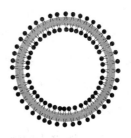

图 2-2　脂质体

自20世纪70年代脂质体用于药物载体以来，因其具有制备简单，对机体无毒性、无免疫原性及易实现靶向性等特点而倍受药物制剂界重视。脂质体技术又被喻为"生物导弹"的第四代靶向给药技术。利用脂质体独有的特性，不仅可将不良反应大、血液中稳定性差、易降解的药物包裹在脂质体内，利用人体病灶部位血管内皮细胞间隙较大，脂质体药物可透过此间隙到达病灶部位，实现靶向释放给药，使临床用药安全有效；而且还可将单克隆抗体连接到脂质体上，借助于抗原与抗体的特异反应，将载药脂质体定向送入。此外，也可将基因载入脂质体中，利用其特殊的运载功能，实现基因修补。目前用于药物载体的新型靶向脂质体包括：①前体脂质体；②长循环脂质体；③免疫脂质体；④热敏感脂质体；⑤pH敏感性脂质体。

二、脂质体药物

脂质体药物是指以脂质体为载体的治疗或预防性药物（图2-3）。临床应用的脂质体药物有：①抗肿瘤脂质体药物，如阿霉素脂质体和顺铂脂质体；②抗寄生虫脂质体药物，如苯硫咪唑脂质体和阿苯达唑脂质体，利用脂质体的被动靶向性，可提高抗寄生虫药物的生物利用度，减少用量，降低毒副作用；③抗菌脂质体药物，如庆大霉素脂质体和两性霉素B脂质体，可减少抗菌药物的耐药性，降低肾毒性；④激素类脂质体药物。

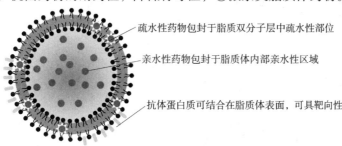

疏水性药物包封于脂质双分子层中疏水性部位

亲水性药物包封于脂质体内部亲水性区域

抗体蛋白质可结合在脂质体表面，可具靶向性

图 2-3　脂质体药物

脂质体药物的研究当前主要集中在以下三个方面：膜结构与载药性质之间的关系；脂质体在体内的靶向特性以及基因药物载体研究。

知识拓展

两性霉素 B 及其脂质体

两性霉素 B 为多烯类抗真菌抗生素，它通过与真菌细胞膜上的固醇（主要为麦角固醇）结合，使膜通透性发生改变，细胞内容物流出，从而造成真菌细胞死亡。两性霉素 B 也能结合哺乳动物细胞膜中的固醇（主要为胆固醇），这可能是其对动物和人类有毒性的原因。两性霉素 B 脂质体是内含有两性霉素 B 的双层脂质体，其胆固醇成分可增强药物的稳定性，使两性霉素 B 尽可能在疏水层中保留最大的含量，降低与人体细胞膜中胆固醇的结合，而增强对真菌细胞麦角固醇的结合，从而发挥两性霉素 B 的最大杀菌能力。体外抗菌试验和临床试验表明：两性霉素 B 脂质体对新型隐球菌、白色念珠菌、热带念珠菌、酵母菌、总状毛霉菌、曲霉菌、球孢子菌、组织孢浆菌、皮炎芽生菌、巴西芽生菌、孢子丝菌等有良好抗菌作用，但对细菌、立克次体和病毒的感染无效。皮肤癣菌大多耐药。

三、脂肪替代物

脂肪替代物是指能替代食品中脂肪的物质，主要有代脂肪（fat substitutes）和模拟脂肪（fat mimics）两大类，其中代脂肪更接近天然油脂。

代脂肪亦称脂肪代替品（oil and fat substitute），是以脂肪酸为基础的酯化产品。脂肪代替品的酯键能抵抗人体内脂肪酶的水解，故不参与能量代谢，可降低热量供应。蔗糖聚酯是蔗糖分子上羟基与 6～8 个脂肪酸酯化形成的蔗糖酯的混合物，因人体对含有 3 个脂肪酸的脂质最易吸收，对含有 4 个以上脂肪酸的脂质则不易吸收，而对含有 6 个脂肪酸的脂质几乎不吸收，所以蔗糖聚酯的热量为 0。另外，胆固醇的吸收需要脂肪参与，由于蔗糖聚酯的不吸收性，可降低体内胆固醇的吸收率。

模拟脂肪是以糖类或蛋白质为原料，经物理方法处理，产生出的水状液体如脂肪润滑细腻口感特性的物质，不耐高温处理。如牛奶或鸡蛋蛋白质用特殊加热混合加工法（也称"微结粒"法）可制成模拟脂肪。蛋白质受热后凝聚，可产生凝胶大颗粒，再经进一步混合，凝胶变成极细的球形小颗粒，使人们在饮用时的口感是液体的感觉，同时又有通常脂肪所特有的油腻和奶油状感。目前，它已被广泛用于冷冻甜点、酸奶、稀奶酪、酸奶油、乳制品、蛋黄酱和人造奶油等产品，但不可用在烹调油或需要烘烤或煎炸的食物中，因高温会使蛋白质凝固，失去其脂肪性口感。

重点小结

重 点	难 点
1. 脂肪是由 3 分子脂肪酸和 1 分子甘油通过酯键形成的甘油三酯。脂肪的化学性质主要有：水解与皂化、氢化与碘化、酸败作用	1. 不饱和脂肪酸命名包括 ω 编码体系与 Δ 编码体系：从羧基碳起计数碳原子的位置，为 Δ 编码体系；从甲基碳起计数碳原子的位置为 ω 编码体系
2. 脂肪酸是脂质的基本组成成分，体内脂肪酸主要是软脂酸、硬脂酸、油酸以及亚油酸、亚麻酸和花生四烯酸，亚油酸、亚麻酸、花生四烯酸为必需脂肪酸	2. 甘油磷脂可以看作是 L-磷脂酸的衍生物。磷脂酸为二酰甘油与磷酸通过磷酸酯键形成的化合物，其中 R_1 和 R_2 为长链脂肪链，R_2 常为不饱和脂肪链，C_2 为手性碳原子，天然存在的甘油磷脂都为 L 构型。磷脂酸上磷酸基再与含有游离醇羟基的多种 HO—X 通过磷酸酯键连接，可以得到不同种类的甘油磷脂
3. 磷脂是分子内含有磷酸基的复合脂，由醇（甘油或鞘氨醇）、脂肪酸、磷酸和含氮有机化合物构成。糖脂是指分子内含有糖基的复合脂。糖脂可分为甘油糖脂和鞘糖脂	3. 胆固醇的环戊烷多氢菲结构：C_3 上有—OH；$C_5 \sim C_6$ 之间有双键；C_{17} 的 R 为 8 个碳的侧链。胆固醇有 α 和 β 两种构型，大多数为 β 构型
4. 类固醇即固醇及其衍生物，包括胆固醇、胆固醇酯、维生素 D_3 原、胆汁酸和类固醇激素等。胆固醇在体内有两种存在形式：游离胆固醇和胆固醇酯。胆汁酸是一类侧链 R 上含有羧基的类固醇化合物，常见的游离胆汁酸有胆酸、鹅脱氧胆酸、脱氧胆酸、石胆酸，其羧基与甘氨酸或牛磺酸的氨基结合形成结合胆汁酸	4. 胆汁酸的环戊烷多氢菲结构：C_{17} 的 R 为 5 个碳的侧链，侧链末端为羧基，环上无双键；常见的胆酸、鹅脱氧胆酸、脱氧胆酸、石胆酸等结构差异是环上羟基的数目及羟基位置的不同
5. 脂质体是人工制备的由两性分子如磷脂等分散于水相时形成的具有双分子层结构的封闭微型泡囊体。脂质体药物是指以脂质体为载体的治疗或预防性药物。脂肪替代物是指能替代食品中脂肪的物质，主要有代脂肪和模拟脂肪两大类	

简答题

1. 脂质有哪些生理功能？
2. 甘油磷脂水解产物中包含哪些成分？
3. 简述胆固醇结构特点。

（毛水龙　丁芳芳）

扫码"练一练"

扫码"学一学"

第三章 蛋白质化学

要点导航

掌握 蛋白质的元素组成、基本结构单位和分子结构。

熟悉 蛋白质的理化性质，常用分离纯化技术的基本原理。

了解 蛋白质的分子结构与功能的关系及体内重要的活性肽。

蛋白质（protein）是构成细胞内原生质的主要成分，是生命现象的物质基础。蛋白质在生命体中占有重要地位，其重要性，一方面体现在其存在的普遍性，无论是简单的低等生物如病毒、细菌，还是复杂的高等动、植物，都毫无例外地含有蛋白质，这些蛋白质是生物体内含量最丰富的有机化合物，约占人体总固体成分的 45%。微生物中蛋白质含量亦高，细菌中一般含 50%～80%；干酵母含 46.6%；病毒除含少量核酸外，几乎都由蛋白质组成，甚至朊病毒（prion）只含蛋白质而不含核酸。高等植物细胞原生质和种子中也含有较多的蛋白质，如黄豆含 40%。另一方面体现在蛋白质生物学功能的多样性。许多重要的生命现象和生理活动都是通过蛋白质来实现。自然界中蛋白质的种类繁多，最简单的单细胞生物如大肠埃希菌含有 3000 余种蛋白质，人体则含有 10 万余种蛋白质。它们具有不同的生物学功能，决定生物体的代谢类型及生物学特性。

在药学领域，目前已经开始大规模生产和应用生物药品。生物药品的有效成分多为蛋白质或多肽（如酶、激素等），可从动、植物和微生物体内直接提取制备，也可采用现代生物技术生产。

第一节 蛋白质的分子组成

一、蛋白质的元素组成

元素分析结果表明，蛋白质的元素组成相似，主要有碳（50%～55%）、氢（6%～8%）、氧（19%～24%）、氮（13%～19%）以及少量硫。有些蛋白质还含有一些微量元素如磷、铁、铜、锰、锌、碘等。各种蛋白质的含氮量十分接近且恒定，平均为 16%。由于体内含氮物质以蛋白质为主，因此，通过测定含氮量即可大致推算出样本中蛋白质的含量，这是凯氏定氮法测定蛋白质含量的依据。

100g 样品蛋白质的含量（g%）= 每克样品含氮克数×6.25×100

二、蛋白质的基本结构单位

蛋白质是高分子有机化合物，结构复杂、种类繁多，用酸、碱或酶水解均可得到含有不同氨基酸的混合液，因此氨基酸（amino acid）是蛋白质的基本结构单位。

（一）氨基酸的结构

存在于自然界中的氨基酸有 300 余种，但合成蛋白质的氨基酸只有 20 种，称为基本氨基酸。这些氨基酸有相应的遗传密码，也称为编码氨基酸（coding amino acid）或标准氨基酸（standard amino acid）。

$$
\begin{array}{cc}
\text{COOH} & \text{COOH} \\
| & | \\
H_2N\!-\!C\!-\!H & H\!-\!C\!-\!NH_2 \\
| & | \\
R & R \\
\text{L-}\alpha\text{-氨基酸} & \text{D-}\alpha\text{-氨基酸}
\end{array}
$$

基本氨基酸均为 α-氨基酸。R 侧链影响蛋白质的空间结构和理化性质。除甘氨酸外，其余氨基酸的 α-碳原子都是手性碳原子，有 D、L 两种构型，存在于天然蛋白质中的氨基酸均为 L-α-氨基酸。在自然界中还有许多非编码氨基酸，以游离或结合形式存在，有些在代谢中是重要的前体或中间体。如 β-丙氨酸是构成维生素泛酸的成分；D-苯丙氨酸参与组成抗生素短杆菌肽 S；同型半胱氨酸是甲硫氨酸代谢的产物；瓜氨酸和鸟氨酸是尿素合成的中间产物；γ-氨基丁酸（GABA）是谷氨酸脱羧基的产物，是抑制性神经递质，在脑中含量较多。目前，一些非编码氨基酸已作为药物应用于临床。

（二）氨基酸的分类

组成蛋白质的 20 种基本氨基酸根据其 α-碳原子上连接的 R 侧链理化性质不同分为非极性疏水氨基酸、芳香族氨基酸、极性中性氨基酸、酸性氨基酸和碱性氨基酸四大类。（表 3-1）

表 3-1 基本氨基酸的名称、结构及分类

分类	名称	缩写	分子量	等电点	结构式
非极性疏水氨基酸	甘氨酸 Glycine	Gly（G）	75.05	5.97	$H\!-\!CH\!-\!COOH$ $\quad\ \ \|$ $\quad NH_2$
	丙氨酸 Alanine	Ala（A）	89.06	6.00	$CH_3\!-\!CH\!-\!COOH$ $\qquad\ \ \|$ $\qquad NH_2$
	缬氨酸 Valine	Val（V）	117.09	5.96	$H_3C\!\!\diagdown$ $\qquad CH\!-\!CH\!-\!COOH$ $H_3C\!\!\diagup \qquad\ \ \|$ $\qquad\qquad NH_2$
	亮氨酸 Leucine	Leu（L）	131.11	5.98	$H_3C\!\!\diagdown$ $\qquad CH\!-\!CH_2\!-\!CH\!-\!COOH$ $H_3C\!\!\diagup \qquad\qquad\ \|$ $\qquad\qquad\qquad NH_2$
	异亮氨酸 Isoleucine	Ile（I）	131.11	5.02	$CH_3\!-\!CH_2\!-\!CH\!-\!CH\!-\!COOH$ $\qquad\qquad\ \ \|\quad\ \|$ $\qquad\qquad CH_3\ NH_2$
	脯氨酸 Proline	Pro（P）	115.13	6.30	$\qquad CH_2\!-\!CH\!-\!COOH$ $H_2C\!\!\diagup\qquad\quad\|$ $\quad \diagdown CH_2\!-\!NH$
	甲硫氨酸 （蛋氨酸） Methionine	Met（M）	149.15	5.74	$CH_3\!-\!S\!-\!CH_2\!-\!CH_2\!-\!CH\!-\!COOH$ $\qquad\qquad\qquad\qquad\ \|$ $\qquad\qquad\qquad\qquad NH_2$

续表

分类	名称	缩写	分子量	等电点	结构式
芳香族氨基酸	苯丙氨酸 Phenylalanine	Phe（F）	165.09	5.48	
	色氨酸 Tryptophan	Trp（T）	204.22	5.89	
	酪氨酸 Tyrosine	Tyr（Y）	181.09	5.66	
极性中性氨基酸	丝氨酸 Serine	Ser（S）	105.06	5.68	
	苏氨酸 Threonine	Thr（T）	119.08	6.16	
	天冬酰胺 Asparagine	Asn（N）	132.12	5.41	
	谷氨酰胺 Glutamine	Gln（Q）	146.15	5.65	
	半胱氨酸 Cysteine	Cys（C）	121.12	5.07	
酸性氨基酸	天冬氨酸 Aspartate	Asp（D）	133.60	2.77	
	谷氨酸 Glutamate	Glu（E）	147.08	3.22	
碱性氨基酸	赖氨酸 Lysine	Lys（K）	146.13	9.74	
	精氨酸 Arginine	Arg（R）	174.14	10.76	
	组氨酸 Histidine	His（H）	155.16	7.59	

　　一般情况下，非极性疏水氨基酸在水溶液中的溶解度较极性中性氨基酸要小，酸性氨基酸的侧链含有羧基，呈酸性电离；碱性氨基酸的侧链含有氨基、胍基和咪唑基，呈碱性电离。氨基酸还可根据其 R 侧链的化学结构进行分类，如芳香族氨基酸包括苯丙氨酸、酪氨酸和色氨酸；含硫氨基酸包括半胱氨酸和甲硫氨酸；含有羟基的氨基酸包括苏氨酸、丝氨酸和酪氨酸。

20 种基本氨基酸中脯氨酸与半胱氨酸较为特殊，脯氨酸属于亚氨基酸，但亚氨基仍可与另一氨基酸的羧基缩合形成肽键。因氮（N）在杂环中，移动的自由度受限，故肽链走向常常在脯氨酸处形成折角。

半胱氨酸巯基最易失去质子，极性最强。两个半胱氨酸通过脱氢以二硫键相结合形成胱氨酸。蛋白质中有不少半胱氨酸以胱氨酸形式存在。

$$HOOC-CH-CH_2-SH + HS-CH_2-CH-COOH \xrightarrow{2H} HOOC-CH-CH_2-S-S-CH_2-CH-COOH$$

半胱氨酸　　　　半胱氨酸　　　　　　　胱氨酸

蛋白质组成中除上述 20 种基本氨基酸外，少数蛋白质还存在一些不常见的特有氨基酸，这些氨基酸没有翻译密码，通常是合成后由相应的氨基酸残基经加工修饰形成，如羟脯氨酸、羟赖氨酸等。

（三）氨基酸的理化性质

1. 两性电离与等电点　所有编码氨基酸（脯氨酸除外）都含有酸性的 α-羧基和碱性的 α-氨基，属于两性电解质。同一氨基酸分子在不同 pH 值的溶液中解离方式不同，可带正、负两种性质的电荷。当处于某一 pH 值溶液中的氨基酸解离后所带的正、负电荷相等，成为兼性离子，呈电中性，此时溶液的 pH 值称为该氨基酸的等电点（isoelectric point, pI）。不同的氨基酸由于 R 侧链结构及解离程度不同而具有不同的等电点。当溶液的 pH 值小于等电点时，氨基酸带正电荷；当溶液的 pH 值大于等电点时，氨基酸带负电荷。因此溶液的 pH 可以改变氨基酸的带电性质及电荷数量。

2. 芳香族氨基酸具有紫外吸收特性　芳香族氨基酸因含苯环，具有共轭双键，可吸收一定波长的紫外线，其中酪氨酸和色氨酸的紫外吸收峰在 280nm，苯丙氨酸的紫外吸收峰在 260nm（图 3-1）。其吸光度（A_{280}）与氨基酸的浓度在一定范围内呈正比关系。

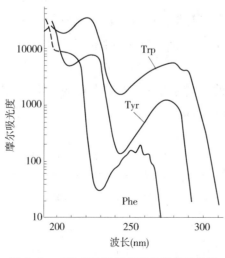

图 3-1　三种芳香族氨基酸的紫外吸收峰

3. 茚三酮反应 氨基酸与茚三酮水合物共热时，氨基酸发生氧化脱氨、脱羧，而茚三酮水合物被还原，其还原物与氨结合，再与另一分子茚三酮缩合成为蓝紫色的化合物，后者最大吸收峰在570nm处。这一性质常被用于氨基酸的定性和定量分析。

三、肽键和肽

（一）肽键

肽键（peptide bond）是一个氨基酸的羧基和另一个氨基酸的氨基缩合脱去1分子水形成的化学键。

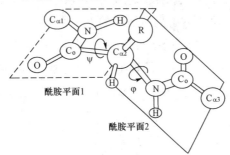

肽键具有特殊性质。从键长看，肽键键长（0.132nm）介于C—N单键（0.146nm）和双键（0.124nm）之间，具有部分双键的性质，不能自由旋转；从键角看，肽键中键与键的夹角均为120°。因此，与肽键相连的6个原子（C_α、C、O、N、H、C_α）始终处在同一平面上，构成刚性的"肽键平面"（peptide bond plane），又称"酰胺平面"或肽单元（peptide unit）（图3-2）。肽单元中，与C—N相连的氢和氧原子及两个α-碳原子均呈反向分布。

图3-2 肽单元

（二）肽

多个氨基酸通过肽键相连形成的化合物称为肽。由2个氨基酸形成的肽称为二肽，3个氨基酸形成的肽称为三肽。一般10个以下氨基酸形成的肽称为寡肽（oligopeptide），由10个以上氨基酸形成的肽称为多肽（polypeptide）。

多个氨基酸通过肽键连接而形成的链状结构称为多肽链（polypeptide chain），多肽链中形成肽键的原子和α-碳原子交替重复排列构成主链骨架（backbone），而伸展在主链两侧的R基被称为侧链（side chain）。蛋白质分子结构可含有一条或多条共价主链和许多侧链。

多肽链的结构具有方向性。一条多肽链有两个末端，有自由α-氨基的一端称为氨基末端或N端；有自由α-羧基的一端称为羧基末端或C端。肽链中的氨基酸因形成肽键而分子不完整被称为氨基酸残基（residue）。

多肽链结构

根据排列理论计算，由两种不同氨基酸组成的二肽，有两种异构体，由20种不同氨基酸组成的二十肽，其顺序异构体有2×10^{18}种。蛋白质分子中的顺序异构现象可解释为什么仅 20 种氨基酸却构成了自然界种类繁多的不同蛋白质。1953 年 S. Sanger 等测定了牛胰岛素的氨基酸顺序，这是生化领域中具有划时代意义的重大突破，第一次展示了蛋白质具有确切的氨基酸顺序。

（三）生物活性肽

体内存在着许多具有生物活性的低分子量的肽，有三肽、寡肽或多肽，如谷胱甘肽、抗利尿激素、血管紧张素Ⅱ、β-内啡肽、催产素及表皮生长因子等（表 3-2）。在代谢调节、神经传导等方面起着重要作用。

表 3-2　体内重要的生物活性肽

中文名称	英文名称及缩写	氨基酸残基	生理功能
抗利尿激素	antidiuretic hormone，ADH	9	维持体内水平衡和渗透压
催产素	pitocin，oxytocin	9	强烈刺激子宫收缩
促甲状腺激素释放激素	thyrotropin releasing factor，TRH	3	促进垂体分泌促甲状腺释放激素
脑啡肽	enkephalin	5	与痛觉的调节及情绪活动有关
β-内啡肽	β-endorphin，β-EP	31	主要涉及疼痛、心血管和免疫等相关功能
P 物质	substance P，SP	11	传递痛觉，使肠管收缩等作用
表皮生长因子	epidermal growth factor，EGF	53	调节表皮细胞生长、分化，促进创伤愈合
血管紧张素Ⅱ	angiotensin Ⅱ	8	使血管收缩，刺激醛固酮分泌，升高血压

还原型谷胱甘肽（glutathione，GSH）是由谷氨酸的 γ-羧基与半胱氨酸和甘氨酸通过肽键相连形成的三肽。分子中的巯基是主要功能基团，具有还原性，使 GSH 成为体内重要的抗氧化剂，具有保护细胞膜结构和细胞内酶蛋白分子巯基的还原性，使其处于活性状态。巯基还具有嗜核特性，能与一些致癌剂、药物、重金属离子结合，从而避免这些毒物和 DNA、RNA 及蛋白质结合，促使其排出体外。

$$\underset{\text{H}}{\overset{\text{HOOC}}{\text{H}_2\text{N—C—CH}_2\text{—CH}_2\text{—C—N—CH—C—N—CH}_2\text{—COOH}}}$$

还原型谷胱甘肽（GSH）

第二节　蛋白质的分子结构与分类

蛋白质是生物大分子，由许多氨基酸通过肽键连接而成。具有生理功能的蛋白质都具有有序的三维空间结构。蛋白质的分子结构包括一级结构和空间结构，空间结构又称高级结构，包括二级、三级和四级结构等。一级结构是基础，决定蛋白质的空间结构。

一、蛋白质的一级结构

蛋白质的一级结构（primary structure）是指多肽链中氨基酸残基的组成和排列顺序。蛋白质分子中氨基酸排列顺序是由遗传密码决定的，是蛋白质作用的特异性、空间结构的差异性和生物学功能多样性的基础。蛋白质一级结构中除肽键外，有些还含有少量的二硫键，是由两分子半胱氨酸残基的巯基脱氢形成的，可存在于肽链内，也可存在于肽链间。

例如人的胰岛素是由两条多肽链、共 51 个氨基酸残基构成，其中 A 链包括 21 个氨基酸残基，B 链包括 30 个氨基酸残基。A 链和 B 链之间由两个二硫键连接。在 A 链第 6 位与第 11 位的两个半胱氨酸残基之间还有一个链内二硫键（图 3-3）。

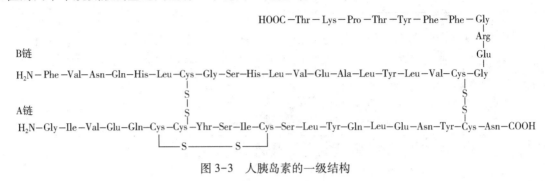

图 3-3　人胰岛素的一级结构

多肽链的一级结构存在三种形式，即无分支的开链多肽、分支开链多肽和环状多肽。环状多肽由开链多肽的末端氨基与末端羧基缩合形成肽键。

二、蛋白质的空间结构

蛋白质分子的空间结构又称立体结构、高级结构和三维构象等。天然蛋白质的多肽链由分子内单键的旋转形成复杂的卷曲和折叠，构成蛋白质特定的三维空间结构，包括二级结构、三级结构和四级结构。蛋白质分子的空间结构是决定蛋白质性质和功能的结构基础。

（一）蛋白质的二级结构

蛋白质的二级结构（secondary structure）是指局部多肽链的主链骨架若干肽单元盘绕折叠形成的空间排布，不涉及氨基酸残基侧链的构象。在蛋白质分子中，由于肽单元是刚性平面，主要靠 C_α—N 和 C_α—C 键旋转，但不是完全自由的，受到 R 侧链和肽键中氢及氧原子空间阻碍的影响，影响的程度与侧链基团的结构和性质有关。肽平面相对旋转的角度不同，构成不同类型的二级结构，主要包括 α 螺旋、β 折叠、β 转角和无规卷曲等。

1. α 螺旋　α 螺旋（α-helix）是蛋白质分子中最稳定的二级结构，其结构特点如下：多肽链以肽单元为基本单位，以 α 碳原子为折点绕其分子长轴顺时针旋转，盘绕形成右手螺旋，螺旋一圈需 3.6 个氨基酸残基，螺距为 0.54nm，每个氨基酸残基的高度为 0.15nm，肽键平面与螺旋长轴平行；相邻 2 个螺旋之间每个肽键的羰基氧（C＝O）与间隔第四个亚氨基氢（N—H）形成氢键来维持二级结构的稳定性，氢键方向与 α 螺旋长轴基本平行，氨基酸残基的 R 侧链分布在螺旋外侧（图 3-4），其形状、大小及电荷均影响 α 螺旋的形成和稳定性。如多肽中连续存在酸性或碱性氨基酸，由于同种电荷相互排斥，阻止链内氢键形成而不利于 α 螺旋的形成；较大的氨基酸残基的 R 侧链（如异亮氨酸、苯丙氨酸、色氨酸等）集中的区域，因空间阻碍的影响，也不利于 α 螺旋的生成；脯氨酸或羟脯氨酸残基也阻碍 α 螺旋的形成，因其 N 原子位于吡咯环中，C_α—N 单键不能旋转，加之其 α-氨基形成肽键后，N 原子无氢原子，不能生成维持 α 螺旋所需氢键。显然，蛋白质分子中氨基酸的组成和排列顺序对 α 螺旋的形成和稳定性具有决定性的影响。

2. β 折叠　β 折叠（β-pleated）又称 β 片层（β-sheet）。在 β 折叠结构中，多肽链的主链充分伸展，每个肽单元以 C_α 为转折点，相邻肽单元折叠呈锯齿样结构，两平面之间的夹角为 110°，R 侧链交错伸向锯齿样结构的上下方；两条以上肽链（或同一条多肽链的不

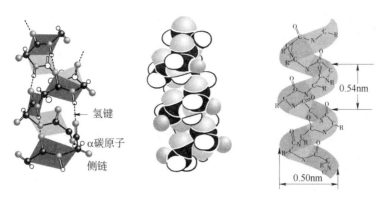

图 3-4 α 螺旋结构示意图

同部分）平行排列，相邻肽链之间靠肽键的羰基氧（C=O）和亚氨基氢（N—H）形成氢键相连，氢键方向与肽链长轴垂直（图 3-5）；肽链平行的走向有顺式和反式两种，肽链的 N 端在同侧为顺式，两残基间距为 0.65nm；不在同侧为反式，两残基间距为 0.70nm，反式较顺式平行折叠更加稳定。能形成 β 折叠的氨基酸残基一般不大，而且不带同种电荷，这样有利于多肽链的伸展，如甘氨酸、丙氨酸在 β 折叠中出现的概率最高。

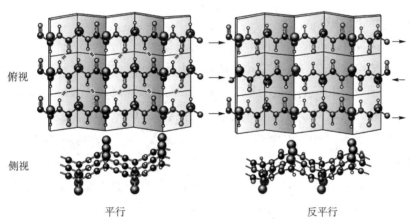

俯视

侧视

平行   反平行

图 3-5 β 折叠结构示意图

3. β 转角 β 转角（β-turn 或 β-bend）是指在球状蛋白质分子中，伸展的肽链形成 180° 的倒转回折形成 U 型结构（图 3-6）。由 4 个连续的氨基酸残基构成，结构的稳定性是由第一个氨基酸残基的羰基氧（C=O）和第四个氨基酸残基的亚氨基氢（N—H）之间形成氢键来维持。β 转角的第二个氨基酸残基常为脯氨酸。

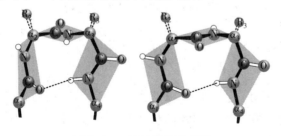

图 3-6 β 转角结构示意图

4. 无规卷曲 无规卷曲（random coil）是指各种蛋白质分子中没有规律性的局部肽段形成的较为松散的空间结构。

（二）蛋白质的超二级结构

蛋白质的超二级结构（super-secondary structure）又称模体（motif）或模序，是指两个或两个以上的蛋白质二级结构在空间折叠中彼此靠近、相互作用形成的有规律的二级结构聚集体，从而完成特定的生物学功能。蛋白质的超二级结构有多种形式，α 螺旋组合（αα）、β 折叠组合（βββ）和 α 螺旋 β 折叠组合（βαβ）等（图 3-7），可直接作为蛋白质的三级结构或结构域的组成单位，是介于蛋白质的二级结构和结构域间的一个构象层次。

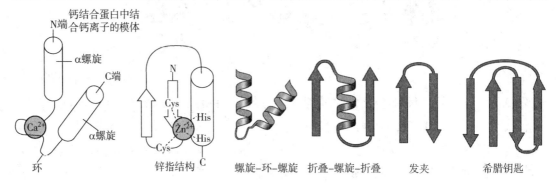

图 3-7　超二级结构示意图

（三）蛋白质的结构域

蛋白质的结构域（domain）是位于蛋白质的超二级结构和三级结构间的一个层次，是蛋白质分子空间结构内独立的折叠单元，通常是几个蛋白质的超二级结构单元的组合。在较大的蛋白质分子中，由于多肽链上相邻的超二级结构紧密联系，进一步折叠形成一个或多个球状或纤维状的区域，称为结构域。结构域一般由 100～200 个氨基酸残基组成，具有独特的空间构象，承担不同的生物学功能。如纤连蛋白（fibronectin）是由两条多肽链通过近 C 端的两个二硫键相连而成，含有 6 个结构域，每个结构域执行一种功能，可分别与细胞、胶原、DNA 或肝素等配体结合（图 3-8）。较小蛋白质的短肽链如果仅有 1 个结构域，则此蛋白质的结构域和其三级结构即为同一结构层次。较大的蛋白质为多结构域，它们可能是相似的，也可能是完全不同的。

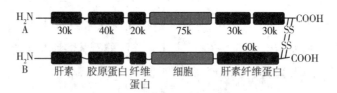

图 3-8　纤连蛋白分子结构域

（四）蛋白质的三级结构

蛋白质的三级结构（tertiary structure）是指在二级结构、超二级结构或结构域的基础上，由于侧链 R 基的相互作用，进一步盘曲折叠构成的特定空间结构，包括整条肽链中全部氨基酸残基的所有原子在三维空间的排布位置。蛋白质三级结构的稳定主要依靠蛋白质分子侧链基团相互作用形成的次级键来维持。次级键的键能较小，稳定性较差，但数量众多，因此在维持蛋白质分子的空间构象中起着极为重要的作用，包括疏水作用、离子键、氢键、范德华力（van der Waals force）及少量的二硫键等（图 3-9）。氢键是次级键中键能最弱的，但数量最多。疏水作用是由两个非极性基团因避开水相而群集在一起形成的作用力，是维持蛋白质三级结构的主要次级键，蛋白质分子中一些疏水基团靠疏水作用相互黏附并藏于蛋白质分子内部。离子键是蛋白质分子中带正电荷基团和带负电荷基团之间静电吸引形成的化学键。范德华力是原子、基团或分子间一种弱的相互作用力，在蛋白质内部非极性结构中较重要。疏水作用是维持三级结构最主要的作用力，非极性的疏水 R 侧链因疏水作用趋向分子内部，形成疏水核，而大多数极性基团则分布在分子表面，形成亲水区。有些球状蛋白质分子的亲水表面上常有一些疏水微区，或者在分子表面上形成一个内陷的"洞穴"或"裂缝"，某些辅基就镶嵌其中，常常是蛋白质分子的活性部位。

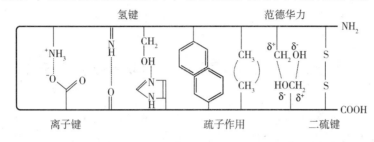

图 3-9　维持蛋白质三级结构的化学键

（五）蛋白质的四级结构

由两条或两条以上的具有独立三级结构的多肽链相互作用，经非共价键缔合成特定空间构象，即为蛋白质的四级结构（quaternary structure）。在蛋白质四级结构中，每条具有独立三级结构的多肽链称为亚基（subunit）。各亚基之间主要以疏水作用、氢键、离子键等非共价键缔合成寡聚体。具有四级结构的蛋白质，亚基单独存在时不具有生物学活性，只有具备完整的四级结构才有生物学功能。

多亚基构成的蛋白质，亚基可以相同，也可以不同。如血红蛋白就是含有两个 α 亚基和两个 β 亚基的按特定方式排布形成的具有四级结构的四聚体蛋白质。α、β 两种亚基的三级结构极为相似，每个亚基都结合一个血红素辅基（图 3-10）。在一定条件下，血红蛋白四聚体可以解聚，亚基的聚合和解聚对血红蛋白运输氧的功能具有调节作用。

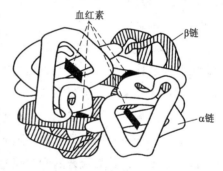

图 3-10　血红蛋白的四级结构示意图

三、蛋白质的分类

蛋白质结构复杂，种类繁多，分类方法也多种多样。

（一）按化学组成分类

根据蛋白质的分子组成，可将蛋白质分为单纯蛋白质和结合蛋白质。

1. 单纯蛋白质　分子组成中，除了氨基酸再无别的组分的蛋白质称为单纯蛋白质。自然界中许多蛋白质都属于此类，如清蛋白、球蛋白、精蛋白、组蛋白等。

2. 结合蛋白质　分子组成中，除含有氨基酸构成的多肽链外，还含有非氨基酸组分的蛋白质称为结合蛋白质。其中非蛋白质部分称为辅基，辅基一般是通过共价键与蛋白质部分相连。构成蛋白质辅基的种类很多，常见的有色素化合物、寡糖、脂质、磷酸、金属离子及核酸等。

（二）按分子形状分类

根据其分子形状的不同，可将蛋白质分为球状蛋白质和纤维状蛋白质。

1. 球状蛋白质 球状蛋白质形状近似于球形或椭球形，可溶于水。自然界中大多数蛋白质属于此类，有特异的生物活性，如胰岛素、血红蛋白、酶、免疫球蛋白等。

2. 纤维状蛋白质 纤维状蛋白质分子的长轴比短轴长 10 倍以上，呈长纤维状，多由几条肽链绞合成麻花状，且大多数难溶于水，是结构蛋白质，可作为细胞坚实的支架或连接各细胞、组织和器官，如胶原蛋白、角蛋白和弹性蛋白等。

第三节　蛋白质结构与功能的关系

蛋白质是生命的物质基础。各种蛋白质都具有其特殊的生物学功能，而所有这些功能都取决于其特定的空间结构。蛋白质分子的一级结构是形成空间结构的物质基础，而蛋白质的生理功能是蛋白质分子特定的天然构象所表现的性质。

一、蛋白质的一级结构与功能的关系

1. 一级结构是空间结构的基础 蛋白质的一级结构决定多肽链中氨基酸残基的种类、数量及排列顺序，也决定多肽链中氨基酸残基 R 侧链的位置，而 R 侧链的大小、性质又决定着肽链如何盘曲折叠形成空间结构。因此蛋白质一级结构是其空间结构、理化性质和生理功能的分子基础。

2. 一级结构与功能的关系 一级结构相似的蛋白质往往具有相似的高级结构与功能，因此常常通过比较蛋白质的一级结构来预测蛋白质的同源性（homology）。同源蛋白质是由同一基因进化而来的一类蛋白质，其一级结构、空间结构和生物学功能极为相似。同源蛋白质在进化过程中，构成空间结构活性部位的氨基酸残基的种类和空间排布是相对保守不会改变的。例如不同哺乳类动物的胰岛素分子的一级结构都是由 A 链和 B 链组成，除个别氨基酸有差异外，其二硫键的配对位置和空间结构极为相似，表明其关键活性部位相对保守，因此在细胞内都执行着调节糖代谢等生理功能。

但是，如果蛋白质分子中关键氨基酸残基发生变化，会严重影响空间结构，导致功能发生改变，甚至引发疾病。例如镰状细胞贫血患者的血红蛋白分子 β 链 N 端的第 6 个氨基酸残基由酸性亲水的谷氨酸变成了中性疏水的缬氨酸，仅此一个氨基酸的差别，使正常水溶性的血红蛋白聚集成棒状析出，导致红细胞扭曲成镰状，很容易破裂溶血。这种由于蛋白质分子变异或缺失导致的疾病，称为"分子病（molecular disease）"，其病因是基因突变所致。但并非一级结构中每个氨基酸都很重要，如细胞色素 c，在某些位点即使置换 10 个氨基酸残基，其功能仍然不变。

二、蛋白质的空间结构与功能的关系

由一条多肽链组成的蛋白质形成的最高空间结构是三级结构，如肌红蛋白的三级结构是由 153 个氨基酸残基构成的单链球状蛋白质（图 3-11）。蛋白质的三级结构由一级结构决定，多肽链中氨基酸残基数目、性质和排列顺序的不同，可以使其构成独特的三级结构，进而决定蛋白质特有的生物学功能。胰岛素尽管由 A、B 两条链构成，但两条链之间通过二硫键相连而不是通过非共价键相连，使分子只能形成三级结构的空间构象，而不能形成四级结构。因此，胰岛素和肌红蛋白都是以三级结构发挥生物学功能。

由两条或两条以上多肽链组成的蛋白质具有四级结构，其一级结构不变而空间构象发生变化，导致其生物学功能改变的现象称为蛋白质的别构效应或变构效应。分子量较大（>55 000）的蛋白质多为具有四级结构的多聚体。具有四级结构的酶或蛋白质常处于代谢通路的关键部位，调节整个反应过程的速率，这种功能常常通过多聚体的别构作用而实现。组成蛋白质的各个亚基共同控制蛋白质分子完整的生物活性，对别构效应物作出反应。

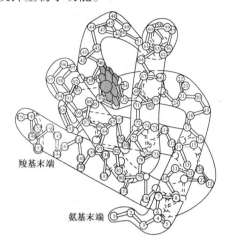

图 3-11　肌红蛋白的三级结构示意图

血红蛋白是具有四级结构的蛋白质，存在于红细胞中，是运输 O_2 的主要物质。血红蛋白四聚体中每个亚基的 C 端都和其他亚基的 N 端或肽链中某些带电基团形成离子键，当 O_2 与 α_1 亚基的血红素结合后，离子键断裂使其别构，对 O_2 的亲和力增大，产生正协同效应促使 α_2 亚基与 O_2 结合，别构顺序是 α_1、α_2、β_1、β_2。

蛋白质的生理功能有赖于其特定的空间构象，当构象发生变化时，其功能随之也会发生变化。生物体内蛋白质的合成、加工和成熟过程极其复杂，其中多肽链的正确折叠对三维构象的形成和功能的发挥至关重要。若蛋白质在形成空间结构时发生折叠错误，会使其功能发生变化，严重时可引发疾病，称为蛋白质构象病。蛋白质错误折叠后形成抗蛋白水解酶的淀粉样纤维沉淀，从而产生毒性，导致疾病，如疯牛病、阿尔茨海默病、人纹状体脊髓变性病等。

第四节　蛋白质的性质

蛋白质是由氨基酸组成的高分子化合物，其理化性质和氨基酸相同或相关，如两性电离、等电点及紫外吸收等特性。但蛋白质是生物大分子，又表现出与低分子化合物有根本区别的大分子特性，如胶体性质、变性及复性等。

一、蛋白质的紫外吸收

大多数蛋白质分子中含有酪氨酸和色氨酸残基，因此，蛋白质在 280nm 波长处有特征性吸收峰。在一定范围内，蛋白质 A_{280} 与其浓度呈正比关系，利用此特性测定其在 280nm 处吸光度，可用于蛋白质的定量分析。

二、蛋白质的呈色反应

蛋白质分子中的肽键及氨基酸残基侧链的某些化学基团能与某些试剂产生特殊的颜色反应，这些反应常被用于蛋白质的定性、定量分析。

1. 双缩脲反应　凡是含有两个或两个以上肽键的化合物均能与碱性硫酸铜反应，生成紫红色的化合物。氨基酸及二肽无此反应。双缩脲反应可用于蛋白质和多肽的定性和定量测定，亦可用于测定蛋白质的水解程度，水解越完全则颜色越浅。

2. 酚试剂反应　蛋白质分子中酪氨酸、色氨酸能与酚试剂（磷钼酸与磷钨酸）反应生成蓝色化合物，颜色深浅与蛋白质的量呈正比。此法是测定蛋白质浓度的常用方法，主要的优点是灵敏度高，比双缩脲反应灵敏度高 100 倍，可测定微克水平的蛋白质含量。缺点是酚试剂只与蛋白质中个别氨基酸反应，受蛋白质中氨基酸组成的特异性影响，即不同蛋白质所含酪氨酸、色氨酸数量不同，其显色强度也不同。作为标准的蛋白质，其显色氨基酸的量应与样品接近，以减少误差。

3. 米伦试剂反应　蛋白质溶液中加入米伦试剂（亚硝酸汞、硝酸汞、硝酸和亚硝酸的混合液）后产生白色沉淀，加热后沉淀变成红色。含有酚基的化合物有此反应。

三、蛋白质的胶体性质

蛋白质是一类高分子化合物，在体内可为球状、椭圆球状或纤维状等。分子量很大，界于 1 万~100 万，其胶粒大小可达到 1~100nm。与低分子量物质相比，蛋白质分子黏度大，扩散速度慢，不易透过半透膜。如血浆蛋白质等大分子胶体物质不能通过毛细血管壁，成为影响血管内、外两侧水平衡的重要因素。球状蛋白质的表面多为亲水基团，在溶液中具有强烈的吸引水分子的作用，使蛋白质分子表面形成水化膜，将蛋白质分子相互隔开，阻止其聚集而沉淀。同时，亲水 R 侧链的大多数基团可以解离，使蛋白质分子表面带有一定量的同种电荷，相互排斥，以防止聚集。因而分散在水溶液中的蛋白质是一种稳定的胶体溶液。若破坏蛋白质胶体颗粒表面的水化膜和电荷这两种稳定因素，则使蛋白质从溶液中析出。

四、蛋白质的两性电离与等电点

蛋白质分子除两端的氨基和羧基可分别解离带电荷外，其侧链的某些基团，如天冬氨酸、谷氨酸残基的 β-羧基和 γ-羧基，赖氨酸残基的 ε-氨基，精氨酸残基的胍基和组氨酸残基的咪唑基，都是一些可以解离的基团，在一定的 pH 条件下有的带正电荷，有的带负电荷。因此蛋白质和氨基酸一样，都是两性电解质。它们在溶液中的解离和带电状态受溶液 pH 值的影响。当溶液处于某一 pH 值时，蛋白质分子所带的正、负电荷相等，呈兼性离子状态，净电荷为零，此时溶液的 pH 值称为该蛋白质的等电点（pI）。蛋白质的解离状态可用下式表示：

$$\underset{\substack{\text{正离子}\\ \text{pH<pI}}}{\text{Pr}\Big\langle \begin{matrix}\text{NH}_3^+\\ \text{COOH}\end{matrix}} \underset{\text{H}^+}{\overset{\text{OH}^-}{\rightleftharpoons}} \underset{\substack{\text{兼性离子}\\ \text{pH=pI}}}{\text{Pr}\Big\langle \begin{matrix}\text{NH}_3^+\\ \text{COO}^-\end{matrix}} \underset{\text{H}^+}{\overset{\text{OH}^-}{\rightleftharpoons}} \underset{\substack{\text{负离子}\\ \text{pH>pI}}}{\text{Pr}\Big\langle \begin{matrix}\text{NH}_2\\ \text{COO}^-\end{matrix}}$$

各种蛋白质具有特定的等电点，这与其所含的氨基酸种类和数目有关（表 3-3），即与其中酸性和碱性氨基酸的比例及可解离基团的解离度有关。

表 3-3　蛋白质的氨基酸组成与 pI

蛋白质	酸性氨基酸数	碱性氨基酸数	pI
胃蛋白酶	37	6	1.0
胰岛素	4	4	5.35
核糖核酸酶	10	18	7.8
细胞色素 C	12	25	9.8～10.8

一般地说，含酸性氨基酸较多的酸性蛋白，等电点偏酸；含碱性氨基酸较多的碱性蛋白，等电点偏碱。当溶液的 pH>pI 时，蛋白质带负电荷；pH<pI 时，则带正电荷。体内多数蛋白质的等电点为 5 左右，所以在生理条件下（pH 为 7.4），多以负离子形式存在。

蛋白质的两性解离与等电点的特性是蛋白质的重要性质，对蛋白质的分离、纯化和分析等具有重要的实用价值。

五、蛋白质的变性与复性

蛋白质分子形成复杂而特定的构象，从而表现出蛋白质特异的生物学功能。蛋白质在某些理化因素的作用下，特定的空间结构遭到破坏，导致其理化性质的改变和生物学活性的丧失，这种现象称为蛋白质变性（denaturation）。很多因素都会使蛋白质变性，如高温高压、紫外线、超声波、强酸、强碱、重金属离子、生物碱试剂等。

构象的破坏是蛋白质变性的结构基础，其实质是维系蛋白质空间结构的次级键断裂，不涉及一级结构改变或肽键断裂，使有序的空间结构变为无序的松散状态，分子内部的疏水基团暴露出来，使其在水中的溶解度降低并丧失生物学活性。因此，蛋白质变性后，理化性质发生明显变化，如溶解度降低、黏度增加、结晶能力消失、易被蛋白酶水解。原有的生物学活性丧失是变性蛋白质的主要特征，如酶蛋白失去催化功能，血红蛋白丧失运氧功能，蛋白质激素的代谢调节功能改变等。

有些蛋白质变性后，采用一定条件去除其变性的因素，能恢复或部分恢复原来的空间构象，并恢复其生物学活性，这种现象称为蛋白质复性（renaturation）。如在核糖核酸酶溶液中加入尿素和 β-巯基乙醇，维持核糖核酸酶空间结构的四个二硫键被破坏，失去催化活性。当用透析法去除尿素和 β-巯基乙醇以后，二硫键重新形成，其原有的空间结构及催化活性又得以恢复（图 3-12）。蛋白质变性后能否复性，与导致变性的因素、蛋白质种类、分子结构破坏的程度等有关。一般情况下，大多数蛋白质变性是不可逆的。

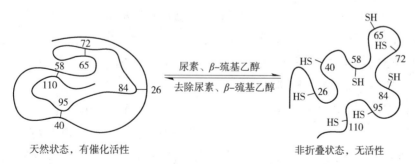

图 3-12　核糖核酸酶的变性与复性示意图

蛋白质的变性作用不仅对研究蛋白质的结构与功能有重要的理论价值，而且对医药生产和应用亦有重要的指导作用。实践中对蛋白质的变性作用有不同要求，有时必须尽力避免,而有时则必须充分利用。如利用乙醇、高温及高压等使细菌蛋白质变性而失去活性,进行消毒灭菌;中草药有效成分的提取或其注射液的制备也常用变性的方法(加热、浓乙醇等)除去杂蛋白;在制备和保存有生物活性的酶、蛋白质、激素或其他生物制品(疫苗、抗毒素等)时,则应采用低温条件,防止变性失活。有时还可加些保护剂、抑制剂等,以增强蛋白质的抗变性能力。

六、蛋白质的沉淀

蛋白质从溶液中析出的现象称为蛋白质沉淀(precipitation)。蛋白质的沉淀反应有重要的实用价值,如蛋白质类药物的分离制备、灭菌技术、生物样品的分析、杂质的去除等。蛋白质沉淀可能造成变性,也可能不造成变性,这取决于沉淀的方法和条件。常用沉淀蛋白质的方法有以下几种。

1. 盐析法 蛋白质溶液中加入中性盐后(如硫酸铵、硫酸钠、氯化钠等),因盐浓度的不同可产生不同的反应。低盐浓度可使蛋白质溶解度增加,称为盐溶作用。因为低盐浓度可使蛋白质表面吸附某种离子,导致其颗粒表面同性电荷增加而排斥加强,同时与水分子作用也增强,从而提高了蛋白质的溶解度;高盐浓度时,因破坏蛋白质的水化膜并中和其电荷,促使蛋白质颗粒相互聚集而沉淀,称为盐析作用(salting out)。

不同蛋白质因分子大小、电荷多少不同,盐析时所需盐的浓度各异。一般蛋白质分子量越大,所需中性盐的浓度越小,利用这种差异来分离分子量大小不同的蛋白质,称为分段盐析法。如可用半饱和的硫酸铵溶液沉淀血清球蛋白,饱和的硫酸铵溶液分离血清清蛋白。盐析时溶液的pH值越接近蛋白质的pI,效果越好。盐析法一般不引起蛋白质的变性,是分离蛋白质的常用方法之一,常用于酶、激素等具有生物活性蛋白质的分离制备。

2. 有机溶剂沉淀法 在蛋白质溶液中加入一定量的与水可互溶的有机溶剂(如乙醇、丙酮、甲醇等)能破坏蛋白质分子表面的水化膜,使蛋白质的解离度降低,相互聚集而从溶液中析出。在等电点时加入有机溶剂更易使蛋白质沉淀。但本法往往会引起蛋白质变性,这与有机溶剂的浓度、与蛋白质接触的时间,以及沉淀的温度有关。因此,用此法分离制备有生物活性的蛋白质时,应注意控制可引起变性的因素。

3. 重金属盐沉淀法 蛋白质在 pH 大于 pI 的溶液中呈负离子,可与重金属离子(Cu^{2+}、Hg^{2+}、Pb^{2+}、Ag^{2+}等)结合成不溶性蛋白质盐而沉淀,沉淀条件是溶液 pH>pI。重金属盐沉淀蛋白质往往会使蛋白质变性。临床上抢救误食重金属盐中毒患者,常常灌服大量蛋白质如牛奶、豆浆等,能与重金属离子形成不溶性络合物,从而减轻重金属离子对机体的损害。长期从事重金属作业的人员,提倡多吃高蛋白质食物,以防止重金属离子被机体吸收而造成损害。

4. 生物碱试剂沉淀法 生物碱试剂如苦味酸、鞣酸、磷钨酸、磷钼酸、三氯乙酸等的酸根离子可与带正电荷的蛋白质结合形成不溶性盐而沉淀。

蛋白质在 pH 小于 pI 时呈正离子,可与生物碱试剂的酸根离子结合成不溶性的盐而沉淀。沉淀条件是溶液 pH<pI。此类反应在实际工作中有许多应用,临床检验中,常用三氯乙酸和磷钨酸沉淀血液中的蛋白质,以制备去蛋白质滤液,或者用苦味酸检验尿蛋白、中草药注射液中的蛋白质等。生物碱试剂可引起蛋白质变性。

蛋白质变性和沉淀反应是两个不同的概念。蛋白质变性有时可表现为沉淀,亦可表现为溶解状态;同样,蛋白质沉淀有时可引起变性,亦可不引起变性,这取决于沉淀的方法、条件以及对蛋白质空间构象有无破坏。

第五节　蛋白质的分离与纯化

蛋白质的分离与纯化是研究蛋白质化学组成、结构及生物学功能等的基础。在生化制药工业中，酶、激素等蛋白质类药物的生产制备也涉及分离和不同程度的纯化问题。蛋白质在自然界是存在于复杂的混合体系中，许多重要的蛋白质在组织细胞内含量极低。因此，要把所需蛋白质从复杂的体系中提取分离，又要防止其空间构象的改变和生物活性的丧失，显然是有相当难度的。目前，蛋白质分离与纯化的发展趋势是将精细而多样化的技术综合运用，但基本原理均是以蛋白质的性质为依据。实际工作中，应按不同的要求和可能的条件选用不同的方法。

一、蛋白质的提取

1. 样本的选择　蛋白质的提取首先要选择合适的样本，选择的原则是样本中应含大量的所需蛋白质，且来源方便。当然，由于目的不同，有时只能用特定的原料。

2. 组织细胞的破碎　某些蛋白质以可溶形式存在于体液中，可直接分离。但大多数蛋白质存在于细胞内，并结合在一定的细胞器上，故需先破碎细胞，再用适当的溶剂提取。应根据动物、植物或微生物原料不同，选用不同的细胞破碎方法。

3. 蛋白质提取的条件　应根据所需提取的蛋白质性质选用适当的溶剂和提取次数，以提高回收率，防止细胞内、外蛋白酶对其水解破坏作用和其他因素对蛋白质特定构象的破坏作用。蛋白质提取的条件十分重要。

二、蛋白质的分离与纯化方法

（一）透析法和超滤法

1. 透析法　透析法（dialysis）是利用蛋白质大分子不能穿透半透膜，而小分子物质可以通过半透膜的性质，达到分离蛋白质的方法。透析袋一般用超小微孔的膜如玻璃纸或醋酸纤维素膜制成，微孔只允许分子量小于 1 万的化合物通过。此法简便，常用于蛋白质的脱盐，但需要较长的时间。

2. 超滤法　超滤法（ultrafiltration）是利用超滤膜在一定的压力或离心力的作用下使蛋白质溶液透过有一定截留分子量的超滤膜，达到浓缩蛋白质溶液的目的。选择不同孔径的超滤膜可截留不同分子量的蛋白质。此法的优点是可选择性地分离所需分子量的蛋白质，超滤过程无相态变化，条件温和，蛋白质不易变性，常用于蛋白质溶液的浓缩、脱盐、分级纯化等。

（二）低温有机溶剂沉淀法、盐析法和免疫沉淀法

1. 低温有机溶剂沉淀法　有机溶剂的介电常数比水低，如 20℃ 时，水为 79、乙醇为 26、丙酮为 21，因此在一定量有机溶剂中，蛋白质分子间极性基团的静电引力增加，水化作用降低，促使蛋白质聚集沉淀。此法沉淀蛋白质的选择性较高，不需脱盐，但温度高时蛋白质会变性，故应注意低温条件。有机溶剂沉淀中最常用的是丙酮沉淀，使用丙酮沉淀时，必须在 0~4℃ 低温下进行，丙酮用量一般 10 倍于蛋白质溶液体积。蛋白质被丙酮沉淀后，应立即分离，否则蛋白质也会变性。除了丙酮以外，也可用乙醇沉淀。如用冷乙醇法从血清分离制备人体清蛋白和球蛋白。

2. 盐析沉淀法 因一定浓度的中性盐可破坏蛋白质胶体的稳定因素而使蛋白质沉淀。因盐析沉淀法所沉淀的蛋白质一般保持着天然构象不变性而被广泛应用。有时不同的盐浓度可有效地使蛋白质分级沉淀。通常单价离子的中性盐（NaCl）比二价离子的中性盐$[(NH_4)_2SO_4]$对蛋白质溶解度的影响要小。

3. 免疫沉淀法 免疫沉淀法是将某一纯化蛋白质免疫动物而获得抗该蛋白的特异抗体，利用特异抗体识别相应的抗原蛋白，并形成抗原-抗体复合物的性质，从蛋白质混合溶液中分离获得抗原蛋白的方法。在具体实验中，常将抗体交联至固定化的琼脂糖珠上，更易于获得抗原-抗体复合物。进一步将该复合物溶于含十二烷基硫酸钠和二巯基丙醇的缓冲液后加热，使抗原从复合物中分离，达到纯化目的。

（三）电泳法

蛋白质在偏离其 pI 的溶液中为带电颗粒，在电场中会向与其电性相反的电极泳动，这种通过电荷性质、数量和分子量不同的蛋白质在电场中泳动速度不同从而达到分离各种蛋白质的技术，称为电泳（electrophoresis）。

蛋白质在电场中移动的速度和方向主要取决于蛋白质分子所带的电荷的性质、数量及分子大小和形状。带电粒子在电场中的电泳速度以电泳迁移率表示，即单位电场下带电粒子的泳动速度。带电粒子的泳动速度除受本身性质决定外，还受其他外界因素的影响，如电场强度、溶液的 pH、离子强度及电渗等。但是，在一定条件下，各种蛋白质因电荷的质、量及分子大小不同，其电泳迁移率各异而达到分离的目的。根据支持物的不同，有薄膜电泳和凝胶电泳。薄膜电泳以薄膜作为支持物，如乙酸纤维素膜，临床用于血浆蛋白电泳分析。凝胶电泳的支持物为琼脂糖、淀粉或聚丙烯酰胺凝胶。

1. SDS-聚丙烯酰胺凝胶电泳 SDS-聚丙烯酰胺凝胶电泳（SDS-polyacrylamide gel electrophoresis，SDS-PAGE）又称分子筛电泳。以聚丙烯酰胺凝胶为支持物，加入带负电荷较多的十二烷基硫酸钠，使所有的蛋白质分子表面都覆盖一层 SDS 分子，导致蛋白质分子间的电荷差异消失，此时蛋白质的泳动速度只和分子大小有关，再加之聚丙烯酰胺凝胶具有分子筛效应，因而电泳分辨率高。如乙酸纤维素膜电泳分离人血清只能分出 5~6 种蛋白质成分，而本法可分出 20~30 种蛋白质成分，且样品需要量少，一般用 1~100μg 即可。常用于蛋白质分子量测定。

2. 等电聚焦电泳 等电聚焦电泳（isoelectric focusing electrophoresis）是以两性电解质作为支持物，电泳时即形成一个由阳极到阴极逐渐增加的 pH 梯度。蛋白质在此系统中电泳各自集中在与其等电点相应的 pH 区域而达到分离的目的。此法分辨率高，各蛋白质 pI 相差 0.02pH 单位即可分开，可用于蛋白质的分离纯化和分析。

3. 二维电泳 二维电泳（two-dimensional electrophoresis）又称为双向电泳，是根据蛋白质等电点和分子量的特异性进行分离。双向电泳的第一向为等电聚焦（等电点信息），第二向为 SDS-聚丙烯酰胺凝胶电泳（分子量信息）。一次双向电泳可以分离几千甚至上万种蛋白质，这是目前所有电泳技术中分辨率最高，信息量最多的技术，广泛应用于蛋白质组学的研究。

（四）色谱法

色谱（chromatography）又称层析，是蛋白质分离纯化的重要手段之一。根据溶液中待分离的蛋白质颗粒大小、电荷多少及亲和力等使待分离蛋白质溶液（流动相）经过一个固态物质（固定相），待分离的蛋白质组分在两相中反复分配，并以不同速度流经固定相而达到分离蛋白质的目的。色谱种类很多，有离子交换色谱、凝胶过滤色谱和亲和色谱等。

1. 离子交换色谱　蛋白质是两性化合物，可用离子交换色谱（ion-exchange chromatography）进行分离精制。将阴离子或阳离子交换树脂填充在色谱柱中，由于阴（阳）离子交换树脂上带有正（负）电荷，能吸引溶液中的阴（阳）离子，然后再用含阴（阳）离子的溶液洗柱，带电荷小的蛋白质首先被洗脱，增加洗脱液的离子浓度，带电荷多的蛋白质也被洗脱下来（图 3-13）。

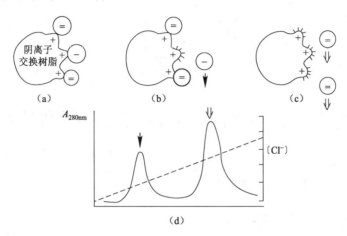

图 3-13　离子交换色谱示意图

（a）样品全部交换并吸附在树脂上；（b）负电荷较少的分子用较稀的 Cl⁻ 或其他负离子溶液洗脱；

（c）电荷多的分子随 Cl⁻ 浓度增加依次洗脱；（d）洗脱图

2. 凝胶过滤色谱　凝胶过滤色谱（gel filtration chromatography）也称分子筛色谱（molecular sieve chromatography），是一种简便而有效的生化分离方法。其原理是利用蛋白质分子量的差异，通过具有分子筛性质的凝胶而被分离。一般由葡聚糖凝胶（Sephadex）制成，葡聚糖凝胶是以葡聚糖与交联剂形成网状结构物，孔径大小用 G 表示，取决于两者比例和反应条件。G 越小、交联度越大、孔径越小。大分子蛋白质被排阻于胶粒之外；小分子蛋白质则进入凝胶分子内部。在色谱洗脱时，大分子受阻小而最先流出；小分子受阻大而最后流出。因此大小不同的蛋白质得以分离（图 3-14）。

3. 亲和色谱　亲和色谱（affinity chromatography）又称亲和层析、选择色谱、功能色谱或生物特异吸附色谱。蛋白质能与其相对应的化合物（称为配基）具有特异结合的能力，即亲和力。这种亲和力具有高度特异性和可逆性，根据这种具有特异亲和力的化合物之间能可逆结合与解离的性质建立的色谱方法，称为亲和色谱。本法具有简单、快速、纯化倍数高等

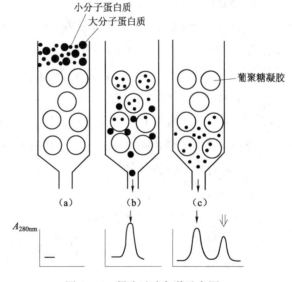

图 3-14　凝胶过滤色谱示意图

（a）大小分子蛋白质混合体洗脱；（b）大分子蛋白质洗脱；

（c）小分子蛋白质洗脱

显著优点，是一种高度专一性分离纯化蛋白质的有效方法。

（五）超速离心法

超速离心法（ultracentrifugation）既可以用来分离纯化蛋白质，也可以用作测定蛋白质的分子量。蛋白质在离心场中的行为用沉降系数（sedimentation coefficient，S）表示，沉降系数与蛋白质的密度和形状相关。因为沉降系数 S 大体上和分子量呈正比关系，故可应用超速离心法测定蛋白质分子量，但对分子形状高度不对称的大多数纤维状蛋白质不适用。

密度梯度离心（density gradient centrifugation）：蛋白质的沉降速度取决于颗粒的大小和密度，当其在具有密度梯度的介质中离心时，质量和密度大的颗粒沉降速度快，每种蛋白质颗粒沉降到与自身密度相等的介质梯度时，即停滞不前，可分步收集进行分析。密度梯度离心具有稳定作用，可以抵抗由于温度的变化或机械震动引起区带界面的破坏而影响分离效果。

第六节　氨基酸、多肽和蛋白质类药物

一、临床常用氨基酸类药物的特点及分类

（一）临床常用氨基酸类药物的特点

1. 甘氨酸　又称氨基乙酸，是结构最简单的氨基酸类化合物。为白色或类白色结晶性粉末，无臭，味甜，溶于水，微溶于吡啶，不溶于乙醇、乙醚。与盐酸反应生成盐酸盐。甘氨酸用作医学微生物和生物化学氨基酸代谢的研究，氨基酸营养输液，头孢菌素的原料，是合成咪唑乙酸中间体的原料。

2. 丙氨酸　为白色或类白色结晶或结晶性粉末，有香气，味甜，易溶于水，不溶于乙醇、丙酮和乙醚，广泛应用于食品药品化工行业中。可以预防肾结石，协助葡萄糖代谢，缓和低血糖，是合成新型甜味剂及某些手性药物中间体的原料。

3. 丝氨酸　白色结晶或结晶性粉末，无臭、味甜，易溶于水，不溶于乙醇、乙醚和丙酮。有助于免疫球蛋白产生；在脂肪和脂肪酸的新陈代谢及肌肉的生长中发挥作用；L-丝氨酸是合成嘌呤、胸腺嘧啶和胆碱的前体；衍生物环丝氨酸是抗生素，可用于治疗结核病；具有稳定滴眼液 pH 值的作用，无刺激性；是重要的自然保湿因子之一，可以保持皮肤角质层水分。

4. 胱氨酸　白色结晶或结晶性粉末，溶于稀酸和碱溶液，极难溶于水，不溶于乙醇。具有促进毛发生长和防止皮肤老化等作用；可防治先天性同型半胱氨酸尿症、继发性脱发症、慢性肝炎、放射线损伤等；可改善各种原因引起的白细胞减少症和药物中毒；可辅助治疗支气管哮喘、湿疹和烧伤。

5. 赖氨酸　可促进发育、增强免疫，提高中枢神经组织功能；提高智力、促进生长、增强体质；增进食欲、改善营养不良状况；改善睡眠，提高记忆力；帮助产生抗体、激素和酶，提高免疫力，增加血色素；帮助钙的吸收，防治骨质疏松症；降低血中三酰甘油，预防心脑血管疾病。

6. 精氨酸、天冬氨酸及组氨酸　精氨酸对治疗高氨血症、肝功能障碍等疾病颇有效果；天冬氨酸的钾、镁盐可缓解疲劳，治疗低钾引起的心脏病、肝病、糖尿病等；组氨酸可扩张血管，降低血压，治疗心绞痛、心功能不全等疾病。

（二）临床常用氨基酸及其衍生物类药物的分类

氨基酸是构成蛋白质的基本单位，是具有高度营养价值的蛋白质的补充剂，广泛应用于医药、食品、动物饲料和化妆品的制造。氨基酸在临床上主要用来制备复方氨基酸输液，也可用作治疗药物和合成多肽类药物。目前用作药物的氨基酸有 100 多种。

1. 治疗消化道疾病的氨基酸及其衍生物　主要有谷氨酸及其盐酸盐、谷氨酰胺、乙酰谷氨酰胺铝、甘氨酸及其铝盐、磷酸甘氨酸铁等。

2. 治疗肝病的氨基酸及其衍生物　主要有精氨酸盐酸盐、谷氨酸钠、甲硫氨酸、瓜氨酸等。

3. 治疗脑及神经系统疾病的氨基酸及其衍生物　主要有谷氨酸钙盐及镁盐、氢溴酸谷氨酸、色氨酸、5-羟色氨酸及左旋多巴等。

4. 用于肿瘤治疗的氨基酸及其衍生物　主要有偶氮丝氨酸、氯苯丙氨酸、磷天冬氨酸及重氮氧代正亮氨酸等。

二、临床常用多肽和蛋白质类药物的特点及分类

从化学组成的角度来看，蛋白质和多肽没有本质的区别，仅是分子结构不同。在这类药物的应用过程中，习惯上将多肽、蛋白质类药物划分为多肽激素类药物、细胞因子、抗体药物、抗菌肽和酶类药物等五种。其中，来源于动、植物有机体的多肽和蛋白质类药物称为生化药物，来源于基因工程菌表达生产的多肽、蛋白质类药物称为基因工程药物。

（一）多肽激素类药物

生物体内合成和分泌很多激素，活性多肽或生物活性肽。具有浓度低、活性强的特点。多肽药物相比氨基酸更易机体吸收，生物利用度高。具有防病、治病，调节人体生理功能的功效。

1. 特点

（1）多肽可作为信息的使者，调节体内各种生理活动和生化反应。分子量小，易于修饰改造。

（2）多肽以完整的形式直接进入血液循环到达机体各个部位，具有低耗或不需消耗能量的特点。药物多肽吸收具有不饱和性，各种肽之间运转没有竞争性和抑制性。

（3）人工合成的多肽类药物表面有一层保护膜，不会受到体内酶和酸碱物质的水解。吸收快速，又称生物导弹。多肽还具有主动、优先被机体吸收的特点，可作为载体，运载营养物质，特别是钙等对人体有益的微量元素。

2. 分类　根据作用机制和存在部位分为：下丘脑-垂体肽激素，如促甲状腺释放激素、升压素等；甲状腺激素；消化道激素，如胃泌素、胰泌素、胆囊收缩素等；胰岛激素和胸腺多肽激素。

（二）细胞因子

细胞因子（cytokine）是多种细胞分泌的能调节细胞生长分化、免疫功能、抗炎、抗病毒和促进伤口愈合等多种作用的多肽和蛋白质，不包括免疫球蛋白和补体。细胞因子在生物体内含量极低，目前主要依靠基因工程获得。

1. 特点

（1）大多数为分子量小的糖蛋白。

（2）通常以旁分泌或自分泌形式作用于邻近细胞或者本身。

（3）具多重高效的调节作用。

2. 分类 依据功能的不同，可分为白细胞介素（interleukin，IL）、集落刺激因子（colony stimulating factor，CSF）、干扰素（interferon，IFN）、肿瘤坏死因子（tumor necrosis factor，TNF）、趋化因子（chemokine）和其他细胞因子，如转化生长因子（transforming growth factor，TGF）、表皮生长因子（epidermal growth factor，EGF）和成纤维细胞生长因子（fibroblast growth factor，FFG）等。

（三）抗体药物

抗体药物以细胞、基因工程技术为主体的抗体工程技术进行制备，与靶抗原结合具有高特异性、有效性和安全性，临床用于治疗恶性肿瘤、自身免疫病等重大疾病。

1. 特点

（1）特异性 抗体药物特异性地结合相关抗原，选择性地杀伤肿瘤靶细胞，在动物体内靶向分布，临床使用疗效确切。

（2）多样性 主要体现在抗原多样性、抗体结构多样性、抗体活性多样性和免疫偶联物与融合蛋白多样性。

（3）制备定向性 抗体药物的重要特点之一是可以定向制造，可以根据需要，制备具有不同治疗作用的抗体药物。如针对特定的靶分子定向制备或根据需要选择抗体药物的"效应分子"。

2. 分类 抗体药物分为多克隆抗体药物、单克隆抗体药物和基因工程抗体药物。①多克隆抗体药物：又称常规抗体，如破伤风抗毒素血清。由于多克隆抗体不均一，在使用中常发生非特异性交叉反应而导致假阳性，临床应用受到限制。②单克隆抗体药物：包括治疗肿瘤的单克隆抗体药物、抗肿瘤单抗偶联物和治疗其他疾病的单克隆抗体。其中抗肿瘤单克隆抗体偶联物由单克隆抗体与有治疗作用的物质如放射性核素、毒素和药物两部分构成，分为化学免疫偶联物、放射免疫偶联物和免疫毒素。③基因工程抗体药物：是指以基因工程技术等高新生物技术为平台制备的生物药物的总称，包括嵌合抗体药物、单链抗体药物、人源性抗体药物和双特异性抗体药物。

（四）抗菌肽

抗菌肽是指分子量在 10 000 以下，具有某种抗菌活性的多肽类物质。

1. 特点 抗菌肽以物理的方式作用于细菌的细胞膜，使细胞膜穿孔，细胞质外溢达到杀菌目的。抗菌肽具有疏水和亲水的两亲性特征，带正电荷的分子与细胞膜磷脂分子的负电荷形成静电吸附，随后抗菌肽分子的疏水端插入细菌细胞膜中，牵引整个分子进入质膜，扰乱质膜原有的排列顺序，再通过抗菌肽分子间的相互位移而聚合形成跨膜离子通道，导致细胞质外流，细胞内离子大量丢失，细菌不能维持胞内渗透压而死亡。

抗菌肽只对原核生物细胞产生特异的溶菌活性，对最低等的真核生物如真菌及某些植物的原生质体，某些肿瘤细胞等也有一定的杀伤力，而对人体正常的细胞无损伤作用。

2. 分类 按抗菌肽分子结构及功能特征可将其分为 α 螺旋结构类，如天蚕素；伸展性螺旋结构类；环链结构类和 β 折叠型。

多肽抗生素具有抗菌活性、免疫活性、抗氧化作用、结合矿物质、杀虫、抗病毒的作用。

（五）酶类药物

酶类药物是用于预防、治疗、诊断疾病的酶制剂。

1. 特点

（1）在中性 pH 值条件下，酶类药物具有较高的活力和稳定性。如大肠杆菌谷氨酰胺酶的最适 pH 值为 5.0，不能用于人类疾病的治疗。

（2）对底物具有较高的亲和力。酶的 K_m 较低时，只有少量的酶即可催化血液或组织中较低浓度的底物发生生化反应。

（3）在血清中半衰期长，血中清除率慢，利于发挥治疗作用。

（4）免疫原性较低或无免疫原性。

2. 分类 酶类药物根据作用可分为以下六类：①促进消化的酶类，如蛋白酶、淀粉酶、脂肪酶、淀粉酶等；②消炎（抗炎）酶类，如溶菌酶、胰蛋白酶、核酸酶等；③心血管疾病治疗酶类，如凝血酶、纤溶酶、链激酶、尿激酶等；④抗肿瘤的酶类，如 L-天冬酰胺酶、谷氨酰胺酶、甲硫氨酸酶等；⑤其他治疗酶类，如细胞色素、超氧化物歧化酶（SOD）、透明质酸酶等；⑥辅酶类，如烟酰胺腺嘌呤二核苷酸（NAD）、烟酰胺腺嘌呤二核苷酸磷酸（NADP）、黄素单核苷酸（FMN）等。

知识拓展

中药中的氨基酸、多肽和蛋白质

1. 氨基酸 中药中的氨基酸成分除了 20 种标准氨基酸之外，还有非标准氨基酸和氨基酸的衍生物，具有各种药理作用。如使君子中含有使君子氨酸，有驱蛔虫的作用。南瓜子中含有南瓜子氨酸，有驱血吸虫、驱绦虫的作用。三七中含有三七素，有止血作用；黄芪中含有 γ-氨基丁酸，有降压作用；大蒜中含有蒜氨酸，有抗菌、抗癌的作用。

2. 多肽 中药中所含的多肽多是中药原植物或原动物合成蛋白质的中间体或是多肽。其中一些多肽是中药的有效成分，如牛黄含有一种多肽，有降压作用；水蛭含有一种多肽，具有抗凝血的作用。

3. 蛋白质 中药中具有生物活性的蛋白质不断被发现，有些已经应用于临床。如天花粉蛋白（trichosanthin，TCS）是从葫芦科植物栝楼的块根中提取出来的蛋白质，有较好的抗肿瘤活性。

重点小结

重 点	难 点
1. 蛋白质是含氮化合物，根据含氮量可以计算蛋白质的含量	1. 氨基酸属于两性电解质，在溶液的 pH 等于 pI 时，呈兼性离子的状态。蛋白质由氨基酸构成，也属于两性电解质
2. 蛋白质的基本组成单位是 L-α-氨基酸，共有 20 种，可分为非极性疏水氨基酸、芳香族氨基酸、极性中性氨基酸、酸性氨基酸和碱性氨基酸四大类	2. 体内蛋白质种类繁多，各有其特定的结构和特殊的生物学功能。一级结构是空间结构的基础，也是功能基础。一级结构相似的蛋白质，其空间结构及功能也相似
3. 氨基酸通过肽键连接形成肽类化合物。形成肽键的 6 个原子处于同一个平面，构成肽单元	3. 蛋白质的空间构象与功能关系密切。空间构象发生改变，可导致其理化性质和生物学活性的丧失
4. 蛋白质的一级结构指多肽链中氨基酸残基的组成和排列顺序。维持稳定的化学键是肽键	4. 分离纯化蛋白质是研究其结构与功能的前提，通常利用蛋白质的理化性质，采用不破坏蛋白质结构与功能的物理方法来纯化。常用技术有电泳法、色谱法、超速离心法等
5. 蛋白质的空间结构包括二级、三级和四级结构。二级结构是指局部多肽链的主链骨架若干肽单元盘绕折叠形成的空间排布，不涉及氨基酸残基侧链的构象。主要包括 α 螺旋、β 折叠、β 转角和无规卷曲等。维持其稳定的化学键是氢键。三级结构是指整条肽链中全部氨基酸残基的所有原子在三维空间的排布位置。维持其稳定主要靠次级键。四级结构指亚基之间的缔合，也主要靠次级键维持稳定	

简 答 题

1. 蛋白质的组成元素是什么？哪种元素可用于蛋白质定量？
2. 什么是蛋白质的一级结构？与高级结构的关系是什么？
3. 举例说明多肽和蛋白质类药物的特点及药理作用。
4. 举例说明临床常用氨基酸类药物的特点及药理作用。
5. 简述常用的分离纯化蛋白质的方法及原理。
6. 蛋白质结构的特点及维持结构的化学键是什么？

（孙　聪）

扫码"练一练"

第四章　核酸化学

扫码"学一学"

> **要点导航**
>
> **掌握**　核酸的化学组成，DNA 的分子结构及生物学意义，RNA 的种类及其生物学作用。
> **熟悉**　核酸的理化性质和各类 RNA 的结构特点。
> **了解**　某些重要核酸类药物的结构特点和药理学功能。

核酸（nucleic acid）是生命活动中重要的生物大分子，因最初从细胞核分离获得，具有酸性，故称为核酸。核酸是构成基因与基因表达的物质基础，是合成蛋白质、组成细胞的重要生理活性物质。核酸分为两大类，即脱氧核糖核酸（deoxyribonucleic acid, DNA）和核糖核酸（ribonucleic acid, RNA）。DNA 主要分布在细胞核中，是生物遗传的物质基础；RNA 存在于细胞质和细胞核中，在细胞中的含量比 DNA 高。原核细胞和真核细胞都含有三种主要 RNA：信使 RNA（messenger RNA, mRNA）、转运 RNA（transfer RNA, tRNA）和核糖体 RNA（ribosomal RNA, rRNA）。此外，真核细胞还含有核内不均一 RNA（heterogeneous nuclear RNA, hnRNA）和核小 RNA（small nuclear RNA, snRNA）。

核酸不仅与正常生命活动如生长繁殖、遗传变异、细胞分化等有着密切关系，而且与生命的异常活动如肿瘤发生、辐射损伤、遗传病、代谢病、病毒感染等也息息相关。因此，核酸研究是现代生物化学、分子生物学与医药学发展的重要领域。

第一节　核酸的分子组成与结构

一、核酸的元素组成

核酸分子的元素组成为 C、H、O、N 和 P，其中 P 的含量较为恒定，占 9%～10%，可用于核酸含量的测定。核酸完全水解可释放出等摩尔的含氮碱基、戊糖和磷酸（图 4-1），三种成分以共价键连接而成。

图 4-1　核酸的分子组成

二、核酸的基本结构

核酸是由许多核苷酸聚合而成的多核苷酸（polynucleotide）。核苷酸是组成核酸的基本结构单位。

DNA 主要由腺嘌呤、鸟嘌呤、胞嘧啶和胸腺嘧啶四种碱基组成的脱氧核糖核苷酸构成。RNA 主要由腺嘌呤、鸟嘌呤、胞嘧啶和尿嘧啶四种碱基组成的核糖核苷酸构成。DNA 和 RNA 的基本化学组成见表4-1。

表 4-1 DNA 和 RNA 的基本化学组成

	DNA	RNA
嘌呤碱基	腺嘌呤（adenine，A）	腺嘌呤
	鸟嘌呤（guanine，G）	鸟嘌呤
嘧啶碱基	胞嘧啶（cytosine，C）	胞嘧啶
	胸腺嘧啶（thymine，T）	尿嘧啶（uracil，U）
戊糖	D-2-脱氧核糖	D-核糖
磷酸	磷酸	磷酸

（一）核苷和核苷酸

1. 碱基 核酸中的碱基分两类：嘧啶碱和嘌呤碱。

（1）嘧啶碱 核酸中常见的嘧啶碱有三类：胞嘧啶、尿嘧啶和胸腺嘧啶。DNA 和 RNA 中都含有胞嘧啶，RNA 还含有尿嘧啶，DNA 还含有胸腺嘧啶。

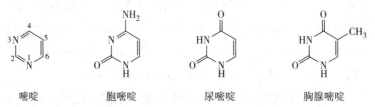

嘧啶　　　　胞嘧啶　　　　尿嘧啶　　　　胸腺嘧啶

（2）嘌呤碱 核酸中所含的嘌呤碱主要有腺嘌呤和鸟嘌呤。

（3）稀有碱基 除表4-1所列核酸中五种基本的碱基外，核酸中还有一些含量甚少的碱基，称为稀有碱基。很多稀有碱基是甲基化碱基，如1-甲基腺嘌呤、1-甲基鸟嘌呤等。

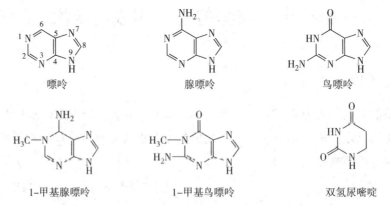

嘌呤　　　　　　腺嘌呤　　　　　　鸟嘌呤

1-甲基腺嘌呤　　　1-甲基鸟嘌呤　　　双氢尿嘧啶

2. 核糖和脱氧核糖 核酸分子中的戊糖都是 β-D 构型。RNA 含 β-D-核糖，DNA 含 β-D-2-脱氧核糖。

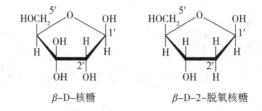

β-D-核糖　　　　　β-D-2-脱氧核糖

3. 核苷 戊糖和碱基通过糖苷键连接形成核苷。戊糖的第一位碳原子与嘧啶碱的第 1 位氮原子或嘌呤碱的第 9 位氮原子相连接，连接键是 N—C 键，一般称为 N-糖苷键。糖环中的 C_1' 是手性碳原子，所以有 α 和 β 两种构型。核酸分子中的糖苷键均为 β-糖苷键。

根据核苷所含戊糖不同，将核苷分为核糖核苷和脱氧核糖核苷两类。

核苷中，戊糖的碳原子编号数字上加一撇，以便与碱基编号区别。对核苷进行命名时，先冠以碱基的名称，如腺嘌呤核苷、胸腺嘧啶脱氧核苷等。

RNA 中主要的核糖核苷有四种：腺嘌呤核苷（adenosine）、鸟嘌呤核苷（guanosine）、胞嘧啶核苷（cytidine）和尿嘧啶核苷（uridine）。其结构式如下：

DNA 中主要的脱氧核糖核苷也有四种：脱氧腺苷（deoxyadenosine）、脱氧鸟苷（deoxyguanosine）、脱氧胞苷（deoxycytidine）、脱氧胸苷（deoxythymidine）。其结构式如下：

4. 核苷酸 由核苷中戊糖的羟基与磷酸酯化而形成核苷酸（nucleotide），即核苷酸是核苷的磷酸酯。根据核苷酸中的戊糖不同，核苷酸可分为两大类：核糖核苷酸和脱氧核糖核苷酸。自然界存在的游离核苷酸为 $5'$-核苷酸，一般其代号可略去 $5'$。

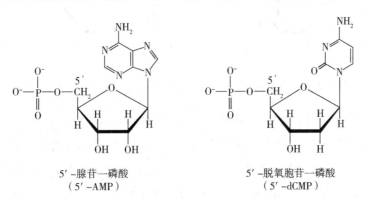

$5'$-腺苷一磷酸　　　　　　　　　　$5'$-脱氧胞苷一磷酸
（$5'$-AMP）　　　　　　　　　　　（$5'$-dCMP）

3′-腺苷一磷酸
（3′-AMP）

3′-脱氧胞苷一磷酸
（3′-dCMP）

核苷酸的种类：核苷（脱氧核苷）一磷酸（NMP/dNMP）可以通过酸酐键结合第二个、第三个磷酸基，形成核苷（脱氧核苷）二磷酸（NDP/dNDP）和核苷（脱氧核苷）三磷酸（NTP/dNTP），如腺苷三磷酸（ATP）。核苷三磷酸的 3 个磷酸基依次编号为 α-磷酸基、β-磷酸基、γ-磷酸基。连接磷酸基的酸酐键是高能磷酸键；β-磷酸基和 γ-磷酸基是高能磷酸基团，属于高能基团；含有高能磷酸键或高能磷酸基团的化合物是高能磷酸化合物，属于高能化合物。

腺苷三磷酸

（二）环核苷酸

环核苷酸如环腺苷酸和环鸟苷酸普遍存在于动、植物和微生物细胞中，结构式如下。

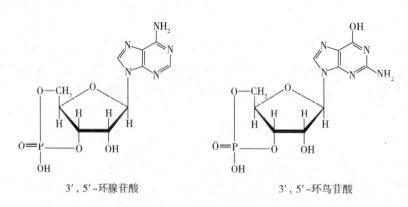

3′,5′-环腺苷酸

3′,5′-环鸟苷酸

3′,5′-环腺苷一磷酸（3′,5′-cyclic adenosine monophosphate），又称环腺苷酸（cAMP）参与调节细胞的某些生理功能，控制生物的生长、分化和细胞对激素的效应。外源 cAMP 不易通过细胞膜，cAMP 的衍生物双丁酰 cAMP 可通过细胞膜，已应用于临床，对心绞痛、心肌梗死等有一定疗效。cAMP 和 3′,5′-环鸟苷酸（3′,5′-cyclic guanosine monophosphate，cGMP）均是细胞信号转导的第二信使。

三、核酸的分子结构

（一）核酸的一级结构

在核酸分子中，一个核苷酸的 3′-羟基与相邻核苷酸的 5′-磷酸基缩合，形成 3′,5′-磷酸二酯键。核酸主链又称骨架，由磷酸与戊糖交替连接构成，碱基相当于侧链。

核酸链有方向性，即有两个不同的末端，分别称为 5′端和 3′端：5′端有游离磷酸基，称为头端；3′端有游离羟基，称为尾端。核酸链有几种书写方式，都是从头到尾，即 5′端→3′端书写，与核酸的合成方向一致（图 4-2）。

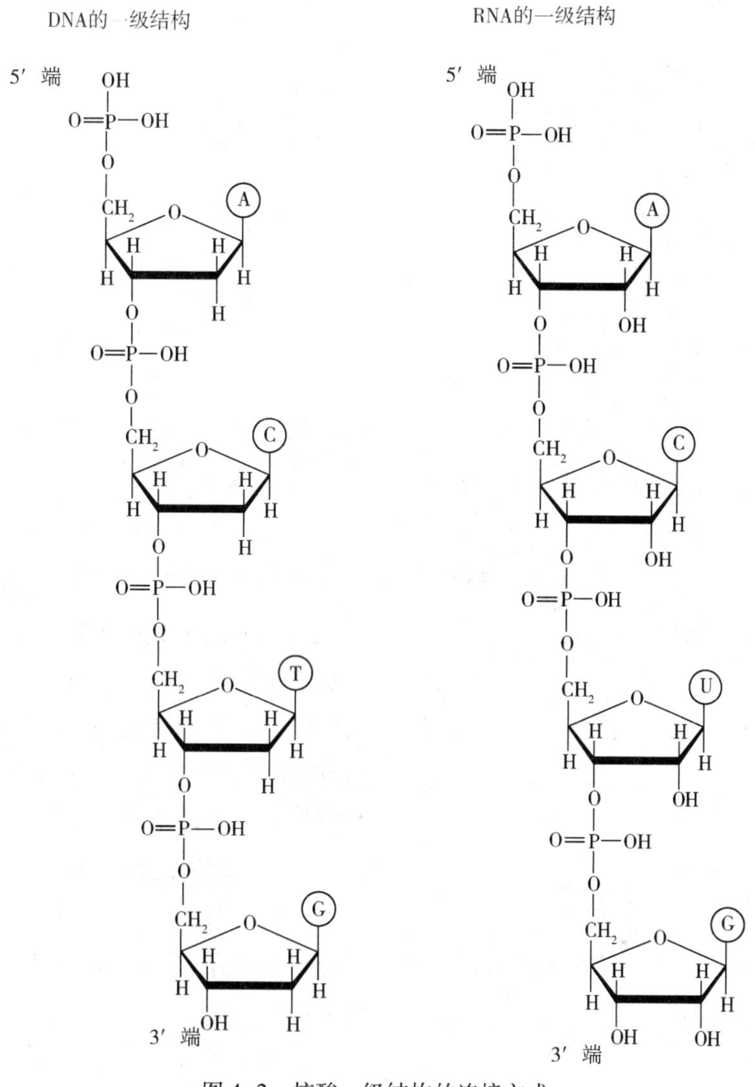

图 4-2　核酸一级结构的连接方式

（二）DNA 的空间结构

1. DNA 的二级结构

（1）DNA 二级结构的 Watson-Crick 模型　DNA 双螺旋结构模型是 James Watson 和 Francis Crick 于 1953 年提出来的。根据此模型，结晶的 B 型 DNA 钠盐是由两条反向平行的多核苷酸链，围绕同一个中心轴构成的双螺旋结构（图 4-3）。

DNA 双螺旋结构模型的要点：

1）DNA 由两条多脱氧核苷酸链组成，围绕着同一个中心轴形成右手螺旋结构，两条链在空间走向呈反向平行，一条链 5′→3′方向自上而下，另一条链 5′→3′方向自下而上。双螺旋结构的直径为 2.0nm。螺旋一圈包含 10 对碱基对，螺距为 3.4nm。螺旋表面存在一个大沟和一个小沟，是蛋白质识别的重要部位。

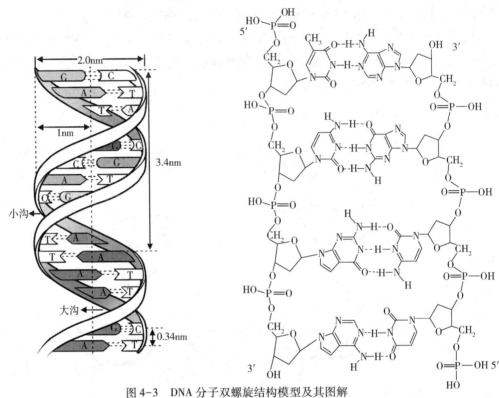

图 4-3　DNA 分子双螺旋结构模型及其图解

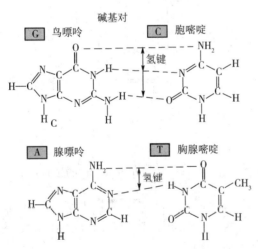

图 4-4　DNA 分子中的碱基配对规则

2）DNA 两条链之间形成互补碱基对。磷酸基和脱氧核糖在外侧，通过磷酸二酯键相连接，形成 DNA 的骨架。两链之间腺嘌呤与胸腺嘧啶配对，鸟嘌呤与胞嘧啶配对，即 A 和 T 间形成两个氢键，G 和 C 间形成 3 个氢键。这种碱基之间互相配对称为碱基配对（图 4-4）。因此，一条 DNA 链的碱基序列决定另一条互补 DNA 碱基序列，两股 DNA 链称为互补链。

3）碱基堆积力和氢键共同维系 DNA 双螺旋结构的稳定。相邻的两个碱基对平面产生的疏水性的碱基堆积力，维系 DNA 双螺旋结构的纵向稳定性；互补链之间碱基对形成的氢键，维系 DNA 双螺旋结构的横向稳定。

（2）DNA 双螺旋结构的多样性　天然 DNA 在不同湿度、不同盐溶液中结晶，其 X 线衍射所得数据不一样，因而 DNA 双螺旋结构具有多样性。A-DNA 是在 75% 相对湿度下获得的 DNA 钠盐纤维的二级结构，是右手双螺旋 DNA；Watson 和 Crick 提出的右手螺旋 DNA 模型是基于在 92% 相对湿度下获得的 DNA 钠盐纤维的二级结构，称之为B-DNA，是在生理条件下最稳定的 DNA 结构。Z-DNA：1979 年，美国麻省理工学院 A. Rich 等从

d（GGGCGC）这样一个脱氧六核苷酸 X 射线衍射结果发现，该片段以左手螺旋存在于晶体中，并提出了左手螺旋的 Z-DNA 模型。新发现的左手螺旋 DNA，虽也是双股螺旋，但旋转方向与 B-DNA 相反，主链中磷原子连接线呈锯齿形（zigzag），好似 Z 字形扭曲，因此称为 Z-DNA。Z-DNA 直径约 1.8nm，螺距 4.5nm，每一圈螺旋含 12 碱基对，整个分子比较细长而伸展。Z-DNA 的碱基对偏离中心轴并靠近螺旋外侧，螺旋的表面只有小沟没有大沟。此外，许多数据均与 A-DNA、B-DNA 不同（表 4-2）。左手螺旋 DNA 也是天然 DNA 的一种构象，而且在一定条件下右手螺旋 DNA 可转变为左手螺旋。DNA 的左手螺旋可能与致癌、突变及基因表达的调控等重要生物功能有关。

表 4-2　A-DNA、B-DNA 与 Z-DNA 的比较

类型	旋转方向	每圈残基数	直径（nm）	碱基堆积距离（nm）	螺距（nm）	每个碱基旋转角度
A-DNA	右旋	11	2.6	0.23	2.53	33°
B-DNA	右旋	10	2.0	0.34	3.40	36°
Z-DNA	左旋	12	1.8	0.37	4.44	-60°

DNA 双螺旋结构模型见图 4-5。

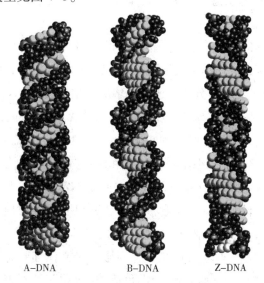

A-DNA　　　　B-DNA　　　　Z-DNA

图 4-5　DNA 双螺旋结构模型

（3）DNA 的多链结构　在实验中还发现存在三股螺旋 DNA 结构，可能在 DNA 重组复制和转录中以及 DNA 修复过程中出现。三链 DNA（triple helix DNA）是由三条脱氧核苷酸链按一定的规律绕成的螺旋状结构。其结构是在 Watson-Crick 双螺旋基础上形成的，其中大沟中容纳第三条链形成三股螺旋。在三链 DNA 中第三条链与双链中碱基形成 Hoogsteen 结合，形成三碱基体：T-A-T、C-G-C。在三链 DNA 中，原来两股链的走向是反平行的，其碱基通过 Watson-Crick 方式配对，位于大沟中的多嘧啶链则与双链 DNA 中的多嘌呤链成平行走向，碱基则按 Hoogsteen 方式配对并形成 TAT、CGC 三联体，在后一配对方式中，多嘧啶链中的胞嘧啶残基必须先与 H^+ 结合（质子化）才能与鸟嘌呤配对，这也就是 H-DNA 命名的由来。三链 DNA 在分子内或分子间形成，分子内形成时需要低 pH 下胞嘧啶质子化，故又称 H-DNA。H-DNA 存在于基因调控区和其他重要区域，故具有重要的生物学意义。

2. DNA 的三级结构　细菌、线粒体及某些病毒等的 DNA 呈闭环结构，其三级结构是在 DNA 双螺旋二级结构基础上，进一步盘旋形成的超螺旋结构。超螺旋是 DNA 三级结构的一种形式。超螺旋的形成与分子能量状态有关（图 4-6）。

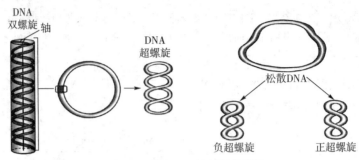

图 4-6　环状 DNA 的超螺旋结构

（1）正超螺旋　正超螺旋（positive supercoil）的盘绕方向与双螺旋方向相同，此种结构使分子内部张力加大，旋得更紧。

（2）负超螺旋　负超螺旋（negative supercoil）的盘绕方向与双螺旋方向相反。这种结构可使其二级结构处于松缠状态，使分子内部张力减少，有利于 DNA 复制、转录和基因重组。

自然界中，生物体内的超螺旋都呈负超螺旋形式存在，DNA 的拓扑异构体之间的转变是通过拓扑异构酶来实现的。DNA 特定区域中超螺旋的增加有助于 DNA 的结构转化。DNA 结构变化之一就是使 DNA 双股链分开，或局部熔解。超螺旋所具有的多余的能量被用于碱基间氢键的断裂。超螺旋不仅使 DNA 形成高度致密的状态，从而得以容纳于有限的空间中，在功能上也是重要的，推动着结构的转化，以满足功能上的需要。

3. 染色质与染色体　具有三级结构的 DNA 和组蛋白紧密结合组成染色质。构成真核细胞的染色体物质称为"染色质"（chromatin），它们是不定形的，几乎是随机地分散于整个细胞核中，当细胞准备有丝分裂时，染色质凝集，并组装成因物种不同而数目和形状特异的染色体（chromosome），此时当细胞被染色后，用光学显微镜可以观察到细胞核中有一种密度很高的着色实体。因此，真核细胞染色体只限于定义休细胞有丝分裂期间这种特定形状的实体，所以"染色体"是细胞有丝分裂期间"染色质"的凝集物。

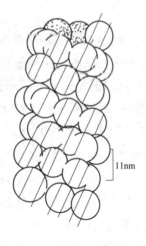

11nm

图 4-7　螺旋筒模式

真核细胞染色质中，双链 DNA 是线状长链，以核小体（nucleosome）的形式串联存在。核小体是由组蛋白 H_2A、H_2B、H_3 和 H_4 各两分子组成的八聚体，外绕 DNA，长约 145 碱基对，形成核心颗粒（core particle），由组蛋白 H_1 与 DNA 两端连接，使 DNA 围成两圈左手超螺旋，共约 166 碱基对。与组蛋白皆以盐键相连，形成珠状核小体。这是染色质的结构单位。核小体长链进一步卷曲，每 6 个核小体为 1 圈，H_1 组蛋白在内侧相互接触，形成直径为 30nm 的螺旋筒（solenoid）结构，组成染色质纤维（图 4-7）。在形成染色单体时，螺旋筒再进一步卷曲、折叠。人体每个细胞中长约 1.7m 的 DNA 双螺旋链，最终压缩 8400 多倍，分布于各染色单体中。46 个染色单体总长仅 200mm 左右，储于细胞核中。

染色质中还存在非组蛋白（nonhistone proteins），某些非组蛋白参与了调节特殊基因的表达，以控制同种生物的基因组可以在不同组织与器官中表达出不同生物功能的活性蛋白。

核小体结构见图 4-8。

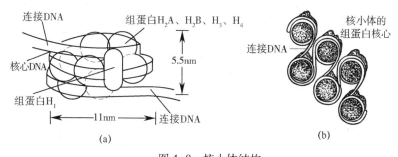

图 4-8　核小体结构

（a）核小体结构模式；（b）核小体纤维模式图

（三）RNA 的种类和分子结构

1. RNA 的类型及基本结构特征　动物、植物和微生物细胞的 RNA 主要有三类：信使RNA、转运 RNA、核糖体 RNA。

（1）RNA 的基本组成单位是 AMP、GMP、CMP 及 UMP。一般含有较多种类的稀有碱基核苷酸，如假尿嘧啶核苷酸及甲基化碱基核苷酸等。

（2）每分子 RNA 中约含有几十个至数千个 NMP，彼此通过 $3',5'$-磷酸二酯键连接成多核苷酸链。

（3）RNA 主要是单链结构，但局部区域可卷曲形成链内双链螺旋结构，又叫发卡结构（hairpin structure）。双链部位的碱基一般也彼此形成氢键而互相配对，即 A-U 及 G-C，双链区有些不参与配对的碱基往往被排斥在双链外，形成环状突起（图 4-9）。

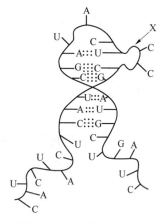

图 4-9　RNA 的二级结构

（4）RNA 与 DNA 对碱的稳定性不同，RNA 易被碱水解，使 $5'$-磷酸酯键断开，形成 $3'$-磷酸酯键的单核苷酸。DNA 无 $2'$-羟基，则不易被碱水解。

2. 参与蛋白质生物合成的 RNA 的结构及功能

（1）信使 RNA（mRNA）　mRNA 在细胞中含量很少，占 RNA 总量的 3%～5%。mRNA是合成蛋白质的模板，mRNA 为传递 DNA 的遗传信息并指导蛋白质合成的一类 RNA 分子。mRNA 是异源性很高的 RNA，每一个 mRNA 分子携带一个 DNA 序列的拷贝，在细胞中被翻译成一条或多条多肽链。其代谢活跃，更新迅速，半衰期一般较短。

1）分子量大小不一，由几百至几千个核苷酸组成。

2）大多数真核细胞 mRNA 在 $3'$ 端有一段长约 200 个碱基的多腺苷酸［poly（A）］。而poly（A）的结构与 mRNA 从细胞核移至细胞质过程有关，也与 mRNA 的半衰期有关。新合成的 mRNA poly（A）较长，衰老 mRNA 的 poly（A）较短。原核细胞 mRNA $3'$ 端一般不含poly（A）顺序。

3）真核细胞 mRNA 的 $5'$ 端有 7-甲基鸟嘌呤核苷三磷酸结构。7-甲基鸟嘌呤核苷三磷酸（通常有三种类型 $m^7G^{5'}ppp^{5'}Np$、$m^7G^{5'}ppp^{5'}NmpNp$ 和 $m^7G^{5'}ppp^{5'}NmpNmp$）简称帽结构，与蛋白质生物合成的起始有关。原核生物 mRNA 无帽结构。

4）mRNA 分子中有编码区和非编码区。编码区是所有 mRNA 分子的主要结构，编码特定蛋白质分子的一级结构，非编码区与蛋白质合成的调控有关。

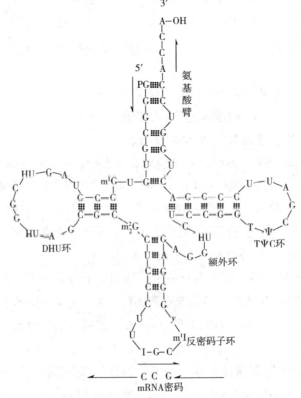

7-甲基鸟嘌呤核苷三磷酸（m⁷Gppp）

（2）转运 RNA（tRNA）　tRNA 是细胞中最小的一类 RNA。tRNA 约占细胞中 RNA 总量的 15%。在蛋白质生物合成中 tRNA 起转运氨基酸的作用。细胞内 tRNA 的种类很多，每一种氨基酸都有 2～6 种相应的 tRNA，分散于细胞质中。书写各种不同氨基酸的 tRNA 时，在右上角注以其转运氨基酸的三字母缩写，如 tRNA^Phe 代表转运苯丙氨酸的 tRNA。

1）一级结构　tRNA 皆由 70～90 个核苷酸组成，有较多的稀有碱基核苷酸，3′端为—CCA—OH，沉降系数都在 4S 左右。

2）二级结构　根据碱基排列模式，呈三叶草式。双链互补区构成三叶草的叶柄，突环好像三片小叶。大致分为氨基酸臂、二氢尿嘧啶环、反密码子环、额外环和 TΨC 环，以及二氢尿嘧啶臂、反密码子臂和 TΨC 臂（图 4-10）。

图 4-10　酵母 tRNA^Ala 的核苷酸序列

DHU：二氢尿苷　I：肌苷　m¹G：1-甲基鸟苷　m¹I：1-甲基肌苷　m²₂G：N²-二甲基鸟苷　Ψ：假尿苷

氨基酸臂：由 7 对碱基组成，富含鸟嘌呤，末端为—CCA—OH，蛋白质生物合成时，用于连接活化的相应氨基酸；二氢尿嘧啶环（DHU loop）：由 8～12 个核苷酸组成，含有二氢尿嘧啶，故称为二氢尿嘧啶环；反密码子环：由 7 个核苷酸组成，环的中间是反密码子（anticodon），由 3 个碱基组成，肌苷—磷酸常出现于反密码子中；额外环（extra loop）：由 3～18 个核苷酸组成，不同的 tRNA，其环大小不一，是 tRNA 分类的指标；TΨC 环：由 7 个核苷酸组成，因环中含有 T-Ψ-C 碱基序列而得名。

3）三级结构　酵母 tRNA^{Phe} 呈倒 L 形的三级结构。其他 tRNA 也类似。氨基酸臂与 TΨC 臂形成一个连续的双螺旋区（图 4-11），构成字母 L 下面的一横，二氢尿嘧啶臂与反密码子臂及反密码子环共同构成 L 的一竖。二氢尿嘧啶环中的某些碱基与 TΨC 环及额外环中的某些碱基之间可形成一些额外的碱基对，维持 tRNA 的三级结构。

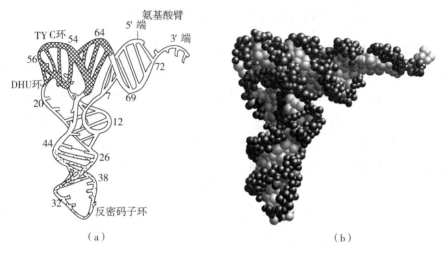

图 4-11　酵母 tRNA^{Phe} 的三级结构

（a）tRNA 平面结构；（b）tRNA 立体结构

（3）核糖体 RNA（rRNA）　核糖体 RNA 是细胞中主要的一类 RNA，占细胞全部 RNA 的 80% 左右，是一类代谢稳定、分子量最大的 RNA，存在于核糖体内。

核糖体（ribosome）又称为核蛋白体或核糖核蛋白体，是细胞内蛋白质生物合成的场所。在迅速生长的大肠杆菌中，核糖体约占细胞干物质的 60%。核糖体由两个亚基组成，一个称为大亚基，另一个称为小亚基，两个亚基都含有 rRNA 和蛋白质，但其种类和数量却不同（表 4-3）。真核细胞的 rRNA 有 4 种，其沉降系数分别为 28S、5.8S、5S 和 18S，大约与 70 种蛋白质结合而存在于细胞质核糖体的大小亚基中。

表 4-3　核糖体的组成

	原核生物（以大肠杆菌为例）		真核生物（以小鼠肝为例）	
小亚基	30S		40S	
rRNA	16S	1542 个核苷酸	18S	1847 个核苷酸
蛋白质	21 种	占总重量的 40%	33 种	占总重量的 50%
大亚基	50S		60S	
rRNA	23S	2940 个核苷酸	28S	4718 个核苷酸
	5S	120 个核苷酸	5.8S	160 个核苷酸
			5S	120 个核苷酸
蛋白质	31 种	占总重量的 43%	49 种	占总重量的 35%

除上述三类 RNA 以外，细胞内还有一些其他类型的 RNA，如细胞核内的核内不均一 RNA（hnRNA）、核小 RNA（snRNA）和染色体 RNA（chromosomal RNA，chRNA）等。

（4）干扰小 RNA（siRNA）　siRNA 是含有 21～22 个单核苷酸长度的双链 RNA，通常人工合成的 siRNA 为 22 个碱基左右的单核苷酸双链 RNA。细胞内的 siRNA 系由双链 RNA（dsRNA）经特异 RNA 酶Ⅲ家族的：Dicer 核酸酶切割形成的 19～21 个碱基左右的双链 RNA。这种小分子 dsRNA 可以促使与其互补的 mRNA 被核酸酶切割降解，从而有效地定向抑制靶基因的表达。将由 dsRNA 诱导的这种基因沉默效应定义为 RNA 干扰（RNA interference，RNAi）。RNAi 属于基因转录后调控，其过程需要 ATP 参与。

知识拓展

RNA 干扰技术在药物研究中的应用

美国科学家安德鲁·法尔（Anderew Z. Fire）和克雷格·梅洛（Craig C. Mello）因发现 RNA（核糖核酸）干扰机制而获得 2006 年诺贝尔生理学或医学奖。由于 RNA 干扰具有序列特异性和转录后基因沉默的特点，因此 RNA 干扰技术不仅被广泛应用于基因功能研究，而且在基因药物设计中也发挥着极其重要的作用。RNAi 技术通过 siRNA 引起互补 mRNA 降解，特异性抑制靶基因表达，具有特异性高和作用强的特点，目前该技术已用于肿瘤、病毒感染和显性致病基因引起的遗传性疾病等多种疾病的基因药物研究。很多肿瘤致病基因的形成是由于染色体置换后造成基因点突变，mRNA 编码了异常蛋白质，导致了肿瘤的发生、发展。RNA 干扰技术有序列特异性高的特点，可针对变异设计干扰片段，从而特异性地抑制变异 mRNA 的表达，达到有效的治疗目的。

第二节　核酸的理化性质

一、核酸的一般性质

1. 核酸的分子大小　采用电子显微镜及放射自显影等技术，已能测定许多完整 DNA 的分子量。电子显微镜显示，T_2 噬菌体 DNA 的整个分子是一条连续的细线，直径为 2nm，长度为（49±4）μm。由此计算其分子量约为 $1×10^8$。大肠杆菌染色体 DNA 的放射自显影影像为一环状结构，其分子量约为 $2×10^9$。真核细胞染色体中的 DNA 分子量更大。果蝇巨染色体只有一条线形 DNA，长达 4.0cm，分子量约为 $8×10^{10}$，为大肠杆菌 DNA 的 40 倍。RNA 分子比 DNA 短得多，其分子量只有（2.3～11）$×10^4$。

2. 核酸的溶解度与黏度　RNA 和 DNA 都是极性化合物，都微溶于水，而不溶于乙醇、乙醚、二氯甲烷等有机溶剂。它们的钠盐比自由酸易溶于水，RNA 钠盐在水中溶解度可达 4%。在分离核酸时，加入乙醇即可使之从溶液中沉淀出来。

高分子溶液比普通溶液黏度要大得多，不规则线团分子比球形分子的黏度大，而线性分子的黏度更大。由于天然 DNA 具有双螺旋结构，长度可达几厘米，而直径只有 2nm，因此，DNA 溶液黏度极大。RNA 分子比 DNA 分子短得多，RNA 无定形，不像 DNA 那样呈纤维状，RNA 的黏度比 DNA 黏度小。当 DNA 溶液加热，或在其他因素作用下发生螺旋到线团转变时，黏度降低，所以可用黏度作为 DNA 变性的指标。

3. 核酸的酸碱性　多核苷酸中两个单核苷酸残基之间的磷酸残基的解离具有较低的 pK' 值（pK' 1.5），所以当溶液的 pH>4 时，全部解离，呈多阴离子状态。因此，可以把核酸看成是多元酸，具有较强的酸性。核酸的等电点较低，酵母 RNA（游离状态）的等电点为 pH 2.0～2.8。多阴离子状态的核酸可以与金属离子结合成盐。核酸盐的溶解度比游离酸的溶解度要大得多。多阴离子状态的核酸也能与碱性蛋白，如组蛋白等结合。病毒与细菌的 DNA 常与精胺、亚精胺等多阳离子胺类结合，使 DNA 分子具有更大的稳定性与柔韧性。

由于碱基对之间氢键的性质与其解离状态有关，而碱基的解离状态又与 pH 有关，所以溶液的 pH 直接影响核酸双螺旋结构中碱基对之间氢键的稳定性。对 DNA 来说，碱基对在 pH 4.0～11.0 最为稳定。在此范围之外，DNA 发生变性。

二、核酸的紫外吸收

由于嘌呤及嘧啶碱基含有共轭双键，故具有较强的紫外吸收，其最大吸光度值在 260nm 处（图4-12），利用这一特性，可以鉴别核酸样品的纯度。

天然的 DNA 在发生变性时，氢键断裂，双链发生解离，碱基外露，共轭双键更充分暴露，故变性的 DNA 在 260nm 处的紫外吸光度值显著增加，该现象称为 DNA 的增色效应（hyperchromic effect）（图4-13）。在一定条件下，变性核酸可以复性，此时紫外吸光度值又恢复至原来水平，这一现象叫减色效应（hypochromic effect）。减色效应是由于在 DNA 双螺旋结构中堆积的碱基之间的电子相互作用，减少了对紫外光的吸收。因此紫外吸光度值可作为核酸变性和复性的指标。

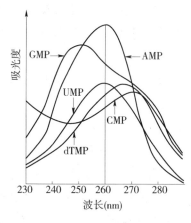

图4-12　核苷酸紫外吸收光谱

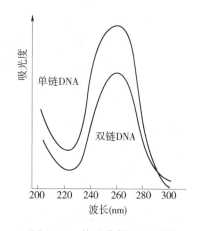

图4-13　核酸紫外吸收光谱

三、核酸的变性、复性和杂交

1. 核酸的变性　核酸分子具有一定的空间结构，维持这种空间结构的作用力主要是氢键和碱基堆积力。某些理化因素会破坏氢键和碱基堆积力，使核酸分子的空间结构改变，从而引起核酸理化性质和生物学功能改变，这种现象称为核酸的变性。核酸变性时，其双螺旋结构解开，但并不涉及核苷酸间共价键的断裂，因此变性作用并不引起核酸分子量降低。

导致核酸变性的因素，如加热、过高过低的 pH、有机溶剂、酰胺和尿素等。加热引起

DNA 的变性称为热变性。将 DNA 的稀盐溶液加热到 80～100℃数分钟，双螺旋结构即被破坏，氢键断裂，两条链彼此分开，形成无规则线团（图 4-14）。随着 DNA 空间结构的改变，引起一系列性质变化，如黏度降低，260nm 紫外吸收增加，DNA 完全变性后，紫外吸收能力增加 25%～40%。DNA 变性后失去生物活性。DNA 热变性的过程不是一种"渐变"，而是一种"跃变"过程，即变性作用不是随温度的升高徐徐发生，而是在一个很狭窄的临界温度范围内突然引起并很快完成，就像固体的结晶物质在其熔点时突然熔化一样。通常把双链 DNA 或 RNA 分子丧失半数双螺旋结构时的温度称为解链温度或熔解温度（melting temperature），用符号 T_m 表示。DNA 的 T_m 值一般在 70～85℃（图 4-15）。在 T_m 时，核酸分子内 50% 的双链结构被解开。一种 DNA 分子的 T_m 值与它的大小和所含碱基中的 G+C 比例相关，G+C 比例越高，T_m 值越高。

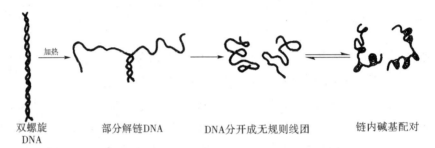

双螺旋　　　部分解链DNA　　　DNA分开成无规则线团　　　链内碱基配对
DNA

图 4-14　DNA 变性过程

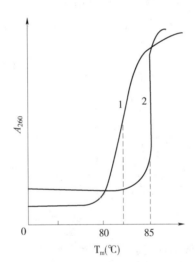

图 4-15　DNA 的熔点

2. 核酸的复性　变性 DNA 在适当条件下，可使两条彼此分开的链重新形成双螺旋结构，这一过程称为复性（renaturation）。复性后 DNA 的一系列物理化学性质得到恢复，如紫外吸收值降低，黏度增高，生物活性部分恢复。通常以紫外吸收值的改变作为复性的指标。将热变性 DNA 骤然冷却至 4℃时，DNA 不可能复性，而在缓慢冷却时才可以复性。

3. 核酸杂交　将不同来源的 DNA 经热变性，冷却，使其复性，在复性时，如这些异源 DNA 之间某些区域有相同的序列，则会形成杂交 DNA 分子。DNA 与互补的 RNA 之间也会发生杂交。这种不同来源的核酸链因存在碱基互补而产生杂交双链的过程，称核酸杂交（nucleic acid hybridization）。根据这一原理，可以研究 DNA 中某一种基因的位置，鉴定两种核酸分子间的序列相似性，检测某些专一序列在待检样品中是否存在等。

核酸杂交可以在液相或固相载体上进行。最常用的是以硝酸纤维素膜作为载体进行杂交。英国分子生物学家 E. M. Southern 创立的 Southern 印迹法（Southern blotting）就是将凝胶电泳分离的 DNA 片段转移至硝酸纤维素膜上后，再进行杂交。其操作是将 DNA 样品经限制性内切核酸酶降解后，用琼脂糖凝胶电泳分离 DNA 片段，将胶浸泡在 NaOH 中进行 DNA 变性，然后将变性 DNA 片段转移到硝酸纤维素膜上在 80℃烤 4～6 小时，使 DNA 固定在膜上，再与标记的变性 DNA 探针进行杂交，杂交反应在较高盐浓度和适当温度（68℃）下进行 10 多小时，经洗涤除去未杂交的标记探针，将硝酸纤维素膜烘干后进行放射自显影即可鉴定待分析的 DNA 片段。除 DNA 外，RNA 也可用作探针（probe）。可用^{32}P 标记探针，也可用生物素标记探针。

将 RNA 经电泳变性后转移至硝酸纤维素膜上再进行杂交的方法称 Northern 印迹法（Northern blotting）。根据抗体与抗原可以结合的原理，用类似方法也可以分析蛋白质，这种方法称 Western 印迹法（Western blotting）。应用核酸杂交技术，可以分析含量极少的目的基因，是研究核酸结构与功能的一个极其有用的工具。

第三节 核酸类药物

一、核酸类药物的概念

从某些动物、微生物的细胞中提取出的核酸，或者用人工合成法制备的具有核酸结构，同时又具有一定药理作用的物质称为核酸药物或核酸类生化药物。广义的核酸药物包括核苷酸药物、核苷药物及含有不同碱基化合物的药物及反义核酸药物。核酸类药物是具有药用价值的核酸、核苷酸、核苷、碱基及其衍生物和类似物的统称。

二、核酸类药物的分类

1. 具有天然结构的核酸类物质 这类药物有助于改善机体的物质代谢和能量代谢平衡，加速受损组织的修复，促进机体恢复正常生理功能。

临床上广泛使用于血小板减少症，白细胞减少症，急、慢性肝炎，心血管疾病，肌肉萎缩等代谢障碍性疾病。该核苷酸类药物有肌苷、ATP、辅酶 A 等。这些药物大多数是生物体自身能够合成的物质，它们基本上都可以经微生物发酵或从生物资源中提取生产。

2. 具有自然结构的碱基、核苷、核苷酸类似物或聚合物 这类药物大部分由自然结构的核酸类物质通过半合成生产。

此类药物是治疗病毒感染、肿瘤、艾滋病的重要药物，也是产生干扰素、免疫抑制剂的临床药物。临床上用于抗病毒的有三氟代胸苷、叠氮胸苷等。此外，还有氮杂鸟嘌呤、巯嘌呤、氟胞嘧啶、聚肌胞、阿糖胞苷等都也已用于临床。

三、临床常用核酸类药物

（一）叠氮胸苷（AZT）

中文商品名为齐多夫定，是第一种被美国 FDA 批准用于临床治疗艾滋病的新药。

1. 叠氮胸苷的结构式

2. 叠氮胸苷的药理作用　在体内经磷酸化后生成叠氮胸腺苷酸，取代了正常的胸腺嘧啶核苷酸（TMP），参与病毒 DNA 合成，而含 AZT 成分的 DNA 不能继续复制，从而阻止病毒增殖。

AZT 常见的不良反应为贫血、白细胞减少。有 32% 的患者服药后引起骨髓坏死症，破坏人体的造血功能。

（二）阿糖腺苷

化学名称为 9-β-D-阿拉伯呋喃糖腺嘌呤，或称腺嘌呤阿拉伯糖苷。

1. 阿糖腺苷的结构式

2. 阿糖腺苷的药理作用　阿糖腺苷是广谱 DNA 病毒抑制剂，临床上用于治疗疱疹性角膜炎、单纯疱疹病毒感染引起的脑炎和乙型肝炎，与干扰素一样，能够直接作用于病毒。

作用机制：阿糖腺苷在体内受激酶作用生成阿糖腺苷三磷酸，是脱氧腺苷三磷酸（dATP）的拮抗物，从而阻抑了以 dATP 为底物的病毒 DNA 聚合酶的活力。

（三）三氮唑核苷

三氮唑核苷又名利巴韦林，商品名病毒唑，为广谱抗病毒药物。

1. 三氮唑核苷的结构式

2. 三氮唑核苷的药理作用　三氮唑核苷的立体结构与腺苷、鸟苷非常类似，在体内被磷酸化合成三氮唑核苷酸，抑制肌苷酸脱氢酶，阻断鸟苷酸的生物合成，从而抑制病毒 DNA 合成。

三氮唑核苷的另一特点是对病毒作用点多，不易使病毒产生抗药性，适用于流感、副流感、腺病毒肺炎、口腔和眼疱疹、小儿呼吸系统等疾病的治疗。特别在临床上经艾滋病患者使用，能明显改善患者症状，而不良反应与 AZT 相似，药物价格与 AZT 相差 50 倍。

（四）反义核酸

1. 概念　反义核酸（antisence nucleic acid）是指能与特定 mRNA 精确互补、并能特异阻断其翻译的 RNA 或 DNA 分子。利用反义核酸特异性地封闭某些基因表达，使之低表达或不表达的技术即为反义核酸技术，包括反义 RNA、反义 DNA 和核酶三大技术。与传统药物主要是直接作用于致病蛋白本身的原理相比，反义核酸作为直接作用于致病蛋白编码基因的治疗药物，显示出诸多优点。

2. 特点

（1）高度特异性　反义核酸药物通过特异的碱基互补配对作用于靶 RNA 或 DNA，犹如"生物导弹"。

（2）高生物活性、丰富的信息量　反义核酸是一种携带特定遗传信息的信息体，其碱基排列顺序可千变万化，不可穷尽。

（3）高效性　反义核酸可直接阻止疾病基因的转录和翻译。

（4）最优化的药物设计　反义核酸技术从本质上是应用基因的天然顺序信息，实际上是最合理的药物设计。

（5）低毒、安全　尚未发现反义核酸有显著毒性，尽管其在生物体内的存留时间有长有短，但最终都将被降解消除，避免了如转基因疗法中外源基因整合到宿主染色体上的危险性。目前，应用反义核酸治疗恶性肿瘤，已在神经母细胞瘤、膀胱癌、多发性骨髓瘤、乳腺癌、胃癌中取得了一定疗效，其中以反义寡核苷酸药物的应用最为广泛、有效。福米韦生（fomivirsen）已被美国 FDA 批准，成为第一个进入市场的反义核酸类药物。其他反义核酸类药物 ISIS 2302，ISIS 3521，CGP 64128A 和 G 3139 等在临床试验中也表现出良好的疗效。

重点小结

重　点	难　点
1. 核苷酸的基本组成 2. 核酸的一级结构特征 3. DNA 二级结构的特点 4. DNA 三级结构的特点 5. RNA 的种类及其结构特征 6. 核酸的理化性质、紫外吸收、变性与复性、核酸杂交 7. 核酸类药物的定义及代表药物的结构特点与药理作用机制	1. 核苷酸之间通过 3′,5′-磷酸二酯键连接形成多核苷酸链 2. 多核苷酸链的书写方式 3. DNA 双螺旋结构的多样性 4. 具有三级结构的 DNA 和组蛋白结合组成染色质 5. RNA 的多种形式及其各自的结构特点 6. DNA 变性与复性在核酸杂交中的应用

简答题

1. 蛋白质变性与 DNA 变性的区别是什么？
2. DNA 二级结构是如何形成的？
3. 试比较 DNA 和 RNA 在结构、功能上的差别。

（陈会敏）

扫码"练一练"

第五章 维 生 素

要点导航

掌握 维生素的概念、分类、活性形式及生化功能。
熟悉 各种维生素的来源及缺乏病。
了解 各种维生素的化学本质、性质。

第一节 概 述

一、维生素的概念

维生素是维持机体生理功能所必需的一类小分子有机化合物。若食物中长期缺乏维生素，就会导致相应的维生素缺乏病。维生素种类很多，结构、来源不同，功能各异，具有下列特点：①在体内它既不是构成组织的原料，也不是供应能量的物质，但却是动物生长与健康所必需的物质；②人体对维生素的需要量很少，每日一般需要量在毫克（mg）或微克（μg）水平，但由于它们在体内不能合成或合成量不足，且维生素本身也在不断地进行代谢，因此必须由食物供给；③许多维生素是构成辅酶（或辅基）的基本成分，有的参与特殊蛋白质的合成，或是激素的前体，在体内物质代谢过程中发挥着重要作用。不过，若维生素使用不当或长期过量服用，也可出现中毒症状。

二、维生素的命名与分类

1. 维生素的命名 维生素是由维生素 Vitamin 一词翻译而来，其名称一般是按发现的先后，以"维生素"之后加上 A、B、C、D 等英文字母来命名。对同一族的几种维生素，便在英文字母右下方注以 1、2、3 等数字加以区别，例如维生素 B_1、B_2、B_6 及 B_{12} 等；也有根据它们的化学结构特点而命名，如维生素 B_1，因其分子结构中既含硫又含有氨基，故又名硫胺素等，还有根据其生理功能而命名的，如维生素 PP 又名抗糙皮病维生素等；再有一些最初发现时认为是维生素，而后经大量的研究证明并非维生素。因此，目前维生素的命名不论是从字母顺序，或是按阿拉伯数字排列来看，都是不连贯的。

2. 维生素的分类 至今已知有 60 多种维生素，它们的化学结构已经清楚，有脂肪族、芳香族、杂环和甾类等，皆为低分子的有机化合物。按溶解性质分为水溶性维生素（B 族维生素和维生素 C）及脂溶性维生素（维生素 A、维生素 D、维生素 E、维生素 K）两大类。

三、维生素缺乏病及其缺乏原因

（一）维生素缺乏病的概念

维生素在体内不断代谢失活或直接排出体外，因此当维生素供应不足或需要量增加时，可引起机体代谢失调，严重者可危及生命，这类疾病称为"维生素缺乏病"。

（二）维生素缺乏的原因

人体每天对维生素有一定需要量，摄取过多或者过少都会导致疾病，必须合理使用。下列一些因素常可引起维生素的不足或缺乏。

1. 摄取不足 膳食调配不合理或有偏食习惯，长期食欲不好等都会造成摄取不足；另外，食物的贮存及烹饪方法不科学也可造成维生素的大量破坏与丢失。如小麦加工过精，稀饭加碱蒸煮等会损失维生素 B_1；蔬菜储存过久、先切后洗或烹饪时间过长会使维生素 C 大量破坏。

2. 吸收障碍 尽管食入足量的维生素，但吸收障碍，也可造成维生素的缺乏。如长期腹泻、肝胆系统疾病等可造成维生素缺乏。

3. 机体需要量增加 生长期儿童、妊娠及哺乳期妇女，对维生素 A、维生素 D、维生素 C 的需要量增加。重体力劳动、长期高热和慢性消耗性疾病患者都对维生素 A、维生素 B_1、维生素 B_2、维生素 C、维生素 D 及维生素 PP 等的需要量增加，故必须额外增加某些维生素的摄入，按常量供给不能满足需要。

4. 服用某些药物 体内肠道细菌可合成维生素 K、维生素 B_6、泛酸、叶酸等供人体需要。若长期服用抗菌药物，可抑制肠道细菌的生长，导致某些维生素的缺乏。有些药物是维生素的拮抗剂，如一些肿瘤化疗药是叶酸拮抗剂，治疗结核病的异烟肼是烟酰胺拮抗剂，都会引起某些维生素的不足。

5. 其他 由于特异性的缺陷也可引起维生素缺乏病，如缺乏内源因子影响维生素 B_{12} 的吸收；慢性肝、肾疾病，影响维生素 D 的羟化，导致活性维生素 D 的不足。

四、维生素中毒

维生素对维持机体生理功能非常重要，不可缺乏，但并非越多越好，如长期过量摄入则会导致维生素中毒。一般来讲，水溶性维生素在体内达饱和后可以随尿液排出体外，不易引起机体中毒。脂溶性维生素摄入过多如维生素 A、维生素 D，常因不易排出体外而蓄积，易引起中毒。

第二节 水溶性维生素

水溶性维生素主要包括 B 族维生素和维生素 C。B 族维生素包括维生素 B_1、维生素 B_2、维生素 B_6、维生素 PP、维生素 B_{12}，泛酸、叶酸、生物素等。水溶性维生素易溶于水而不溶于脂溶剂，易从尿中排泄，故体内贮存较少，必须经常从食物中摄取。由于易从尿中排泄食用过多不易引起中毒。

一、维生素 B_1

1. 结构、性质及来源 维生素 B_1 由含硫的噻唑环及含氨基的嘧啶环以亚甲基相连，故又称硫胺素（thiamine）。维生素 B_1 是白色结晶，在中性及碱性溶液中遇热极易被破坏，而在酸性溶液中则可耐受120℃高温。氧化剂或还原剂都可以使其失活。维生素 B_1 的结构式如下。

$$\text{维生素 } B_1$$

维生素 B_1 广泛分布于植物种子的外皮及胚芽中，在坚果、动物内脏、蛋类、酵母中含量也很丰富。大米过分加工淘洗会使所含维生素 B_1 有不同程度的损失，微波加热或高压蒸汽加热食品，亦可破坏维生素 B_1。

2. 生化功能和缺乏病 在肝，硫胺素与 ATP 通过硫胺素焦磷酸激酶催化生成硫胺素焦磷酸（thiamine pyrophosphate，TPP）。TPP 是维生素 B_1 在体内的活性形式。硫胺素焦磷酸的结构式如下。

$$\text{硫胺素焦磷酸（TPP）}$$

TPP 是 α-酮酸氧化脱羧酶系的辅酶。α-酮酸如丙酮酸、α-酮戊二酸，在 TPP 的参与下，氧化脱羧生成乙酰辅酶 A 和琥珀酰辅酶 A，参与三羧酸循环。因此，维生素 B_1 在糖代谢中起重要作用。神经和肌肉等组织所需能量主要依靠糖代谢供应，若维生素 B_1 缺乏，α-酮酸的氧化受阻，造成丙酮酸和乳酸的堆积，使能量供应不足，影响了心肌、骨骼肌和神经系统的功能。临床表现为健忘、易怒、肢端麻木、共济失调、眼肌麻痹、肌肉萎缩、心力衰竭等脚气病症状。

TPP 也是转酮醇酶的辅酶，参与戊糖磷酸途径的代谢，为机体提供核糖-5-磷酸和 $NADPH+H^+$。缺乏维生素 B_1 可使体内核苷酸合成及神经髓鞘中鞘磷脂合成受阻，导致末梢神经炎和其他神经病变。临床上维生素 B_1 广泛应用于辅助治疗神经痛、腰痛、面神经麻痹及视神经炎等疾病。维生素 B_1 可抑制胆碱酯酶的活性，同时焦磷酸硫胺素促进丙酮酸氧化脱羧所生成的乙酰辅酶 A 是体内合成乙酰胆碱的原料之一。当维生素 B_1 缺乏时，乙酰胆碱的合成减少，分解增多，使胆碱能神经受到影响，表现为胃肠道蠕动变慢，消化液分泌减少，食欲缺乏、消化不良。临床上维生素 B_1 可用于消化不良的辅助治疗。

二、维生素 B_2

1. 结构、性质及来源 维生素 B_2 是6,7-二甲基异咯嗪与 D-核醇的缩合物，其水溶液呈黄绿色荧光，故又称为核黄素（riboflavin）。

维生素 B_2 耐热，在中性或酸性溶液中稳定，但易被碱和紫外线破坏。

维生素 B_2 广泛存在于自然界，动物的肝、心脏、蛋黄、乳汁及酵母中含量丰富，豆类植物、绿叶蔬菜等含量也较多，人体肠道细菌也能合成一部分。

2. 生化功能和缺乏病 维生素 B_2 在小肠黄素激酶的催化下，生成黄素单核苷酸（flavin mononucleotide，FMN），还可在焦磷酸化酶的催化下生成黄素腺嘌呤二核苷酸（flavin adenine dinucleotide，FAD），FMN 和 FAD 是维生素 B_2 的活性形式。维生素 B_2、FMN 和 FAD 的结构式如下。

维生素B₂

FMN 和 FAD 是各种黄素酶的辅基，在生物氧化过程中通过异咯嗪环上第 1 位氮原子和第 10 氮原子可逆地加氢还原和脱氢氧化而发挥递氢作用。

维生素 B_2 缺乏时，出现唇炎、舌炎、口角炎、阴囊炎、脂溢性皮炎及眼结膜炎等，机制尚未明了。

三、维生素PP

1. 结构、性质及来源 维生素 PP 在自然界中有烟酸（nicotinic acid，曾称尼克酸）和烟酰胺（nicotinamide，曾称尼克酰胺）两种，在体内两者可以互相转化。

烟酸　　　　　　　烟酰胺

维生素 PP 是白色结晶，耐热，在 120℃ 20 分钟不被破坏，在酸、碱性溶液中均比较稳定，是维生素中性质最稳定的一种。

自然界中维生素 PP 广泛存在于动、植物内，在动物内脏、肉类、酵母及谷类中含量丰富。肠道细菌能利用色氨酸合成一部分维生素 PP。玉米中维生素 PP 和色氨酸贫乏，长期单食玉米，能引起维生素 PP 缺乏病。抗结核药异烟肼与维生素 PP 的结构相似，是维生素 PP 的拮抗剂，长期使用时应注意补充维生素 PP。

2. 生化功能和缺乏病 在细胞液中，烟酸与磷酸核糖焦磷酸生成烟酸单核苷酸，再与 ATP 反应生成烟酸腺嘌呤二核苷酸，后者由谷氨酰胺获得氨基，生成烟酰胺腺嘌呤二核苷酸（nicotinamide adenine dinucleotide，NAD^+），又称为辅酶 I（Co I）。NAD^+ 磷酸化即生成烟酰胺腺嘌呤二核苷酸磷酸（nicotinamide adenine dinucleotide phosphate，$NADP^+$），又称为辅酶 II（Co II）。NAD^+ 和 $NADP^+$ 是维生素 PP 的活性形式，其结构式如下。

NAD⁺(辅酶I)　　　　　　　　　　　NADP⁺(辅酶II)

NAD$^+$和NADP$^+$是脱氢酶的辅酶，分子中的吡啶环能可逆地加氢还原和脱氢氧化，在生物氧化过程中发挥递氢作用。

缺乏维生素PP，能引起糙皮病，其临床表现为机体裸露的部位出现对称性皮炎，也可出现腹痛、腹泻以及神经精神方面的症状。

四、维生素 B$_6$

1. 结构、性质及来源 维生素 B$_6$ 为吡啶的衍生物，包括吡哆醇（pyridoxine）、吡哆醛（pyridoxal）和吡哆胺（pyridoxamine）三种，在体内，吡哆醇可转变成为吡哆醛，吡哆醛和吡哆胺可互相转变。吡哆醇、吡哆醛和吡哆胺的结构式如下。

吡哆醇   吡哆醛   吡哆胺

维生素 B$_6$ 对光、碱和热均敏感，高温下迅速破坏。

维生素 B$_6$ 在动、植物中分布很广，如蛋黄、肉类、鱼、乳汁以及谷物、种子外皮、卷心菜等均含有丰富的维生素 B$_6$。肠道细菌也能少量合成，人体一般不易缺乏维生素 B$_6$。

2. 生化功能和缺乏病 吡哆醇、吡哆醛及吡哆胺在胞质中利用 ATP 可被磷酸化生成磷酸吡哆醇、磷酸吡哆醛（pyridoxal phosphate）和磷酸吡哆胺（pyridoxamine phosphate），后两者是维生素 B$_6$ 的活性形式。其结构式如下。

磷酸吡哆醛   磷酸吡哆胺

磷酸吡哆醛和磷酸吡哆胺是氨基酸氨基转移酶的辅酶，通过它们之间的相互转变，起传递氨基的作用；磷酸吡哆醛也是氨基酸脱羧酶的辅酶，能促进谷氨酸脱羧，生成 γ-氨基丁酸。γ-氨基丁酸是中枢神经系统的一种抑制性神经递质，故维生素 B$_6$ 在临床上常用于治疗妊娠呕吐、小儿惊厥和精神焦虑等；磷酸吡哆醛也是 δ-氨基-γ-酮戊酸（δ-amino-γ-levulinic acid，ALA）合酶的辅酶，参与血红素的合成。缺乏时可引起低色素性贫血和血清铁增高；磷酸吡哆醛是糖原磷酸化酶的重要组成部分，参与糖原分解。

近年研究发现，维生素 B$_6$ 还与同型半胱氨酸的代谢有关。在体内同型半胱氨酸除甲基化生成甲硫氨酸外，还可分解生成半胱氨酸，而维生素 B$_6$ 是催化同型半胱氨酸分解代谢酶的辅酶。2/3 的高同型半胱氨酸血症与叶酸、维生素 B$_{12}$ 和维生素 B$_6$ 缺乏有关。研究发现，高同型半胱氨酸血症是心血管疾病、血栓形成和高血压的危险因子。维生素 B$_6$ 对上述疾病有一定的治疗作用。

人类未发现典型的维生素 B$_6$ 缺乏病，但吡哆醛可与抗结核药异烟肼结合而失活，故长期使用异烟肼需补充维生素 B$_6$。

五、泛酸

1. 结构、性质及来源 泛酸（pantothenic acid），又称遍多酸，因广泛分布于自然界而得名。它是由 β-丙氨酸通过酰胺键与二甲基羟丁酸缩合而成的一种酸性物质。在中性溶液中耐热，在酸性或碱性溶液中加热则易被分解破坏，但对氧化剂及还原剂极稳定。

泛酸在食物中普遍存在，尤其在动物组织、谷物、豆类及酵母中含量丰富，肠内细菌亦能合成，因而单纯的泛酸缺乏病极为罕见。

2. 生化功能和缺乏病　泛酸经磷酸化并与半胱氨酸反应获得巯基乙胺而成为 4-磷酸泛酰巯基乙胺（phosphopantotheine）。后者一方面构成了酰基载体蛋白（acyl carrier protein，ACP）参与脂肪酸的合成，另一方面与 AMP 结合并磷酸化而成为辅酶 A（CoA），CoA 是酰基转移酶的辅酶，携带酰基参与糖、脂肪和蛋白质的代谢。CoA 的结构式如下。

辅酶 A

六、生物素

1. 结构、性质及来源　生物素（biotin）是由带有戊酸侧链的噻吩和尿素结合的骈环。自然界至少有两种生物素，α-生物素及 β-生物素。生物素的结构式如下。

α-生物素　　　　β-生物素　　　　β-羧基生物素(活性形式)

生物素为无色针状结晶体，在酸性溶液中较稳定，在碱性溶液中易被破坏，氧化剂及高温可使其失活。

生物素分布广泛，在蛋黄、牛奶、肝、酵母、谷类及蔬菜中均含有，肠道细菌也能合成，因而缺乏病罕见。

2. 生化功能和缺乏病　生物素是体内多种羧化酶的辅因子，其分子中的羧基与羧化酶活性中心赖氨酸残基的 ε-氨基通过酰胺键连接，形成生物素（biocytin）残基，羧化酶转变成具有催化活性的酶。生物素作为丙酮酸羧化酶、乙酰辅酶 A 羧化酶和丙酰辅酶 A 羧化酶的辅基，参与羧化反应，在糖、脂肪和蛋白质等代谢中有重要意义。

在卵清中含有抗生物素蛋白，能与生物素结合成一种稳定而无活性的难以被人体吸收的化合物，故长期服用生卵清，可致生物素缺乏，引起疲乏、恶心、呕吐、食欲缺乏、皮炎和毛发脱落。

近年研究证明，生物素不但参与体内的羧化反应，还参与细胞信号转导和基因表达，已鉴定出在人类基因组中有2000多个基因的表达产物的功能依赖于生物素。另外，生物素还可使组蛋白生物素化，从而影响细胞周期、转录和DNA损伤修复。

七、叶酸

1. 结构、性质及来源 叶酸（folic acid）亦称蝶酰谷氨酸，因缺乏叶酸能引起贫血，故叶酸又称为抗贫血维生素。叶酸是由蝶啶、对氨基苯甲酸和谷氨酸组成。叶酸和四氢叶酸的结构式如下。

叶酸

5,6,7,8-四氢叶酸

叶酸为深黄色或橙色晶体，在酸性溶液中不稳定，加热时更易分解破坏。

叶酸广泛分布于肝、酵母、各种绿叶蔬菜中，人类肠道细菌也能合成。

2. 生化功能和缺乏病 在肠壁、肝、骨髓等组织中，经叶酸还原酶（folic acid reductase）催化，并有维生素C和NADPH+H^+参与，叶酸首先还原为5,6-二氢叶酸，然后再进一步还原生成5,6,7,8-四氢叶酸（THFA或FH_4），四氢叶酸是叶酸的活性形式。

四氢叶酸是一碳单位转移酶系的辅酶，其分子中的N^5和N^{10}能与甲基、甲烯基、甲炔基、甲酰基、亚氨甲基等一碳单位结合而传递一碳单位，在嘌呤、嘧啶的合成中起重要作用。叶酸缺乏时，DNA的合成受到抑制，可导致细胞周期停止在S期，红细胞的发育成熟受到影响，出现巨幼细胞贫血。

抗癌药物氨基蝶呤、甲氨蝶呤与叶酸的结构相似，均为叶酸还原酶的竞争性抑制剂，在应用时，需注意叶酸的补充。

八、维生素B_{12}

1. 结构、性质及来源 维生素B_{12}分子中含有金属钴，也含有氰，所以又称钴胺素（cobalamin）或氰钴胺素，是惟一含有金属元素的维生素。其结构式复杂，是一类含钴、氰、咕啉环、3′-磷酸-5,6-二甲基苯并咪唑核苷和氨基丙醇的化合物。

维生素B_{12}在弱酸条件下稳定、耐热，但对光敏感，氧化剂或还原剂均易使其破坏，其水溶液呈粉红色。其中羟钴胺素性质最稳定，是药用的主要形式。

维生素B_{12}广泛存在于动物食品，特别是肉类、肝。肠道细菌也可合成，但在大肠中不能吸收。食物中的维生素 B_{12} 常与蛋白质结合在一起，必须在胃酸和胃蛋白酶的作用下得以游离，然后，再与胃幽门部黏膜分泌的一种特异性糖蛋白内因子相结合，才能被回肠吸收。萎缩性胃炎及胃切除术后，由于内因子缺乏，应注意补充维生素 B_{12}，且必须肌内注射给药。

2. 生化功能和缺乏病 维生素 B_{12} 在体内的活性形式是甲基钴胺素（甲基维生素 B_{12}）和 5′-脱氧腺苷钴胺素（辅酶 B_{12}，CoB_{12}）。

维生素 B_{12} 是甲基转移酶的辅酶，参与胞质中同型半胱氨酸的甲基化。在这一过程中，N^5-甲基四氢叶酸是甲基的供体，当甲基转移酶的酶蛋白与作为辅酶的维生素 B_{12} 结合后，N^5-甲基四氢叶酸将其甲基转移到维生素 B_{12} 分子上，生成甲基维生素 B_{12}，后者使同型半胱氨酸甲基化，生成甲硫氨酸。若缺乏维生素 B_{12}，不仅影响甲硫氨酸的代谢，导致胆碱、肌酸等重要物质的合成障碍，还能造成体内游离的四氢叶酸缺乏，产生巨幼细胞贫血。

5′-脱氧腺苷钴胺素是 L-甲基丙二酰辅酶 A 变位酶的辅酶，催化 L-甲基丙二酰辅酶 A 生成琥珀酰辅酶 A 进入三羧酸循环代谢。若缺乏维生素 B_{12}，则 L-甲基丙二酰辅酶 A 大量堆积，其结构与丙二酰辅酶 A 相似，影响脂肪酸的正常合成。脂肪酸的合成障碍会影响髓鞘质的转换，引起髓鞘质变性退化，进而造成进行性脱髓鞘。因此，维生素 B_{12} 缺乏还会导致神经髓鞘变形退化、智力衰退等表现。

九、硫辛酸

α-硫辛酸（α-lipoic acid）的化学结构是 6,8-二硫辛酸，为白色结晶。

α-硫辛酸能加氢还原为二氢硫辛酸，通过氧化型、还原型之间相互转变传递氢原子，是 α-酮酸氧化脱羧过程的辅酶之一，起递氢和转移酰基的作用。其羧基与二氢硫辛酰转酰基酶的赖氨酸残基的 ε-氨基以酰胺键结合而发挥转移酰基的作用。硫辛酸还有抗脂肪肝和降低血浆胆固醇的作用。人体能合成所需的硫辛酸，故临床上未发现硫辛酸缺乏病。

$$\underset{\alpha-\text{硫辛酸}}{\overset{S-S}{\diagdown}\!\!\diagup\!(CH_2)_4-COOH} \underset{-2H}{\overset{+2H}{\rightleftharpoons}} \underset{\text{二氢硫辛酸}}{\overset{SH\quad SH}{|\quad\quad|}(CH_2)_4-COOH}$$

十、维生素 C

（一）结构、性质、来源

维生素 C 是一种酸性化合物，具有防治坏血病的作用，故又称为抗坏血酸（ascorbic acid）。维生素 C 为不饱和的多羟基六碳化合物，以内酯形式存在。C_2 和 C_3 烯醇式羟基上的氢既可以氢离子的形式解离出来，也可脱掉氢原子生成脱氢维生素 C。因而，维生素 C 不但是较强的有机酸，还是较强的还原剂，弱氧化剂就可使其氧化。在有微量铜、铁离子或活性炭存在时，在空气中也能氧化。在中性或碱性溶液中加热，更能使其破坏。在日常烹调中，蔬菜中的维生素 C 有 5%～50% 或更多的损失。

维生素 C 广泛存在于新鲜水果、蔬菜中，如西红柿、柑橘、柠檬、山楂、辣椒等，尤其在酸枣中含量丰富。由于植物组织中存在抗坏血酸氧化酶，使维生素 C 氧化失活，故经过干燥、久存等过程，食物中的维生素 C 极易遭到破坏，干菜中几乎不含维生素 C。

维生素 C 和脱氢维生素 C 通过相互转化，参与体内的氧化还原反应。脱氢维生素 C 加水生成的二酮古洛糖酸丧失活性，后者可进一步氧化生成草酸和 L-苏阿糖酸。维生素 C 及其氧化转变如下。

$$O=C \quad -2H \quad O=C \quad +H_2O \quad O=C-OH \quad 氧化 \quad COOH \quad COOH$$

维生素C	脱氢维生素C	2,3-二酮古洛糖酸	草酸	L-苏阿糖酸
		(无生理活性)		

（二）生化功能和缺乏病

1. 参与体内羟化反应 人体内物质代谢的很多过程需要羟化反应，维生素 C 以辅因子的形式参与羟化反应。

（1）**促进胶原蛋白的合成** 胶原蛋白合成时，在其前 α 链的翻译后修饰过程中，肽链上的某些脯氨酸残基和赖氨酸残基需要经过羟化酶催化，生成相应的羟脯氨酸和羟赖氨酸。维生素 C 是羟化酶的辅因子之一，因而能促进胶原蛋白的合成。前 α 链是前胶原的组成成分，未经羟化的 α 链所构成的前胶原之间不能交联成为正常的胶原纤维。胶原是结缔组织、骨及毛细血管等的重要组成成分。维生素 C 缺乏，胶原蛋白不能形成正常的结构，会导致毛细血管壁的通透性增加，易破裂出血，创口溃疡不易愈合，骨和牙齿易折断和脱落，即坏血病（scurvy）。

（2）**参与类固醇的羟化** 体内大部分胆固醇转变成胆汁酸，维生素 C 是催化这一过程的关键酶——7α-羟化酶的辅因子。因此，维生素 C 缺乏可导致胆汁酸合成减少，血浆胆固醇增高。此外，在肾上腺皮质，维生素 C 还参与胆固醇合成肾上腺皮质激素。

（3）**促进单胺类递质的合成** 色氨酸羟化并脱羧生成 5-羟色胺、苯丙氨酸羟化为酪氨酸、酪氨酸脱氨基生成对羟苯丙酮酸，后者再羟化生成尿黑酸，以及酪氨酸羟化为多巴胺，继而再羟化为去甲肾上腺素的过程中，均需要维生素 C 参与。

2. 参与体内氧化还原反应 维生素 C 可作为供氢体和受氢体参与体内氧化还原反应。

（1）**促进 G—SH 的生成，加强解毒作用** 维生素 C 能使氧化型谷胱甘肽（G—S—S—G）还原生成还原型谷胱甘肽（G—SH），后者使硫基酶的—SH 免遭氧化剂的破坏而保持还原状态，故维生素 C 能维持硫基酶的活性。此外，G—SH 将重金属离子如 Hg^{2+} 排出体外，防止其破坏巯基酶，因而维生素 C 具有解毒作用。

（2）**促进造血作用** 食物中的铁离子有 Fe^{3+} 和 Fe^{2+} 两种形式，后者易被吸收。维生素 C 能将 Fe^{3+} 还原成 Fe^{2+}，不但有利于肠道铁的吸收，还有利于铁在体内的储存和利用。维生素 C 还参与四氢叶酸的生成，能使亚铁络合酶的巯基保持活性状态，均有利于造血作用。

此外，维生素 C 能使红细胞中的高铁血红蛋白还原为亚铁血红蛋白，保证红细胞对氧的运输能力。

（3）**促进抗体生成** 血液中维生素 C 的水平与免疫球蛋白 IgG 和 IgM 浓度呈正相关。免疫球蛋白分子中二硫键的生成需要维生素 C 的参与。维生素 C 还促进体内抗菌活性、NK

细胞活性，促进淋巴细胞增殖和趋化作用，提高吞噬细胞的吞噬能力，从而提高机体免疫力。

3. 抗氧化作用　维生素 C 通过直接清除自由基和维持 G—SH 的含量发挥抗氧化损伤的作用。机体在代谢过程中可产生自由基，生物膜上的不饱和脂肪酸易被自由基氧化生成过氧化脂质，从而改变膜的结构和功能。在谷胱甘肽过氧化物酶的催化下过氧化脂质由还原型谷胱甘肽提供氢原子而还原，从而使膜的正常结构和功能得以维持。维生素 C 抗氧化损伤的作用如图 5-1 所示。

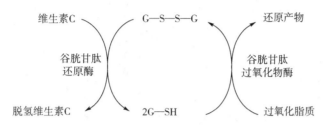

图 5-1　维生素 C 抗氧化损伤作用

4. 防癌作用　食物中的亚硝酸在胃酸作用下能与仲胺合成具有致癌作用的亚硝胺，维生素 C 能阻止亚硝胺合成并促进其分解，因此具有一定的防癌作用。

第三节　脂溶性维生素

脂溶性维生素包括维生素 A、D、E、K，均不溶于水，易溶于脂肪及有机溶剂中。在食物中，常与脂质物质共存，其在小肠吸收也与脂质的吸收密切相关，需要胆汁酸的协助。若脂质吸收不良，可导致脂溶性维生素的吸收障碍，甚至产生相应的维生素缺乏病。吸收后，脂溶性维生素在血液中与血浆脂蛋白或某些特殊的结合蛋白结合后运输，如视黄醇结合蛋白。脂溶性维生素在体内有一定储存，服用过多可导致中毒。

一、维生素 A

（一）结构、性质及来源

维生素 A 的化学结构是含有脂环的不饱和一元醇，有维生素 A_1 和维生素 A_2 两种，维生素 A_1 称为视黄醇（retinol），主要存在于海鱼肝中。维生素 A_2 称为 3-脱氢视黄醇（3-dehydroretionl），主要存在于淡水鱼肝中。维生素 A_2 比维生素 A_1 在环上多一个双键，其活性只有维生素 A_1 的一半。

维生素 A_1（视黄醇）　　　　　　　　维生素 A_2（3-脱氢视黄醇）

维生素 A 的分子中均含有多个双键，化学性质活泼，空气中易氧化，或受紫外线破坏，因此，维生素 A 制剂应避光保存。在油溶液中较稳定，一般烹调方法对食物中维生素 A 的破坏较少。

维生素 A 在肝、蛋黄、乳类中含量较多，隋唐名医孙思邈用猪肝治疗雀目症（夜盲症），即维生素 A 缺乏病。植物中不存在维生素 A，但含有多种胡萝卜素，如 α-胡萝卜素、β-胡萝卜素、γ-胡萝卜素等，其中 β-胡萝卜素最重要。胡萝卜、红辣椒等蔬菜中含有较多 β-胡萝卜素，β-胡萝卜素可被小肠黏膜的 15,15′-双加氧酶作用，在 15-15′ 之间碳链断裂，生成两分子的视黄醇，故 β-胡萝卜素亦称为维生素 A 原。β-胡萝卜素的结构及转变过程如图 5-2 所示。

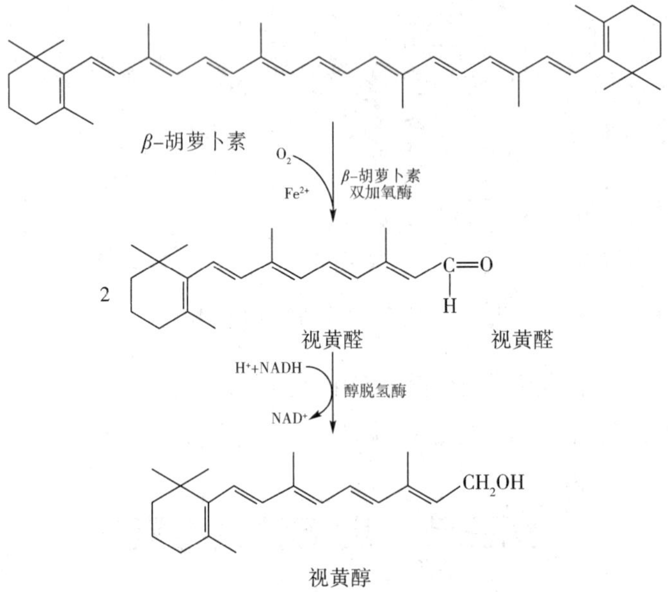

图 5-2　β-胡萝卜素的结构及转变过程

肝是储存维生素 A 的主要场所。在肝中维生素 A 以脂蛋白的形式储存于储脂细胞内，根据需要向血液中释放。正常机体维生素 A 的储存量足够机体利用数月。

（二）生化功能和缺乏病

在体内视黄醇可氧化成视黄醛（retinal），视黄醛可进一步氧化为视黄酸（retinoic acid），它们均是维生素 A 的活性形式。

1. 构成视觉细胞内的感光物质　视网膜杆状细胞中视色素是视紫红质（rhodopsin），视紫红质由11-顺视黄醛与视蛋白结合而成。在弱光下，视紫红质感光，使11-顺视黄醛异构化，转变为全反视黄醛，而与视蛋白分离，出现褪色反应，造成胞外 Ca^{2+} 内流，使杆状细胞的膜电位发生变化，激发神经冲动，经传导至大脑而产生暗视觉。视黄醛的顺、反异构体的结构式如下。

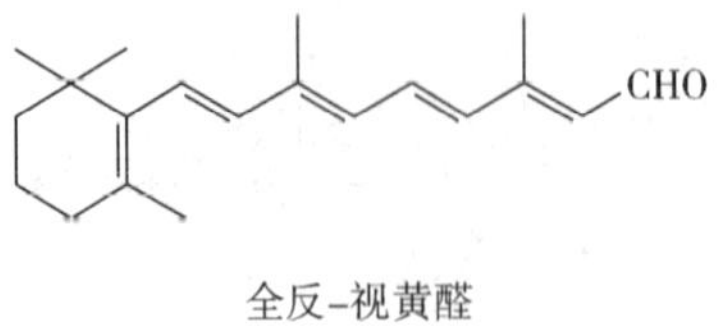

全反-视黄醛 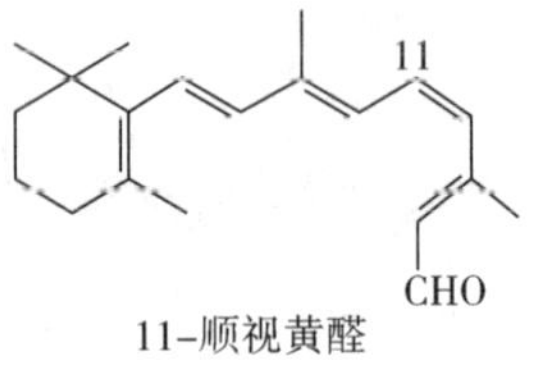　　　　　　11-顺视黄醛

维生素 A 供应不足，能导致视紫红质合成延缓，暗适应延长，甚至出现暗视觉障碍，即夜盲症。视紫红质合成和再生过程如图 5-3 所示。

2. 维持上皮组织结构的完整性　视黄醇的磷酸酯作为糖的载体参与糖蛋白的合成，而糖蛋白是上皮细胞（尤其是黏液细胞）的细胞膜成分。维生素 A 缺乏，糖蛋白合成障碍，就会导致上皮组织细胞干燥、增生、角化过度，其中对眼、呼吸道、消化道、泌尿道、生殖器官黏膜的影响尤为显著。上皮组织不健全将降低机体抵抗微生物侵袭的能力，容易感染疾病。泪腺上皮组织不健全使眼泪分泌减少或停止，易形成眼干燥症，其临床表现为角膜及结膜干燥、发炎、角膜软化甚至穿孔。维生素 A 可治疗眼干燥症，故称为抗眼干燥症维生素。

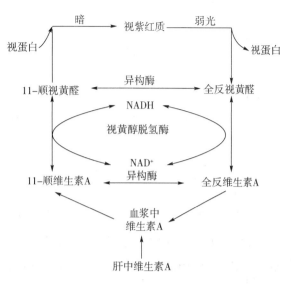

图 5-3　视紫红质的合成和再生

3. 促进正常生长发育　维生素 A 参与类固醇的合成。维生素 A 的缺乏使肾上腺、性腺中的类固醇激素合成减少，影响机体的生长发育，使机体生长停滞，发育不良。

4. 抗癌作用　大部分癌肿来自于上皮组织的恶性病变。因此，癌肿的发生与上皮组织的健康与否有关。动物实验表明：对于维生素 A 缺乏的动物用化学致癌物质诱发肿瘤的发病率较高。目前认为人体上皮细胞的正常分化与视黄酸直接相关。维生素 A 有抑制癌变，促进癌细胞自溶等作用，可用来防癌、抗癌。

5. 抗氧化作用　维生素 A 和 β-胡萝卜素在氧分压较低的条件下，能直接清除自由基，阻止细胞膜和富含脂质的组织免受氧化损伤，故维生素 A 具有一定的抗氧化作用。

（三）维生素 A 中毒

摄入维生素 A 过多可引起急性中毒及慢性中毒。急性中毒主要表现为：眩晕、嗜睡或兴奋，以及头痛、呕吐等颅内压增高症状。严重维生素 A 中毒甚至可引起急性肝坏死；慢性中毒表现为骨痛，多发生在四肢长骨，伴有皮肤干燥脱屑，毛发脱落稀疏，食欲减退，肝、脾肿大等。

二、维生素 D

（一）结构、性质及来源

维生素 D 化学本质为类固醇衍生物，主要有维生素 D_2 和 D_3 两种。

维生素 D_2 又称麦角钙化醇（ergocalciferol），植物和酵母中存在麦角固醇，在紫外线照射下，可转变成维生素 D_2。维生素 D_3 又称为胆钙化醇（cholecalciferol），体内的胆固醇在脱氢酶的催化下生成 7-脱氢胆固醇，后者在皮下经紫外线照射，发生异构化而生成维生素 D_3，因而麦角固醇和 7-脱氢胆固醇统称为维生素 D 原。维生素 D_2 和维生素 D_3 的生成过程如下。

麦角固醇　　　　紫外线（日光）　　　　维生素 D_2

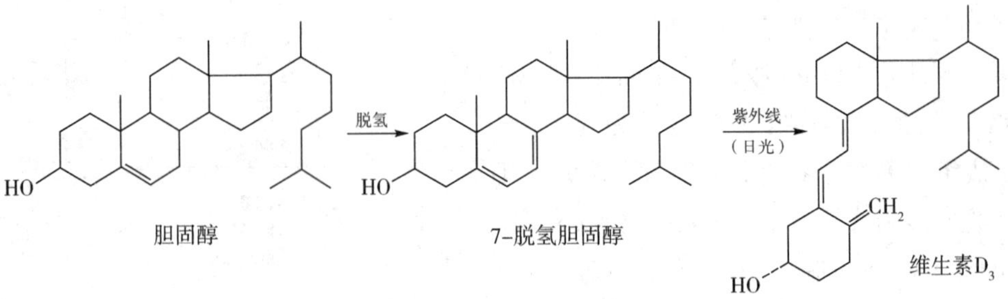

维生素 D 主要存在于鱼肝油、肝、奶、蛋黄中，但一般人只要充分接受阳光照射，就可以满足生理需要。

维生素 D_2 和维生素 D_3 本身没有生物活性，必须经肝细胞微粒体的 25-羟化酶催化，在 NADPH、Mg^{2+}、O_2 的参与下，维生素 D_3 羟化生成 25-羟维生素 D_3，再在肾 1α-羟化酶的催化下进一步羟化成为 1,25-二羟维生素 D_3，是维生素 D_3 的活性形式。维生素 D_3 的转变过程如图 5-3 所示。

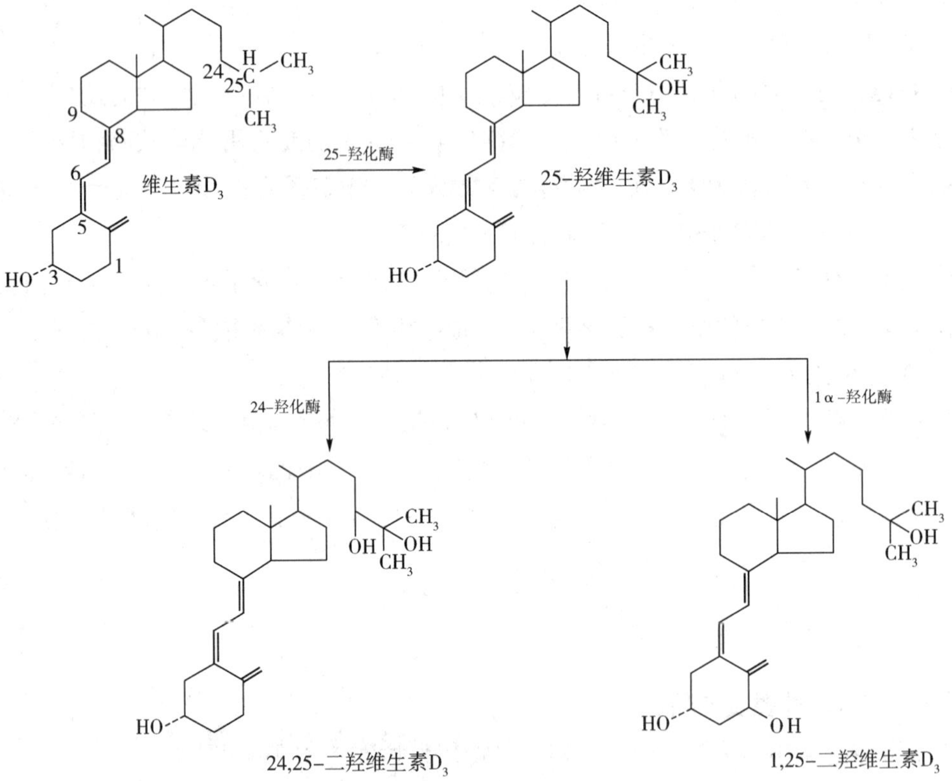

图 5-3　维生素 D_3 的转变过程

（二）生化功能和缺乏病

1,25-二羟维生素 D_3 主要作用是调节钙、磷代谢，维持血液中钙、磷浓度，促进骨、牙的正常发育。其作用途径有：促进肠黏膜对钙、磷的吸收，同时在甲状旁腺的协同作用下，提高血钙、血磷的含量；促进肾小管对磷的重吸收，减少尿磷排出；促进骨对钙、磷的吸收和沉积，利于骨的钙化。

缺乏维生素 D 时，儿童由于成骨作用障碍可出现佝偻病，主要表现为颅骨软化，方颅，囟门闭合和乳牙萌出延迟，串珠肋，鸡胸，"O"形腿或"X"形腿；成人则出现骨软化症，表现为腰腿痛，甚至出现自发性骨折；中老年人发生骨质疏松症。当肝、肾有严重疾病时，

可造成维生素 D_3 羟化过程障碍，而出现维生素 D 缺乏病的表现，此时必须用 1,25-二羟维生素 D_3 治疗才有效。

（三）维生素 D 中毒

大剂量摄入维生素 D 可引起食欲下降、恶心、呕吐、异位钙化等中毒症状。

三、维生素 E

（一）结构、性质及来源

维生素 E 又称为生育酚（tocopherol）。在化学结构上系苯骈二氢吡喃的衍生物。根据其侧链的不同又有生育酚和生育三烯酚两类，每类又根据甲基的数目和位置的不同分为 α、β、γ、δ 四种，其中以 α-生育酚分布最广，生理活性最强。生育酚的结构式如下。

生育酚	R_1	R_2	生理活性
α	—CH_3	—CH_3	100
β	—CH_3	—H	40
γ	—H	—CH_3	3
δ	—H	—H	1

生育酚

维生素 E 在无氧条件下对热稳定，当温度高达 200℃时也不被破坏，但对氧极为敏感，易被氧化。因此可以保护体内其他生物分子免遭氧化破坏，起到抗氧化作用。维生素 E 分子上的酚羟基能与酸缩合成酯类，后者性质比较稳定，抗不育活性增强，但抗氧化活性丧失。

维生素 E 在麦胚和棉籽中含量最多，豆类、谷物和蔬菜中含量也比较丰富。

（二）生化功能和缺乏病

1. 抗氧化作用 维生素 E 分子中 C_6 上的酚羟基极易被氧化，故能保护体内一些重要化合物如多不饱和脂肪酸、巯基化合物等免遭自由基的氧化破坏，从而维持细胞膜和细胞器的完整性和稳定性，维持巯基酶的活性。目前认为自由基与人体的衰老有关。自由基是指带有未配对电子的分子、原子或原子团。它们的性质非常活泼，且广泛分布于生物膜和线粒体内，能引起生物膜上脂质的过氧化作用，破坏生物膜的结构和功能，影响生物膜的稳定性，并形成脂褐素，也能使蛋白质变性和产生交联，使酶及激素失活，机体的免疫力降低，导致代谢失常，促进机体衰老。由于维生素 E 的抗氧化性，能对抗自由基对人体的危害，故可用于抗衰老和预防疾病。

2. 促进血红素的合成 维生素 E 能提高血红素合成的关键酶 ALA 合酶和 ALA 脱水酶的活性，从而促进血红素的合成。

3. 调节基因表达的作用 维生素 E 可以上调或下调与维生素 E 摄取和降解相关的基因、脂质摄取与动脉硬化相关的基因、某些表达细胞外基质蛋白的基因、细胞黏附与炎症相关的基因以及细胞信号转导系统和细胞周期调节相关的基因等，因而维生素 E 具有抗炎、维持免疫功能和抑制细胞增殖的作用，还可以降低血浆低密度脂蛋白的水平，可以预防和治疗冠状动脉粥样硬化性心脏病。

4. 与生殖功能有关 实验证实，维生素 E 缺乏时动物生殖器官发育不良，甚至不育，但对人类的影响未见报道。

由于食物中维生素 E 分布广泛，来源充足，故在人类尚未发现缺乏病。

四、维生素K

(一) 结构、性质及来源

维生素 K 又称为凝血维生素，其化学结构是 2-甲基-1,4-萘醌的衍生物，天然存在的有 K_1 和 K_2 两种，均为脂溶性。维生素 K_1 主要存在于绿叶蔬菜和动物肝，维生素 K_2 则是人体肠道中细菌的代谢产物。人工合成的维生素 K_3 和 K_4 为水溶性物质，可以口服或注射。维生素 K 的结构式如下。

维生素K_1: $R = —CH_2—CH=C—CH_2—(CH_2—CH_2—CH—CH_2)_3—CH_3$

维生素K_2: $R = —(CH_2—CH=C—CH_2)_6—CH_3$

维生素 K_3

维生素 K_4

(二) 生化功能和缺乏病

维生素 K 主要与凝血有关，能促进凝血因子 Ⅱ（凝血酶原）、Ⅶ、Ⅸ 和 Ⅹ 的合成。由肝合成这些凝血因子的无活性的前体，在羧化酶的催化下，分子中的谷氨酸残基发生羧化，生成 γ-羧基-谷氨酸残基。γ-羧基-谷氨酸残基具有很强的与 Ca^{2+} 螯合的能力，从而使这些凝血因子的前体转变为具有凝血活性的凝血因子。维生素 K 是这种羧化作用中不可缺少的辅因子。缺乏维生素 K 时，血中这几种凝血因子均减少，凝血时间延长，易发生皮下、肌肉及胃肠道出血。新生儿肠道无细菌合成维生素 K，故孕妇产前或早产儿常给予维生素 K，以预防新生儿出血。

此外，维生素 K 还能解除平滑肌痉挛而具有解痉止喘和解痉止痛作用。

一般较少见维生素 K 的缺乏，但严重肝、胆疾患或长期使用抗菌药物抑制了肠道细菌，可产生维生素 K 缺乏病。

香豆素类药物是维生素 K 的拮抗剂，维生素 K 在参与凝血因子谷氨酸残基的羧化反应过程中，本身由具有活性的氢醌型转变成为环氧化物而失活，后者需在环氧化物还原酶的催化下重新活化为氢醌型。在结构上香豆素类药物与维生素 K 极为相似，能竞争性地抑制环氧化物还原酶，从而拮抗维生素 K 的作用。维生素 K、双香豆素的结构式如下。

维生素K

双香豆素

常用于治疗风湿和类风湿关节炎的中药白花丹和茅膏菜，均含有在结构上与维生素 K 相似的有效成分矶松素，故具有祛风散瘀、解痉止痛的作用。

知识拓展

维生素 A 衍生物——全反式维甲酸的抗肿瘤作用

全反式维甲酸（tretinoin/ATRA）是维生素 A 的一种天然衍生物，20 世纪 80 年代，我国科学家王振义研究了其对白血病的治疗作用，到目前仍然是临床治疗急性早幼粒细胞白血病、骨髓异常增生的首选化疗药物之一。随后，陈竺和陈赛娟等又在 ATRA 治疗肿瘤机制方面进行深入研究，发现 ATRA 对肿瘤细胞具有很强的诱导分化作用。王振义教授获得 2010 年度国家最高科学技术奖，并与陈竺教授共同在 2012 年获得全美癌症研究基金会颁发的第七届捷尔吉癌症研究创新成就奖。

重点小结

重　点	难　点
1. 维生素是维持机体生理功能所必需的一类小分子有机化合物。主要特点：①不构成组织细胞成分，也不是供应能量的物质，而是动物生长与健康所必需的物质；②人体对维生素的需要量很少，但机体不能合成或合成量不足，必须由食物供给；③许多维生素是以辅酶（或辅基）形式发挥作用 2. 水溶性维生素的特点是溶于水，易从尿中排泄，故体内贮存较少，必须经常从食物中摄取。由于易从尿中排泄食用过多不易引起中毒 3. B 族维生素的辅酶或辅基形式参与糖、脂质和蛋白质的代谢 4. 维生素 C 的性质活泼，易氧化损伤，维生素 C 主要来源于新鲜的瓜果蔬菜。生化功能是参与羟化反应、氧化还原反应、促进造血，促进抗体生成，抗氧化和抗肿瘤作用 5. 脂溶性维生素的特点是不溶于水，易溶于脂肪及脂溶剂中。在食物中与脂质物质共存，需要胆汁酸的协助吸收。储存于肝，服用过多可导致中毒 6. 维生素 A 的生化功能主要是构成感光物质、维持上皮组织的完整、促进生长发育 7. 维生素 D 的活性形式是 1,25-二羟维生素 D_3，生化功能是调节钙、磷代谢，维持血液中钙、磷浓度，促进骨、牙的正常发育 8. 维生素 E 具有抗氧化、促进血红素合成和调节基因表达的作用 9. 维生素 K 的生化功能是促进凝血作用	1. 维生素 B_1 由含硫的噻唑环及含氨基的嘧啶环以亚甲基相连，故称硫胺素 2. 维生素 B_2 是 6,7-二甲基异咯嗪与 D-核醇的缩合物，水溶液呈黄绿色荧光，故又称为核黄素 3. 泛酸是由 β-丙氨酸通过酰胺键与二甲基羟丁酸缩合而成的一种酸性物质 4. 叶酸是由蝶啶、对氨基苯甲酸和谷氨酸组成，活性形式是 FH_4 5. 维生素 B_{12} 是一类含钴、氰、咕啉环、3′-磷酸-5,6-二甲基苯并咪唑核苷和氨基丙醇的化合物 6. 维生素 C 为不饱和的多羟基六碳化合物，以内酯形式存在，这种结构特点是维生素 C 具有酸性，并且可作为供氢体和受氢体参与氧化还原反应 7. 维生素 A 构成感光物质。在视网膜杆状细胞中视色素是视紫红质，视紫红质由 11-顺视黄醛与视蛋白结合而成。在弱光下，视紫红质感光，使 11-顺视黄醛异构化，转变为全反视黄醛，而与视蛋白分离，出现褪色反应，造成胞外 Ca^{2+} 内流，使杆状细胞的膜电位发生变化，激发神经冲动，经传导至大脑而产生暗视觉。视黄醛的顺、反异构体、维生素 E 的抗氧化作用是由于其分子中 C_6 上的酚羟基极易被氧化，故能保护体内一些重要化合物如多不饱和脂肪酸、巯基化合物等免遭氧化破坏，从而维持细胞膜和细胞器的完整性和稳定性，维持巯基酶的活性

简答题

1. 什么是维生素？有哪些种类？
2. 简述 B 族维生素的种类、活性形式及主要的生化功能。
3. 试述维生素 C 的主要生化功能。
4. 简述脂溶性维生素的种类及生化功能。

扫码"练一练"

（魏敏惠）

扫码"学一学"

第六章 酶

要点导航

掌握　酶的分子组成与活性中心，酶促反应特点，酶的调节。
熟悉　酶促反应动力学，酶活性测定与酶活性单位。
了解　酶促反应机制，酶的命名与分类，酶与医学的关系。

第一节　概　述

一、酶的概念

　　酶（enzyme）是生物体活细胞产生的具有催化作用的蛋白质，又称为生物催化剂（biological catalyst）。1982 年，Thomas Cech 等首先发现四膜虫的 rRNA 前体分子在没有蛋白质的参与下以鸟苷为辅因子能自身催化完成剪接。这对于"酶是蛋白质"的概念是一个很大的冲击，为了与化学本质为蛋白质的酶区别，提出把具有催化活性的 RNA 称为核酶（ribozyme）。继核酶之后又发现了具有催化功能的单链 DNA 片段，称为脱氧核酶（deoxyribozyme）。但本章所要讨论的仍然主要是传统意义上的酶，即化学本质是蛋白质的酶。生物体内几乎所有的化学反应都是在酶的催化下进行的。如果酶的结构异常、酶活性改变，势必会影响体内化学反应的正常进行而引发疾病的产生。

知识拓展

Hans 和 Edward Buchner 兄弟的偶然发现与重大贡献

　　19 世纪，法国化学家和微生物学家路易斯·巴斯德（Louis. Pasteur）认为没有生物则没有发酵，而德国化学家 Justus von Liebig 则认为发酵是由化学物质引起的。直到 1896 年 Hans 和 Edward Buchner 兄弟的偶然发现，此争议才得以解决。Hans 和 Edward Buchner 兄弟制作不含细胞的酵母菌浸液供药剂之用。他们用沙和酵母菌一起研磨，加压取得了榨汁后，就存在如何防腐的问题。兄弟俩最初打算用动物来做实验，但不能用强烈的防腐剂，所以就采用家常食物保存中惯用的办法，加了许多蔗糖。这样就有了一个重大发现，酵母菌榨汁可以使蔗糖发酵产生乙醇和二氧化碳。证明了发酵与细胞的活动无关。这一过程说明酵母菌榨汁中，含有一种或多种催化剂。后来又发现其他类似的生物催化剂，统称为酶（enzyme），从而说明了发酵是酶作用的化学本质，为此 Hans 和 Edward Buchner 兄弟获得了 1907 年诺贝尔化学奖。

二、酶作用的特点

酶作为生物催化剂具有与一般催化剂相同的催化性质，只能催化热力学上允许的化学反应，在化学反应前后本身质和量不改变，不改变化学反应的平衡点，降低反应活化能等。然而酶是蛋白质，因此酶促反应又具有其特殊的特点。

（一）高效性

酶和一般催化剂一样，都可通过降低反应活化能（activation energy）来加速反应的进行。在任意一反应中，初态底物分子所含能量较低，只有那些获得较高能量并达到一定阈值的活化分子才有可能发生化学反应。这些初态底物分子转变为活化分子所需的能量称为活化能（图6-1）。酶的催化反应比非催化反应速度高 $10^5 \sim 10^{17}$ 倍，比其他非酶催化反应速度高 $10^7 \sim 10^{13}$ 倍。例如，脲酶催化尿素水解的速度是 H^+ 催化作用的 7×10^{12} 倍；α-胰凝乳蛋白酶对苯酰胺水解的速度是 H^+ 的 6×10^6 倍。这是由于酶比一般催化剂能更有效地降低反应所需的活化能，使初态底物只需较少能量便可转变为活化分子，从而使单位体积内活化分子数大大增多，化学反应加速进行。

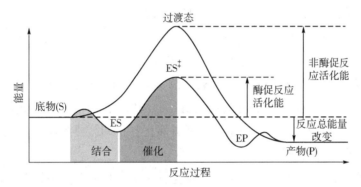

图 6-1　酶促反应活化能的改变

（二）专一性

酶对其所催化的底物具有严格的选择性。即一种酶仅作用于一种或一类化合物，或作用于一种化学键，以催化一定的化学反应转变为产物，这种性质称为酶的专一性（specificity）。根据酶对底物结构选择的严格程度不同，酶的专一性常有以下三类。

1. 绝对专一性　一种酶仅作用于一种底物，进行专一的反应，这种专一性称为绝对专一性（absolute specificity）。例如脲酶只能催化尿素水解生成氨和二氧化碳，对尿素的衍生物如甲基尿素则不起作用。

2. 相对专一性　一种酶可作用于一类化合物或一种化学键发生化学反应，这种不太严格的专一性称为相对专一性（relative specificity）。例如磷酸酶可水解磷酸和羟基化合物形成的磷酸酯键；脂蛋白脂肪酶不仅能水解三酰甘油，也能水解二酰甘油和单酰甘油等。

3. 立体异构专一性　一种酶仅作用于立体异构体中的一种，而对另一种则无作用，这种专一性称为立体异构专一性（stereo specificity）。例如乳酸脱氢酶只能催化 L-乳酸脱氢生成丙酮酸，对 D-乳酸则无作用，α-淀粉酶只能水解淀粉中 α-1,4-糖苷键，不能水解纤维素中的 β-1,4-糖苷键等。

（三）不稳定性

酶的化学本质是蛋白质，其催化活性依赖于特定空间构象。外界条件极易通过改变酶蛋白的构象而影响其催化活性。因此，酶对导致蛋白质变性的理化因素（例如高温、强酸、强碱、震荡、紫外线、有机溶剂、重金属等）都非常敏感，极易受这些因素的影响而变性失活。

（四）可调控性

酶促反应受到多种因素的调控，生物体内存在着严密而复杂的代谢调节系统，酶的活性不仅受本身结构变化的影响，还往往受到底物的诱导、产物的抑制以及神经内分泌的调控，以确保代谢活动的协调性和统一性，维持生命活动的正常进行。

三、酶的分类与命名

（一）酶的分类

按国际酶学委员会规定，根据酶促反应的性质，将酶分为 6 大类。

1. 氧化还原酶类　氧化还原酶类（oxidoreductases）是指催化底物进行氧化还原反应的酶类，此类酶可分氧化酶和脱氢酶。前者有氧分子直接参与，后者伴有氢原子的转移，例如乳酸脱氢酶、细胞色素氧化酶、过氧化氢酶等。

2. 转移酶类　转移酶类（transferases）是指催化底物之间进行某些基团的转移或交换的酶类，例如甲基转移酶、氨基转移酶、己糖激酶等。

3. 水解酶类　水解酶类（hydrolases）是指催化底物发生水解反应的酶类，实际上是需要加水反应的酶类，例如淀粉酶、蛋白酶、磷酸酶等。

4. 裂解酶类　裂解酶类（lyases，或裂合酶类）是指催化一种化合物裂解成两种化合物，或将两种化合物逆向合成一种化合物的酶类，例如碳酸酐酶、醛缩酶等。

5. 异构酶类　异构酶类（isomerases）是指催化各种同分异构体之间相互转化的酶类，如磷酸丙糖异构酶、消旋酶等。

6. 合成酶类　合成酶类（synthetases）或连接酶类（ligases）是指催化 2 分子底物合成 1 分子化合物，同时偶联 ATP 的磷酸键断裂释能的酶类，例如谷氨酰胺合成酶、氨基酸：tRNA 连接酶等。

国际系统分类法除按上述六类将酶依次编号外，还根据酶所催化的化学键的特点和参加反应的基团的不同，将每一大类又进一步分类。每种酶的分类编号均有四个数字组成，数字前冠以 EC（enzyme commission）。编号中的第一个数字表示该酶属于六大类中的哪一类；第二个数字表示该酶属于哪一亚类；第三个数字表示亚亚类；第四个数字是该酶在亚亚类中的排序。例如乳酸：NAD^+氧化还原酶为 EC1. 1. 1. 27。

（二）酶的命名

生物体内酶有数千种，在实际工作中需要按一定规则对每一种酶给予命名，以避免引起混淆。常有两大类命名法。

1. 习惯命名法　①一般采用底物名称+反应类型+"酶"来命名，如蛋白水解酶、乳酸脱氢酶、磷酸已糖异构酶等；②对水解酶类，只要底物名称+"酶"即可，略去反应类型，如蔗糖酶、胆碱酯酶、蛋白酶等；③有时在底物名称前冠以酶的来源，如血清丙氨酸氨基转移酶、唾液淀粉酶等。习惯命名法虽然简单，使用方便，但有时出现一酶多名或一名数酶的混乱现象。

2. 系统命名法　1961 年国际酶学委员会提出系统命名法。规定每一种酶的命名需包括系统名称、酶的编号和习惯名称三大部分。系统名称应表明所有参与反应的底物和反应性质，底物之间以"；"隔开；酶的编号用 4 个数字表示；习惯名称即为上述的底物加上反应类型。这样的系统命名法使许多酶的名称过长和过于复杂。为了应用方便，国际酶学委员会又从每种酶的数个习惯名称中选定一个简便实用的推荐名称。

第二节　酶的分子组成与结构

一、酶的分子组成

酶按其分子组成可分为单纯酶和结合酶两大类。单纯酶（simple enzyme）是仅由多肽链构成的酶，其催化活性仅仅决定于酶蛋白本身，如脲酶、蛋白酶、淀粉酶、脂肪酶、核糖核酸酶等。而结合酶（conjugated enzyme）的催化活性除蛋白质部分外还需要非蛋白质成分参与。蛋白质部分称为酶蛋白（apoenzyme），非蛋白质部分称为酶的辅因子（cofactor）。两者结合形成的复合物称作全酶（holoenzyme），只有全酶才有催化作用，酶蛋白和辅因子各自单独存在时均无催化活性。酶蛋白决定结合酶的特异性，辅因子决定反应性质和类型。

辅因子有金属离子和小分子有机化合物两类。常见金属离子 K^+、Na^+、Mg^{2+}、Cu^+（或 Cu^{2+}）、Zn^{2+}、Fe^{2+}（或 Fe^{3+}）等。金属离子作为辅因子其主要作用有：①稳定酶蛋白活性构象；②参与构成酶的活性中心；③连接酶和底物的桥梁；④中和阴离子。小分子有机化合物多数是 B 族维生素的活性形式，主要起传递氢原子、电子和某些化学基团（氨基、羧基、酰基、一碳单位等）的作用（表 6-1）。

辅因子按其与酶蛋白结合的紧密程度不同可分为辅酶与辅基。辅酶（coenzyme）与酶蛋白的结合疏松，可以用透析或超滤的方法除去；辅基（prosthetic group）则与酶蛋白结合紧密，不能通过透析或超滤方法除去。

对于结合酶而言，一种酶蛋白必须与某一特定的辅酶或辅基结合，才能成为有活性的全酶。但是一种辅酶可与多种不同的酶蛋白结合，而组成具有不同特异性的全酶。例如 NAD^+ 可以与不同的酶蛋白结合，组成乳酸脱氢酶、苹果酸脱氢酶和甘油-3-磷酸醛脱氢酶等，以催化不同的底物发生化学反应。

表 6-1　含 B 族维生素的辅酶（或辅基）及其作用

辅酶或辅基名称	所含维生素	转移基团或原子
TPP（焦磷酸硫胺素）	维生素 B_1	羟乙基
FMN（黄素单核苷酸）	维生素 B_2（核黄素）	氢原子、电子
FAD（黄素腺嘌呤二核苷酸）	维生素 B_2（核黄素）	氢原子、电子
NAD^+（烟酰胺腺嘌呤二核苷酸）	烟酰胺（维生素 PP）	氢原子、电子
$NADP^+$（烟酰胺腺嘌呤二核苷酸磷酸）	烟酰胺（维生素 PP）	氢原子、电子
磷酸吡哆醛	吡哆醛（维生素 B_6）	氨基
辅酶 A	泛酸	酰基
生物素	生物素	二氧化碳
四氢叶酸	叶酸	一碳单位
钴胺素辅酶类	维生素 B_{12}	甲基
硫辛酸	硫辛酸	酰基和氢原子

二、酶的结构

1926 年，美国的生物化学家 Jams B. Sumner 首次从刀豆提取出脲酶结晶，提出酶的本质是蛋白质。酶分子与其他蛋白质一样，具有一级结构和空间结构，酶的催化活性依赖于特定的空间构象。酶可以是一条多肽链，也可以是多条多肽链。由一条多肽链构成仅具有三级结构的酶称为单体酶（monomeric enzyme）。如牛胰核糖核酸酶、溶菌酶等都是由一条多肽链组成的。由多条多肽链组成的酶称为寡聚酶（oligomeric enzyme），如蛋白激酶 A、果糖磷酸激酶-1 都是由 4 个亚基组成的。这类酶单独的亚基一般无活性，必须相互作用结合成四级结构的寡聚酶才有活性。由几种具有不同催化活性，但功能上有密切联系的酶通过非共价键相互嵌合在一起的酶称多酶体系（multienzyme system）或多酶复合体，如丙酮酸脱氢酶系是由 3 种酶和 5 种辅酶构成的多酶复合体，从而使多个酶促反应形成连锁反应。有时一条多肽链上含有两种或两种以上催化活性的酶称为串联酶（tandem enzyme）或多功能酶（multifunctional enzyme），这是基因融合的产物。如 DNA 聚合酶 Ⅰ 具有 3 种酶活性。多酶体系和串联酶的存在有利于提高物质代谢速度和调节效率。

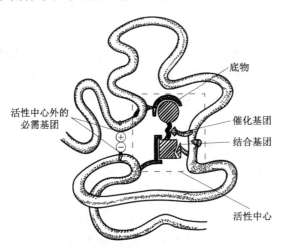

图 6-2　酶的活性中心示意图

酶分子中存在的各种化学基团并不一定都与酶的活性有关，其中与酶的活性密切相关的基团称为酶的必需基团（essential group），如组氨酸残基的咪唑基、丝氨酸残基的羟基、半胱氨酸残基的巯基以及谷氨酸残基的 γ-羧基等是常见的必需基团。必需基团在酶蛋白一级结构上可能相距甚远，但在空间结构上彼此靠近，组成具有特定空间结构的区域，能与底物特异结合并将底物转化为产物。这一区域称为酶的活性中心（active center）或称活性部位（图 6-2）。

酶活性中心的必需基团按功能分为两类：一类是结合基团（binding group），其作用是与底物相结合形成酶-底物复合物；另一类是催化基团（catalytic group），其作用是影响底物中某些化学键的稳定性，并催化底物发生化学反应而转变为产物。活性中心内的必需基团有些可同时具有这两方面的功能，还有一些必需基团虽不直接参与活性中心的组成，但对维持酶活性中心特有的空间构象所必需，这些基团称为酶活性中心以外的必需基团。

第三节　酶的作用机制

一、显著降低反应活化能

在任何化学反应中，反应物分子必须超过一定的能阈，成为活化的状态，才能发生变化，形成产物。这种提高低能分子达到活化状态的能量，称为活化能。催化剂的作用，主要是降低反应所需的活化能，以致相同的能量能使更多的分子活化，从而加速反应的进行。

酶能显著地降低活化能，所以能表现为高度的催化效率。例如前述的脲酶催化尿素水解的速度是 H^+ 催化作用的 $7×10^{12}$ 倍。酶能降低反应活化能，使反应速度增高千百万倍以上。

二、中间复合物学说

一般认为，酶催化某一反应时，首先在酶（E）的活性中心与底物（S）结合生成酶-底物复合物（ES），此复合物再进行分解而释放出酶，同时生成一种或数种产物，酶又可以与底物结合，继续发挥其催化功能，所以少量的酶可以催化大量的底物。此过程可用下式表示：

$$E + S \underset{K_1}{\overset{K_1}{\rightleftharpoons}} ES \overset{K_3}{\longrightarrow} E + P$$

ES 的形成，使底物分子内的某些化学键发生极化而呈现不稳定的状态，此状态被称为过渡态，当形成过渡态中间复合物时，要释放一部分结合能，使过渡态中间物处于更低的能级，大大降低了底物的活化能，从而使反应加速。

三、酶作用高效率的机制

酶发挥其高效催化作用是通过多种机制达到的。

1. 趋近效应和定向效应　酶可以将底物结合在它的活性部位，在两个以上底物参加的反应中，底物之间必须以正确的方向相互碰撞，才有可能发生反应。酶在反应中将各底物结合到酶的活性中心，使它们相互接近并形成有利于反应的正确定向关系。这种趋近效应（approximation）与定向效应（orientation）把分子间的反应变成了类似于分子内的反应，使反应速度大大提高。

2. 张力或变形作用　底物的结合可诱导酶分子构象发生变化，比底物大得多的酶分子的三、四级结构的变化，也可对底物产生张力作用（distortion），使底物扭曲或变形（strain），促进 ES 进入活性状态。

3. 酸碱催化作用　酶是两性电解质，酶的活性中心某些氨基酸残基的 R 基团，有的是质子供体（酸），有的是质子受体（碱），因此，在水溶液中这些酸性或碱性基团可以执行与酸碱相同的催化作用，即酸碱催化作用（acid-base catalysis）。同一种酶常常兼有酸、碱双重催化作用。这些多功能基团（包括辅酶和辅基）的协同作用比只有酸催化或碱催化具有更高的催化效率。

4. 共价催化作用　很多酶的催化基团在催化过程中通过和底物形成瞬间共价键而将底物激活，并很容易进一步被水解形成产物和游离的酶。这种催化机制称为共价催化作用（covalent catalysis）。如胰蛋白酶和凝血酶等均属于丝氨酸蛋白酶，这类蛋白酶水解肽键的作用分为两步：①酶以其丝氨酸残基的—CH_2—OH 作用于底物分子的羧基并形成酯键，使肽键断裂；②共价结合的酯酰-酶中间产物水解。

许多酶促反应常常有多种催化机制同时介入，共同完成催化反应，这是酶促反应高效率的重要原因。

第四节　酶促反应的动力学

酶促反应动力学研究的是酶促反应速度及其影响因素，主要包括酶浓度、底物浓度、

pH、温度、抑制剂、激活剂等。在探讨各种因素对酶促反应速度的影响时，通常测定其初速度来代表酶促反应速度，即底物转化量<5%时的反应速度。而且在研究某种影响因素时，应保持其他因素不变，单独改变待研究的因素，即单因素研究。酶促反应动力学的研究具有重要的理论和实际应用意义。

一、底物浓度对酶促反应速度的影响

在酶浓度恒定条件下，以底物浓度对反应速度作图，两者呈矩形双曲线（rectangular hyperbola）（图6-3）。在酶促反应中，酶（E）首先需与底物（S）形成酶-底物中间复合物（ES），然后才能分解转变为产物（P）之缘故，由此提出中间复合物学说来解释底物浓度（[S]）与反应速度（v）的关系。反应式如下：

$$E + S \underset{K_1}{\overset{K_1}{\rightleftharpoons}} ES \overset{K_3}{\longrightarrow} E + P$$

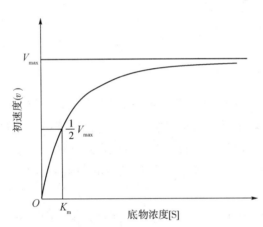

图6-3 底物浓度对酶促反应速度的影响

当底物浓度较低时，溶液中有大量的游离酶，此时，当底物浓度[S]增高，[ES]随着升高，反应速度（v）随[S]的增加而直线上升，两者呈正比关系。随着[S]的继续增加，反应速度不再与底物浓度呈正比，而是缓慢增加，此段$v-$[S]曲线呈弧线。如果继续加大底物浓度，反应速度几乎不再增加，此时，说明酶已被底物所饱和，无论怎样增加底物浓度，反应速度也不再加快。所有的酶都有饱和现象，只是达到饱和时所需的底物浓度不同而已。

（一）米氏方程

L. Michaelis 和 M. L. Menten 于1913年根据中间复合物学说进行数学推导，得出了v和[S]关系的公式，即著名的米氏方程（Michaelis equation）。

$$v = \frac{V_{max}[S]}{K_m + [S]}$$

式中，K_m是米氏常数（Michaelis constant），$K_m = (k_2 + k_3)/k_1$。V_{max}指该酶促反应的最大反应速度（maximum velocity），[S]为底物浓度，v是在某一底物浓度时观察到的反应速度。

上述米氏方程只适用于单底物酶促反应，对多底物酶促反应，不能用米式方程来表示，远比单底物更为复杂。

（二）米氏常数的意义

当反应速度为最大速度一半时，米氏方程可以变换如下：

$$\frac{1}{2}V_{max} = \frac{V_{max}[S]}{K_m + [S]}$$

进一步整理可得到：$K_m = $[S]，单位与底物浓度一样，用 mol/L 表示。

米氏常数在酶学研究中极为重要，有如下意义。

1. K_m在数值上等于酶促反应速度为最大速度一半时的底物浓度

2. K_m可近似地反映酶与底物的亲和力 按中间复合物学说，反应达恒态时，[E][S]/[ES]=

$(k_2+k_3)/k_1$，设 $K_m=(k_2+k_3)/k_1$。当 $k_2\gg k_3$ 时，即 ES 解离成 E 和 S 的速度大大超过 ES 分解成 E 和 P 的速度时，k_3 可以忽略不计。此时 K_m 值近似于 ES 的解离常数 K_S。在这种情况下，K_m 值可用来表示酶对底物的亲和力。

$$K_m = \frac{k_2}{k_1} = \frac{[E][S]}{[ES]} = K_s$$

K_m 值愈小，酶与底物的亲和力愈大；K_m 值愈大，酶与底物亲和力愈小。一个酶如果有几种底物，就有几个 K_m 值，其中 K_m 值最小的对酶的亲和力最大，一般为酶的天然底物或最适底物。

3. 判断酶的种类 K_m 值是酶的一个特征性常数，只与酶的结构、酶所催化底物的种类和反应的条件（如温度、pH、离子强度）有关，与酶浓度无关。不同的酶其 K_m 值不同，同一种酶作用于不同的底物，其 K_m 值也不相同。在底物相同、反应条件相同的情况下，测定酶的 K_m 值可以鉴别酶的种类。

4. 计算底物浓度和相对速度 根据米氏方程，如果我们已知底物浓度，可求出在该条件下的相对速度；反之，也可根据所要求达到的反应速度（与 V_{max} 的百分比），求出应当加入的合理底物浓度。要求反应速度达到 V_{max} 的 99%，其底物浓度为：

$$99\% = \frac{[S]}{K_m + [S]} \times 100\%$$
$$99\% K_m + 99\% [S] = 100\% [S]$$
$$[S] = 99 K_m$$

已知底物浓度 $[S]=10K_m$，则此时反应速度与 V_{max} 之比为：

$$v = V_{max} \times 10K_m/(K_m + 10K_m) ; v/V_{max} = 10K_m/(K_m + 10K_m) = 0.91$$

5. 判断酶的激活剂与抑制剂的存在 酶不仅与底物结合，也可与激活剂或抑制剂结合而影响 K_m 值。通过 K_m 值的测定可以协助判断酶的激活剂或抑制剂的存在与否以及抑制作用的类型。

（三）K_m 和 V_{max} 的求法

依据底物浓度与酶促反应速度的矩形双曲线图，只能求得近似的 K_m 值和 V_{max}，即很难准确地测得 K_m 和 V_{max}，且费材费力。如果将米式方程进行变换，使它成为相当于 $y=ax+b$ 的直线方程式，便可容易地用图解法求得准确的 K_m 值和 V_{max}。常用的是双倒数作图法（double reciprocal plot），又称为林-贝（Lineweaver-Burk）作图法。

将米式方程等号两边取倒数，所得到的双倒数方程式称为林-贝方程。

$$\frac{1}{v} = \frac{K_m}{V_{max}} \cdot \frac{1}{[S]} + \frac{1}{V_{max}}$$

以 $1/v$ 对 $1/[S]$ 作图得一直线，其斜率是 K_m/V_{max}，其纵轴上的截距为 $1/V_{max}$，横轴上的截距为 $-1/K_m$（图 6-4）。此作图法除用于求取精确的 K_m 和 V_{max} 外，在判断酶的可逆性抑制作用类型方面也有重要的参考价值。

二、酶浓度对酶促反应速度的影响

在酶促反应中，当底物浓度大大超过酶浓度时，酶促反应速度随酶浓度增加而成比例加快，即反应速度与酶的浓度变化呈正比关系（图 6-5）。在细胞内，通过改变酶浓度来调节酶促反应速度，是代谢调节的一个重要方式。

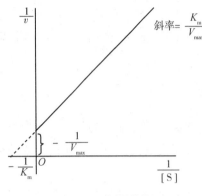

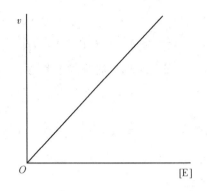

图 6-4　双倒数作图法　　　　　　　　图 6-5　酶浓度对酶促反应速度的影响

三、温度对酶促反应速度的影响

通常化学反应的速度随温度增高而加快，但酶是蛋白质，当温度升高超过一定范围时，酶蛋白受热而变性。因此，温度对酶促反应的影响是两方面的。在温度较低时，反应速度随温度升高而加快，温度每升高 10℃，反应速度增加 1～2 倍。但温度过高，酶受热变性的

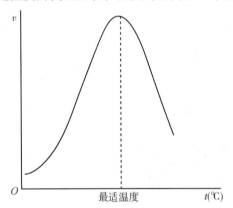

图 6-6　温度对酶促反应速度的影响

因素占优势，反应速度反而随温度上升而减慢。当温度超过 60℃ 时，多数酶开始变性，超过 80℃ 时，多数酶已经发生不可逆变性。通常将酶促反应速度达到最大时的温度称为该酶促反应的最适温度（optimum temperature）。低于或高于最适温度，酶促反应速度都将减慢（图 6-6）。人体内酶的最适温度是 37℃ 左右，温血动物体内的酶最适温度多在 35～40℃。酶的最适温度相当于细胞最适生存环境的温度或稍高。生活在温泉和深海中的生物，有的酶的最适温度可高达 100℃。用于聚合酶链反应（polymerase chain reaction，PCR）的 *Taq* DNA 聚合酶是从生活在 70～80℃ 的栖热水生菌中提取的，此酶最适温度为 74℃ 左右，在近 100℃ 高温中也不变性。

最适温度并不是酶的特征性常数，它随反应时间的延长而降低。低温可使酶的活性降低，但并不破坏酶的结构，温度回升时，酶的活性又可恢复。临床上采用低温麻醉即是利用酶的这一特性降低酶的活性，使组织细胞的代谢速度减慢，提高机体对氧和营养物质缺乏的耐受性。动物细胞、菌种、酶制剂等通常在低温或超低温环境中保存。生化实验中测定酶活性时，应严格控制反应温度。

四、pH 对酶促反应速度的影响

酶是蛋白质，属于两性电解质，不同的 pH 值可以影响酶的电离状态、活性中心结合基团的解离状态，影响酶蛋白与底物和辅酶的结合，影响催化基团中质子供体和质子受体的离子化状态，从而影响酶的催化活性。当在某一特定的 pH 条件下，酶蛋白、底物和辅酶处于最佳解离状态时，最适宜于它们的互相结合，并发挥最佳的催化作用，此时该环境 pH 值为酶促反应的最适 pH（optimum pH）。当溶液 pH 高于或低于最适 pH 时，酶活性都会降

低，酶促反应速度都将减慢；如果溶液 pH 过酸或过碱，可使酶变性而失活（图 6-7）。因此，在测定酶活性时，宜选最适 pH，以使酶发挥最大催化作用。

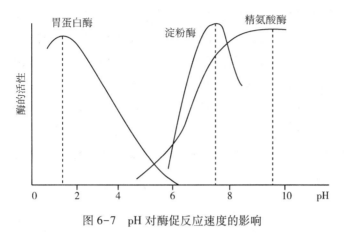

图 6-7 pH 对酶促反应速度的影响

不同种类的酶有不同的最适 pH 值，如精氨酸酶的最适 pH 是 9.8，胃蛋白酶的最适 pH 是 1.8，但动物体内大多数酶的最适 pH 在 6.5～8.0。

最适 pH 不是酶特征性常数，它受底物种类与浓度、缓冲对种类与浓度、酶的纯度等因素的影响。

五、激活剂对酶促反应速度的影响

使酶由无活性变为有活性，或使酶活性增加的物质称为酶的激活剂。激活剂大多为金属离子，如 Mg^{2+}、K^+、Mn^{2+} 等，少数为阴离子，如 Cl^- 等。也有些是小分子有机化合物，如胆汁酸盐等。按其对酶促反应速度影响的程度，可将激活剂分为两大类。

1. 必需激活剂 使酶由无活性变为有活性的激活剂称为必需激活剂（essential activator），多数为金属离子，例如 Mg^{2+} 是许多激酶的必需激活剂。必需激活剂对酶促反应是不可缺少的。

2. 非必需激活剂 激活剂不存在时，酶仍有一定的催化活性，但催化效率较低，加入激活剂后，酶的催化活性显著提高。这类激活剂称为非必需激活剂（non-essential activator）。如 Cl^- 是唾液淀粉酶的非必需激活剂，胆汁酸盐是胰脂肪酶的非必需激活剂。

激活剂的作用机制，可能是与酶的活性中心以外的基团结合，使酶蛋白的构象发生变化，使得酶的活性中心更适宜与底物结合；或是它先与底物结合，使之更适宜与酶的活性中心结合。总之，它有利于增加 ES 复合物的浓度而加速化学反应。

六、抑制剂对酶促反应速度的影响

凡能使酶活性下降而不引起酶蛋白变性的物质，统称为酶的抑制剂（inhibitor，I）。抑制剂可以与酶必需基团结合，从而抑制酶的催化活性。当去除抑制剂后，酶仍可表现其原有活性。加热、强酸、强碱等因素使酶变性失活，没有特异性，称钝化作用，不属于酶的抑制剂。酶的抑制作用在医学中具有十分重要的意义。许多药物就是通过对体内某些酶的抑制来发挥治疗作用的；有些毒物中毒，实质上就是毒素对酶活性抑制的结果。

根据抑制剂与酶结合的紧密程度和相互作用的机制，抑制作用通常分为可逆性抑制与不可逆性抑制两大类。

（一）不可逆抑制作用

这类抑制剂通常以共价键与酶的必需基团进行不可逆结合而使酶丧失活性，故称不可逆抑制作用（irreversible inhibition）。不可逆抑制剂不能用透析、超滤等物理方法除去而使酶复活。但这种抑制可以通过其他化学方法，将抑制剂从酶分子上除去。按其作用特点，不可逆抑制作用又有专一性与非专一性之分。

1. 专一性不可逆抑制作用 抑制剂能特异地与酶活性中心的必需基团进行共价结合，从而抑制酶的活性，这类抑制剂称为专一性抑制剂。有机磷化合物如有机磷杀虫剂（敌敌畏、敌百虫、1059 和甲胺磷等），能专一作用于胆碱酯酶活性中心的丝氨酸残基，使其磷酰化而抑制该酶的活性。

$$\begin{array}{c} O-R \\ | \\ O=P-X \\ | \\ O-R' \end{array} + HO-Ser-E \longrightarrow \begin{array}{c} O-R \\ | \\ O=P-O-Ser-E \\ | \\ O-R' \end{array} + HX$$

有机磷杀虫剂　　胆碱酯酶(活)　　　磷酰化胆碱酯酶(失活)

胆碱酯酶是催化乙酰胆碱水解的丝氨酸酶，乙酰胆碱是胆碱能神经末梢分泌的神经递质，当胆碱酯酶的活性被抑制后，乙酰胆碱不能及时分解，导致胆碱能神经过度兴奋的症状而产生中毒症状（如心跳变慢、瞳孔缩小、流涎、多汗和呼吸困难等）。因此，将有机磷化合物称为神经毒剂。

$$乙酰胆碱 + H_2O \underset{\text{胆碱乙酰化酶}}{\overset{\text{有机磷杀虫剂}\atop\text{胆碱酯酶}}{\rightleftharpoons}} 胆碱 + 乙酸$$

解救的办法可用解磷定（pyridine aldoxime methyliodide，PAM），其分子中含有负电性较强的肟基（—CH＝NOH），可与有机磷的磷原子发生反应，从而夺取与胆碱酯酶结合的磷酰基，使胆碱酯酶的丝氨酸羟基游离出来而恢复活性，解除了有机磷对酶的抑制作用。

$$\begin{array}{c} \\ \text{解磷定} \end{array} + \begin{array}{c} O-R \\ | \\ O=P-O-Ser-E \\ | \\ O-R' \end{array} \longrightarrow \begin{array}{c} \\ \text{解磷定-有机磷复合物} \end{array} + HO-Ser-E$$

解磷定　　　　被有机磷抑制的酶　　　　解磷定-有机磷复合物　　　　恢复活性的酶

2. 非专一性不可逆抑制作用 抑制剂能与酶分子中的一类或几类基团作用，不管是否为必需基团，皆可与之共价结合，从而使酶失去催化活性，这类抑制剂称为非专一性抑制剂。如低浓度的重金属离子（如 Pb^{2+}、Cu^{2+}、Hg^{2+} 等）、砷剂（如路易士气、砒霜）等属于此种类型的抑制剂，它们能与酶分子的巯基共价结合，使巯基酶失活，从而引起中毒甚至死亡。如铅中毒引起的贫血就与铅结合在亚铁螯合酶（ferrochelatase）的巯基上，导致血红素合成障碍有关。

$$E\begin{array}{c} SH \\ \\ SH \end{array} + Hg^{2+} \longrightarrow E\begin{array}{c} S \\ \\ S \end{array}Hg$$

巯基酶　　　　汞离子　　　　　失活的酶分子

巯基酶中毒可用二巯基丙醇进行解毒，它含有两个巯基，当其在体内的浓度达到一定值后，可与毒剂结合而使酶恢复活性。

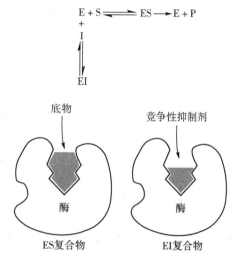

二巯基丙醇　　失活的酶分子　　　　　复活的酶

（二）可逆性抑制作用

抑制剂以非共价键与酶或酶-底物复合物的特定区域结合，从而使酶活性降低或丧失，用透析、超滤等物理方法将抑制剂除去后，酶的活性可以恢复，此种抑制作用称为可逆性抑制作用。根据抑制剂、底物与酶三者的相互关系，可逆性抑制作用（reversible inhibition）又分为竞争性抑制作用、非竞争性抑制作用和反竞争性抑制作用三种类型。

$$E+S \rightleftharpoons ES \longrightarrow E+P$$

1. 竞争性抑制作用　抑制剂与底物结构相似，两者相互竞争与酶的活性中心结合，当抑制剂与酶结合后，可以阻碍酶与底物的结合，从而抑制酶活性，称此为竞争性抑制作用（competitive inhibition）（图6-8）。酶与抑制剂结合形成 EI 后可以阻碍酶与底物的结合。但如果增加底物浓度，就可促使 EI 解离而去除抑制剂，使 E 和 S 结合形成 ES，从而恢复酶的活性。

图 6-8　竞争性抑制作用示意图

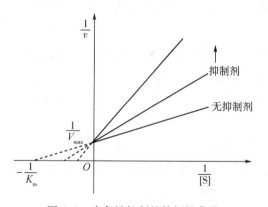

图 6-9　竞争性抑制的特征性曲线

竞争性抑制作用的特点有：①抑制剂与底物的结构相似；②抑制剂与底物相互竞争与酶活性中心结合；③抑制程度取决于 [I]/[S] 相对比例；④增加底物浓度，可以减少甚至解除抑制作用；⑤酶与底物的亲和力降低，即表观 K_m 值增大，但最大反应速度 V_{max} 不变（图6-9）。

丙二酸对琥珀酸脱氢酶的抑制作用是竞争性抑制作用的典型实例。丙二酸与琥珀酸结构类似，两者相互竞争与琥珀酸脱氢酶活性中心结合，当丙二酸与琥珀酸脱氢酶结合后，就阻碍了琥珀酸与酶的结合，从而抑制酶活性。若增大琥珀酸的浓度，抑制作用可被削弱。

$$\begin{array}{c} COOH \\ | \\ CH_2 \\ | \\ COOH \end{array}$$
丙二酸

琥珀酸脱氢酶

$$\begin{array}{c} COOH \\ | \\ CH_2 \\ | \\ CH_2 \\ | \\ COOH \end{array} \quad \xrightarrow[\text{FAD} \quad \text{FADH}_2]{} \quad \begin{array}{c} COOH \\ | \\ CH \\ \| \\ HC \\ | \\ COOH \end{array}$$

琥珀酸　　　　　　　　　　　　　延胡索酸

竞争性抑制作用在医学上的应用十分广泛，磺胺类药物是典型的代表。某些细菌在生长繁殖时，不能利用环境中的叶酸，而是在细菌体内二氢叶酸合成酶的催化下，由对氨基苯甲酸（PABA）、二氢蝶呤及谷氨酸合成二氢叶酸（FH_2），FH_2 再进一步还原成四氢叶酸（FH_4）参与一碳单位代谢。磺胺类药物的化学结构与对氨基苯甲酸很相似，是二氢叶酸合成酶的竞争性抑制剂，抑制 FH_2 的合成，进而减少 FH_4 的生成，而 FH_4 是细菌合成核苷酸不可缺少的辅酶，FH_4 生成障碍使核酸合成受阻而抑制细菌的生长繁殖。抗菌增效剂甲氧苄啶（TMP）与二氢叶酸结构相似，是细菌二氢叶酸还原酶的强烈抑制剂，它与磺胺药联合使用，可使细菌的四氢叶酸合成受到双重阻碍，因而严重影响细菌的核酸及蛋白质合成，起到增效的作用。（图6-10）

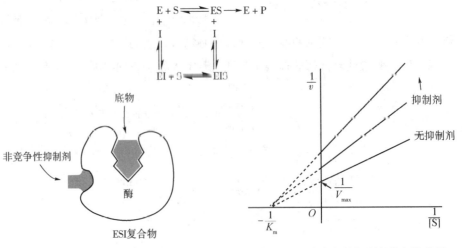

图 6-10　磺胺类药物的竞争性抑制作用

人类能直接利用食物中现成的叶酸，所以人类核酸合成一般不受磺胺类药物的干扰。根据竞争性抑制的特点，首次服用磺胺类药物时必须达到足够高的血药浓度，以产生较大的竞争性抑制作用，然后继续使用维持量。

临床使用的许多抗癌药物如甲氨蝶呤（MTX）、5-氟尿嘧啶（5-FU）、6-巯基嘌呤（6-MP）等均为竞争性抑制剂，它们分别抑制四氢叶酸、脱氧胸苷酸及嘌呤核苷酸的合成，达到抑制肿瘤的生长的目的。

2. 非竞争性抑制作用　抑制剂可与酶活性中心以外的必需基团结合，不影响酶与底物的结合，酶与底物的结合也不影响酶与抑制剂的结合（图6-11）。但酶、底物和抑制剂三者生成的 ESI 复合物不能释放出产物。这种抑制作用称为非竞争性抑制作用（noncompetitive inhibition）。非竞争性抑制剂的酶促反应表示如下。

与竞争性抑制作用相比较，非竞争性抑制常有下列特点：①底物和抑制剂结构不相似；②两者可以互不干扰同时与酶的不同部位相结合，不存在竞争关系；③抑制程度只取决于 [I]；④增加 [S] 不能去除抑制作用；⑤表观 K_m 值不变，V_{max} 值降低（图6-12）。

图 6-11　非竞争性抑制作用示意图　　　　图 6-12　非竞争性抑制的特征性曲线

如别嘌呤醇是黄嘌呤氧化酶的竞争性抑制剂，同时它也是该酶的底物，可被催化生成氧嘌呤醇，又称别黄嘌呤，别黄嘌呤是黄嘌呤氧化酶的非竞争性抑制剂，这是别嘌呤醇治疗痛风症的机制之一（见核苷酸代谢章）。

3. 反竞争性抑制作用　此类抑制剂仅与酶-底物复合物（ES）结合，使酶失去催化活性。抑制剂与 ES 结合后，减弱了 ES 离解成 E 和 P 的趋势，更加有利于底物和酶的结合，这种现象恰好与竞争性抑制相反，故称反竞争性抑制作用（uncompetitive inhibition）。ESI 形成后，使中间产物 ES 量下降，这样既减少了从中间产物转化产物的量，同时也减少了从中间产物解离出来的游离酶和底物的量。反竞争性抑制剂的酶促反应可用右式表示。

$$E+S \rightleftharpoons ES \longrightarrow E+P$$
$$+$$
$$I$$
$$\updownarrow$$
$$EIS$$

反竞争性抑制作用的特点有：①抑制剂只能和 ES 结合，生成不能形成产物的 ESI 三元复合物；②当有 I 存在时，增加 S 的浓度使 ES 浓度增加，I 不断和 ES 结合转变成 ESI，促进平衡向生成 ES 的方向移动，故 I 的存在反而促进 S 与酶相互结合；③使表观 K_m 与 V_{max} 同时降低（图 6-13）。

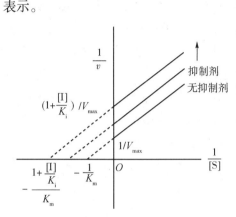

图 6-13　反竞争性抑制的特征性曲线

反竞争性抑制作用在酶促反应中较为少见，多发生在双底物反应中，偶见于酶促水解反应中。L-苯丙氨酸对肠道碱性磷酸酶的抑制，肼对胃蛋白酶的抑制等均属于此种类型。

现将 3 种可逆性抑制作用总结于表 6-2。

表 6-2　各种可逆性抑制作用的比较

	竞争性抑制	非竞争性抑制	反竞争性抑制
I 结合的对象	E	E、ES	ES
表观 K_m 变化	增大	不变	减小
表观 V_{max} 变化	不变	降低	降低

七、酶的活力测定

在生物样品中，酶蛋白的含量甚微，很难直接测量，尤其同时存在多种其他杂蛋白，准确定量难度更大。然而酶具有高度特异的催化活性，这种活性是其他杂蛋白没有的。因此常采取测定酶活性来表示酶量。

测定酶活性大小，可以通过设计一个酶促反应，观察酶促反应的速度来表示。酶催化的反应速度愈快，则酶的活性愈大。酶促反应速度可用单位时间内底物的减少量或产物生成量来衡量。底物虽然逐渐减少，但总是存在着；产物生成从无到有，比较灵敏，故以测定产物生成量的方法为常见。

酶活性测定应测定反应的初速度。反应时间延长，酶促反应速度会降低，因为：①底物浓度逐渐降低以后，与酶分子的接触机会减少；②很多酶促反应是可逆反应，当产物浓度过高时，有逆反应进行；③随着反应时间的延长，由于酶的不稳定性，酶分子可能发生变性失活。

酶活性大小一般用"酶活力单位"来表示。"酶活力单位"越大，酶的活性越大，也就是样品中酶的含量越高。表示酶活性大小的浓度单位是人为规定的，如血清丙氨酸氨基转移酶（ALT）的测定，规定 1ml 血清在 pH7.4、37℃条件下，经 30 分钟保温，使底物丙氨酸和 α-酮戊二酸反应，每产生 2.5μg 的丙酮酸，规定为血清 ALT 1 个酶活力单位。那么，在上述条件下，0.1ml 血清经 30 分钟保温如产生了 10μg 丙酮酸，则换算成 1ml 血清中 ALT 活性为：$10×1/0.1×2.5 = 40U$。20 世纪 50 年代以前酶活力单位的命名混乱，常以方法提出者的姓氏来命名，例如淀粉酶的 Somogyi 单位，碱性磷酸酶的 King 单位等。1963 年国际生化协会提出一个"国际单位"概念来表示酶量的多少，即 1 分钟能转化 1 微摩尔底物（μmol/min）的酶量为一个国际单位，以 IU（international unit）表示。目前大多数实验工作者常省略国际二字，直接以 U 表示。但同样酶量在不同条件下，1 分钟所转化底物的量会有明显差异，因此，国际生化学会（IUB）酶学委员会于 1976 年规定：在温度 25℃、最适 pH、最适底物浓度时，每分钟转化 1μmol 底物所需的酶量为一个酶活力国际单位（IU）。1979 年国际生化学会又推荐以催量单位（Katal）来表示酶的活性。1 催量（Kat）是指在特定条件下，每秒钟使 1mol 底物转化为产物所需的酶量。国际单位和催量之间关系为：$1IU = 1μmol/min = (1×10^{-6}/60)mol/s = 16.67×10^{-9} Kat，1Kat = 6×10^{7}IU$。

根据国际酶学委员会规定，每毫克（mg）蛋白质所含的酶活力单位称为酶的比活力（specific activity）。酶的比活力代表酶制剂的纯度，对于同一种酶来说，比活力愈大，表示酶的纯度愈高。

第五节　酶的调节

生物体内的化学反应绝大多数是在酶的催化下进行。通过改变酶活性可以影响代谢速度甚至代谢方向，这是生物体内代谢调节的重要方式。细胞内各种物质代谢往往定位在某一区域内进行的，这是由于代谢上相互有关联的一系列酶构成一个多酶体系分布在特定亚细胞区域，使反应既能连续进行又避免相互干扰，还有利于代谢调节。对于一个连续的酶促反应体系，欲改变代谢速度，通常不必改变代谢途径中所有酶的活性，而只需调节其中一个或几个关键酶，也称调节酶（regulatory enzyme）即可。所谓关键酶（key enzyme）是指在一系列连续的酶促反应中，只能催化单向反应、且速度较慢的酶，调节该酶活性可以影响整个代谢速度，甚至改变代谢方向。在细胞水平，通过调节关键酶活性来改变代谢速度，可以有两种方式：一种是对酶结构的调节，是通过对现有的酶分子结构的改变来改变酶活性，因此比较快，一般在数秒或数分钟内即可完成，属于快速调节；另一种是对酶含量的调节，往往通过基因表达调控来影响酶蛋白合成量，从而调节酶活性，因此速度较慢一般需要数小时甚至更长时间才能完成属于迟缓调节。改变细胞内现有的酶分子结构来快速调节酶活性，又根据调节机制不同有别构调节和化学修饰调节两种方式。

一、别构调节

某些小分子物质能与酶分子活性中心以外的非催化部位非共价键结合，引起酶蛋白空间构象变化，从而改变酶活性，这种调节称为酶的别构调节或称变构调节（allosteric regulation）。能使酶发生别构调节的物质被称为别构调节物（allosteric modulator），别构效应物（allosteric effector）。若引起酶活性增加，则称为别构激活剂；引起酶活性降低，则称为别构抑制剂。受别构调节的酶称为别构酶（allosteric enzyme）。

各代谢途径中的关键酶大多是别构酶。而代谢途径中酶作用的底物、终产物或某些中间产物以及 ATP、ADP、AMP 等一些小分子化合物，常可以作为别构效应剂。一些代谢途径在细胞内的定位、别构酶及其别构效应剂列于表 6-3。（有关别构调节的机制和意义详见"物质代谢的调节"）

表 6-3 一些代谢途径的定位、别构酶及其别构效应剂

代谢途径	别构酶	细胞内定位	别构激活剂	别构抑制剂
糖酵解	磷酸果糖激酶-1	细胞质	AMP，ADP，FDP，Pi	柠檬酸，ATP
	己糖激酶		AMP	葡糖-6-磷酸
	丙酮酸激酶		FDP	ATP，乙酰辅酶 A
三羧酸循环	异柠檬酸脱氢酶	线粒体	AMP，ADP	ATP
	柠檬酸合酶		AMP	ATP，长链脂酰辅酶 A
糖原分解	糖原磷酸化酶 b	细胞质	AMP，Pi	ATP，葡糖-6-磷酸
糖原合成	糖原合酶	细胞质	葡糖-6-磷酸，ATP	AMP
糖异生	丙酮酸羧化酶	线粒体	乙酰辅酶 A，ATP	AMP
脂肪酸合成	乙酰辅酶 A 羧化酶	细胞质	柠檬酸，异柠檬酸	长链脂酰辅酶 A
氧化脱氨基	谷氨酸脱氢酶	线粒体	ADP，GDP	GTP，ATP
嘧啶合成	天冬氨酸氨甲酰基转移酶	细胞质	ATP	CTP
嘌呤合成	谷氨酰胺-PRPP 酰胺转移酶	细胞质	PRPP	IMP，AMP，GMP

二、化学修饰调节

酶蛋白肽链上某些氨基酸残基可在另一种酶的催化下发生化学修饰，使其共价结合或脱去某些化学基团从而改变酶的活性，这种调节方式称为化学修饰（chemical modification）调节，也称共价修饰（covalent modification）调节。酶的化学修饰包括磷酸化与去磷酸、乙酰化与去乙酰、甲基化与去甲基、腺苷化与去腺苷等，其中以磷酸化修饰为最常见。酶的化学修饰是体内快速调节酶活性的另一种重要方式。

糖原磷酸化酶是典型的酶化学修饰调节的实例，此酶有两种形式，即无活性的磷酸化酶 b 与有活性的磷酸化酶 a。两种形式的互变分别受到磷酸化酶 b 激酶和磷蛋白磷酸酶催化，从而使酶蛋白分子上丝氨酸或苏氨酸残基的羟基既可以接受 ATP 提供的磷酸基而发生化学修饰，又可以脱去磷酸基而恢复原来状态，进而使酶活性发生改变（详见"物质代谢的调节"）。

三、酶含量调节

通过改变关键酶的合成速度或降解速度以调节酶的含量，进而影响代谢速度是酶调节的另一种方式。这类调节作用主要发生在基因的转录水平，因此所需时间较长，但调节效应持续时间较久，是一种缓慢而持久的调节方式。

1. 酶蛋白合成的诱导与阻遏 某些代谢底物、药物以及激素等均可以影响酶蛋白的合

成。一般将增加酶蛋白合成的物质称为诱导剂（inducer），这种作用称为诱导作用。相反能减少酶合成的物质称为阻遏剂（repressor），这种作用称为阻遏作用。例如，糖皮质激素能诱导糖异生途径中关键酶的合成，使糖异生速度随之加快。胆固醇能阻遏肝内胆固醇合成途径中关键酶——HMG-CoA 还原酶的合成，使胆固醇的合成速度减慢。有关通过诱导或阻遏作用，调控酶蛋白基因表达的详细机制，见"基因表达调控"。

2. 酶蛋白的降解 改变酶分子的降解速度，也可调节细胞内酶的含量，从而影响代谢速度。例如饥饿时，大鼠精氨酸酶活性增高是由于酶的降解速度减慢。饥饿时还同时使乙酰辅酶 A 羧化酶活性降低，其原因除了酶蛋白合成减少外，还与酶分子的降解速度增加有关。一般情况下，通过胞内酶降解的调节，不如酶的诱导和阻遏调节重要。

细胞内各种酶的半衰期相差很大，如鸟氨酸脱羧酶的半衰期很短，仅有 30 分钟，而乳酸脱氢酶的半衰期可长达 130 小时。现知人体内蛋白质的降解方式有两种途径：①溶酶体蛋白酶降解途径（不依赖于 ATP）。由溶酶体内的蛋白质水解酶非选择性催化分解，这是一些半衰期较长的蛋白质的降解途径；②泛素参与的降解途径（依赖于 ATP 供能）。泛素是由 76 个氨基酸残基组成的蛋白质，分子量约为 8500。当泛素在识别蛋白的参与下与待降解的蛋白质结合（即泛素化），可使该蛋白质打上"标记"而被迅速降解。这是对细胞内异常蛋白质和半衰期较短的蛋白质的降解途径，鸟氨酸脱羧酶属于此类。泛素诱导细胞周期蛋白的降解在细胞周期的调控中起重要作用。

四、酶原及酶原的激活

1. 概念 有些酶在细胞内刚合成或初分泌时，是没有活性的酶的前体，称为酶原（zymogen）。酶原在一定条件下被水解掉部分肽段，并使剩余肽链构象改变而转变成有活性的酶，称为酶原的激活（zymogen activation）。酶原激活的实质是使酶分子形成或暴露活性中心的过程。

例如消化道内许多消化酶在刚合成或在刚分泌时都是以酶原形式存在：①胰蛋白酶原含有 244 个氨基酸残基，受肠激酶催化切去其 N 端六肽后，剩余肽段盘绕、折叠形成活性中心区域，进而转变为有活性的胰蛋白酶（图 6-14）；②胃蛋白酶原含有 392 个氨基酸残基，在胃酸作用下，将 N 端第 42 个与第 43 个氨基酸残基间的肽键断裂，切去 42 肽，剩下

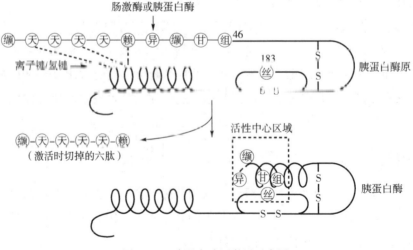

图 6-14 胰蛋白酶原激活示意图

的肽链盘绕、折叠，形成有活性的胃蛋白酶；③胰凝乳蛋白酶原含有 245 个氨基酸残基，受胰蛋白酶催化除去 2 个二肽，剩下的肽链盘绕、折叠形成有活性的胰凝乳蛋白酶。

2. 酶原激活的生理意义 可以避免活性酶对细胞自身进行消化，并使之在特定部位发挥作用。出血性胰腺炎的发生就是由于胰腺分泌的蛋白酶原在进入小肠前被激活而消化自身的胰腺细胞，导致胰腺破裂出血。此外，酶原还可被视为酶的贮存形式。如凝血酶原和纤溶酶类以酶原的形式在血液循环中运行，一旦需要被激活为有活性的酶，可迅速发挥其对机体的保护作用。酶原分泌、贮备和激活常受到生理信号在时间和空间上的精确调控。

五、同工酶

同工酶（isoenzyme）是指能催化相同化学反应，但酶分子的组成、结构、理化性质乃至免疫学性质或电泳行为均不同的一组酶。同工酶可以存在于同一种属或同一个体的不同组织或同一细胞的不同亚细胞结构中，它在代谢中起着重要的作用。

现已发现有百余种同工酶。研究最多的如 L-乳酸脱氢酶（L-lactate dehydrogenase，LDH）。该酶由 H 亚基（heart，H 心肌型）和 M 亚基（muscle，M 骨骼肌型）组成的四聚体。两种亚基可以不同比例组合成 5 种同工酶：LDH_1（H_4）、LDH_2（H_3M_1）、LDH_3（H_2M_2）、LDH_4（H_1M_3）和 LDH_5（M_4）。5 种 LDH 中的 M、H 亚基比例各异，决定了它们理化性质的差别。通常用电泳可把 5 种 LDH 分开，LDH_1 向正极泳动速度最快，而 LDH_5 泳动最慢。

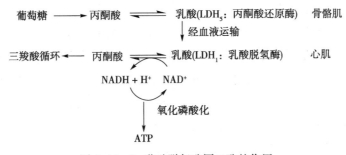

图 6-15　L-乳酸脱氢酶同工酶的作用

同工酶虽然催化相同的反应，但在不同的组织中，其催化特性可不相同。例如 LDH_1 ～ LDH_5 理论上均可催化乳酸与丙酮酸之间氧化还原反应。但实际上各同工酶的 K_m 值不同，对乳酸和丙酮酸的亲和力不同。心肌组织富含 LDH_1，对乳酸亲和力强，主要是催化乳酸脱氢生成丙酮酸，丙酮酸进一步氧化分解供应心肌能量，所以心肌是氧化乳酸的重要组织。而骨骼肌中富含 LDH_5，它对丙酮酸亲和力强，主要催化丙酮酸还原成乳酸，乳酸经血循到心、肝等组织中进一步被利用。故骨骼肌是产生乳酸的重要组织，利于在缺氧时补充骨骼肌所需能量。骨骼肌 LDH_5 实际上起了丙酮酸还原酶的作用。

各种不同类型的 LDH 同工酶在不同组织器官中的比例是不同的。LDH_1 在心肌含量最高，而 LDH_5 在肝含量最高。LDH 同工酶的组成及分布见表 6-4。在临床上，通过分析患者血清中 LDH 同工酶的电泳图谱，可以辅助诊断某些器官组织是否发生病变。例如，心肌梗死时患者血清 LDH_1 含量明显上升，肝病患者血清 LDH_5 含量高于正常。

表 6-4　人体各组织器官中 LDH 同工酶的分布

组织器官	同工酶百分比				
	LDH_1	LDH_2	LDH_3	LDH_4	LDH_5
心肌	67	29	4	<1	<1
肾	52	28	16	4	<1
肝	2	4	11	27	56
骨骼肌	4	7	21	27	41
红细胞	42	36	15	5	2
肺	10	20	30	25	15
胰腺	30	15	50		5
脾	10	25	40	25	5
子宫	5	25	44	22	4
血清	18～33	28～44	18～30	6～16	2～13

第六节　酶在医药方面的应用

一、酶在疾病诊断上的应用

酶活性测定有助于对许多疾病的诊断。因为临床上很多疾病都可以表现为酶活性的异常。其原因主要有：①酶的合成减少。很多疾病可以引起酶的合成减少，尤其是肝疾病，如肝功能障碍患者，凝血酶原、尿素合成酶、卵磷脂-胆固醇脂酰转移酶（LCAT）等都减少；②酶的合成量较正常增加，如恶性肿瘤患者血清乳酸脱氢酶活性增加，佝偻病和骨肉瘤患者血清碱性磷酸酶增多等；③细胞膜通透性增加或组织器官损伤，使胞内酶流入血液，如急性肝炎患者血清丙氨酸氨基转移酶活性升高，心肌炎和急性心肌梗死患者血清肌酸激酶活性的升高；④正常排泄途径受阻而逆流入血，如胆道梗阻患者，碱性磷酸酶不能随胆汁排出而在血清中含量升高。所以临床上进行体液酶活性检查，可作为疾病诊断、病情监测、疗效观察、预后及预防的重要指标。表6-5为临床常用于诊断的部分血清酶。

表 6-5　临床常用于诊断的血清酶

酶	临床应用	酶的来源
丙氨酸氨基转移酶	肝病	肝、骨骼肌、心脏
天冬氨酸氨基转移酶	心肌梗死、肝、肌肉疾病	肝、骨骼肌、心脏
淀粉酶	胰腺疾病	胰腺、唾液腺
碱性磷酸酶	骨骼，肝、胆疾病	肝、骨、肠、肾病
酸性磷酸酶	前列腺癌、骨病	前列腺、红细胞
乳酸脱氢酶	心肌梗死、溶血	心肌、肝、骨骼肌
γ-谷氨酰转肽酶	肝病、乙醇中毒	肝、肾
胰蛋白酶	胰腺疾病	胰腺

二、酶在疾病治疗上的应用

通过向患者体内提供外源性的酶制剂，使患者缺乏的酶得到补偿，以达到治疗的目的。这就是所谓的“酶替代疗法”。早在20世纪60年代就试图用异种酶的粗提物治疗先天性代谢缺陷性疾病。目前常用的酶制剂如下。

（一）酶类药物

1. 消化酶类 如胃蛋白酶、糜蛋白酶、淀粉酶、胰蛋白酶、纤维素酶等。用以治疗消化功能失调，消化液分泌不足或其他原因引起的消化系统疾病。

2. 抗栓酶类 尿激酶、链激酶、蝮蛇抗栓酶及弹性蛋白酶等既有明显的降低血液黏度及血小板聚集、溶栓扩张血管、增加病灶血液供应、改善微循环的作用，又能促进胆固醇转变成胆酸，加速胆汁排泄，防止胆固醇在血管壁上沉积，对动脉硬化及血栓形成有预防及治疗作用。

3. 抗炎清创酶类 菠萝蛋白酶、胰蛋白酶、链激酶、尿激酶、纤溶酶、木瓜蛋白酶等蛋白质水解酶，能将炎症部位的纤维蛋白或脓液中的黏蛋白分解，抗炎消肿。

4. 抗肿瘤细胞生长的酶类 现在肿瘤已成为严重威胁人们生命的主要疾病之一，化疗是治疗肿瘤的重要手段之一，其中属于这一类的酶有天冬酰胺酶、谷氨酰胺酶及神经氨酸苷酶，它们的作用机制主要是干扰蛋白质的合成，以抑制肿瘤细胞的生长。

5. 抗氧化酶类 在正常情况下，体内氧自由基的产生和消除是平衡的。一旦氧自由基产生过多或抗氧化体系出现障碍，体内氧自由基代谢就会出现失衡，从而导致细胞损伤，引起心脏病、癌症和衰老等严重疾病。能清除体内氧自由基的酶有超氧化物歧化酶、过氧化氢酶等。

此外，固定化酶制造新型的人工肾，由微胶囊的尿酶和微胶囊离子交换树脂的吸附剂组成。前者水解尿素产生氨，后者吸附氨，以降低患者血液中过高的非蛋白氮。

（二）通过抑制酶的活性治疗疾病

许多药物可通过抑制体内的某些酶来达到治疗目的。凡能抑制细菌重要代谢途径中的酶活性，即可以达到抑菌或杀菌目的。如前述的磺胺类药物是细菌二氢叶酸合成酶的竞争性抑制剂。氯霉素通过抑制某些细菌肽酰转移酶活性来抑制其蛋白质合成达到抗菌作用。5-氟尿嘧啶、6-巯基嘌呤、甲氨蝶呤是核酸代谢途径中相关酶的竞争性抑制剂，能阻断肿瘤细胞的核酸合成，抑制肿瘤的生长。

三、酶工程在医药领域的应用

（一）固定化酶

1. 概念 固定化酶又称固相酶，是指经过一定改造后被限制在一定的空间内，能模拟体内酶的作用方式，并可反复连续地进行有效催化反应的酶。酶在水溶液中不稳定，一般不便反复使用，也不易与产物分离，不利于产物的纯化。固定化酶可以弥补这些缺点。在理论研究上，固定化酶可以作为探讨酶在体内作用的模型；在实际使用中，可使生产工艺自动化和连续化，提高酶的使用效率，是近代酶工程技术的主要研究领域。

2. 固定化技术 是通过化学或物理等手段将酶分子束缚起来供重复使用的技术，大致可分为吸附法、共价结合法、交联法和包埋法等。

（1）吸附法 将酶吸附到不溶于水的载体上而使酶固定化的方法。有物理吸附法和离子吸附法。

1）物理吸附法 常使用的载体有活性炭、氧化铝、高岭土、硅胶、多孔玻璃、羟基磷灰石等。物理吸附法操作简便、费用较省，可供选择的载体类型多，有的可以再生。但酶与载体的相互作用较弱，被吸附的酶容易从载体上脱落，酶的非专一性吸附会引起酶的部分或全部失去。

2）离子结合法　通过离子效应将酶固定到具有离子交换基团的非水溶性载体上的一种方法。能引起离子结合的载体，除具有离子交换基团的多糖类外，像离子交换树脂那样的合成高分子衍生物也可用作载体。离子结合法与共价结合法比较，操作简便，处理条件温和，可以得到较多高活性的固定化酶。但载体和酶的结合力不够牢固，易受缓冲液种类和 pH 的影响。

（2）共价结合法　是将酶蛋白分子上的功能基团和载体上的反应基团通过化学价键形成不可逆的连接的方法。常用的载体包括天然高分子（纤维素、琼脂糖、葡萄糖凝胶、胶原及其衍生物），合成高分子（聚酰胺、聚丙烯酰胺、乙烯-顺丁烯二酸酐共聚物等）和无机支持物（多孔玻璃、金属氧化物等）。共价结合法制备的固定化酶，酶和载体的连接键结合牢固，使用寿命长，但制备过程中酶直接参与化学反应，常常引起酶蛋白质的结构发生变化，导致酶活力的下降，往往需要严格控制操作条件才能获得活力较高的固定化酶。

（3）交联法　利用多功能试剂与酶之间发生分子交联来把酶固定化的方法。常用的试剂有戊二醛、亚乙基二异氰酸酯、双重氮联苯胺等。交联法反应比较激烈，固定化酶的活力，在多数情况下都较脆弱。

（4）包埋法　将酶包裹于凝胶网格或聚合物的半透膜微型胶囊中，使酶固定化。所用的凝胶有琼脂、海藻酸盐以及聚丙烯酰胺凝胶等；用于制备微囊的材料有聚酰胺、聚脲、聚酯等。将酶包埋在聚合物内是一种反应条件温和，很少改变酶蛋白结构的固定化方法，此法对大多数酶、粗酶制剂，甚至完整的微生物细胞都适用。但此法较适合于小分子底物和产物的反应，因为在凝胶网格和微囊中存在有分子扩散效应。加大凝胶网格，有利于分子扩散，但使凝胶的机械强度降低。

固定化酶作为现代生物技术的一个新的领域，用于各种疾病的诊断、治疗及人工脏器；用作化学分析的酶电极；固定化酶用作燃料电池；固定化酶用作亲和色谱手段，分离和提纯酶的底物、辅酶、抑制剂及抗体等，显示出广阔的前景。

（二）抗体酶

具催化能力的免疫球蛋白称为抗体酶或催化抗体。抗体酶是抗体的高度特异性与酶的高效催化性的结合产物，其实质是一类在可变区赋予了酶活性的免疫球蛋白。是一种新型的人工酶制剂。

将抗体转变为酶主要通过诱导法、引入法、拷贝法三种途径。诱导法是利用反应过渡态类似物为半抗原制作单克隆抗体，筛选出具高催化活性的单抗即抗体酶；引入法则借助基因工程和蛋白质工程将催化基因引入到特异抗体的抗原结合位点上，使其获得催化功能，拷贝法主要根据抗体生成过程中抗原-抗体互补性来设计的。

抗体酶与天然酶比较有更强的专一性和稳定性。抗体酶作为一种具酶和抗体双重功能的新型大分子用作分子识别元件，具有优于酶和抗体的突出特点。当底物与抗体酶的活性部位结合后，会立即发生催化反应，释放产物，所以每一次分子反应之后，抗体的分子识别位点都可以再生，这就使催化抗体能够作为一种可以连续反复使用的可逆性分子。

抗体酶能催化一些天然酶不能催化的反应。抗体酶的多样性决定了抗体酶的催化反应类型多样性；催化抗体的构建，表明可通过免疫学技术，为人工酶的设计和制备开辟一条新的、实用化的途径。这种利用抗原-抗体识别功能，把催化活性引入免疫球蛋白结合位点的技术，或许可能发展成为构建某种具有定向特异性和催化活性的生物催化剂的一般方法。

抗体酶兼具抗体的高度选择性和酶的高效性，可人为生产适应各种用途的，特别是自然界不存在的高效催化剂。抗体酶的研究，为人们提供了一条合理途径去设计适合于市场需要的蛋白质，即人为地设计制作酶。这是酶工程的一个全新领域。利用动物免疫系统产生抗体的高度专一性，可以得到一系列高度专一性的抗体酶，使抗体酶不断丰富。随之出现大量针对性强、药效高的药物。立体专一性抗体酶的研究，使生产高纯度、立体专一性的药物成为现实。

知识拓展

氨基转移酶

氨基转移酶简称转氨酶，是催化氨基酸脱氨基的重要酶类，其中 ALT 是体内一种重要的转氨酶。正常情况下 ALT 主要存在于肝细胞内，血清中活性最低。当肝细胞受损或细胞膜通透性增加时 ALT 大量释放入血，使血中 ALT 增高。因此，测定血清 ALT 活性，可反映肝病患者在疾病发展过程中肝细胞损伤程度的重要指标，也是疗效评定的重要标准之一。引起 ALT 升高的常见疾病有病毒性肝炎、中毒性肝炎、大量或长期饮酒等。中医药治疗肝炎有独特疗效，尤其对于降低转氨酶升高有着明显的优势。其主要机制可能是通过拮抗自由基损伤，稳定肝细胞膜，促进肝细胞再生、诱生内源性干扰素，增强巨噬细胞活力和自然杀伤细胞活力等作用。许多单味中药具有降低 ALT 活性的作用，如白花蛇舌草、丹参、紫花地丁、枳实、沙苑子、何首乌、枸杞子、五味子、垂盆草、虎杖、半枝莲、田基黄、苦参、柴胡、黄芩、灵芝、茵陈、三七等。降低 ALT 的中药制剂有五味子制剂、小柴胡汤制剂、清开灵等。中医治病强调辨证用药，肝炎患者血清 ALT 活性升高大多属于中医学胁痛范畴，可由于湿热内阻，气滞血瘀，肝阴不足等原因引起。通过辨证用药，可以改变机体的反应性，调整机体酸碱环境，提高机体细胞免疫功能，调整患者的代谢功能等，从而达到治愈。

重点小结

重 点	难 点
1. 酶是生物体活细胞产生的具有催化作用的蛋白质，又称为生物催化剂。酶作用具有高效性、专一性、不稳定性、可调性等特点 2. 酶按其分子组成可分为单纯酶和结合酶两大类。结合酶由酶蛋白和辅因子组成，辅因子分辅酶和辅基 3. 必需基团在酶蛋白一级结构上可能相距甚远，但在空间结构上彼此靠近，组成具有特定空间结构的区域，能与底物特异结合并将底物转化为产物，这一区域称为酶的活性中心 4. 酶的作用机制是显著降低反应活化能 5. K_m 在数值上等于酶促反应速度为最大速度一半时的底物浓度，K_m 可近似地反映酶与底物的亲和力 6. 温度对酶促反应的影响是两方面的。在温度较低时，反应速度随温度升高而加快，但温度过高，酶受热变性的因素占优势，反应速度反而随温度上升而减慢，甚至失活。通常将酶促反应速度达到最大时的温度称为该酶促反应的最适温度 7. 有些酶在细胞内刚合成或初分泌时，是没有活性的酶的前体，称为酶原。酶原在一定条件下被水解掉部分肽段，并使剩余肽链构象改变而转变成有活性的酶，称为酶原的激活。酶原激活的实质是使酶分子形成或暴露活性中心的过程	1. 酶作用高效率的机制，包括趋近效应、张力作用、酸碱催化作用、共价催化作用 2. 米式方程是 L. Michaelis 和 M. L. Menten 根据中间复合物学说进行数学推导，得出的 V 和 $[S]$ 关系的公式 3. 根据抑制剂与酶结合的紧密程度和相互作用的机制，抑制作用通常分为可逆性抑制与不可逆性抑制两大类。不可逆抑制作用又分为专一性（如有机磷化合物）和非专一性（如重金属离子）。可逆性抑制作用又分为竞争性抑制作用、非竞争性抑制作用和反竞争性抑制作用三种类型 4. 酶的调节分酶结构的调节和酶含量的调节。根据调节机制不同酶结构的调节有别构调节和化学修饰调节两种方式，属于快速调节酶活性

简答题

1. 什么是酶？酶促反应有何特点？
2. 举例说明酶的三种特异性。
3. 简述温度对酶促反应速度的影响。
4. 举例说明酶的竞争性抑制作用在临床上的应用。
5. 简述酶原激活的机制及生理意义。

（卓少元）

扫码"练一练"

第二篇
物质代谢及其调节

第七章 生物氧化

扫码"学一学"

掌握 生物氧化的概念与特点；呼吸链的概念、组成成分及其作用、2 条呼吸链的排列顺序；ATP 的生成方式。

熟悉 氧化磷酸化的影响因素；ATP 的利用与储存。

了解 非线粒体氧化体系。

生物体通过新陈代谢维持生命活动，这一过程包括物质代谢和能量代谢。而能量代谢所需要的能量主要来源于糖类、脂肪和蛋白质三大营养物质的氧化分解过程。虽然三大营养物质的分子组成不同，但是它们在氧化分解释放能量的过程中却有着共同的规律，即都可以分为三个反应阶段：第一阶段是三大营养物质经过分解代谢转变为乙酰辅酶 A；第二阶段是乙酰辅酶 A 进入三羧酸循环，脱氢生成 $NADH+H^+$ 和 $FADH_2$，脱羧生成二氧化碳；第三阶段是 $NADH+H^+$ 和 $FADH_2$ 将 2H 经过呼吸链传递给氧生成水，并逐步释放能量。其中一部分的能量用于生成 ATP，供给各种生命活动所需，另一部分以热能形式散发，维持体温。反应过程见图 7-1。

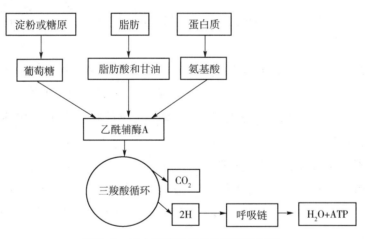

图 7-1 三大营养物质的生物氧化过程

第一节 概　述

一、生物氧化的概念

生物氧化（biological oxidation）是指糖类、脂肪和蛋白质等营养物质在体内氧化分解逐步释放能量，最终生成二氧化碳和水的过程。因为此过程是发生于细胞内，且在消耗氧并生成二氧化碳的同时，伴随着肺的呼吸作用，吸入氧并呼出二氧化碳，故又称细胞呼吸或组织呼吸。

二、生物氧化的特点

营养物质在体内的生物氧化过程和体外进行的氧化过程（如燃烧）的化学本质相同，符合氧化还原反应的一般规律，耗氧量、终产物和能量的生成量均相同，但体内生物氧化过程因其反应环境和反应条件的不同而具有其自身的特点。

（1）生物氧化在细胞内发生，要求反应条件在 37℃ 左右、pH 近中性，并且需要多种酶的催化。

（2）生物氧化过程中二氧化碳的生成是通过有机酸的脱羧反应（decarboxylation）。根据有机酸在脱羧的同时是否伴随氧化反应，可以分为氧化脱羧和单纯脱羧；另外，根据有机酸脱去羧基的位置不同，又可以分为 α-脱羧和 β-脱羧。而体外氧化中二氧化碳的生成通过碳原子和氧直接反应。

（3）生物氧化过程中能量是逐步释放的，并主要以化学能的形式储存在 ATP 中。而体外氧化中产生的能量多以热能的形式骤然释放。

（4）生物体内代谢物的氧化方式包括脱氢、加氧和失电子，脱氢是最常见的氧化方式。在生物氧化过程中，代谢物一般会将脱下的氢原子传递给脱氢酶的辅酶（或辅基）生成还原型辅酶（或还原型辅基），其中的氢再经线粒体内的一系列中间传递体的传递，最终传递给氧生成水。而体外氧化中水的生成是通过氢原子与氧直接反应。

第二节 呼 吸 链

线粒体被称为细胞的"能量工厂"，三大营养物质氧化分解释放能量的过程主要在线粒体内进行，在此过程中传递电子的酶和辅酶（或辅基）称为递电子体，传递氢原子的酶和辅酶（或辅基）称为递氢体。线粒体内的递氢体和递电子体逐步进行氢和电子的传递，并伴随着能量释放和 ATP 的生成，成为体内 ATP 的最主要来源。线粒体内的递氢体和递电子体构成了呼吸链。呼吸链（respiratory chain）是指存在于真核生物线粒体内膜或原核生物细胞膜上，按一定顺序排列的递氢体和递电子体的链状氧化还原体系，也称电子传递链（electron transport chain）。下面主要介绍位于人体细胞线粒体内膜上的呼吸链。

一、呼吸链的组成成分

呼吸链中的递氢体与递电子体主要是以四大复合体（复合体 I、II、III 和 IV，图 7-2）的形式存在于线粒体内膜上，每种复合体含有多种不同成分，同时还有复合体外的一些游离组分。

（一）呼吸链的四大复合体

1. 复合体 I　又称为 NADH 脱氢酶，主要含有黄素蛋白（以 FMN 为辅基）和铁硫蛋白，主要功能是将氢和电子从 NADH 传递给泛醌。

2. 复合体 Ⅱ 又称为琥珀酸脱氢酶，主要含有黄素蛋白（以 FAD 为辅基）、铁硫蛋白和细胞色素 b，主要功能是将氢和电子从琥珀酸传递给泛醌。

3. 复合体 Ⅲ 又称泛醌-细胞色素 c 还原酶，主要含有细胞色素 b、细胞色素 c_1 和铁硫蛋白，主要功能是将电子从泛醌传递给细胞色素 c。

4. 复合体 Ⅳ 又称为细胞色素 c 氧化酶，主要含有 Cu_A、Cu_B、细胞色素 a 和细胞色素 a_3。因细胞色素 a 和细胞色素 a_3 结合紧密，因此合称为细胞色素 aa_3。其功能是将电子传递给氧。

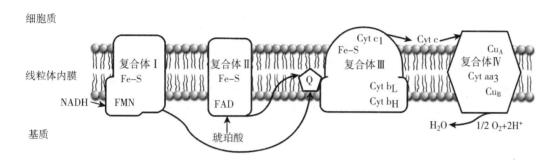

图 7-2 呼吸链中四大复合体在线粒体内膜上的定位

（二）呼吸链的 5 种组分

1. 烟酰胺脱氢酶类的辅酶 烟酰胺脱氢酶类是催化多种底物脱氢的常见酶，它们的酶蛋白各不相同，但辅酶只有两种：烟酰胺腺嘌呤二核苷酸（NAD^+）简称辅酶Ⅰ；另一种是烟酰胺腺嘌呤二核苷酸磷酸（$NADP^+$）简称辅酶Ⅱ。NAD^+ 或 $NADP^+$ 分子中烟酰胺的吡啶环以 5 价氮接受 1 个电子变为 3 价氮，而且对侧比较活泼的碳原子可逆地接受 1 个氢原子而被还原。代谢物脱下的 1 对氢原子（2H），其中 1 个氢原子和 1 个电子与吡啶环结合，一个质子（H^+）游离在介质当中。因此将还原型的 NAD^+ 用 $NADH+H^+$ 表示，还原型的 $NADP^+$ 用 $NADPH+H^+$ 表示。

$$NAD^+/NADP^+ \quad +H+H^++e \rightleftharpoons \quad NADH+H^+/NADPH+H^+$$

当 NAD^+ 接受了代谢物脱下的氢原子后转变为 $NADH+H^+$，然后经过 NADH 氧化呼吸链将 2H 传递给复合体Ⅰ中黄素蛋白的辅基 FMN。$NADPH+H^+$ 一般不直接参与呼吸链传递，而是作为递氢体参与脂肪酸等物质的还原性合成。

2. 黄素蛋白 黄素蛋白（flavoprotein，FP）是以 FAD 或 FMN 为辅基的一类脱氢酶，因 FAD 和 FMN 分子中含有核黄素的结构而得名。在黄素蛋白催化的脱氢反应中，FAD 或 FMN 分子中异咯嗪环含有的 N_1 和 N_{10} 能够分别接受 1 个氢原子，生成 $FADH_2$ 或 $FMNH_2$，并通过它们继续把氢原子传递下去。具体反应如下：

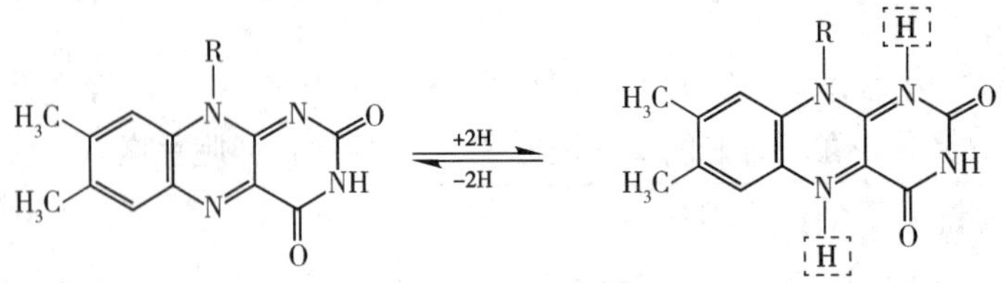

FMN/FAD　　+2H／-2H　　FMNH₂/FADH₂

呼吸链复合体 I 中的黄素蛋白以 FMN 作为辅基。通过催化 NADH+H⁺ 脱氢，将 2H 传递给 FMN 生成 FMNH₂。复合体 II 中的黄素蛋白以 FAD 作为辅基，能够催化琥珀酸等底物脱氢，将 2H 传递给 FAD 生成 FADH₂。FMNH₂ 或 FADH₂ 进一步将氢原子传递给泛醌。

3. 铁硫蛋白　铁硫蛋白（iron-sulfur protein）属于一类单电子传递体，其辅基为等量的非血红素铁和无机硫构成的铁硫中心（iron-sulfur center，Fe–S center）或铁硫簇。铁硫中心内主要有两种形式：Fe_2S_2 和 Fe_4S_4（图 7-3），它们通过分子中的铁离子与蛋白质中半胱氨酸残基的硫构成铁硫蛋白。

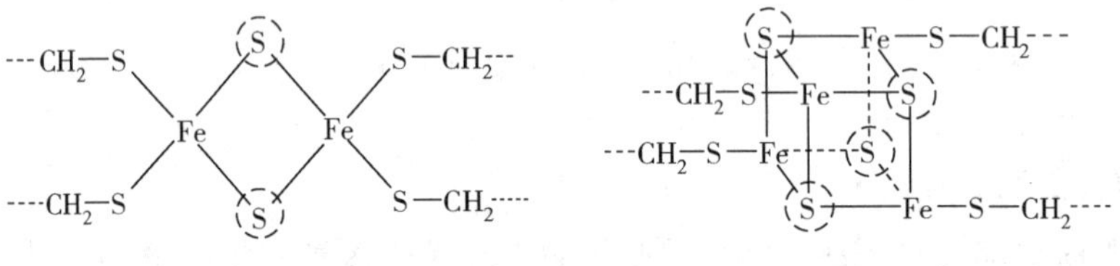

Fe_2S_2　　　　　Fe_4S_4

图 7-3　铁硫中心结构示意图

铁硫蛋白通过其辅基铁硫中心所含铁发生变价进行电子传递，氧化型铁硫蛋白接受电子时，只有 1 个 Fe^{3+} 接受电子被还原成 Fe^{2+}，即每次只传递 1 个电子，因此铁硫蛋白属于单电子传递体。

$$Fe^{2+} \rightleftharpoons Fe^{3+} + e$$

在呼吸链中，铁硫蛋白分布较广泛，复合体 I、复合体 II 和复合体 III 中都存在，其通常以与其他传递体结合构成复合体的形式存在，从而参与复合体中电子传递过程。

4. 泛醌　泛醌（ubiquinone）不同于其他呼吸链组分，它是生物体内分布广泛的脂溶性醌类化合物，曾被认为是一种辅酶，而被称为辅酶 Q（coenzyme Q，CoQ 或 Q）。在泛醌分子中的 C_6 上含有一条由多个异戊二烯单位构成的侧链，不同的物种该侧链中异戊二烯单位数目不同，人体内的泛醌含有 10 个异戊二烯单位（$n=10$），因此人体的泛醌用 Q_{10} 来表示。泛醌因其侧链具有疏水作用，可在线粒体内膜中自由移动和迅速扩散，并且非常容易从线粒体内膜中被分离出来。

在呼吸链中，泛醌可以分别接受复合体 I 和复合体 II 中黄素蛋白传递来的 2H，其首先接受 1 个电子和 1 个质子，被还原成泛醌自由基（·Q），再接受 1 个电子和 1 个质子被还原成二氢泛醌（QH₂），然后泛醌将 2 个质子释放并把 2 个电子传递给其后复合体 III 中的细胞色素。

（泛醌结构图）

泛醌　　　　　　　　　　泛醌自由基　　　　　　　　　二氢泛醌
（全氧化型）　　　　　　　（半醌型）　　　　　　　　　（全还原型）

5. 细胞色素　细胞色素（cytochrome，Cyt）是呼吸链中一类以铁卟啉（又称血红素）为辅基的蛋白质，通过其辅基铁卟啉中的铁离子变价而传递电子，因此细胞色素是电子传递体。细胞色素由于含有铁卟啉而具有特征性的吸收光谱，根据其吸收光谱不同，又分为细胞色素 a、b、c 等几大类。每一大类又可以根据其最大吸收峰的微小差别分成多种亚类。

（1）Cyt b 类　包含有 Cyt b_{560}、Cyt b_{562}、Cyt b_{566}，其中 Cyt b_{560} 存在于复合体 II 中，不参与电子传递；Cyt b_{562}、Cyt b_{566} 存在于复合体 III 中，参与从泛醌向 Cyt c_1 的电子传递。

（2）Cyt c 类　包含有 Cyt c_1 和 Cyt c，其中 Cyt c_1 存在于复合体 III 中，参与从 Cyt b 向 Cyt c 的电子传递；Cyt c 是一种周边蛋白，可在线粒体内膜外表面自由移动，从 Cyt c_1 向复合体 IV 的传递电子。Cyt c 所含的铁卟啉结构式如下。

Cyt c 所含铁卟啉结构

（3）Cyt a 类　包含有 Cyt a 和 Cyt a_3，两者都存在于复合体 IV 中，并且结合紧密，通常用 Cyt aa_3 表示。

在呼吸链中，复合体 III 中的 Cyt b 在接受泛醌传递来的电子后，通过 Cyt b→Cyt c_1→Cyt c→Cyt aa_3 的顺序依次传递。最后由复合体 IV 中的 Cyt aa_3 将电子直接传递给 $1/2\ O_2$，因此 Cyt aa_3 也被称为细胞色素 c 氧化酶。

二、主要呼吸链及呼吸链中传递体的排列顺序

呼吸链中的递氢体和递电子体是严格按照一定的顺序和方向排列的。

（一）呼吸链电子传递顺序的确定方法

（1）因为电子流动趋向是从低还原电位向高还原电位的方向流动，通过测定呼吸链各组分的氧化还原电位（$E^{\circ\prime}$）值，然后按照由低到高的顺序排列，从而推断呼吸链中电子的传递方向和顺序。

（2）因为呼吸链中很多组分具有特征性的吸收光谱，而且在得失电子后其光谱会发生变化，即氧化型和还原型状态的吸收光谱不同，通过与离体的线粒体无氧而有底物时处于

的还原状态作对照，然后缓慢给氧，分析各组分吸收光谱的变化顺序，进而观察各组分被氧化的顺序，判断传递体的排列顺序。

（3）由于呼吸链中某些组分的电子传递可以被特异性抑制剂阻断，在底物存在时，可以利用加入不同的特异性呼吸链抑制剂阻断某一组分的电子传递，被阻断组分之前的组分处于还原状态，而其后的组分处于氧化状态，各组分氧化和还原状态的吸收光谱不同，通过测定吸收光谱的变化进行判断。

（4）把呼吸链中的4个复合体进行离体组合研究，经过分析，明确电子传递顺序。

通过上述实验方法，确定体内存在的两条主要呼吸链分别是 NADH 氧化呼吸链和 $FADH_2$ 氧化呼吸链。

（二）NADH 氧化呼吸链

生物氧化过程中的多数脱氢酶的辅酶是 NAD^+，属于烟酰胺脱氢酶类，例如三羧酸循环中的异柠檬酸脱氢酶、苹果酸脱氢酶等，它们催化底物脱下的氢都交给 NAD^+ 生成 $NADH+H^+$，然后通过 NADH 氧化呼吸链传递给氧生成水。因此，NADH 氧化呼吸链是体内分布最广泛的一条呼吸链。NADH 氧化呼吸链基本组分有复合体 I（FMN、Fe-S）、CoQ、复合体 III（Cyt b、Cyt c_1、Fe-S）、Cyt c 和复合体 IV（Cyt aa_3）等。通过这些组分依次递氢和电子，最后交给氧原子生成水，在传递过程中逐步释放能量形成 ATP。NADH 氧化呼吸链每传递一对电子生成 2.5 分子 ATP。具体传递顺序见图 7-4。

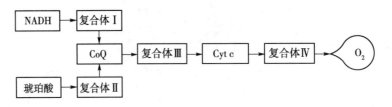

图 7-4　NADH 和 $FADH_2$ 氧化呼吸链的排列顺序

（三）$FADH_2$ 氧化呼吸链

$FADH_2$ 氧化呼吸链也称为琥珀酸氧化呼吸链，三羧酸循环中的琥珀酸脱氢酶和脂肪酸 β 氧化中的脂酰辅酶 A 脱氢酶的辅基为 FAD，属于黄素蛋白。它们催化底物脱下的氢交给 FAD 生成 $FADH_2$，然后通过 $FADH_2$ 氧化呼吸链传递给氧生成水。$FADH_2$ 氧化呼吸链基本组分有复合体 II（FAD、Fe-S）、CoQ、复合体 III（Cyt b、Cyt c_1、Fe-S）、Cyt c 和复合体 IV（Cyt aa_3）等。通过这些组分依次递氢和电子，最后交给氧生成水，在传递过程中逐步释放能量形成 ATP。$FADH_2$ 氧化呼吸链每传递 1 对电子生成 1.5 分子 ATP。具体传递顺序见图 7-4。

第三节　细胞质中 NADH 的氧化

在线粒体内，代谢物脱氢生成的 $NADH+H^+$ 直接进入 NADH 氧化呼吸链传递给氧生成水。但是在细胞质中，代谢物也能够脱氢生成 $NADH+H^+$，例如糖酵解中甘油醛-3-磷酸的脱氢反应，细胞质中生成的 $NADH+H^+$ 不能自由透过线粒体内膜，因此要经过载体转运进入线粒体，然后通过呼吸链传递给氧生成水。这种转运是通过甘油-3-磷酸穿梭和苹果酸-天冬氨酸穿梭两种穿梭机制（shuttle mechanism）实现的。

一、甘油-3-磷酸穿梭

在脑和骨骼肌等组织细胞质中，代谢物脱氢生成的 $NADH+H^+$ 是通过甘油-3-磷酸穿梭被转运进入线粒体的，甘油-3-磷酸为氢的载体。

穿梭过程为：细胞质中代谢物脱氢生成 $NADH+H^+$，然后在甘油-3-磷酸脱氢酶（辅酶为 NAD^+）的催化下，将 $NADH+H^+$ 的氢原子加到磷酸二羟丙酮分子上，使其还原为甘油-3-磷酸，后者通过线粒体内膜，经线粒体内膜上的甘油-3-磷酸脱氢酶（辅基为 FAD）催化重新脱氢生成磷酸二羟丙酮，并将氢原子传递给线粒体内的 FAD，进入 $FADH_2$ 呼吸链氧化生成水，最终推动合成 1.5 分子 ATP（图 7-5）。

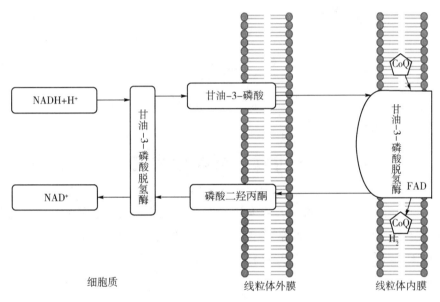

图 7-5 甘油-3-磷酸穿梭

二、苹果酸-天冬氨酸穿梭

在肝、心肌和肾等组织细胞的胞质中，代谢物脱氢生成的 $NADH+H^+$ 是通过苹果酸-天冬氨酸穿梭进入线粒体的。

穿梭过程为：细胞质中代谢物脱氢生成 $NADH+H^+$，在苹果酸脱氢酶催化下，将 $NADH+H^+$ 的氢原子加到草酰乙酸分子上，使其还原为苹果酸，后者借助线粒体内膜上的羧酸转运蛋白进入线粒体，又在线粒体内苹果酸脱氢酶的催化下脱氢生成草酰乙酸，把氢原子传递给线粒体内的 NAD^+，进入 NADH 氧化呼吸链氧化生成水，最终推动合成 2.5 分子 ATP。同时，草酰乙酸经天冬氨酸氨基转移酶催化生成天冬氨酸，后者再经酸性氨基酸转运蛋白转运出线粒体，在胞质中的天冬氨酸在天冬氨酸氨基转移酶的催化下又转变成草酰乙酸（图 7-6）。

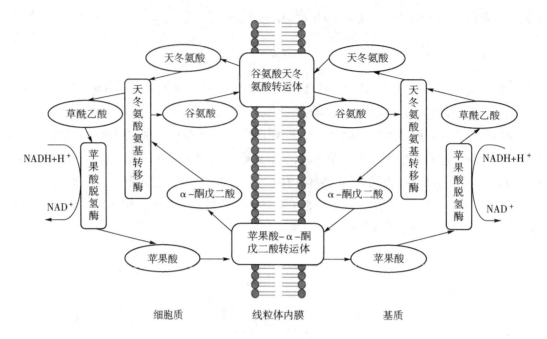

图 7-6 苹果酸-天冬氨酸穿梭

第四节 高能化合物

三大营养物质经生物氧化可以释放大量能量，其中约有 40% 左右的能量以化学能的形式储存在高能化合物中（如 ATP 等），其余能量以热能形式散发，从而维持机体的体温。高能化合物又可以将其分子内部的能量释出，供给呼吸、运动、神经传导和酶促反应等生命活动需要。

一、高能化合物的种类

高能化合物是生物体释放、储存和利用能量的媒介。一般将水解时能够释放 30kJ/mol 以上能量并且含有磷酸酯键或硫酯键的化合物称为高能化合物（表 7-1）。其分子中的磷酸酯键被称为高能磷酸键，硫酯键被称为高能硫酯键，通常用"～"表示。但实际上高能化合物释放的能量是由整个分子结构决定的，分子内部并不存在高能化学键，但是为了叙述方便，目前仍被沿用。

表 7-1 常见的高能化合物和水解时释放的自由能

高能化合物	释放的能量 （kJ/mol）
1,3-双磷酸甘油酸	-49.3
磷酸烯醇丙酮酸	-61.9
乙酰辅酶 A	-31.4
磷酸肌酸	-43.1
ATP	-30.5

二、ATP 的生成

ATP 是生物体内最重要的高能化合物之一，三大营养物质氧化分解释放的能量能够使 ADP 磷酸化生成 ATP，ATP 又可以分解为 ADP 和磷酸，同时释放能量供给生命活动利用。ATP 和 ADP 的这种相互转化保证了机体能量代谢的平衡。体内 ATP 的生成方式包括底物水平磷酸化和氧化磷酸化两种，其中最主要的是氧化磷酸化。

（一）底物水平磷酸化

底物水平磷酸化（substrate level phosphorylation）是指在分解代谢过程中，底物在发生脱氢或脱水反应时，其分子内部的能量重新分布后生成高能化合物，然后将其分子上的高能基团转移给 ADP（或 GDP）生成 ATP（或 GTP）的过程。例如糖酵解过程中有 2 次底物水平磷酸化反应，三羧酸循环过程中有 1 次底物水平磷酸化反应（相关反应式见第八章糖代谢）。

（二）氧化磷酸化

氧化磷酸化（oxidative phosphorylation）是生物体内生成 ATP 的最主要方式，在线粒体内进行，体内 90% 以上的 ATP 是经由该方式生成，是维持生命活动所需能量的主要来源。氧化磷酸化是指在生物氧化过程中，营养物质氧化分解所释放的能量推动 ADP 与磷酸缩合进一步生成 ATP 的过程。目前，针对呼吸链电子传递过程与 ADP 磷酸化过程偶联机制的研究，化学渗透学说获得了较高的认可度。

1. 化学渗透学说 呼吸链中的电子传递和 ATP 的合成是通过跨线粒体内膜的质子梯度偶联的。

（1）呼吸链在传递电子同时将质子从线粒体基质转移至膜间隙。呼吸链在传递电子过程中，复合体 I、III 和 IV 均向膜间隙转移质子。上述复合体一般每传递 1 对电子分别转移 4、4 和 2 个质子。因此，NADH 氧化呼吸链每传递 1 对电子将转移 10 个质子，而 $FADH_2$ 氧化呼吸链每传递 1 对电子转移 6 个质子。

（2）因为质子不能任意通过线粒体的内膜，所以不断转移质子的过程将会造成内膜两侧质子分布的不平衡：线粒体基质中质子数量低于膜间隙中的质子数量，这种不平衡被称为质子动力势（proton-motive force）或电化学梯度。

（3）在线粒体的内膜上镶嵌有 ATP 合酶，属于线粒体内膜的一种标志酶。其结构中包括含质子通道的 F_0，以及催化合成 ATP 的 F_1。

（4）存在于膜间隙的质子可通过 F_0 回流至线粒体基质，并同时使 F_1 催化 ADP 与磷酸合成 ATP（图 7-7）。

2. ATP 合酶的催化机制 ATP 合酶结构中的 F_1 本质为 $\alpha_3\beta_3\gamma\delta\epsilon$ 复合物，每个 β 亚基都具有一个活性中心。而 F_0 为 $ab_2c_{8\sim15}$ 疏水性复合物，其中的 c 亚基直接与属于 F_1 的 α 亚基接触，共同构成质子通道，其作用是使质子回流。ab_2 与 $\alpha_3\beta_3\delta$ 形成刚性结构，与线粒体内膜保持位置的相对固定；而 $\gamma\epsilon$ 与 $c_{8\sim15}$ 也可形成刚性结构，位于一端的 γ 可以在 $\alpha_3\beta_3$ 中央旋转，而另一端的 $c_{8\sim15}$ 可以在膜脂中旋转。在质子经由 a 与 c 之间的质子通道回流过程中，使 a 与 c 之间相对运动，其转速可达约 100 转/秒。γ 亚基在旋转过程中对 3 个 β 亚基发挥别构调节作用，每进行一次这样的旋转可以合成 3 个 ATP。阐明 ATP 合酶的结构和催化机制对探索生物能量的转换，进一步理解化学渗透学说有重要的意义。

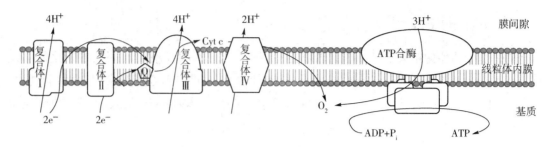

图 7-7　化学渗透学说

在线粒体内合成的 ATP 要被运出线粒体才可以为机体所利用，同时被分解为 ADP 和磷酸；而在线粒体外产生的 ADP 和磷酸作为 ATP 合成的原料也要从线粒体外运进去。ADP 和 ATP 的转运由 ADP-ATP 载体负责，它是一种反向转运体，在运进 1 分子 ADP 的同时运出 1 分子 ATP。而磷酸盐转运蛋白负责转运磷酸，它是一种同向转运体，运进一个质子的同时也运进 1 分子磷酸。所以一般条件下在线粒体中由 ATP 合酶合成 1 分子的 ATP 并运出线粒体，要有 4 个质子在这一过程中回流。因为在 NADH 氧化呼吸链和 $FADH_2$ 氧化呼吸链中，每传递 1 对电子分别转移出 10 个质子和 6 个质子，通过计算可以分别得出偶联生成 2.5 个 ATP 和 1.5 个 ATP。由于每传递 1 对电子消耗 $1/2\ O_2$，计算可以得出两条呼吸链的 P/O 值分别为 2.5∶1 和 1.5∶1。

3. P/O 值的测定　P/O 值是指在氧化磷酸化过程中，每消耗 1mol 氧原子（$1/2\ O_2$）的同时消耗的无机磷（P）摩尔数，该数值等于能生成 ATP 的摩尔数。标准条件下的 NADH 和琥珀酸的 1 对电子可分别促使约 2.5 个和 1.5 个 ATP 合成，因此，P/O 值约为 2.5∶1 和 1.5∶1。

4. 影响氧化磷酸化的因素

（1）ADP　ADP 的含量是正常机体内调节氧化磷酸化速度的最主要因素。当机体处于静息状态时 ATP 利用减少，ADP 含量相对不足时，则氧化磷酸化速度减慢；而机体处于运动状态时 ATP 利用增多，ADP 含量相对增多时，ADP 进入线粒体促使氧化磷酸化速度加快。反之，机体可根据需要通过这种方式对 ATP 的合成进行或正向或负向的调节。ADP 的含量对氧化磷酸化的调节称为呼吸控制。

（2）甲状腺激素　甲状腺激素能够诱导细胞膜上 Na^+,K^+-ATP 酶（又称钠钾泵）的生成，增加细胞膜上 Na^+,K^+-ATP 酶的数量，维持细胞内高钾低钠的状态，这一过程消耗 ATP，使之分解为 ADP。甲状腺激素能诱导许多组织中 Na^+,K^+-ATP 酶的基因表达：促进 Na^+,K^+-ATP 酶的生成，由此使大量 ATP 消耗并转变成 ADP 进入线粒体引起氧化磷酸化进程加速。另外，甲状腺激素还可以促进解偶联蛋白的基因表达：增加解偶联蛋白的数量，从而发挥解偶联作用，增加机体的耗氧量与产热量。因此甲状腺功能亢进患者会出现基础代谢率升高、怕热和易出汗等症状。

（3）呼吸链抑制剂　呼吸链抑制剂（respiratory chain inhibitor）是指能够在特异部位阻断呼吸链中的电子传递，从而阻断氧化磷酸化进行，抑制 ATP 生成的一类化合物。例如杀虫剂鱼藤酮、异戊巴比妥和粉蝶霉素 A 能够与复合体Ⅰ中的铁硫蛋白结合，从而阻断铁硫蛋白到泛醌的电子传递。抗霉素 A、二巯基丙醇能够抑制复合体Ⅲ中 Cyt b 到 Cyt c_1 的电子传递。氰化物（CN^-）和叠氮化物（N_3^-）可以与复合体Ⅳ中的氧化型 Cyt a_3 紧密结合，硫化氢（H_2S）和一氧化碳（CO）可以和还原型 Cyt a_3 结合，阻断电子传递给氧，导致呼吸链中断。此时即使氧供应充足，也不能为细胞所利用，造成细胞呼吸停止，使机体无法及时获得所需能量而危及生命（图 7-8）。

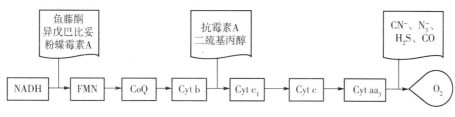

图 7-8 呼吸链抑制剂的作用环节

（4）解偶联剂 解偶联剂（uncoupler）能解除呼吸链电子传递与 ATP 合酶合成 ATP 两个过程的偶联。该类成分能增大线粒体内膜对质子的通透性，消除质子电化学梯度，在其作用时并不影响呼吸链对电子的传递过程，因此氧化过程仍可以进行，但是呼吸链传递电子过程中形成的质子电化学梯度不经过 ATP 合酶 F_0（疏水部分）的质子通道回流，而是通过线粒体内膜中的其他途径反流回线粒体基质，使呼吸链电子传递与 ATP 合酶合成 ATP 两过程解除关联，自由能以热能的形式散发，不再用于 ATP 的生成。例如 2,4-二硝基苯酚（dinitrophenol，DNP）能够引起线粒体内膜上的质子渗漏，使线粒体内膜内、外质子电化学梯度消失，这时虽然呼吸链的电子传递照常进行，但 ADP 不能磷酸化生成 ATP。人（特别是新生儿）及其他哺乳动物体内存在棕色脂肪组织，该组织含有大量的线粒体，在其线粒体内膜上也存在一种解偶联剂，称为解偶联蛋白（uncoupling protein，UCP），它本身是一种质子通道，能够将呼吸链传递电子过程中形成的质子电化学梯度通过这种通道回流，从而解除氧化和磷酸化的偶联作用，使氧化过程中释放的能量主要以热能形式散发，因此棕色脂肪组织具有产热御寒的功能。如果新生儿体内缺乏棕色脂肪组织，就不能维持正常体温而引起皮下脂肪凝固，有可能导致新生儿硬肿症。

（5）ATP 合酶抑制剂 这类抑制剂能够抑制 ATP 的合成，抑制磷酸化的同时也抑制氧化。寡霉素（oligomycin）和二环己基碳二亚胺（dicyclohexylcarbodiimide，DCCP）可与 ATP 合酶结合，抑制质子回流，从而抑制 ATP 合成。

（6）ADP-ATP 载体抑制剂 米酵菌酸和苍术苷抑制氧化磷酸化的方式是分别从线粒体内膜的两侧抑制 ADP-ATP 载体。

（7）线粒体 DNA 突变 线粒体 DNA（mitochondrial DNA，mtDNA）和染色体 DNA 不同，多为裸露的环状双链结构，缺乏组蛋白的保护，损伤修复系统也不完善，容易受到氧化磷酸化过程中产生的氧自由基损伤而发生突变。mtDNA 含有编码呼吸链复合体中 13 条多肽链的基因及线粒体中 22 个 tRNA 和 2 个 rRNA 的基因。因此 mtDNA 突变会影响呼吸链复合体的合成和功能，从而影响氧化磷酸化的进行，使 ATP 的生成减少，导致 mtDNA 病。mtDNA 病主要表现为耗能较多的组织器官出现功能障碍，常见有失明、聋、痴呆、肌无力和糖尿病等，并且随着年龄的增长，突变会增加，病情也同时加重。

知识拓展

Leber 遗传性视神经病

Leber 遗传性视神经病是主要病因为线粒体 DNA（mtDNA）缺损的一种遗传病，属于遗传性视神经病变的常见类型。1871 年 Theodor Leber 医生首次报道，诱发本病的 mtDNA 突变均为点突变，发病人群多为 20～30 岁的青年男性，是严格的母系遗传，但非外显，男性患者不会将性状遗传给下一代。患者表现为中央视力丧失，周边视力保存，全盲者少见，瞳孔对光反射保存，伴色觉障碍。病因是母系细胞质 mtDNA 缺陷，复合物 I 的 ND4 基因第 11778 位点的碱基由 G 置换为 A（Gl1778A），导致 340 位高度保守的精氨酸被组氨酸取代，ND4 空间结构发生改变，由此影响细胞产生 ATP 的能力，且该病在北欧及东方亚洲人群发病率较高。

三、ATP 的利用、转移与储存

ATP 为机体直接供能，糖类、脂肪和蛋白质三大营养物质氧化分解释放的能量能够使 ADP 磷酸化生成 ATP；ATP 被利用时又可以分解为 ADP 和磷酸，同时释放能量，供给生命活动所需，通过 ADP 与 ATP 之间的相互转化，实现了机体能量的生成和利用，保证了机体的能量代谢平衡。ATP 还可以将其能量转移给其他高能化合物进行储存，例如当机体处于安静状态时，ATP 可以将能量转移给肌酸生成磷酸肌酸储存在肌肉和脑组织中，因而磷酸肌酸是能量的储存者。当机体消耗 ATP 增多时，磷酸肌酸又可以将能量转移给 ATP 供给机体利用。另外，ATP 也可以将高能磷酸基团转移到 UDP、CDP 和 GDP 的分子上，为糖原、磷脂和蛋白质的合成提供能量。因此 ATP 是生物体内能量利用、转移和储存的中心（图 7-9）。

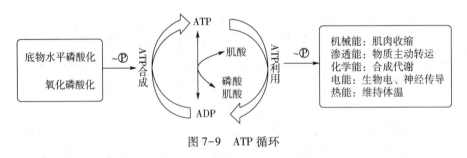

图 7-9　ATP 循环

第五节　非线粒体氧化体系与抗氧化体系

在线粒体之外，细胞的微粒体和过氧化物酶体中也存在氧化酶类，同样能够进行氧化反应，它们构成了特殊的非线粒体氧化体系，包括单加氧酶（monooxygenase）、双加氧酶（dioxygenase）、过氧化氢酶（catalase）和超氧化物歧化酶（superoxide dismutase，SOD）等。它们不同于线粒体进行的生物氧化，并不伴随 ADP 磷酸化生成 ATP 的偶联过程，而主要是参与过氧化氢、类固醇、儿茶酚胺、药物和毒物等的生物转化过程。

一、微粒体氧化体系

微粒体氧化体系位于细胞滑面内质网上，在微粒体中有一类特殊的氧化酶，它所催化的反应是在底物分子中加入氧原子，称为加氧酶（oxygenase），主要包括单加氧酶和双加氧酶。

1. 单加氧酶系　单加氧酶系又称为羟化酶系，主要由细胞色素 P_{450}（辅基为铁卟啉）和 NADPH-细胞色素 P_{450} 还原酶（辅基为 FAD）两部分组成，因此又称细胞色素 P_{450} 羟化酶系，能够催化底物中加 1 个氧原子的反应。其特点是催化氧分子中 2 个氧原子发生不同的反应，1 个氧原子加到底物分子上，另外 1 个氧原子与 NADPH +H^+ 上的两个质子作用生成水，故单加氧酶系又称为混合供能氧化酶系。单加氧酶系催化反应的通式可以用以下反应式表示：

$$RH + NADPH + H^+ + O_2 \longrightarrow ROH + NADP^+ + H_2O$$

单加氧酶系不参与 ATP 的生成，而是主要参与大约 60% 常用药物和多种毒性物质的代谢，使它们发生羟化反应，增加其水溶性而有利于排泄。除了对外来的药物和毒物进行代谢外，单加氧酶系也参与体内生理活性物质的产生和灭活。例如肾上腺皮质激素和性激素的合成，维生素 D_3 的活化，胆汁酸、儿茶酚胺类物质的生成都需要单加氧酶系。

2. 双加氧酶　双加氧酶又称为转氧酶，该酶能够催化 2 个氧原子直接加入到底物分子中的特定双键上，从而使该底物分解为两部分。例如色氨酸在双加氧酶作用下，生成甲酰犬尿酸原。

二、过氧化物酶体氧化体系

过氧化物酶体（peroxisome）是细胞中一种特殊的细胞器，主要存在于动物的肝、肾、小肠黏膜细胞和中性粒细胞中，因其标志酶是过氧化氢酶而得名。过氧化氢酶的作用主要是将过氧化氢（H_2O_2）分解。同时，过氧化物酶体中也含有多种催化 H_2O_2 合成的酶，能够参与氨基酸、脂肪酸等多种底物的生物氧化反应。

1. 过氧化氢及超氧离子的生成　在生物氧化的过程中，分子氧必须要接受 4 个电子才能完全被还原成 $2 \cdot O_2^-$，然后与 H^+ 结合生成水。在电子供给不足的情况下，分子氧就会生成过氧化基团 O_2^{2-} 或超氧阴离子（$\cdot O_2^-$），前者可与 H^+ 结合生成过氧化氢。过氧化物酶体中的胺氧化酶、氨基酸氧化酶、黄嘌呤氧化酶等多种氧化酶在催化底物氧化的同时，能够催化过氧化氢以及超氧阴离子的生成。过氧化氢及超氧离子等活性氧可氧化生物膜中的不饱和脂肪酸，使其形成过氧化脂质并造成生物膜损伤，还会引起蛋白质变性交联、酶与激素失活、免疫功能下降、核酸结构破坏等。

2. 过氧化氢及超氧阴离子的作用和毒性　过氧化氢在体内有一定的生理作用，如在中性粒细胞中，可以杀死吞噬的细菌；在甲状腺中，可以参与酪氨酸碘化生成甲状腺激素的过程。近年研究发现，生理浓度的活性氧可作为信号分子参与信号转导，调节细胞生长、增殖、凋亡、分化以及其他很多生理过程。另一方面，由于活性氧具有极强的氧化能力，过量的过氧化氢堆积会对大多数组织产生细胞毒性作用。

超氧阴离子为带有负电荷的自由基，化学性质活泼，与 H_2O_2 作用可生成性质更活泼的羟自由基（·OH）。

$$H_2O_2 + \cdot O_2^- \longrightarrow O_2 + OH^- + \cdot OH$$

过氧化氢、超氧阴离子及羟自由基等统称为活性氧，性质活泼，具有极强的氧化作用，对机体危害较大。能够使 DNA 氧化、修饰甚至断裂；可通过氧化蛋白质的巯基改变蛋白质的功能。自由基还可以使细胞膜磷脂分子中高度不饱和脂肪酸氧化生成过氧化脂质，引起生物膜损伤。因此必须将多余的活性氧及时清除。

3. 过氧化氢的清除 过氧化物酶体中含有过氧化氢酶和过氧化物酶，可以处理和利用 H_2O_2。过氧化氢酶是以血红素为辅基的催化 H_2O_2 分解的重要酶。它能通过以下两种反应清除过多的 H_2O_2。

$$H_2O_2 + RH_2 \longrightarrow R + 2H_2O \qquad\qquad (1)$$
$$H_2O_2 + H_2O_2 \longrightarrow 2H_2O + O_2 \qquad\qquad (2)$$

反应（1）中，RH_2 代表多种物质，如酚、醛和醇等，其中很多为有毒物质，所以该反应对体内生物转化有重要意义。当细胞内产生的 H_2O_2 较多时，过氧化氢酶可以通过反应（2）清除过多的 H_2O_2，使细胞免受氧化损伤。

过氧化物酶的辅基也是血红素，可以催化 H_2O_2 分解生成水，并释放出氧原子直接氧化酚类和胺类物质。反应如下：

$$H_2O_2 + RH_2 \longrightarrow R + 2H_2O$$
$$H_2O_2 + R \longrightarrow H_2O + RO$$

此外，红细胞中还有一种含硒的谷胱甘肽。过氧化物酶可以利用还原型谷胱甘肽（GSH）催化破坏过氧化脂质，具有保护生物膜及血红蛋白的功能。其催化的反应如下：

$$H_2O_2 + 2GSH \longrightarrow GSSG + 2H_2O$$
$$ROOH + 2GSH \longrightarrow GSSG + ROH + H_2O$$

三、超氧化物歧化酶

在呼吸链电子传递的过程中和体内其他物质氧化时也能够产生超氧阴离子，其化学性质活泼，可使磷脂中不饱和脂肪酸氧化生成过氧化脂质损害生物膜。

超氧化物歧化酶是人体防御内、外环境中超氧阴离子对人体损害的重要酶。超氧化物歧化酶广泛存在于各组织的细胞液和多种细胞器内，半衰期极短。真核细胞胞质中含有以 Cu^{2+}、Zn^{2+} 为辅基的 SOD_1，线粒体中则存在含 Mn^{2+} 的 SOD_2，还有一种分泌到细胞外的 SOD_3，也是以 Cu^{2+}、Zn^{2+} 为辅基。

超氧化物歧化酶可催化 1 分子超氧阴离子氧化生成 O_2，另外的 1 分子 O_2 还原生成 H_2O_2，因此被称为歧化酶，生成的 H_2O_2 可被过氧化氢酶或过氧化物酶进一步代谢。人体内的 O_2 本身也可以发生歧化反应，但是速度较慢，而超氧化物歧化酶催化的反应比体内自动歧化反应快 10^{10} 倍，所以当超氧化物歧化酶含量减少或活性下降时，会引起 O_2 的堆积，而过多的 O_2 对人体组织细胞具有较强的破坏作用，从而引起肿瘤、动脉粥样硬化、糖尿病、急性肾衰竭等多种疾病的产生。有研究表明，通过及时补充超氧化物歧化酶能够减轻甚至避免疾病的产生。

重点小结

重 点	难 点
1. 生物氧化的概念与特点 2. 呼吸链的概念、组成成分及其作用：成分主要包括四大复合体（复合体 Ⅰ、Ⅱ、Ⅲ 和 Ⅳ），泛醌和 Cyt c，其组分为 NAD^+、黄素蛋白、铁硫蛋白、泛醌、细胞色素等 5 种，具有递氢、递电子功能 3. NADH 氧化呼吸链和 $FADH_2$ 氧化呼吸链各组分的排列顺序和产生 ATP 的偶联部位 4. ATP 的生成有底物水平磷酸化和氧化磷酸化两种方式，其中氧化磷酸化为主要方式 5. 非线粒体氧化体系中抗氧化酶体系的功能	1. 呼吸链的排列顺序：通过标准氧化还原电位等方法确定了呼吸链组分的排列顺序，体内有两条重要的氧化呼吸链，每传递 1 对电子，NADH 氧化呼吸链约产 2.5 个 ATP，$FADH_2$ 氧化呼吸链约产 1.5 个 ATP 2. 氧化磷酸化生成 ATP 机制：复合体 Ⅰ、Ⅲ 和 Ⅳ 有使质子转移的功能，可同时将质子从线粒体内膜基质侧转移到膜间隙，形成跨线粒体内膜的电化学梯度，当质子顺电化学梯度回流通过 ATP 合酶 F_0 的质子通道时驱动 ATP 合酶生成 ATP，从而把电子传递释放出的自由能和 ADP 磷酸化生成 ATP 的过程偶联在一起

简答题

1. 简述体内两条重要呼吸链的组成和各组分的排列顺序。

2. 举例说明什么是底物水平磷酸化反应？

3. 简述体内 ATP 的来源和生成方式。

（冯晓帆　翁美芝）

扫码"练一练"

第八章 糖 代 谢

要点导航

掌握 糖类在体内的代谢途径、主要过程、关键酶、能量变化和生理意义，血糖的来源和去路。

熟悉 血糖浓度的调节，糖尿病的生化机制，糖耐量试验。

了解 糖类的消化吸收，糖代谢紊乱概况。

生命活动的特征之一是生物体必须从体外摄取营养物质，在体内进行新陈代谢，从而实现生物体与周围环境不断地进行物质交换、自我更新及机体内环境的相对稳定。物质代谢包括消化吸收、中间代谢和排泄三个阶段。中间代谢是物质在细胞内的合成与分解的过程，合成是吸能反应，分解是放能反应，所以中间代谢伴随着能量的释放、转移和利用。物质代谢与能量代谢是密不可分的，是新陈代谢的两个方面。因此，物质代谢既研究营养物质在生物体内如何转化，也研究生物体如何通过分解营养物质获得能量，以供各种生命活动。

糖类具有多种重要的生理功能。①糖类的氧化供能是其主要的生理功能，糖类通过氧化分解释放能量，人体所需的能量70%以上来自于糖类的氧化供给。1g葡萄糖在体内完全氧化时，可以释放能量约17kJ。对于大脑组织和成熟红细胞的能量供给尤为重要。②糖类也是构成人体的重要组成成分之一，约占人体干重的2%，如糖与脂质形成的糖脂是神经组织和细胞膜的组成成分；糖胺聚糖与蛋白质形成的蛋白聚糖构成结缔组织的基质；核糖和脱氧核糖是细胞内核酸的组成成分等。③糖类与蛋白质形成的糖蛋白是具有重要生理功能的物质，如抗体、某些酶和激素、参与细胞识别膜受体等。④糖的磷酸化衍生物可以形成许多重要的生物活性物质，如ATP、CoA、FAD和NAD^+等。

第一节 糖类的消化和吸收

一、糖类的消化

膳食中的糖类主要是淀粉，另外包括糖原、麦芽糖、蔗糖、乳糖、葡萄糖等。这些糖类都必须经过相应的酶催化水解成单糖才能被吸收。膳食中含有大量的纤维素（cellulose），因人体内不产生β-葡糖苷酶而不能对其分解利用，但其具有刺激肠蠕动促进排便等作用，防止发生便秘有利于身体健康。

唾液和胰液中都含有α-淀粉酶（α-amylase），可水解淀粉分子内的α-1,4-糖苷键，使淀粉水解成葡萄糖。淀粉的消化是从口腔开始的，由于食物在口腔停留时间很短，所以淀粉主要在小肠内进行消化。在 α-淀粉酶作用下，淀粉被水解为麦芽糖（maltose）和麦芽三糖（约占 65%）及含分支的异麦芽糖和由 4～9 个葡萄糖残基构成的 α-临界糊精（约占 35%）。在小肠黏膜刷状缘寡糖进一步消化成单糖。α-葡糖苷酶（包括麦芽糖酶）水解没有分支的麦芽糖和麦芽三糖；α-临界糊精酶（包括异麦芽糖酶）则可水解 α-1,4-糖苷键和 α-1,6-糖苷键，将 α-糊精和异麦芽糖水解成葡萄糖（图 8-1）。肠黏膜细胞还存在有蔗糖酶和乳糖酶等，分别水解蔗糖和乳糖。有些成人由于缺乏乳糖酶，在食用牛奶后发生乳糖的消化和吸收障碍，可引起腹胀、腹泻等症状。

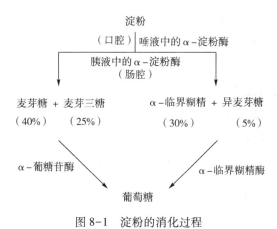

图 8-1 淀粉的消化过程

二、糖类的吸收

糖类被消化成单糖后主要被小肠吸收，经门静脉输入肝后，一部分在肝细胞内直接代谢，另一部分则通过肝静脉进入血液循环，再进入其他组织细胞内被进一步代谢。小肠黏膜细胞对葡萄糖的吸收是一个依赖于特定载体的主动转运过程，在吸收过程中同时伴有 Na^+ 的转运。这类葡萄糖转运体被称为依赖 Na^+ 型葡萄糖转运体（Na^+ dependent glucose transporter）。它们主要存在于小肠黏膜和肾小管上皮细胞。葡萄糖吸收的途径为：单糖→小肠肠腔→小肠黏膜细胞吸收→门静脉入肝→部分在肝内代谢→部分入血循环→被输送到全身各组织代谢。

三、糖类消化、吸收后的代谢概况

糖代谢是指葡萄糖在体内进行的一系列复杂的化学变化。食物中的糖通过消化道消化吸收后，由血液运输到各组织细胞进行合成代谢和分解代谢。机体内糖代谢的途径主要有葡萄糖的无氧分解、有氧氧化、戊糖磷酸途径、糖原合成与糖原分解、糖异生等。本章重点介绍糖的 6 条主要代谢途径、主要反应过程、生理意义及其调节。

第二节 糖的分解代谢

糖的分解代谢是大多数细胞的能量主要来源。在不同的组织细胞内糖的分解代谢途径各异，而各组织细胞都能有效地进行糖的分解代谢，糖的分解代谢途径主要有 3 条：①糖酵解；②有氧氧化；③戊糖磷酸途径。它们各有复杂的化学反应过程，通过代谢产生的中间产物可以相互转变，提供生物体所必需的能量或转变成其他代谢物。

一、糖的无氧分解

葡萄糖或糖原在无氧或缺氧条件下，分解为乳酸同时产生少量 ATP 的过程，由于此过程与酵母菌使糖生醇发酵的过程基本相似，故称为糖酵解（glycolysis）。催化糖酵解反应的一系列酶存在于细胞质中，因此糖酵解全部反应过程均在细胞质中进行。

（一）糖酵解的反应过程

由葡萄糖生成乳酸包括 11 步连续反应，而由糖原开始则需要 12 步连续反应。分为两个阶段：第一个阶段是由葡萄糖或糖原分解成丙酮酸（pyruvate）的过程；第二个阶段为丙酮酸还原成乳酸的过程。

1. 葡萄糖或糖原分解成丙酮酸

（1）葡萄糖磷酸化为葡糖-6-磷酸　若从葡萄糖开始酵解，葡萄糖受己糖激酶（hexokinase，HK）催化而活化成葡糖-6-磷酸（glucose-6-phosphate，G-6-P），该酶是酵解途径的关键酶之一。反应中需要 ATP 提供能量和磷酸基团，Mg^{2+} 作为酶的必需激活剂，这是一个耗能不可逆反应。此过程不仅活化了葡萄糖，利于葡萄糖进一步参与组织细胞的合成与分解代谢，同时还能使进入细胞的葡萄糖不再逸出细胞。

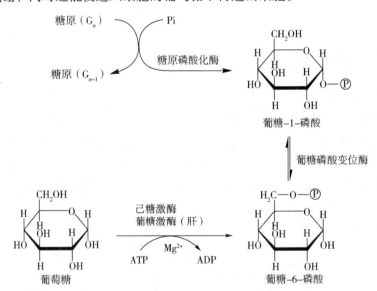

若从糖原开始酵解，糖原在糖原磷酸化酶的催化下，从糖原非还原端的葡萄糖基进行磷酸化分解生成葡糖-1-磷酸（glucose-1-phosphate，G-1-P），此反应不需要消耗 ATP。然后在磷酸葡糖变位酶催化下葡糖-1-磷酸异构成葡糖-6-磷酸。这里的磷酸来自细胞质中的无机磷。

己糖激酶广泛存在于各组织中，专一性不强，可作用于葡萄糖、果糖、甘露糖、氨基葡萄糖等多种己糖。该酶有四种同工酶，分别称为己糖激酶 I、II、III、IV 型。己糖激酶 I、II、III 型主要存在于肝外组织，由于它们 K_m 值较低（0.1mmol/L 左右），对葡萄糖有较强的亲和力，使酶即使在葡萄糖浓度较低时仍可发挥较强的催化作用，从而保证了大脑等重要器官即使在饥饿、血糖浓度较低情况下，仍可有效地摄取利用葡萄糖以维持能量供应。IV 型己糖激酶也称为葡糖激酶（glucokinase，GK），存在于肝细胞内，专一性较强，只能催化葡萄糖磷酸化。此酶 K_m 值较高（10mmol/L 左右），与葡萄糖的亲和力较小，只有当饱食、血糖浓度较高时，才能充分发挥催化作用。这样，利于餐后大量吸收的葡萄糖进入肝，在 GK 作用下，参与糖原的合成，以维持血糖浓度相对恒定。

（2）葡糖-6-磷酸转变为果糖-6-磷酸　葡糖-6-磷酸是重要的中间代谢物，是许多糖代谢途径（无氧酵解、有氧氧化、戊糖磷酸途径、糖原合成、糖原分解）的连接点。此反应由磷酸己糖异构酶（phosphohexose isomerase）催化醛糖（葡糖-6-磷酸）和酮糖〔果糖-6-磷酸（fructose-6-phosphate，F-6-P）〕的异构转变，反应可逆，需要 Mg^{2+} 参与，反应方向由底物与产物含量控制。

$$\text{葡糖-6-磷酸} \underset{}{\overset{\text{磷酸己糖异构酶，Mg}^{2+}}{\rightleftharpoons}} \text{果糖-6-磷酸}$$

（3）果糖-6-磷酸转变为果糖-1,6-双磷酸　果糖-6-磷酸 C_1 由磷酸果糖激酶-1（phosphofructokinase-1，PFK-1）催化磷酸化生成果糖-1,6-双磷酸（fructose-1,6-bisphosphate，F-1,6-BP，FDP）。该反应为糖酵解第二次消耗 ATP 的磷酸化反应，需要 Mg^{2+} 参与，是酵解途径第二个关键酶催化的不可逆反应。体外另有磷酸果糖激酶-2（phosphofructokinase-2，F-6-PK-2），催化果糖-6-磷酸 C_2 磷酸化生成果糖-2,6-双磷酸（fructose-2,6-bisphosphate），它不是酵解途径的中间产物，但在酵解的调控上有重要作用。

$$\text{果糖-6-磷酸} \xrightarrow[\text{磷酸果糖激酶-1}]{\text{ATP} \quad \text{Mg}^{2+} \quad \text{ADP}} \text{果糖-1,6-双磷酸}$$

（4）果糖-1,6-双磷酸裂解为 2 分子丙糖磷酸　此反应是由醛缩酶（aldolase）催化的可逆反应，反应结果将六碳的磷酸己糖裂解生成磷酸二羟丙酮（dihydroxyacetone phosphate）和甘油醛-3-磷酸（glyceraldehyde-3-phosphate）（又称 3-磷酸甘油醛），反应趋向一分为二而成 2 分子丙糖磷酸。

$$\text{果糖-1,6-双磷酸} \xrightarrow{\text{醛缩酶}} \begin{array}{l} \text{磷酸二羟丙酮} \\ \updownarrow \text{磷酸丙糖异构酶} \\ \text{甘油醛-3-磷酸} \end{array}$$

（5）磷酸丙糖的相互转化　甘油醛-3-磷酸（glyceraldehyde-3-phosphate）和磷酸二羟丙酮是同分异构体，在磷酸丙糖异构酶（triose phosphate isomerase）催化下可互相转变，是一个吸能反应，但在细胞内甘油醛-3-磷酸不断进入下一步反应，它的浓度低，所以磷酸二羟丙酮会向着生成甘油醛-3-磷酸的方向进行代谢，因此可视为 1 分子葡萄糖生成了 2 分子甘油醛-3-磷酸。果糖、半乳糖和甘露糖等己糖也可转变成甘油醛-3-磷酸。磷酸二羟丙酮是连接糖代谢与甘油代谢的中介分子。

（6）甘油醛-3-磷酸氧化成 1,3-双磷酸甘油酸　在甘油醛-3-磷酸脱氢酶（glyceraldehyde-3-phosphate dehydrogenase）催化下，甘油醛-3-磷酸脱氢并磷酸化形成 1,3-双磷酸甘油酸。该反应是糖酵解途径惟一的脱氢反应，脱下的氢由 NAD^+ 接受还原为 $NADH+H^+$，同时形成含有一个高能磷酸酯键（酸酐键）的 1,3-双磷酸甘油酸，也是糖酵解途径中第一个形成高能化合物的步骤。反应中的磷酸来自细胞质中的无机磷。

（1）～（5）反应可视为糖酵解途径的投入阶段，消耗 ATP；而从（6）反应起则可视为产出阶段，产生 ATP。

$$
\begin{array}{ccc}
\text{CHO} & & \text{O}=\text{C}-\text{O}\sim\text{P} \\
| & \xrightarrow[\;\text{Pi}\;\;\;\text{NAD}^+\;\;\;\text{NADH}^++\text{H}^+\;]{\text{甘油醛-3-磷酸脱氢酶}} & | \\
\text{CH}-\text{OH} & & \text{CH}-\text{OH} \\
| & & | \\
\text{CH}_2-\text{O}-\text{P} & & \text{CH}_2-\text{O}-\text{P} \\
\text{甘油醛-3-磷酸} & & \text{1,3-双磷酸甘油酸}
\end{array}
$$

（7）1,3-双磷酸甘油酸转变为甘油酸-3-磷酸　1,3-双磷酸甘油酸在磷酸甘油酸激酶（phosphoglycerate kinase）催化下，将分子内高能磷酸基团转移给 ADP，生成 ATP 和甘油酸-3-磷酸（又称 3-磷酸甘油酸），反应需要 Mg^{2+}。这是糖酵解过程第一个产生 ATP 的反应。这种由高能化合物分子中的高能磷酸基直接使 ADP 磷酸化生成 ATP 的方式称为底物水平磷酸化（substrate phosphorylation），是体内生成 ATP 的一种方式。

$$
\begin{array}{ccc}
\text{O}=\text{C}-\text{O}\sim\text{P} & & \text{COOH} \\
| & \xrightarrow[\;\text{ADP}\;\;\;\;\text{ATP}\;]{\text{磷酸甘油酸激酶}} & | \\
\text{CH}-\text{OH} & & \text{CH}-\text{OH} \\
| & & | \\
\text{CH}_2-\text{O}-\text{P} & & \text{CH}_2-\text{O}-\text{P} \\
\text{1,3-双磷酸甘油酸} & & \text{甘油酸-3-磷酸}
\end{array}
$$

1,3-双磷酸甘油酸还可以通过磷酸甘油酸变位酶催化生成 2,3-双磷酸甘油酸（2,3-BPG）。2,3-BPG 不能使 ADP 磷酸化生成 ATP，其在调节血红蛋白运输氧的过程中起重要的作用，故在人红细胞中含量高。

（8）甘油酸-3-磷酸转变为甘油酸-2-磷酸　在磷酸甘油酸变位酶（phosphoglycerate mutase）催化下，甘油酸-3-磷酸（glycerate-3-phosphate）分子中 C_3 的磷酸基团转移到 C_2 上，形成甘油酸-2-磷酸（glycerate-2-phosphate）（又称 2-磷酸甘油酸），Mg^{2+} 是必需的离子，该反应是可逆的。

$$
\begin{array}{ccc}
\text{COOH} & & \text{COOH} \\
| & \xrightleftharpoons[\;Mg^{2+}\;]{\text{磷酸甘油酸变位酶}} & | \\
\text{CH}-\text{OH} & & \text{CH}-\text{O}-\text{P} \\
| & & | \\
\text{CH}_2-\text{O}-\text{P} & & \text{CH}_2-\text{OH} \\
\text{甘油酸-3-磷酸} & & \text{甘油酸-2-磷酸}
\end{array}
$$

（9）甘油酸-2-磷酸转变为磷酸烯醇丙酮酸　在烯醇化酶（enolase）催化下，甘油酸-2-磷酸脱水，分子内部能量重新分布而生成磷酸烯醇丙酮酸（phosphoenolpyruvic acid，phosphoenolpyruvate，PEP）烯醇磷酸键，这是糖酵解途径中第二种高能磷酸化合物。烯醇化酶催化的反应需要 Mg^{2+} 或 Mn^{2+} 参与。

$$\begin{array}{l} COOH \\ | \\ CH-O-\textcircled{P} \\ | \\ CH_2-OH \end{array} \xrightarrow[\quad H_2O \quad]{\text{烯醇化酶（}Mg^{2+}/Mn^{2+}\text{）}} \begin{array}{l} COOH \\ | \\ C-O\sim\textcircled{P} \\ || \\ CH_2 \end{array}$$

甘油酸-2-磷酸　　　　　　　　　　磷酸烯醇丙酮酸

（10）丙酮酸的生成　在丙酮酸激酶（pyruvate kinase，PyK）催化下，磷酸烯醇丙酮酸分子中的高能磷酸基团转移给 ADP 生成 ATP，是糖酵解途径第二次底物水平磷酸化反应，需要 Mg^{2+} 和 K^+ 参与，反应不可逆。丙酮酸激酶为糖酵解的第三个关键酶，产物烯醇丙酮酸（enolpyruvic acid）极不稳定，会自发进行分子内原子重新排列，形成稳定的丙酮酸（pyruvate）。

$$\begin{array}{l} COOH \\ | \\ C-O\sim\textcircled{P} \\ || \\ CH_2 \end{array} \xrightarrow[ADP \quad ATP]{\text{丙酮酸激酶，}Mg^{2+},K^+} \begin{array}{l} COOH \\ | \\ C-OH \\ || \\ CH_2 \end{array} \rightleftharpoons \begin{array}{l} COOH \\ | \\ C=O \\ | \\ CH_3 \end{array}$$

磷酸烯醇丙酮酸　　　　　　　　　烯醇丙酮酸　　　　丙酮酸

2. 丙酮酸还原为乳酸　当机体或组织处于氧供给不足的情况下（如缺氧、剧烈运动时的肌肉组织等），糖酵解产生的丙酮酸将在乳酸脱氢酶催化下加氢还原生成终产物乳酸（lactate）。此时的供氢体来自上述第 6 步（6）中的甘油醛-3-磷酸脱氢产生的 $NADH+H^+$，$NADH+H^+$ 使丙酮酸加氢还原成乳酸后重新转变成 NAD^+，这样保证了糖酵解的继续进行。

$$\begin{array}{l} COOH \\ | \\ C=O \\ | \\ CH_3 \end{array} \xrightarrow[NADH+H^+ \quad NAD^+]{\text{乳酸脱氢酶}} \begin{array}{l} COOH \\ | \\ HO-CH \\ | \\ CH_3 \end{array}$$

丙酮酸　　　　　　　　　　　乳酸

在有氧条件下，甘油醛-3-磷酸脱氢产生的 $NADH+H^+$ 通过两种穿梭方式从细胞质中进入线粒体（见第七章），经电子传递链传递给氧生成水，同时释放能量形成 ATP。

糖酵解的总反应式可表示为：

$$C_6H_{12}O_6 + 2NAD^+ + 2ADP + 2H_3PO_4 \rightarrow 2CH_3CHOHCOOH + 2NADH + 2H^+ + 2ATP + 2H_2O$$

糖酵解反应全过程可用图 8-2 表示。

除葡萄糖外，其他己糖也可转变成己糖磷酸进入酵解途径中，例如，果糖可在己糖激酶催化下转变成果糖-6-磷酸；半乳糖经半乳糖激酶催化生成半乳糖-1-磷酸，再转变为葡糖-1-磷酸，又经变位酶催化生成葡糖-6-磷酸；甘露糖经己糖激酶催化生成甘露糖-6-磷酸，后者在异构酶的作用下转变成果糖-6-磷酸。

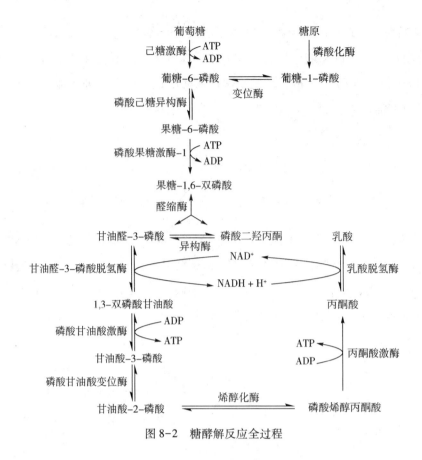

图 8-2 糖酵解反应全过程

（二）糖酵解的特点

1. 糖酵解的全过程没有氧的参与 糖酵解反应中生成的 NADH+H$^+$只能将 2H 交给丙酮酸，使之还原为最终产物乳酸。

2. 糖酵解中释放能量较少 糖以酵解方式进行代谢，只能发生不完全的氧化，1 分子葡萄糖可酵解为 2 分子乳酸，经两次底物水平磷酸化，可产生 4 分子 ATP，反应过程消耗 2 分子 ATP，故只净生成 2 分子 ATP；若从糖原开始酵解生成 2 分子乳酸，仅消耗 1 分子 ATP，则净生成 3 分子 ATP。

3. 糖酵解全过程中的 3 个关键酶 在糖酵解反应的全过程中，有三步是不可逆反应。这三步反应分别由己糖激酶（肝中为葡糖激酶）、磷酸果糖激酶-1、丙酮酸激酶 3 个关键酶催化，其中磷酸果糖激酶-1 的催化活性最低，是最重要的关键酶，其活性大小对糖分解代谢的速度起着决定性的作用。

（三）糖酵解的生理意义

1. 糖酵解是相对缺氧时机体获得能量的主要途径 生物体在进行剧烈运动或长时间运动时，能量需求增加，糖酵解加速，此时即使呼吸和循环加快以增加氧的供应，仍不能满足需要，肌肉处于相对缺氧状态，必须通过糖酵解提供急需的能量。人们从平原初到高原时，组织细胞也往往通过增强糖酵解而获得足够的能量以适应高原缺氧。

2. 糖酵解是某些组织在有氧时获得能量的有效方式 糖酵解是成熟红细胞获得能量的惟一方式。成熟红细胞没有线粒体，尽管它以运氧为其主要功能，却不能利用氧进行有氧氧化，只能靠糖酵解取得能量，也是神经、白细胞、骨髓等组织细胞在有氧情况下获得部分能量的有效方式。

3. 糖酵解是肌肉在有氧条件下进行收缩时迅速获得能量的主要途径 肌肉 ATP 含量低，在肌肉收缩时仅几秒钟即可耗尽。此时即使不缺氧，但因葡萄糖进行有氧氧化的反应过程比糖酵解长，来不及满足需要，而通过糖酵解可迅速得到 ATP。

4. 糖酵解的中间产物是某些物质的合成原料 ①磷酸二羟丙酮是甘油的合成原料；②甘油酸-3-磷酸是丝氨酸、甘氨酸和半胱氨酸的合成原料；③丙酮酸是丙氨酸和草酰乙酸的合成原料。

在病理情况下，如呼吸或循环功能障碍、严重贫血、大量失血等造成机体缺氧时，导致糖酵解加速甚至过度，可因乳酸产生过多，造成代谢性酸中毒。此时，在临床治疗及护理中除应纠正患者的酸中毒外，还应注意针对病因改善其缺氧状况。此外，恶性肿瘤细胞即使在有氧时也通过糖酵解消耗大量葡萄糖而产生过多的乳酸。

（四）糖酵解的调节

糖酵解途径中的关键酶是己糖激酶（肝中为葡糖激酶）、磷酸果糖激酶-1 和丙酮酸激酶，它们催化的反应均为不可逆反应，构成糖酵解途径的 3 个调节点，分别受别构效应剂和激素的双重调节。

1. 别构效应剂对关键酶的别构调节 生物体内有多种别构效应剂（如代谢物）可以调节糖酵解速率，主要通过改变 3 个关键酶活性来实现的。

（1）磷酸果糖激酶-1 的调节 磷酸果糖激酶-1 在糖酵解途径中起决定作用，其催化效率最低。该酶是四聚体的别构酶，受多种别构效应剂的影响，其不仅具有结合果糖-6-磷酸和 ATP 的部位，而且还有与别构激活剂和抑制剂结合的部位。

ATP 和柠檬酸（枸橼酸）是 F-6-PK-1 的别构抑制剂。当细胞内 ATP 不足时，ATP 主要作为反应底物可结合酶的活性中性，保证酶促反应进行；当细胞内 ATP 增多时，ATP 则作为抑制剂可与 F-6-PK-1 的调节部位结合，降低酶对果糖-6-磷酸的亲和力，使糖酵解反应速度减慢。ADP、AMP、F-1,6-DP 和 F-2,6-DP 是 F-6-PK-1 的别构激活剂。当细胞内 ADP、AMP 增多时，糖酵解反应速度加快，ATP 生成增多，使糖酵解对细胞能量需要得以应答。

果糖-2,6-双磷酸（F-2,6-DP）是 F-6-PK-1 最强的别构激活剂，可与 AMP 一起消除 ATP、柠檬酸对 F-6-PK-1 的别构抑制作用。F-2,6-DP 在体内是由磷酸果糖激酶-2（6-phosphofructokinase，F-6-PK-2）催化果糖-6-磷酸 C$_2$ 位磷酸化所形成，可被双磷酸果糖磷酸酶-2 去磷酸化生成果糖-6-磷酸，失去调节作用。果糖-2,6-双磷酸的合成和分解见图 8-3。

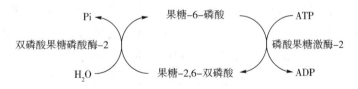

图 8-3　果糖-2,6-双磷酸的合成和分解

（2）丙酮酸激酶的调节 丙酮酸激酶催化的不可逆反应是另一个重要调节点。果糖-1,6-双磷酸、ADP 是其别构激活剂，ATP 和丙酮酸是此酶的别构抑制作用。依赖 cAMP 的蛋白激酶和依赖 Ca^{2+}、钙调蛋白的蛋白激酶均可使其磷酸化而失去活

性。胰岛素可诱导丙酮酸激酶的合成，胰高血糖素可通过 cAMP 抑制丙酮酸激酶的活性。

（3）葡糖激酶或己糖激酶的调节 己糖激酶受其反应产物葡糖-6-磷酸反馈抑制，而葡糖激酶分子中不存在葡糖-6-磷酸的别构结合部位，故在肝中不受产物葡糖-6-磷酸的影响。长链脂酰辅酶 A 对其有别构抑制作用，这样在饥饿时可减少肝等组织摄取葡萄糖。葡萄糖和胰岛素能诱导葡糖激酶基因的转录，促进酶的合成，加速反应的进行。

2. 激素的调节 胰岛素能诱导体内葡糖激酶、磷酸果糖激酶、丙酮酸激酶的合成。一般情况下激素的调节作用比对关键酶的别构调节或化学修饰调节作用慢，但作用时间较持久。

二、糖的有氧分解

在供氧充足时，葡萄糖或糖原在细胞质中分解生成的丙酮酸进入线粒体，通过三羧酸循环彻底氧化分解成 CO_2 和 H_2O，并释放大量能量，称为有氧氧化（aerobic oxidation），这是糖氧化供能的主要途径。从葡萄糖或糖原到丙酮酸的整个代谢过程都是在细胞质中进行的，丙酮酸以后的氧化过程则在线粒体内进行。糖的有氧氧化与糖酵解的关系见图 8-4。

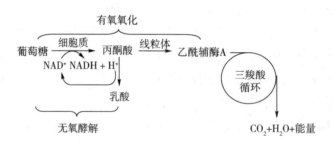

图 8-4 糖有氧氧化与糖酵解的关系

（一）糖的有氧氧化过程

糖的有氧氧化过程可分 3 个阶段：①葡萄糖或糖原在细胞质中分解为丙酮酸；②丙酮酸进入线粒体氧化脱羧生成乙酰辅酶 A；③乙酰辅酶 A 经三羧酸循环，彻底氧化为 CO_2 和 H_2O 并释放大量能量。

1. 葡萄糖或糖原分解为丙酮酸 此阶段与糖酵解反应基本上相同，所不同的是甘油醛-3-磷酸脱氢生成的 $NADH+H^+$ 不交给丙酮酸还原为乳酸，而是通过穿梭方式从细胞质进入线粒体，经呼吸链传递给氧生成 H_2O，同时生成 ATP（见第七章生物氧化）。

2. 丙酮酸转化为乙酰辅酶 A 葡萄糖或糖原经糖酵解降解为 2 分子丙酮酸是发生在细胞质中，而丙酮酸经三羧酸循环彻底氧化最后分解成 CO_2 和 H_2O 是发生在线粒体内，所以糖酵解生成的丙酮酸首先必须要转运到线粒体内。

线粒体是由内、外两层膜包被的一个细胞器，两层膜之间有腔，线粒体中央是基质。丙酮酸可以扩散通过线粒体外膜，但进入基质需要内膜上的蛋白质转运。嵌在内膜中的丙酮酸转运酶可以特异地将丙酮酸从膜间隙转运到线粒体的基质中，进入基质的丙酮酸脱羧生成乙酰辅酶 A（acetyl-CoA），经三羧酸循环进一步氧化（图 8-5）。

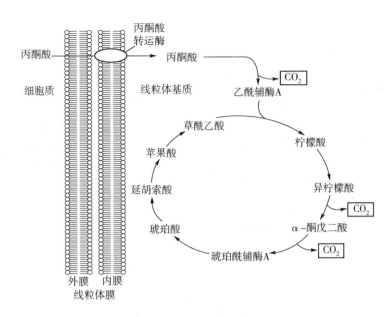

图 8-5 丙酮酸从细胞质转运到线粒体内

丙酮酸进入线粒体后，在丙酮酸脱氢酶复合物催化下氧化脱羧生成乙酰辅酶 A。这是一个关键性的不可逆反应，是连接糖酵解和三羧酸循环的重要环节，也是糖类物质经丙酮酸进入线粒体氧化分解的必经途径。

$$
\underset{\text{丙酮酸}}{\begin{array}{c} \text{COOH} \\ | \\ \text{C}{=\!\!=}\text{O} \\ | \\ \text{CH}_3 \end{array}} + \text{HSCoA} + \text{NAD}^+ \xrightarrow[\text{TPP, FAD, 硫辛酸}]{\text{丙酮酸脱氢酶复合物}} \underset{\text{乙酰辅酶A}}{\begin{array}{c} \text{O} \\ \| \\ \text{CH}_3-\text{C}{\sim}\text{SCoA} \end{array}} + \text{NADH} + \text{H}^+ + \text{CO}_2
$$

丙酮酸脱氢酶复合物（pyruvate dehydrogenase complex）也称丙酮酸脱氢酶系，是糖有氧氧化途径的关键酶系，是糖有氧氧化过程中的重要调节点。该复合物存在于线粒体，是由 3 种酶和 6 种辅因子构成的多酶复合体系，包括丙酮酸脱氢酶（辅酶是 TPP）、二氢硫辛酸乙酰转移酶（辅酶是硫辛酸和辅酶 A）、二氢硫辛酸脱氢酶（辅基是 FAD），并需要线粒体基质中的 NAD^+ 作为受氢体，还有 Mg^{2+} 的参与。它们形成了紧密相连的连锁反应体系，提高催化效率。

丙酮酸脱氢酶复合物催化的具体化学反应包括（图 8-6）：①在 TPP 参与下，由丙酮酸脱氢酶催化丙酮酸脱羧生成羟乙基 TPP；②羟乙基 TPP 与硫辛酸结合形成乙酰二氢硫辛酸；③乙酰二氢硫辛酸的乙酰基转移给辅酶 A，生成乙酰辅酶 A，此②、③两步反应均由二氢硫辛酸乙酰转移酶催化；④二氢硫辛酸脱氢氧化，脱下的 2H 由 FAD 接受生成 FADH_2；⑤ FADH_2 将 2H 交给 NAD^+，使之生成 $\text{NADH}+\text{H}^+$。此④、⑤两步反应均由二氢硫辛酸脱氢酶催化。生成的 $\text{NADH}+\text{H}^+$ 经呼吸链传递给氧生成水，并释放能量形成 ATP。

丙酮酸转化为乙酰辅酶 A 的反应实际上不是三羧酸循环中的反应，而是糖酵解和三羧酸循环之间的桥梁，真正进入三羧酸循环的是丙酮酸脱羧生成的乙酰辅酶 A。

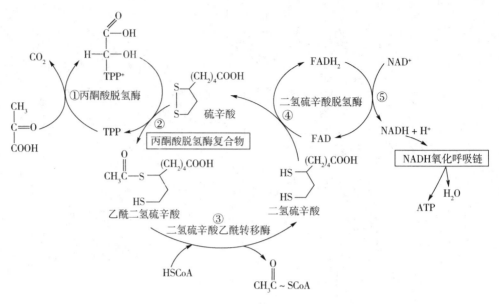

图 8-6 丙酮酸脱氢酶复合物催化的反应

3. 三羧酸循环反应过程及特点 三羧酸循环（tricarboxylic acid cycle，TAC、TCAC）是从乙酰辅酶 A 和草酰乙酸缩合成柠檬酸开始，经过一系列脱氢（氧化）和脱羧等连续反应，再生成草酰乙酸进入下一轮循环。因反应从生成含有 3 个羧基的柠檬酸开始而得名，也称为柠檬酸循环（citric acid cycle）。该循环是 1937 年由德国科学家 Hans Krebs 首先提出，为了纪念他所做出的突出贡献，这一循环又称 Krebs 循环。三羧酸循环途径的发现是生物化学领域的一项重大成就。1953 年该项成就获得了诺贝尔奖。

（1）三羧酸循环反应过程

1）乙酰辅酶 A 与草酰乙酸缩合为柠檬酸 在柠檬酸合酶（citrate synthase）催化下，使乙酰辅酶 A 的高能硫酯键水解，释放的能量促进乙酰基与草酰乙酸缩合形成柠檬酸，同时释放出辅酶 A，此反应为不可逆反应，是三羧酸循环的第一个限速反应，故柠檬酸合酶为三羧酸循环的第一个关键酶。

2）柠檬酸异构成异柠檬酸 在顺乌头酸酶（aconitase）催化下，柠檬酸脱水反应经过中间产物顺乌头酸的生成，然后再加水生成异柠檬酸（isocitrate）。该两步可逆反应总结果是将柠檬酸 C_3 上的羟基转移到 C_2 上生成了异柠檬酸，为下一步反应做好了准备。

3）异柠檬酸氧化脱羧生成 α-酮戊二酸 在异柠檬酸脱氢酶（isocitrate dehydrogenase）催化下，异柠檬酸发生氧化脱羧将 6 碳的异柠檬酸转变为 5 碳的 α-酮戊二酸（α-

ketoglutaric acid，α-KG）。反应中脱下的 2H 由 NAD⁺接受生成 NADH+H⁺。此反应为不可逆反应，是三羧酸循环的第二个限速反应，异柠檬酸脱氢酶也是三羧酸循环最重要的关键酶，许多因素通过调节其活性控制三羧酸循环的速度。

$$
\begin{array}{ccc}
\text{COOH} & & \text{COOH} \\
| & & | \\
\text{CH}_2 & & \text{C=O} \\
| & \xrightarrow[\text{NAD}^+ \quad \text{NADH+H}^+]{\text{异柠檬酸脱氢酶}} & | \\
\text{CH—COOH} & \text{Mg}^{2+} \qquad \text{CO}_2 & \text{CH}_2 \\
| & & | \\
\text{HO—CH} & & \text{CH}_2 \\
| & & | \\
\text{COOH} & & \text{COOH} \\
\text{异柠檬酸} & & \alpha\text{-酮戊二酸}
\end{array}
$$

细胞内有两种异柠檬酸脱氢酶：一种是以 NAD⁺为辅酶，存在于线粒体内；另一种以 NADP⁺为辅酶，主要存在于细胞质中。

4）α-酮戊二酸氧化脱羧生成琥珀酰辅酶 A 像丙酮酸一样，α-酮戊二酸也是一个酮酸，所以 α-酮戊二酸的氧化脱羧反应非常类似丙酮酸脱氢酶复合物催化的反应。反应是由 α-酮戊二酸脱氢酶复合物（α-ketoglutarate dehydrogenase complex）催化的，产物琥珀酰辅酶 A（succinyl CoA）同样是有一个高能硫酯键，这一步反应高度不可逆，是三羧酸循环中第 3 个关键酶系和重要调节点。

α-酮戊二酸脱氢酶复合物（α-酮戊二酸脱氢酶系）的组成和催化机制与丙酮酸脱氢酶系类似，也是由 3 种酶和 6 种辅因子构成的多酶复合体系，包括 α-酮戊二酸脱氢酶（辅酶是 TPP）、硫辛酸琥珀酰转移酶（辅酶是硫辛酸和辅酶 A）、二氢硫辛酸脱氢酶（辅基是 FAD），反应的结果也相似，即脱下的氢最终也是由 NAD⁺接受，也有 Mg²⁺的参与。

$$
\begin{array}{ccc}
\text{COOH} & & \text{O} \\
| & & \| \\
\text{C=O} & & \text{C}\sim\text{SCoA} \\
| & \xrightarrow[\text{TPP，硫辛酸，FAD}]{\alpha\text{-酮戊二酸脱氢酶复合物}} & | \\
\text{CH}_2 \quad + \text{HSCoA} + \text{NAD}^+ & & \text{CH}_2 \quad + \text{NADH} + \text{H}^+ + \text{CO}_2 \\
| & & | \\
\text{CH}_2 & & \text{CH}_2 \\
| & & | \\
\text{COOH} & & \text{COOH} \\
\alpha\text{-酮戊二酸} & & \text{琥珀酰辅酶A}
\end{array}
$$

5）琥珀酰辅酶 A 生成琥珀酸 在琥珀酰辅酶 A 合成酶（succinyl CoA synthetase）（琥珀酸硫激酶）催化下，使琥珀酰辅酶 A 高能硫酯键水解同时释放能量，驱动 GDP 磷酸化生成 GTP，分子本身转变为琥珀酸。生成的 GTP 通常可将高能磷酸基团转移给 ADP 磷酸化生成 ATP。这是三羧酸循环中发生的惟一一步底物水平磷酸化反应。

$$
\begin{array}{ccc}
\text{O} & & \text{COOH} \\
\| & & | \\
\text{C}\sim\text{SCoA} & & \text{CH}_2 \\
| & \underset{\text{琥珀酰辅酶A合成酶}}{\overset{\text{GDP+Pi} \qquad \text{GTP}}{\rightleftharpoons}} & | \quad + \text{HSCoA} \\
\text{CH}_2 & & \text{CH}_2 \\
| & & | \\
\text{CH}_2 & & \text{COOH} \\
| & & \\
\text{COOH} & & \\
\text{琥珀酰辅酶A} & & \text{琥珀酸}
\end{array}
$$

6）琥珀酸脱氢生成延胡索酸 在琥珀酸脱氢酶（succinate dehydrogenase）催化下，生成延胡索酸（反丁烯二酸），此酶的辅基 FAD 接受琥珀酸脱下的氢还原为 FADH₂，本反应是三羧酸循环中惟一的一步以 FAD 作为受氢体的脱氢反应。

$$\text{琥珀酸} \xrightarrow[\text{琥珀酸脱氢酶}]{\text{FAD} \quad \text{FADH}_2} \text{延胡索酸}$$

（以下为结构式：琥珀酸 COOH—CH₂—CH₂—COOH 转变为延胡索酸 COOH—HC=CH—COOH）

7）延胡索酸加水生成苹果酸　在延胡索酸酶（fumarase）催化下，延胡索酸水合形成苹果酸，反应是可逆的。

$$\text{延胡索酸} \xrightarrow[\text{H}_2\text{O}]{\text{延胡索酸酶}} \text{苹果酸}$$

（以下为结构式：延胡索酸 COOH—HC=CH—COOH 转变为苹果酸 COOH—HO—C—H—CH₂—COOH）

8）苹果酸脱氢再生成草酰乙酸　在苹果酸脱氢酶（malate dehydrogenase）的催化下，苹果酸脱氢生成草酰乙酸，同时 NAD^+ 接受氢还原生成 $NADH+H^+$，反应是可逆的。再生的草酰乙酸则可继续与乙酰辅酶 A 结合成柠檬酸，参与下一轮三羧酸循环（图 8-7）。

$$\text{苹果酸} \xrightarrow[\text{苹果酸脱氢酶}]{\text{NAD}^+ \quad \text{NADH} + \text{H}^+} \text{草酰乙酸}$$

（以下为结构式：苹果酸 COOH—HO—C—H—CH₂—COOH 转变为草酰乙酸 COOH—C=O—CH₂—COOH）

三羧酸循环的总反应式可表达为：

$$CH_3CO{\sim}SCoA + 3NAD^+ + FAD + GDP + Pi + 2H_2O \longrightarrow$$
$$2CO_2 + 3NADH + 3H^+ + FADH_2 + GTP + HSCoA$$

（2）三羧酸循环反应特点

1）三羧酸循环是在有氧条件下进行的连续反应过程　氧间接参与三羧酸循环，因为三羧酸循坏中产生的 $NADH+H^+$ 和 $FADH_2$ 必须经呼吸链把氢和电子传递给氧，重新氧化成 NAD^+ 和 FAD。

2）三羧酸循环是乙酰基彻底氧化的过程　三羧酸循环每运转 1 次，消耗 1 个乙酰基。循环中有 2 次脱羧反应，生成两分子 CO_2。用 ^{14}C 标记乙酰辅酶 A 进行的实验发现，CO_2 的碳原子来自草酰乙酸，而不是乙酰辅酶 A，这是由于中间反应过程中碳原子被置换所致。三羧酸循环中有 4 次脱氢反应，生成 3 分子 $NADH+H^+$、1 分子 $FADH_2$，它们经呼吸链把氢和电子传递给氧生成水，同时释放能量，生成 9 分子 ATP；另外，通过底物水平磷酸化生成 1 个 GTP，故三羧酸循环每循环 1 次可生成 10 分子 ATP。

3）三羧酸循环中有 3 个关键酶　三羧酸循环代谢途径中的关键酶包括柠檬酸合酶、异柠檬酸脱氢酶和 α-酮戊二酸脱氢酶系，其中异柠檬酸脱氢酶是三羧酸循环中最重要的调节酶。它们催化的反应在生理条件下是不可逆的，所以三羧酸循环是不能逆转的，这就保证了线粒体供能系统的稳定性。

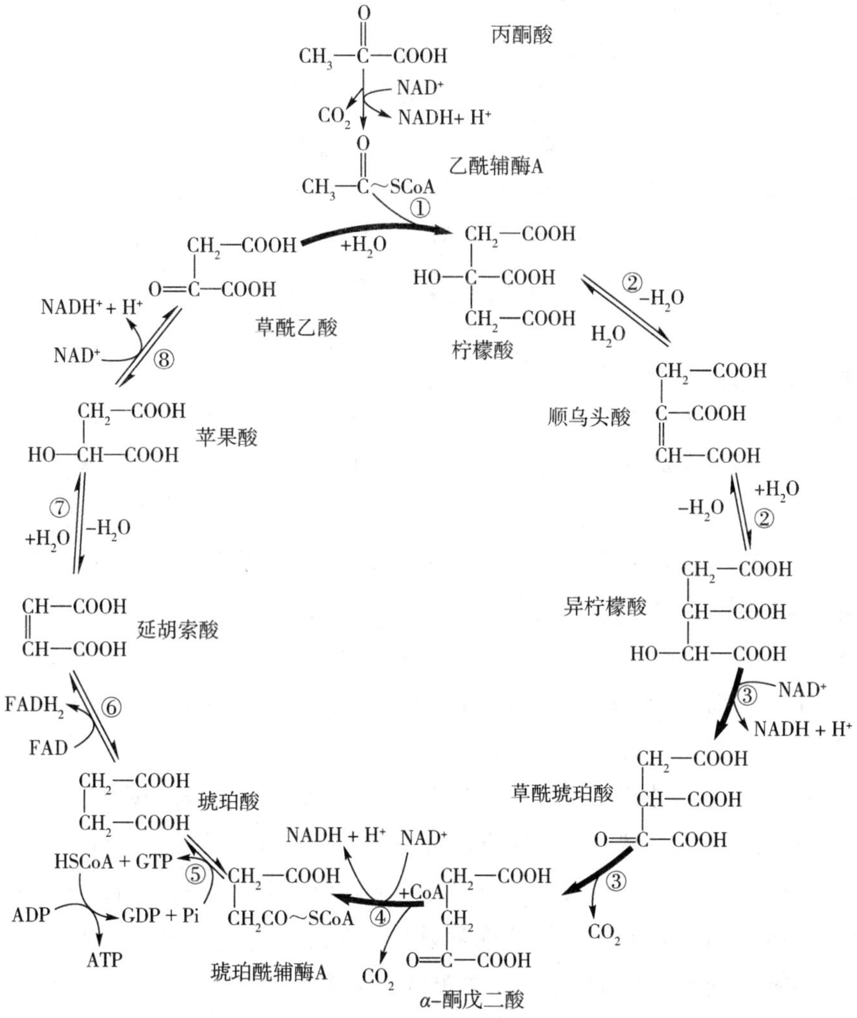

图 8-7 三羧酸循环

①柠檬酸合酶；②顺乌头酸酶；③异柠檬酸脱氢酶；④α-酮戊二酸脱氢酶复合物；
⑤琥珀酰辅酶 A 合成酶；⑥琥珀酸脱氢酶；⑦延胡索酸酶；⑧苹果酸脱氢酶

4）三羧酸循环从草酰乙酸开始，最后经循环又生成草酰乙酸。草酰乙酸是三羧酸循环的起始物质，它的含量多少直接影响循环的速率，所以它是三羧酸循环得以顺利进行的关键物质。三羧酸循环中的草酰乙酸主要来自丙酮酸的直接羧化，也可通过丙酮酸的加氢还原和羧化生成苹果酸，而后苹果酸脱氢生成草酰乙酸。

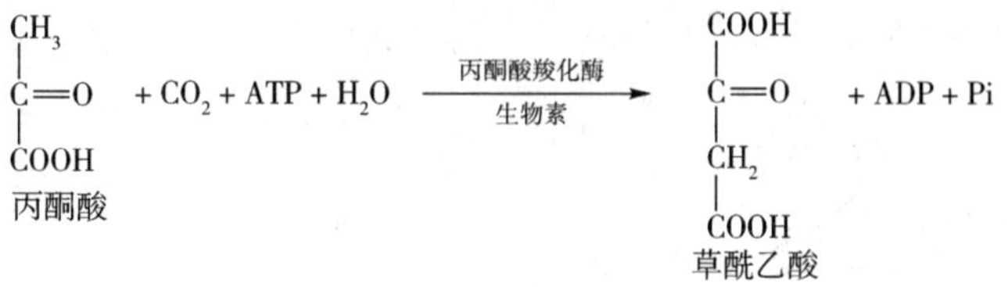

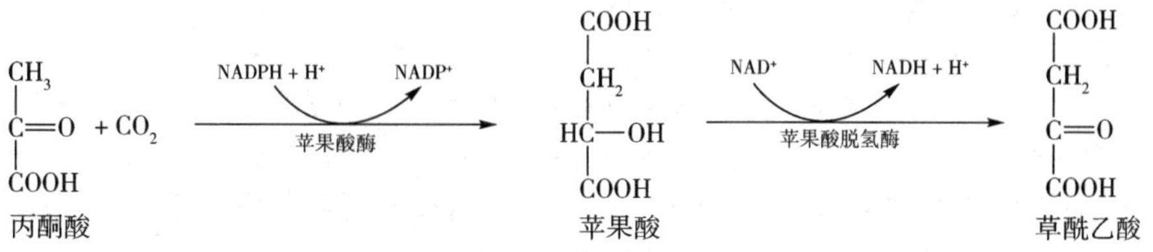

5）三羧酸循环的中间物质可不断更新，从而保证循环的正常进行，并沟通糖与其他物质的代谢。三羧酸循环的中间产物包括草酰乙酸，在反应前后没有量的变化，起催化剂的作用，但由于体内代谢途径中相互联系物质的转化，使得有些三羧酸循环的中间产物常移出循环而参与其他代谢途径，如草酰乙酸可转变为天冬氨酸或先转变为丙酮酸再转变为丙氨酸，而后两者均参与蛋白质的合成；琥珀酰辅酶 A 可用于血红素的合成；α-酮戊二酸可转变为谷氨酸等。所以，为了维持三羧酸循环中间产物的一定浓度，保证三羧酸循环的正常运转，满足细胞能量代谢的需要，必须及时补充消耗的中间产物。这种三羧酸循环中间产物的补充反应，称为回补反应。

4. 三羧酸循环的生理意义

（1）三羧酸循环是体内糖、脂肪和蛋白质三大营养物质彻底氧化分解的共同途径　三羧酸循环的起始物乙酰辅酶 A，不但可由糖分解成丙酮酸后，氧化成乙酰辅酶 A 进入三羧酸循环；也可由脂肪水解产生的甘油转化成磷酸二羟丙酮，再进一步氧化成乙酰辅酶 A 进入三羧酸循环；脂肪酸经过 β 氧化分解成乙酰辅酶 A 进入三羧酸循环；还可由氨基酸经过脱氨基生成 α-酮酸，进一步氧化成乙酰辅酶 A 进入三羧酸循环。总之，体内糖、脂肪和蛋白质均可通过三羧酸循环彻底氧化成 CO_2、H_2O 和大量 ATP。因此，三羧酸循环实际上是糖、脂肪和蛋白质三种主要有机物在体内氧化供能的通路，估计人体内 2/3 的有机物通过三羧酸循环被分解。

（2）三羧酸循环是体内糖、脂肪和氨基酸代谢相互联系的枢纽　糖分解成乙酰辅酶 A，经三羧酸循环合成柠檬酸，转运到细胞质，用于合成脂肪酸，并进一步合成脂肪；糖和甘油通过代谢生成草酰乙酸等三羧酸循环中间物，可以合成非必需氨基酸；氨基酸分解生成草酰乙酸等三羧酸循环中间物，可以合成糖或甘油等过程都可经过三羧酸循环沟通实现。因此，三羧酸循环是体内连接糖、脂肪和氨基酸代谢相互联系的枢纽（图 8-8）。

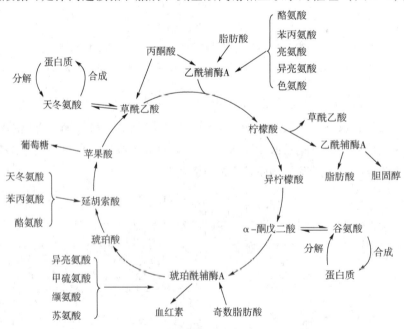

图 8-8　三羧酸循环是物质代谢相互联系的枢纽

（3）三羧酸循环提供生物合成的前体　如中间产物琥珀酰辅酶 A 可用于与甘氨酸合成血红素；α-酮戊二酸可氨基化生成非必需氨基酸谷氨酸；草酰乙酸也可氨基化为天冬氨酸；

乙酰辅酶 A 又是合成胆固醇、脂肪酸和酮体的原料。因而，三羧酸循环在提供生物合成的前体中也起重要作用。

（二）糖的有氧氧化的生理意义

糖的有氧氧化的主要生理意义是为全身各个组织提供能量，在正常情况下，机体绝大多数组织细胞通过葡萄糖的有氧氧化供给各种生理活动与代谢反应所需要的 ATP。葡萄糖有氧氧化是机体获得能量的主要方式，葡萄糖的有氧氧化各反应阶段脱下的氢在线粒体内通过呼吸链传递给氧的同时，释放的能量使 ADP 磷酸化生成 ATP。其中每分子 NADH 传递氢能产生 2.5 分子 ATP，$FADH_2$ 传递氢时可产生 1.5 分子 ATP，加上底物水平磷酸化产生的 ATP，体内 1 分子葡萄糖彻底氧化可净生成 30（或 32）分子 ATP（表 8-1）。

表 8-1 1 分子葡萄糖彻底氧化生成 ATP 数

细胞定位及反应阶段		反 应	递氢体	ATP
细胞质	第一阶段	葡萄糖 → 葡糖-6-磷酸		-1
		果糖-6-磷酸 → 果糖-1,6-双磷酸		-1
		2×甘油醛-3-磷酸→2×1,3-双磷酸甘油酸	$NADH+H^+$	2×2.5 或 2×1.5*
		2×1,3-双磷酸甘油酸→2×甘油酸-3-磷酸		2×1
		2×磷酸烯醇丙酮酸→2×丙酮酸		2×1
线粒体	第二阶段	2×丙酮酸 →2×乙酰辅酶 A	$NADH+H^+$	2×2.5
	第三阶段	2×异柠檬酸→2×α-酮戊二酸	$NADH+H^+$	2×2.5
		2×α-酮戊二酸→2×琥珀酰辅酶 A	$NADH+H^+$	2×2.5
		2×琥珀酰辅酶 A →2×琥珀酸		2×1
		2×琥珀酸 →2×延胡索酸	$FADH_2$	2×1.5
		2×苹果酸 →2×草酰乙酸	$NADH+H^+$	2×2.5
合计（净生成数）				30（或 32）

注：＊①酵解途径产生的 $NADH+H^+$，若经苹果酸穿梭机制进入线粒体可产生 2.5 分子 ATP，经甘油-3-磷酸穿梭机制，则产生 1.5 分子 ATP（参见第七章《生物氧化》）；②1 分子葡萄糖分解生成 2 分子甘油醛-3-磷酸，故乘以 2。

（三）糖的有氧氧化的调节

糖的有氧氧化是机体获得能量的主要方式。有氧氧化的调节是为了适应机体或不同器官对能量的需要。糖的有氧氧化的三个阶段中，第一阶段由葡萄糖生成丙酮酸的调节在糖酵解已经阐述，下面主要讨论丙酮酸氧化脱羧生成乙酰辅酶 A 并进入三羧酸循环的一系列反应二、三阶段的调节。丙酮酸脱氢酶复合物、柠檬酸合酶、异柠檬酸脱氢酶和 α-酮戊二酸脱氢酶复合物是这两个阶段的关键酶。

1. 丙酮酸脱氢酶复合物的调节 丙酮酸脱氢酶复合物既受别构效应，也受化学修饰这两种方式进行快速调节。别构抑制剂有 ATP、乙酰辅酶 A、NADH、长链脂肪酸等，反应产物乙酰辅酶 A 和 NADH 对丙酮酸脱氢酶复合物有反馈抑制作用，使有氧氧化反应速度减慢，ATP、长链脂肪酸可增强其抑制作用；别构激活剂有 AMP、辅酶 A、NAD^+ 和 Ca^{2+} 等，当进入三羧酸循环的乙酰辅酶 A 减少，而 AMP、辅酶 A 和 NAD^+ 堆积时，则对该酶复合体有激活作用。

丙酮酸脱氢酶复合物可被丙酮酸脱氢酶激酶磷酸化。当其丝氨酸被磷酸化后，引起酶蛋白别构而失去活性。丙酮酸脱氢酶磷酸酶则使其脱磷酸而恢复活性。NADH、乙酰辅酶 A

增加，还可通过增强丙酮酸脱氢酶的活性，加强对丙酮酸脱氢酶复合物的抑制作用，协同减弱糖的有氧氧化，使 NADH 和乙酰辅酶 A 生成不致过多；而 NAD^+ 和 ADP 则有相反作用。胰岛素可增强丙酮酸脱氢酶活性，促进糖的氧化分解（图 8-9）。

2. 三羧酸循环的调节 三羧酸循环的速率和流量受多种因素的调控。在三羧酸循环中有三步不可逆反应，即柠檬酸合酶、异柠檬酸脱氢酶和 α-酮戊二酸脱氢酶复合物催化的反应，其中异柠檬酸脱氢酶和 α-酮戊二酸脱氢酶复合物所催化的反应是三羧酸循环的主要调节点。

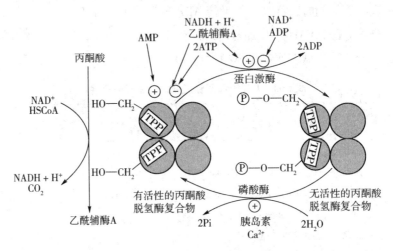

图 8-9 丙酮酸脱氢酶复合物的调节

当 ATP/ADP 与 $NADH/NAD^+$ 两者的值升高时，异柠檬酸脱氢酶和 α-酮戊二酸脱氢酶复合物被反馈抑制，三羧酸循环反应速度减慢；反之，ATP/ADP 的值下降则可激活两种酶的活性。此外，其他一些代谢产物对酶的活性也有影响，如柠檬酸能抑制柠檬酸合酶的活性，而琥珀酰辅酶 A 则可抑制 α-酮戊二酸脱氢酶复合物的活性。

当细胞线粒体内 Ca^{2+} 浓度升高时，Ca^{2+} 不仅可直接与异柠檬酸脱氢酶和 α-酮戊二酸脱氢酶结合，降低其对底物的 K_m 值而使酶激活；也可激活丙酮酸脱氢酶复合物，从而促进有氧氧化和三羧酸循环的进行。

氧化磷酸化速率对三羧酸循环也有重大影响。三羧酸循环中 4 次脱氢生成的 $NADH+H^+$ 和 $FADH_2$ 中的氢和电子通过呼吸递链进行氧化磷酸化生成 ATP，使氧化型 NAD^+ 和 FAD 得以再生，否则三羧酸循环中的脱氢反应将无法进行。因此，凡是抑制呼吸递链各环节的因素均可阻断三羧酸循环运转（图 8-10）。

3. 巴斯德效应 法国科学家巴斯德在研究酵母发酵时发现，在供氧充足的条件下细胞内糖酵解作用受到抑制，葡萄糖消耗，乳酸生成减少，这种有氧氧化对糖酵解的抑制作用称为巴斯德效应（Pasteur effect）。该效应亦存在人体肌肉组织中。当肌肉组织供氧充足时，丙酮酸进入三羧酸循环氧化，氧化磷酸化加强，细胞内 ATP/ADP 值升高，从而抑制了磷酸果糖激酶-1 和丙酮酸激酶，使果糖-6-磷酸和葡糖-6-磷酸含量增加，后者反馈抑制己糖激酶（HK），使葡萄糖利用减少，乳酸生成受抑制，呈现有氧氧化对糖酵解的抑制作用。当肌肉组织供氧不足时，丙酮酸不能进入三羧酸循环，氧化磷酸化受阻，使 ADP 与 Pi 不能生成 ATP，细胞内 ATP/ADP 值降低，细胞质内磷酸果糖激酶-1 及丙酮酸激酶活性增强，丙酮酸就作为受氢体在细胞质中还原成乳酸，加强葡萄糖沿糖酵解途径分解。

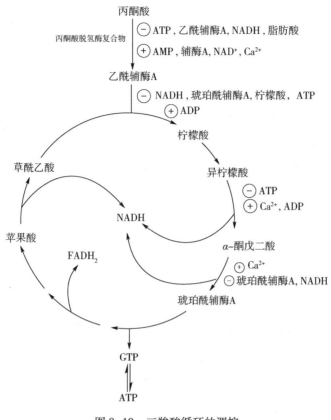

图 8-10 三羧酸循环的调控

在一些代谢旺盛的正常组织（如视网膜、睾丸、颗粒白细胞等）和肿瘤组织中，即使在有氧的条件下，仍然以糖酵解为产生 ATP 的主要方式，这种现象称为 Crabtree 效应或反巴斯德效应。在具有 Crabtree 效应的组织细胞中，其糖酵解酶系（如己糖激酶、磷酸果糖激酶-1、丙酮酸激酶）活性强，而线粒体中产生 ATP 的酶系活性较低，氧化磷酸化减弱，以糖酵解酶系催化产生 ATP 为主。

三、戊糖磷酸途径

糖酵解和糖的有氧氧化是体内葡萄糖分解代谢的主要途径，除此之外，体内还存在其他分解代谢途径，戊糖磷酸途径（pentose phosphate pathway）又称磷酸戊糖途径、戊糖磷酸旁路，就是另一重要途径。该途径是葡萄糖经葡糖-6-磷酸氧化分解生成细胞所需的具有重要生理作用的 NADPH+H⁺ 和核糖-5-磷酸及 CO_2，也可生成能量，而主要意义不是生成 ATP 的途径。戊糖磷酸途径在肝、哺乳期乳腺、肾上腺皮质、性腺、红细胞、脂肪组织和骨髓等组织中最为活跃，全部反应过程均在细胞质中进行。

（一）戊糖磷酸途径的反应过程

戊糖磷酸途径是一个比较复杂的代谢途径：戊糖磷酸途径从葡糖-6-磷酸开始经脱氢生成葡糖酸-6-磷酸，再经脱羧转变为戊糖磷酸，最后通过转酮和转醛作用进行分子基团的转换，重新生成葡糖-6-磷酸，形成一个循环式代谢，循环式代谢的一个终产物是甘油醛-3-磷酸。

反应可分为两个阶段：第一阶段是氧化阶段；第二阶段是非氧化阶段。

1. 氧化阶段 葡糖-6-磷酸在葡糖-6-磷酸脱氢酶（glucose-6-phosphate dehydrogenase，G-6-PD）催化下，葡糖-6-磷酸发生脱氢氧化生成 $NADPH+H^+$ 和6-磷酸葡糖酸，葡糖-6-磷酸脱氢酶是此途径的关键酶，催化的反应不可逆。6-磷酸葡糖酸再通过6-磷酸葡糖酸脱氢酶（6-phosphogluconate dehydrogenase）催化发生脱氢、脱羧生成核酮糖-5-磷酸以及 $NADPH+H^+$ 和 CO_2。

2. 非氧化阶段 核酮糖-5-磷酸经异构化反应转变为核糖-5-磷酸或木酮糖-5-磷酸。核糖-5-磷酸和木酮糖-5-磷酸再经过一系列化学反应，进行基团转移生成甘油醛-3-磷酸和果糖-6-磷酸。这样又可进入糖酵解或有氧氧化通路进行分解代谢（图8-11）。

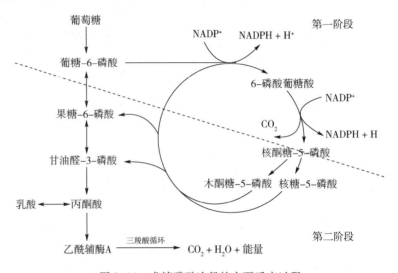

图 8-11　戊糖磷酸途径的主要反应过程

（二）戊糖磷酸途径的生理意义

戊糖磷酸途径的主要生理意义是为机体提供核糖-5-磷酸和NADPH。

1. 提供核糖-5-磷酸作为核酸合成的原料 戊糖磷酸途径是机体利用葡萄糖生成核糖-5-磷酸的惟一途径。核糖-5-磷酸参与核苷酸的合成，核苷酸是合成核酸的原料，核酸参与蛋白质的生物合成，故在增殖旺盛或损伤后修复再生作用强的组织，如梗死后的心肌和肝部分切除后残存的再生组织中戊糖磷酸途径往往进行得比较活跃。肌肉组织中缺乏葡糖-6-磷酸脱氢酶，故不能进行完整的戊糖磷酸途径，其合成核苷酸所需的核糖-5-磷酸可来自糖酵解生成的果糖-6-磷酸和甘油醛-3-磷酸经转酮醇酶、转醛醇酶、差向异构酶及异构酶的作用而形成。

2. 提供NADPH作为供氢体参与多种代谢反应 NADPH与NADH不同，它携带的氢不是通过呼吸链氧化以释放能量，而主要作为体内的供氢体参与多种代谢反应，发挥不同的功能。

（1）NADPH是体内许多合成代谢的供氢体 体内脂肪酸、胆固醇、类固醇激素等物质的生物合成需要大量的NADPH，绝大多数由戊糖磷酸途径提供。机体合成非必需氨基酸时，先由α-酮戊二酸与NADPH及 NH_3 生成谷氨酸，谷氨酸可与其他α-酮酸进行转氨基反应而生成相应的氨基酸。

（2）NADPH参与体内羟化反应 体内的羟化反应主要体现在合成代谢和生物转化两方

面，如从鲨烯合成胆固醇，从胆固醇合成胆汁酸、类固醇类激素等；是组成肝单加氧酶体系的成分，参与激素灭活、药物、毒物等非营养物质生物转化过程中的羟化反应均需要NADPH供氢。

（3）NADPH 能维持还原型谷胱甘肽的还原状态　NADPH 是谷胱甘肽还原酶（glutathione reductase）的辅酶，此酶催化氧化型谷胱甘肽（G—S—S—G）还原为还原型谷胱甘肽（glutathione，G—SH），使其 G—SH/G—S—S—G 值维持在正常范围（约 500：1），这种还原作用由 NADPH 供氢。

$$G—S—S—G + NADPH+H^+ \xrightarrow{\text{谷胱甘肽还原酶}} 2G—SH + NADP^+$$

G—SH 是体内重要的抗氧化剂，其具有保护体内含巯基的蛋白质或酶免遭氧化而丧失功能，还可以保护红细胞膜上的脂类和蛋白质不被氧化。此外，GSH 还参与细胞内 H_2O_2 的清除，对维持红细胞膜的完整性，防止溶血起到非常重要的作用。H_2O_2 不仅可以氧化脂膜，还可将血红蛋白氧化成高铁血红蛋白，从而破坏红细胞，造成溶血性贫血。NADPH 可维持高铁血红蛋白还原酶（methemoglobin reductase）的活性，使高铁血红蛋白还原为血红蛋白，保证血红蛋白的正常运氧功能。一些红细胞内缺乏葡糖-6-磷酸脱氢酶的遗传病患者，戊糖磷酸途径不能有效地进行，导致 NADPH 的生成数量减少，不能保持 G—SH 处于还原状态，红细胞很容易被破坏而发生溶血，尤其是衰老的红细胞易于破裂，发生溶血，出现急性溶血性贫血（acute hemolytic anemia），并常在进食蚕豆以后发病，故称为蚕豆病（favism）。

3. 其他作用　戊糖磷酸途径还可以通过转酮醇基及转醛醇基反应使三碳糖、四碳糖、五碳糖、六碳糖及七碳糖在体内得以互变，为机体提供多种糖。

知识链接

蚕豆病

蚕豆病是由于 G-6-PD 缺乏者进食新鲜蚕豆或接触蚕豆花粉或服用抗疟疾或磺胺类药物等引起的急性溶血性贫血。它是一种性染色体隐性遗传，意思是女性的 1 对 X 性染色体都带有疾病基因才会发病，男性只有 1 个 X 性染色体，所以只要这个 X 染色体异常就会发病。只有 1 个异常 X 染色体的女性没有症状，但是她们所生的男孩如果得到这个异常的 X 染色体，就会发病。临床表现以贫血、黄疸、血红蛋白尿（浓茶色或酱油样）为主。本病常起病急，自然转归，一般呈良性经过。本病以 3 岁以下小儿多见，也有成年人发病者，男性显著多于女性。

（三）戊糖磷酸途径的调节

戊糖磷酸途径主要受 NADPH/NADP$^+$ 的调节。葡糖-6-磷酸脱氢酶是戊糖磷酸途径的关键酶，其活性的高低决定葡糖-6-磷酸进入此途径的流量。特别是在脂肪酸和固醇合成发生的地方。NADPH/NADP$^+$ 值升高，G-6-PD 活性下降，戊糖磷酸途径被抑制；比值降低则活性升高，促进戊糖磷酸途径。另外，NADPH 对该酶有强烈的抑制作用。因此，戊糖磷酸途径的流量取决于机体对 NADPH 的需求。

第三节　糖原的合成与分解

糖原（glycogen）是糖的储存形式，肝和肌肉储存的糖原较多，分别称为肝糖原和肌糖原，正常成人肝糖原总量约100g，肌糖原120～400g。肝糖原的合成与分解主要维持血糖浓度的相对恒定，是空腹血糖的重要来源之一，并供给主要依靠葡萄糖作为能源的组织，如脑组织和红细胞尤为重要；肌糖原主要为肌肉收缩提供能量。

一、糖原的合成

由单糖（主要是葡萄糖）合成糖原的过程称为糖原的合成（glycogenesis）。葡萄糖合成糖原的部位在细胞质，包括四步反应。

1. 葡糖-6-磷酸的生成　葡萄糖磷酸化生成葡糖-6-磷酸。这步反应与葡萄糖酵解的第一步相同。

$$葡萄糖 \xrightarrow[\substack{己糖激酶 \\ 葡糖激酶（肝）}]{\substack{ATP \quad ADP}} 葡糖-6-磷酸$$

2. 葡糖-1-磷酸的生成　葡糖-6-磷酸经葡糖磷酸变位酶催化转变为葡糖-1-磷酸。

$$葡糖-6-磷酸 \xrightarrow{葡糖磷酸变位酶} 葡糖-1-磷酸$$

3. UDPG 的生成　在 UDPG 焦磷酸化酶催化下，葡糖-1-磷酸与 UTP 反应生成尿苷二磷酸葡糖（uridine diphosphate glucose，UDPG）。

$$葡糖-1-磷酸 + UTP \xrightarrow{UDPG 焦磷酸化酶} UDPG + PPi$$

4. 糖原的生成　UDPG 在糖原合酶（glycogen synthase）的催化下，以原有的糖原分子为引物，通过 α-1,4-糖苷键在糖原引物的非还原端上连接一个葡萄糖单位，多次进行这个反应，使糖原分子直链不断延长。

当链延长达到12～18个葡萄糖残基时，分支酶（branching enzyme）就将链长6～7个葡萄糖残基的糖链移至邻近的糖链上，并以 α-1,6-糖苷键相连接，从而形成糖原分子的分支（图8-12）。如此反复进行，使小分子糖原变为大分子糖原。合成的糖原主要以颗粒形式存在于细胞质中。

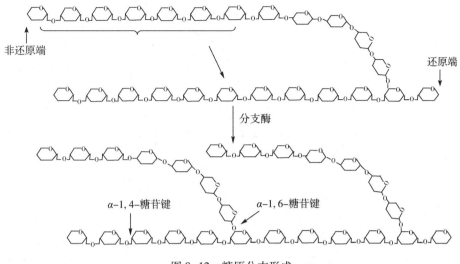

图 8-12　糖原分支形成

　　糖原合成过程中每增加 1 个葡萄糖单位需要消耗 2 个高能磷酸键，即在葡萄糖转变成葡糖-6-磷酸时伴有 ATP→ADP，以及在葡糖-1-磷酸经 UDPG（活性葡萄糖）而合成糖原时伴有 UTP→UDP。在细胞内，UDP+ATP $\rightleftharpoons$ UTP+ADP 的反应可以互变进行，故可认为在糖原分子上，每增加 1 分子葡萄糖单位，共消耗 2 分子 ATP。糖原合酶（glycogen synthase）是糖原合成过程中的关键酶。

二、糖原的分解

　　由糖原分解成葡萄糖的过程称为糖原分解（glycogenolysis），反应过程如下。

　　1. 糖原分解为葡糖-1-磷酸　在无机磷酸存在下，从糖原分子的非还原端开始，由关键酶糖原磷酸化酶催化 α-1,4-糖苷键断裂逐步磷酸解，直至 α-1,6-糖苷键分支点剩下约 4 个葡萄糖单位时而停止作用，生成葡糖-1-磷酸（85%）和极限糊精。

$$糖原（G_n）+ H_3PO_4 \xrightarrow{\text{糖原磷酸化酶}} 糖原（G_{n-1}）+ 葡糖-1-磷酸$$

　　2. 葡糖-6-磷酸的生成　在葡糖磷酸变位酶催化下，葡糖-1-磷酸转变为葡糖-6-磷酸。

$$葡糖-1-磷酸 \xrightleftharpoons{\text{葡糖磷酸变位酶}} 葡糖-6-磷酸$$

　　3. 葡糖-6-磷酸水解为葡萄糖　此反应由肝细胞特有的葡糖-6-磷酸酶（glucose-6-phosphatase）的催化，使葡糖-6-磷酸水解为葡萄糖，释放到血液中，维持血糖浓度的相对恒定。由于肌肉组织中不含葡糖-6-磷酸酶，故肌糖原不能直接分解成葡萄糖补充血糖。肌糖原分解产生的葡糖-6-磷酸在有氧条件下经有氧氧化彻底氧化，在无氧条件下经糖酵解生成乳酸，后者经血液循环运至肝进行糖异生作用，再合成葡萄糖或糖原。

$$葡糖-6-磷酸 + H_2O \xrightarrow[\text{（肝）}]{\text{葡糖-6-磷酸酶}} 葡萄糖 + H_3PO_4$$

　　糖原分解全过程是在细胞质中进行。糖原合成与分解的过程小结见图 8-13。

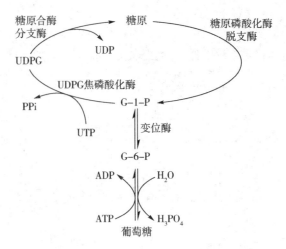

图 8-13 糖原合成与分解的过程

三、糖原的合成与分解的生理意义

糖原的合成与分解是维持血糖正常水平的重要途径，可参与维持血糖浓度相对恒定。当机体糖供应充足时，肝和肌肉组织将多余的糖合成糖原储存起来；当糖供应不足（如空腹时）或能量需求增加时，肝中葡糖-6-磷酸酶活性增强，可将肝糖原分解为葡萄糖进入血液以补充血糖，这对依赖葡萄糖作为能源的脑和红细胞尤为重要。肌糖原分解产生的葡糖-6-磷酸主要参加糖酵解反应过程，使其代谢分解生成的能量用于肌肉收缩。

四、糖原代谢的调节

糖原的合成与分解是两个方向完全相反的代谢过程，不是简单的可逆反应，而是通过两条途径进行，便于进行精密调节，以保证机体代谢协调地进行。当空腹等机体缺少供能物质时，糖原分解加强，合成减少；当饱食等糖供给充足时，糖原合成增强，分解减弱，能源以糖原形式贮存起来。糖原合成与分解代谢的调节点是两个代谢途径的关键酶糖原合酶和磷酸化酶催化的反应，两个酶的活性高低决定两条代谢途径的速率，从而影响糖原代谢的方向。糖原合酶和磷酸化酶都能通过别构调节和共价修饰两种快速调节方式双重调节，此外还受多种激素的调节。

（一）别构调节

糖原磷酸化酶和糖原合酶受体内多种代谢物的调控：葡糖-6-磷酸是糖原合酶的别构激活剂，可激活其活性，加速糖原合成；同时又是糖原磷酸化酶的别构抑制剂，可以抑制糖原分解；ATP 和葡萄糖是糖原磷酸化酶的别构抑制剂，可使糖原分解减弱；Ca^{2+} 可激活磷酸化酶激酶，进而激活糖原磷酸化酶，促进糖原分解（图 8-14）。

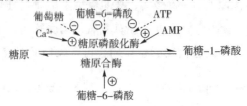

图 8-14 糖原合成和分解的调节

磷酸化酶 b 也是别构酶，在高浓度 AMP 时，其构象发生别构，成为有催化活性的磷酸化酶 b。ATP 则是磷酸化酶 b 的负效应物，能与 AMP 竞争，抑制酶的活性。葡糖-6-磷酸也是磷酸化酶 b 的别构抑制剂。

（二）共价修饰调节

1. 磷酸化酶　磷酸化酶有 a、b 两种存在形式，分子中特殊的丝氨酸羟基被 ATP 磷酸化后就转变成有活性的磷酸化酶 a；磷酸化酶 a 分子中丝氨酸羟基上磷酸基团可被特殊的磷酸酶水解转变成无活性的磷酸化酶 b。肝糖原磷酸化酶也有磷酸化和去磷酸化两种形式。当其磷酸化时，活性很低的磷酸化酶 b 就转变成活性很强的磷酸化酶 a，进而加速糖原分解。磷酸化酶的磷酸化反应由磷酸化酶 b 激酶催化。磷酸化酶 b 激酶也有磷酸化和去磷酸化两种形式，去磷酸化的磷酸化酶 b 激酶没有活性。（图 8-15）

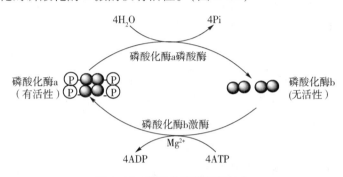

图 8-15　磷酸化酶的活性转化

2. 糖原合酶　糖原合酶也有磷酸化和去磷酸化两种存在形式。去磷酸化的糖原合酶（糖原合酶 a）有活性，能使糖原合成增加；磷酸化的糖原合酶（糖原合酶 b）失去活性，使糖原合成减少。糖原合酶或磷酸化酶的磷酸化反应都是在依赖 cAMP 的蛋白激酶催化下，酶分子中丝氨酸残基磷酸化实现，而去磷酸化反应则是在相应的磷蛋白磷酸酶催化下加水脱磷酸实现。（图 8-16）

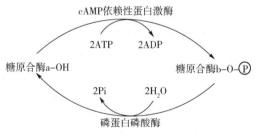

图 8-16　糖原合酶的活性转化

（三）激素调节

糖原合成与分解的生理性调节主要靠胰岛素和胰高血糖素两类激素协调作用完成。当机体血糖浓度降低和剧烈活动时，刺激胰高血糖素或肾上腺素分泌增加，进一步使细胞内 cAMP 生成增加，促使有活性的蛋白激酶 A 数量增加。蛋白激酶 A 一方面使糖原合酶磷酸化，失去活性；另一方面使磷酸化酶磷酸化，增加活性；从而使组织细胞内糖原合成与分解途径协调有序地进行。

体内肾上腺素和胰高血糖素等激素可通过 cAMP 连锁酶促逐级放大反应调节糖原合成与分解代谢。肾上腺素和胰高血糖素这两种激素能与肝或肌肉等组织细胞膜上受体结合，由 G 蛋白介导活化腺苷酸环化酶，使 cAMP 生成增加。cAMP 又使 cAMP 依赖蛋白激酶 A 活化。活化的蛋白激酶一方面使有活性的糖原合酶磷酸化为无活性的糖原合酶，另一方面使无活性的磷酸化酶 b 激酶磷酸化为有活性的磷酸化酶 b 激酶，活化的磷酸化酶 b 激酶进一步使无活性的糖原磷酸化酶 b 磷酸化转变为有活性的糖原磷酸化酶 a。最终结果抑制糖原合成，促进糖原分解，肝糖原分解可使血糖升高，肌糖原分解则用于肌肉收缩。糖原合成与分解代谢的调节见第十二章图 12-7。

第四节　糖异生

由非糖物质转变为葡萄糖或糖原的过程称为糖异生作用（gluconeogenesis），是饥饿等情况下维持血糖相对恒定的最重要因素。糖异生的原料主要有甘油、乳酸、丙酮酸和生糖氨基酸等。乳酸主要来自于肌糖原的酵解，甘油主要来自于脂肪，氨基酸来自食物及蛋白质的分解代谢。在生理条件下，糖异生的器官主要是肝，肾的糖异生能力仅为肝的 1/10。当饥饿和酸中毒时，肾的糖异生作用增强，可占全身糖异生的 40% 左右。

一、糖异生的途径

糖异生作用基本上是糖酵解的逆过程。糖酵解反应大部分是可逆的。但由于己糖激酶（肝内为葡萄糖激酶）、磷酸果糖激酶和丙酮酸激酶所催化的 3 个反应是不可逆反应，都有相当大的能量释放，这些反应的逆过程需要吸收同量的能量，必须经过特异的酶催化，才能绕过这三个"能障"使反应逆行。这些酶包括丙酮酸羧化酶、磷酸烯醇丙酮酸羧化激酶、果糖-1,6-双磷酸酶和葡糖-6-磷酸酶 4 个催化单项反应的酶，是糖异生途径中的关键酶。

1. 丙酮酸羧化支路　由 2 步反应来完成。①细胞质中的丙酮酸进入线粒体，在以生物素为辅酶的丙酮酸羧化酶（pyruvate carboxylase）的催化下，由 ATP 供能，将 CO_2 固定在丙酮酸分子上生成草酰乙酸。生物素在反应中起着羧基载体的作用。②生成的草酰乙酸透出线粒体，在细胞质中磷酸烯醇丙酮酸羧化激酶的催化下，由 GTP 提供能量及磷酸基而生成磷酸烯醇丙酮酸，从而构成一个代谢支路，被称为丙酮酸羧化支路。此过程可以绕过酵解过程中的第三个能障。它是消耗能量的循环反应，也是许多物质进行糖异生的必经之路（图 8-17）。

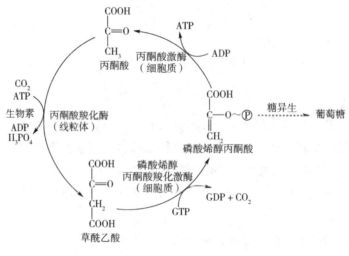

图 8-17　丙酮酸羧化支路

2. 果糖-1,6-双磷酸转变成果糖-6-磷酸 果糖-1,6-双磷酸在果糖-1,6-双磷酸酶催化下，果糖-1,6-双磷酸水解脱去磷酸而生成果糖-6-磷酸。

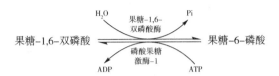

3. 葡糖-6-磷酸水解生成葡萄糖 该反应由葡糖-6-磷酸酶催化，使葡糖-6-磷酸水解为葡萄糖。

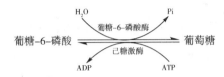

由此可见，糖酵解途径中的 3 个不可逆反应都可经旁路绕道而行，使整个酵解途径成为"可逆"。非糖物质得以循此酵解"逆行"途径以合成葡萄糖。上述由不同酶催化的单向反应使两个底物互变的循环称为底物循环（substrate cycle）。底物循环在正常生理条件下不会进行，以免浪费高能化合物。

二、糖异生的生理意义

糖异生主要在饥饿时、饱食高蛋白食物时或剧烈运动之后进行。

1. 保证饥饿情况下维持血糖浓度的相对恒定 体内一些组织如脑、红细胞等主要依靠葡萄糖作为能源。在不进食情况下，可以通过肝糖原分解来维持血糖浓度，但肝糖原储存量有限，不到 12 小时即可被全部耗尽。饥饿时，机体主要靠糖异生来维持血糖浓度的相对恒定，这对主要利用葡萄糖供能的脑组织来说具有重要意义。

2. 有利于乳酸的回收利用 这一作用在某些生理和病理情况下有重要的意义。例如，剧烈运动或循环呼吸功能障碍时，肌糖原无氧酵解生成大量乳酸，后者经血液运至肝，乳酸经丙酮酸异生成葡萄糖或糖原。肝再将葡萄糖释放入血，而可被肌肉组织摄取利用，此循环称为乳酸循环或 Cori 循环（图 8-18）。当肌肉活动剧烈时，通过 Cori 循环，可将不能直接分解为葡萄糖的肌糖原间接转化成血糖，这对于回收乳酸分子中的能量，更新肝糖原、补充血糖和防止代谢性酸中毒的发生等都有重要意义。

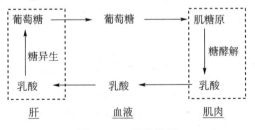

图 8-18 乳酸循环

3. 协助氨基酸代谢 某些氨基酸经脱氨基分解代谢后生成的 α-酮酸（如丙酮酸、草酰乙酸等）可以通过糖异生途径合成葡萄糖。因此，从食物消化吸收的氨基酸就可以合成葡萄糖，并进一步合成糖原。糖异生作用有利用氨基酸的分解代谢。

4. 有助于维持酸碱平衡 长期饥饿，肾可以加强谷氨酰胺等氨基酸的分解，生成的 α-酮酸可以参与糖异生作用，释放的 NH_3 分泌入肾小管管腔液中，与 H^+ 结合而成 NH_4^+ 排出体外，这对调节酸碱平衡具有重要意义。

三、糖异生的调节

糖异生途径主要有丙酮酸羧化酶、磷酸烯醇丙酮酸羧化激酶、果糖-1,6-双磷酸酶和葡糖-6-磷酸酶 4 个关键酶，它们都受到多种因素的影响和调节。

（一）代谢物对糖异生的调节

1. 多种代谢物对糖异生的调节作用 果糖-1,6-双磷酸酶是异构酶，AMP、果糖-2,6-双磷酸是其强烈抑制剂，可明显地抑制该酶的活性；而 ATP、柠檬酸、甘油酸-3-磷酸则是其激活剂，可激活其活性。此外，乙酰辅酶 A 与草酰乙酸缩合生成的柠檬酸，由线粒体进入细胞质中，可以抑制磷酸果糖激酶，使果糖-1,6-双磷酸酶活性升高，促进糖异生。

2. 糖异生原料的浓度对糖异生的明显调节作用 饥饿情况下，脂肪动员增加，组织蛋白质分解加强，血浆甘油和氨基酸增高；激烈运动时血乳酸含量剧增，都能使糖异生原料增加，可促进糖异生作用。

3. 乙酰辅酶 A 浓度对糖异生途径的显著影响 细胞内乙酰辅酶 A 的含量决定了丙酮酸代谢的方向。脂肪酸氧化分解产生的大量乙酰辅酶 A 可以抑制丙酮酸脱氢酶复合物，使细胞内丙酮酸大量蓄积，一方面为糖异生提供了充足的原料，另一方面又可激活丙酮酸羧化酶，加速丙酮酸生成草酰乙酸，增强糖异生作用。

（二）激素对糖异生的调节

激素对糖异生调节的实质是调节糖异生和糖酵解两个途径关键酶的活性，以及控制肝脂肪酸的供应。

胰高血糖素和胰岛素都可通过影响肝糖异生途径酶的磷酸化状态达到调节糖异生作用的目的。胰高血糖素可激活腺苷酸环化酶，从而使 cAMP 生成增加，进而激活依赖 cAMP 的蛋白激酶 A；后者使丙酮酸激酶磷酸化，使其活性降低，阻止磷酸烯醇丙酮酸转变丙酮酸，从而刺激糖异生途径。胰高血糖素还可以降低果糖-2,6-双磷酸在肝内的浓度，促进果糖-1,6-双磷酸转变为果糖-6-磷酸，因为果糖-2,6-双磷酸既是果糖双磷酸酶的别位抑制物，又是果糖-6-磷酸激酶的别位激活物。胰高血糖素能通过 cAMP 促进磷酸果糖激酶-2和果糖-2,6-双磷酸酶磷酸化，使果糖-2,6-双磷酸水解成果糖-6-磷酸增多，促进了糖异生。胰岛素的作用则相反。

胰高血糖素和胰岛素除了对糖异生和糖酵解的上述快速调节作用外，还能分别诱导或阻遏糖异生和糖酵解的调节酶数量，对两个途径进行慢速调节。胰高血糖素/胰岛素比例高可诱导合成磷酸烯醇丙酮酸羧化激酶、果糖-2,6-双磷酸酶等糖异生途径关键酶的合成；阻遏葡糖激酶和丙酮酸激酶的合成，使糖异生作用增强，糖酵解作用减弱。

胰高血糖素能促进脂肪组织分解脂肪，增加血浆脂肪酸含量，使肝获得大量脂肪酸和甘油。肝氧化脂肪酸增加，也就促进了糖异生。而且甘油是糖异生很好的原料，容易进行糖异生。胰岛素的作用与胰高血糖素相反。

第五节　血糖及其调节

血糖（blood sugar）主要指血液中的葡萄糖。正常人空腹血糖浓度是相当恒定的，仅在较小范围内波动。空腹血糖浓度为 3.89～6.11mmol/L（采用葡萄糖氧化酶法测定）。食后血糖稍高，不久即恢复正常。在短期内没有糖吸收入体内时，血糖也可维持正常水平。这是由于血糖有许多来源和去路，血糖浓度在自身、神经和激素及某些器官功能的调节下处于动态平衡状态。

一、血糖的来源与去路

（一）血糖的来源

1. 食物中的糖　从食物中糖经消化吸收的葡萄糖或其他单糖（如果糖、半乳糖等）在肝中转变成的葡萄糖，是血糖的主要来源。

2. 肝糖原的分解　肝糖原分解为葡萄糖入血是空腹时血糖的直接来源，可维持 12 小时左右的平衡。

3. 肝中糖异生作用　许多非糖物质如甘油、乳酸、某些氨基酸等可在肝中转变成葡萄糖而进入血循环，是饥饿时血糖的主要来源，以维持饥饿状态下血糖的恒定。

（二）血糖的去路

1. 氧化分解供能　血糖进入全身组织细胞中彻底氧化分解成 CO_2 和水，释放大量能量。这是血糖的主要去路。

2. 合成糖原　饱食时血糖进入肝、肌肉等组织后，可以合成肝糖原和肌糖原而被储存。

3. 转变为非糖物质和其他糖类　血糖在肝和脂肪组织等中可转变为非糖物质，如脂肪和某些氨基酸等，也可转变为核糖、脱氧核糖、氨基糖、唾液酸和糖醛酸等。

4. 血糖过高时随尿排出　血糖浓度不超过肾糖阈（8.89～9.99mmol/L）时，肾小管细胞能将原尿中的葡萄糖几乎全部重吸收入血，故用一般的检验尿糖方法测不出糖。若血糖浓度过高，超过肾小管对糖的重吸收能力时，即可出现糖尿。

血糖的来源与去路的总结如图 8-19 所示。

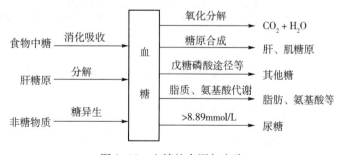

图 8-19　血糖的来源与去路

二、血糖水平的调节

血糖浓度的恒定是机体通过肝、肾、神经和激素调节机制，使各组织器官的糖、脂肪、氨基酸代谢协调，血糖的来源与去路保持动态平衡的结果。

（一）肝调节

肝是调节血糖浓度的最主要器官，肝对血糖浓度的稳定具有重要的调节作用。它的作用是通过糖原的合成与分解及糖异生作用来实现的。当血糖浓度高于正常时，肝糖原的合成作用加强（肝细胞可储存大量糖原，高达肝重的5%），糖异生作用减弱，使血糖降低；当血糖浓度低于正常时，肝糖原分解作用加强，并可使非糖物质经糖异生作用合成葡萄糖，以提高血糖，进而维持血糖浓度的相对稳定。

（二）肾调节

肾小球有较强重吸收葡萄糖的能力。它的排糖机构犹如一个阈门，当血糖浓度高于肾糖阈（8.89～9.99mmol/L），即超过肾小管重吸收糖的能力时则出现糖尿。将肾对糖的最大重吸收能力用血糖浓度8.89～9.99mmol/L表示，称为肾糖阈（renal threshold of sugar）。正常人血糖浓度低于肾糖阈，这是由于肾小管能重吸收肾小球滤液中所含有的葡萄糖，回收到血液中，所以正常人尿液中一般检测不出葡萄糖；若血糖浓度高于肾糖阈，从肾小球滤出的糖过多，就不能全被肾小管重吸收入血，此时出现糖尿。肾糖阈是可以变动的，如长期糖尿病患者肾糖阈稍高；但有的人肾糖阈稍低，如有的妊娠妇女出现暂时性糖尿就是由于肾糖阈较低的缘故。

（三）神经和激素调节

1. 神经调节 用电刺激交感神经系的视丘下部腹内侧核或内脏神经，能使肝糖原分解，血糖浓度升高；用电刺激副交感神经系的视丘下部外侧或迷走神经时，肝糖原合成增加，血糖浓度降低。

2. 激素调节 调节血糖的激素分两类：一类是降低血糖的激素，胰岛素（insulin）是由胰岛 B 细胞分泌的，是惟一降低血糖浓度的激素；一类是升高血糖的激素，主要有胰岛 A 细胞分泌的胰高血糖素（glucagon）、肾上腺髓质分泌的肾上腺素及皮质分泌的糖皮激质素、腺垂体分泌的生长素、甲状腺分泌的甲状腺素等。两类激素相互协调又相互制约协调一致，共同调节血糖的正常水平，以维持糖代谢的正常进行，主要是通过对糖代谢各主要途径的影响而实现的（表8-2）。

表 8-2　激素对血糖含量的影响

激素		效应
降血糖	胰岛素	促进葡萄糖通过肌肉、脂肪等组织的细胞膜进入细胞内代谢 诱导葡萄糖激酶（肝）、果糖磷酸激酶、丙酮酸激酶的生成，促进糖的氧化利用 促进糖原合成 促进糖转变为脂肪 抑制糖原分解和糖异生作用（抑制糖异生的4种关键酶）
升血糖	胰高血糖素	促进肝糖原分解成葡萄糖 促进糖异生
	肾上腺素	促进肝糖原分解成葡萄糖 促进糖异生 促进肌糖原酵解成乳酸
	糖皮质激素	增强脂肪的动员，使血中脂肪酸增加，从而抑制肌肉及脂肪组织对葡萄糖的摄取和利用 促进糖异生（诱导肝细胞合成糖异生的关键酶）
	生长素	抗胰岛素作用

续表

激　素	效　应
甲状腺素	促进小肠吸收单糖，使血糖升高（作用大） 促进肝糖原分解及糖异生，使血糖升高（作用大） 促进糖的氧化分解，使血糖降低（作用小），总的趋势使血糖升高

三、糖代谢紊乱

许多因素都可影响糖代谢，如神经系统功能紊乱、内分泌失调、某些酶的先天性缺陷、肝或肾功能障碍等均可引起糖代谢紊乱。无论何种原因引起的糖代谢紊乱都可引起血糖浓度的改变，有时还会出现尿糖，但不应将偶尔出现的血糖改变认为是糖代谢紊乱，只有在血糖水平持续异常或耐糖曲线异常时才表明糖代谢失常。糖代谢异常表现为低血糖或高血糖和糖尿。

（一）低血糖

空腹时血糖浓度低于 3.89mmol/L 称为低血糖（hypoglycemia）。低血糖可以为生理性和病理性两类。

1. 生理性低血糖　长期饥饿或持续的剧烈体力活动时，外源性糖来源阻断，内源性的肝糖原已经耗竭，此时，糖异生作用亦减弱，因而造成低血糖。

2. 病理性低血糖　①胰岛 B 细胞增生或癌瘤等可导致胰岛素分泌过多，引起低血糖；②内分泌异常（腺垂体或肾上腺皮质功能减退），使生长素或糖皮质激素等对抗胰岛素的激素分泌不足；③肿瘤（胃癌等）；④严重的肝疾患（肝癌、糖原贮积病等），肝功能严重低下，肝糖原的合成、分解及糖异生等糖代谢作用均受阻，肝不能及时有效地调节血糖浓度，故产生低血糖。

此时，脑组织首先对低血糖出现反应，患者常表现为头晕、心悸、出冷汗、面色苍白及饥饿感等症状，并影响脑的功能。因为脑组织不能利用脂肪酸氧化供能，且几乎不储存糖原，其所需能量主要依靠血中葡萄糖氧化分解。当血糖含量降低，可直接影响脑细胞的能量供给，若血糖继续下降至低于 2.48mmol/L，就会影响脑的功能，严重时发生低血糖昏迷，甚至导致死亡。

（二）高血糖与糖尿

空腹时血糖浓度超过 7.22mmol/L 称为高血糖（hyperglycemia）。如血糖浓度超过肾糖阈值 8.89～9.99mmol/L 时，则尿中会出现糖，称为糖尿（glucosuria）。高血糖可分为生理性高血糖和病理性高血糖两类。

1. 生理性高血糖　在生理情况下，由于糖的来源增加也可引起高血糖。①一次性食入或静脉输入大量葡萄糖时，血糖浓度急剧升高，可引起饮食性高血糖和糖尿；②情绪过度激动时，交感神经兴奋，肾上腺素分泌增加，肝糖原分解为葡萄糖释放入血，使血糖浓度增高，可出现情感性高血糖和糖尿。这些都属于生理性高血糖和糖尿，其特点是高血糖和糖尿都是暂时的，而且空腹血糖正常。

2. 病理性高血糖　在病理情况下，①升高血糖的激素分泌亢进，或胰岛素分泌障碍均可导致病理性高血糖，以致出现糖尿；②肾疾患可导致肾小管重吸收葡萄糖的能力减弱而出现糖尿，称为肾性糖尿。这是由肾糖阈下降引起的，此时血糖水平并不增高。

（三）糖尿病

糖尿病（diabetes mellitus，DM）是由于胰岛素绝对或相对分泌不足或细胞对胰岛素敏感性降低，引起糖、脂肪、蛋白质、水和电解质等一系列代谢紊乱的临床综合征。糖尿病在中医学中属于"消渴"症。临床上常见的糖尿病有两类：即1型（胰岛素依赖型）和2型（非胰岛素依赖型）。我国糖尿病患者以2型居多。糖尿病的病因是由于胰岛B细胞功能减低，胰岛素分泌量绝对或相对不足，或其靶细胞膜上胰岛素受体数量不足、亲和力降低或由于胰高血糖素分泌过量等导致。其中，胰岛素受体基因缺陷已被证实是2型糖尿病的病因之一。糖尿病时，可出现多方面的糖代谢紊乱，血糖不易进入组织细胞；糖原合成减少，分解增强；组织细胞氧化利用葡萄糖的能力减弱；糖异生作用及肝糖原分解均增强，以至血糖的来源增加而去路减少，出现持续性高血糖和糖尿。由于糖的氧化发生障碍，机体所需能量不足，故患者感到饥饿而多食；多食进一步导致血糖升高，使血浆渗透压升高，引起口渴，因而多饮；血糖升高形成高渗性利尿而导致多尿。由于机体糖氧化供能发生障碍，大量动员体内脂肪及蛋白质氧化分解，加之排尿多而引起失水，患者逐渐消瘦，体重下降。因此，糖尿病患者常现出多食、多饮、多尿和体重下降的"三多一少"的症状。严重糖尿病患者还可导致许多并发症的产生，如微血管病变、动脉粥样硬化、高血压、糖尿病肾病，甚至出现酮症酸中毒和水盐代谢紊乱等。

╔══════╗
║ 知识链接 ║
╚══════╝

糖尿病与降血糖中药

糖尿病（diabetes mellitus，DM）是一种由于体内胰岛素分泌相对或绝对不足而引起的糖代谢紊乱为主的全身性疾患。糖尿病在中医学中属于"消渴症"。本病特点是"三多一少"为常见的临床表现。

单味中药降血糖作用及特点：丹参水提物能提高链脲佐菌素所致糖尿病模型大鼠血清中的 SOD、GSH-Px、CAT 活性，降低 MDA 含量，升高内生肌酐清除率，降低血尿素氮、胆固醇、尿白蛋白排泄率，调节肾组织血管内皮生长因子的表达；黄连小檗碱能降低体内胰高血糖素水平，促进胰岛 B 淋巴细胞的再生和恢复，抑制醛糖还原酶、抑制血小板聚集；增加肝细胞的葡萄糖消耗量，增加脂肪细胞的葡萄糖消耗量，提高脂肪细胞对外源性葡萄糖的转运能力，改善脂质代谢紊乱，减低血清胆固醇、三酰甘油的含量。

中药复方降血糖作用及特点：降糖通脉宁由黄芪、生地、水蛭等组成。实验研究发现，该方能明显降低四氧嘧啶大鼠 DM 模型肾组织中氧自由基的作用，降低血糖，恢复体重，降低血清抗坏血酸自由基和 LPO 含量，提高血清 SOD 的活性。另有发现，加味核桃承气汤能减轻或延缓 DM 大鼠肾小球毛细血管基底膜的增厚，机制可能是通过活血化瘀改善高凝状态，降低血脂水平所致。

（四）糖耐量试验

人体处理葡萄糖的能力称为葡萄糖耐量（glucose tolerance）或耐糖现象。糖耐量试验是临床上用于了解机体调节糖代谢的常用方法。当空腹血糖浓度在 6～7mmol/L 之间，又怀疑为糖尿病时，可做此试验帮助诊断。

1. 试验方法　先测定受试者清晨空腹血糖浓度，然后一次进食100g葡萄糖，或按每kg体重0.333g的葡萄糖剂量静脉注射50%葡萄糖溶液。在给糖后0.5小时、1小时、2小时及3小时分别取血，测定血糖浓度，然后以时间为横坐标，血糖浓度为纵坐标绘成的曲线，称为耐糖曲线（图8-20）。

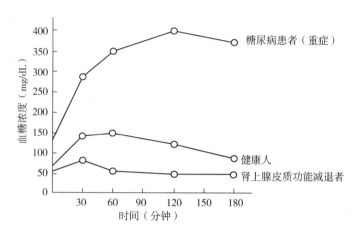

图8-20　耐糖曲线

2. 耐糖曲线

（1）正常人耐糖曲线特点　空腹、餐后2小时和随机测定血糖浓度均正常；食入糖后血糖浓度升高，在1小时内达高峰，但不超过肾糖阈8.88mmol/L，而后血糖浓度又迅速降低，在2～3小时恢复到正常水平。

（2）典型糖尿病（胰岛素分泌不足）的耐糖曲线　空腹、餐后2小时和随机测定血糖浓度均高于正常水平；进食糖后，血糖水平急剧上升，并超过肾糖阈；2～3小时尚不能恢复至空腹血糖水平。

（3）阿狄森病患者（肾上腺皮质功能减退）的耐糖曲线　空腹时血糖浓度低于正常值；进食后由于吸收缓慢，吸收后又迅速被组织利用，所以血糖浓度升高不明显；且短时间即恢复到原有水平，这是由于患者糖皮质激素分泌不足，糖的氧化分解快，糖异生作用降低，故血糖浓度升高不明显。

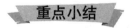

重点小结

重　点	难　点
1. 无氧分解（糖酵解）是指在无氧或供氧不足时，葡萄糖分解为丙酮酸后再还原成乳酸，同时释放少量能量。基本途径包括两个阶段。生理意义：①迅速提供能量；②红细胞中供能 2. 糖的有氧氧化是指在供氧充足时，葡萄糖或糖原在细胞质中分解生成的丙酮酸进入线粒体，通过TAC彻底氧化分解成CO_2和H_2O，并释放大量能量的过程。基本途径：分为三个阶段。TAC是三大营养物质的共同代谢途径，高效产能，互通有无。生理意义：是机体供能的主要方式 3. 戊糖磷酸途径是指葡萄糖生成核糖-5-磷酸和NADPH的	1. 糖酵解部位在细胞质中进行。每分子葡萄糖彻底氧化时，可净生成2分子ATP；而糖原分解下1分子葡萄糖净生成3分子ATP。此途径中甘油醛-3-磷酸脱氢生成的$NADH+H^+$的2个氢原子，交给丙酮酸还原生成乳酸。其关键酶有3个，其中果糖-6-磷酸激酶-1是最重要的关键酶及调节点，其活性大小，对糖的分解代谢的速度起着决定性的作用。这3种关键酶所催化的反应均为不可逆反应，其余都是可逆反应 2. 糖的有氧氧化部位在细胞质和线粒体，主要在粒体中进行。每分子葡萄糖彻底氧化时，可净生成30或32分子ATP。此途径中甘油醛-3-磷酸脱氢生成的$NADH+H^+$的2个氢原子，不交给丙酮酸还原生成乳酸，而是通过

续表

重 点	难 点
途径，其主要的反应是葡糖-6-磷酸脱氢生成葡糖-6-磷酸。生理意义：核糖-5-磷酸是合成核酸的重要原料，NADPH具有重要的生理功用，可参与脂肪酸、胆固醇等物质的生物合成，以及体内的羟化、生物转化反应 4. 糖原是体内糖的储存形式。由单糖合成糖原的过程称为糖原的合成，发生在机体糖供应充足时。生理意义在于能源储备，以备糖供给不足时利用。糖原分解是指肝糖原分解成葡萄糖的过程，肝糖原分解主要在空腹时维持血糖浓度的相对恒定 5. 糖异生作用是指非糖物质转变为葡萄糖或糖原的过程。糖异生主要在饥饿时、饱食高蛋白食物时或剧烈运动之后进行 6. 血液中的葡萄糖称为血糖，正常人空腹血糖浓度为3.89～6.11mmol/L。胰岛素能使血糖降低，胰高血糖素、肾上腺素、糖皮质激素、生长素、甲状腺素能使血糖浓度升高。这些激素调节着血糖的来源和去路，使之处于动态平衡状态 7. **糖代谢紊乱** 低血糖：空腹血糖浓度<3.89mmol/L 高血糖：空腹血糖浓度>7.22mmol/L 糖尿：空腹血糖浓度>8.89mmol/L	甘油-3-磷酸穿梭和苹果酸-天冬氨酸穿梭产生能量。其关键酶有7个，TAC中有3个关键酶，其中异柠檬酸脱氢酶是TAC中最重要的调节酶 3. 戊糖磷酸途径部位在细胞质中进行。关键酶是葡糖-6-磷酸脱氢酶，此酶缺乏可导致"蚕豆病" 4. 肝及肌肉组织是糖原合成的主要器官。肌糖原不能直接分解补充血糖的不足。糖原合成及分解部位均在细胞质中进行。糖原合成的关键酶是糖原合酶；糖原分解的关键酶是磷酸化酶 5. 糖异生部位在肝及肾，主要在肝细胞质中进行，长期饥饿时肾的糖异生增强。原料是甘油、乳酸、丙酮酸和生糖氨基酸等。糖异生作用基本上是糖酵解的逆过程，其关键酶有4个 6. 低血糖严重时可发生昏迷，甚至导致死亡。此时应及时补充糖

简答题

1. 简述血糖的来源和去路。

2. 比较糖酵解与有氧氧化的异同。

3. 简述戊糖磷酸途径的重要中间产物和生理意义。

4. 简述糖异生的原料和生理意义。

5. 简述肝在血糖浓度调节中的作用。

（王和生）

扫码"练一练"

第九章　脂质代谢

扫码"学一学"

要点导航

　　掌握　脂肪的功能，三酰甘油的中间代谢，胆固醇的转化，血脂的组成，血浆脂蛋白的分类、组成和生理功能。

　　熟悉　脂肪的结构、脂质的分布、生理功能及血浆脂蛋白的代谢，甘油磷脂的代谢，胆固醇的代谢。

　　了解　脂质的消化吸收，磷脂、胆固醇的结构，脂质代谢紊乱。

　　脂质是重要的生命物质之一，在机体中起着重要的作用。人体的脂质以体内合成为主，从食物中摄取的脂质往往需要在体内进行再加工才可以被利用。脂质代谢异常与冠状动脉粥样硬化、脂肪肝等常见的代谢疾病有关。

第一节　脂质的消化和吸收

一、脂质的消化

　　膳食中的脂质主要为脂肪，即三酰甘油（又称甘油三酯），此外，还有少量磷脂、胆固醇等。成人因唾液中无水解脂肪的酶，故脂肪在口腔中不被消化。胃液中含有少量的脂肪酶，由肠液中的胰脂肪酶反流至胃所致。成人胃液的 pH 值为 1~2，不适于脂肪酶的作用，所以成人胃对脂肪的消化能力很弱。而婴儿口腔中的脂肪酶则可有效地分解奶中短链和中链脂肪酸，婴儿的胃液 pH 值在 5 左右，乳汁中的脂肪已经被乳化，故脂肪在婴儿胃中可少量被消化。

　　脂肪消化的主要场所是小肠。由于脂肪不溶于水，所以脂肪必须先被乳化才能被消化。胆汁中的胆汁酸盐在脂质的消化水解中起了重要作用，它能降低油与水相之间的界面张力，使脂质乳化成细小微团，增加消化酶对脂质的接触面积。消化由胰液分泌的胰脂肪酶催化，将部分脂肪水解成二分子的脂肪酸和单酰甘油，后者进一步水解成甘油和脂肪酸。

　　甘油磷脂可被肠道的各种磷脂酶水解，酶作用于不同的酯键生成不同的小分子产物，包括甘油、脂肪酸、磷酸和含氮碱等。如被磷脂酶 A_2 催化，水解产物为脂肪酸和溶血磷脂，某些蛇毒及微生物分泌物中含磷脂酶 A_2，会导致细胞溶血或组织细胞坏死。

　　食物中的胆固醇大部分以游离形式存在，有 10%~15% 与脂肪酸结合形成胆固醇酯。胆固醇酯经胆汁酸盐乳化后，被胆固醇酯酶水解成脂肪酸和游离胆固醇。

二、脂质的吸收

　　脂肪及类脂的消化产物主要在十二指肠下段及空肠上段吸收。在体温下呈液态的脂质能很好地被消化吸收，而那些熔点超过体温的很多脂质则很难消化吸收。因此，在37℃时仍然是固体的一些动物脂肪人体很难吸收。

低于12个碳原子的中短链脂肪酸直接被小肠黏膜内壁吸收。长链脂肪酸（14~26碳）及单酰甘油吸收入肠黏膜细胞后，再合成三酰甘油。在小肠黏膜细胞中，生成的三酰甘油、磷脂、胆固醇酯及少量胆固醇，与细胞内合成的载脂蛋白（apolipoprotein）构成乳糜微粒（chylomicron），通过淋巴最终进入血液，被其他细胞利用。

在胆汁酸盐协助下，有25%磷脂可在肠道不经消化直接吸收入肝，但大部分磷脂仍是水解后吸收。吸收后的磷脂水解产物在肠壁重新合成新的磷脂分子，再进入血液后分布于全身。

胆固醇在肠道吸收不高，仅占食物的20%~30%，未被吸收的胆固醇被肠菌还原成粪固醇排出体外。植物中固醇，如谷固醇能抑制胆固醇吸收，食物中的纤维素、果胶能与胆汁酸盐结合，减少胆固醇的吸收。

可见，食物中的脂质的吸收与糖的吸收不同，大部分脂质通过淋巴直接进入体循环，而不通过肝。因此食物中脂质主要被肝外组织利用，肝利用外源脂质很少。

第二节 脂肪的代谢

人体在饱食或饥饿状况下，脂肪组织皆处于不断更新之中。体内除少数的组织细胞，如成熟的红细胞不能利用脂肪外，其他绝大多数细胞都能水解脂肪供能。

一、脂肪的分解代谢

（一）脂肪动员

脂肪组织贮存的脂肪，在酶的催化下逐步水解为脂肪酸和甘油，并释放入血液运往全身，被其他组织利用，此过程称为脂肪动员（水解）。脂肪水解过程如下：催化脂肪水解的酶包括三酰甘油脂肪酶、二酰甘油脂肪酶和单酰甘油脂肪酶。其中三酰甘油脂肪酶是脂肪水解的限速酶，此酶受多种激素的调节，故称为激素敏感性三酰甘油脂肪酶（hormone-sensitive triacylglycerol lipase，HSTL）。肾上腺素、去甲肾上腺素、胰高血糖素、肾上腺皮质等激素，能使三酰甘油脂肪酶活性增强，促进脂肪水解，这些激素称为脂解激素；胰岛素可使三酰甘油脂肪酶活性降低，抑制脂肪水解，故称之为抗脂解激素。这两类激素的协同作用使体内脂肪的水解速度得到有效调节。禁食、饥饿或交感神经兴奋时肾上腺素等脂解激素分泌增加，脂肪分解加速；食后胰岛素分泌增加，脂肪分解作用降低。

$$三酰甘油 \xrightarrow[\text{三酰甘油脂肪酶}]{\text{脂肪酸}} 二酰甘油 \xrightarrow[\text{二酰甘油脂肪酶}]{\text{脂肪酸}} 单酰甘油 \xrightarrow[\text{单酰甘油脂肪酶}]{\text{脂肪酸}} 甘油$$

（二）甘油的代谢

脂肪动员所产生的甘油溶于水，可直接由血液运输到肝、肾和小肠黏膜等组织细胞。肌肉和脂肪组织因甘油磷酸激酶活性很低，故不能很好地利用甘油，只有通过血液循环运至肝、肾等组织，才能在甘油磷酸激酶催化下生成甘油-3-磷酸，再脱氢生成磷酸二羟丙酮后，进入糖代谢途径，继续氧化分解生成 CO_2 和 H_2O，并释放能量。当血糖浓度低时，也可异生为葡萄糖和糖原。

$$
\begin{array}{ccccc}
\mathrm{CH_2OH} & & \mathrm{CH_2OH} & & \mathrm{CH_2OH} \\
\mathrm{HO-CH} & \xrightarrow[\text{甘油激酶}]{\mathrm{ATP}\quad\mathrm{ADP}} & \mathrm{HO-CH} & \xrightleftharpoons[\text{3-磷酸甘油脱氢酶}]{\mathrm{NAD^+}\quad\mathrm{NADH+H^+}} & \mathrm{C=O} \\
\mathrm{CH_2OH} & & \mathrm{CH_2O\textcircled{P}} & & \mathrm{CH_2O\textcircled{P}} \\
\text{甘油} & & \text{甘油-3-磷酸} & & \text{磷酸二羟丙酮}
\end{array}
$$

（三）脂肪酸的氧化

脂肪动员所产生的游离脂肪酸释放入血后，与清蛋白结合由血液运输到全身各组织。在氧供应充足的条件下，脂肪酸在体内可分解为 CO_2 和 H_2O 并释放大量能量。机体除少数脑细胞外，大多数组织都能利用脂肪酸氧化供能，但以肝和肌肉最为活跃。线粒体是脂肪酸氧化的主要部位。

脂肪酸氧化是一个复杂的过程，先在细胞质中活化生成脂酰辅酶 A，而后进入线粒体。在线粒体内脂酰辅酶 A 经多次 β 氧化过程，使长链脂酰辅酶 A 分解成乙酰辅酶 A。乙酰辅酶 A 进入三羧酸循环，彻底氧化，生成二氧化碳和水，并释放出大量能量，满足机体生命活动的需要。

1. 脂肪酸的活化——脂酰辅酶 A 的生成　脂肪酸不溶于水，脂肪酸氧化分解前必须先经脂酰辅酶 A 合成酶催化，生成脂酰辅酶 A，该过程称为脂肪酸的活化。此反应需辅酶 A 和 Mg^{2+} 参与，由 ATP 供能。生成的脂酰辅酶 A 是一种高能化合物，水溶性强，提高了其代谢活性。

$$
\mathrm{RCOOH} \xrightarrow[\text{脂酰辅酶A合成酶}]{\mathrm{ATP}\quad\mathrm{HSCoA}\qquad\mathrm{AMP}\quad\mathrm{PPi}} \mathrm{RCO{\sim}SCoA}
$$

反应中由 ATP 供能后生成 AMP，AMP 需经 2 次磷酸化才能生成 ATP，故 1 分子脂肪酸活化变成脂酰辅酶 A 相当于消耗了 2 分子 ATP。

2. 脂酰辅酶 A 转运至线粒体　因为脂肪酸氧化的酶系存在于线粒体基质内，而脂酰辅酶 A 不能直接通过线粒体内膜进入线粒体，需要在酶的催化下，由线粒体内膜两侧的肉碱（carnitine，L-β-羟基-γ-三甲氨基丁酸）将脂酰基转入线粒体基质内，进入基质的脂酰基又重新转变成脂酰辅酶 A，然后进行氧化分解。

细胞质的脂酰辅酶 A 进入线粒体膜间隙后，位于线粒体内膜上的肉碱脂酰转移酶 I 催化长链脂酰辅酶 A 转变为脂酰肉碱，后者在线粒体内膜上肉碱-肉碱脂酰转位酶的帮助下进入线粒体基质，然后再在内膜内侧肉碱脂酰转移酶 II 的作用下，把脂酰基转移给线粒体内的辅酶 A，重新转变成脂酰辅酶 A。脂酰辅酶 A 进入线粒体的机制见图 9-1。

3. 脂肪酸 β 氧化　脂酰辅酶 A 进入线粒体基质后，由于脂肪酸的氧化主要是从脂酰基的 β 碳原子上脱氢，故称为 β 氧化。氧化过程包括脱氢、加水、再脱氢和硫解 4 步连续反应。每一步反应都需特异的酶催化，这些酶互相结合形成的多酶复合体，称为脂肪酸氧化酶体系。1 分子脂酰辅酶 A 进行一次氧化，生成 1 分子乙酰辅酶 A 和 1 分子比原来少两个碳原子的脂酰辅酶 A。其反应过程如下（图 9-2）。

（1）脱氢　脂酰辅酶 A 在脂酰辅酶 A 脱氢酶（辅基 FAD）催化下，在 α 和 β 碳原子上各脱去一个氢原子，生成 α、β-烯脂酰辅酶 A，脱下的 2 个氢原子由辅基 FAD 接受生成 $FADH_2$，后者经电子传递链氧化生成 H_2O，释放的能量可生成 1.5 分子 ATP。

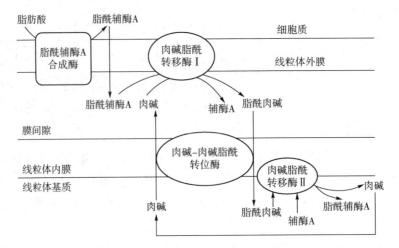

图 9-1　脂酰辅酶 A 进入线粒体的机制

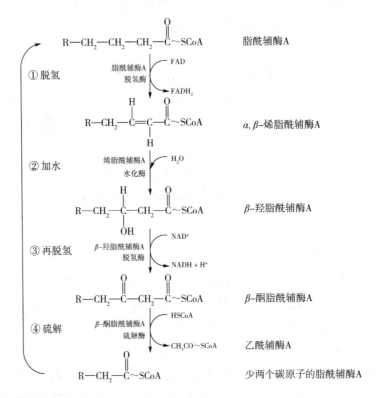

图 9-2　脂肪酸的 β 氧化

（2）加水　α、β-烯脂酰辅酶 A 经烯脂酰辅酶 A 水化酶催化，与 1 分子 H_2O 发生加成反应生成 β-羟脂酰辅酶 A。

（3）再脱氢　β-羟脂酰辅酶 A 在 β-羟脂酰辅酶 A 脱氢酶（辅酶是 NAD^+）催化下，β 碳原子上再次脱去 1 对氢，生成 β-酮脂酰辅酶 A，脱下的 2H 由 NAD^+ 接受生成 $NADH^+ + H^+$。后者经电子传递链氧化生成 H_2O，释放的能量可生成 2.5 分子 ATP。

（4）硫解　β-酮脂酰辅酶 A 在 β-酮脂酰辅酶 A 硫解酶的催化下和 1 分子辅酶 A 作用，使其碳链断裂，生成 1 分子乙酰辅酶 A 和 1 分子比原来少 2 个碳原子的脂酰辅酶 A。

以上生成的比原来少 2 个碳原子的脂酰辅酶 A 再进行脱氢、加水、再脱氢、硫解反应。如此反复进行，最终全部分解为乙酰辅酶 A。

4. 乙酰辅酶 A 的彻底氧化 脂肪酸 β 氧化生成的乙酰辅酶 A 在线粒体中进入三羧酸循环被彻底氧化生成 CO_2 和 H_2O 并释放出大量能量，以满足人体活动的需要。肝分解产生的乙酰辅酶 A 可在线粒体中合成酮体。

脂肪酸彻底氧化可释放大量能量，除一部分以热能形式维持体温外，其余以化学能形式贮存在 ATP 中，现以棕榈酸（软脂酸）为例计算 ATP 的生成量。软脂酸是 16 个碳原子的饱和脂肪酸，需经 7 次 β 氧化，产生 7 分子 $FADH_2$，7 分子 $NADH+H^+$ 及 8 分子乙酰辅酶 A。

因此，ATP 的生成在 β 氧化阶段生成（1.5+2.5）×7＝28 分子 ATP，在三羧酸循环阶段生成 10×8＝80 分子 ATP，由于脂肪酸活化时消耗了相当于 2 分子 ATP，故 1 分子软脂酸完全氧化分解净生成 28+80-2＝106 分子 ATP。由此可见，脂肪酸是体内重要的能量物质。

5. 脂肪酸的其他氧化方式 β 氧化是脂肪酸氧化分解的核心过程，不同的脂肪酸有不同的氧化方式。

（1）脂肪酸的 ω 氧化 ω 氧化是动物体内中长链（8～12 碳）脂肪酸在动物肝、肾微粒体中，经羟化酶催化使其 ω 端（即距羧基最远的一端）的氢被氧化生成 ω-羟脂酸，再氧化成二羧酸。后者进入线粒体，再进行 β 氧化，最后剩下琥珀酸直接参加三羧酸循环被氧化。

（2）脂肪酸的 α 氧化 α 氧化主要在哺乳动物的肝和脑组织中进行，由微粒体氧化酶系催化。脂肪酸在羟化酶的催化下，α-碳原子上的氢氧化生成 α-羟基，生成 α-羟脂酸，后者继续氧化脱羧生成比原来少一个碳原子的脂肪酸，最后再进行 β 氧化。

（3）奇数碳脂肪酸的氧化 人体内有极少量奇数碳的脂肪酸，它们经 β 氧化，其产物除生成乙酰辅酶 A 外，最后生成 1 分子丙酰辅酶 A。丙酰辅酶 A 经丙酰辅酶 A 羧化酶的催化生成甲基丙二酰辅酶 A，再经变位酶的作用生成琥珀酰辅酶 A，进入三羧酸循环氧化或异生为葡萄糖。

（4）不饱和脂肪酸的氧化 生物体内脂肪酸约半数以上是不饱和脂肪酸。不饱和脂肪酸也能在线粒体内进行 β 氧化。但区别在于：饱和脂肪酸 β 氧化中产生反式烯脂酰辅酶 A，而天然不饱和脂肪酸中的双键均为顺式。因此，当不饱和脂肪酸在氧化过程中产生顺式 Δ^3 中间产物时，β 氧化即不能继续进行，需经线粒体内特异的 $\Delta^3 \rightarrow \Delta^2$ 反式脂酰辅酶 A 异构酶催化，将 Δ^3 顺式转变为 Δ^2 反式构型，才可按 β 氧化继续进行分解。

二、酮体的生成和利用

酮体是脂肪酸在肝氧化分解时形成的特有中间代谢物。酮体包括乙酰乙酸、β-羟丁酸、丙酮三种物质，其中 β-羟丁酸约占酮体总量的 70%，乙酰乙酸约占 30%，丙酮含量极微。

1. 酮体的生成 肝是分解脂肪酸最活跃的器官之一。脂肪酸在肝经 β 氧化生成大量的乙酰辅酶 A，大大超出自己的需要。由于肝内有非常活跃的催化酮体生成的酶，过剩的乙酰辅酶 A 主要去合成酮体。酮体合成的过程分三步进行。

（1）乙酰乙酰辅酶 A 的生成 2 分子乙酰辅酶 A 在乙酰乙酰辅酶 A 硫解酶的作用下缩合成乙酰乙酰辅酶 A，并释放出 1 分子辅酶 A。

（2）HMG-CoA 的生成 乙酰乙酰辅酶 A 在 β-羟基-β-甲基戊二酸单酰辅酶 A（HMG-CoA）合酶的催化下，再与 1 分子乙酰辅酶 A 缩合生成 HMG-CoA，并释放出 1 分子辅酶 A。

（3）酮体的生成　HMG-CoA 在 HMG-CoA 裂解酶的作用下，裂解生成乙酰乙酸和乙酰辅酶 A（图 9-3）。

（4）乙酰乙酸在 β-羟丁酸脱氢酶催化下还原生成 β-羟丁酸；乙酰乙酸也可脱羧生成丙酮。

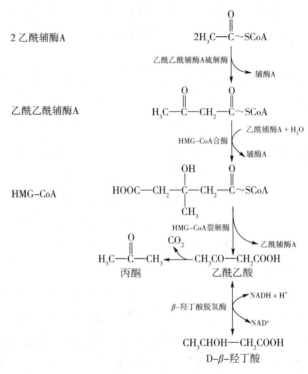

图 9-3　酮体的生成

肝细胞线粒体内含有丰富的 HMG-CoA 合酶和 HMG-CoA 裂解酶等，因此酮体合成是肝特有的功能。但肝又缺乏氧化酮体的酶，因此不能利用酮体。

2. 酮体的利用　由于肝内缺乏氧化利用酮体的酶，不能氧化酮体，肝产生的酮体必须透过肝细胞膜进入血液循环，运送到肝外组织进一步分解利用。其过程为：乙酰乙酸可在乙酰乙酸硫激酶或琥珀酸单酰辅酶 A 转硫酶催化下，转变为乙酰乙酰辅酶 A，继而硫解为 2 分子乙酰辅酶 A，后者进入三羧酸循环被彻底氧化。β-羟丁酸在 β-羟丁酸脱氢酶的作用下脱氢生成乙酰乙酸，再沿上述途径氧化。丙酮含量很少，仅占血液酮体总量的 2% 以下，主要随尿排出。当血中酮体急剧升高时可直接由肺呼出。

催化乙酰乙酸活化的酶有两种：一种是琥珀酰辅酶 A 转硫酶，主要存在于心、肾、脑和骨骼肌的线粒体中，在有琥珀酰辅酶 A 存在时，此酶使乙酰乙酸活化成乙酰乙酰辅酶 A；另一种酶是乙酰乙酸硫激酶，主要存在于肾、心、脑组织中，通过消耗 ATP 直接使乙酰乙酸与辅酶 A 结合生成乙酰乙酰辅酶 A（图 9-4）。

3. 酮体代谢的生理意义　酮体是脂肪酸在肝内正常代谢的中间产物，是肝为肝外组织输出的一种能源物质。在正常糖供应充分情况下，生物体主要依靠糖的有氧氧化供能，尤其是像大脑、肌肉等组织。当糖供能充足时，脂肪动员较少，血中仅含少量酮体，0.05～0.85mmol/L（0.3～5mg/dL）。当糖供能不足时，脑组织不能氧化脂肪酸，却能利用酮体，是因为酮体是小分子水溶性物质，易通过血-脑屏障和肌肉毛细血管壁，可作为肌肉尤其是脑组织的重要能源。在饥饿、糖尿病、高脂低糖膳食时，当糖供能不足时，就要依靠脂肪

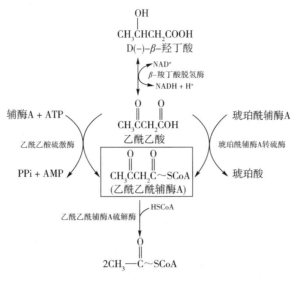

图 9-4　酮体的利用

的氧化来供应机体所需的能量，从而造成脂肪被大量动员，酮体生成增加。当超过肝外组织利用酮体的能力时，血中酮体含量异常升高，称为酮血症。此时，尿中也可出现大量酮体，称为酮尿症。乙酰乙酸和 β-羟丁酸都是较强的有机酸，当血中酮体过高时，易使血液 pH 下降，出现酸中毒。针对酮症酸中毒，临床治疗时除对症给予碱性药物外，还应针对其酮血症的病因，采取减少脂肪酸过多分解等的措施来减少酮体的生成。

三、脂肪的合成代谢

脂肪主要贮存在脂肪组织中。人体除从食物摄入三酰甘油外，也可在体内合成。合成途径有两种：一是利用食物中的脂肪转化为人体的脂肪，如小肠黏膜可将吸收后的单酰甘油合成大量的三酰甘油，但这种脂肪的来源比较少；另一种主要是将糖类物质转化为脂肪，这是体内脂肪的主要来源。

肝、脂肪组织及小肠是合成脂肪的主要场所，以肝合成能力最强。脂肪的合成是在细胞质中进行的。其合成过程包括甘油磷酸的生成，脂肪酸的合成和三酰甘油的合成。

（一）脂肪酸的合成

1. 合成的原料和部位　脂肪酸是在肝、肾、脑、肺、分泌期的乳腺、脂肪组织的细胞质中合成的。肝是人体合成脂肪酸最活跃的部位，其合成能力较脂肪组织大 8～9 倍。脂肪组织是储存脂肪的场所，它本身虽能以葡萄糖作为原料合成脂肪酸和脂肪，但主要摄取并储存小肠吸收的食物脂肪酸以及肝合成的脂肪酸。

乙酰辅酶 A 是合成脂肪酸的直接原料。糖、脂肪和蛋白质分解代谢均可产生乙酰辅酶 A，但乙酰辅酶 A 主要来自糖分解。细胞内的乙酰辅酶 A 全部在线粒体内产生，而合成脂肪酸的酶系存在于细胞质中，乙酰辅酶 A 又不能自由透过线粒体内膜，因此，线粒体内的乙酰辅酶 A 需通过特殊的转运系统进入细胞质才能成为合成脂肪酸的原料。此转运机制称为柠檬酸-丙酮酸循环。在此循环中，线粒体内的乙酰辅酶 A 首先与草酰乙酸缩合生成柠檬酸，后者通过线粒体内膜上的载体进入细胞质，再经细胞质中的柠檬酸裂解酶催化，使柠檬酸裂解为乙酰辅酶 A 和草酰乙酸。进入细胞质的乙酰辅酶 A 作为合成脂肪酸的原料，而草酰乙酸则在苹果酸脱氢酶的作用下还原成苹果酸，再经线粒体内膜载体转运到线粒体内。苹果酸也可在苹果酸酶的作用下氧化脱羧生成丙酮酸，再进入线粒体羧化为草酰乙酸，以补充线粒体内草酰乙酸的消耗（图9-5）。

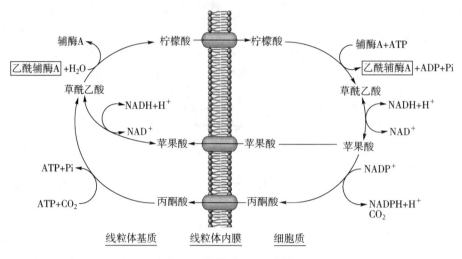

图9-5 柠檬酸-丙酮酸循环

脂肪酸的合成除需乙酰辅酶A作原料外，还需ATP供能，NADPH+H⁺供氢，此外，还需要生物素、CO_2和Mn^{2+}或Mg^{2+}等。脂肪酸的合成属还原性合成，NADPH+H⁺是脂肪酸合成过程中必需的供氢体，主要来自戊糖磷酸途径。

2. 丙二酸单酰辅酶A的合成 乙酰辅酶A羧化成丙二酸单酰辅酶A是脂肪酸合成的第一步反应，催化此反应的乙酰辅酶A羧化酶是脂肪酸合成的关键酶，辅酶为生物素，Mn^{2+}为激活剂。

$$CH_3-\overset{O}{\overset{\|}{C}}\sim SCoA \xrightarrow[\text{乙酰辅酶A羧化酶}]{\overset{\text{ATP \quad CO}_2}{\underset{\text{生物素}}{\overset{}{\searrow}} Mn^{2+} \overset{\text{ADP \quad Pi}}{\nearrow}}} HOOC-CH_2-\overset{O}{\overset{\|}{C}}\sim SCoA$$

乙酰辅酶A　　　　　　　　　　　　　　　　丙二酸单酰辅酶A

3. 软脂酸的合成 催化人体软脂酸合成的酶是脂肪酸合酶。该酶是一种多功能的酶，由2511个氨基酸组成。其分子结构中有一个酰基载体蛋白结构域和6个活性中心，发挥类似于6种酶的催化活性。它们是：①乙酰辅酶A-ACP转酰基酶；②丙二酸单酰辅酶A-ACP转酰基酶；③酮脂酰-ACP合酶；④酮脂酰-ACP还原酶；⑤羟脂酰-ACP脱水酶；⑥烯脂酰-ACP还原酶（图9-6）。

软脂酸合成是一个复杂的循环过程（图9-7），主要包括缩合（图9-7①～③）、加氢（图9-7④）、脱水（图9-7⑤）、再加氢（图9-7⑥）4个反应阶段，然后将生成的碳链从ACP的链上转移到左边的SH链上。2个碳原子的乙酰基合成了4个碳原子的丁酰基。以丙二

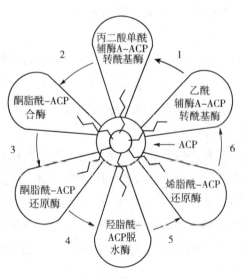

图9-6 脂肪酸合酶催化作用示意图

酰辅酶 A 作为二碳单位的供给体，再经缩合、加氢、脱水、再加氢的过程反复进行，经过 7 次循环，每次增加 2 个碳原子，生成十六碳的软脂酰 ACP，再经硫酯酶作用生成软脂酸3。

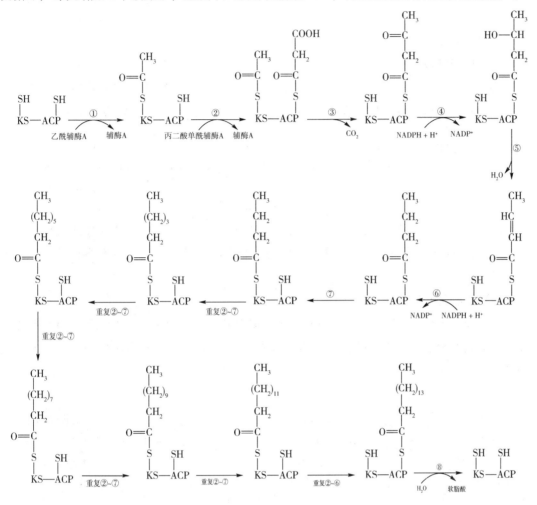

图 9-7　软脂酸合成

①乙酰辅酶 A-ACP 转酰基酶；②丙二酸单酰辅酶 A-ACP 转酰基酶；③酮脂酰-ACP 合酶；
④酮脂酰-ACP 还原酶；⑤羟脂酰-ACP 脱水酶；⑥烯脂酰-ACP 还原酶；⑦硫酯酶

软脂酸合成的总反应式如下：

$$CH_3COSCoA + 7HOOCCH_2COSCoA + 14NADPH + 14H^+ \rightarrow CH_3(CH_2)_{14}COOH + 7CO_2 + 6H_2O + HSCoA + 14NADP^+$$

4. 脂肪酸碳链的延长　脂肪酸合酶主要催化软脂酸的合成，反应在细胞质中进行，但人体内需要长短不一的脂肪酸，对软脂酸加工或延长需在肝细胞的内质网或线粒体中进行。

（1）线粒体酶体系　软脂酰辅酶 A 与乙酰辅酶 A 缩合，生成 β-酮硬脂酰辅酶 A，由可使脂肪酸延长的线粒体酶体系催化，然后由 NADPH+H$^+$ 提供氢，还原为 β-羟硬脂酰辅酶 A，脱水生成 α,β-烯硬脂酰辅酶 A，再由 NADPH+H$^+$ 提供氢，还原为硬脂酰辅酶 A。其过程与 β 氧化的逆反应基本相似，但需要烯脂酰-ACP 还原酶和 NADPH+H$^+$。通过此种方式，每一轮反应可加上 2 个碳原子，一般可延长脂肪酸碳链至 24 或 26 个碳原子，但以硬脂酸最多。

（2）内质网酶体系　软脂酸碳链延长主要通过此酶系的作用。以丙二酰辅酶 A 为二碳单位的供给体，由 NADPH+H⁺ 提供氢，通过缩合、加氢、脱水、再加氢等反应，每一轮反应增加 2 个碳原子，反复进行此反应使碳链逐步延长。其合成过程与软脂酸的合成相似，但脂酰基是连在辅酶 A 上进行反应，而不是以 ACP 为载体。一般可将脂肪酸碳链延长至 24 碳，但以 18 碳的硬脂酸为最多。

（二）甘油磷酸的合成

甘油磷酸的合成有两条途径：一条途径是由糖代谢提供。糖代谢中的磷酸二羟丙酮可通过甘油-3-磷酸脱氢酶催化生成甘油-3-磷酸。这是合成甘油-3-磷酸的主要途径。

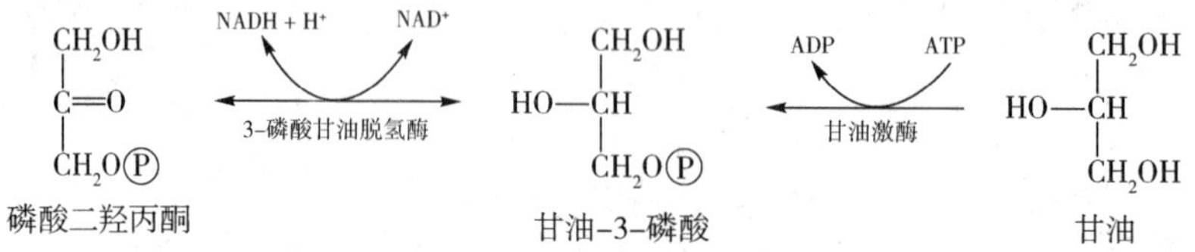

$$\underset{\text{磷酸二羟丙酮}}{\begin{array}{c}CH_2OH \\ | \\ C=O \\ | \\ CH_2O\,\text{P}\end{array}} \xrightleftharpoons[\text{3-磷酸甘油脱氢酶}]{NADH+H^+ \quad NAD^+} \underset{\text{甘油-3-磷酸}}{\begin{array}{c}CH_2OH \\ | \\ HO-CH \\ | \\ CH_2O\,\text{P}\end{array}} \xleftarrow[\text{甘油激酶}]{ADP \quad ATP} \underset{\text{甘油}}{\begin{array}{c}CH_2OH \\ | \\ HO-CH \\ | \\ CH_2OH\end{array}}$$

另一条途径是甘油的再利用。在肝、肾、肠黏膜等组织中含有丰富的甘油激酶，能利用游离甘油磷酸化生成甘油-3-磷酸。但脂肪细胞中缺乏甘油激酶，故不能利用甘油合成脂肪。

（三）三酰甘油的合成

2 分子脂酰辅酶 A 与 1 分子甘油-3-磷酸在酰基转移酶的作用下，先将 2 个脂酰基转移至甘油-3-磷酸分子上，生成磷脂酸，然后脱去磷酸，再与另一分子脂酰辅酶 A 缩合生成三酰甘油（图 9-8）。

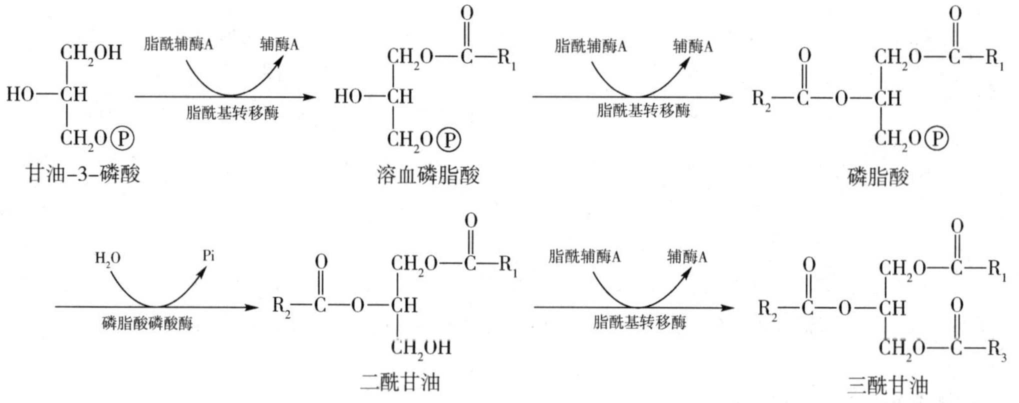

图 9-8 三酰甘油合成

合成三酰甘油所需的甘油-3-磷酸来自糖分解或甘油的磷酸化，脂酰辅酶 A 由体内糖合成的脂肪酸或消化道摄入的脂肪酸活化生成。在能源物质供应充裕的条件下，机体主要以糖为原料合成脂肪储存起来，以备需要时动用，具有重要生理意义。

第三节　类脂的代谢

类脂包括磷脂、糖脂和类固醇。本节简要叙述甘油磷脂和胆固醇在体内的代谢。

一、甘油磷脂的代谢

甘油磷脂是人体内含量最多的磷脂，最主要的甘油磷脂有卵磷脂和脑磷脂。

（一）甘油磷脂的分解

在生物体内存在能使甘油磷脂水解的多种磷脂酶类，其中主要有磷脂酶 A_1、磷脂酶 A_2、磷脂酶 C、磷脂酶 D。它们能分别特异地作用于磷脂分子内部的特定酯键，产生不同的产物（图9-9）。

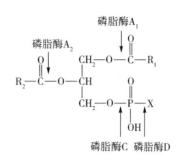

图9-9　磷脂的水解

甘油磷脂在上述磷脂酶催化下最终水解为甘油、脂肪酸、磷酸和含氮碱。事实上磷脂的分解代谢不一定水解到上述最终水解产物，中间产物常可再酯化形成新的磷脂分子。在膜结构中的磷脂分子中的各种成分都不断地进行着交换、修复与更新，甚至整个磷脂分子也可在膜结构之间进行交换。

（二）甘油磷脂的合成

甘油磷脂可以从食物中摄取，也可以在体内合成。

卵磷脂和脑磷脂均由四部分组成：甘油、脂肪酸、磷酸、胆碱或胆胺（乙醇胺）。人体可从食物得到或在体内合成，但甘油的 2 位羟基上多为必需脂肪酸，只能从食物中获得。

1. 合成部位　全身各组织细胞内质网均含有合成甘油磷脂的酶系，均能合成甘油磷脂，但以肝、肾及肠等组织最活跃。

2. 合成原料　合成甘油磷脂的原料脂肪酸和甘油主要由糖转变而来。胆碱、胆胺（乙醇胺）可从食物中获得，也可由丝氨酸脱羧生成胆胺，再由 S-腺苷甲硫氨酸获得甲基转变为胆碱，另外还需要 ATP 和 CTP。

$$HO{-}CH_2{-}\underset{\substack{|\\NH_2}}{\overset{\substack{COOH\\|}}{CH}} \xrightarrow{CO_2} HO{-}CH_2{-}CH_2{-}NH_2 \xrightarrow{S\text{-腺苷甲硫氨酸}} HO{-}CH_2{-}CH_2{-}N^+(CH_3)_3$$

丝氨酸　　　　　　　　　　　胆胺　　　　　　　　　　　　　　胆碱

3. 合成过程

（1）二酰甘油合成途径　卵磷脂（磷脂酰胆碱）和脑磷脂（磷脂酰乙醇胺）主要通过此途径合成。这两类磷脂在体内含量最多，占组织及血液中磷脂的75%以上。

胆碱、胆胺首先受相应的激酶作用消耗 ATP，分别生成磷酸胆碱、磷酸胆胺，然后与 CTP 作用，分别生成 CDP-胆碱、CDP-胆胺，两者再分别与二酰甘油缩合，分别生成卵磷脂、脑磷脂（图9-10）。

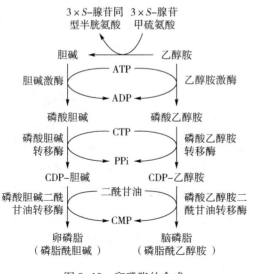

图9-10　卵磷脂的合成

（2）CDP-二酰甘油合成途径　磷脂酰丝氨酸、磷脂酰肌醇及心磷脂由此途径合成（图9-11）。合成过程为：葡萄糖生成磷脂酸，再由 CTP 提供能量，在磷脂酰胞苷转移酶的催化下，生成活化的 CDP-二酰甘油。CDP-二酰甘油是合成这类磷脂的直接前体和重要中间物。在相应合成酶的催化下与丝氨酸、肌醇或磷脂酰甘油缩合，分别生成磷脂酰丝氨酸、磷脂酰肌醇及心磷脂（二磷脂酰甘油）。

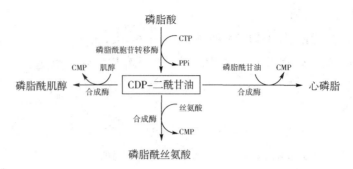

图 9-11　CDP-二酰甘油合成途径

以上是各类甘油磷脂合成的基本过程。此外，卵磷脂也可由脑磷脂从 S-腺苷甲硫氨酸获得甲基直接生成，通过这种方式合成的卵磷脂占人肝的 10%～15%。磷脂酰丝氨酸可由脑磷脂羧化或其胆胺与丝氨酸交换生成。

从上述代谢中可以看出，脂肪和类脂主要在肝、肾、脂肪组织等场所合成，合成原料及来源不同，意义也不同。脂肪组织合成的三酰甘油最多，合成原料主要来自于食物消化的营养物（特别是葡萄糖）及脂肪动员的脂肪酸，但肝合成的三酰甘油主要依靠 VLDL 运出肝，被肝外组织利用。如果肝中脂肪合成过多，在肝中过量存积，则形成脂肪肝。正常肝所含脂质占肝重的 4%～7%，其中半数为三酰甘油。若肝中脂质达肝重的 10% 以上，且主要为三酰甘油，称为脂肪肝。

二、胆固醇的代谢

人体约含胆固醇 140g，广泛分布在全身各组织中。其中大约 1/4 分布在脑和神经组织中，约占脑组织的 2%。肝、肾、小肠黏膜等内脏以及皮肤和脂肪组织中胆固醇的含量也比较高，为 0.2%～0.5%，其他组织中胆固醇含量较低。

胆固醇是生物膜和神经髓鞘的重要组成成分，又是胆汁酸和类固醇激素的前体。人体内的胆固醇，除来自食物外，主要由生物体自身合成。

（一）胆固醇的合成

1. 合成部位　成人体内每天可合成胆固醇 1～2g，除脑组织及成熟红细胞外，几乎全身各组织都可合成胆固醇，但以肝的合成能力最强，占全身胆固醇合成总量的 70%～80%，10% 由小肠合成。胆固醇合成在肝细胞质和内质网中进行。

2. 合成原料　胆固醇的合成原料是乙酰辅酶 A，同时还需要 NADPH+H$^+$ 供氢，ATP 供能。乙酰辅酶 A 及 ATP 大多来自糖的有氧氧化，NADPH+H$^+$ 主要来自戊糖磷酸途径。

3. 合成过程　胆固醇的合成过程较复杂（图 9-12），主要分为以下三个阶段。

（1）甲羟戊酸的合成　首先由 2 分子乙酰辅酶 A 缩合成乙酰乙酰辅酶 A，然后与另 1 分子乙酰辅酶 A 在 HMG-CoA 合酶催化下，缩合成 HMG-CoA。HMG-CoA 是合成胆固醇和酮体的共同中间产物。合成酮体的 HMG-CoA 在肝线粒体转化为乙酰乙酸，而此过程的 HMG-CoA 是在内质网中经 HMG-CoA 还原酶催化，由 NADPH+H$^+$ 提供氢，还原生成甲羟戊酸。此步反应是合成胆固醇的限速反应，HMG-CoA 还原酶是胆固醇合成的限速酶。

甲羟戊酸的合成过程如下：

$$HOOC-CH_2-\underset{\underset{OH}{|}}{\overset{\overset{CH_3}{|}}{C}}-CH_2-\overset{\overset{O}{\|}}{C}\sim SCoA \xrightarrow[\text{HMG-CoA还原酶}]{NADPH+H^+ \quad NADP^++HSCoA} HOOC-CH_2-\underset{\underset{OH}{|}}{\overset{\overset{CH_3}{|}}{C}}-CH_2-CH_2OH$$

β-羟基-β-甲基戊二酸单酰辅酶A　　　　　　　　　　　　　　　　　甲羟戊酸

（2）鲨烯的合成　甲羟戊酸在细胞质一系列酶的催化下，由 ATP 提供能量，经磷酸化、脱羧、脱羟基等作用生成活泼的 5 碳化合物异戊烯焦磷酸及其异构物二甲基丙烯焦磷酸，然后 3 分子活泼的 5 碳化合物进一步缩合成 15 碳的焦磷酸法尼酯。2 分子 15 碳的焦磷酸法尼酯在内质网鲨烯合成酶的催化下，经缩合还原生成 30 碳的鲨烯。

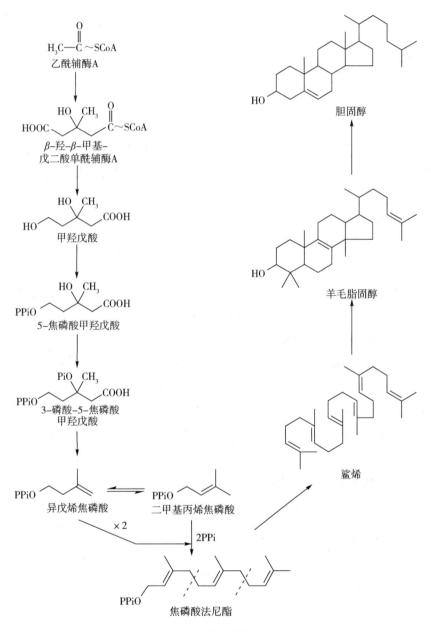

图 9-12　胆固醇的合成

（3）胆固醇的合成　鲨烯为含 30 个碳原子的多烯烃，具有与固醇母核相近似的结构。鲨烯结合在细胞质中固醇载体蛋白上，经内质网单加氧酶和环化酶等作用，使固醇核环化闭合形成羊毛脂固醇，后者再经一系列的氧化、脱羧和还原等反应，脱去 3 分子 CO_2，最后生成胆固醇。

（二）胆固醇的酯化

各组织器官所含的胆固醇有两种存在形式：游离胆固醇和结合胆固醇（胆固醇酯）。胆固醇酯化有两种方式：一种是在各组织细胞中由脂酰辅酶 A-胆固醇脂酰转移酶（ACAT）催化，直接从脂酰辅酶 A 分子上转移一个脂酰基到胆固醇分子上，生成胆固醇酯；另一种是血浆中的游离胆固醇通过卵磷脂-胆固醇脂酰转移酶（lecithin-cholesterol acyltransferase, LCAT）的作用将卵磷脂分子上的脂酰基转移到胆固醇分子上，生成胆固醇酯。

催化此反应的酶在肝合成后分泌入血浆中。当肝细胞损伤时，血浆中 LCAT 活性降低，使胆固醇酯化作用减弱，血浆中胆固醇酯的含量下降。临床上可根据血清胆固醇酯的含量推测肝功能情况。

（三）胆固醇的转化

胆固醇为多环化合物，在人体内不能分解成二氧化碳和水，但可经转化生成具有重要生理活性的物质。

1. 转变成胆汁酸　体内大部分胆固醇（75%～85%）可在肝转变为胆汁酸。胆汁酸与甘氨酸或牛磺酸合成结合胆汁酸。胆汁酸以钠盐或钾盐的形式存在，称为胆汁酸盐或胆盐。它们对脂质的消化吸收起重要作用。

2. 转变成类固醇激素　胆固醇在肾上腺皮质细胞内转变为肾上腺皮质激素；在卵巢转变为雌二醇、孕酮等雌激素；在睾丸转变为睾酮等雄激素。

3. 转变成 7-脱氢胆固醇　在肝及肠黏膜细胞内，胆固醇可转变成 7-脱氢胆固醇，在皮肤经紫外线照射后可转变成维生素 D_3。维生素 D_3 能促进钙、磷的吸收，有利于骨骼的钙化。

胆固醇在体内的代谢概况见图 9-13。

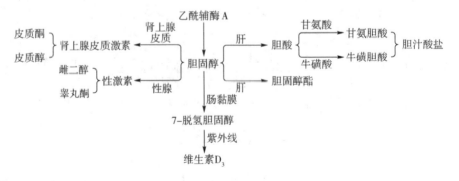

图 9-13　胆固醇的代谢概况

（四）胆固醇的排泄

体内大部分胆固醇在肝转变为胆汁酸，随胆汁分泌经胆管系统排入小肠，其大部分又被肠黏膜细胞重吸收，经门静脉返回肝，再排泄至肠道，即构成胆汁酸的"肠-肝循环"。最终只有少部分随粪便排出体外。此外，也有一部分胆固醇直接随胆汁或通过肠黏膜排入肠道，其中大部分也被重吸收，而少部分胆固醇被肠道细菌还原变成粪固醇，随粪便排出体外。

类固醇激素主要在肝中灭活，需转变为易于排出的形式。其大部分从尿中排出，很少部分随胆汁排出。皮肤通过皮脂腺尚可排出少量胆固醇和鲨烯，成人每天约排出 0.1g。

第四节　血浆脂蛋白代谢

一、血脂的组成与含量

血浆中的脂质统称为血脂，主要包括三酰甘油、磷脂、胆固醇和胆固醇酯以及游离脂肪酸（free fatty acid，FFA）。

血脂的含量受膳食、种族、性别、年龄、职业、运动状况、生理状态以及激素水平等多因素影响，波动范围较大。例如青年人血浆胆固醇水平低于老年人，某些疾病时，血脂含量有很大变化，如糖尿病和动脉粥样硬化的患者，血脂一般都明显升高。因此，测定血脂的含量在临床上具有重要的意义。正常成人空腹血脂组成和含量（表9-1）。

表 9-1　正常成人空腹血脂的组成和含量

组　成	含量（mmol/L）
三酰甘油（TAG）	0.11～1.69
总磷脂（TPL）	48.11～80.73
总胆固醇（TC）	3.60～6.50
胆固醇酯（CE）	2.81～5.17
游离胆固醇（FC）	1.03～1.81
游离脂肪酸（FFA）	0.40～0.90

二、血脂的来源和去路

血浆中脂质的含量虽可受许多因素影响，但正常人血脂的总脂量在 4.0～7.0g/L。这是因为血脂的来源和去路维持着动态平衡。

血脂的来源，概括为两方面：一是外源性的，是经消化吸收进入血液的食物脂质；二是内源性的，是由肝等组织合成或者脂肪动员后释放入血。血脂经血液循环到各组织氧化供能，也可进入脂库储存，可作为生物膜合成的原料，还可转变成其他物质。血脂的来源和去路如下（图9-14）。

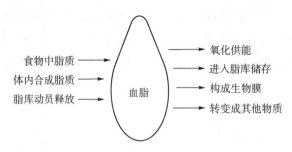

图9-14　血脂的来源与去路

三、血浆脂蛋白

脂质不溶于水，需与蛋白质结合成溶解度大的脂蛋白复合体，即血浆脂蛋白（lipoprotein）才能在血中转运，故血浆脂蛋白是脂质在血浆中的存在与运输形式。

血浆脂蛋白形状近似于球状颗粒，表面部分主要由磷脂和蛋白质等兼性分子的亲水基团，核心部分则主要由疏水的三酰甘油及胆固醇酯组成。

（一）血浆脂蛋白的分类与命名

1. 电泳法　由于各类脂蛋白的蛋白质组成不同，表面电荷及颗粒大小存在差异，故在电场中的迁移率也不同（图9-15）。一般常用滤纸、乙酸纤维素膜、琼脂糖或聚丙烯酰胺凝胶作为电泳支持物。按血浆脂蛋白移动的快慢可分为α-脂蛋白、前β-脂蛋白、β-脂蛋白和乳糜微粒四类。α-脂蛋白移动速度最快，相当于血浆蛋白电泳时α₁-球蛋白的位置，正常含量占脂蛋白总量的30%～47%；β-脂蛋白相当于血浆β-球蛋白的位置，含量最多，占血浆脂蛋白的48%～68%；前β-脂蛋白位于α-脂蛋白和β-脂蛋白之间，相当于血浆α₂-球蛋白的电泳位置，其含量占脂蛋白的4%～16%。前β-脂蛋白含量少时在一般电泳图谱上甚至看不到；乳糜微粒停留在原点。正常人空腹血浆中不应检出乳糜微粒，仅在进食后出现。

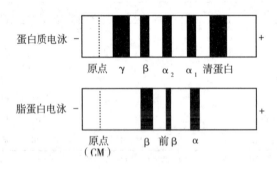

图9-15　血浆脂蛋白电泳与蛋白质电泳图谱

2. 超速离心法（密度分类法）　各类脂蛋白中脂质及蛋白质的含量不同，因而密度也各不相同。若脂蛋白组成中脂质含量高，蛋白质含量少，则密度低；反之，密度就高。血浆在一定密度的蔗糖溶液中进行超速离心时，各种脂蛋白因密度不同而漂浮或沉降。密度分类法可将血浆脂蛋白主要分为四类：乳糜微粒（chylomicron，CM）、极低密度脂蛋白

（very low density lipoprotein，VLDL）、低密度脂蛋白（low density lipoprotein，LDL）和高密度脂蛋白（high density lipoprotein，HDL）。

电泳分类法与密度分类法的对应关系是：α-脂蛋白相当于 HDL、前 β-脂蛋白相当于 VLDL、β-脂蛋白相当于 LDL。

除上述四类脂蛋白外，还有中密度脂蛋白（IDL），它是 VLDL 在血浆中的中间代谢物，其颗粒大小介于 VLDL 和 LDL 之间，密度为 1.006～1.019g/ml。近年来，在人类和某些动物血浆中还发现一类脂蛋白(a)［LP(a)］，其密度为 1.050～1.210g/ml，脂质组成与 LDL 相似，但载脂蛋白除 ApoB100 外还含 Apo(a)，它在肝和小肠合成。目前认为 LP(a)是冠心病的危险因素，但 LP(a)的具体生理功能尚未阐明。

（二）血浆脂蛋白的组成及功能

1. 脂质　各类脂蛋白除含有蛋白质（载脂蛋白）外，还含有三酰甘油、磷脂、胆固醇及其酯等成分，但含量及组成比例却相差甚远。CM 含三酰甘油最多，占脂蛋白颗粒的 80%～95%，蛋白质仅占 2% 左右，故密度最小；VLDL 含三酰甘油亦多，占脂蛋白的 50%～70%，但其中三酰甘油的来源与乳糜微粒不同，主要为肝合成的内源性三酰甘油，且蛋白质含量高于 CM，密度比 CM 大；LDL 组成中，40%～50% 是胆固醇及胆固醇酯，因此是一类运输胆固醇的脂蛋白颗粒；HDL 中，蛋白质含量最多，约占 50%，其颗粒最小，密度最大。

2. 载脂蛋白　血浆脂蛋白中的蛋白质部分称为载脂蛋白（apolipoprotein，Apo），主要有 ApoA、ApoB、ApoC、ApoD、ApoE 等五类。每类载脂蛋白又可分为若干亚类，如 ApoA 又分为 ApoA I、ApoA II 和 ApoA IV；ApoB 又分为 ApoB100 和 ApoB48；ApoC 又分为 ApoC I、ApoC II 和 ApoC III 等。各类脂蛋白所含的载脂蛋白不同，如 ApoB48 是具 CM 特征的载脂蛋白；VLDL 主要含 ApoB100，还有 ApoC I、ApoC II、ApoC III 和 ApoE；LDL 几乎只含 ApoB100；HDL 主要含 ApoA I、ApoA II（表9-2）。

表 9-2　血浆脂蛋白中主要载脂蛋白的含量（%）

载脂蛋白 Apo	血浆脂蛋白			
	CM	VLDL	LDL	HDL
A I	7			67
A II	4			22
B 48	23			
B100		37	98	
C I	15	3		2
C II	15	7		2
C III	36	40		4
D				痕量
E		13		痕量

载脂蛋白的主要功能是结合及转运脂质，并具有某些特殊功能。ApoA I 能激活卵磷脂-胆固醇脂酰转移酶（LCAT），从而促进 HDL 成熟和胆固醇的逆向转运。ApoC II 是脂蛋白脂肪酶（lipoprotein lipase，LPL）的激活剂，能够促进 CM 和 VLDL 的降解。ApoC III 能够抑制 LPL 的活性。ApoB100 和 ApoE 参与对 LDL 受体及肝 ApoE 受体的识别，促进 LDL 以及

CM 和 VLDL 的降解。ApoD 促进胆固醇及三酰甘油在 VLDL、LDL 与 HDL 之间的转运，又被称为脂质转运蛋白。

（三）血浆脂蛋白的结构特点

各种血浆脂蛋白都具有相似的基本结构，以疏水性较强的三酰甘油及胆固醇酯形成脂蛋白的核心，表面覆盖以单层极性分子组成球状颗粒。载脂蛋白、磷脂及游离胆固醇以单分子层借其非极性的疏水基团与内部的疏水链相联系，其极性基团朝外，呈球状。

（四）血浆脂蛋白的代谢及功能

1. 乳糜微粒 乳糜微粒（CM）在小肠黏膜细胞中形成，含三酰甘油 80%～95%，是运输外源性三酰甘油和胆固醇的主要形式。

食物中脂肪被消化吸收后，在小肠黏膜细胞再合成三酰甘油，连同合成和吸收的磷脂及胆固醇，再加上 ApoB48 和 ApoA 等形成新生 CM。新生 CM 经淋巴管进入血液，从 HDL 获得 ApoC 及 ApoE，同时将部分 ApoA 转移给 HDL，形成成熟 CM。成熟 CM 中的 ApoC II 激

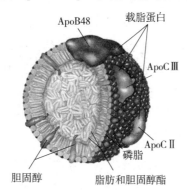

图 9-16 乳糜微粒结构

活存在于肌肉、脂肪组织等处毛细血管内皮细胞表面的脂蛋白脂肪酶（LPL）。在其作用下，CM 中的三酰甘油水解成甘油和脂肪酸，被组织吸收利用。CM 颗粒逐渐变小，其表面的磷脂、胆固醇及 ApoA、ApoC 转移到 HDL 上，成为富含 ApoB48、ApoE 和胆固醇酯的 CM 残余颗粒。与肝细胞膜上的 ApoE 受体结合后，进入肝细胞降解。CM 在血浆中代谢迅速，半衰期仅 5～15 分钟，饭后 12～14 小时血浆中不再含有 CM（图 9-16）。乳糜微粒代谢见图 9-17。

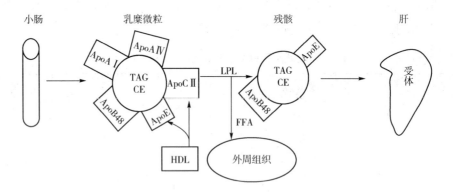

图 9-17 乳糜微粒代谢

2. 极低密度脂蛋白 极低密度脂蛋白（VLDL）在肝内形成，含三酰甘油 50%～70%。VLDL 是运输内源性三酰甘油的主要形式。肝细胞能以葡萄糖为原料合成三酰甘油，也可利用食物及脂肪动员的脂肪酸合成三酰甘油，然后加上磷脂、胆固醇、ApoB100 及 ApoE 等形成新生 VLDL。肠黏膜细胞也可形成少量 VLDL。

新生 VLDL 进入血中，从 HDL 获得 ApoC 和 ApoE，形成成熟 VLDL。成熟 VLDL 中的三酰甘油被 LPL 水解释放出甘油和脂肪酸，被组织吸收利用。VLDL 颗粒逐渐变小，表面过剩的磷脂、胆固醇及 ApoC 转移至 HDL，同时 HDL 的胆固醇酯转至 VLDL。VLDL 的胆固醇

含量及 ApoB100、ApoE 含量相对增加，密度逐渐增大，形成中密度脂蛋白（IDL）。部分 IDL 被肝细胞摄取代谢，剩下的 IDL 中的三酰甘油继续被 LPL 和肝脂肪酶 HL 水解。表面的 ApoE 转移至 HDL 上，最后只剩下胆固醇及 ApoB100 转变成 LDL。VLDL 在血中的半衰期为 6～12 小时。极低密度脂蛋白代谢如图 9-18 所示。

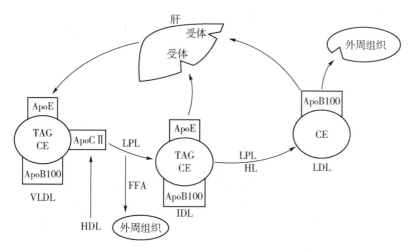

图 9-18 VLDL 代谢

3. 低密度脂蛋白 低密度脂蛋白（LDL）是在血浆中由 VLDL 转变而来。它是仅含 ApoB100 的脂蛋白。LDL 主要含胆固醇，占其总量的 50%，其中 2/3 左右为胆固醇酯。它 是转运肝合成的内源性胆固醇至肝外的主要形式。LDL 是正常人空腹时血浆中的主要脂蛋 白，含量占血浆脂蛋白总量的 1/2～2/3，半衰期为 2～4 天。LDL 的代谢主要通过与 LDL 受体结合后进入肝或肝外细胞，该受体特异地识别并结合含 ApoB100 或 ApoE 的脂蛋白， 故又称 ApoB、ApoE 受体。血浆中的 LDL 与特异受体结合后进入细胞内，并在溶酶体内被 水解，释放出游离胆固醇被利用。低密度脂蛋白代谢如图 9-19 所示。

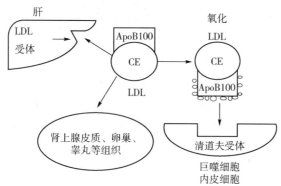

图 9-19 LDL 代谢

血浆中 LDL 被修饰后，如氧化修饰 LDL（oxidized LDL，Ox-LDL），可被单核-吞噬细 胞系统中的巨噬细胞和内皮细胞清除，因这二类细胞表面均有清道夫受体（scavenger receptor，SR），可与修饰的 LDL 结合并清除血浆中修饰的 LDL。

4. 高密度脂蛋白 高密度脂蛋白（HDL）主要在肝合成，其次在小肠合成。新生的 HDL 主要由磷脂、游离胆固醇和载脂蛋白 A、C、E 等组成，形成圆盘状磷脂双层结构。进入血 液后，在血浆中的卵磷脂-胆固醇脂酰转移酶（LCAT）的催化作用下，HDL 表面卵磷脂第

2 位脂酰基转移至肝外细胞转出的胆固醇第 3 位的羟基上，生成溶血卵磷脂和胆固醇酯。疏水的胆固醇酯进入 HDL 的核心部位，使其体积逐渐增大，转变为球形成熟 HDL。血浆 90% 的胆固醇酯（CE）来自 HDL，其中 70% 在胆固醇酯载运蛋白（CETP）的作用下从 HDL 转运至 VLDL，后者代谢成 LDL，通过 LDL 受体途径被清除，20% 通过 HDL 受体在肝内被清除，10% 由特异的 ApoE 受体介导在肝内清除。胆固醇在肝细胞内大部分转化成胆汁酸盐或通过胆汁直接排出体外。HDL 在血浆中的半衰期为 3～5 天。高密度脂蛋白代谢如图 9-20 所示。

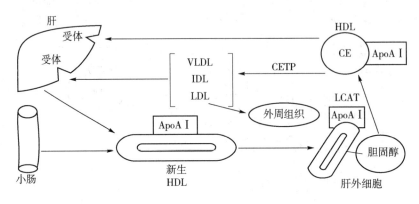

图 9-20　HDL 代谢

HDL 能将肝外组织、其他血浆脂蛋白颗粒以及动脉壁中的胆固醇逆向转运到肝进行代谢转化或排出体外，阻止了游离胆固醇在动脉壁等组织的沉积，因而有对抗动脉粥样硬化形成的作用。大量统计资料表明，凡使血浆 HDL 水平降低的各种因素，如超重、吸烟、糖尿病等都是动脉粥样硬化的危险因素。运动是增加血浆 HDL 含量的有效措施。

各类血浆脂蛋白的组成和功能如表 9-3 所示。

表 9-3　血浆脂蛋白的物理性质、化学组成及功能

特　性		血浆脂蛋白			
		CM	VLDL	LDL	HDL
物理性质	形态	微粒	小泡	微小泡	平圆面
	微粒直径（nm）	80～500	25～80	20～25	6.5～25
	密度（g/ml）	< 0.95	0.95～1.006	1.006～1.063	1.063～1.210
	Sf 值（漂浮系数）	>400	20～400	0～20	沉降
	电泳迁移率	原点	前 β-脂蛋白	β-脂蛋白	α-脂蛋白
化学组成（%）	蛋白质	2	10	20	50
	脂质	98	90	80	50
	三酰甘油	80～95	50～70	10	5
	磷脂	6	15	20	25
	总胆固醇	4	15	45～50	20
	游离胆固醇	1	5	8	5
	胆固醇酯	3	10	40～42	15
	脂质/蛋白质	40～50	9	4	1～1.5
	功能	从小肠转运外源性三酰甘油及胆固醇至全身	从肝转运内源性三酰甘油及胆固醇至肝外	转运内源性胆固醇至各组织	逆向转运胆固醇到肝内

第五节 脂质代谢的调节

一、脂肪代谢的调节

（一）脂肪酸的调节

进食高脂肪食物以后，或饥饿使脂肪动员加强时，肝细胞内的脂酰辅酶 A 增多，可抑制乙酰辅酶 A 羧化酶，从而抑制体内脂肪酸的合成和脂肪的合成。过多进食糖类可使糖代谢加强，NADPH 和乙酰辅酶 A 供应增多，有利于脂肪酸的合成；同时，糖代谢的加强，使细胞内的 ATP 增多，又可抑制异柠檬酸脱氢酶，导致异柠檬酸和柠檬酸堆积，透过线粒体，激活乙酰辅酶 A 羧化酶，使脂肪酸的合成增加。此外，大量摄入糖类也能增加各种与合成脂肪有关的酶的活性，使脂肪的合成增加。

（二）激素的调节

对脂肪代谢影响较大的激素有胰岛素，它能促进脂肪的合成。肾上腺素、胰高血糖素、甲状腺素、糖皮质激素、生长素等，能促进脂肪的分解，其中以胰岛素、肾上腺素和胰高血糖素最为重要。

1. 胰岛素对三酰甘油代谢的影响 胰岛素是促进脂肪合成的主要激素。胰岛素的作用分两方面：一方面能促进脂肪的合成，能诱导乙酰辅酶 A 羧化酶、脂肪酸合酶、柠檬酸裂解酶等的合成，从而加速脂肪酸的合成。同时，胰岛素也能增强甘油-3-磷酸脂酰转移酶的活性，促进磷脂酸和三酰甘油的合成；另一方面能抑制三酰甘油脂肪酶、肉碱脂酰转移酶 Ⅱ 等，从而减少三酰甘油的分解，减少脂肪动员。

2. 肾上腺素和胰高血糖素对三酰甘油代谢的影响 肾上腺素和胰高血糖素能促进三酰甘油的分解。通过激活腺苷酸环化酶，使 cAMP 升高，然后激活蛋白激酶，使脂肪酶活性增加，储存脂分解加速，血中脂肪酸的含量升高，从而供体内其他组织利用。肌肉细胞中的脂肪酸主要是供肌肉本身利用。胰高血糖素作用的主要器官是肝和脂肪组织，肌肉不受其影响。胰高血糖素对乙酰辅酶 A 羧化酶活性有抑制作用，故能抑制脂肪酸的合成，抑制三酰甘油的合成。胰高血糖素对肝细胞肉碱脂酰转移酶 Ⅱ 活性具有促进作用，使脂肪酸分解加强。

二、胆固醇代谢的调节

胆固醇合成的限速酶是 HMG-CoA 还原酶。各种因素对胆固醇合成的调节主要是通过对 HMG-CoA 还原酶活性的影响来实现。实验研究发现，肝 HMG-CoA 还原酶的活性有昼夜节律性，午夜时酶活性最高，中午时酶活性最低。由此可见，胆固醇合成的周期节律性可能是 HMG-CoA 还原酶活性周期性改变的结果。

HMG-CoA 还原酶存在于肝、肠以及其他组织细胞的内质网。某些多肽激素如胰高血糖素能快速抑制 HMG-CoA 还原酶的活性，而降低胆固醇合成的速率。

1. 饥饿与饱食的调节 饥饿或禁食可抑制肝合成胆固醇。将大鼠禁食 48 小时，胆固醇的合成减少 11 倍，禁食 96 小时减少 17 倍，而肝外组织的合成则减少不多。禁食可使

HMG-CoA 还原酶的合成减少，活性降低；禁食还能使胆固醇合成所需的原料不足，即乙酰辅酶 A、NADPH+H⁺ 和 ATP 减少。相反，如进食高糖、高饱和脂肪酸后，肝 HMG-CoA 还原酶的活性增加，使胆固醇的合成增加。

2. 胆固醇的调节　胆固醇能反馈抑制肝内胆固醇的合成。它主要是抑制 HMG-CoA 还原酶的合成。HMG-CoA 还原酶在肝的半衰期约为 4 小时，如果阻断酶的合成，肝细胞内酶的含量在几小时内降低。反之，如果将食物中胆固醇量降低，就可解除对酶合成的抑制，使胆固醇合成增加，由于食物胆固醇不能抑制小肠黏膜细胞内 HMG-CoA 还原酶的活性，因此，多食含胆固醇高的食物，血浆胆固醇还会增高。

3. 激素的调节　胰岛素和甲状腺素能诱导肝细胞内 HMG-CoA 还原酶的合成，从而增加胆固醇的合成。胰高血糖素和皮质醇能抑制 HMG-CoA 还原酶的活性，减少胆固醇的合成。甲状腺素能促进 HMG-CoA 还原酶的合成，还能促进胆固醇在肝细胞内转变成胆汁酸，而后者作用比前者强，因而，甲状腺功能亢进时患者血清中胆固醇的含量反而下降。

第六节　脂质代谢紊乱

一、高脂血症

空腹血脂浓度持续高于正常水平称为高脂血症。临床上的高脂血症主要是指血浆胆固醇及三酰甘油的含量单独超过正常上限，或者两者同时超过正常上限的异常状态。正常人血浆胆固醇和三酰甘油的上限标准因地区、种族、膳食、年龄、职业以及测定方法等的不同而有差异。一般成人以空腹 12～14 小时，血浆三酰甘油超过 2.26mmol/L（200mg/dL），胆固醇超过 6.21mmol/L（240mg/dL），儿童胆固醇超过 4.14mmol/L（160mg/dL）作为高脂血症的诊断标准。血脂在血浆中均以脂蛋白的形式存在和运输，因此高脂血症实际上也可认为是高脂蛋白血症（hyper lipoproteinemia）。1970 年，世界卫生组织建议将高脂蛋白血症分为六型（表 9-4）。我国高脂蛋白血症主要为 II 型（约占 40%）和 IV 型（占 50% 以上）。

表 9-4　高脂蛋白血症分型

分型	脂蛋白变化	血脂变化
I	乳糜微粒（CM）增高	三酰甘油（TAG）↑↑↑，胆固醇↑
IIa	低密度脂蛋白（LDL）增高	胆固醇（TC）↑↑
IIb	低密度（LDL）及极低密度脂蛋白（VLDL）同时增高	胆固醇↑↑，三酰甘油↑↑
III	中密度脂蛋白（IDL）增加（电泳出现宽 β 带）	胆固醇↑↑，三酰甘油↑↑
IV	极低密度脂蛋白（VLDL）增加	三酰甘油↑↑
V	极低密度脂蛋白（VLDL）及乳糜微粒（CM）同时增加	三酰甘油↑↑↑胆固醇↑

高脂血症从病因上分为原发性和继发性两大类。继发性高脂血症是继发于某些疾病，如糖尿病、肾病、甲状腺功能减退等。原发性高脂血症病因多不明确。现已证实，部分伴

有遗传性缺陷、家族史、肥胖、不良的饮食和生活习惯、激素及神经调节异常等都是诱发高脂血症的重要因素。

二、动脉粥样硬化

动脉粥样硬化（atherosclerosis，AS）是动脉硬化的一种，主要是由于大、中动脉内膜出现含胆固醇、类脂肪等的黄色物质，脂肪代谢紊乱、神经血管功能失调引起。常导致血栓形成，供血障碍，管腔狭窄甚至阻塞，从而影响了受累器官的血液供应、动脉内皮细胞损伤、脂质浸润。冠状动脉如有上述变化，会引起心肌缺血，甚至心肌梗死，称为冠状动脉粥样硬化性心脏病，简称冠心病。放射性核素（同位素）示踪实验证明，粥样斑块中的胆固醇来自血浆低密度脂蛋白（LDL）。极低密度脂蛋白（VLDL）是 LDL 的前体，因此，血浆 LDL 和 VLDL 增高的患者，冠心病的发病率显著升高。

近年来的研究表明，高密度脂蛋白（HDL）的水平与冠心病的发病率呈负相关。这是因为 HDL 能将外周细胞过多的胆固醇转变成为胆固醇酯，并将其转运到肝进行代谢转化。血浆 HDL 能够防止胆固醇在动脉壁上的沉积，因此，HDL 的含量较高者，冠心病的发病率较低。总之，血浆 LDL 和 VLDL 含量升高和 HDL 含量降低是导致动脉粥样硬化的关键因素，故降低 LDL 和 VLDL 水平和提高 HDL 水平是防治动脉粥样硬化、冠心病的基本原则。

降低血脂可采取如下措施：①控制饮食，避免饮食过量，少吃动物油和含高胆固醇、高脂肪、高糖的食物，增加膳食中蔬菜、水果、豆类、牛奶等的比例。②适当运动，是防止高脂血症和冠心病的重要措施。运动时能增加骨骼肌和心肌细胞脂肪酸的氧化、脂蛋白脂肪酶的活性，有利于乳糜微粒及 VLDL 的降解；运动还能够升高血浆中 HDL 的含量，促进胆固醇的逆向转运。③服降脂药物，可降低血中胆固醇、三酰甘油的含量。

三、肥胖症

肥胖症是一种由多种因素引起的慢性代谢性疾病。其特点是全身性的脂肪堆积过多，体内发生一系列病理生理变化。目前国际上用体质指数（body mass index，BMI）作为肥胖度的衡量标准。BMI ＝ 体重（kg）／身高^2（m^2）。我国规定 BMI 正常范围为 18.5～23.9，BMI 在 24～26 为轻度肥胖；BMI 在 26～28 为中度肥胖；BMI>28 为重度肥胖。成年人的肥胖，脂肪细胞体积增大，但数目一般不增多；生长发育期儿童发生的肥胖，脂肪细胞体积增大，数目也增多。婴幼儿时期喂养过饱，还会引起饮食中枢功能失调。因此，积极提倡科学喂养，更新观念，防止儿童肥胖是肥胖症预防和治疗的重要环节。

根据肥胖病因的不同，肥胖可以分为单纯性肥胖和继发性肥胖两大类。单纯性肥胖无明确病因，可能与遗传、饮食和运动习惯等因素有关，医学上也可称为原发性肥胖。在所有的肥胖中，99% 以上是单纯性肥胖。这种肥胖的确切发病机制还不是很清楚。任何因素只要能够使能量摄入多于能量消耗，都有可能引起单纯性肥胖，如年龄、进食过多、体力活动过少、遗传因素及脂肪组织特征等。继发性肥胖是指由于其他疾病所导致的肥胖。继发性肥胖占肥胖的比例仅为 1%。还有些肥胖是由于服用了某些药物引起，一般把这种肥胖叫做医源性肥胖。能够引起医源性肥胖的药物包括糖皮质激素（可的松、氢化可的松和地塞米松）、酚噻嗪、三环类抗抑郁药、胰岛素等。另外，如果颅脑手术损伤到下丘脑也可以引起肥胖。由于医源性肥胖的病因很明确，所以有人把医源性肥胖也归入继发性肥胖之内。虽然引起肥胖症的原因很多，除遗传因素和内分泌失调引起的肥胖外，最常见的原因是热量摄入过多，体力活动过少，致使过多的糖、脂肪酸、甘油、氨基酸等转变成三酰甘油储存于脂肪组织中。

肥胖症患者常伴有高血糖、高血脂、高血压和高胰岛素血症，通常也会发生一系列内分泌和代谢改变，如血浆胰岛素浓度经常处于高水平，但耐糖能力却比正常人低；糖转变为脂肪的作用增强，血浆脂质含量特别是三酰甘油、游离脂肪酸和胆固醇都高于正常人。因此，肥胖症患者常合并有糖尿病、冠心病、高血压、脑血管病，以及胆囊炎、胆石症和痛风等。

单纯性肥胖的防治原则主要是控制饮食和增加活动量。而对于病理性肥胖者，则需进行综合分析或进行一定的医学干预。

知识拓展

中药降脂

高脂血症可引起一些危害人体健康的疾病，如动脉粥样硬化、冠心病、胰腺炎、脂肪肝等。近年来高脂血症的发病率不断增加，且趋于年轻化。国内外学者研究发现，具有降低血脂作用的中草药多达百余种。中药降血脂的活性成分及作用机制有：①植物皂苷类，如人参茎叶皂苷、三七总皂苷、柴胡皂苷、刺五加皂苷、桔梗总皂苷、知母皂苷、绞股蓝总皂苷、苜蓿总皂苷等，它们的降脂作用主要是与胆固醇结合，减少机体对胆固醇的吸收；②蒽醌类，降脂成分常见有大黄素、大黄酚、大黄酸、芦荟大黄素等，蒽醌类降脂作用主要通过增加肠蠕动，利于肠液分泌，促进胆固醇的排泄而减少外源性脂质的吸收；③黄酮与多酚类，降脂作用主要是通过抗脂质过氧化和清除自由基实现降脂作用，活性成分主要有大豆异黄酮、山楂黄酮、荷叶黄酮、柚肉黄酮及苹果多酚、茶多酚、姜黄素等；④生物碱类，如荷叶总生物碱、胡椒碱、苦参碱、小檗碱等，生物碱通过提高高密度脂蛋白含量、抑制脂质过氧化、增强抗氧化酶活性等途径起到降低血脂的作用，目前在降脂中的应用日益受到关注；⑤活性多糖类，降血脂作用是通过增加肠道的蠕动、增加对脂质的吸附和促进胆固醇向胆酸转化，促进脂质的排泄，从而起到降脂作用，主要包括枸杞多糖、北虫草多糖、海带多糖等。

重点小结

重 点	难 点
1. 脂质的消化、吸收 2. 脂肪动员，脂肪在酶作用下分解成甘油和脂肪酸。甘油可分解成 CO_2 和 H_2O，并能释放能量，或当血糖浓度低时异生为葡萄糖和糖原。脂肪酸经 β 氧化分解成乙酰辅酶 A，乙酰辅酶 A 可以进入三羧酸循环生成 CO_2 和 H_2O，并能释放能量，过多的乙酰辅酶 A 合成酮体，为肝外组织供能	1. 脂质的消化 2. 脂肪动员的关键酶，胰岛素是抗脂解激素。脂肪酸的 β 氧化过程，酮体的生成和利用过程 3. 甘油-3-磷酸和脂肪酸的合成过程 4. 甘油磷脂的合成过程 5. 胆固醇的合成过程，胆固醇的转化过程 6. 血浆脂蛋白的代谢，各类脂蛋白的功能

续表

重　点	难　点
3. 脂肪的合成。甘油磷脂的合成原料和部位，脂肪酸合成的原料和部位 4. 甘油磷脂的合成。卵磷脂和脑磷脂的合成原料和过程 5. 胆固醇的合成和转化。胆固醇合成的原料和部位，胆固醇的转化和排泄 6. 血脂的来源和去路。血浆脂蛋白的种类。乳糜微粒 CM 在小肠上皮细胞合成，转运外源性三酰甘油和胆固醇。VLDL 在肝内合成，转运内源性三酰甘油。LDL 由 VLDL 转化而来，功能是向肝外转运胆固醇。HDL 在肝和小肠合成，功能是从肝外组织向肝内转运胆固醇 7. 脂质代谢的调节。脂肪酸合成的调节、胆固醇合成的调节 8. 脂质代谢紊乱，高脂血症、动脉硬化和肥胖症等	7. 脂质代谢调节的关键酶及作用机制 8. 高脂血症的分型和血中升高的脂质

简 答 题

1. 酮体生成有何意义？举例说明酮体产生过多时可导致的危害。

2. 血浆脂蛋白有哪几种？各有何作用？

3. 胆固醇代谢紊乱与动脉粥样硬化有何关系？

4. 脂质代谢障碍与脂肪肝有何关系？

5. 1 分子 14 碳的饱和脂肪酸彻底氧化分解为 CO_2 和 H_2O 时，需经多少次 β 氧化？净生成多少分子 ATP？

（张晓薇）

扫码"练一练"

扫码"学一学"

第十章　蛋白质分解代谢

要点导航

掌握　蛋白质的营养价值和氨基酸的脱氨基作用，氨的代谢及一碳单位的代谢。

熟悉　α-酮酸的代谢，氨基酸的脱羧基作用、含硫氨基酸和芳香族氨基酸代谢。

了解　蛋白质的消化与吸收，蛋白质的腐败作用，支链氨基酸代谢。

蛋白质在生命活动过程中具有非常重要的作用。摄入足量的蛋白质能够促进儿童的正常生长和发育；维持成人组织蛋白的更新；尤其是创伤和术后恢复期的患者，更需要补充足够的蛋白质，以获得修补损伤组织的原料。同时，蛋白质分解产生的氨基酸也参与合成体内多种具有重要生理功能的含氮化合物，如酶、激素、抗体、核酸、血红蛋白和神经递质等。另外，蛋白质也可作为能源物质氧化供能。蛋白质代谢包括合成和分解代谢，本章只介绍分解代谢，有关蛋白质合成代谢的内容将在第十五章予以介绍。

第一节　蛋白质的营养作用

蛋白质与各种生命活动密切相关，是生命的物质基础。机体要维持正常的代谢和生命活动，必须摄取足够的蛋白质。因此，了解体内蛋白质的代谢状况是非常重要的，一般可用氮平衡的方法来确定。

一、氮平衡

氮平衡（nitrogen balance）是指氮的摄入量与排出量之间的关系，可反映体内蛋白质合成与分解代谢的状况。各种蛋白质的含氮量相对恒定，平均为 16%。而摄入的食物中主要含氮物为蛋白质，用于体内蛋白质合成，所以测定摄入氮量（食物含氮量），可推测体内蛋白质合成代谢情况；随尿液、粪便排出的氮主要来自于蛋白质分解代谢所产生的含氮物，因此测定排出氮量（尿液、粪便的含氮量），可推测体内蛋白质分解代谢情况。体内蛋白质的分解与合成维持一定的动态平衡，可通过测定摄入氮量与排出氮量，评价体内蛋白质的代谢状况。人体氮平衡有以下三种关系。

1. 氮总平衡　摄入氮量等于排出氮量，反映体内蛋白质的合成代谢与分解代谢处于动态平衡，常见于健康的成年人。

2. 氮正平衡　摄入氮量大于排出氮量，反映体内蛋白质的合成代谢占优势，如儿童、孕妇和康复期患者。

3. 氮负平衡　摄入氮量小于排出氮量，反映体内蛋白质的分解代谢占优势，如长期饥饿、消耗性疾病、大面积烧伤、大量失血等患者。

显然，摄取足够量的蛋白质对维系正常生命活动是非常必要的，但同时还应注意蛋白质的质量。在某种程度上，蛋白质的质量比数量更为重要。

二、蛋白质的营养价值和需要量

1. 必需氨基酸与蛋白质的营养价值 用于合成人体蛋白质的氨基酸有 20 种，其中有 8 种氨基酸是体内需要而不能自身合成，必须从食物中摄取的，称为必需氨基酸（essential amino acid），包括缬氨酸、亮氨酸、异亮氨酸、苏氨酸、赖氨酸、甲硫氨酸、苯丙氨酸和色氨酸。除了上述 8 种氨基酸外，其余 12 种氨基酸也为机体所需，但体内能够合成，不一定由食物提供，在营养上被称为非必需氨基酸（nonessential amino acid）。精氨酸和组氨酸虽然人体内可以合成，但若长期供应不足或需要量增加也会导致氮负平衡，因此，有人将这两种氨基酸也归为营养必需氨基酸。判断食物蛋白质营养价值的高低，主要取决于必需氨基酸的种类、数量、比例与人体蛋白质的氨基酸组成是否接近。动物性蛋白质如鸡蛋、牛奶等所含必需氨基酸的种类、数量和比例与人体需要更相近，故营养价值较高（表 10-1）。

表 10-1 蛋白质的营养价值

食物蛋白质	鸡蛋	牛奶	猪肉	红薯	小麦	豆腐	牛肉	大豆	玉米	小米	面粉
营养价值	94	85	74	72	67	65	64	64	57	57	47

2. 蛋白质的需要量 根据实验测算，60kg 体重的成人每日蛋白质的最低消耗量约为 20g，但因摄入蛋白质与人体组成蛋白质有一定的差异，不能全部利用，因此成人每日蛋白质的最低生理需要量为 30～50g。为了保持长期的氮总平衡，我国营养学会推荐成人每日蛋白质需要量为 80g。老年人基础代谢降低，对蛋白质需求量减少，但对其质量的要求则较高。对于大量出血、术后及康复期的患者，应增加蛋白质的供给。

3. 食物蛋白质的互补作用 将不同种类营养价值较低的蛋白质混合食用，可以互相补充所缺少的必需氨基酸种类和数量，从而提高蛋白质的营养价值，这种作用称为食物蛋白质的互补作用。例如谷类中赖氨酸含量少而色氨酸含量多，豆类则相反，两者单独食用营养价值都不高，但如果混合食用可互补所含氨基酸的不足，提高蛋白质的营养价值。

第二节　蛋白质的消化、吸收和腐败

一、蛋白质的消化

人和动物都不能直接利用食物中的异体蛋白质，必须要经历消化过程。食物蛋白质的消化、吸收是体内氨基酸的主要来源。蛋白质未经消化不易被吸收，而消化过程还可消除食物蛋白质的抗原性，防止过敏和毒性反应的发生。若未消化的蛋白质进入体内，过敏反应严重时会因血压下降导致休克。唾液中不含降解蛋白质的酶类，食物蛋白质的消化由胃中开始，主要在小肠中进行。消化的基本过程如下。

$$食物蛋白质 \xrightarrow[胃]{水解酶} 多肽 \xrightarrow[小肠]{水解酶} 寡肽、氨基酸$$

1. 蛋白质在胃中被水解为多肽和少量氨基酸 胃中消化蛋白质的酶是胃蛋白酶（pepsin），

可将蛋白质水解为多肽及少量的氨基酸。胃黏膜主细胞分泌的胃蛋白酶原（pepsinogen）经胃酸激活生成胃蛋白酶。反过来，胃蛋白酶也可激活胃蛋白酶原，称为自身激活作用（autocatalysis）。胃蛋白酶属于内肽酶，最适 pH 为 1.5～2.5，而胃酸可引起蛋白质变性，有利于其水解。胃蛋白酶对肽键特异性差，只识别由芳香族氨基酸和甲硫氨酸、亮氨酸等所形成的肽键。胃蛋白酶还具有凝乳作用，可使乳汁中的酪蛋白与钙离子结合为不溶性的变性酪蛋白钙，使乳汁在胃中停留较长时间，便于其中蛋白质的消化。

2. 蛋白质在小肠被水解为寡肽和氨基酸　食物在胃中停留时间很短，蛋白质的消化并未完全，进入小肠后，受到胰液及肠黏膜细胞分泌的多种蛋白酶和肽酶的共同作用，进一步水解为寡肽和氨基酸。因此，小肠是蛋白质消化的主要场所。

胰腺分泌的蛋白酶可分为两类，即内肽酶（endopeptidase）与外肽酶（exopeptidase），它们的最适 pH 为 7.0 左右。内肽酶可特异性水解蛋白质非末端肽键，包括胰蛋白酶（trypsin）、胰凝乳蛋白酶（chymotrypsin）和弹性蛋白酶（elastase）等；外肽酶则特异性水解肽链的末端肽键，包括羧肽酶（carboxyl peptidase）和氨肽酶。胰液中的外肽酶主要是羧肽酶，分为羧肽酶 A 和羧肽酶 B，它们从肽链的羧基末端起始，每次水解掉一个氨基酸。羧肽酶 A 主要水解除了脯氨酸、精氨酸、赖氨酸之外的多种氨基酸组成的羧基末端肽键，羧肽酶 B 主要水解由碱性氨基酸组成的羧基末端肽键。

这些蛋白酶均以酶原的形式由胰腺细胞分泌，进入十二指肠后经肠激酶（enterokinase）激活。胰蛋白酶原被激活后又将胰凝乳蛋白酶原、弹性蛋白酶原和羧肽酶原激活，胰蛋白酶自身激活作用较弱。最初各种蛋白酶均在胰液中以酶原形式存在，与胰液中的胰蛋白酶抑制剂一起保护胰腺组织，避免自身消化。

经过各种胰酶的消化，蛋白质水解成 1/3 氨基酸和 2/3 寡肽的混合物。小肠黏膜细胞存在两种寡肽酶（oligopeptidase）：氨肽酶（aminopeptidase）和二肽酶（dipeptidase）。氨肽酶从氨基末端逐步水解寡肽生成二肽，再由二肽酶水解为氨基酸。由此可见，寡肽的水解主要发生在小肠黏膜细胞内。

蛋白质在肠道内经酶水解的作用过程见图 10-1。

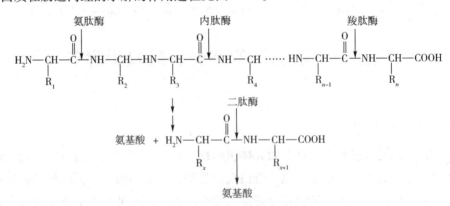

图 10-1　肽链水解酶作用示意图

二、肽和氨基酸的吸收

氨基酸的吸收主要发生在小肠，通过主动转运机制被吸收。转运氨基酸的载体蛋白主要存在于小肠黏膜细胞膜上，可将氨基酸和 Na^+ 转运入细胞，Na^+ 通过钠泵排到细胞外，并伴有能量的消耗。由于各种氨基酸结构差异大，因此转运氨基酸的载体蛋白也有多种，目前已知7种转运蛋白（transporter），包括中性氨基酸转运蛋白、酸性氨基酸转运蛋白、碱性氨基酸转运蛋白、亚氨基酸转运蛋白、β-氨基酸转运蛋白、二肽转运蛋白和三肽转运蛋白，共同参与氨基酸和寡肽的吸收。由同一氨基酸转运蛋白所转运的不同氨基酸之间存在着竞争作用。需要说明的是，利用转运蛋白的氨基酸主动转运过程同样存在于肾小管细胞与肌细胞等细胞膜上。

除了上述吸收机制外，小肠黏膜细胞、肾小管细胞及脑组织吸收氨基酸还可通过γ-谷氨酰循环（γ-glutamyl cycle）进行。此循环的反应过程首先通过谷胱甘肽对氨基酸进行转运，再进行谷胱甘肽的合成。反应中的酶，除了关键酶γ-谷氨酰转移酶位于细胞膜，其余酶均存在于细胞质中（图10-2）。

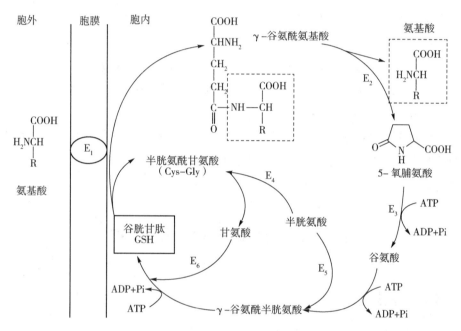

图 10-2　γ-谷氨酰循环转运氨基酸示意图

E_1：γ-谷氨酰转移酶；E_2：γ-谷氨酰环化转移酶；E_3：5-氧脯氨酸酶

E_4：二肽酶；E_5：γ-谷氨酰半胱氨酸合成酶；E_6：谷胱甘肽合成酶

蛋白质未经消化不易吸收，当某些抗原、毒素蛋白通过肠黏膜细胞进入人体内时可能导致过敏或毒性反应。实验证明，少量蛋白质利用特殊通道可直接被吸收，有可能引起变态反应或其他免疫反应，导致休克甚至死亡，一般认为这就是食物蛋白质过敏的原因。

三、蛋白质的腐败作用

少量未被消化的蛋白质和未被吸收的氨基酸、寡肽，在大肠下段被肠道细菌分解，称为蛋白质的腐败作用（putrefaction）。腐败作用主要为无氧分解，产物大多对人体有害（如胺类、氨、酚类、吲哚、硫化氢等），也可产生少量维生素、脂肪酸等可被机体利用的营养物质。

1. 肠菌通过脱羧基作用产生胺类　氨基酸在肠菌作用下脱羧基可生成有毒的胺类。如脱羧后，组氨酸生成组胺，赖氨酸生成尸胺，酪氨酸生成酪胺，苯丙氨酸生成苯乙胺等。这些毒性物质经肝转化为无毒形式排出体外。对于肝功能障碍的患者，酪胺和苯乙胺不能在肝内有效解毒，可进入脑组织，经β-羟化酶作用转化为结构类似于儿茶酚胺的β-羟酪胺和苯乙醇胺，也就是假神经递质（false neurotransmitter）。这些物质的大量产生可以竞争性地干扰儿茶酚胺，阻碍正常神经冲动的传递，导致大脑功能障碍而引起昏迷，这就是肝昏迷的假神经递质学说。

苯乙醇胺　　　　　　　β-羟酪胺

2. 肠菌通过脱氨基或酶的作用产生氨　未吸收的氨基酸经肠菌的作用生成氨，这是肠道氨的重要来源。除此之外，血液中的尿素渗入肠道，经肠菌水解生成氨。这些氨可吸收入血，在肝合成尿素。通过降低肠道 pH 值，促进铵盐合成，能够减少氨的吸收。

3. 腐败作用产生的其他有害物质　除了氨和胺类之外，肠菌作用还可产生其他有害物质，如苯酚、硫化氢、吲哚和甲基吲哚等。

大部分有害物质可通过粪便排出体外，如色氨酸经肠菌作用产生的吲哚和甲基吲哚，它们是粪臭的主要原因。只有极少部分被吸收后经过肝转化而解毒，因而一般不会发生中毒现象。

第三节　氨基酸的一般代谢

一、氨基酸的代谢概况

（一）体内蛋白质分解生成氨基酸

蛋白质降解与合成在体内有精确的调节，从而达到一定的动态平衡。健康成人每日有 1%～2% 的体内蛋白质被降解，大多数是骨骼肌中的蛋白质。降解后产生的绝大多数氨基酸，占 70%～80%，又被机体重新利用合成为新的蛋白质。

1. 蛋白质的降解速率　不同蛋白质降解速率不相同，随着生理需要而变化。如妊娠中的子宫组织或者重度饥饿而导致的骨骼肌蛋白质的降解，是以较高的降解速率来进行。半寿期（half-life，$t_{1/2}$）是蛋白质降解速率的常用表示方法，是指将蛋白质的浓度下降到初始值的50%所需要的时间。肝中大多数蛋白质的 $t_{1/2}$ 为 1～8 天，最短的可低于 30 分钟，长的则可超过 150 小时。人体血浆蛋白质的 $t_{1/2}$ 大约为 10 天，而结缔组织中某些蛋白质 $t_{1/2}$ 可达 180 天以上，眼晶体蛋白质的 $t_{1/2}$ 则更长。许多关键酶的半寿期都很短，它们的降解既可加速也可滞后，需通过改变酶的数量来满足不同的生理需要。

2. 真核细胞内蛋白质的降解　体内蛋白质的降解同样是由一系列蛋白酶和肽酶来完成的。真核细胞中蛋白质的降解有以下两条重要途径。

（1）蛋白质通过 ATP 非依赖途径在溶酶体被降解　溶酶体为细胞内的消化器官，含有多种蛋白酶，被称之为组织蛋白酶（cathepsin）。它们对蛋白质的选择性差，主要降解细胞外来的蛋白质、膜蛋白及胞内的长寿蛋白质，此途径无需 ATP 的消耗。

（2）蛋白质通过 ATP 依赖途径在蛋白酶体被降解　此途径的降解是依赖 ATP 和泛素（ubiquitin）的过程，在细胞质中进行，主要降解异常的蛋白质和短寿蛋白质。泛素是一种含 76 个氨基酸残基的小分子蛋白质，因普遍存在于真核细胞而得名。其一级结构高度保守，人与酵母的泛素之间仅有 3 个氨基酸的差别。泛素介导的蛋白质降解过程较为复杂。它首先与相应的蛋白质形成共价连接，使其标记并激活，也就是泛素化（ubiquitination）。此途径由 3 种酶共同参与，经历 3 步反应并消耗 ATP。随后蛋白酶体（proteasome）特异性地识别泛素化的蛋白质并使其降解。事实上，一种蛋白质降解常需多次泛素化（图 10-3），形成泛素链，然后在蛋白酶体降解，产生小肽链（含 7～9 个氨基酸残基），进一步水解为氨基酸。

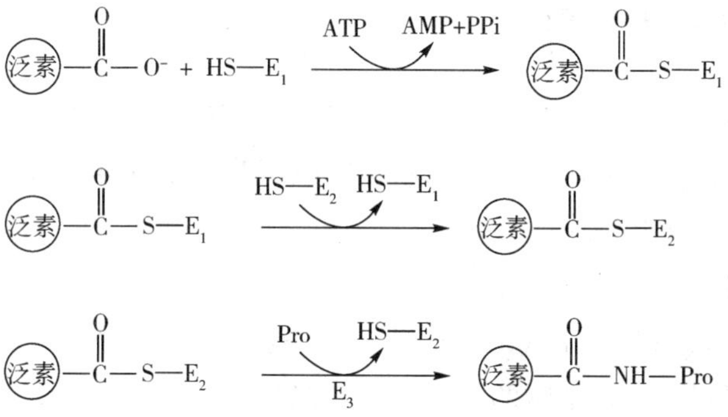

图 10-3　泛素化过程
E₁：泛素激活酶；E₂：泛素结合酶；E₃：泛素蛋白连接酶；Pro：被降解蛋白质

蛋白酶体是一种 26S 的蛋白质复合物，包括 20S 的核心颗粒（core particle，CP）和 19S 的调解颗粒（regulatory particle，RP）。CP 是蛋白酶体的水解核心，由 2 个 α 环和 2 个 β 环组成为一个圆柱体，其活性位点存在于 β 环上，其中 β 环上的 7 个 β 亚基中有 3 个具有蛋白酶的活性，能催化不同蛋白质发生降解。而 2 个 19S 的 RP 分别位于柱形 CP 的两端，形成空心圆柱的盖子，包含的 18 个亚基中，有些可识别、结合待降解的泛素化蛋白质，其中的 6 个亚基具备 ATP 酶的活性，与蛋白质去折叠、定位于 CP 有关。

（二）氨基酸代谢库

食物蛋白质消化、吸收后产生的氨基酸（外源性氨基酸）、组织蛋白质降解产生的氨基酸及自身合成的非必需氨基酸（内源性氨基酸）混在一起，分散在不同部位，经血液循环在各组织间转运而参与代谢，形成氨基酸代谢库（metabolic pool）。氨基酸因其不能自由通过细胞膜而在体内呈现不均一的分布。如肌肉中的氨基酸占总代谢库 50% 以上，肝约占 10%，肾约占 4%，血浆占 1%～6%。经消化、吸收的绝大多数氨基酸，如芳香族氨基酸和丙氨酸等主要进入肝中进行分解，而支链氨基酸则进入骨骼肌中进行分解代谢过程。

正常情况下，体内氨基酸的来源和去路处于动态平衡状态。体内氨基酸的主要功能是合成机体的组织蛋白质，转化为重要的含氮化合物（如嘌呤、嘧啶、肾上腺素、甲状腺素等），氧化分解提供能量或转化为糖、脂质等。一般情况下，经尿液排出的氨基酸很少。需要强调的是，氨基酸在代谢中的作用并非主要作为细胞的能源物质，这点与糖类和脂质有明显的区别，氨基酸主要用于合成体内的蛋白质。各类氨基酸在体内的分解代谢方式各不相同，但因其结构的相似性，也存在共同的代谢途径。体内氨基酸的代谢概况见图10-4。

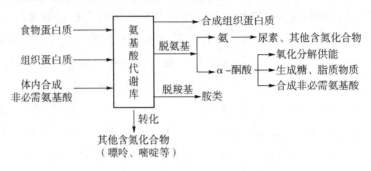

图 10-4　体内氨基酸代谢概况

二、氨基酸的脱氨基作用

氨基酸在体内的分解主要是通过脱氨基（deamination）生成 α-酮酸和 NH_3。氨基酸常见的脱氨基作用有转氨基、氧化脱氨基、联合脱氨基及其他脱氨基作用，其中联合脱氨基作用是体内最重要的脱氨基方式。

（一）转氨基作用

1. 氨基转移酶　转氨基作用（transamination）是由氨基转移酶（aminotransferase）（简称转氨酶）催化，可逆地将氨基酸的 α-氨基转移给一个 α-酮酸，氨基酸脱去氨基生成相应的 α-酮酸，α-酮酸则转化为另一种新的 α-氨基酸。此过程仅发生氨基转移，并未产生游离的 NH_3。

转氨基作用的逆过程是合成体内某些非必需氨基酸的重要途径。绝大多数氨基酸（除苏氨酸、赖氨酸、脯氨酸和羟脯氨酸外）均可进行转氨基作用。如糖代谢中的丙酮酸、草酰乙酸和 α-酮戊二酸经转氨基作用可生成丙氨酸、天冬氨酸和谷氨酸。其他氨基酸侧链末端的氨基，例如鸟氨酸的 δ-氨基也可通过此过程脱去。

不同的氨基酸依赖不同的氨基转移酶进行催化。体内最重要的是催化 L-谷氨酸和 α-酮酸之间转氨基的酶。如体内广泛存在的丙氨酸氨基转移酶（alanine aminotransferase，ALT），又称谷丙转氨酶（GPT），与天冬氨酸氨基转移酶（aspartate aminotransferase，AST），又称谷草转氨酶（GOT），在各组织中的分布并不相同（表10-2）。

表 10-2　正常人体组织中 ALT 和 AST 活性对比（单位/克湿组织）

组织	ALT	AST	组织	ALT	AST
肝	44 000	142 000	胰腺	2000	28 000
心脏	7100	156 000	脾	1200	14 000
肾	19 000	91 000	肺	700	10 000
骨骼肌	4800	99 000	血清	16	20

氨基转移酶主要存在于组织细胞内，尤以肝和心肌含量最为丰富。氨基转移酶在血清

中活性极低，只有当出现组织受损、细胞破裂时，才可能大量释放入血，使血清氨基转移酶活性明显升高。如肝病患者，尤其是急性肝炎患者血清 ALT 活性明显增高；心肌梗死患者血清中 AST 活性显著升高，临床可以此作为这些疾病的诊断和预后的重要参考指标之一。新药的研发过程中，针对治疗肝疾患或有关肝解毒的药物，通常把氨基转移酶的活性测定作为一项重要的观察指标。

2. 转氨基作用的机制　维生素 B_6 的磷酸酯，即磷酸吡哆醛是氨基转移酶的辅酶，结合于氨基转移酶的活性中心 ε-氨基上，起着氨基传递体作用。转氨基反应中，没有游离氨的生成。磷酸吡哆醛首先接受氨基酸的氨基生成磷酸吡哆胺，原来的氨基酸转化为 α-酮酸；而磷酸吡哆胺又可将氨基转移到另外一个 α-酮酸上，生成磷酸吡哆醛和相应的 α-氨基酸。通过氨基转移酶催化，磷酸吡哆醛与磷酸吡哆胺相互转变，使氨基得以传递，如图 10-5 所示。

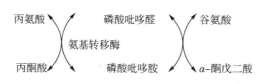

图 10-5　转氨基作用

（二）氧化脱氨基作用

氧化脱氨基作用（oxidative deamination）是指在酶的催化下，氨基酸在脱氨基的同时还伴有氧化的过程。组织中催化氨基酸氧化脱氨基最重要的酶是 L-谷氨酸脱氢酶。这是因为通过体内转氨基作用，许多氨基酸与 α-酮戊二酸反应生成 L-谷氨酸。在哺乳动物组织中仅有 L-谷氨酸才能进行高速率的氧化脱氨基作用，由 L-谷氨酸脱氢酶催化完成。此酶为不需氧脱氢酶，广泛分布在肝、肾和脑等组织中，肌肉中活性较低，最适 pH 为 7.6～8.0。它既可以 NAD^+ 又可以 $NADP^+$ 作为辅酶，ATP 是其别构抑制剂，ADP 是其别构激活剂。因此机体能量缺乏时可促进氨基酸的氧化，这对体内的能量代谢具有重要的调节作用。

$$
\begin{array}{ccc}
\overset{NH_2}{\underset{|}{CH}}-COOH & \xrightarrow[\underset{NAD(P)H^+ \quad NADH(P)+H^+}{}]{\text{L-谷氨酸脱氢酶}} & \overset{NH}{\underset{\parallel}{C}}-COOH \\
\underset{|}{(CH_2)_2}-COOH & & (CH_2)_2-COOH \\
\text{L-谷氨酸} & & \alpha-\text{亚氨基戊二酸}
\end{array}
\xrightarrow[H_2O]{H_2O}
\begin{array}{c}
\overset{O}{\underset{\parallel}{C}}-COOH \\
(CH_2)_2-COOH \\
\alpha-\text{酮戊二酸}
\end{array}
+ NH_3 \quad \text{氨}
$$

此反应是可逆的，但反应平衡点偏向于谷氨酸的合成，这也是工业生产味精的基本原理。L-谷氨酸脱氢酶的特异性很强，只能催化 L-谷氨酸的氧化脱氨基作用，其他种类的氨基酸必须通过别的方式来脱氨基。

（三）联合脱氨基作用

转氨基作用仅发生了氨基的转移，而没有游离氨的生成，只是由新的氨基酸替代了原有氨基酸。研究表明，体内氨基酸彻底脱去氨基主要是通过联合脱氨基作用，也就是将转氨基作用和脱氨基作用相偶联。联合脱氨基作用有下面两种方式。

1. 转氨基作用偶联氧化脱氨基作用　在转氨基作用中，α-氨基酸与 α-酮戊二酸经转氨基作用可生成谷氨酸，在 L-谷氨酸脱氢酶催化下，通过氧化脱氨基作用生成游离的 NH_3。反应过程见图 10-6。

虽然很多种类的 α-酮酸均可参与转氨基作用，但只有 α-酮戊二酸接受氨基生成谷氨

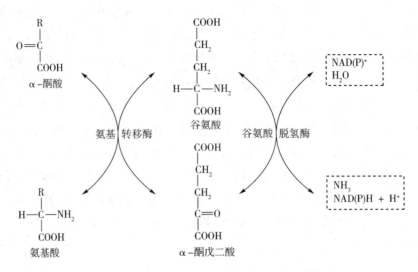

图 10-6 转氨基偶联氧化脱氨基作用

酸，再由 L-谷氨酸脱氢酶催化氧化脱氨基。L-谷氨酸脱氢酶在肝、肾和脑组织中活性最强，因而此种联合脱氨基作用主要发生在肝和肾。

2. 转氨基作用偶联 AMP 循环脱氨基作用 L-谷氨酸脱氢酶在心肌、骨骼肌中活性较弱，转氨基偶联氧化脱氨基作用难以进行。在这些组织中，常通过转氨基偶联 AMP 循环来脱氨基，此种方式也被称为嘌呤核苷酸循环（purine nucleotide cycle）（图 10-7）。

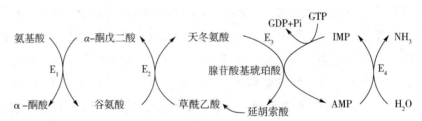

图 10-7 转氨基作用偶联 AMP 循环脱氨基作用

E_1：氨基转移酶 1；E_2：天冬氨酸氨基转移酶；E_3：腺苷酸基琥珀酸合成酶；E_4：腺苷酸脱氨酶

在此过程中，氨基酸先通过两次转氨基作用将氨基传递给草酰乙酸，产生天冬氨酸，再与肌苷酸（IMP）结合生成腺苷酸基琥珀酸，发生裂解后释放 1 分子延胡索酸，同时生成腺苷酸（AMP）。AMP 最终在腺苷酸脱氨酶的催化下产生游离的氨，完成脱氨基作用，而产生的 IMP 又可再次进入循环参与脱氨基。

（四）其他脱氨基作用

体内某些氨基酸还可以通过非氧化脱氨基作用脱去氨基，产生 NH_3 和相应的 α-酮酸。此种方式动物体内不多见，主要存在于微生物体内，并非脱氨基的主要方式。如丝氨酸可在丝氨酸脱水酶的催化下脱去氨基，生成丙酮酸。

三、氨的代谢

消化道吸收的氨和机体代谢产生的氨汇入血液，形成血氨。正常情况下血氨浓度在 $47\sim65\mu mol/L$。氨具有强烈的神经毒性，脑组织对其尤为敏感，当血氨浓度升高时，容易引起脑组织功能障碍。一般情况下氨在体内有完整的解毒机制，不易发生堆积而引起中毒。氨在体内的代谢过程是对氨的解毒过程。

（一）氨的来源与去路

1. 氨的来源　体内的氨主要来自于组织中氨基酸的脱氨基作用、肾来源的氨及肠道来源的氨（图 10-8）。

（1）氨基酸脱氨基作用和胺类分解产生的氨　组织中氨基酸分解产生的氨是体内氨主要的来源。食物蛋白质含量较高时，生成的氨也随之增多。另外，体内某些胺类物质，如肾上腺素、多巴胺等在单胺氧化酶和二胺氧化酶的作用下分解，也可释放氨。

（2）肠道细菌腐败作用产生的氨　通过肠道产生的氨每天可达 4g 左右。在肠菌的作用下，蛋白质及氨基酸可释放出氨；而肝合成的尿素排入肠腔后，也可经肠菌尿素酶水解生成氨和二氧化碳。肠道腐败作用越强，氨的产生量越多。一般当肠道内的 pH 值低于 6 时，肠道中的氨可生成 NH_4^+，随粪便排出；而肠道 pH 值偏碱时，氨容易吸收入血。因此临床上给高血氨患者通常采用弱酸性的透析液进行结肠透析，应禁用碱性肥皂水灌肠，以免增加氨的吸收，加重病情。

（3）肾小管上皮细胞分泌的氨主要来自谷氨酰胺　氨基酸在肾分解过程中可生成氨，其中谷氨酰胺在肾远曲小管上皮细胞经酶的催化下分解生成的氨占肾产氨的 50% 以上。这些氨可与尿中的 H^+ 结合生成 NH_4^+，随尿液排出体外，这对机体酸碱平衡的调节有着十分重要的作用。尿液偏酸时，肾小管细胞中的氨易于扩散入尿而排出，尿液偏碱时则氨易被重吸收入血。所以，对于肝硬化产生腹水的患者，临床上不应使用碱性利尿药，以免使血氨升高。

2. 氨的去路　氨是体内的有毒物，需尽快将其转化为无毒或毒性小的物质排出体外。肝中合成尿素而随尿排出，是氨在体内最主要的去路。另外，氨也可合成谷氨酰胺，或参与合成重要的含氮化合物（非必需氨基酸、嘌呤、嘧啶等），少量的氨还能直接通过尿液排出体外（图 10-8）。

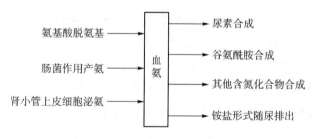

图 10-8　血氨的来源及去路

（二）氨在血液中的转运

氨有毒性，血氨升高可进入脑组织，引起脑血管收缩，严重时会引起昏迷，甚至死亡。组织在代谢过程中产生的氨必须经过安全无毒的方式才能转运到肝或肾。目前发现，氨主要以谷氨酰胺或丙氨酸两种形式进行转运。

1. 丙氨酸-葡萄糖循环　肌肉组织中，氨基酸可通过转氨基作用将氨基转给丙酮酸，产生的丙氨酸经血液循环运达肝。在肝中，丙氨酸通过联合脱氨基产生的氨可合成尿素，自身转化为丙酮酸进入糖异生途径生成葡萄糖。葡萄糖可由血液循环运往肌肉组织，经糖酵解途径再次转变为丙酮酸，可继续接受氨基又一次转化为丙氨酸，构成周而复始的循环过程，这一途径被称之为丙氨酸-葡萄糖循环（alanine-glucose cycle）。此循环（图 10-9）的意义在于实现了氨在体内的无毒运输，同时又使肝为肌肉活动提供了能量。

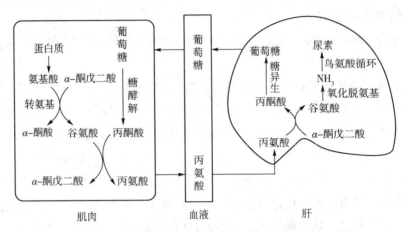

图 10-9　丙氨酸-葡萄糖循环

2. 谷氨酰胺的运氨作用　脑和肌肉等组织向肝、肾运氨的方式是通过谷氨酰胺来实现。在这些组织中，氨和谷氨酸通过谷氨酰胺合成酶（glutamine synthetase）催化合成谷氨酰胺。谷氨酰胺是一种水溶性强的无毒分子，转运至肝或肾后，经谷氨酰胺酶（glutaminase）的作用水解为谷氨酸和氨。谷氨酰胺的合成和分解由不同的酶催化，均为不可逆反应。谷氨酰胺不仅是氨的解毒产物，而且是氨的运输及储存形式。

$$
\begin{array}{c}
\text{COOH} \\
| \\
\text{(CH}_2\text{)}_2 \\
| \\
\text{CHNH}_2 \\
| \\
\text{COOH} \\
\text{谷氨酸}
\end{array}
\quad
\begin{array}{c}
\text{NH}_3 + \text{ATP} \qquad\qquad \text{ADP} + \text{Pi} \\
\xrightleftharpoons[\text{谷氨酰胺酶}]{\text{谷氨酰胺合成酶}} \\
\text{NH}_3 \qquad\qquad \text{H}_2\text{O}
\end{array}
\quad
\begin{array}{c}
\text{CONH}_2 \\
| \\
\text{(CH}_2\text{)}_2 \\
| \\
\text{CHNH}_2 \\
| \\
\text{COOH} \\
\text{谷氨酰胺}
\end{array}
$$

在脑组织，利用谷氨酰胺的合成，可将氨固定在此分子中，并作为氨的运输形式，这对于防止脑组织受到氨的损害起非常重要的作用。临床上对于氨中毒的患者常给予口服或静脉滴注谷氨酸钠盐，以降低血氨浓度，解除氨毒。

谷氨酰胺还可将氨基转给天冬氨酸，形成天冬酰胺，在天冬酰胺酶的催化下水解为天冬氨酸。正常细胞可生成满足蛋白质合成需求量的天冬酰胺，但白血病细胞却难以合成足够的天冬酰胺，只能依靠血液循环从其他器官运输过来。所以，临床上经常给予天冬酰胺酶（asparaginase），使其水解，减少血液中的天冬酰胺，从而达到治疗白血病的目的。

（三）氨在肝合成尿素

氨主要通过肝合成尿素而解毒。尿素的合成是机体氨代谢的最重要途径，正常情况下尿素的排氮量占体内总排出氮量的 80% 以上，只有很少量的氨是通过肾以铵盐的形式随尿排出。

1. 肝是尿素合成的主要器官　实验表明，如果切除动物肝，血、尿中的尿素含量急剧

下降，若进一步给动物补充氨基酸，则大部分氨基酸汇聚于血液，很少一部分脱氨基生成
α-酮酸并释放氨，引起血氨升高。如果仅切除动物肾却保留肝，则尿素因合成后无法排出
而导致血中浓度增高。若动物的肝、肾同时切除，那么血中尿素含量极低而血氨浓度显著
增高。另外，临床研究发现，急性肝坏死的患者血、尿中几乎未见尿素，但氨基酸水平升
高。这些都充分证明，肝是体内合成尿素的最主要器官，肾及其他某些组织虽也可合成尿
素，但合成量极低。

2. 鸟氨酸循环学说　1932 年德国的两位学者 Hans Krebs 和 Kurt Henseleit 经过大量的实
验研究，率先提出了鸟氨酸循环（ornithine cycle）学说，也可称之为尿素循环（urea cycle）
或 Krebs-Henseleit 循环，这是科学家首次发现的代谢循环。除此之外，三羧酸循环学说也
由 Hans Krebs 提出。

尿素循环的实验过程是将大鼠肝的薄切片和铵盐等代谢相关物质在有氧条件下保温数
小时，结果发现铵盐含量减少，尿素量增多。同时，鸟氨酸、瓜氨酸及精氨酸可以加快尿
素的合成，与鸟氨酸结构很相似的赖氨酸却没有这种效果。根据实验及几种相关氨基酸的
结构（图 10-10）推测，应该有一种关键的中间化合物，以鸟氨酸、NH_3 和 CO_2 为原料首
先合成，能在肝中生成尿素，再转化为鸟氨酸。实验说明鸟氨酸在尿素合成中起催化作用。
实验还观察到，大量的鸟氨酸与肝及 NH_4^+ 共同保温时，存在瓜氨酸的积聚。基于这些结
果，推断鸟氨酸可能是瓜氨酸的前体，瓜氨酸又是精氨酸的前体。由此 Hans Krebs 和 Kurt
Henseleit 提出了肝合成尿素的鸟氨酸循环机制，由鸟氨酸、NH_3 和 CO_2 为原料结合生成瓜
氨酸，再接受 1 分子氨产生精氨酸，进一步水解产生尿素，同时重新转化为鸟氨酸进入第
二次循环过程（图 10-11）。

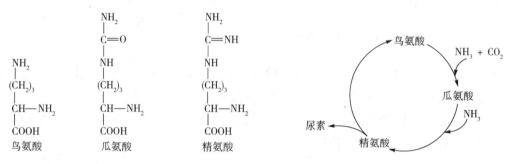

图 10-10　尿素循环中的三种氨基酸　　　　　图 10-11　鸟氨酸循环简单过程

经过鸟氨酸循环，2 分子的氨以合成尿素的方式，转化为无毒且水溶性很强的物质，经
肾从尿液中排出。20 世纪 40 年代，人们用放射性核素的方法进一步证实了尿素的确是通过
鸟氨酸循环而合成的。在研究中，利用含 ^{15}N 的 NH_4^+ 盐饲养大鼠，发现随尿排出的尿素含
有 ^{15}N，这说明氨基酸的最终产物是尿素；用含 ^{15}N 的氨基酸饲养大鼠，则肝中的精氨酸
含 ^{15}N，而在生成的尿素分子中两个氮均有放射性核素标记，但鸟氨酸却没有 ^{15}N 标记；用
含 ^{14}C 标记的 $NaH^{14}CO_3$ 饲养大鼠，生成的尿素和瓜氨酸的羰基均含有 ^{14}C。综合上述实验，
充分证明了鸟氨酸循环合成尿素的正确性。

3. 鸟氨酸循环合成尿素过程　研究表明，尿素的合成过程较为复杂，大体分为五步：
首先氨与二氧化碳结合产生氨甲酰磷酸，鸟氨酸结合氨甲酰磷酸提供的氨甲酰基形成瓜氨
酸，再与天冬氨酸结合产生精氨基琥珀酸，分解生成精氨酸和延胡索酸，精氨酸水解产生

尿素并转化为鸟氨酸进入第二次循环。每经过一次循环，2 分子氨和 1 分子二氧化碳合成 1 分子尿素。其主要反应步骤如下：

（1）氨甲酰磷酸的合成　此反应为尿素合成的第一步。以 NH_3 和 CO_2 为原料，反应由氨甲酰磷酸合成酶 I（carbamoyl phosphate synthetase I，CPS I）催化，在肝细胞线粒体内进行。此反应不可逆，需要 Mg^{2+}、ATP 及 N-乙酰谷氨酸（N-acetyl glutamic acid，AGA）的共同参与。

$$CO_2 + NH_3 + H_2O + 2ATP \xrightarrow[\text{氨甲酰磷酸合成酶 I}]{N\text{-乙酰谷氨酸，Mg}^{2+}} H_2N\overset{\displaystyle O}{\overset{\|}{-C}}-O{\sim}PO_3^{2-} + 2ADP + Pi$$
氨甲酰磷酸

CPS I 以 N-乙酰谷氨酸为别构激活剂，通过 N-乙酰谷氨酸诱导氨甲酰磷酸合成酶 I 的构象改变，暴露出了酶分子的某些巯基，从而增加此酶对 ATP 的亲和力。反应需消耗两分子 ATP，为酰胺键和酸酐键的合成提供能量。

（2）瓜氨酸的合成　在肝细胞的线粒体中，性质活泼的氨甲酰磷酸在鸟氨酸氨甲酰基转移酶（ornithine carbamyl transferase，OCT）的催化下，使氨甲酰基部分从氨甲酰磷酸转移到了鸟氨酸分子上，生成了瓜氨酸及磷酸。此反应是不可逆的反应。

$$\begin{array}{c}NH_2\\|\\(CH_2)_3\\|\\CH-NH_2\\|\\COOH\end{array} + \begin{array}{c}NH_2\\|\\C=O\\|\\O{\sim}PO_3^{2-}\end{array} \xrightarrow[H_3PO_4]{\text{鸟氨酸氨甲酰基转移酶（OCT）}} \begin{array}{c}\boxed{\begin{array}{c}NH_2\\|\\C=O\end{array}}\\|\\NH\\|\\(CH_2)_3\\|\\CH-NH_2\\|\\COOH\end{array}$$
鸟氨酸　　　　氨甲酰磷酸　　　　　　　　　瓜氨酸

（3）精氨基琥珀酸的合成　瓜氨酸在肝细胞线粒体合成后经膜载体转运到线粒体外，在细胞质内与天冬氨酸发生缩合反应生成精氨基琥珀酸，此反应同样消耗 ATP 来供能，催化反应的是精氨基琥珀酸合成酶（argininosuccinate synthetase）。通过该反应，天冬氨酸为尿素分子的合成提供了第二个氮原子。

$$\begin{array}{c}\boxed{\begin{array}{c}NH_2\\|\\C=O\end{array}}\\|\\NH\\|\\(CH_2)_3\\|\\CH-NH_2\\|\\COOH\end{array} + \begin{array}{c}COOH\\|\\H_2N-C-H\\|\\CH_2\\|\\COOH\end{array} \xrightarrow[ATP \quad AMP+PPi \quad H_2O]{\text{精氨基琥珀酸合成酶} \quad Mg^{2+}} \begin{array}{c}NH_2 \quad COOH\\|\quad\quad |\\C=N-C-H\\|\quad\quad |\\NH \quad CH_2\\|\quad\quad |\\(CH_2)_3 \quad COOH\\|\\CH-NH_2\\|\\COOH\end{array}$$
瓜氨酸　　　　　天冬氨酸　　　　　　　　　　精氨基琥珀酸

（4）精氨酸的生成　在精氨基琥珀酸裂解酶的催化下，精氨基琥珀酸发生了裂解，生成精氨酸与延胡索酸。而原本反应中游离的氨和天冬氨酸分子中的氮依然存在于此反应的产物之一精氨酸分子中。

此反应的另一产物延胡索酸，经过三羧酸循环的中间步骤转化为草酰乙酸，与谷氨酸通过转氨基作用，再度生成天冬氨酸进入尿素循环。其中参与反应的谷氨酸，其氨基很可

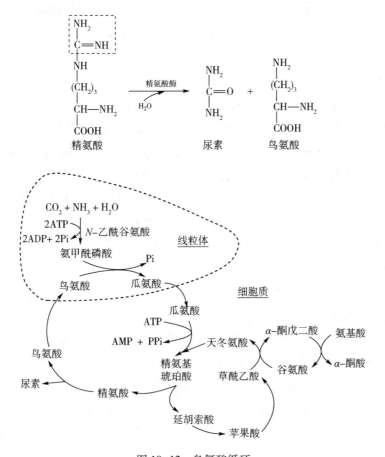

能来自体内其他多种氨基酸的转氨基作用。因此，天冬氨酸只是参加尿素合成的一种形式，反应中的氨基可由体内的多种氨基酸来提供。而延胡索酸和天冬氨酸，也能使三羧酸循环与鸟氨酸循环建立一定的联系。

（5）尿素的生成　由精氨酸酶的催化，精氨酸在细胞质中水解产生尿素和鸟氨酸。后者通过线粒体内膜上的载体，转运回到线粒体，再度参与瓜氨酸的合成，如此周而复始，完成尿素的合成，即鸟氨酸循环。（图 10-12）

图 10-12　鸟氨酸循环

作为氨在体内代谢的终产物，尿素将全部排出体外，目前并未发现它在体内还有任何其他的生理功能。

综上所述，可将尿素合成的总过程用下面的反应式来表示：

$$2NH_3 + 3H_2O + 3ATP + CO_2 \xrightarrow{\text{酶}} H_2N-\overset{\displaystyle O}{\overset{\|}{C}}-NH_2 + 2ADP + 4Pi + AMP$$

尿素分子中的两个氮原子来源并不相同，其中一个直接来自于氨基酸的联合脱氨基产生的游离氨，另一个则来自多种氨基酸通过转氨基而生成的天冬氨酸。但总的来说，都是直接或间接地来源于各种氨基酸，转氨基作用在尿素的合成中显然占据着十分重要的地位。鸟氨酸循环过程不可逆，每合成 1 分子尿素需消耗 3 分子 ATP（4 个高能磷酸键）。

4. 尿素合成的调节　一般情况下，体内以适当的速度来合成尿素，从而保证及时彻底地解除氨毒。尿素合成的速度受到多种因素的共同影响。

（1）食物蛋白质的影响　当高蛋白膳食时，大量蛋白质在体内分解，必然造成尿素的合成速度加快，尿素的排氮量可占总排出量的 90%；而低蛋白膳食时，尿素合成速度随之减慢，尿素排氮量低于总排出氮量的 60%。

（2）CPS I 的调节　氨甲酰磷酸的合成是尿素循环的第一步，也是重要的一步。CPS I 是此过程的催化酶，N-乙酰谷氨酸为 CPS I 的别构激活剂。N-乙酰谷氨酸是由乙酰辅酶 A 和谷氨酸经 N-乙酰谷氨酸合成酶催化产生的，精氨酸是 N-乙酰谷氨酸合成酶的激活剂，因此精氨酸的浓度升高会导致尿素合成加快。

（3）精氨基琥珀酸合成酶的调节　肝细胞内各种参与尿素循环的酶的活性有很大的差异，其中精氨基琥珀酸合成酶的活性是最低的，因此也是尿素合成的限速酶，可控制尿素合成的速度。

5. 高氨血症和氨中毒　氨是含氮化合物分解的有毒产物，在正常情况下其来源与去路保持动态平衡。在肝中合成尿素是氨的主要排泄形式和解除体内氨毒的最有效方式，同时也是平衡维系的关键因素。当肝功能严重受损时会导致尿素合成障碍，引起血氨浓度增高，称为高氨血症（hyperammonemia），临床上称为氨中毒。增高的血氨可穿透血-脑屏障进入脑组织，引起脑细胞的损害和大脑功能障碍，临床上将肝功能损伤导致的脑功能障碍称为肝性脑病或肝昏迷。厌食、呕吐、间歇性共济失调、昏迷都是肝性脑病的常见症状。

到目前为止，高氨血症的毒性作用机制仍不完全清楚。普遍的观点认为，大量的氨经血-脑屏障进入脑组织，将与脑细胞中的 α-酮戊二酸结合转化为谷氨酸，后者可进一步与氨结合生成谷氨酰胺。结果，一方面消耗较多的 ATP 等能源物质；另一方面消耗大量的 α-酮戊二酸，导致三羧酸循环速率降低，使 ATP 的生成减少，引起脑组织供能不足。当能量严重缺乏时将影响到脑功能，直至昏迷，这就是目前肝昏迷的氨中毒学说。另外，还有学者认为，可能是谷氨酸、谷氨酰胺浓度增加，导致渗透压升高，引起脑水肿。

显然，降低血氨将有助于高氨血症的治疗，常用的方法有：减少蛋白质摄入，口服抗生素抑制肠菌分解，以减少氨的来源；使用酸性利尿药，以增加氨的去路；酸性灌肠，以促进氨转化为铵盐排出体外。临床上也常利用一些氨在体内代谢的中间产物治疗氨中毒。如给予谷氨酸，使其与氨结合为无毒的谷氨酰胺；给予鸟氨酸和精氨酸，以加速鸟氨酸循环，促进氨迅速转化为尿素排出体外。

四、α-酮酸的代谢

氨基酸在脱氨基之后，不仅产生氨，同时还生成 α-酮酸。不同的氨基酸将产生不同种类的 α-酮酸进入代谢，常见有以下三个方面的代谢途径。

1. 合成非必需氨基酸　氨基酸的脱氨基作用是可逆的，可通过联合脱氨基或转氨基作用，合成相应的氨基酸，这是体内合成非必需氨基酸的重要途径。糖代谢、三羧酸循环均

可产生 α-酮酸，如丙酮酸和草酰乙酸，可通过氨基化合成丙氨酸及天冬氨酸。

2. 转化为糖或脂质化合物 α-酮酸在体内可以转化为糖或脂质化合物。动物实验表明，很多氨基酸可生成糖代谢或三羧酸循环的中间产物，再经过糖异生途径转化为葡萄糖。在体内可转化为糖的氨基酸称为生糖氨基酸（glucogenic amino acid）；有些可生成乙酰辅酶A而转化为酮体，称为生酮氨基酸（ketogenic amino acid）；少数氨基酸，可以转化为糖和酮体，称为生糖兼生酮氨基酸（glucogenic and ketogenic amino acid）（表10-3）。用放射性核素标记氨基酸的实验同样证明了上述研究结果的正确性。各类氨基酸结构不同，脱氨基所产生的 α-酮酸结构也有较大差异，因此代谢途径各不相同。

表10-3 氨基酸生糖、生酮性质分类

类型	氨基酸
生糖氨基酸	甘氨酸、丙氨酸、丝氨酸、精氨酸、脯氨酸、谷氨酸、组氨酸、谷氨酰胺、缬氨酸、甲硫氨酸、半胱氨酸、天冬氨酸、天冬酰胺
生糖兼生酮氨基酸	苯丙氨酸、酪氨酸、色氨酸、异亮氨酸、苏氨酸
生酮氨基酸	亮氨酸、赖氨酸

3. 氧化分解供能 氨基酸在体内分解产生的 α-酮酸可转化为丙酮酸、乙酰辅酶A及三羧酸循环的中间产物，再利用三羧酸循环和生物氧化体系彻底氧化分解为二氧化碳、水，并释放能量供机体需要。因而，与糖和脂质一样，氨基酸也是一种重要的能源物质。

上述途径是氨基酸与糖、脂质代谢相互联系和转化的重要方式。由此可见，氨基酸、糖、脂质代谢密切相关，氨基酸可转化为糖及脂质化合物，而糖也能转化为某些非必需氨基酸的碳骨架部分。三羧酸循环是物质代谢的重要枢纽，它可使三大营养物质彻底氧化分解，也建立了三者之间的相互联系，使机体的代谢更为完整而有序。

第四节 个别氨基酸的代谢

体内构成蛋白质的氨基酸因结构上的共性决定了它们有共同的代谢途径，但因侧链结构的差异，每一种氨基酸各有自己独特的代谢特点和途径，并产生一些不同的代谢产物，具有重要的生理意义。下面介绍一些重要氨基酸的代谢情况。

一、氨基酸的脱羧基作用

氨基酸除经脱氨基作用分解外，还可通过脱羧基作用进行分解。这一类反应需要氨基酸脱羧酶（decarboxylase）的催化，除组氨酸脱羧酶不需要任何辅酶外，其余各氨基酸脱羧酶的辅酶均为磷酸吡哆醛。氨基酸脱羧基产生相应的胺类，体内胺类含量不高，但具有重要的生理功能。这些胺可由胺氧化酶（amine oxidase）催化，氧化生成相应的醛、氨及过氧化氢。醛类继续氧化生成羧酸，再进一步氧化为二氧化碳和水随尿液排出体外，避免胺类的体内聚集。下面举例说明几种氨基酸的脱羧基反应。

$$H_2N-\underset{\underset{R}{|}}{\overset{\overset{COOH}{|}}{C}}-H \xrightarrow[\text{磷酸吡哆醛}]{\text{氨基酸脱羧酶}} RCH_2NH_2 + CO_2$$

氨基酸   胺类

1. 谷氨酸脱羧基生成 γ-氨基丁酸　谷氨酸在动物脑组织中的含量占全身各组织的首位。它可通过脱羧基产生 γ-氨基丁酸（γ-aminobutyric acid，GABA）。催化此反应的酶是 L-谷氨酸脱羧酶，此酶在脑和肾组织中活性最高，所以脑中 GABA 浓度最高。GABA 是一种抑制性神经递质，对中枢神经系统可产生抑制作用，若其生成不足易引起中枢神经系统的过度兴奋。

$$
\begin{array}{c}
NH_2 \\
| \\
CH\!-\!COOH \\
| \\
(CH_2)_2\!-\!COOH
\end{array}
\xrightarrow[\quad CO_2\quad]{\text{L-谷氨酸脱羧酶}}
\begin{array}{c}
CH_2NH_2 \\
| \\
(CH_2)_2\!-\!COOH
\end{array}
$$

谷氨酸　　　　　　　　　　　　　　　γ-氨基丁酸(GABA)

维生素 B_6 是氨基酸脱羧酶的辅酶，因此临床上常用维生素 B_6 促进 GABA 的生成，治疗神经过度兴奋引起的妊娠呕吐和小儿抽搐。结核病患者需长期联合使用异烟肼与维生素 B_6，由于异烟肼和维生素 B_6 结构相似，对同一酶系产生竞争或结合成腙，从尿中排出，导致维生素 B_6 的缺乏，引起氨基酸代谢障碍，进而出现周围神经炎。维生素 B_6 缺乏时，谷氨酸脱羧基出现障碍，使中枢抑制性神经递质 GABA 减少，导致兴奋、失眠、烦躁不安，甚至惊厥，诱发精神分裂症和癫痫发作。

2. 组氨酸脱羧基生成组胺　组氨酸脱羧酶可催化组氨酸脱去羧基生成组胺（histamine）。

$$
\text{组氨酸} \xrightarrow[\quad CO_2\quad]{\text{组氨酸脱羧酶}} \text{组胺}
$$

组胺在乳腺、肝、肺等组织中均有分布，主要由肥大细胞产生并储存。组胺是一种强烈的血管舒张剂，能够增加毛细血管通透性，使毛细血管扩张，导致局部水肿、血压下降。组胺还可使支气管平滑肌痉挛而引起哮喘。变态反应、创伤及烧伤可释放出大量的组胺。另外，组胺刺激胃酸和胃蛋白酶原的分泌，常用于胃功能的研究。在中枢神经系统，组胺又可作为一种神经递质，与睡眠、记忆等功能有关。

3. 色氨酸脱羧基生成 5-羟色胺　在色氨酸羟化酶的催化下，色氨酸生成 5-羟色氨酸（5-hydroxytryptophan），再经 5-羟色氨酸脱羧酶催化脱羧基生成 5-羟色胺（5-hydroxytryptamine，5-HT）。

$$
\text{色氨酸} \xrightarrow{\text{色氨酸羟化酶}} \text{5-羟色氨酸} \xrightarrow[\quad CO_2\quad]{\text{5-羟色氨酸脱羧酶}} \text{5-羟色胺}
$$

5-羟色胺最早是从血清中发现的，又名血清素，广泛分布在体内很多组织，在神经系统、胃肠道、血小板和乳腺等组织均能生成。在脑组织内，5-HT 是一种抑制性神经递质，与调节睡眠、体温、痛觉等有关。在外周组织，5-HT 是一种强烈的血管收缩剂和平滑肌收缩刺激剂。另外，5-HT 还具有增强记忆力的功能，一定程度上可保护神经元免受损害。

4. 某些氨基酸脱羧基生成多胺类　有些氨基酸经脱羧基可产生含有多个氨基的化合物，即多胺类物质。腐胺（putrescine）因发现于腐败的肉中而得名，它经鸟氨酸脱羧基产生，鸟氨酸脱羧酶是多胺合成的重要调节酶。腐胺还可转变为精脒（spermidine，又名亚精胺）和精胺（spermine）（图 10-13），这两种物质因发现于人的精液而得名，它们在法律上一直用于鉴定犯罪事实，但它们的结构直至 1926 年才弄清。研究表明，精脒和精胺是调节细胞生长的关键物质，有促进某些组织生长的作用，如胚胎、肿瘤等生长旺盛的组织，多胺的含量及鸟氨酸脱羧酶的活性均有所增加。

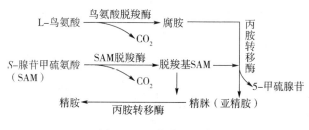

图 10-13　多胺的生成

多胺促进细胞增殖的机制目前并不十分清楚，可能与稳定核酸和细胞结构，促进核酸、蛋白质的生物合成有一定的关系。大部分多胺将与乙酰基结合并随尿液排出体外，小部分则氧化分解为二氧化碳和氨。临床对肿瘤进行诊断和预后判断时，常以血、尿中多胺的检测值作为一项重要的生化指标。研究发现，维生素 A 可对鸟氨酸脱羧酶产生抑制，减少多胺生成，因而具备一定的抗肿瘤作用。

5. 半胱氨酸脱羧基生成牛磺酸　半胱氨酸属于非必需氨基酸，它在体内氧化生成磺基丙氨酸后，可经脱羧基作用分解成为牛磺酸。牛磺酸（taurine）又称 β-氨基乙磺酸，因最早由牛黄中分离而得名。

肝中牛磺酸与胆汁酸结合，是结合胆汁酸的重要组成部分。结合胆汁酸对消化道中脂质的吸收十分必要，具有增加脂质和胆固醇的溶解性，解除胆汁阻塞，降低某些游离胆汁酸的细胞毒性，抑制胆结石的形成等功能。

$$
\begin{array}{ccccc}
CH_2SH & & CH_2SO_3H & & CH_2SO_3H \\
| & \xrightarrow{3[O]} & | & \xrightarrow[\text{脱羧酶}]{\text{磺基丙氨酸}} & | \\
CH-NH_2 & & CH-NH_2 & & CH_2NH_2 \\
| & & | & \searrow CO_2 & \\
COOH & & COOH & & \\
\text{半胱氨酸} & & \text{磺基丙氨酸} & & \text{牛磺酸}
\end{array}
$$

二、一碳单位的代谢

1. 一碳单位的概念和来源　某些氨基酸在分解代谢过程中能够产生含有一个碳原子的活性基团，称为一碳单位（one carbon unit），包括有甲基（methyl）、甲烯基（methylene）、甲炔基（methenyl）、亚氨甲基（formimino）、甲酰基（formyl）等（表 10-4），CO_2 不在其内。一碳单位参与体内多种化合物的合成，有重要的生理意义。有关它的生成和转移的代谢称为一碳单位代谢。在体内，这些基团不能游离存在，通常由载体携带参加代谢反应，常见与四氢叶酸（tetrahydrofolic acid，FH_4）结合而转运，因此四氢叶酸被称为一碳单位的主要载体。四氢叶酸由叶酸转变而来，叶酸在二氢叶酸还原酶（dihydrofolate reductase）的催化下，经两步还原反应，首先以 NADPH 作供氢体，加氢生成 7,8-二氢叶酸（FH_2），再加氢生成 5,6,7,8-四氢叶酸。一碳单位常见的结合点，是在四氢叶酸分子的第 5 和第 10 位氮原子上，用 N^5 和 N^{10} 来表示。

表 10-4　体内重要的一碳单位

名　称	结　构	四氢叶酸结合位点
甲基	—CH$_3$	N^5
甲烯基	—CH$_2$—	N^5 和 N^{10}
甲炔基	—CH=	N^5 和 N^{10}
亚氨甲基	—CH=NH	N^5
甲酰基	—CHO	N^5 或 N^{10}

5,6,7,8-四氢叶酸（FH$_4$）

一碳单位主要来自于丝氨酸（Ser）、甘氨酸（Gly）、组氨酸（His）、色氨酸（Trp）代谢。另外，甲硫氨酸（蛋氨酸）可通过 S-腺苷甲硫氨酸（SAM）提供"活性甲基"，因此甲硫氨酸也可产生一碳单位（具体内容见甲硫氨酸代谢）。

甘氨酸、色氨酸在分解代谢过程中生成的甲酸与四氢叶酸反应，生成 N^{10}-甲酰四氢叶酸（N^{10}—CHO—FH$_4$）。

组氨酸可在体内分解生成亚氨甲基谷氨酸。亚氨甲基谷氨酸的亚氨甲基转移至四氢叶酸上可生成 N^5-亚氨甲基四氢叶酸（N^5—CH=NH—FH$_4$），后者可再脱氨生成 N^5,N^{10}-亚甲基四氢叶酸（N^5,N^{10}—CH$_2$—FH$_4$）。

丝氨酸的 β 碳原子可转移到四氢叶酸而生成 N^5,N^{10}-亚甲基四氢叶酸，同时转化为甘氨酸。

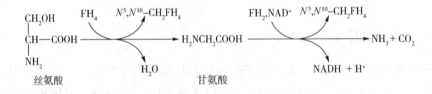

2. 一碳单位的相互转变　不同形式的与四氢叶酸结合的一碳单位，碳原子的氧化状态也不相同，它们之间可通过氧化还原反应彼此转变（图 10-14）。N^5-甲基四氢叶酸（N^5—CH$_3$—FH$_4$）在体内并非直接生成，可由 N^5,N^{10}-亚甲基四氢叶酸（N^5,N^{10}—CH$_2$—FH$_4$）还原生成，这是一个不可逆的反应。

3. 一碳单位的主要功能　一碳单位参与嘌呤和嘧啶碱的生物合成，对核酸生物合成有极其重要的作用。如 N^5,N^{10}—CH$_2$—FH$_4$ 直接提供甲基用于胸腺嘧啶核苷酸的合成。N^{10}—CHO—FH$_4$ 和 N^5,N^{10}—CH=FH$_4$ 分别参与嘌呤碱中 C$_2$、C$_8$ 原子的生成。通过一碳单位，可将核苷酸代谢与氨基酸代谢紧密联系起来。若叶酸缺乏可引起一碳单位的代谢障碍或

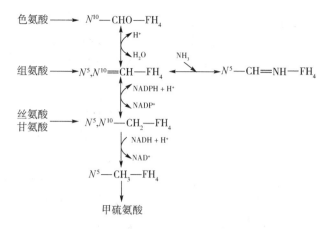

图 10-14 一碳单位的相互转变

FH_4 不足，导致核酸的生物合成减少，阻碍细胞增殖，产生巨幼细胞贫血等疾病。

一碳单位的载体主要为四氢叶酸，若影响四氢叶酸在体内的产生，可引起一碳单位代谢紊乱。若使用叶酸类似物如甲氨蝶呤，可竞争性抑制二氢叶酸还原酶，阻止 FH_4 合成，抑制核酸合成，起到抗癌作用。但因这类药物不仅对癌细胞产生作用，对人体正常细胞同样会产生影响，因此具有较大的毒性。另外，磺胺类药物也是通过抑制细菌的四氢叶酸合成而产生抑菌作用的，因人体产生四氢叶酸的途径与细菌不同，故磺胺类药物对人体的副作用较小。

三、个别氨基酸的代谢降解与疾病

（一）含硫氨基酸的代谢

含硫氨基酸有三种，包括甲硫氨酸（蛋氨酸）、半胱氨酸及胱氨酸。它们在体内的代谢是紧密相连的：甲硫氨酸为半胱氨酸的生成提供硫，半胱氨酸与胱氨酸可相互转化，但后两者均不能转变为甲硫氨酸，因此甲硫氨酸是人体必需氨基酸之一。

1. 甲硫氨酸代谢 甲硫氨酸含量丰富的食物主要有：芝麻、葵花子、乳制品、叶类蔬菜等。甲硫氨酸除参与甲基转移之外，还能产生半胱氨酸。因此，保障食物半胱氨酸的足量供应可以减少甲硫氨酸的消耗。

甲硫氨酸在腺苷转移酶的催化下，消耗 ATP，生成 S-腺苷甲硫氨酸（S-adenosyl methionine，SAM），它的甲基为活性甲基，SAM 被称为活性甲硫氨酸，是体内最重要的甲基直接供体。体内五十多类物质需 SAM 提供甲基，合成多种甲基化合物，如肾上腺素、肉碱、胆碱和肌酸等生物活性物质。

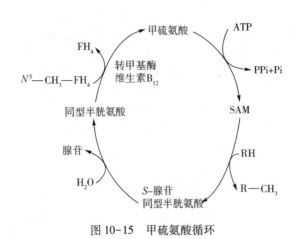

图 10-15　甲硫氨酸循环

SAM 使其他物质甲基化，自身转化为 S-腺苷同型半胱氨酸，进一步生成同型半胱氨酸，接受甲基后再次生成甲硫氨酸，形成循环，称之为甲硫氨酸循环（methionine cycle）（图 10-15）。反应过程需要维生素 B_{12} 为辅酶，当该类维生素缺乏时会导致巨幼细胞贫血。而同型半胱氨酸浓度增加，目前认为可作为高血压、冠心病及动脉粥样硬化的独立危险因子。

2. 半胱氨酸与胱氨酸代谢　半胱氨酸含有巯基（—SH），蛋白质中 2 分子半胱氨酸可以脱氢氧化以二硫键（—S—S—）相连形成胱氨酸，两者可进行可逆的相互转化。

$$2 \begin{array}{c} CH_2—SH \\ CHNH_2 \\ COOH \end{array} \quad \underset{+2H}{\overset{-2H}{\rightleftharpoons}} \quad \begin{array}{c} CH_2—S—S—CH_2 \\ CHNH_2 \qquad CHNH_2 \\ COOH \qquad COOH \end{array}$$

半胱氨酸　　　　　　　　胱氨酸

半胱氨酸、胱氨酸可通过氧化还原而互变，其中的二硫键将极大地影响酶或蛋白质的结构与功能。例如，胰岛素是由 A、B 两条肽链通过两对二硫键连接而形成的，若二硫键断裂，A、B 两条肽链就会完全分开，胰岛素的生物活性便会丧失。另外，半胱氨酸在体内经过氧化、脱羧可产生牛磺酸，有助于结合胆汁酸的合成。

半胱氨酸可与谷氨酸和甘氨酸结合形成谷胱甘肽（glutathione，GSH），有抗氧化和解毒的作用。半胱氨酸上的巯基为谷胱甘肽的主要活性基团（故谷胱甘肽常简写为 G—SH），具有还原性，可作为体内重要的还原剂，参与生物转化作用。通过还原型（G—SH）和氧化型（G—S—S—G）的相互转化，从而把机体内的毒物转化为无毒物，排出体外。谷胱甘肽可与一些药物（如对乙酰氨基酚）、毒素（如自由基、碘乙酸、芥子气，铅、汞、砷等重金属）等结合，具有解毒效果。

含硫氨基酸氧化分解后都可生成硫酸根，其中半胱氨酸是体内硫酸根最主要的来源。半胱氨酸脱去氨基和巯基后产生的 H_2S，在体内氧化为 SO_4^{2-}，与 ATP 作用后生成活性硫酸根，即 3'-磷酸腺苷-5'-磷酰硫酸（3'-phosphoadenosine-5'-phosphosulfate，PAPS）。

$$SO_4^{2-} + ATP \longrightarrow AMP—SO_3^- \longrightarrow 3—PO_3H_2—AMP—SO_3^-$$

腺苷-5'-磷酰硫酸　　3'-磷酸腺苷-5'-磷酰硫酸（PAPS）

3'-磷酸腺苷-5'-磷酰硫酸（PAPS）

PAPS 的性质活泼，参与体内硫酸软骨素、硫酸角质素的合成，并在肝的生物转化中提供活性硫酸根。例如类固醇激素可与 PAPS 结合后转化为硫酸酯而被灭活；一些外源性酚类化合物亦可通过形成硫酸酯而增加其溶解性，以利于随尿液排出体外。

（二）芳香族氨基酸的代谢

芳香族氨基酸包括苯丙氨酸、酪氨酸和色氨酸三种，苯丙氨酸和色氨酸属于人体必需氨基酸。苯丙氨酸和酪氨酸结构十分相似，在体内苯丙氨酸可在苯丙氨酸羟化酶催化下转化成酪氨酸。

1. 苯丙氨酸和酪氨酸代谢　少量的苯丙氨酸可通过转氨基生成苯丙酮酸。当先天性缺乏苯丙氨酸羟化酶时，苯丙氨酸不能羟化产生酪氨酸，只有转化为苯丙酮酸，造成苯丙酮酸在血液中蓄积，对中枢神经系统有毒性作用，影响幼儿智力发育。因过多的苯丙酮酸，可随尿液大量排出，临床称为苯丙酮尿症（phenylketonuria，PKU）。一般对此种患儿的治疗原则是早期诊断，并控制膳食中的苯丙氨酸含量。

在肾上腺髓质或神经组织，酪氨酸受到酪氨酸羟化酶羟化生成多巴。多巴经脱羧酶作用转变为多巴胺（dopamine）。多巴胺再生成去甲肾上腺素（norepinephrine），后者接受 SAM 提供的活性甲基，转变成肾上腺素（epinephrine）。由酪氨酸代谢转变生成的多巴胺、去甲肾上腺素和肾上腺素统称为儿茶酚胺（catecholamine）。反应过程中的酪氨酸羟化酶是儿茶酚胺合成的限速酶，其活性受到终产物的反馈抑制。儿茶酚胺具有重要的生物活性，多巴胺是一种重要的神经递质，它的生成不足是帕金森病（Parkinson disease，又称震颤麻痹）的主要原因。

酪氨酸分解代谢的另外一种方式是脱去氨基生成相应的对羟苯丙酮酸。后者进一步氧化、脱羧生成尿黑酸，进而转化为延胡索酸和乙酰乙酸。因此苯丙氨酸和酪氨酸都属于生糖兼生酮氨基酸。当先天性缺乏尿黑酸代谢酶时，尿黑酸无法正常分解，从而大量随尿排出。在碱性条件下易被空气中的氧气氧化为醌类化合物，并进一步生成黑色化合物，使尿液呈现黑色，故称此为尿黑酸症。

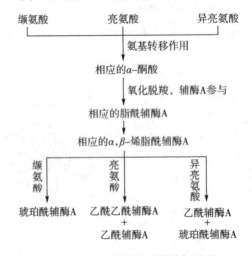

在皮肤等组织的黑色素细胞中，酪氨酸可经酪氨酸酶作用催化，发生羟化反应生成3,4-二羟苯丙氨酸（DOPA，多巴）。多巴再经氧化、脱羧等反应生成吲哚醌，聚合成黑色素，形成组织中的色素来源。美白化妆品研制过程中常以酪氨酸酶活性作为一项重要的检测指标。如果先天性缺乏酪氨酸酶，引起黑色素合成受阻，使患者毛发、皮肤等组织因缺乏色素而发白，称为白化病（albinism）。患者视网膜色素缺失，瞳孔和虹膜呈现浅粉色，怕光。皮肤、眉毛、头发均呈白色或变浅，大多数患者体力和智力发育较差。白化病属于常染色体隐性遗传性疾病，近亲结婚的人群多发。目前无有效治疗药物，只能尽量减少紫外线对皮肤和眼睛的伤害。使用光敏性药物、激素等方法治疗可使患者白斑减弱甚至消失。

2. 色氨酸代谢　色氨酸除了生成重要的生物活性物质5-羟色胺之外，还可分解产生一碳单位、丙酮酸和乙酰乙酰辅酶A，是生糖兼生酮氨基酸。在人和动物体内，色氨酸可经氧化等反应生成烟酸，是合成NAD^+和$NADP^+$的前体物质，参与体内的氧化还原反应。

（三）支链氨基酸的代谢

支链氨基酸包括缬氨酸、亮氨酸和异亮氨酸三种，均属于必需氨基酸。其分解主要在骨骼肌中进行，三者代谢开始步骤基本相同，即首先在氨基转移酶催化下脱去氨基生成相应的α-酮酸，然后经过氧化脱羧等反应，降解成各自相应的脂酰辅酶A，分别进行若干步不同的分解代谢（图10-16），最终进入三羧酸循环。

缬氨酸　　　　亮氨酸　　　　异亮氨酸

　　　　　氨基转移作用

　　　　相应的α-酮酸

　　　　　氧化脱羧，辅酶A参与

　　　　相应的脂酰辅酶A

　　　　相应的α,β-烯脂酰辅酶A

缬氨酸　　　　亮氨酸　　　　异亮氨酸

琥珀酰辅酶A　乙酰乙酰辅酶A　乙酰辅酶A
　　　　　　　＋　　　　　　　＋
　　　　　　乙酰辅酶A　　　琥珀酰辅酶A

图10-16　支链氨基酸的分解过程

如果先天性缺乏支链 α-酮酸脱氢酶系，使支链氨基酸分解受阻，而从尿液中排出具有枫糖浆甜味的特定的 α-酮酸，则被称为"枫糖尿病（maple syrup urine disease，MSUD）"。

知识拓展

中医治疗慢性肾衰竭

慢性肾衰竭（chronic renal failure，CRF），又称为慢性肾功能不全，是指各种原发或继发性原因造成的慢性进行性肾实质的损害，致使肾发生明显萎缩，不能继续维持其基本功能。临床出现以一系列代谢紊乱、全身各系统均受累为表现的临床综合征。慢性肾衰竭的终末期也可称为尿毒症。慢性肾衰竭的治疗方法主要有内科疗法、透析疗法及肾移植术。血液透析和肾移植无疑是治疗此病的最佳选择，但由于这两种方法价格昂贵且肾源有限，往往并不能得到普及。目前临床研究发现，对于保护肾功能、延缓肾衰竭进程而言，中医有较好的治疗效果，因而中西医结合的内科疗法更具实际临床价值。

采用恰当的中药治疗慢性肾衰竭，能够疏通毛细血管网，改善肾单位微循环，增加血氧供给，恢复肾滤过功能；还可诱导体内产生干扰素，减少有害物质对肾的损害。中药可抑制肾坏死细胞的蔓延，清浊排毒，去除致病因子，避免致病因子对肾造成损害。研究发现，冬虫夏草、大黄等药物对于慢性肾衰竭具有较好的疗效。

冬虫夏草的主要功能是止血化瘀、补肺益肾。其含有维生素、微量元素、氨基酸、糖和脂质等多种化学成分，可以软化血管；降低血脂、血肌酐、尿素氮；还可激活残存的肾组织，创清血浊，排肾毒，调节机体的免疫系统；具备升血钙、降血磷、延缓肾功能恶化等作用。

中药大黄具有清湿热、泻火、凉血、解毒、祛瘀等功效，是治疗慢性肾衰竭的有效药物之一。大黄可促进肠道对尿素的排泄，使患者的尿素氮维持在较低水平；能够纠正脂质代谢紊乱、抑制系膜细胞的增殖，延缓肾衰竭的进展，减轻肾负荷。

重点小结

重 点	难 点
1. 蛋白质的代谢状况可用氮平衡的方法确定，包括氮总平衡、氮正平衡和氮负平衡 2. 食物蛋白质营养价值的高低取决于必需氨基酸种类、含量和比例 3. 氨基酸的脱氨基方式有转氨基、氧化脱氨基、联合脱氨基和其他脱氨基作用。其中联合脱氨基是体内最主要的脱氨基方式 4. 氨基酸脱氨基产生有毒的氨，以谷氨酰胺或丙氨酸的形式运到肝，经鸟氨酸循环合成尿素后排出体外。肝疾患可引起高氨血症、肝昏迷 5. 甲硫氨酸代谢可提供活性甲基（SAM）；半胱氨酸代谢可提供活性硫酸根（PAPS） 6. 某些氨基酸在分解代谢过程中能够产生一个碳原子的基团，称为一碳单位。四氢叶酸是一碳单位的载体，对于体内嘌呤、嘧啶核苷酸的合成有重要的生理意义	1. 真核细胞存在两条蛋白质降解途径：一条通过ATP非依赖途径在溶酶体被降解；另一条通过 ATP 依赖途径在蛋白酶体被降解 2. 在氨基转移酶催化下，氨基酸与 α-酮戊二酸反应生成 L-谷氨酸，再通过氧化脱氨基彻底脱氨，这是体内绝大多数氨基酸的脱氨基方式。在骨骼肌，氨基酸主要通过嘌呤核苷酸循环脱去氨基 3. 氨基酸脱羧基可产生多种有重要生理功能的胺类物质，如 γ-氨基丁酸、组胺、5-羟色胺、多胺、牛磺酸等 4. α-酮酸是氨基酸的碳骨架，可进一步氧化分解供能；可转化为糖类或脂质；也可用于合成非必需氨基酸 5. 个别氨基酸的代谢降解与疾病，如苯丙氨酸可在苯丙氨酸羟化酶催化下转化成酪氨酸，后者转变成儿茶酚胺。白化病等遗传病，与苯丙氨酸、酪氨酸的代谢异常有关

简 答 题

1. 简述体内氨的来源和去路。

2. 氨基酸脱氨基的方式有哪几种？

3. 简述尿素生成的基本过程和生理意义。

4. 说明高氨血症导致昏迷的生化基础。

5. 氨基酸脱氨基后的碳骨架怎样进入三羧酸循环？

（顾志敏）

扫码"练一练"

第十一章 核苷酸代谢

扫码"学一学"

> **要点导航**
>
> **掌握** 核苷酸的功能，核苷酸从头合成的原料，嘌呤代谢的终产物。
> **熟悉** 核苷酸的合成途径，脱氧核糖核苷酸的合成，核苷酸抗代谢物。
> **了解** 核酸的消化吸收，嘧啶核苷酸的分解代谢。

核酸是体内重要的大分子物质，核苷酸是其基本结构单位，具有多种生物学功能：①合成核酸，核苷三磷酸（nucleoside triphosphate，NTP）是合成 RNA 的原料，脱氧核苷三磷酸（deoxynucleoside triphosphate，dNTP）是合成 DNA 的原料；②提供能量，如 ATP 水解释放能量供生理功能所需；③构成辅酶或辅基，如 FAD、HSCoA、NAD^+、$NADP^+$均含有核苷酸的结构；④参与细胞信号转导，如 cAMP、cGMP 是细胞信号转导的第二信使，又如 G 蛋白与 GTP 或 GDP 结合可产生不同的活性状态；⑤参与某些合成代谢，如 CDP-胆碱参与卵磷脂合成、UDPG 参与糖原合成等。

人体所需要的核苷酸可由食物核酸的消化吸收而来，但主要由机体自身合成。

第一节 核酸的消化和吸收

一、核酸的消化

食物中的核酸通常与蛋白质结合成核蛋白形式。在消化道内，核蛋白在胃酸作用下分解为核酸和蛋白质。核酸的消化主要在小肠内进行。核酸可在消化液多种酶（主要由胰腺和肠黏膜细胞分泌）作用下逐步水解。首先，在核酸酶催化下核酸水解为单核苷酸；经核苷酸酶催化，单核苷酸水解释放磷酸，生成核苷；核苷在核苷磷酸化酶催化下生成戊糖磷酸和含氮碱基，戊糖磷酸经磷酸酶催化生成戊糖和磷酸（图 11-1）。

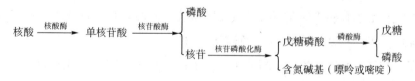

图 11-1 核酸的消化

二、核酸的吸收

核苷酸及其水解产物均可被小肠吸收。吸收进入肠黏膜细胞的核苷及核苷酸多数被进一步水解。

第二节　核苷酸的合成代谢

体内嘌呤核苷酸和嘧啶核苷酸的合成均有从头合成（*de novo* synthesis）和补救合成（salvage synthesis）两种途径。

一、嘌呤核苷酸的合成代谢

（一）嘌呤核苷酸的从头合成

利用核糖磷酸、氨基酸、一碳单位、CO_2 等简单物质，经过一系列酶促反应合成嘌呤核苷酸的过程，称为嘌呤核苷酸的从头合成途径。该途径在肝、小肠、胸腺等均可进行，在细胞质内完成。研究显示，在嘌呤核苷酸从头合成途径中，嘌呤环的 N_1 由天冬氨酸提供；C_2 和 C_8 来源于 N^{10}-甲酰四氢叶酸；N_3 和 N_9 来源于谷

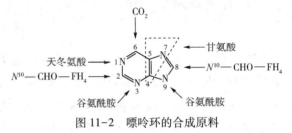

图 11-2　嘌呤环的合成原料

氨酰胺的酰氨基；C_4、C_5 和 N_7 均由甘氨酸提供；C_6 来源于 CO_2（图 11-2）。首先合成次黄嘌呤核苷酸（inosine monophosphate，IMP，又称肌苷酸、肌苷一磷酸），再分别转变为腺嘌呤核苷酸（adenosine monophosphate，AMP）和鸟嘌呤核苷酸（guanosine monophosphate，GMP）。

1. IMP 的合成　IMP 的合成过程如图 11-3 所示。

（1）在磷酸核糖焦磷酸合成酶的催化下，由 ATP 提供焦磷酸，核糖-5′-磷酸转变为磷酸核糖焦磷酸（phosphoribosyl pyrophosphate，PRPP）。该反应是关键反应。PRPP 是核糖-5′-磷酸的活性供体，提供磷酸核糖参与各种核苷酸合成。

（2）在磷酸核糖酰胺转移酶催化下，PRPP 脱去焦磷酸，接受谷氨酰胺提供的氨基，转变成 1-氨基-5′-磷酸核糖（又称 5′-磷酸核糖胺）。

（3）在甘氨酰胺核苷酸合成酶催化下，消耗 1 分子 ATP，1-氨基-5′-磷酸核糖与甘氨酸缩合形成甘氨酰胺核苷酸。

（4）甘氨酰胺核苷酸在甘氨酰胺核苷酸转甲酰酶催化下接受 N^{10}—CHO—FH₄ 提供的甲酰基，转变为甲酰甘氨酰胺核苷酸。

（5）甲酰甘氨酰胺核苷酸在甲酰甘氨酰胺核苷酸酰胺转移酶催化下接受谷氨酰胺提供的氨基，消耗 1 分子 ATP，形成甲酰甘氨脒核苷酸。

（6）在甲酰甘氨脒核苷酸环化酶催化下，消耗 1 分子 ATP，甲酰甘氨脒核苷酸的甲酰甘氨脒闭环形成 5′-氨基咪唑核苷酸。

（7）在氨基咪唑核苷酸羧化酶催化下，消耗 1 分子 ATP，5′-氨基咪唑核苷酸羧化生成 5′-氨基咪唑-4-羧酸核苷酸。

（8）5′-氨基咪唑-4-羧酸核苷酸在 5′-氨基咪唑-4（*N*-琥珀酰）-甲酰胺核苷酸合成酶催化下与天冬氨酸缩合，生成 5′-氨基咪唑-4（*N*-琥珀酰）-甲酰胺核苷酸，该反应也消耗 1 分子 ATP。

（9）在5′-氨基咪唑-4（N-琥珀酰）甲酰胺核苷酸裂解酶催化下，5′-氨基咪唑-4（N-琥珀酰)-甲酰胺核苷酸裂解释放延胡索酸，生成5′-氨基咪唑-4-甲酰胺核苷酸。

（10）在5′-氨基咪唑-4-甲酰胺核苷酸转甲酰酶催化下，5′-氨基咪唑-4-甲酰胺核苷酸接受N^{10}—CHO—FH$_4$的甲酰基，生成5′-甲酰胺基咪唑-4-甲酰胺核苷酸。

（11）在次黄嘌呤核苷酸环水解酶催化下，5′-甲酰胺基咪唑-4-甲酰胺核苷酸环化生成IMP。

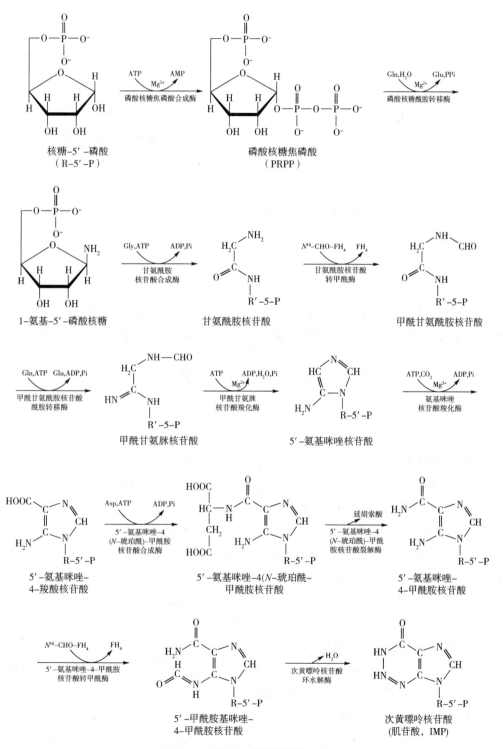

图 11-3 肌苷一磷酸的从头合成

2. AMP 和 GMP 的生成

（1）IMP 在腺苷酸基琥珀酸合成酶催化下与天冬氨酸缩合，消耗 1 分子 GTP，生成腺苷酸基琥珀酸，再经腺苷酸基琥珀酸裂解酶催化，裂解生成延胡索酸和 AMP。

肌苷酸（IMP）　　　　　　腺苷酸基琥珀酸　　　　　　腺苷酸（AMP）

（2）IMP 经 IMP 脱氢酶催化，加水脱氢，生成黄苷酸（xanthosine monophosphate，XMP，又称黄苷一磷酸），XMP 接受谷氨酰胺提供的氨基，消耗 1 分子 ATP，在酰胺转移酶催化下转变为 GMP。

肌苷酸（IMP）　　　　　　黄苷酸（XMP）　　　　　　鸟苷酸（GMP）

3. ATP 和 GTP 的生成　AMP 和 GMP 在核苷一磷酸激酶催化下，分别转变为 ADP 和 GDP，后两者在核苷二磷酸激酶催化下分别生成 ATP 和 GTP。在上述反应中均需 ATP 提供磷酸基。

ATP 和 GTP 是 RNA 合成的原料。

4. 嘌呤核苷酸从头合成的调节　从头合成是体内嘌呤核苷酸的主要来源。通过对该途径的调节，协调各种嘌呤核苷酸的合成速度和合成量，以满足机体需要。该调节表现在：①嘌呤核苷酸能反馈抑制关键酶磷酸核糖基焦磷酸合成酶和磷酸核糖基焦磷酸酰胺转移酶，抑制嘌呤核苷酸的过量生成；②AMP 反馈抑制腺苷酸基琥珀酸合成酶，抑制 AMP 的过量生成；GMP 反馈抑制 IMP 脱氢酶，抑制 GMP 的过量生成；③由 IMP 生成 AMP 的第一步反应（由腺苷酸基琥珀酸合成酶催化）需要 GTP，由 IMP 生成 GMP 的第二步反应（由酰胺转移酶催化）需要 ATP，故 GTP 和 ATP 能分别促进 AMP（ATP）和 GMP（GTP）的生成，这种交叉调节可维持体内 ATP 和 GTP 合成量的平衡。

（二）嘌呤核苷酸的补救合成

嘌呤核苷酸的补救合成主要在脑、骨髓等组织进行。该途径是在酶的催化下机体直接利用现有的嘌呤或嘌呤核糖核苷合成嘌呤核糖核苷酸的过程。

1. 利用嘌呤合成嘌呤核苷酸　腺嘌呤磷酸核糖转移酶（adenine phosphoribosyltransferase，APRT）催化将磷酸核糖基焦磷酸（phosphoribosyl pyrophosphate，PRPP）分子的核糖磷酸转移给腺嘌呤生成 AMP；次黄嘌呤 - 鸟嘌呤磷酸核糖基转移酶（hypoxanthine-guanine phosphoribosyl transferase，HGPRT）分别催化将 PRPP 分子中的磷酸核糖转移给次黄嘌呤或鸟嘌呤的反应，生成 IMP 或 GMP。

$$腺嘌呤 + PRPP \xrightarrow{\text{腺嘌呤磷酸核糖基转移酶}} AMP + PPi$$

$$鸟嘌呤 + PRPP \xrightarrow{\text{次黄嘌呤-鸟嘌呤磷酸核糖基转移酶}} GMP + PPi$$

$$次黄嘌呤 + PRPP \xrightarrow{\text{次黄嘌呤-鸟嘌呤磷酸核糖基转移酶}} IMP + PPi$$

HGPRT 有遗传性缺陷可造成莱施-奈恩综合征（Lesch-Nyhan 综合征），患儿表现为运动障碍，智力低下，自残甚至自毁容貌，故也称为自毁性综合征。

2. 利用嘌呤核苷合成嘌呤核苷酸 腺苷激酶催化腺苷与 ATP 反应生成 AMP。

二、嘧啶核苷酸的合成代谢

（一）嘧啶核苷酸的从头合成

嘧啶核苷酸的从头合成是利用核糖磷酸、氨基酸和 CO_2 作为原料，在细胞质内经过一系列酶促反应合成嘧啶核苷酸的过程。PRPP 提供磷酸核糖，天冬氨酸、CO_2 和谷氨酰胺是嘧啶环合成的原料。其中，嘧啶环的 N_1、C_4、C_5 和 C_6 由天冬氨酸提供；C_2 由 CO_2 提供，N_3 由谷氨酰胺的酰氨基提供（图 11-4）。

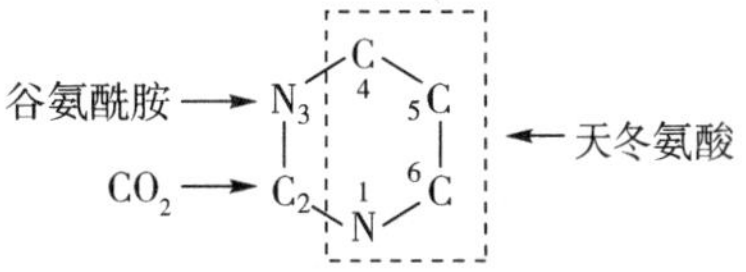

图 11-4 嘧啶环的合成原料

在嘧啶核苷酸的从头合成过程中，首先由谷氨酰胺、CO_2 和天冬氨酸合成嘧啶环，由 PRPP 提供核糖磷酸，合成乳清酸核苷酸，再转变为尿嘧啶核苷酸，由尿嘧啶核苷酸进一步生成胞嘧啶核苷酸和胸腺嘧啶核苷酸。

1. UTP 和 CTP 的合成 在氨甲酰磷酸合成酶 II 催化下，谷氨酰胺提供酰氨基的氨基与 CO_2 及 ATP 反应生成氨甲酰磷酸。氨甲酰磷酸合成酶 II 存在于细胞质，是一种别构酶，可受 UMP 的别构抑制，受 PRPP 的别构激活。在尿素合成（鸟氨酸循环）过程中也有合成氨甲酰磷酸的反应，但其合成的原料是 NH_3、CO_2 及 ATP，由氨甲酰磷酸合成酶 I 催化，该酶位于肝细胞线粒体，N-乙酰谷氨酸是其别构激活剂。

在天冬氨酸氨甲酰基转移酶催化下，氨甲酰磷酸与天冬氨酸结合生成氨甲酰天冬氨酸；后者在二氢乳清酸酶催化下转变为二氢乳清酸（dihydroorotic acid, DHO）；在二氢乳清酸脱氢酶催化下，DHO 脱氢生成乳清酸（orotic acid）；在乳清酸磷酸核糖转移酶催化下，由 PRPP 提供磷酸核糖，乳清酸转变为乳清酸核苷酸（orotidine-5′-monophosphate, OMP）；经 OMP 脱羧酶催化 OMP 脱羧生成尿苷一磷酸（UMP）（图 11-5）。

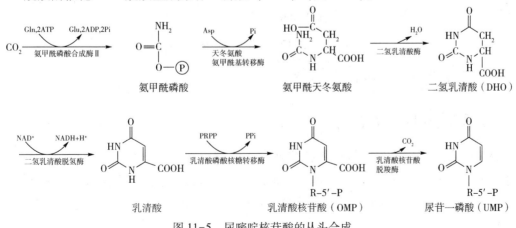

图 11-5 尿嘧啶核苷酸的从头合成

经激酶催化，UMP 与 ATP 反应生成 UDP，UDP 再与 ATP 反应生成 UTP。UTP 接受谷氨酰胺酰氨基提供的氨基，在 CTP 合成酶催化下转变生成 CTP。UTP 和 CTP 均是合成 RNA 的原料。

$$UMP \xrightarrow[\text{尿苷酸激酶}]{\substack{ATP \quad ADP,Pi \\ Mg^{2+}}} UDP \xrightarrow[\text{核苷二磷酸激酶}]{\substack{ATP \quad ADP,Pi \\ Mg^{2+}}} UTP \xrightarrow[\text{CTP合成酶}]{\substack{Gln,ATP \quad Glu,ADP,Pi}} CTP$$

2. dTMP 和 dTTP 的合成 经核糖核苷酸还原酶催化，UDP 转变为 dUDP，再在核苷二磷酸激酶催化下生成 dUTP，dUTP 通过 dUDP（dUTPase）水解转变为 dUMP。在胸苷酸合酶催化下，由 N^5,N^{10}—CH_2—FH_4 提供甲基，dUMP 转变为 dTMP。在激酶催化下 dTMP 与 ATP 反应生成 dTDP，dTDP 再与 ATP 反应生成 dTTP。

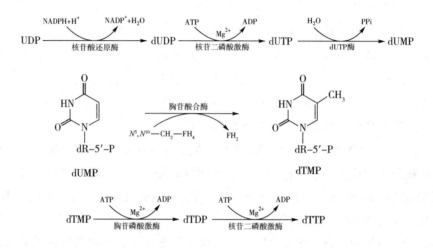

$$UDP \xrightarrow[\text{核苷酸还原酶}]{\substack{NADPH+H^+ \quad NADP^++H_2O}} dUDP \xrightarrow[\text{核苷二磷酸激酶}]{\substack{ATP \quad ADP \\ Mg^{2+}}} dUTP \xrightarrow[\text{dUTP酶}]{\substack{H_2O \quad PPi}} dUMP$$

$$dTMP \xrightarrow[\text{胸苷磷酸激酶}]{\substack{ATP \quad ADP \\ Mg^{2+}}} dTDP \xrightarrow[\text{核苷二磷酸激酶}]{\substack{ATP \quad ADP \\ Mg^{2+}}} dTTP$$

dTTP 是合成 DNA 的原料之一。

3. 嘧啶核苷酸从头合成的调节 该代谢途径的关键酶及其调节因物种而异。天冬氨酸氨甲酰基转移酶是细菌该代谢途径的关键酶，CTP 是其别构抑制剂，ATP 是其别构激活剂；氨甲酰磷酸合成酶 II 是哺乳动物该代谢途径的关键酶，UMP 是其别构抑制剂，ATP 和 PRPP 是其别构激活剂。

（二）嘧啶核苷酸的补救合成

在酶的催化下，细胞直接利用现有的嘧啶或嘧啶核苷合成嘧啶核苷酸的过程称为嘧啶核苷酸的补救合成途径。

嘧啶接受 PRPP 提供的核糖磷酸，在嘧啶磷酸核糖基转移酶催化下合成嘧啶核苷酸；尿苷可在尿苷激酶催化下接受 ATP 提供的磷酸基生成尿嘧啶核苷酸。

$$嘧啶 + PRPP \xrightarrow{\text{嘧啶磷酸核糖基转移酶}} 嘧啶核苷酸 + PPi$$

$$尿苷 + ATP \xrightarrow{\text{尿苷激酶}} UMP + ADP$$

三、脱氧核糖核苷酸的生成

脱氧核糖核苷酸的生成是在核糖核苷酸还原酶（ribonucleotide reductase，RR）催化下，核苷二磷酸（nucleoside diphosphate，NDP）加氢脱水，转变为脱氧核苷二磷酸（deoxynucleoside diphosphate，dNDP）。dNDP 经激酶催化，与 ATP 反应生成 dNTP（图 11-6）。

dNTP 是 DNA 生物合成的原料。

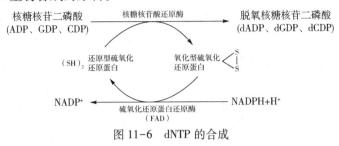

图 11-6　dNTP 的合成

第三节　核苷酸的分解代谢

一、嘌呤核苷酸的分解代谢

在核苷酸酶催化下，嘌呤核苷酸水解释放磷酸生成嘌呤核苷。经腺嘌呤核苷脱氨酶催化，腺苷转变为肌苷（次黄嘌呤核苷），次黄嘌呤核苷经嘌呤核苷磷酸化酶催化，生成次黄嘌呤。在黄嘌呤氧化酶催化下，次黄嘌呤先转变为黄嘌呤，最终转变为尿酸（uric acid）；在核苷磷酸化酶催化下，鸟苷转变为鸟嘌呤，再经鸟嘌呤脱氨酶催化鸟嘌呤转变为黄嘌呤，最终同样经黄嘌呤氧化酶催化生成尿酸（图 11-7）。

图 11-7　嘌呤核苷酸的分解代谢

尿酸是人体嘌呤碱分解的最终产物，由肾排泄。由于尿酸的水溶性小，当体内尿酸浓度过高可以尿酸盐结晶形式沉积于关节、软骨组织等，出现关节肿痛等表现，即为痛风。引起痛风的原因可能是嘌呤核苷酸分解增多（如先天性代谢缺陷、白血病等）及尿酸排泄障碍（如肾功能减退等）。别嘌呤醇（allopurinol）是次黄嘌呤的结构类似物，能竞争性抑制黄嘌呤氧化酶，抑制尿酸的生成，临床用于痛风的治疗。

次黄嘌呤　　　　　　　别嘌呤醇

知识链接

中医药治疗痛风的研究进展

中医学对痛风的认识已有两千多年的历史。按照《中医病证诊断疗效标准》，痛风系由湿浊瘀阻、留滞关节经络、气血不畅所致。近年来，中医中药在痛风治疗的研究上取得进展。

1. 中药复方　临床观察发现，以补肾利湿法为指导，由熟地黄、山茱萸、山药、牡丹皮、怀牛膝、泽泻、茯苓、车前子组成的中药复方治疗痛风性关节炎的总有效率95%；以清热通络，祛风除湿为指导的白虎桂枝汤加味治疗痛风性关节炎也取得满意疗效。

2. 单味药及其有效部位（成分）　对实验性痛风性关节炎的动物研究表明，穿山龙的30%乙醇洗脱液可显著降低血尿酸水平，明显改善关节滑膜组织的病理形态学改变；虎杖提取物能使关节红肿减轻，肤温降低；鸡矢藤提取物能显著减少关节组织炎性细胞浸润；槲皮素也能抑制关节肿胀程度，改善关节的病理学改变。

二、嘧啶核苷酸的分解代谢

经核苷酸酶催化，嘧啶核苷酸水解生成核苷，核苷经核苷磷酸化酶催化，生成核糖-1-磷酸和嘧啶，嘧啶进一步分解。

胞嘧啶经胞嘧啶脱氨酶催化脱氨基转变为尿嘧啶，尿嘧啶经二氢尿嘧啶脱氢酶催化，生成二氢尿嘧啶（dihydrouracil，DHU），DHU 经二氢尿嘧啶酶催化，水解开环，生成 β-脲基丙酸，进一步在 β-脲基丙酸酶催化下转变为 β-丙氨酸，β-丙氨酸可继续分解。

胞嘧啶　　　　尿嘧啶　　　　　　二氢尿嘧啶　　　　　β-脲基丙酸

β-丙氨酸　　　　丙二酸半醛　　　　丙二酸单酰辅酶A　　　　乙酰辅酶A

胸腺嘧啶在二氢胸腺嘧啶脱氢酶催化下加氢还原生成二氢胸腺嘧啶，后者水解开环生成 β-脲基异丁酸，β-脲基异丁酸水解释放 CO_2 和 NH_3，生成 β-氨基异丁酸，后者可继续分解。

胸腺嘧啶 ⟶(NADPH+H⁺ / NADP⁺，二氢胸腺嘧啶脱氢酶) 二氢胸腺嘧啶 ⟶(H_2O，二氢胸腺嘧啶酶) β-脲基异丁酸

⟶(H_2O / NH_3+CO_2，β-脲基丁酸酶) β-氨基异丁酸 ⟶(氨基转移酶) 甲基丙二酸半醛 ⟶ 甲基丙二酸单酰辅酶A ⟷ 琥珀酰辅酶A

第四节 核苷酸的抗代谢物

核苷酸的抗代谢物是化学结构与核苷酸合成代谢的正常物质类似，可竞争性抑制这些代谢相关的酶，从而干扰核苷酸及核酸合成的物质，包括嘌呤碱和嘧啶碱类似物、氨基酸类似物、叶酸类似物、嘧啶核苷类似物等。临床上核苷酸抗代谢物主要用于肿瘤的治疗，其药理机制主要是通过抑制肿瘤细胞核苷酸及核酸的生物合成，干扰肿瘤细胞的代谢和增殖。由于该类药物的作用缺乏特异性，对某些正常组织细胞的代谢及增殖也产生影响，因而该类药物有较大毒副作用。

一、嘌呤核苷酸的抗代谢物

嘌呤核苷酸的抗代谢物主要有结构与嘌呤、叶酸、氨基酸相似的物质。

1. 嘌呤类似物 嘌呤类似物主要有6-巯基嘌呤（6-mercaptopurine，6-MP）、6-巯基鸟嘌呤（6-thioguanine，6-TG）、8-氮鸟嘌呤（8-azaguanine，8-AG）等，临床应用较多的是6-MP。6-MP是次黄嘌呤的结构类似物，不同之处是由巯基取代了次黄嘌呤C_6上的羟基，因此6-MP竞争性抑制HGPRT，从而抑制嘌呤核苷酸的补救合成；在体内6-MP能与核糖磷酸结合为6-巯基嘌呤核苷酸，结构类似于IMP，能反馈抑制磷酸核糖基焦磷酸酰胺转移酶，抑制嘌呤核苷酸的从头合成。6-巯基嘌呤核苷酸还能抑制IMP转变为GMP和AMP。

6-巯基嘌呤

2. 叶酸类似物 甲氨蝶呤（methotrexate，MTX）和氨基蝶呤（aminopterin）均是叶酸的结构类似物。在嘌呤核苷酸的从头合成途径中，嘌呤环的C_2和C_8均由N^{10}-甲酰四氢叶酸提供。甲氨蝶呤和氨基蝶呤通过竞争性抑制催化四氢叶酸合成的二氢叶酸还原酶，抑制嘌呤核苷酸从头合成中一碳单位的供应。

甲氨蝶呤

3. 氨基酸类似物 氮杂丝氨酸（azaserine，Azas）是谷氨酰胺的结构类似物，可通过对酶的竞争性抑制作用干扰谷氨酰胺参与的嘌呤核苷酸合成代谢的反应步骤。

$$N\equiv N^+ - CH_2 - \overset{\overset{\displaystyle O}{\|}}{C} - O - CH_2 - \overset{\overset{\displaystyle NH_2}{|}}{CH} - COOH$$

氮杂丝氨酸

二、嘧啶核苷酸的抗代谢物

与嘌呤核苷酸的抗代谢物相似，嘧啶核苷酸的抗代谢物是结构与嘧啶、叶酸、氨基酸类似的物质。此外，还有嘧啶核苷类似物。

1. 嘧啶类似物 临床常用的嘧啶类似物有 5-氟尿嘧啶（5-fluorouracil，5-FU）。5-FU 的结构特点是由氟原子取代了尿嘧啶 C_5 的氢原子，因此是尿嘧啶的结构类似物。5-FU 在体内转变为氟尿苷三磷酸（FUTP）及氟脱氧尿苷一磷酸（FdUMP）后发挥药理作用。在 RNA 的生物合成中，FUTP 以假乱真，作为合成原料以 FUMP 形式掺入 RNA 分子，从而干扰蛋白质的生物合成；dUMP 的结构类似物 FdUMP 能竞争性抑制胸苷酸合酶，影响 dTMP 的合成，使 DNA 生物合成因原料 dTTP 的减少受到干扰。

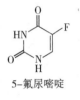
5-氟尿嘧啶

2. 叶酸和氨基酸类似物 MTX 和氮杂丝氨酸（Azas）也是嘧啶核苷酸的抗代谢物，其作用机制与在嘌呤核苷酸代谢中的相似。如 MTX 是二氢叶酸还原酶的竞争性抑制剂，抑制四氢叶酸的合成，进而影响由 dUMP 转变为 dTMP 所需要的 N^5, N^{10}—CH_2—FH_4 的合成，使 DNA 生物合成的原料 dTTP 不足；Azas 是谷氨酰胺的结构类似物，在嘧啶核苷酸合成中可干扰谷氨酰胺参与的反应。

3. 嘧啶核苷类似物 阿糖胞苷（cytosine arabinoside，AraC）是胞嘧啶与阿拉伯糖结合而成的核苷，与胞嘧啶核苷的结构类似。AraC 在体内转变为阿糖胞苷三磷酸（Ara-CTP）后能抑制 DNA 聚合酶活性，干扰 DNA 的生物合成。

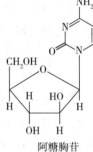
阿糖胞苷

重点小结

重　点	难　点
1. 核苷酸的功能　核苷酸具有多种功能：合成核酸；提供能量；构成辅酶或辅基；参与细胞信号转导；参与某些合成代谢	1. 核苷酸的从头合成　利用核糖磷酸、氨基酸、一碳单位、CO_2 物质合成嘌呤核苷酸，首先合成肌苷一磷酸，再分别转变为腺苷酸和鸟苷酸。利用核糖磷酸、氨基酸和 CO_2 合成嘧啶核苷酸，首先合成尿苷酸，再进一步转变为胞苷酸和脱氧胸苷酸
2. 核苷酸从头合成原料　1-焦磷酸-5-磷酸核糖提供核糖磷酸；嘌呤环 N_1 由天冬氨酸提供、C_2 和 C_8 由 N^{10}-甲酰四氢叶酸提供、N_3 和 N_9 由谷氨酰胺提供、C_4 和 C_5 及 N_7 由甘氨酸提供、C_6 由 CO_2 提供；嘧啶环 N_1、C_4、C_5 和 C_6 由天冬氨酸提供，C_2 由 CO_2 提供、N_3 由谷氨酰胺提供	2. 核苷酸抗代谢物　核苷酸的抗代谢物包括嘌呤碱和嘧啶碱类似物、氨基酸类似物、叶酸类似物、嘧啶核苷类似物等，其化学结构与核苷酸及核酸合成代谢的正常物质类似，能竞争性抑制相关的酶，从而干扰核苷酸及核酸的合成
3. 脱氧核苷酸的合成　脱氧核糖核苷酸的生成是在核苷二磷酸的基础上，由核糖核苷酸还原酶催化下转变为脱氧核苷二磷酸	3. 核苷酸代谢紊乱与疾病　次黄嘌呤-鸟嘌呤磷酸核糖基转移酶的遗传性缺陷使嘌呤核苷酸补救合成障碍，导致 Lesch-Nyhan 综合征；嘌呤核苷酸的先天性或继发性代谢紊乱使体内尿酸过高，可引起痛风
4. 嘌呤碱的分解代谢　腺嘌呤、鸟嘌呤、次黄嘌呤均可转变为黄嘌呤，在黄嘌呤氧化酶催化下最终生成尿酸	

简 答 题

1. 简述核苷酸从头合成途径提供嘌呤和嘧啶的原料。

2. 简述嘌呤的分解代谢。

3. 简述痛风的发病机制。

4. 简述核苷酸生理功能。

5. 简述核苷酸抗代谢物的种类及作用机制。

（冯伟科）　　　　扫码"练一练"

扫码"学一学"

第十二章 物质代谢的调节

> **要点导航**
>
> **掌握** 物质代谢的概念，物质代谢细胞水平的调节方式，酶的别构调节和化学修饰调节的概念、特点和意义。
>
> **熟悉** 物质代谢的特点，糖、脂肪和蛋白质代谢之间的相互联系。
>
> **了解** 激素对细胞膜受体及细胞内受体调节的作用机制和整体水平调节。

物质代谢、能量代谢与代谢调节，是生命存在的三大要素。机体之所以能够适应体内外千变万化的环境变化，除了需要物质的合成和分解、能量的转化和传递等代谢过程外，还存在着复杂完整的代谢调节网络。糖、脂质、氨基酸与蛋白质、核苷酸与核酸代谢不仅具有各自特定功能的代谢途径，而且相互联系、相互协调、相互制约，共同实现高度统一、高度协调的代谢过程，以适应机体生命活动的需要。本章在前述糖、脂质、氨基酸、核苷酸各自代谢内容的基础上，归纳体内总体的代谢调节特点和规律，并从生物体细胞水平、激素水平和整体水平三个不同层次，探讨代谢调节机制的相关性和复杂性。

第一节 物质代谢的特点

一、物质代谢的概念

物质代谢（material metabolism）是生命的基本特征。从有生命的单细胞到复杂的人体，都与外界环境不断进行着物质交换，这种物质交换称为物质代谢。在物质代谢过程中同时伴有能量的交换，称为能量代谢。体内的物质代谢与能量代谢相偶联，当机体从外界环境摄取营养物质，相当于从外界输入能量（营养物质所含的化学能），而当这些物质在机体内进行分解代谢时又将化学能释放出来，以供生命活动的需要。

（一）同化作用和异化作用

1. 概念 物质代谢包括同化作用和异化作用这两个不同方向的代谢变化。一方面机体由外界环境摄取营养物质，通过消化、吸收在体内进行一系列复杂而有规律的化学变化，转化为机体的组织成分，即把食物中的物质元素存入身体里，故称同化作用（assimilation）；另一方面，机体自身的物质也不断分解成代谢产物，排出体外，故称为异化作用（dissimilation）。

2. 两者关系 同化作用和异化作用是对立统一的两个方面。同化作用是吸能过程，它保证了机体的生长、发育和组成物质的不断更新；异化作用是放能过程，释放的能量一部分用于同化作用，一部分维持生命活动的需要。同化作用可为异化作用提供物质基础，异化作用可为同化作用提供能量，它们既互相对立、互相制约，又互相联系、互相协调，共同推动了整个代谢过程的不断运动和发展。

（二）合成代谢与分解代谢

1. 概念 物质代谢包含一系列相互联系的合成和分解的化学反应。合成代谢（anabolism）是由简单的构件分子（如氨基酸和核苷酸）合成复杂的大分子（如蛋白质和核酸）的过程，在产生分子更大、结构更复杂物质的生物合成过程中需要消耗能量。分解代谢（catabolism）是机体将复杂大分子（如糖类、脂质、蛋白质等）分解成较小的、简单的终产物（如二氧化碳、水、氨等）的过程。

2. 两者关系 合成代谢与分解代谢是代谢过程的两个方面，在机体内不是截然分开和孤立的。外源性物质进入体内，和体内原有物质共同被生物体利用或分解。食物蛋白质经体内消化水解而被吸收的氨基酸（外源性氨基酸），与体内蛋白质降解所产生的氨基酸（内源性氨基酸）共同构成所谓氨基酸代谢库。这些氨基酸可以合成体内蛋白质，也可以进一步分解为代谢废物，而被排泄掉，视机体状况而定。分解代谢生成的ATP可供合成代谢使用，合成代谢的构件分子也常来自分解代谢的中间产物。

（三）中间代谢

1. 概念 物质代谢通过消化、吸收、中间代谢和排泄四个阶段来完成。其中，中间代谢（intermediary metabolism）是指经过消化、吸收的外界营养物质和体内原有的物质，在全身一切组织和细胞中进行的多种多样化学变化的过程。在生物体内进行的同化作用和异化作用，合成代谢和分解代谢，都是多酶催化的一连串的中间代谢过程。它们多数是串联的，即上一个反应的产物就是下一个反应的底物。也有许多代谢途径存在分支，即有些关键性代谢产物是许多不同反应的共同产物或底物。如糖类、脂质、蛋白质三大营养物质在体内氧化分解的代谢途径各不相同，但都能生成共同的中间产物乙酰辅酶A，并通过三羧酸循环、氧化磷酸化，生成终产物 H_2O 和 CO_2，释出的能量均以ATP形式储存。

2. 分解途径与合成途径 理论上中间代谢起始代谢物和最终产物往往是相同的，反应方向相反；但合成途径和分解途径所涉及的中间步骤和所催化的酶却不完全相同，它们之间也并非都是逆反应的关系。例如糖酵解中糖分解为丙酮酸和乳酸与糖异生中由乳酸和丙酮酸生成糖，蛋白质分解为氨基酸与氨基酸合成蛋白质，以及脂肪酸 β 氧化分解为乙酰辅酶A与乙酰辅酶A合成脂肪酸等，其反应方向并非完全可逆。另外，许多分解途径与合成途径是在细胞的不同部位进行的，例如脂肪酸分解为乙酰辅酶A是在线粒体内进行，是以氧化为主的过程；而由乙酰辅酶A合成脂肪酸则是在细胞质中进行，是以还原为主的过程。

二、机体内物质代谢的特点

1. 物质代谢过程的整体性 生物体内的物质代谢是一个完整而又统一的过程。在机体物质代谢中，不仅有蛋白质、糖类、脂质等大分子物质，也有水、无机盐、维生素及微量元素等成分参与，因此同一时间，机体的多种物质共同参与代谢，彼此相互联系、相互转变、相互协调又相互制约，构成统一的整体，以确保细胞乃至机体的正常功能。例如，糖类、脂质在体内分解代谢释放的能量可用于核酸、蛋白质等的生物合成，蛋白质在一定条件下也可以通过代谢释放能量，而蛋白质和脂质代谢的能量代谢程度取决于糖代谢进行的程度。当糖类和脂质供能不足时，蛋白质的分解就增强，而当糖代谢旺盛时又可减少脂质的消耗。由于机体内三大物质代谢之间的密切联系，通过一系列的代谢调节，可使各个代谢反应成为完整而统一的过程，从而对机体的正常生理活动起着重要的保护作用。

2. 物质代谢调节的连续性　体内的物质代谢复杂多样，包括许多酶促反应组成的代谢途径。由于机体存在着一套精细、完善而又复杂的调节机制，从而确保了糖类、脂质、蛋白质、水、无机盐、维生素、微量元素等各种成分代谢，能根据机体的代谢状况和执行功能的需要有条不紊地进行，使各种物质代谢的强度、方向和速度适应体内外环境的不断变化，顺利完成各种生命活动。一旦机体这种维持体内外相对恒定和动态平衡的调节机制发生紊乱，不能适应机体内、外环境改变的需要，就会使细胞、机体的功能失常，从而导致人体疾病的发生。如糖尿病表现的糖代谢异常，可继发脂质、蛋白质等一系列代谢紊乱。

3. 物质代谢的共同代谢池　人体主要营养物质如糖类、脂质、蛋白质，既可以从食物中摄取（外源性物质），也可以在体内自身合成（内源性物质）。一旦进入人体内，就不再区分物质来源，而是通过血液循环在各组织之间转运参与代谢，形成共同的代谢池，根据机体的营养状况和需要，共同进入各种代谢途径进行代谢。如血糖的来源，无论是从外源性食物中消化、吸收的，体内肝糖原分解产生的，还是非糖物质通过糖异生转化生成的，都形成共同的血糖池，并根据机体需要，通过有氧氧化或无氧酵解，释放出能量供机体利用。

4. ATP 是能量代谢的通用形式　一切生命活动需要能量。虽然人体能量的来源是营养物质，但糖类、脂质、蛋白质代谢产生的化学能不能直接用于各种生命活动，而是大部分通过氧化磷酸化或底物水平磷酸化生成 ATP，使能量以高能磷酸键形式储存于 ATP。当机体需要能量时，ATP 又可以通过水解释放出能量，供生命活动所需。ATP 作为机体能量储存和利用的通用形式，将产能的营养物质分解代谢和耗能的物质合成代谢密切联系，使物质代谢与其他生命活动联系在一起。

第二节　物质代谢的相互关系

糖类、脂质、蛋白质、核酸等物质不同，具有特定的代谢途径，虽然代谢途径不同，但可以通过一些共同的中间代谢物相互联系，相互转变，形成网络，实现体内代谢平衡。本节分别讨论糖类、脂质、蛋白质、核酸代谢之间的互相联系（图 12-1）。

一、蛋白质与糖代谢的相互联系

已知大多数氨基酸是生糖氨基酸，这些氨基酸通过脱氨基作用，生成相应的 α-酮酸。这些 α-酮酸可转变成某些能进入糖异生途径的中间代谢物，循糖异生途径转变为葡萄糖。如丙氨酸经脱氨基生成丙酮酸，丙酮酸可异生为葡萄糖；再如谷氨酸通过脱氨基作用生成 α-酮戊二酸，再经草酰乙酸、磷酸烯醇丙酮酸异生为葡萄糖。因此，蛋白质在体内是能转变成糖的。

糖代谢过程中，产生的许多 α-酮酸，如丙酮酸、α-酮戊二酸、草酰乙酸等，可以通过转氨基作用生成相对应的非必需氨基酸，这些非必需氨基酸的合成都可以由糖代谢提供碳

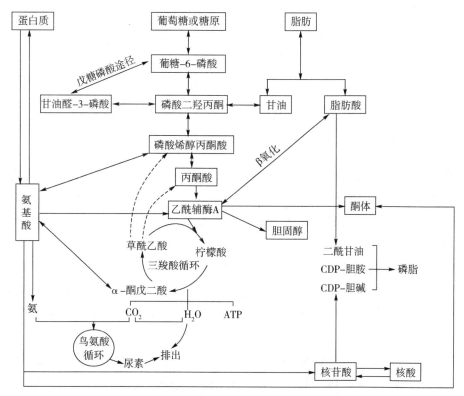

图 12-1　糖类、脂质、蛋白质和核苷酸代谢的相互联系

骨架。但是机体不能完全依靠糖来合成整个蛋白质分子中各种氨基酸的碳链，如必需氨基酸由于机体不能合成与之相对应的 α-酮酸，在体内无法合成。所以蛋白质在一定程度上可以代替糖，但不能用糖完全来代替食物中蛋白质的供应。

二、糖与脂质代谢的相互联系

乙酰辅酶 A 和磷酸二羟丙酮是糖代谢和脂质代谢的主要结合点。一方面，糖代谢产生的乙酰辅酶 A 是合成脂肪酸与胆固醇的主要原料；另一方面，糖代谢产生的磷酸二羟丙酮可以还原生成甘油-3-磷酸，磷酸二羟丙酮也能通过糖代谢途径生成丙酮酸，丙酮酸氧化脱羧转变成乙酰辅酶 A，用于合成脂肪酸。甘油和脂肪酸可以合成脂肪（三酰甘油），储存于脂库。所以当糖供给充足时，糖可以大量转变为脂肪储存，导致发胖。

脂肪水解生成甘油和脂肪酸。甘油磷酸化生成甘油-3-磷酸，甘油-3-磷酸脱氢生成磷酸二羟丙酮，并通过糖异生生成葡萄糖。但是脂肪的主要成分脂肪酸不能转变为糖，因为脂肪酸分解产生的乙酰辅酶 A 在人体内不能通过糖异生途径合成葡萄糖。

总之，在一般生理情况下，糖与脂肪的关系以糖转化为脂肪为主，而脂肪大量转变成糖是困难的，只有少量的奇数碳脂肪酸氧化生成的丙酰辅酶 A 可通过三羧酸循环变成草酰乙酸后，转变成糖。

三、蛋白质与脂质代谢的相互联系

蛋白质可以转变成各种脂质，主要表现在：①氨基酸对应的 α-酮酸，可以降解生成乙酰辅酶 A，进而合成脂肪酸或胆固醇；②甘氨酸或丝氨酸、胆碱等作为磷脂合成的原料，可以合成磷脂酰丝氨酸、磷脂酰乙醇胺、磷脂酰胆碱等磷脂。

机体几乎不利用脂肪来合成蛋白质，正如脂肪很少能转变为糖一样，脂肪酸不能转变成任何氨基酸，仅脂肪中的甘油可以转化为非必需氨基酸碳架。甘油通过生成一些与非必需氨基酸相对应的 α-酮酸，合成非必需氨基酸。但由于脂肪分子中甘油所占比例较少，所以实际氨基酸生成量非常有限，不能代替食物蛋白质。

四、核酸与糖、脂质和蛋白质代谢的相互联系

核苷酸是不可缺少的生命物质，在代谢中起着重要的作用。例如 ATP 是能量和磷酸基团转移的重要物质，GTP 参与蛋白质的生物合成，UTP 参与多糖的生物合成，CTP 参与磷脂的生物合成。体内许多辅酶或辅基含有核苷酸组分，如 HSCoA、NAD^+、$NADP^+$、FAD、FMN 等。

核苷酸的分解代谢与糖类、脂质和蛋白质的分解代谢密切相连，主要表现在：①核苷酸的嘌呤碱和嘧啶碱由几种氨基酸作为原料合成；②参与构成核苷酸的核糖-5-磷酸通过糖代谢的戊糖磷酸途径转化或分解获得；③核酸几乎参与了蛋白质生物合成的全过程，而核酸的生物合成又需要许多蛋白质因子参与作用。

总之，糖类、脂质、蛋白质和核酸等代谢成员以三羧酸循环为枢纽，通过一些中间产物，彼此相互影响，相互联系和相互转化，形成纵横交错的代谢网络。机体必须严格调节每一条代谢途径，控制处于交汇点的代谢物进入不同代谢途径的量，只有这样，才能保证代谢有条不紊地进行，维持正常的生命活动。

第三节　代谢调控总论

代谢调节在生物体内普遍存在，它是生物在长期进化过程中，为适应环境的变化而形成的，进化程度越高，其代谢调节机制就越复杂。人们习惯把生物体内的代谢调节分成细胞水平的调节、激素水平的调节及整体水平的综合调节三个不同层次。细胞水平的调节主要是通过细胞内代谢物浓度的变化对酶的活性和含量进行调节，是最基本、最原始的调节方式，是一切代谢调节的基础。内分泌腺随着生物进化而出现，它所分泌的激素是通过作用于靶细胞，来调节代谢反应的方向和速度，此称为激素水平的调节。高等生物则具有更复杂、更高级的整体水平调节，动物（包括人类）可通过神经系统和内分泌系统，对整体的代谢进行综合调节。

一、细胞水平的调节

（一）酶在细胞内的区域化分布

物质代谢与能量代谢由多种酶催化，催化不同代谢的酶在细胞内有一定的布局和定位，即某些催化一种物质逐级代谢的酶能组成多酶体系，且往往分布于细胞内特定部位。这样各种代谢途径在不同区域进行（表 12-1），不仅可以避免各种酶催化的代谢过程相互干扰，而且这些酶互相靠近，容易接触，使代谢反应速度迅速进行。当生命活动需要时，又可以通过代谢物的跨膜转运来调节代谢，进而使各种酶系之间相互协调、相互制约。

表 12-1　主要物质代谢途径在细胞内的分布

代谢途径	酶分布	代谢途径	酶分布
糖酵解	细胞质	脂肪酸 β 氧化	细胞质和线粒体
糖的有氧氧化	细胞质和线粒体	脂肪酸的合成	细胞质
三羧酸循环	线粒体	酮体代谢	线粒体
戊糖磷酸途径	细胞质	磷脂合成	内质网
糖原合成	细胞质	胆固醇合成	细胞质和内质网
糖原分解	细胞质	尿素合成	线粒体和细胞质
糖异生	线粒体和细胞质	核酸合成	细胞核
呼吸链	线粒体	蛋白质合成	细胞质和内质网

（二）代谢途径的关键酶

每条代谢途径是由一系列酶促反应组成的，对其反应速率和方向的调节主要是由一个或几个具有调节作用的关键酶（见第六章）活性决定。一些重要代谢途径的关键酶见表 12-2。

表 12-2　一些重要途径的关键酶

代谢途径	关键酶	代谢途径	关键酶
糖酵解	己糖激酶、磷酸果糖激酶-1、丙酮酸激酶	糖的有氧氧化	丙酮酸脱氢酶复合物、柠檬酸合酶、异柠檬酸脱氢酶、α-酮戊二酸脱氢酶复合物
糖异生	丙酮酸羧化酶、磷酸烯醇丙酮酸羧化激酶、果糖-1,6-双磷酸酶、葡糖-6-磷酸酶	糖原合成	糖原合酶
糖原分解	糖原磷酸化酶	脂肪酸合成	乙酰辅酶 A 羧化酶
胆固醇合成	HMG-CoA 还原酶		

细胞水平的调节主要有两种方式：一种是酶结构的调节，即通过改变酶分子的结构，改变酶的活性，来实现对酶促反应速度的调节，在数秒或数分钟内发挥调节作用，属于快速调节；另一种是酶合成量的调节，即通过改变酶分子合成或降解的速度来改变细胞内酶的含量，实现对酶促反应速度的调节，一般需数小时甚至数天才能发挥调节作用，属于迟缓调节。

（三）酶活性的调节

1. 酶的别构调节

（1）概念　别构调节（allosteric regulation）又称为变构调节，是指一些小分子化合物与酶分子活性中心外的某一部位特异性结合，改变其构象，从而改变其催化活性。别构调节是生物界普遍存在的代谢调节方式，其中受别构调节的酶称为别构酶或变构酶（allosteric enzyme），小分子调节物质称为别构效应剂（allosteric effector）。这些别构效应剂通常是代谢途径的辅因子或小分子代谢物，如底物、产物或其他小分子代谢物等（表 12-3），其中能增强酶活性的分子称为别构激活剂，反之称为别构抑制剂。

表 12-3　一些重要代谢途径的别构酶及别构效应剂

代谢途径	别构酶	别构激活剂	别构抑制剂
糖酵解	己糖激酶		葡糖-6-磷酸
	磷酸果糖激酶-1	AMP、ADP、果糖-2,6-双磷酸	ATP、柠檬酸
	丙酮酸激酶	果糖-1,6-双磷酸	ATP、乙酰辅酶 A
三羧酸循环	柠檬酸合酶	ADP	ATP
	异柠檬酸脱氢酶	ADP	ATP
糖原分解	糖原磷酸化酶	AMP	ATP、葡糖-6-磷酸
糖原合成	糖原合酶	葡糖-6-磷酸	
糖异生	丙酮酸羧化酶	乙酰辅酶 A、ATP	AMP
脂肪酸合成	乙酰辅酶 A 羧化酶	柠檬酸、异柠檬酸	长链脂酰辅酶 A
胆固醇合成	HMG-CoA 还原酶	柠檬酸、异柠檬酸	胆固醇
氨基酸代谢	L-谷氨酸脱氢酶	ADP、亮氨酸、甲硫氨酸	GTP、ATP、NADH

（2）机制　别构酶都是由多个亚基组成的具有四级结构的蛋白质。别构酶通常含有两个以上的亚基，包括催化亚基和调节亚基。催化亚基与底物结合，起催化作用，调节亚基与别构效应剂结合起调节作用。别构效应剂通过非共价键与调节亚基结合，引起酶蛋白构象发生变化，酶蛋白分子变得致密或松弛，导致酶活性变化（激活或抑制）。

多亚基别构酶与底物的结合具有协同效应，即一个底物分子与一个活性中心的结合会影响下一个底物分子与同一酶分子其他活性中心的结合，其底物浓度与酶促反应速度的动力学特征呈"S"形曲线，这不同于一般酶促反应动力学的矩形双曲线。

（3）意义　别构调节属于快速调节，作为一种基本调节机制，对维持代谢平衡起重要作用。

1）防止代谢终产物过多　在一些代谢途径中，该途径关键酶的活性常常受到其代谢体系终产物的抑制，这种抑制称为反馈抑制。如在胆固醇生物合成中，其关键酶 HMG-CoA 还原酶受到代谢终产物胆固醇的反馈抑制（图 12-2）。通过最终产物积累使反应速度减慢或停止，避免了能量和物质的浪费，当最终产物被不断地消耗或转移而降低浓度时，这种抑制作用逐渐取消，反应再度开始，并且速度渐渐加快，如此不断地调节反应速度，维持终产物的动态平衡。

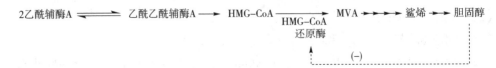

图 12-2　肝胆固醇生物合成的反馈调控

2）使代谢物得到合理调配和有效利用　一种别构剂可以抑制一种别构酶，同时激活另一种别构酶，使代谢物根据需要进入不同的代谢途径，从而使不同代谢途径相互协调。如柠檬酸既是磷酸果糖激酶的别构抑制剂，又是乙酰辅酶 A 羧化酶的别构激活剂，使乙酰辅酶 A 进入脂肪酸合成途径。

2. 酶的化学修饰调节

（1）概念　化学修饰调节（chemical modification）是指在酶蛋白特定部位氨基酸的侧

链基团（如羟基、氨基、咪唑基等）上，通过酶促反应使酶蛋白以共价键结合或脱去某种特定基团，导致酶蛋白构象改变，酶活性也随之改变，而达到调节作用，这种作用又称为酶的共价修饰调节（covalent modification）。调节方式包括磷酸化和去磷酸化、乙酰化和去乙酰化、腺苷酰化和去腺苷酰化、甲基化和去甲基化等，以磷酸化和去磷酸化最为常见（表 12-4）。化学修饰调节是体内又一种重要的快速调节方式。

表 12-4　磷酸化/去磷酸化修饰对酶活性的调节

酶	化学修饰类型	酶活性的变化
糖原磷酸化酶	磷酸化/去磷酸化	激活/抑制
糖原磷酸化酶 b 激酶	磷酸化/去磷酸化	激活/抑制
三酰甘油脂肪酶	磷酸化/去磷酸化	激活/抑制
HMG-CoA 还原酶激酶	磷酸化/去磷酸化	激活/抑制
丙酮酸脱氢酶	磷酸化/去磷酸化	抑制/激活
6-磷酸果糖激酶-2	磷酸化/去磷酸化	抑制/激活
糖原合酶	磷酸化/去磷酸化	抑制/激活
乙酰辅酶 A 羧化酶	磷酸化/去磷酸化	抑制/激活
HMG-CoA 还原酶	磷酸化/去磷酸化	抑制/激活

（2）机制　磷酸化是最常见的修饰方式，酶蛋白分子的丝氨酸、苏氨酸或酪氨酸的羟基均是磷酸化的修饰位点。在蛋白激酶催化下，由 ATP 提供磷酸基及能量，使丝氨酸、苏氨酸或酪氨酸的—OH 完成磷酸化；去磷酸化反应则由磷蛋白磷酸酶催化，酶的磷酸化与去磷酸化反应是不可逆的（图 12-3）。

糖原磷酸化酶是磷酸化修饰调节的典型例子（见第八章第三节四、糖原代谢的调节）。

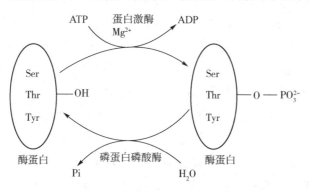

图 12-3　酶蛋白的磷酸化与去磷酸化

（3）特点及意义　①参与化学修饰调节的酶大多具有无活性（或低活性）和有活性（或高活性）两种形式，其互变反应由两个不同的酶来催化，并伴有共价键的变化；②化学修饰调节是酶促反应，作用迅速，其调节效率要比酶的别构调节效率高；③化学修饰调节受激素水平调控，具有级联放大效应。即少量激素的改变，就可通过一系列级联酶促化学修饰反应，连续引起相关酶活性的改变，从而产生逐步放大的生物学效应。

别构调节和化学修饰调节都是通过改变酶的结构来实现对酶活性的调节，两种调节方式可以同时存在，相辅相成，共同参与细胞水平的代谢调节。如糖原磷酸化酶 b 既可受别构调节：被 AMP 别构激活，被葡萄糖或 ATP 别构抑制；也可以通过化学修饰调节，磷酸化/去磷酸化来调节酶的活性。但是，别构调节大多是通过别构效应剂来影响关键酶的活性，当别构效应剂浓度过低时，不能独立完成调节作用，需要依赖化学修饰调节的级联放大效应，迅速发挥作用。

（四）酶量的调节

对酶量的调节主要通过对酶蛋白的合成和降解的调节来实现，消耗高能化合物 ATP 较多，所需时间较长，通常需数小时甚至数天才能发挥调节作用，属于迟缓调节（具体见第六章酶）。

二、激素水平的调节

激素对代谢的调节是高等生物体内代谢调节的主要方式。激素是由内分泌腺或散在的内分泌细胞分泌的微量化学信息分子，它们能与特定组织、器官或细胞（即靶组织、靶器官）的受体（receptor）特异性结合，通过一系列细胞信号转导系统，产生特定的生物学效应，并通过反馈调节机制，适应机体内、外环境的变化。这种通过激素传递信号进行调节的方式称为激素水平的调节。

根据激素相应受体在细胞中的定位，可将激素分为膜受体激素和胞内受体激素两大类。因受体定位不同，不同激素与相应受体结合可触发不同的信号途径，发挥不同的调节机制。

（一）细胞膜受体激素的调节

细胞膜受体是位于细胞膜上的跨膜糖蛋白，通过细胞膜受体发挥调节作用的激素多属于水溶性激素，包括促甲状腺激素、促性腺激素、生长激素、胰岛素等蛋白质激素，催产素、降钙素等肽类激素和肾上腺素等儿茶酚胺类激素等。由于这类激素不能自由通过细胞膜，需要通过激素（作为第一信使）与相应的靶细胞膜受体结合，通过相互作用使受体构象改变，才能影响膜结合的效应蛋白活性，然后再经细胞内特定小分子物质（作为第二信使）水平改变，把信号逐级放大，从而产生显著的代谢调节效应。这里仅介绍比较经典的 cAMP-蛋白激酶 A 途径、Ca^{2+}-钙调蛋白依赖性蛋白激酶途径、cGMP-蛋白激酶 G 途径。

1. cAMP-蛋白激酶 A 途径　cAMP-蛋白激酶 A 途径以改变靶细胞内 cAMP 浓度和蛋白激酶 A 活性为主要特征，其信号转导过程有多个环节，可表示为：

激素→膜受体→G 蛋白→腺苷酸环化酶→cAMP→蛋白激酶 A→关键酶或功能蛋白质磷酸化→生物效应。

（1）G 蛋白偶联受体　G 蛋白偶联受体（G-protein coupled receptors，GPRs）因能与三聚体 G 蛋白作用转导细胞外信号而得名。G 蛋白偶联受体是目前已经发现的种类最多的受体，这类受体由单一的多肽链构成，含 400~500 个氨基酸残基，由 7 个高度保守的 α 螺旋反复穿透细胞膜形成的跨膜区段，也称为七跨膜受体（serpentine receptor）、蛇形受体。通过 G 蛋白偶联受体调节代谢的激素有胰高血糖素、肾上腺素、去甲肾上腺素、缓激肽、黄体生成素等。此外，还有神经递质、真菌交配信息素受体、视觉、味觉、嗅觉等非激素信号。约 50% 的临床药物的作用靶点是 G 蛋白偶联受体。

（2）异三聚体 G 蛋白　广义的 G 蛋白指所有与 GTP 结合的蛋白质，通常所说的 G 蛋白是指异三聚体 G 蛋白，是实现受体和效应酶间信号转导的膜蛋白家族。G 蛋白有许多种，G 蛋白由 α、β、γ 三个亚基组成，其中 α 和 γ 亚单位与脂酰基共价结合，锚定于细胞膜胞质面。

异三聚体 G 蛋白有两种结构状态：一种是无活性的 $G_{\alpha\beta\gamma} \cdot GDP$；另一种是有活性的 $G_{\alpha} \cdot GTP$。α 亚单位（G_{α}）是 G 蛋白主要活性亚基，当 α 亚基与 β、γ 亚基结合，且与

GDP 结合成 $G_{\alpha\beta\gamma}$·GDP，$G_{\alpha\beta\gamma}$·GDP 没有活性；另一种是 α 亚基与 β、γ 亚基解离，但与 GTP 结合成 Gα·GTP，Gα·GTP 有活性。α 亚基还具有内在 GTP 酶活性，将 GTP 水解成 GDP，但 α 亚基可重新与 β、γ 亚基结合形成三聚体，回到 $G_{\alpha\beta\gamma}$·GDP 状态。不同信号转导途径的异三聚体 G 蛋白的功能不同。

cAMP-蛋白激酶 A 途径有两类效应相反的 G 蛋白：激动型 G 蛋白（stimulatory G protein，G_s）和抑制型 G 蛋白（inhibitory G proteion，G_i）。有些激活型激素-受体复合物（如胰高血糖素-受体复合物）激活 G_s，$G_{s\alpha}$·GTP 激活下游效应蛋白酶——腺苷酸环化酶；有些抑制型激素-受体复合物（如促生长素抑制素-受体复合物）激活 G_i，G_i·GTP，抑制腺苷酸环化酶（图 12-4）。

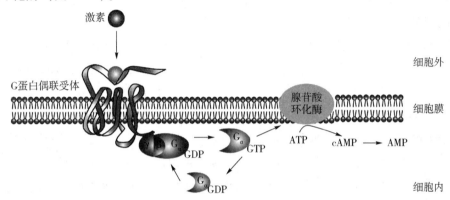

图 12-4 激素通过异三聚体 G 蛋白激活腺苷酸环化酶

（3）腺苷酸环化酶 腺苷酸环化酶（adenylyl cyclase，AC）属于嵌膜蛋白，活性中心位于细胞质面，其作用是催化 ATP 生成 cAMP，并释放出焦磷酸（PPi）。cAMP 在磷酸二酯酶（phosphodiesterase，PDE）催化下，可进一步水解成无活性的 5′-AMP。因此，细胞质内 cAMP 的产生与灭活分别受 AC 和 PDE 的催化作用而维持动态平衡。

$$\text{ATP} \xrightarrow[\text{Mg}^{2+}\ \ \text{PPi}]{\text{AC}} \text{cAMP} \xrightarrow[\text{H}_2\text{O}+\text{Mg}^{2+}]{\text{PDE}} 5'-\text{AMP}$$

腺苷酸环化酶为别构酶，可被 G_s 激活，使 cAMP 浓度增加；可被 Gi 抑制，使 cAMP 浓度下降。

（4）cAMP 作用于膜受体的激素（第一信使）通过与细胞膜受体结合，引起细胞内一些特定小分子浓度改变，这些小分子物质被称为第二信使。它们可作为下游效应蛋白的别构调节剂，通过别构调节效应蛋白转导细胞调节信号。目前已经发现的第二信使有：cAMP、cGMP、Ca^{2+}、肌醇三磷酸（IP_3）和二酰甘油（DAG）等。Earl W. Sutherland 因最早发现 cAMP 并提出第二信使学说，于 1971 年获得诺贝尔生理学或医学奖。

第二信使浓度的变化受多种因素控制，如 cAMP 浓度受腺苷酸环化酶和磷酸二酯酶活性的控制。抑制腺苷酸环化酶或激活磷酸二酯酶会降低 cAMP 浓度；反之，激活腺苷酸环化酶或抑制磷酸二酯酶会使 cAMP 浓度升高。

（5）蛋白激酶 A cAMP 主要通过依赖 cAMP 的蛋白激酶，即蛋白激酶 A（protein kinase，PKA）发挥第二信使的作用。PKA 是由两个催化亚基（catalytic subunit，C）和两个调节亚基（regulatory subunit，R）构成的四聚体（C_2R_2）。PKA 以四聚体形式存在时无催化活性，催化亚基的底物结合区被遮盖。在 Mg^{2+} 存在时，当 4 分子 cAMP 结合到特异的调节亚基上, 引起酶蛋白别构, 使催化亚基与调节亚基解离, 催化亚基的底物结合区被暴露, PKA 被激活 (图 12-5)。

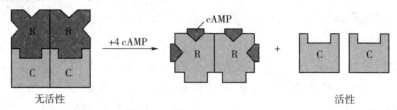

图 12-5　cAMP 别构激活蛋白激酶 A

被激活的蛋白激酶 A 通过催化代谢途径的关键酶或使功能蛋白磷酸化来调节代谢, 使 cAMP-蛋白激酶 A 途径最终产生生物学效应。

以肾上腺素调节肝和骨骼肌细胞糖原代谢为例, 说明激素通过 cAMP-蛋白激酶 A 途径调节代谢的完整过程。肾上腺素作用于肝和骨骼肌细胞膜上的肾上腺素受体 β (β-AR), 使之别构活化, 经 G_s 蛋白介导, 激活膜上 AC, AC 催化胞内产生 cAMP, PKA 被 cAMP 激活。PKA 既能催化下游磷酸化酶 b 激酶磷酸化而被活化, 促进肝、肌糖原降解为葡糖-1-磷酸; 又能使糖原合酶发生磷酸化而失活, 抑制肝、肌糖原的合成。通过 PKA 的双重调节作用, 促进肝、肌糖原分解 (图 12-6)。肾上腺素可促进肝糖原分解产生大量葡萄糖, 直接补充血糖, 从而促进肌糖原分解后经糖酵解生成乳酸, 并通过乳酸循环 (糖异生) 间接升高血糖水平。激素信号通过信号转导中连续几步的酶促反应放大了 10^4 倍。

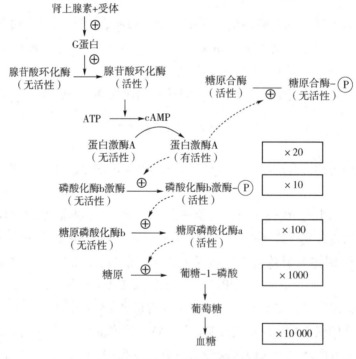

图 12-6　肾上腺素调节糖原代谢

(6) 蛋白激酶 A 途径的其他作用　蛋白激酶 A 是 cAMP-蛋白激酶 A 途径中的最后一个成分, 由它引发的生物学效应不只是对物质代谢的调节, 还可以对基因表达、细胞分泌、细胞膜通透性等进行调节。所有蛋白激酶 A 的效应都是通过使一定的功能蛋白磷酸化而实现。例如, PKA 可以使某些蛋白质磷酸化, 促进活化的转录因子形成, 从而调控特定基因的转录调控，引发特异的细胞效应。

2. Ca²⁺-钙调蛋白依赖性蛋白激酶途径 Ca²⁺作为细胞内重要的第二信使，通过浓度变化转导信号。细胞质中的游离Ca²⁺浓度较低，约为10^{-7}mol/L。当激素等信号刺激时，可使Ca²⁺通过相应的钙通道从细胞外或钙库（内质网、线粒体）进入细胞质，使细胞质浓度急剧升高10～100倍。这种浓度改变使信号转导途径进一步发生一系列变化。

Ca²⁺直接参与的信号转导途径主要有Ca²⁺-蛋白激酶C途径和钙调蛋白途径，两个途径的开始阶段是共同的。这里简要介绍钙调蛋白途径。

（1）G蛋白激活磷脂酶C$_β$与二酰甘油和肌醇三磷酸的生成 某些信号分子（如肾上腺素、血管紧张素、胰高血糖素、乙酰胆碱等）作用于靶细胞膜特异受体，受体别构活化后激活G蛋白（G蛋白家族的Gq蛋白），后者激活位于细胞膜胞质面的磷脂酶C（phospholipase C$_β$，PLC$_β$）。PLC$_β$对细胞膜内层的磷脂酰肌醇-4,5-二磷酸具有特异性，催化其水解生成二酰甘油（diacylglycerol，DAG）和肌醇三磷酸（inositol triphosphate，IP$_3$）。DAG和IP$_3$可分别作为第二信使，转导信号。

（2）DAG与IP$_3$的作用 IP$_3$可促使内质网腔内的Ca²⁺释放到细胞质。IP$_3$是水溶性小分子，从细胞膜释出进入细胞质后，与内质网膜上的IP$_3$受体结合，开放内质网膜上的钙通道，使内质网腔内的Ca²⁺流出到胞质，导致胞质Ca²⁺浓度急剧升高。当细胞质内Ca²⁺浓度达到10^{-6}mol/L时，Ca²⁺即可发挥调节功能，能与细胞内钙调蛋白（calmodulin，CaM）结合。CaM不具有酶活性，为单一的多肽链，CaM有4个Ca²⁺结合位点，与Ca²⁺形成活化态的Ca²⁺-CaM复合物，再激活下游的多种靶蛋白或酶，如Ca²⁺/CaM依赖的蛋白激酶（Ca²⁺/calmodulin dependent protein kinase，CaMK），直至产生生物学效应。此途径称为钙调蛋白依赖性蛋白激酶途径（Ca²⁺-CaM途径）。

3. cGMP-蛋白激酶G途径 cGMP是广泛存在于细胞内的另一种重要的第二信使。cGMP可由鸟苷酸环化酶（guanylate cyclase，GC）催化GTP环化生成，也可被磷酸二酯酶（phosphodiesterase，PDE）催化发生降解。

目前发现有两类鸟苷酸环化酶，它们都是激素受体：一类属于膜受体，可被心钠素或鸟苷素激活；另一类属于细胞内受体，可被NO或CO分子激活。两类受体触发的信号转导过程可表示为：

激素→受体→鸟苷酸环化酶→cGMP→蛋白激酶G→关键酶或功能蛋白磷酸化→生物效应。

NO作为一种特殊的信使物质，广泛参与代谢调节。如乙酰胆碱等作用于血管内皮细胞膜受体，触发特定信号转导途径，激活一氧化氮合酶（nitric oxide synthase，NOS）。NOS首先接受来自NADPH提供的电子，使酶分子中的FAD/FMN还原，在Ca²⁺/CaM和O$_2$的协助下，使L-精氨酸羟化并与NOS紧密结合，然后进一步氧化生成瓜氨酸和NO。NO从内皮细胞扩散进入血管平滑肌细胞，结合并激活鸟苷酸环化酶受体，催化合成cGMP。cGMP可激活蛋白激酶G，催化关键酶或功能蛋白磷酸化，产生松弛血管平滑肌、扩张血管和降血压等生物学效应（图12-7）。NO是首次发现的无机小分子气体类信号物质，发现者Robert Furchgott、Ferid Murod和Louis J. Ignarro因此获得1998年诺贝尔生理学或医学奖。

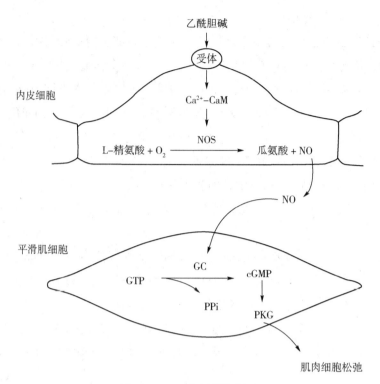

图 12-7　NO 与平滑肌松弛

（二）细胞内受体激素的调节

细胞内受体位于细胞质或细胞核内，通过细胞内受体发挥调节作用的激素多属于脂溶性激素，包括类固醇激素、甲状腺激素、前列腺素、1,25-二羟维生素 D_3 等。这类激素容易通过细胞膜进入细胞，与细胞内相应的受体结合形成激素-受体复合物，与 DNA 上特异基因的激素应答元件（hormone response element，HRE）结合，促进或抑制特异基因的转录，进而调节相关酶蛋白的合成，协调各组织、器官及细胞之间的代谢。

如糖皮质激素作为典型的类固醇激素，具有调节肝细胞糖异生的作用。糖皮质激素受体属于细胞内受体，与抑制蛋白结合而位于细胞质中。饥饿时，糖皮质激素分泌增多，透过肝细胞膜进入细胞质，取代抑制蛋白与糖皮质激素受体的配体结合域（ligand binding domain，LBD）的结合，形成激素-受体复合物。活化的糖皮质激素-受体复合物进入细胞核，通过 DNA 结合域（DNA-binding domain，DBD）与靶基因（如糖异生途径关键酶基因）的 HRE 集合，促进基因表达，使酶蛋白数量增多，加速糖异生（图 12-8）。

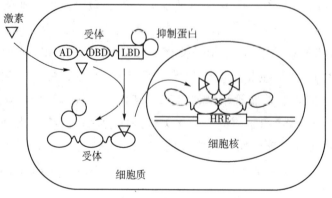

AD（activation domain）：
激活结构域

图 12-8　糖皮质激素的调节作用

三、整体水平的调节

高等动物为了维持机体的正常功能，适应内、外环境的变化，还可通过神经系统及神经-体液途径调节多种激素的释放，并通过激素整合不同组织器官的各种代谢，实现整体水平的调节。现以饥饿和应激状态为例，说明机体整体水平的调节。

（一）饥饿状态的代谢调节

1. 短期饥饿 短期饥饿通常指 1～3 天未进食。机体在进食 24 小时后肝糖原储备基本耗尽，短期饥饿使血糖呈现降低趋势，胰岛素分泌减少，胰高血糖素分泌增加，引起机体一系列代谢变化。①糖原耗尽后，机体逐渐从糖氧化供能为主转变为脂肪氧化供能为主，大部分组织细胞对葡萄糖的摄取利用减少，对脂肪动员释放的脂肪酸及脂肪酸分解的中间代谢物——酮体摄取利用增加。脂肪酸和酮体成为心肌、骨骼肌和肾的重要供能物质，部分酮体还可为大脑供应能量。②肝糖异生作用增加，糖异生的来源主要来自氨基酸，部分来自乳酸及甘油。在饥饿初期，肝是糖异生的主要场所，小部分在肾。③蛋白质分解加强略迟于脂肪动员增强，分解的氨基酸大多转变为谷氨酸和谷氨酰胺进入血液循环。

2. 长期饥饿 长期饥饿指未进食 3 天以上，通常在饥饿 4～7 天后，引起机体代谢的进一步调整。表现为：①脂肪动员与酮体的生成进一步加强，脑组织对酮体的利用增加，超过葡萄糖，占总耗氧量的 60%，而肌肉组织以脂肪酸为主要能源。②机体蛋白质分解下降，释放的氨基酸减少，负氮平衡有所改善。③与短期饥饿相比，机体糖异生作用明显减少，糖异生来源主要来自乳酸和丙酮酸，且肾的糖异生作用明显增强，几乎和肝相同。此外，由于长期饥饿使脂肪动员显著增加，产生大量的酮体，可导致酸中毒。加之蛋白质的分解，缺乏维生素、微量元素和蛋白质的补充等，严重时将造成器官损害，甚至危害生命。

（二）应激状态的代谢调节

应激（stress）是机体在受到创伤、剧痛、中毒、严重感染、大量运动或极度恐惧等各种内、外环境因素强烈刺激所出现的全身性非特异性适应反应。应激信号刺激下丘脑-腺垂体-肾上腺皮质系统发生应激反应，引起一系列神经、体液和代谢变化：①交感神经系统兴奋，导致肾上腺髓质、皮质激素分泌增多，血浆胰高血糖素、生长激素水平升高，而胰岛素分泌减少，肝糖原分解和糖异生加速，外周组织对糖的利用降低，血糖升高。②脂肪动员增加，脂肪合成受到抑制，血浆脂肪酸、酮体增多，成为心肌、骨骼肌及肾等组织主要能量来源。③蛋白质分解代谢增强，尿素生成和尿素氮排出增加，机体呈负氮平衡。

知识拓展

代谢组学与中医药现代研究

生命是一个复杂的、整体化和网络化的系统。从系统观、动态观、复杂观的角度，探索生命现象与疾病本质已成为国际生命科学领域的前沿和热点。生物机体作为一个整体化和网络化的复杂系统，在基因—蛋白质—代谢终产物这样一个生物信息传递链中，需通过不断调整复杂的网络系统来维持自身与外界的互动平衡。

代谢组学由英国帝国理工大学 Jeremy Nicholson 教授及其同事在 1999 年首次提出，它通常以生物体液（如血液、尿液等的内源性代谢成分）为研究对象，借助于现代分析手段，以生物标记物和生物标记模式的发现、信息建模与系统整合为目标，通过高通量检测和数据处理，对某一生物或细胞所有小分子代谢产物（$Mr \leqslant 1000$）进行定性和定量检测，进而研究生物体整体或组织细胞系统的动态代谢变化。代谢组学是通过揭示机体在内、外因素影响下代谢整体的变化轨迹来反映某种病理、生理过程中所发生的一系列生物事件，它可应用于基因分析、病理阐述、药物设计开发、疾病标志物筛选、辨证分型，以及治疗效果的预测等医学相关领域的研究。

代谢组学作为系统生物学研究的重要手段之一，提供了一条从系统层面将多层次多维度数据进行整合分析，用现代科学语言表述中医药特性的方法，为中医药基础和临床研究提供了新视角。

重点小结

重 点	难 点
1. 物质代谢是生命的基本特征，包括同化作用和异化作用	1. 乙酰辅酶 A 和磷酸二羟丙酮是糖代谢和脂质代谢的主要结合点
2. 物质代谢的特点包括代谢过程的整体性、代谢调节的连续性、具有共同代谢池、以 ATP 为能量代谢的共同形式等特点	2. 糖类、脂质、蛋白质三大物质代谢既相互联系又相互转化，但转化是有条件的
3. 氨基酸通过脱氨基作用，生成相应的 α-酮酸，实现蛋白质与糖的转化	3. 化学修饰调节具有级联放大效应，比酶的别构调节效率高
4. 细胞水平的调节主要有两种方式：酶结构的调节和酶量的调节	
5. 别构调节通过一些小分子化合物与酶分子活性中心外的某一部位特异性结合，改变构象，影响酶的催化活性	
6. 共价修饰调节通过酶促反应使酶蛋白以共价键结合或脱去某种特定基团，改变酶蛋白结构，影响酶的催化活性	

简 答 题

1. 简述物质代谢的特点。
2. 酶的别构调节与化学修饰调节有何异同点？
3. 试分析糖类、脂质、蛋白质和核酸代谢之间的关系，并举例说明。
4. 试分析酶在细胞内区域化分布的意义，并举例说明。
5. 试分析人体在饥饿状态下的代谢调节。

扫码"练一练"

（朱　洁）

第三篇
遗传信息

第十三章　DNA 的生物合成

扫码"学一学"

> **要点导航**
>
> **掌握**　与 DNA 复制、DNA 损伤与修复、逆转录过程有关的基本概念，包括：半保留复制、半不连续复制、复制叉、复制子、冈崎片段、前导链、后随链、端粒和端粒酶。
>
> **熟悉**　DNA 聚合酶、拓扑异构酶、引物酶、DNA 连接酶的作用，引发体、冈崎片段的生成，逆转录及切除修复过程。
>
> **了解**　半保留复制实验及逆转录酶的应用。

DNA 生物合成的方式主要包括复制、修复和逆转录。复制是以亲代 DNA 为模板，合成子代 DNA 分子的过程。通过 DNA 复制，保证了物种的连续性，是生物遗传的分子基础。外界环境和生物体内部的因素经常会导致 DNA 分子的损伤，生物体可利用其特殊的修复机制使受到损伤的 DNA 大部分得以恢复，从而保持了 DNA 结构与功能的相对稳定性。事实上，DNA 修复也是一种特殊的复制现象。除此之外，一些 RNA 病毒可以利用 RNA 作为模板，通过逆转录的方式合成 DNA。逆转录的发现，是对"遗传中心法则"的一个重要补充。

第一节　DNA 的复制

一、DNA 复制的基本特征

1. 半保留复制　DNA 复制最重要的特征是半保留复制（semiconservative replication），即在复制过程中，亲代双链分离后，每条单链均作为模板，用于合成新的互补链（complementary strand）。结果两个子代分子中各有一条是从亲代完整地接受过来，而各有一条按照碱基配对规律（A-T，G-C）合成互补的新链。

半保留复制方式是 1953 年沃森（J. D. Watson）和克里克（F. H. C. Crick）在 DNA 双螺旋结构基础上提出的假说。1958 年西尔逊（M. Meselson）和斯塔尔（F. Stahl）通过氮标记技术在大肠杆菌（*E. coli*）中加以证实。他们将 *E. coli* 放在含有 ^{15}N 标记的 NH_4Cl 培养基中繁殖了 15 代（每代 20～30 分钟），DNA 可全部被 ^{15}N 标记，然后将细菌转移到含有 ^{14}N 标记的 NH_4Cl 培养基中进行培养，在培养不同代数时，收集其细菌，裂解细胞，用氯化铯（CsCl）密度梯度离心法观察 DNA 所处的位置。由于 ^{14}N-DNA 与 ^{15}N-DNA 的密度相差明显，故经离心后，两者将会处于离心管的上下位置。

实验结果表明：在重氮培养基中培养出的 ^{15}N-DNA 显示为一条重密度带，位于离心管的管底。当转入 ^{14}N 标记的轻氮培养基中繁殖后，第一代得到了一条中密度带，这是由于它是 ^{15}N-DNA 和 ^{14}N-DNA 的杂交分子。第二代有中密度带及低密度带两个区带，这表明它们分别为 $^{15}N^{14}N$-DNA 和 $^{14}N^{14}N$-DNA。随着以后在 ^{14}N 培养基中培养代数的增加，低密度带增强，而中密度带逐渐减少。此实验结果印证了半保留复制方式（图 13-1）。

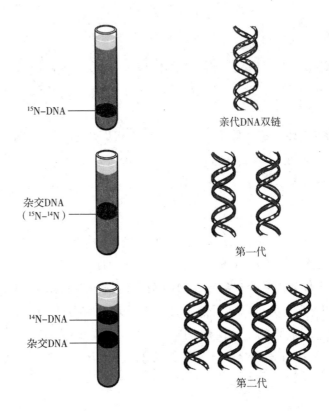

图 13-1　Meselson-Stahl 实验

2. 双向复制　DNA 合成时从一个单独的复制起始位点（single origin）开始，从每个复制起始位点到复制终点的区域称为一个复制子。原核生物的 DNA 分子通常只有一个复制起始位点，因此它只有单一的复制子。如图 13-2 所示，复制时，局部 DNA 解链形成复制泡（replication bubble），其两侧形成两个对应的复制叉，然后不断向 DNA 分子的两端延伸，且方向相反，这种复制方式称为双向复制（bidirectional replication）。

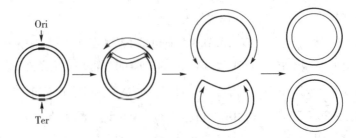

图 13-2　原核生物的双向复制

　　值得注意的是，真核细胞 DNA 分子上存在很多复制起始位点，形成多复制子结构（图 13-3），故在每个复制起始位点上所进行的双向复制使复制时间大大缩短。

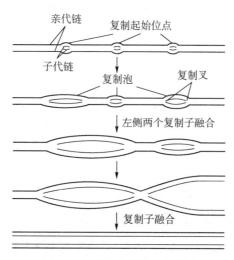

图 13-3　真核生物的多复制子

3. 半不连续复制　DNA 复制的另一个特征就是半不连续复制（semidiscontinuous replication），即 DNA 复制时，一条子代链的合成是连续的，另一条是不连续分段合成的，最后才连接成完整的长链（图 13-4）。这是因为 DNA 两条链是反向平行的，一条链走向为 5′→3′，另一条链为 3′→5′，但所有 DNA 聚合酶只能催化 5′→3′ 方向的合成。因此在以 3′→5′走向的链为模板时，新生的 DNA 链以 5′→3′ 方向连续合成，与复制叉方向一致，称为前导链（leading strand）。另一条以 5′→3′走向为模板链的新生链走向与复制叉移动的方向相反，称为后随链（lagging strand），其合成是不连续的，先形成许多不连续的片段，然后将这些片段连接起来。这些不连续合成的片段根据发现者名字命名为冈崎片段（Okazaki fragment）。不同的生物类型，其冈崎片段的长度也不同，一般为几百到数千个核苷酸。总体来说，原核生物，如大肠杆菌中冈崎片段为 1000~2000 个核苷酸，而真核生物冈崎片段的长度为 100~200 个核苷酸。

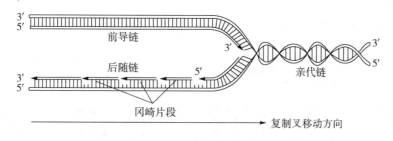

图 13-4　半不连续复制

二、参与 DNA 复制的物质

DNA 复制是一个复杂的生物学过程，需要 DNA 模板、引物、dNTP 合成原料、酶和蛋白质等多种物质参与。

（一）模板和底物

DNA 合成有严格的模板（template）依赖性，需以解开的 DNA 单链为模板，指导 dNTP 按照碱基配对的原则逐一合成新链。

DNA 合成的原料（底物）为脱氧核苷三磷酸（dATP、dCTP、dGTP 和 dTTP，总称

dNTP）。由于 DNA 的基本构成单位是脱氧单核苷酸（dNMP），因此每聚合 1 分子脱氧核苷酸需释放 1 分子焦磷酸。

$$(dNMP)_n + dNTP \rightarrow (dNMP)_{n+1} + PPi$$

（二）引物

DNA 聚合酶不能催化两个游离的 dNTP 互相聚合，只能催化下一个 dNTP 与已有寡核苷酸 3′-羟基（—OH）形成 3′,5′-磷酸二酯键，然后依次延长，这一寡核苷酸称为引物（primer）。引物是一小段单链 DNA 或 RNA，但在细胞内引导 DNA 复制的引物都是 RNA。

（三）酶和蛋白质因子

1. DNA 聚合酶　催化底物 dNTP 聚合为 DNA 的酶，称为 DNA 聚合酶（DNA polymerase，DNA pol），由于聚合时依赖 DNA 母链作为模板，故全称为依赖 DNA 的 DNA 聚合酶（DNA dependent DNA polymerase，DDDP）。该类酶在原核生物及真核生物中均有不同的类型，但具有以下共同性质：以 dNTP 为原料催化 DNA 合成；需要模板的存在；不能从头合成新 DNA 链，必须要有引物提供 3′—OH；DNA 链延长时，催化 dNTP 加到延长中的 DNA 链的 3′—OH 端；催化 DNA 合成的方向是 5′→3′。

（1）原核生物 DNA 聚合酶　DNA 聚合酶最早在 *E.coli* 中发现，到目前为止已确定有 5 种类型，分别为 DNA 聚合酶Ⅰ、DNA 聚合酶Ⅱ、DNA 聚合酶Ⅲ、DNA 聚合酶Ⅳ和 DNA 聚合酶Ⅴ，都与 DNA 链的延长有关。研究较为明确的是 DNA 聚合酶Ⅰ、DNA 聚合酶Ⅱ和 DNA 聚合酶Ⅲ（表 13-1）。

表 13-1　大肠杆菌中的三种 DNA 聚合酶

特征	DNA 聚合酶Ⅰ	DNA 聚合酶Ⅱ	DNA 聚合酶Ⅲ
分子量（×10³）	103.1	90	791.5
亚基种类	1	≥7	≥10
5′→3′聚合酶活性	+	+	+
3′→5′外切核酸酶活性	+	+	+
5′→3′外切核酸酶活性	+	−	−
聚合速率（核苷酸/秒）	16～20	40	250～1000
持续性	3～200	1500	≥500 000

1）DNA 聚合酶Ⅰ　DNA 聚合酶Ⅰ于 1956 年由 Arthur Kornberg 在 *E. coli* 中首先发现，又称 Kornberg 酶，但此酶缺陷的突变株仍能生存，这表明 DNA pol Ⅰ不是 DNA 复制的主要聚合酶。其主要作用有以下 3 种：①5′→3′的聚合作用，主要用于填补 DNA 上的空隙或是切除 RNA 引物后留下的空隙；②3′→5′外切核酸酶活性，能识别和切除在聚合作用中错误配对的核苷酸，起到校对作用；③5′→3′外切核酸酶活性，主要用于切除引物或受损伤的 DNA。

2）DNA 聚合酶Ⅱ　与 DNA 聚合酶Ⅰ在性质上有许多相似之处。它也可以催化 5′→3′方向的合成反应，但活性只有 DNA 聚合酶Ⅰ的 5%。也具有 3′→5′外切核酸酶活性，但无 5′→3′外切核酸酶活性。因该酶缺陷的 *E. coli* 突变株的 DNA 复制都正常，所以 DNA 聚合酶Ⅱ也不是复制的主要聚合酶，可能在 DNA 的损伤修复中起到一定作用。

3）DNA 聚合酶Ⅲ　全酶是由多种亚基组成的蛋白质，包含 α、ε、θ、β、τ、γ、δ、

δ′、χ 和 ψ10 种亚基，其中 α、ε 和 θ 亚基构成核心酶。α 亚基具有催化合成 DNA 的功能，ε 亚基有 3′→5′外切核酸酶活性，θ 亚基则为装配所必需，其他亚基各有不同的作用。DNA 聚合酶III全酶在 DNA 复制链的延长上起着主导作用。它催化的聚合反应具有高度连续性、高的催化效率及合成的忠实性。

（2）真核生物 DNA 聚合酶　真核生物中已发现十几种 DNA 聚合酶，常见的有 α、β、γ、δ 和 ε 五种，均具有 5′→3′聚合酶活性。DNA 聚合酶 α 负责合成引物，DNA 聚合酶 δ 用于合成细胞核 DNA，DNA 聚合酶 β 和 DNA 聚合酶 ε 主要参与 DNA 损伤修复，DNA 聚合酶 γ 用于线粒体 DNA 的合成。

2. DNA 解旋酶　DNA 双螺旋并不会自动解旋，细胞中有一类特殊的蛋白质可以促使 DNA 在复制叉处打开，这就是 DNA 解旋酶（helicase）。解旋酶可以和单链 DNA 以及 ATP 结合，利用 ATP 分解产生的能量沿 DNA 链向前运动解开 DNA 双链。

3. DNA 拓扑异构酶　DNA 的解旋过程会导致前方形成正超螺旋结构。DNA 拓扑异构酶（DNA topoisomerase）可松解正超螺旋，以保障复制的顺利进行，该酶主要有 I 和 II 型两种。DNA 拓扑异构酶 I 的作用是暂时切断一条 DNA 链，形成酶-DNA 共价中间物，使超螺旋 DNA 松弛，再将切断的单链 DNA 连接起来，催化反应不需要消耗 ATP。DNA 拓扑异构酶 II 能暂时性地切断双链 DNA，将负超螺旋引入 DNA 分子，再重新连接双链 DNA，同时需要水解 ATP 提供能量。

4. 单链 DNA 结合蛋白　解旋酶沿复制叉方向向前推进必将产生一段单链区，这种单链 DNA 极不稳定，很快就会重新配对形成双链 DNA 或被核酸酶降解。单链 DNA 结合蛋白（single strand DNA binding protein，SSBP）与单链 DNA 有强的亲和性，能很快地与其结合，稳定处于单链状态的 DNA 并拮抗核酸酶的降解作用。SSBP 结合到单链 DNA 上之后，也能使 DNA 呈伸展状态，没有弯曲和结节，有利于复制的进行。当新 DNA 链合成到某一位置时，该处的 SSBP 便会脱落，并被重复利用。

5. 引物酶　DNA 复制需要引物，因为 DNA 聚合酶没有催化游离 dNTP 之间相互聚合的能力。引物酶（primase）可在复制起始位点处合成引物。引物的本质是一段短链的 RNA 分子，它可以提供 3′-羟基末端，在 DNA pol 催化下逐一加入 dNTP 而延长 DNA 子链。

6. DNA 连接酶　DNA 连接酶（DNA ligase）是一种封闭 DNA 链缺口的酶，可催化 DNA 链的 3′-羟基与另一 DNA 链的 5′-磷酸端生成磷酸二酯键，从而把两段相邻的 DNA 链连成完整的链。此催化反应需消耗能量，原核生物消耗的是 NAD⁺，真核生物则利用 ATP 供能。需要注意的是：DNA 连接酶并没有连接单独存在的 DNA 单链或 RNA 单链的作用，连接的两条链必须是与同一条互补链配对结合的（T4 DNA 连接酶除外），而且必须是两条紧邻的 DNA 链，只有这样才能被 DNA 连接酶催化成磷酸二酯键。

三、DNA 的复制过程

DNA 复制过程大致可以分为复制的起始、DNA 链的延长和 DNA 复制的终止三个阶段。

1. DNA 复制的起始　复制的起始从特异性的蛋白质识别复制起始位点开始。复制起始位点一般由保守的 DNA 序列构成，如 *E. coli* 的复制起始点（oriC）长度为 245bp，其中四个重复的 9bp 序列（共有序列为 TTATCCACA）可被特异性起始蛋白 DnaA 识别并结合，三个重复的 13bp 序列（共有序列为 GATCTNTTNTTTT）富含 A-T，有利于双链 DNA 在此处的解链。

DnaA 蛋白识别并结合复制起始位点后，DnaB 蛋白（解旋酶）在 DnaC 蛋白的协同下，结合到解链区并利用 ATP 水解提供的能量双向解链，从而产生两个初步的复制叉，DnaA 蛋白也被逐步置换。随着解链的进行，DnaG（引物酶）与 DnaB、DnaC 等结合构成引发体（primosome），SSBP 结合于已解开的单链上，稳定 DNA 模板，DNA 拓扑异构酶 II 负责松解下游由于 DNA 高速解链而形成的超螺旋结构。

引发体可以在单链 DNA 上移动，在适当的位置上，引物酶依据模板的碱基序列，从 5'→3' 方向催化合成短链的 RNA 引物，此引物的 3'—OH 末端就是合成新 DNA 的起始位点。引物的合成标志着复制正式开始。

相对于原核生物的单一复制起始位点，真核生物的每个染色体都有很多的复制起始点，其序列也有特异性。如酵母 DNA 复制起始位点的核心序列〔A（T）TTTATA（G）TTTA（T）〕由 11bp 富含 AT 的序列组成。真核生物复制的起始与原核生物基本相似，也是打开复制叉，形成引发体和合成 RNA 引物，但详细的机制仍未明确。

2. DNA 链的延长　在多种酶及蛋白质参与下形成复制叉后，DNA 聚合酶催化 DNA 新生链的合成（图13-5），dNTP 在酶的催化下逐个加入引物或延长中的子链上，其化学本质是不断生成磷酸二酯键。原核生物催化新链 DNA 延长的酶是 DNA 聚合酶 III，该酶是多亚基组成的不对称二聚体蛋白质，有两个由 α、ε 和 θ 亚基构成的核心酶，分别催化前导链和后随链的延长。

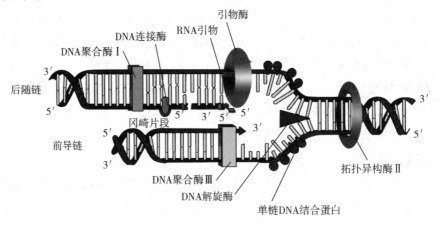

图 13-5　DNA 复制过程

前导链的合成较简单，通常是一个连续的过程，其方向与复制叉行进的方向保持同步。后随链的合成较为复杂，除前文所述的不连续合成的特点外（形成冈崎片段），其合成也稍落后于前导链。此外，由于两条链是在同一 DNA 聚合酶 III 催化下延长的，所以后随链的模板需折叠或绕成环状，使后随链的合成可以和前导链的合成在同一方向上进行（图13-6）。

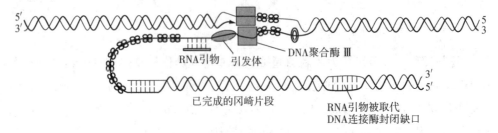

图 13-6　DNA 聚合酶 III 催化前导链和后随链的合成

当 DNA pol Ⅲ 沿着后随链模板移动时，由引物酶催化合成的 RNA 引物即可以由 DNA 聚合酶 Ⅲ 延伸。当合成的 DNA 链到达前一次合成的冈崎片段的位置时，后随链模板及刚合成的冈崎片段便从 DNA 聚合酶 Ⅲ 上释放出来。这时，由于复制叉继续向前运动，便产生了又一段单链的后随链模板，它重新环绕 DNA 聚合酶 Ⅲ 全酶，并通过 DNA 聚合酶 Ⅲ 开始合成新的后随链冈崎片段。

当冈崎片段形成后，DNA 聚合酶 Ⅰ 通过其 5′→3′ 外切核酸酶酶活性切除冈崎片段上的 RNA 引物，同时，DNA 聚合酶 Ⅰ 利用后一个冈崎片段作为引物由 5′→3′ 填补引物水解留下的空隙。但前一片段的最后一个核苷酸的 3′-羟基与后一片段的 5′-磷酸仍是游离的，最后由 DNA 连接酶将此缺口接起来，形成完整的 DNA 后随链。

3. DNA 复制的终止　实验表明，在 DNA 上也存在着特异的复制终止位点，DNA 复制将在复制终止位点处终止，并不一定等全部 DNA 合成完毕。如大肠杆菌染色体 DNA 复制终止位点（Ter）有一段保守的核心序列（5′-GTGTGTTGT），此处可以结合一种特异的蛋白质分子，叫做 Tus，这个蛋白质可以通过阻止 DNA 解旋酶的活性而终止复制。

4. DNA 复制的高保真性　为了保证遗传的稳定，DNA 的复制必须具有高保真性。DNA 复制时的保真性主要与下列因素有关：①严格的碱基配对；②DNA 聚合酶对碱基的选择；③DNA 聚合酶的校对功能；④复制后的修复（见本章第三节）。通过这几个环节，可使 DNA 复制时碱基的错配率低至 $10^{-10} \sim 10^{-9}$。

四、端粒与端粒酶

1. 端粒　端粒是真核生物染色体末端线性 DNA 分子的结构，由于与特异性结合蛋白紧密结合，通常膨大成粒状。端粒的主要功能是防止正常染色体端部间发生融合，避免染色体被核酸酶降解，使染色体保持稳定，并与核纤层相连，使染色体得以定位。

真核生物染色体 DNA 分子为线性结构，其复制与细菌环形 DNA 分子的复制有以下不同：真核生物后随链合成的各冈崎片段之间的 RNA（引物）由 RNA 核酸酶去除，DNA 聚合酶 δ 催化合成的 DNA 填补空隙，然后再由 DNA 连接酶将它们连接成一条完整的链。但是由于 DNA 聚合酶不能催化 3′→5′ 合成反应，这意味着这些拟转变为 DNA 的 RNA（引物）前必须存在一段 DNA 链（提供 3′—OH），结果导致后随链 5′ 端 RNA（引物）被去除后无法复制，因此造成了子代 DNA 分子上有一条不完全的 5′ 端，链因此变短。于是，每当细胞分裂一次，染色体的端粒就会逐次变短一些，构成端粒的一部分基因会因细胞多次分裂而不能达到完全复制（丢失），以致细胞终止其功能，不再分裂。

端粒 DNA 的片段长度在不同物种中变化较大，从约 300bp（如酵母）到数千 bp（如人类）不等，通常由 6～8bp 富含 G 的高度重复序列组成，如人类的端粒是由 TTAGGG 重复数千次组成。

2. 端粒酶　1984 年，分子生物学家在对单细胞生物进行研究后，发现了一种能防止端粒缩短的酶，称为端粒酶。该酶是由 RNA 和蛋白质组成的复合物，两者都是酶活性必不可少的组分。端粒酶可看作是一种逆转录酶，它是以自身 RNA 为模板，以端粒 3′ 端为引物，以爬行模式合成端粒重复序列（图 13-7）。

端粒酶在正常人体细胞中几乎没有活性，只有在造血细胞、干细胞和生殖细胞这些必须不断分裂克隆的细胞之中，才可以检测到具有活性的端粒酶。然而端粒酶在大多数肿瘤细胞中具有较强的活性，它不仅使肿瘤细胞可以不断分裂增生，而且还参与了对肿瘤细胞的凋亡和基因组稳定的调控过程。因此以端粒和端粒酶作为靶点的研究，已成为当前抗肿瘤领域较受关注的研究热点之一。

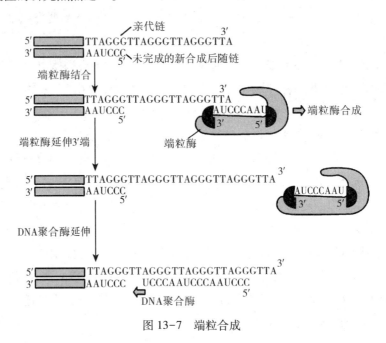

图 13-7　端粒合成

第二节　逆转录

某些病毒的遗传物质是 RNA，其复制方式是以 RNA 为模板，以 dNTP 为原料，由逆转录酶催化合成 DNA 分子。由于其遗传信息流动方向（RNA→DNA）与转录过程（DNA→RNA）相反，故称为逆转录（reverse transcription），这是一种特殊的复制方式。

一、逆转录酶

1970 年 H. Temin 和 D. Baltimore 分别从 RNA 病毒中发现了一种酶，能催化以单链 RNA 为模板合成双链 DNA 的反应，该酶被称为逆转录酶，也称为依赖于 RNA 的 DNA 聚合酶（RNA-dependent DNA polymerase，RDDP）。该酶的作用需 Zn^{2+} 的辅助，主要具有 3 种酶活性：①RNA 指导的 DNA 聚合酶活性，可利用 RNA 为模板合成互补 DNA 链，形成 RNA-DNA 杂化分子；②DNA 指导的 DNA 聚合酶活性，以新合成的 DNA 为模板合成另一条互补 DNA 链，形成 DNA 双链分子；③核糖核酸酶（RNase H）活性，专门水解 RNA-DNA 杂化分子中的 RNA 链。除此之外，有些逆转录酶还有 DNA 内切核酸酶活性，这可能与病毒基因整合到宿主细胞染色体 DNA 中有关。值得注意的是，由于逆转录酶不具有 3′→5′ 和 5′→3′ 外切核酸酶活性，因此没有校对功能，所以由逆转录酶催化合成的 DNA 错误率较高，这可能是致病病毒突变率高，易出现新毒株的一个原因。

二、逆转录过程

从单链 RNA 到双链 DNA 的生成可概括为以下三个步骤：首先逆转录酶以病毒基因组

RNA 为模板，dNTP 为底物，按 5'→3' 方向，合成一条与 RNA 模板互补的 DNA 单链，这条 DNA 单链叫做互补 DNA（complementary DNA，cDNA），它与 RNA 模板形成 RNA-DNA 杂化双链。此酶需要 tRNA 为引物（现认为是病毒本身的一种 tRNA）。随后又在逆转录酶的作用下，水解掉 RNA 链，再以 RNA 分解后剩下的单链 DNA（cDNA）为模板合成第二条 DNA 链。至此，完成由 RNA 指导的 DNA 合成过程（图 13-8）。

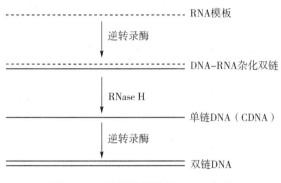

图 13-8　逆转录酶催化 cDNA 合成

三、逆转录的生物学意义

1. 修正和补充了中心法则　中心法则认为，遗传信息从 DNA 传递给 DNA，即完成了 DNA 的复制过程；或从 DNA 传递给 RNA，再从 RNA 传递给蛋白质，即完成遗传信息的转录和翻译的过程，因此，DNA 处于生命活动的中心位置。逆转录现象则说明：遗传物质不只是 DNA，也可以是 RNA。核酶（ribozyme）的发现，使科学界对 RNA 在生命活动中所处的角色有了更深刻的认识，因此推测，RNA 在进化过程中，是比 DNA 更早出现的生物大分子。

2. 逆转录与癌变　哺乳动物的胚胎细胞和正在进行分裂的淋巴细胞中含有高活性的逆转录酶，推测可能与细胞分化和胚胎发育有关，然而分布于致癌 RNA 病毒中的逆转录酶则可能与病毒的恶性转化有关。病毒 RNA 通过逆转录先形成 DNA（称前病毒），然后将其整合到宿主细胞染色体 DNA 中。在此细胞中，除合成宿主细胞本身蛋白质外，同时也合成病毒特异的某些蛋白质，促使宿主细胞癌变。因此，研究逆转录病毒将对阻抑癌的发生、发展起到重要作用。

3. 逆转录酶与基因工程　逆转录酶的发现对于基因工程技术起到了很大的推动作用，它已成为一种重要的工具酶。如逆转录酶可将细胞中提取的 mRNA 反向转录合成出互补的 cDNA，由此可构建 cDNA 文库（cDNA library），从中筛选出特异的目的基因。

第三节　DNA 的损伤（突变）与修复

损伤的蛋白质和 RNA 分子可以很快被储存在 DNA 中的相应信息的表达产物置换，然而 DNA 分子是不能替代的。对一个单细胞生物而言，一个编码关键蛋白质的基因缺陷很可能会导致该生物无法生存。即使在多细胞生物中，DNA 损伤的积累也会使细胞功能进行性丧失，一些损伤甚至会导致癌细胞的产生。然而，在漫长的进化过程中，细胞内已建立和发展了多种 DNA 损伤修复系统，可以修复 DNA 的损伤，以保持机体正常的生理功能和遗传的稳定性。

一、DNA 的突变

尽管 DNA 聚合酶的校对功能可对复制期间错配的碱基进行及时修复，从而确保了 DNA 复制的准确性，但仍有一些错配的碱基被保留下来，导致原有的 DNA 序列发生了改变。如果这种改变能遗传到子代，则称为突变（mutation），突变的化学本质就是 DNA 损伤（DNA damage）。另外，环境因素如物理因素和化学因素，也是引发 DNA 突变的主要因素。

物理因素主要是指紫外线（ultraviolet，UV）和各种辐射，UV 可使 DNA 分子上两个相邻的胸腺嘧啶（T）或胞嘧啶（C）之间以共价键连接，形成环丁酰环，这种环式结构称为嘧啶二聚体（图 13-9）。X 射线、γ 射线可促使细胞内产生自由基，这些自由基既可使 DNA 分子双链间氢键断裂，也可使它的单链或双链断裂。

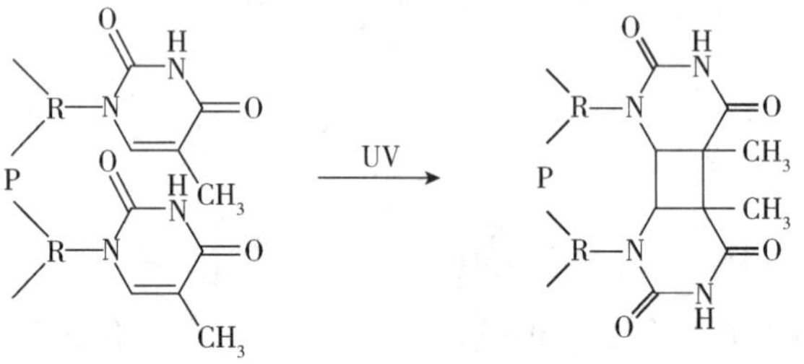

图 13-9　嘧啶二聚体的形成

化学因素主要是指化学诱变剂，大多数是致癌物。如亚硝酸能引起碱基的氧化脱氨反应，原黄素（普鲁黄）等吖啶类染料和甲基氨基偶氮苯等芳香胺致癌物可以造成个别核苷酸对的插入或缺失，而引起移码突变。

大多数 DNA 损伤导致的突变会产生不良的后果，然而从物种进化的角度看，突变也具有积极意义，它不仅促成了生命世界的多样性，也增强了物种对不同环境的适应性。

二、DNA 突变的类型

按照基因结构改变的类型，DNA 突变可分为碱基置换（base substitution）或碱基错配（base mismatch）、缺失（deletion）、插入（insertion）和重排（rearrangement）突变等几种类型。其中缺失和插入均有可能导致移码（frame shift）突变。按照遗传信息的改变方式，突变又可分为同义突变、错义突变和无义突变三类。

1. 碱基置换突变　碱基置换突变是指 DNA 链上的一个碱基对被另一个不同的碱基对置换，也称为点突变（point mutation）。点突变分转换（transition）和颠换（transversion）两种形式。嘌呤碱基之间或嘧啶碱基之间的置换称为转换。嘌呤碱基与嘧啶碱基之间的置换则称为颠换。在自然发生的突变中，转换多于颠换。

碱基置换突变对多肽链中氨基酸序列的影响一般有下列几种类型。

（1）同义突变　同义突变（same sense mutation）是指碱基置换后，产生了新的密码子，但由于密码子的简并性，新旧密码子可能是同义密码子，故所编码的氨基酸种类保持不变，因此实际上同义突变不会发生突变效应。例如，DNA 分子模板链中 CGG 的第三位 G 被 A 取代，变为 CGA，则 mRNA 中相应的密码子 GCC 就变为 GCU，由于 GCC 和 GCU 都是编码丙氨酸的密码子，故突变前后的基因产物（蛋白质）完全相同。同义突变约占碱基置换突变总数的 25%。

（2）错义突变　错义突变（missense mutation）是指碱基对的置换使 mRNA 的某一个密码子变成编码另一种氨基酸的密码子的突变。错义突变的结果通常使机体内某种蛋白质或酶的结构及功能发生异常，许多蛋白质的异常就是由错义突变引起。如人类正常血红蛋白 β 链的第六位是谷氨酸，其密码子为 GAA 或 GAG，如果第二个碱基 A 被 U 替代，变成 GUA 或 GUG，则谷氨酸被缬氨酸替代，形成异常血红蛋白 HbS，产生了突变效应，导致个体产生镰状细胞贫血。

（3）无义突变　无义突变（nonsense mutation）是指某个碱基的改变使代表某种氨基酸的密码子突变为终止密码子，从而使肽链合成提前终止，形成一条不完整的多肽链。例如，DNA 分子中的 ATG 中的 G 被 T 取代时，相应 mRNA 链上的密码子便从 UAC 变为 UAA 终止密码学，因而使翻译提前停止。这种突变在多数情况下会影响蛋白质或酶的功能。

2. 缺失或插入突变　缺失突变是指 DNA 序列中一个核苷酸或一段核苷酸链的消失。插入突变是指原来没有的一个核苷酸或一段核苷酸链插入到 DNA 序列中。

插入或缺失突变可引起移码突变，即 DNA 片段中某一位点插入或丢失一个或几个（非 3 或 3 的倍数）碱基对。这种突变往往产生比碱基置换突变更严重的后果，会造成插入或缺失位点以后的一系列编码顺序发生错位，而造成阅读框的改变。翻译过程中如其下游的三联体密码被错读，则翻译出的蛋白质可能完全不同。

3. 重排或重组突变　重排或重组突变是指 DNA 分子内发生较大片段的交换。重排突变可以发生在 DNA 分子内部，也可以发生在染色体之间。如血红蛋白 δ 链和 β 链基因错误重排，产生不等交换，形成融合基因 δβ（Hb Lepore）和 βδ（Hb anti-Lepore）而引起地中海贫血（图 13-10）。

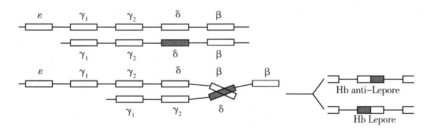

图 13-10　基因重排引起的两种地中海贫血

三、DNA 损伤修复的类型

DNA 损伤修复的主要类型包括错配修复、直接修复、切除修复、重组修复和 SOS 修复等。这些修复系统的作用机制有许多共性，首先是识别 DNA 双链中的异常扭曲结构，接着切除一段包含这段扭曲部分的片段，随后将产生的空隙由 DNA pol 填补，最终由 DNA 连接酶连接缺口。

1. 错配修复 碱基错配修复（mismatch repair）系统可以识别和修复 DNA 链中的错配碱基。由于错配碱基并非是受损碱基，因此该修复系统必须能够识别模板链和子代链。*E. coli* 的模板链包含一段特异序列 5'-GATC，其中的 A 在 N^6 位被甲基化。DNA 复制过程中，新生的子代链尚未被甲基化，从而使修复系统能加以区分。*E. coli* 碱基错配修复系统至少包含 12 种蛋白质成分，可以识别和切除错配碱基的区段，产生的空隙与缺口可分别由 DNA 聚合酶和 DNA 连接酶填补和修复。由于 GATC 位点往往与错配碱基的距离长达 1kb，因此，碱基错配修复的效率相对较低。值得注意的是，在真核生物中，DNA 甲基化并没有被错配修复系统利用，因此其对新生链的识别仍然不明。

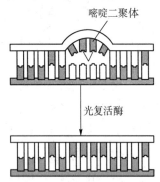

图 13-11 二聚体的直接修复

2. 直接修复 直接修复（direct repair）的典型例子是光复活修复。可见光（300～600nm）可激活细胞内的光复活酶，该酶能特异性识别 DNA 上的嘧啶二聚体并与之结合成酶-DNA 复合物，利用光所提供的能量使嘧啶二聚体的环丁烷环打开，使损伤的 DNA 恢复正常结构（图 13-11）。光复活酶广泛分布于各种生物中，但在人体细胞中并不起作用。

3. 切除修复 切除修复（excision repair）是哺乳类动物 DNA 损伤的主要修复方式，主要有以下几个阶段：内切核酸酶或糖苷酶识别 DNA 的损伤部位，并在 5' 端切断 DNA 链，再在 5'→3' 外切核酸酶的作用下切除损伤的 DNA 片段；然后在 DNA 聚合酶的作用下以损伤处相对应的互补链为模板合成新的 DNA 单链片段，使其取代损伤的 DNA 片段；最后再在 DNA 连接酶的作用下将新合成的单链片段与原有的单链相连接而恢复 DNA 原有结构。

从切除的对象来看，切除修复又可以分为碱基的切除修复和核苷酸的切除修复两类。

（1）碱基的切除修复 碱基的切除修复是先由糖苷酶识别和去除损伤的碱基，在 DNA 单链上形成无嘌呤或无嘧啶的空位（AP 位），然后在 AP 位点内切核酸酶把受损核苷酸的糖苷-磷酸键切开，并移去包括 AP 位点核苷酸在内的小片段 DNA，然后由 DNA 聚合酶合成新的片段，最终由 DNA 连接酶连接缺口（图 13-12）。

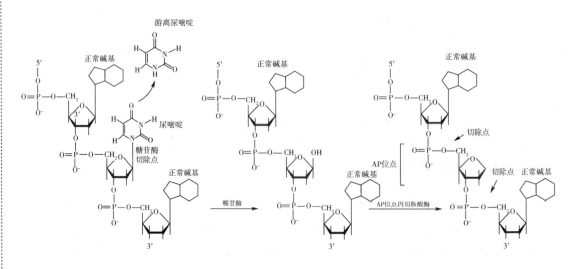

图 13-12 碱基切除修复

（2）核苷酸的切除修复 可以修复几乎所有类型的 DNA 损伤，包括以上提到的嘧啶二聚体。修复过程是 ATP 依赖的内切核酸酶识别受损 DNA 区域，并从两侧切除 12～13 个核苷酸片段，然后留下的空隙由 DNA 聚合酶进行修补合成，最后由 DNA 连接酶连接。

在 *E. coli* 中 UvrA（具有 ATP 酶活性）、UvrB（具有解旋酶和 ATP 酶活性）和 UvrC 等蛋白质涉及损伤核苷酸片段的切除（图 13-13）。真核生物中，该修复系统机制较为复杂，但总体的原则相似。

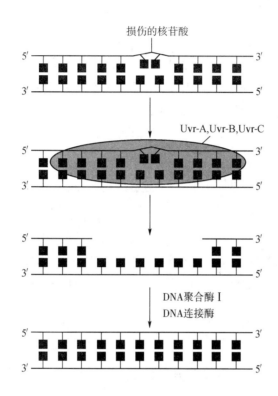

图 13-13 核苷酸切除修复

4. 重组修复 光复活修复和切除修复是先修复，后复制，而重组修复（recombination repair）鉴于 DNA 损伤范围较大，来不及修复就先进行复制，复制后再进行切除修复，故又称复制后修复。修复过程涉及 DNA 的重组，主要分三个步骤。①复制：损伤的 DNA 仍可复制，但亲代链的损伤部位不能作为模板指导子代链合成，造成子链出现缺口；②重组：将另一条正常亲代链相应的片段移到缺口，使正常亲代链上形成了缺口；③填补和连接：亲代链上的缺口由 DNA 聚合酶进行填补合成，最后由 DNA 连接酶连接，使之完全复原（图 13-14）。

重组修复是 DNA 复制过程中所采用的一种有差错的修复方式，修复过程中，受损部位仍然保留。但随着复制的不断进行，损伤链所占的比例越来越小，实际上消除了损伤的影响。原亲代链中遗留的损伤部分，也可在下一个细胞周期中以切除修复方式去完成修复。

5. SOS 修复 SOS 修复（SOS response repair）是指 DNA 受到严重损伤、细胞处于危急状态时所诱导的一种 DNA 修复方式。这种修复是在其他修复系统无法发挥作用时才会被激活，是以牺牲复制的准确性为代价来提高细胞的生存率，故又称为错误倾向修复（error-prone repair）。

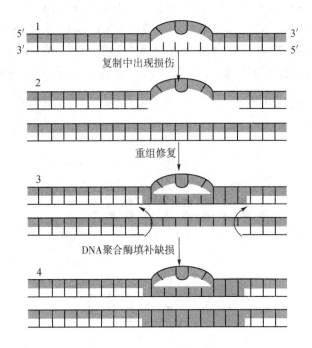

图 13-14　重组修复的机制

SOS 修复系统的诱导在 *E. coli* 中至少涉及 40 多种蛋白质，编码这些蛋白质的基因正常条件下是沉默的，只有在紧急情况下才会被激活。人类尚未发现如此的 SOS 反应。

知识拓展

着色性干皮病与 DNA 修复

人类遗传性疾病已发现 4000 多种，其中不少与 DNA 修复缺陷有关。例如着色性干皮病（xeroderma pigmentosum）就是第一个发现的 DNA 修复缺陷性遗传病。该病发病率约 1/25 万。患者的皮肤和眼睛对太阳光，特别是紫外线十分敏感，光暴露部位皮肤萎缩，色素沉着，容易发生溃疡，皮肤癌发病率高，常有多系统累及。许多患者可伴有眼球、神经系统病变及智力低下等。

端粒酶抑制剂

端粒酶的高活性是肿瘤细胞恶性增殖的一项重要条件，也是抗肿瘤治疗预后不良的因素之一，因此开发及研究相应的端粒酶抑制剂已成为抗肿瘤领域的热点之一。如 3′-叠氮-3′-脱氧胸腺核苷（AZT）为胸苷类似物，可以明显抑制端粒酶的活性，能够在端粒复制时掺入到新合成的端粒 DNA 链中而使端粒复制终止。研究表明，AZT 可特异性抑制多种颅外恶性肿瘤细胞的端粒酶活性，使端粒长度缩短，从而发挥抑制肿瘤增殖、促进其衰老和凋亡的作用。AZT 也可作为协同剂，在与其他化疗药物联合抗肿瘤中提高治疗效果。

重点小结

重 点	难 点
1. DNA 的复制是指以亲代 DNA 分子的两条链为模板合成各自的互补链，形成两个子代 DNA 分子的过程。复制的基本特征包括半保留复制、双向复制和半不连续复制	1. DNA 聚合酶只能从 5′→3′的方向逐个连入核苷酸。因此只能利用 3′→5′方向的模板链合成子链，合成方向为 5′→3′，称为前导链。由于亲代 DNA 双链中只有一条链的方向为 3′→5′，故另一条链（5′→3′）的复制只能先合成多个小片段 DNA（称为冈崎片段），然后连接成长的链，称为后随链
2. DNA 复制过程需要 DNA 模板、引物、dNTP 合成原料、酶和蛋白质等多种物质的参与。拓扑异构酶帮助解开复制叉前后的超螺旋结构，DNA 解旋酶解开双螺旋 DNA，引物酶合成 RNA 引物，单链结合蛋白稳定单链区，DNA 聚合酶Ⅲ参与 DNA 复制链的延长，DNA 聚合酶Ⅰ切除引物，填补空隙，最后由 DNA 连接酶连接缺口	2. 端粒酶是由 RNA 和蛋白质组成的复合物，两者都是酶活性必不可少的组分。端粒酶可看作是一种逆转录酶，以自身 RNA 组分为模板，以端粒 3′端为引物，以爬行模式合成端粒重复序列
3. DNA 复制时的保真性主要与下列因素有关：①严格的碱基配对；②DNA 聚合酶对碱基的选择；③DNA 聚合酶的校对功能；④复制后修复	3. 逆转录酶主要具有 3 种酶活性：①RNA 指导的 DNA 聚合酶活性，利用 RNA 为模板合成互补 DNA 链，形成 RNA-DNA 杂化分子；②DNA 指导的 DNA 聚合酶活性，它以新合成的 DNA 为模板合成另一条互补 DNA 链，形成 DNA 双链分子；③核糖核酸酶（RNase H）活性，专门水解 RNA-DNA 杂化分子中的 RNA 链。除此之外，有些逆转录酶还有 DNA 内切酶活性
4. 端粒是真核生物染色体末端线性 DNA 分子的结构，随着 DNA 复制次数的增加会相应变短，而防止端粒缩短的酶，称为端粒酶	4. DNA 损伤修复系统的作用机制有许多共性，首先是识别 DNA 双链中的异常扭曲结构，接着切除一段包含这段扭曲部分的片段，随后产生的空隙由 DNA 聚合酶填补，最终由 DNA 连接酶连接缺口
5. 由逆转录酶催化，以 RNA 为模板合成 DNA 的过程称为逆转录	
6. 原有的 DNA 序列发生永久性改变，并导致遗传特征改变的现象称为 DNA 损伤，也称突变。突变可分为碱基置换突变或碱基错配、缺失、插入和重排突变等几种类型	
7. 细胞内有多种 DNA 损伤修复系统，可以修复 DNA 的损伤，主要类型包括错配修复、直接修复、切除修复、重组修复和 SOS 修复等	

简答题

1. 复制时需要哪些物质参与？半保留复制的意义如何？

2. 列表比较原核生物 DNA 聚合酶与真核生物 DNA 聚合酶的异同点。

3. DNA 复制过程为什么会形成冈崎片段？

4. 什么是逆转录，有何意义？

5. 什么是 DNA 突变，有哪些类型，DNA 损伤修复的机制有哪些？

6. 真核生物染色体的线性复制长度是如何保证的？

（陈　彻）

扫码"练一练"

第十四章　RNA 的生物合成

要点导航

掌握　转录的基本特点，复制与转录的异同，RNA 聚合酶的结构和功能，外显子和内含子的概念。

熟悉　转录的过程，各种 RNA 转录后的加工。

了解　真核生物的启动子，发夹结构，转录的终止——依赖 ρ 因子的终止和不依赖 ρ 因子的终止，核酶及其意义，RNA 生物合成的抑制剂。

DNA 分子是遗传信息的携带者，蛋白质是遗传特性的表现者，但 DNA 不是蛋白质合成的直接模板。按照遗传学中心法则，储存于 DNA 分子中的遗传信息，即碱基序列，需转录成 RNA 的碱基序列，才能作为蛋白质合成的模板。遗传信息从 DNA 到 RNA 的转移，也就是合成 RNA。RNA 的生物合成包括两个方面：一方面是以 DNA 为模板指导的 RNA 合成，称为转录（transcription）；另一方面，某些病毒以 RNA 为模板在 RNA 复制酶（RNA replicase）的作用下合成 RNA，称为 RNA 复制（RNA replication）。本章主要介绍转录。

第一节　转录的基本特点

转录是在 DNA 指导下由 RNA 聚合酶催化进行的，即以 DNA 为模板、四种核苷三磷酸（nucleotide triphosphate，NTP）为原料，合成 RNA。

$$\left.\begin{array}{l} n_1 \text{ ATP} \\ n_2 \text{ GTP} \\ n_3 \text{ UTP} \\ n_4 \text{ CTP} \end{array}\right\} \xrightarrow[\substack{Mg^{2+}\text{或}Mn^{2+} \\ DNA模板}]{RNA聚合酶} \left[\begin{array}{l} n_1 \text{ AMP} \\ n_2 \text{ GMP} \\ n_3 \text{ UMP} \\ n_4 \text{ CMP} \end{array}\right] + (n_1+n_2+n_3+n_4)\text{ PPi}$$

产物RNA

一、转录的模板

合成 RNA 需要以 DNA 作为模板，所合成的 RNA 中核苷酸（或碱基）的顺序和模板 DNA 的碱基顺序有互补关系，如 A-U、G-C、T-A。

为保留物种的全部遗传信息，全部基因组 DNA 都需要进行复制。人体基因约 2.5 万个，不同的组织细胞、不同的生存环境、不同的发育阶段，都会有某些基因被转录，某些基因不被转录。在某些细胞中，全套基因组中甚至只有少数基因被转录。可见，转录是具有选择性的，并且是区段性的，能够转录生成 RNA 的 DNA 区段称为结构基因。双链结构基因中能作为模板被转录的那股 DNA 链称为模板链（template strand），与其互补的另一股不被转录的 DNA 链称为编码链（coding strand）。模板链并非总是在同一股 DNA 单链上，即在某一区段上，DNA 分子中的一股链是模板链，而在另一区段又以其对应链作为模板，转录的这一特征称为不对称转录。由于合成 RNA 的方向是 5′→3′，所以，模板链的方向是 3′→5′。

DNA 在进行转录时，部分结构是不稳定的，可能发生局部解链，当 RNA 合成后离开 DNA，解开的 DNA 链又重新形成双链结构。

DNA 模板上由特殊核苷酸顺序组成的启动子（promoter）是 RNA 聚合酶特异性识别并与之结合的位点，它控制基因表达（转录）的起始时间和表达的程度。在 1 个转录单位的末段也有特异结构作为终止部位，使转录在起始与终止部位间进行。

二、参与转录的酶

参与转录的转录酶（transcriptase）即 RNA 聚合酶，在原核细胞和真核细胞中均广泛存在。

1. 原核生物的 RNA 聚合酶 目前研究得最清楚的是大肠杆菌 RNA 聚合酶，该酶是由五种亚基组成的六聚体（$\alpha_2\beta\beta'\omega\sigma$），分子量约 500000，$\alpha_2\beta\beta'\omega$ 称为核心酶（core enzyme）。σ 亚基又称 σ 因子，与核心酶结合后称为全酶（holoenzyme）。σ 亚基的主要作用是识别 DNA 模板上的启动子，σ 亚基单独存在时不能与 DNA 模板结合，只有与核心酶结合成全酶后，才可使全酶与模板 DNA 中的启动子结合。当它与启动基因的特异碱基结合后，DNA 双链解开一部分，使转录开始，故 σ 亚基又称起始因子。不同的 σ 亚基识别不同的启动子，从而使不同的基因进行转录。转录起始后，σ 亚基脱离，核心酶沿 DNA 模板移动合成 RNA。因此，核心酶参与整个转录过程。各亚基功能见表 14-1。

表 14-1 大肠杆菌 RNA 聚合酶各亚基功能

亚 基	功 能
σ 亚基	识别 DNA 模板上的启动子
α 亚基	与基因的调控序列结合，决定被转录基因的类型和种类
β 亚基	催化 3′,5′-磷酸二酯键的形成
β' 亚基	与 DNA 模板结合，促进 DNA 解链
ω 亚基	促进 RNA 聚合酶装配

2. 真核生物的 RNA 聚合酶 到目前为至，研究的所有真核生物的细胞核中都至少含有 3 种 RNA 聚合酶，不同的 RNA 聚合酶可以转录不同的基因。RNA 聚合酶含有多个亚基，但它们的组成和功能尚不清楚。根据 α-鹅膏蕈碱对 RNA 聚合酶的特异抑制作用，可将该酶分为 RNA 聚合酶 I、RNA 聚合酶 II、RNA 聚合酶 III 三种（表 14-2）。RNA 聚合酶 I 存在于核仁中，转录产物为 45S rRNA，经加工生成 28S、18S 和 5.8S rRNA；RNA 聚合酶 II 存在于核质中，催化 mRNA 前体 hn RNA 的合成；RNA 聚合酶 III 存在于核质中，催化合成各种 tRNA 前体、5S rRNA、snRNA。

表 14-2 真核生物 RNA 聚合酶 I、RNA 聚合酶 II、RNA 聚合酶 III 的定位和产物

种 类	定 位	产 物
RNA 聚合酶 I	核仁	45S rRNA
RNA 聚合酶 II	核质	hn RNA
RNA 聚合酶 III	核质	tRNA 前体、5S rRNA、snRNA

线粒体 RNA 聚合酶与原核细胞中的类似。原核细胞依赖 RNA 聚合酶的各个亚单位就

能完成转录过程，而真核细胞还需要一些蛋白质因子参与，并对转录产物进行加工修饰。

三、转录的过程

原核生物和真核生物 RNA 的转录过程都可分为三个阶段：起始、延长及终止。真核生物 RNA 还要进行转录后的加工。

（一）转录的起始

转录起始就是转录开始时，RNA 聚合酶（全酶）与 DNA 模板的启动基因（又称启动子）结合，使 DNA 双链局部解开，根据模板序列进入第一、第二个 NTP 并形成 $3',5'$-磷酸二酯键，构成转录起始复合体。

1. 原核生物的转录起始

（1）原核生物的启动子　各种启动子有下列共同点：在-10 区（以转录 RNA 第一个核苷酸的位置为+1，负数表示上游的碱基数）处有一段相同的富含 A-T 配对的碱基序列，即-TATAAT-，是由 Pribnow 所发现的，故称这段序列为 Pribnow 框。它和转录起始位点一般相距 5bp，A、T 较丰富，易于解链。其功能是：①与 RNA 聚合酶紧密结合；②形成开放的起始复合体；③使 RNA 聚合酶定向转录。

上游-35 区的中心处，有一组保守的序列-TTGACA-，称为 Sextama 框，与-10 区相隔 16～19bp。该序列与 RNA 聚合酶识别起始位点有关，又称为识别点。另外，-35 区和-10 区的距离是相当稳定的，过大或过小都会降低转录活性。这可能与 RNA 聚合酶本身的大小和空间结构有关。图 14-1 为原核生物启动子的结构示意图。

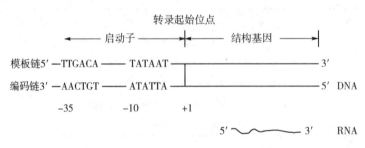

图 14-1　原核生物启动子的结构

（2）原核生物转录的起始过程　首先 RNA 聚合酶 σ 因子识别启动子-35 区的 TTGACA 序列，并以全酶形式与之结合。在这一区段，酶与模板结合松弛，酶移向-10 区的 TATAAT 序列，并到达转录起始位点后，与之形成较稳定的结构。因 Pribnow 框富含碱基 A、T，DNA 双螺旋容易解开。当解开 17bp 时，DNA 双链中的模板链就开始指导 RNA 链的合成。新合成 RNA 的 $5'$ 端第一个核苷酸往往是嘌呤核苷酸（ATP 或 GTP），尤以 GTP 为常见；然后与模板链互补的第二个核苷酸进入，并与第一个核苷酸之间形成磷酸二酯键，释放出焦磷酸，开始 RNA 的延长。RNA 链合成开始后 σ 因子即脱落下来，剩下核心酶与合成的 RNA 仍结合在 DNA 上，并沿 DNA 向前移动。脱落的 σ 因子可与另一核心酶结合，反复使用，循环地参与起始位点的识别作用。

2. 真核生物的转录起始

（1）真核生物的启动子　真核生物的转录起始比原核生物复杂，其调控序列包括启动子、增强子及沉默子等。转录起始时，原核生物 RNA 聚合酶可直接与 DNA 模板结合，而真核生物 RNA 聚合酶不直接与模板结合，需要众多的蛋白质因子参与，形成转录起始前复合体。能直接或间接与 RNA 聚合酶结合的蛋白质因子，称为转录因子（transcription factor，TF）或通用转录因子（general transcription factor）或基础转录因子（basal transcription factor）。典型的启动子在转录起始点上游−25 区含有由 7 个核苷酸组成的共有序列，即 TATAAAA，称为 TATA 框或称 Hogness 框。TATA 框是绝大多数真核生物基因准确表达所必需的，RNA 聚合酶与 TATA 框牢固结合后才能起始转录。通常在转录起始点上游−30～−110 区域还存在 GGCCAATCT 共有序列和 GGGCGG 共有序列，分别称为 CAAT 框和 GC 框，两者均可提高和增强启动子的活性，控制转录的频率（图 14-2）。TATA 框、CAAT 框和 GC 框都是转录因子的结合位点。

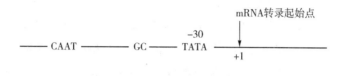

GC框：5′-GGGCGG-3′；   CAAT框：5′-GCC(T)CAATCT-3′

图 14-2 真核生物启动子的典型结构

真核生物的 RNA 聚合酶 I、RNA 聚合酶 II、RNA 聚合酶 III 分别需要 TF I、TF II、TF III 识别相应的启动子。目前已知 RNA 聚合酶 II 至少有六种不同的转录因子参与转录起始复合体的形成，这些转录因子包括 TF II A、TF II B、TF II D、TF II E、TF II F 和 TF II H（表 14-3），其中 TF II D 是起始转录中最重要的基础转录因子，它是由 TATA 结合蛋白（TATA binding protein，TBP）和 8～10 个 TBP 辅因子（TBP associated factors，TAF）组成的复合物，TBP 能与 TATA 框结合，TAF 能辅助 TBP 与 TATA 框结合。

表 14-3　RNA 聚合酶 II 的通用转录因子

蛋白质因子	功　能
TF II A	与 TBP 结合，稳定 TBP 与 TATA 框的结合
TF II B	与 TF II D 结合，帮助 RNA 聚合酶 II 与启动子结合，决定转录起始
TF II D	其 TBP 和 TAF 形成复合体，与 TATA 框结合
TF II E	回收 TF II H 到起始复合体中，调节 TF II H 的解旋酶和蛋白激酶活性
TF II F	回收 RNA 聚合酶 II 到前起始复合体中
TF II H	具有解旋酶及蛋白激酶活性，参与转录起始

（2）真核生物转录的起始过程　①TF II D-TF II A-TF II B-DNA 复合物的形成，在 TAF 辅助、TF II A 和 TF II B 的促进与配合下，TF II D 的 TBP 与启动子的 TATA 框特异结合，形成了 TF II D-TF II A-TF II B-DNA 复合物。其中，TF II A 能稳定 TF II D-DNA 复合物，TF II B 起桥梁作用。②RNA 聚合酶 II 就位，在 TF II F 的辅助下，RNA 聚合酶 II 与 TF II B 结合，其中 TF II B 和 TF II F 的作用是协助 RNA 聚合酶 II 靶向结合启动子。③闭合转录前起始复合体转变为开放转录起始复合体，RNA 聚合酶 II 就位后，TF II E 及 TF II H 进一步加入，形成闭合转录前起始复合体（pre-initiation complex，PIC）。TF II E 具有 ATP 酶活性，TF II H 具有解旋酶活性，使转录起始位点附近的 DNA 双链解开，从而使闭合转录前起始复合体转变为开放转录起始复合体。TF II H 还具有激酶活性，它能使 RNA 聚合酶 II 最大亚基的羧基末

端结构域（carboxyl-terminal domain，CTD）磷酸化，引起开放转录起始复合体构象改变，启动转录。

（二）转录的延长

当 σ 因子脱落后，核心酶的构象变得松弛，核心酶在 DNA 模板上沿 3′→5′方向迅速滑行，使双股 DNA 保持约 17bp 解链，同时转录产物沿 5′→3′方向延长，其速度约为 50 核苷酸/（秒·分子酶）。每移动一个核苷酸距离，即有一个核苷酸按照与 DNA 模板链碱基互补原则进入模板，并与上一个核苷酸的 3′-羟基结合生成 3′,5′-磷酸二酯键。新合成的 RNA 链与模板 DNA 链配对形成长 8～12bp 的 RNA-DNA 杂交双链，这种由酶-DNA-RNA 形成的转录复合物，称为转录泡（transcription bubble）（图 14-3）。但 RNA-DNA 杂交双链之间的氢键不太牢固，容易分开。随着 RNA 的不断延长，5′端脱离模板向空泡外伸展，DNA 模板链与编码链又恢复双螺旋结构。DNA-DNA 双链结构比 DNA-RNA 杂交双链稳定，因此已转录完毕的局部 DNA 双链恢复而不再打开，而转录产物不断从 DNA 模板链上脱落下来向外伸出。伸出空泡的 RNA 产物，其 5′端仍保持 pppGpN 结构。真核生物与原核生物的延长情况基本相似。

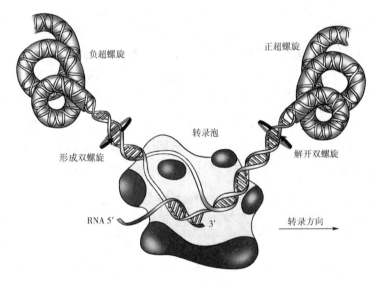

图 14-3　转录泡

（三）转录的终止

转录的终止是指 RNA 聚合酶核心酶转录到转录终止信号时结束转录。转录可终止于模板上某一特定位置，但不同基因转录的终止位点没有严格的规律。

1. 原核生物的转录终止　可分为依赖 ρ 因子的终止和不依赖 ρ 因子的终止两大类。

（1）依赖 ρ 因子的终止　这种方式需要蛋白质 ρ 因子的参与。ρ 因子是由 6 个相同亚基组成的六聚体蛋白质，与多胞苷酸有很高的亲和力，并且具有解链酶活性。在终止部位，RNA 聚合酶停止前进，ρ 因子继续向前滑动，与 RNA 聚合酶结合，这时可使新合成的 mRNA 脱落下来（图 14-4）。

（2）不依赖 ρ 因子的终止　某些基因 DNA 模板有特异的转录终止信号，它可使合成的 mRNA 的 3′端富含 G-C 和带有一段寡聚 U。这一段富含 G-C 的 RNA 能通过碱基互补配对形成发夹结构，RNA 聚合酶与发夹结构作用后，即停止转录，寡聚 U 则进一步使 RNA 与 DNA 的结合力下降，使新合成的 mRNA 从模板上脱落下来。

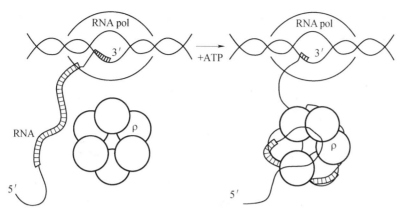

图 14-4 依赖 ρ 因子的转录终止

2. 真核生物的转录终止 终止机制未完全阐明，只知道在基因的末端会指导合成一段 AAUAAA 序列，RNA 聚合酶合成这段序列后再前进一定距离即停止。这时一种酶在 AAUAAA 序列处将合成的 mRNA 产物切断，然后另一种酶给新生的 mRNA 加上一段约 200 个腺苷酸［poly（A）］尾。

无论原核生物还是真核生物，复制和转录都属于核酸的合成，但各有其不同的特点，复制和转录的不同之处见表 14-4。

表 14-4　复制和转录的主要区别

项 目	复 制	转 录
原料	dNTP	NTP
模板	DNA 两股链均可当模板	DNA 模板链当模板
酶	DNA 聚合酶	RNA 聚合酶
产物	子代双链 DNA	单链 RNA（mRNA、tRNA、rRNA 等）
引物	需要 RNA 引物	不需要引物

第二节　真核生物转录后的加工

在真核生物中，基因转录的直接产物即初级转录产物（primary transcript），是较大的 RNA 前体分子，通常是没有功能的，需要经过进一步的加工修饰才转变为具有生物活性的成熟 RNA 分子，这一过程称为转录后加工（post-transcriptional processing）或 RNA 的成熟。对于原核生物来说，多数 mRNA 在 3′端还没有被转录之前，核糖体就已经结合到 5′端开始翻译，所以，原核生物的 mRNA 很少经历加工过程，但原核生物的 rRNA 必须经历剪切和修饰的加工过程，剪切由特定的 RNA 酶催化，将初级转录产物剪成 16S、23S 和 5S 三个片段。修饰的主要形式是核糖-2′-羟基的甲基化。原核细胞 tRNA 的加工方式也是剪切和修饰，有近百种方式。参与 tRNA 剪切的主要酶是 RNA 酶 P，其主要作用是切除多余的核苷酸序列。

一、mRNA 前体的转录后加工

由于不同基因结构的差异，真核生物 mRNA 原始转录产物很不均一，被统称为核内不均一RNA（heterogeneous nuclear RNA，hnRNA），又称为mRNA前体。mRNA前体的加工和成熟主要包括5′端加帽、3′端加尾、剪接和编辑等（图14-5）。

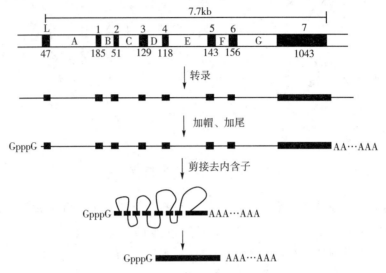

图 14-5　鸡卵清蛋白基因转录及其转录后的加工修饰
（注：外显子以1、2、3、4、5、6、7表示，内含子以A、B、C、D、E、F、G表示）

1. 5′加帽　真核生物成熟mRNA的5′端都含有一个m⁷GpppN的帽结构。帽结构的形成过程：①在加帽酶催化下，鸟苷通过$5′,5′$-三磷酸连接键与初始转录物的5′端首个核苷酸相连；②在甲基转移酶催化下，由S-腺苷甲硫氨酸提供甲基，催化鸟苷第7位碳原子甲基化形成m⁷GpppN，此时形成的帽被称为"帽0"，单细胞真核生物主要为该结构。除m⁷GpppN外，如果第二个核苷酸核糖的2号碳原子上也发生甲基化，称为"帽1"。真核生物中以这类结构为主。如果第二个和第三个核苷酸的核糖2号碳原子均发生甲基化，称为"帽2"。具有"帽2"结构的mRNA只占mRNA总量的10%～15%以下。反应过程如下：

$$pppGC\text{-}RNA \xrightarrow{\text{RNA 磷酸酶}} ppGC\text{-}RNA + Pi$$

$$pppG + ppGC\text{-}RNA \xrightarrow{\text{鸟苷酸转移酶}} GpppGC\text{-}RNA + PPi$$

$$GpppGC\text{-}RNA + S\text{-腺苷甲硫氨酸} \xrightarrow{\text{甲基转移酶}} m^7GpppGC\text{-}RNA + S\text{-腺苷同型半胱氨酸}$$

5′帽结构的作用：①保护mRNA免受核酸酶的水解；②能与帽结合蛋白复合体（cap-binding complex of protein）结合，参与mRNA与核糖体的结合，启动蛋白质的翻译过程；③有利于成熟的mRNA从细胞核输送到细胞质，只有成熟的mRNA才能进行输送。

2. 3′端加尾　大多数真核mRNA 3′端具有80～250个多腺苷酸尾〔poly（A）〕。poly（A）尾不是由DNA转录获得，而是转录后在核内加上去的。加尾修饰与RNA转录终止同时进行，加poly（A）时需要由外切核酸酶首先切去mRNA 3′端的一些核苷酸，然后在poly（A）聚合酶〔poly（A）polymerase，PAP〕催化下加接上poly（A）尾。

poly（A）尾的作用：①维持mRNA翻译模板活性；②增加mRNA本身稳定性；③mRNA由细胞核进入细胞质所必需的结构。

3. mRNA前体的剪接　真核生物的结构基因由若干个编码区和非编码区互相间隔连接而成，这种基因结构称为断裂基因（split gene）。断裂基因需要去除非编码区后将编码区连接起来，才能翻译成为完整的蛋白质。断裂基因中能表达为成熟 mRNA 或能编码氨基酸的核酸序列，称为外显子（exon），被切除的非编码序列称为内含子（intron）。在 5′端帽和 3′端 poly（A）尾形成以后，内含子被切除，外显子被连接形成成熟的 mRNA，这个过程就是 mRNA 剪接（mRNA splicing）。mRNA 剪接反应需要有核小 RNA（small nuclear RNA，snRNA）参与。这些 snRNA 与蛋白质结合成核小核糖核蛋白颗粒（small nuclear ribonucleoprotein partical，snRNP），每一种 snRNP 含有一种 snRNA，分子结构中尿嘧啶含量非常丰富。几乎所有真核生物的 hnRNA 剪接点都以具有特征的 GU 为 5′端起始，AG 为 3′端末端，称为 GU-AG 规则，亦称为剪接接头（splicing junction）或边界序列。

人类很多 hnRNA 可以产生两种或两种以上的成熟 mRNA，说明真核生物的剪接方式存在可变性。例如，果蝇同一肌球蛋白重链的 hnRNA 分子通过选择性剪接方式，使果蝇发育过程中的不同阶段产生 3 种不同形式的肌球蛋白重链 mRNA 分子。又如大鼠的同一前体 mRNA 分子，在甲状腺翻译为降钙素，而在脑组织翻译为降钙素基因相关蛋白质，这是由于该 mRNA 前体分子中具有 2 个多腺苷酸位点，经过剪切和剪接的加工，形成了两种不同的成熟 mRNA 分子，分别翻译生成降钙素和降钙素基因相关蛋白质（图 14-6）。

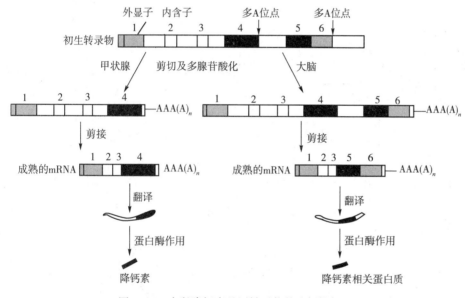

图 14-6　大鼠降钙素基因转录物的选择性加工

4. mRNA 编辑　mRNA 编辑（mRNA editing）是指对其序列进行改编，包括在 mRNA 前体分子中插入、剔除或置换一些核苷酸。例如，人载脂蛋白 B（ApoB）基因只有一个，通过 mRNA 编辑可产生两种不同的载脂蛋白 B：一种是由肝细胞合成的 ApoB 100，分子量为 513000；另一种是由小肠黏膜细胞合成的 ApoB 48，分子量为 250000。当 ApoB mRNA 合成后，其第 2153 位密码子 CAA（谷氨酰胺密码子）的碱基 C 被编辑改变成为 U，密码子转变为 UAA（终止密码子）后，蛋白质翻译到此即终止，得到含 2152 个氨基酸残基的 ApoB 48；而未被编辑的 mRNA 则被翻译成含 4536 个氨基酸残基的 ApoB 100。因此，ApoB 48 实际上是 ApoB 100 氨基端的那部分肽链。由于催化胞嘧啶变成尿嘧啶的脱氨酶只存在于小肠，故 ApoB 48 只在小肠中合成。

mRNA 编辑的实质是对基因的编码序列在经过转录后进行加工，使其分化为多用途的功能产物，故 mRNA 编辑又称为分化 RNA 加工（differential RNA processing）。人类基因组计划之初，曾估计人类基因的总数在 5 万～10 万个，但人类基因组测序工作完成后，人类基因的数量仅被认定为 2.5 万～3.5 万个。由此可见，RNA 编辑过程可极大地增加遗传信息容量。因此，RNA 编辑可以看作是对生物学中心法则的一个重要补充。

二、tRNA 前体的转录后加工

真核生物 tRNA 基因成簇排列，并且被间隔区分开，初级转录产物由 100～140 个核苷酸组成。而成熟的 tRNA 分子含 70～80 个核苷酸。在 tRNA 前体分子中，5′端有一段前导序列，3′端含有一段附加序列，中部为 10～60 个核苷酸组成的内含子，一般位于反密码子环。tRNA 前体的转录后加工包括剪切、3′端添加 CCA 和碱基修饰（图 14-7）。

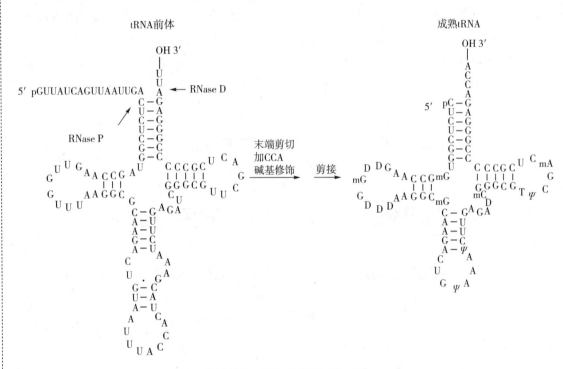

图 14-7　tRNA 前体的转录加工

1. 剪切　tRNA 前体需通过多种核糖核酸酶催化分别在 5′端和 3′端切除部分核苷酸序列，如通过 RNaseP 切除 5′端，通过 RNaseD 切除 3′端部分核苷酸序列。另外，tRNA 前体还要剪接去除内含子，tRNA 的剪切加工是 tRNA 前体折叠成特殊的二级结构后发生的。

2. 3′端添加—CCAOH 结构　以 CTP、ATP 为原料，由核苷酸转移酶催化，在 tRNA 前体的 3′端加上—CCAOH 结构，使 tRNA 具有携带氨基酸的能力。

3. 碱基修饰　tRNA 前体不含稀有碱基，需要酶促修饰反应才能获得，修饰反应主要有还原反应、甲基化反应、脱氨基反应和核苷内的转位反应。如尿嘧啶还原生成二氢尿嘧啶，嘌呤甲基化生成甲基嘌呤，腺嘌呤脱氨基生成次黄嘌呤，尿苷通过核苷内的转位反应生成假尿苷等。

三、rRNA 前体的转录后加工

真核生物 rRNA 基因的拷贝数较多，通常在几十至上千之间，成簇排列在一起，由

5.8S、28S 和 18S rRNA 基因组成一个转录单位，它们之间彼此被间隔区分开，由 RNA 聚合酶 I 催化，在核仁中进行转录，合成 45S 的初级转录产物（primary transcripts），即 rRNA 前体。rRNA 前体在核仁内多种核酸酶作用下进一步加工：首先，45S RNA 5′端被剪切去除部分核苷酸，生成 41S RNA；然后，41S RNA 被剪切生成 32S RNA 和 20S RNA 两个中间体；接着，20S RNA 被剪切为成熟的 18S rRNA，而 32S RNA 被剪切为成熟的 5.8S rRNA 及 28S rRNA（图 14-8），然后它们在核仁内与蛋白质一起装配成核糖体，被输送到胞质，参与蛋白质的生物合成。

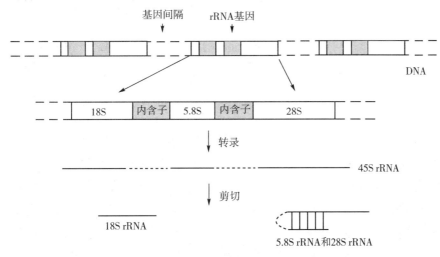

图 14-8 真核细胞 rRNA 转录后的加工

四、核酶在转录加工过程中的作用

核酶（ribozyme）主要指一类具有催化功能的 RNA，亦称 RNA 催化剂，ribozyme 是核糖核酸和酶两词的缩合词。核酶最初是在 20 世纪 80 年代初由 T. Cech 发现的。T. Cech 在研究四膜虫的 rRNA 剪接时，发现在无任何蛋白质存在的情况下，可完成 rRNA 基因转录产物 I，这种现象说明 rRNA 前体具有催化活性。与此同时，还发现 RNase P 单独存在时也能催化 tRNA 前体中 5′端前导序列的切除。为区别于传统的蛋白质催化剂，T. Cech 给这种具有催化活性的 RNA 定名为核酶。目前还发现，RNA-蛋白质复合物也可作为催化剂，如端粒酶、snRNP 等。

核酶在发挥催化作用时，都具有一定的结构形式。R. Symons 提出"锤头"状二级结构是核酶作用的结构基础。在锤头状二级结构中，含有 3 个茎（stem），1～3 个环（loop），并具有 13 个特定核苷酸的保守序列，用 A、U、C、G 表示，其余核苷酸用 N 表示（图 14-9）。

在锤头状核酸分子中，13 个保守的核苷酸组成催化核心，UH（H 为除 G 以外的核苷酸）为剪切点的识别序列。核酶催化 RNA 断裂的作用机制是：核糖 2′-羟基对与此核糖相连的磷酸进行亲核攻击，使磷酸二酯键断裂。

核酶的作用方式主要有两种类型：①剪切型，此类核酶可催化自身 RNA 或其他异体 RNA 剪掉一段核苷酸片段，其催化功能相当于内切核

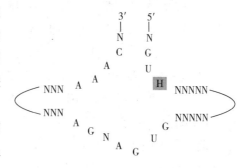

图 14-9 核酶的锤头状二级结构

酸酶的作用；②剪接型，此类核酶主要是催化自身 RNA 切除分子内部的一个片段，然后再将剩余的两个片段连接起来，既剪又接，实际上相当于内切核酸酶和连接酶的联合作用。

核酶的发现是对 RNA 生物学功能的进一步认识，即 RNA 不仅具有储存和传递遗传信息的功能，而且还具有生物催化剂的功能。在一定程度上可以说 RNA 兼有 DNA 和蛋白质两类生物大分子的功能，从而动摇了所有生物催化剂都是蛋白质的传统观念。

第三节　RNA 生物合成的抑制剂

一些临床药物、试剂可作为干扰 RNA 合成的抗代谢物或抑制剂，包括碱基类似物、核苷类似物、模板干扰剂、RNA 聚合酶抑制剂等。

一、碱基类似物

碱基类似物能抑制核苷酸的合成，也能掺入核酸分子中，形成异常 RNA，影响核酸功能并导致突变，如 5-氟尿嘧啶、6-氮尿嘧啶、6-巯基嘌呤、硫鸟嘌呤、2,6-二氨基嘌呤和 8-氮鸟嘌呤等。这类物质进入体内后需转变成相应的核苷酸，才表现出抑制作用。如 5-氟尿嘧啶通过补救途径转化为氟尿嘧啶核苷三磷酸（FuTP）作为假底物进入 RNA，与腺嘌呤配对或异构成烯醇式与鸟嘌呤配对，使 A-T 对转变为 G-C 对。因为正常细胞可将其分解，而癌细胞不能，所以可选择性抑制癌细胞生长。6-巯基嘌呤进入体内后可转变为巯基嘌呤核苷酸，抑制嘌呤核苷酸的合成，可作为抗癌药物治疗急性白血病等。

二、DNA 模板功能的抑制剂

这类化合物能与 DNA 结合，使 DNA 失去模板功能，从而抑制其复制与转录，如烷化剂、放线菌素 D、嵌入染料等。

1. 烷化剂　烷化剂带有活性烷基，能使核酸烷基化，从而改变核酸结构，可干扰 DNA 及 RNA 功能。如氮芥〔二（氯乙基）胺的衍生物〕、磺酸酯、氮丙啶、乙撑亚胺类。烷化的位点主要是腺嘌呤 N_1、N_3、N_7，鸟嘌呤 N_7，胞嘧啶 N_1。烷基化后，碱基易被水解下来，留下的空隙可干扰 DNA 复制和转录或引起错误碱基掺入。带有双功能基团的烷化剂，可同时与 DNA 两条链结合，使双链 DNA 交联，从而失去模板功能。

环磷酰胺（cyclophosphamide）为最常用的烷化剂类抗肿瘤药，进入体内后先在肝中经微粒体氧化酶转化成醛磷酰胺，而醛磷酰胺不稳定，在肿瘤细胞内分解成酰胺氮芥及丙烯醛，酰胺氮芥对肿瘤细胞产生细胞毒作用。临床用于恶性淋巴瘤、多发性骨髓瘤、白血病、乳腺癌、卵巢癌、宫颈癌、前列腺癌、结肠癌、支气管癌和肺癌等的治疗，有一定疗效；也可用于类风湿关节炎、儿童肾病综合征以及自身免疫疾病的治疗。

2. 放线菌素　放线菌素可通过特殊的氢键与 DNA 的鸟嘌呤形成非共价复合物，使其多肽部分在 DNA 的"浅沟"（小沟）上如同阻遏蛋白一样，抑制 DNA 的转录，如放线菌素 D（dactinomycin D）、光辉霉素（mithramycin）、色霉素 A_3（chromomycin A_3）。对真核、原核细胞都起作用，因此有抗菌和抗癌作用。

放线菌素 D 抗瘤谱较窄。联合化疗的应用：与长春新碱、阿霉素合用，治疗 Wilms 瘤；与氟尿嘧啶合用治疗绒毛膜上皮癌及恶性葡萄胎；与环磷酰胺、长春碱、博来霉素、顺铂合用，治疗睾丸癌；与阿霉素、环磷酰胺、长春新碱合用，治疗软组织肉瘤、尤因肉瘤；也可用于治疗恶性淋巴瘤的联合化疗方案中；还可与放射治疗合用，提高肿瘤对放射治疗的敏感性。

光辉霉素，又称普卡霉素（plicamycin），除了能阻碍 RNA 合成，干扰转录过程外，还能阻断甲状旁腺激素对骨钙的代谢作用。主要用于睾丸胚胎瘤，对其他如脑胶质细胞瘤、脑转移癌、恶性淋巴瘤、绒毛膜上皮癌、乳腺癌等也均有一定疗效。

3. 嵌入染料 扁平芳香族染料，可插入双链 DNA 相邻碱基对之间，从而影响 DNA 的复制和转录。如溴乙锭插入后，使 DNA 在复制时缺失或增添一个核苷酸，从而导致移码突变，并抑制 RNA 链的起始及质粒的复制。此外，还有原黄素、吖啶黄、吖啶橙等。

三、RNA 聚合酶的抑制剂

RNA 聚合酶抑制剂是指那些能够抑制 RNA 聚合酶活性，从而抑制 RNA 合成的物质，如某些抗生素和化学药物。

1. 利福霉素 利福霉素（rifamycin）是 1957 年从链霉菌中分离到的一类抗生素，能强烈抑制结核杆菌和革兰阳性菌，对革兰阴性菌的抑制作用较弱。1962 年获得半合成的利福霉素 B 衍生物利福平（rifampicin），具有广谱抗菌作用，对结核杆菌杀伤力更强。利福霉素主要通过与细菌 RNA 聚合酶 β 亚基特异结合来抑制其活性，从而抑制细菌 RNA 合成的起始。

2. 利迪链菌素 利迪链菌素（streptolydigin）是由利迪链霉菌产生的一类抗生素，化学结构与四烯大环内酯类抗生素纳他霉素相同。利迪链菌素可与细菌 RNA 聚合酶 β 亚基结合，将延伸三维复合体锁定在无活性状态，从而抑制转录过程中链的延长。

3. α-鹅膏蕈碱 α-鹅膏蕈碱（α-amanitin）是一种存在于毒鹅膏（*A. phalloides*）中的八氨基酸的环肽，它可能是毒伞肽中毒性最强的化合物。它主要抑制真核生物 RNA 聚合酶 Ⅱ 和 RNA 聚合酶 Ⅲ，对细菌的 RNA 聚合酶作用极小。

知识拓展

阿霉素与柔红霉素

阿霉素（doxorubicin, adriamycin, ADM）能嵌入 DNA 碱基对之间，阻止转录过程，抑制 RNA 合成，也阻止 DNA 复制，属周期非特异性药物。临床抗癌谱广，疗效高，可用于多种联合化疗，如非霍奇金淋巴瘤、乳腺癌、卵巢癌、小细胞肺癌、胃癌、肝癌、膀胱癌及肉瘤类。柔红霉素（daunorubicin, DNR）能嵌入 DNA 碱基对中，破坏 DNA 的模板功能，阻止转录过程而抑制 DNA 及 RNA 的合成，主要用于急性淋巴细胞白血病和急性粒细胞白血病，但骨髓抑制和心脏毒性较大。

抑制 RNA 生物合成的中药单体成分

已经从多种中药中分离到抑制 RNA 生物合成的单体成分，如厚朴中分离的厚朴酚能抑制前列腺癌细胞中雄激素受体 RNA 的合成，进而下调其蛋白质的合成；中药莪术中分离的 β-榄香烯通过抑制乳腺癌 MCF 细胞中 E-钙黏蛋白 RNA 的合成来降低细胞侵袭能力；冬虫夏草的有效成分虫草素能通过抑制多发性骨髓瘤细胞中 RNA 的生物合成而诱导细胞死亡。

重点小结

重 点	难 点
1. RNA 的转录合成需要 DNA 模板、NTP 原料、RNA 聚合酶和 Mg^{2+} 2. RNA 聚合酶催化核苷酸以 $3',5'$-磷酸二酯键相连合成 RNA，合成方向为 $5'\to3'$ 3. 转录的基本特征包括选择性转录、不对称转录和转录后加工 4. 大肠杆菌 RNA 聚合酶全酶由核心酶（$\alpha_2\beta\beta'\omega$）和 σ 因子构成：核心酶可以催化合成 RNA，σ 因子是转录起始因子。真核生物中主要存在三种细胞核 RNA 聚合酶：RNA 聚合酶 I 存在于核仁内，催化合成 28S、40S rRNA；RNA 聚合酶 II 存在于核质内，催化合成 hnRNA；RNA 聚合酶 III 存在于核质内，催化合成 5S rRNA、tRNA、snRNA 5. 原核生物和真核生物的 RNA 转录都可分为起始、延长和终止三个阶段。原核生物转录起始是基因表达的关键阶段，由 RNA 聚合酶全酶识别启动子并与之结合，形成转录起始复合体，启动 RNA 合成。转录延长阶段核心酶与转录区形成称为转录泡的转录复合体，核心酶沿着 DNA 模板链 $3'\to5'$ 方向移动，以 $5'\to3'$ 方向延伸合成 RNA。转录终止阶段核心酶读到转录终止信号，RNA 释放，核心酶与模板链解离，转录终止，有的转录终止需要 ρ 因子参与 6. 真核生物 RNA 的转录后加工：①mRNA 前体包含外显子与内含子，经过加帽、加尾、剪接和编辑等加工成为成熟 mRNA。②tRNA 前体经过 $3'$ 端加—CCAOH、修饰碱基和剪接等加工成为成熟 tRNA。③rRNA 前体为 45S 的初级转录产物，经过修饰与剪切等加工成为成熟的 18S、5.8S、28S rRNA 7. 核酶是一类具有催化功能的 RNA，能通过剪切或剪接发挥催化功能 8. 有些物质能通过掺入到 DNA 或 RNA 中，或抑制 RNA 聚合酶而干扰 RNA 的合成	1. 原核生物转录起始过程：首先 σ 因子识别启动子-35区的 TTGACA 序列，并以全酶形式与之结合。在这一区段，酶与模板结合松弛，酶移向 -10 区的 TATAAT 序列，并到达转录起始点，并与之形成较稳定的结构。Pribnow 框 DNA 双螺旋解开，当解开 17bp 时，DNA 双链中的模板链就开始指导 RNA 链的合成。新合成 RNA 的 $5'$ 端第一个核苷酸往往是嘌呤核苷酸（ATP 或 GTP），尤以 GTP 为常见。然后与模板链互补的第二个核苷酸进入，并与第一个核苷酸之间形成磷酸二酯键，释放出焦磷酸，开始 RNA 的延伸 2. 真核生物转录起始过程如下：①TF II D-TF II A-TF II B-DNA 复合物的形成；②RNA 聚合酶 II 就位；③闭合转录前起始复合体转变为开放转录起始复合体，启动转录 3. 原核生物转录终止——依赖 ρ 因子的终止和不依赖 ρ 因子的终止。①依赖 ρ 因子的终止：这种方式需要蛋白质 ρ 因子的参与。ρ 因子是由 6 个相同亚基组成的六聚体蛋白质，与多胞苷酸有很高的亲和力，并且具有解链酶活性。在终止部位，RNA 聚合酶停止前进，在酶后面的 ρ 因子赶上 RNA 聚合酶，这时可使新合成的 mRNA 脱落下来。②不依赖 ρ 因子的终止：转录终止部位会形成发夹式终止子结构，RNA 聚合酶行进到这一终止信号部位时停止，聚合作用也停止

简答题

1. 简述复制与转录的异同点。

2. 简述原核生物 RNA 聚合酶各亚基在转录中的作用。

3. 简述原核生物转录的过程。

4. 试述依赖 ρ 因子和非依赖 ρ 因子终止转录的方式。

5. 为何说 RNA 转录为不对称转录？

6. 简述真核生物 mRNA、tRNA 和 rRNA 的加工修饰。

7. 什么是核酶？有何意义？

8. 举例说明 RNA 生物合成的抑制剂。

（何迎春）

扫码"练一练"

第十五章　蛋白质的生物合成

扫码"学一学"

要点导航

掌握　蛋白质生物合成体系的组成与作用以及蛋白质生物合成的过程。

熟悉　蛋白质生物合成后的加工。

了解　药物对蛋白质生物合成的影响。

从生物学中心法则可知，蛋白质的生物合成是遗传信息表达的最终阶段，而蛋白质是遗传信息表现的功能形式，是生命的物质基础，它赋予细胞乃至个体的生物学功能或表型。蛋白质的生物合成也称翻译（translation），是指 DNA 结构基因中贮存的遗传信息，通过转录生成 mRNA，再指导多肽链合成的过程。该过程的本质是将 mRNA 分子中 A、G、C、U 四种核苷酸序列编码的遗传信息（核酸语言）转换成蛋白质一级结构中 20 种氨基酸的排列顺序（"蛋白质的语言"）。翻译包含起始、延长和终止三个阶段的连续过程。肽链合成后还需要通过翻译后的加工修饰，包括折叠形成天然蛋白质的三维构象、对一级结构和空间结构的修饰等，才能成为有生物功能的天然蛋白质。此外，多种蛋白质在胞质合成后还需要定向输送到相应的细胞部位发挥作用。

第一节　蛋白质的生物合成体系

蛋白质的生物合成是一个涉及数百种分子参与的复杂耗能过程：20 种被编码的氨基酸是合成原料；mRNA 是蛋白质生物合成的直接模板；tRNA 结合并运载各种氨基酸至 mRNA 模板上；rRNA 和多种蛋白质构成的核糖体是蛋白质生物合成的场所。除上述 RNA 外，还包括参与氨基酸活化及肽链合成起始、延长和终止阶段的多种蛋白质因子，其他蛋白质、酶类、供能物质和某些无机离子等。

一、蛋白质生物合成的直接模板——mRNA

mRNA 分子含有从 DNA 转录出来的遗传信息，是蛋白质合成的直接模板。由于原核基因与真核基因结构不同，mRNA 转录方式及产物也有所不同。在原核生物中，数个功能相关的结构基因常串联在一起，构成一个转录单位。转录生成的一段 mRNA 往往编码几种功能相关的蛋白质，称为多顺反子（polycistron）mRNA。转录产物一般不需加工，即可成为翻译的模板。在真核生物中，结构基因的遗传信息是不连续的，mRNA 转录产物需加工成熟才可作为翻译的模板。真核细胞一个 mRNA 只编码一种蛋白质，称为单顺反子（monocistron）mRNA。

不同 mRNA 序列的分子大小和碱基排列顺序各不相同，但都具有 5′-非翻译区（5′-

untranslated region，5′-UTR）、可读框（open reading frame，ORF）和3′-非翻译区（3′-untranslated region，3′-UTR）。在 mRNA 可读框内，每相邻 3 个核苷酸组成一个三联体遗传密码（genetic code），编码一种氨基酸。由于 mRNA 分子上有 A、G、C、U 四种核苷酸，一个密码子含有 3 个核苷酸，所以四种核苷酸可组合成 64（4^3）个三联体遗传密码（表15-1）。在 64 个密码子中，有 3 个密码子（UAA、UAG、UGA）不编码任何氨基酸，它们只作为肽链合成的终止信号，称为终止密码子（termination codon）；其余 61 个密码子分别编码蛋白质的 20 种氨基酸，其中位于可读框的第一个密码子 AUG 既编码多肽链中的甲硫氨酸，又作为肽链合成的起始信号，称为起始密码子（initiation codon）。在某些原核生物中，GUG 和 UUG 也可充当起始密码子。

表 15-1　遗传密码表

第一核苷酸		第二核苷酸			第三核苷酸
5′端	U	C	A	G	3′端
U	苯丙氨酸 UUU	丝氨酸 UCU	酪氨酸 UAU	半胱氨酸 UGU	U
	苯丙氨酸 UUC	丝氨酸 UCC	酪氨酸 UAC	半胱氨酸 UGC	C
	亮氨酸 UUA	丝氨酸 UCA	终止密码子 UAA	终止密码子 UGA	A
	亮氨酸 UUG	丝氨酸 UCG	终止密码子 UAG	色氨酸 UGG	C
C	亮氨酸 CUU	脯氨酸 CCU	组氨酸 CAU	精氨酸 CGU	U
	亮氨酸 CUC	脯氨酸 CCC	组氨酸 CAC	精氨酸 CGC	C
	亮氨酸 CUA	脯氨酸 CCA	谷氨酰胺 CAA	精氨酸 CGA	A
	亮氨酸 CUG	脯氨酸 CCG	谷氨酰胺 CAG	精氨酸 CGG	G
A	异亮氨酸 AUU	苏氨酸 ACU	天冬酰胺 AAU	丝氨酸 AGU	U
	异亮氨酸 AUC	苏氨酸 ACC	天冬酰胺 AAC	丝氨酸 AGC	C
	异亮氨酸 AUA	苏氨酸 ACA	赖氨酸 AAA	精氨酸 AGA	A
	甲硫氨酸 AUG	苏氨酸 ACG	赖氨酸 AAG	精氨酸 AGG	G
G	缬氨酸 GUU	丙氨酸 GCU	天冬氨酸 GAU	甘氨酸 GGU	U
	缬氨酸 GUC	丙氨酸 GCC	天冬氨酸 GAC	甘氨酸 GGC	C
	缬氨酸 GUA	丙氨酸 GCA	谷氨酸 GAA	甘氨酸 GGA	A
	缬氨酸 GUG	丙氨酸 GCG	谷氨酸 GAG	甘氨酸 GGG	G

遗传密码具有如下特点：

（1）方向性　密码子及组成密码子的各碱基在 mRNA 序列中的排列具有方向性（directionality），即遗传密码阅读方向只能是从 5′→3′，也就是说翻译总是从位于 mRNA 可读框 5′端的起始密码子开始，一直阅读到 3′终止密码子结束。遗传信息在 mRNA 分子中的这种方向性排列决定了多肽链合成的方向是从氨基端到羧基端［图 15-1（a）］。

（2）连续性　mRNA 分子中编码蛋白质氨基酸序列的各个三联体密码及密码子各碱基是连续排列的，密码子及密码子各碱基之间没有间隔，即具有无标点性（non-punctuation）。翻译时从 5′端特定起始位点开始，每 3 个碱基为一组向 3′方向连续阅读，每次读码时每个碱基只读一次，不重叠阅读。基于遗传密码的连续性，如果 mRNA 可读框内插入或缺失一个（或非 3n 个）核苷酸，就会使此后的读码产生错译，造成下游翻译产物氨基酸序列的改变，合成一条不是原来意义上的多肽链［图 15-1（b）］，由此而引起的突变称为移码突变（frameshift mutation）。

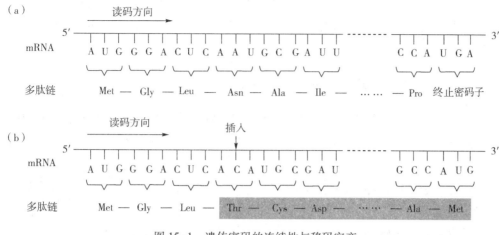

图 15-1　遗传密码的连续性与移码突变

（a）氨基酸的排列顺序对应于 mRNA 序列中密码子的排列顺序；（b）核苷酸插入导致移码突变

（3）简并性　一种氨基酸可具有两个或两个以上的密码子为其编码，这一特性称为遗传密码子的简并性（degeneracy）。已知 61 个密码子编码 20 种氨基酸，显然两者不是一对一的关系。遗传密码表显示，除甲硫氨酸和色氨酸只对应 1 个密码子外，其他氨基酸都有 2、3、4 或 6 个密码子为之编码。为同一种氨基酸编码的各密码子称为简并密码子，也称同义密码子。比较编码同一氨基酸的几个密码子可发现：同义密码子的第一、二位碱基多相同，而第三位碱基可以不同，即密码子的特异性主要由前两位核苷酸决定（"三中读二"），如甘氨酸的密码子是 GGU、GGC、GGA、GGG，缬氨酸的密码子是 GUU、GUC、GUA、GUG，所以这些密码子第三位碱基的突变并不影响所翻译氨基酸的种类，这种突变类型称为同义突变（synonymous mutation）。因此，遗传密码子的简并性对于减少基因突变对蛋白质功能的影响具有一定的生物学意义。

（4）摆动性　翻译过程中，氨基酸的正确加入依赖于 mRNA 的密码子与 tRNA 的反密码子之间的反向配对结合，然而密码子与反密码子配对时，有时会出现不严格遵守常见的碱基配对规律的情况，称为摆动配对。按照 $5'→3'$ 阅读密码规则，摆动（wobble）配对常见于密码子的第三位碱基与反密码子的第一位碱基间，两者虽不严格互补，也能相互识别。如 tRNA 反密码子的第一位出现稀有碱基肌苷（肌苷一磷酸，inosine，I）时，可分别与密码子的第三位碱基 U、C、A 配对（表 15-2）。摆动配对的碱基间形成的是特异、低键能的氢键连接，有利于翻译时 tRNA 迅速与密码子分离。因此摆动配对使密码子与反密码子的相互识别具有灵活性，这可使一种 tRNA 能识别 mRNA 的 1～3 种简并密码子。

表 15-2　密码子与反密码子配对的摆动现象

	对应碱基				
tRNA 反密码子第 1 位碱基	I	U	G	A	C
mRNA 密码子第 3 位碱基	U、C、A	A、G	U、C	U	G

（5）通用性　蛋白质生物合成的整套遗传密码，从原核生物、真核生物到人类都通用，即遗传密码表中的这套密码子基本上适用于生物界的所有物种，具有通用性（universality）。这表明各种生物是从同一祖先进化而来的。但近年研究发现，动物的线粒体和植物的叶绿

体中有自己独立的密码子系统，与通用密码子有一定差别。线粒体中存在独立的基因表达体系，如在线粒体内，AUA 兼作甲硫氨酸密码子和起始密码子，终止密码子可为 AGA、AGG，而 UGA 编码色氨酸等。

二、蛋白质生物合成的场所——核糖体

核糖体是由 rRNA 和蛋白质组成的复合体。参与蛋白质生物合成的各种成分最终都要在核糖体上将氨基酸合成多肽链，所以核糖体是蛋白质生物合成的场所。早在 1950 年，就有人将放射性核素标记的氨基酸注射到小鼠体内，短时间后分离小鼠肝的不同细胞组分，进而检测各组分的放射性强度，发现核糖体的放射性强度最高，从而证明核糖体是蛋白质生物合成的场所。

核糖体在蛋白质生物合成中的作用和它的成分及结构密切相关。在原核细胞中，核糖体可以游离形式存在，也可以与 mRNA 结合形成串珠状的多核糖体。真核细胞中的核糖体可游离存在，也可以与细胞内质网相结合形成粗面内质网。核糖体由大、小两个亚基组成，每个亚基都由多种核糖体蛋白（ribosomal protein, rp）和 rRNA 组成。大、小亚基所含蛋白质分别称为核糖体蛋白大亚基（ribosomal proteins in large subunit, rpL）或核糖体蛋白质小亚基（ribosomal proteins in small subunit, rpS），它们多是参与蛋白质生物合成过程的酶和蛋白质因子。rRNA 分子含有很多局部双螺旋结构区，可折叠生成复杂三维构象作为亚基结构骨架，使各种核糖体蛋白附着结合，装配成完整亚基。如表 15-3 所示，原核生物核糖体（70S）由 30S 小亚基（含 16S rRNA 和 21 种 rpS）和 50S 大亚基（含 23S rRNA、5S rRNA 和 36 种 rpL）组成。真核生物核糖体（80S）则由 40S 小亚基（含 18S rRNA 和 33 种 rpS）和 60S 大亚基（含 28S rRNA、5.8S RNA、5S rRNA 和 49 种 rpL）组成。

表 15-3　原核、真核生物核糖体的组成比较

	原核生物			真核生物		
	核糖体	小亚基	大亚基	核糖体	小亚基	大亚基
S 值	70S	30S	50S	80S	40S	60S
rRNA		16S rRNA	23S rRNA		18S rRNA	28S rRNA
			5S rRNA			5.8S RNA
						5S rRNA
蛋白质		rpS21 种	rpL36 种		rpS 33 种	rpL 49 种

核糖体在蛋白质的生物合成中起重要作用，这是由于：①核糖体的小亚基有供 mRNA 附着的位置。当大、小亚基聚合时，两者之间形成的裂隙是容纳 mRNA 的部位［图 15-2（a）］。核糖体能沿着 mRNA 从 5′→3′逐个阅读遗传密码。②核糖体有结合氨酰 tRNA 和肽酰 tRNA 的部位［图 15-2（b）］。氨酰位（aminoacyl site）（A 位）可与氨酰 tRNA 结合，又称为受位（acceptor site）；肽酰位（peptidyl site）（P 位）是肽酰 tRNA 结合的位置，又称给位（donor site）。这两个部位主要是由大、小亚基蛋白质成分共同构成，而且是非特异性的，无论何种肽酰 tRNA 或何种氨酰 tRNA 均可与之结合。③大亚基上有卸载 tRNA 的出口位（exit site），称 E 位［图 15-2（b）］。④大亚基有肽酰转移酶，可催化形成肽键。⑤核糖体还具有起始、延长和终止等多种参与蛋白质合成的因子的结合部位。总之，当肽酰 tRNA 结合在 P 位、另一氨酰 tRNA 结合在 A 位时，两个 tRNA 的反密码子也就正好与

mRNA 的两个密码子互补结合，而肽酰转移酶就位于这两个位点之间。在肽酰转移酶的作用下，肽酰基被转移到位于 A 位的氨酰 tRNA 的氨基上，两者之间形成肽键。这样，A 位上的氨基酸就被添加到肽链中，肽链得以延长。

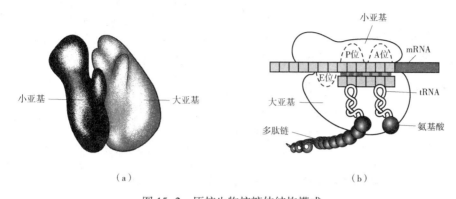

图 15-2　原核生物核糖体结构模式

（a）核糖体大、小亚基间裂隙为 mRNA 结合部位；（b）翻译过程中核糖体结构模式

大、小亚基的结合就是蛋白质合成的开始，只有正在进行蛋白质合成时，两个亚基才结合成为完整的核糖体，蛋白质合成一旦中止，核糖体就立即解离成为大、小两个亚基。

核糖体可以单个存在，单个存在的核糖体称为单体，也可由 mRNA 细丝把它们串联在一起，成为合成蛋白质的功能集团，即核糖体的聚合物，称为多核糖体。多核糖体间各单体的间距并不相等，单体数目一般 3～30 个，最常见为 3～5 个核糖体。

真核生物核糖体结构与原核生物相似，但组分更复杂。

三、结合并运载氨基酸的工具——tRNA

核苷酸的碱基与氨基酸之间不具有特异的化学识别作用，那么在蛋白质合成过程中氨基酸是如何识别 mRNA 模板上的遗传密码，进而排列连接成特异的多肽链序列呢？研究证明，氨基酸与遗传密码之间的相互识别作用是通过 tRNA 实现，tRNA 是蛋白质合成过程中的接合体（adaptor）分子。tRNA 分子具有两个关键部位：一个是氨基酸的结合部位；另一个是 mRNA 结合部位。这两点表明 tRNA 是既可携带特异的氨基酸，又可特异识别 mRNA 遗传密码的双重功能分子。氨基酸结合部位是 tRNA 氨基酸臂的—CCAOH（腺苷酸-3′-羟基）。氨基酸被 tRNA 转运至核糖体之前，各种氨基酸需被分别加载到各自的 tRNA 分子上，形成氨酰 tRNA。tRNA 与 mRNA 的结合部位是 tRNA 的反密码子，反密码子能与 mRNA 序列中相应的密码子互补结合。于是，通过 tRNA 的接合作用使氨基酸能够按 mRNA 信息的指导"对号入座"，保证核酸到蛋白质遗传信息传递的准确性。

四、参与蛋白质生物合成的其他成分

1. 重要的酶类　蛋白质合成过程中起主要作用的酶有：①氨酰 tRNA 合成酶，存在于胞质中，催化氨基酸活化；②肽酰转移酶，是核糖体大亚基的组成成分，将 P 位上肽酰 tRNA 的肽酰基转移到 A 位上，并催化肽酰基的活化羧基与氨酰基的 α-氨基结合形成肽键，使肽酰基和氨酰基通过肽键相连；③转位酶，其活性存在于延伸因子 G 中，催化核糖体向 mRNA 的 3′端移动一个密码子的距离，使下一个密码子定位于 A 位。

2. 蛋白质因子 在蛋白质合成过程中各个阶段还需要多种重要的蛋白质因子参与，如起始因子（initiation factor，IF）、延伸因子（elongation factor，EF）、释放因子（release factor，RF）又称终止因子。真核生物的各阶段所需因子冠以小 e 字母，如真核细胞起始因子表示为 eIF。起始因子参与翻译起始复合体的形成；延伸因子参与肽链的延长；释放因子参与蛋白质合成的终止。

3. 能源物质及无机离子 氨基酸活化及肽链形成过程中需要 ATP 及 GTP 供能。在蛋白质合成的各阶段还有某些无机离子（如 Mg^{2+}、K^+等）参与反应。

第二节 蛋白质生物合成过程

在翻译过程中，核糖体从可读框的 5′-AUG 开始向 3′端阅读 mRNA 上的三联体遗传密码，而多肽链的合成是从 N 端向 C 端，直至终止密码子出现。终止密码子前一位三联体，翻译出肽链的 C 端氨基酸。蛋白质生物合成是最复杂的生物化学过程之一，它需要上百种不同的蛋白质及数十种 RNA 分子的参与。原核生物和真核生物的蛋白质合成过程不尽相同，所用术语也有区别，分开讨论更方便。

一、氨基酸的活化

1. 氨基酸的活化过程 氨基酸的活化指氨基酸的 α-羧基与特异 tRNA 的 3′端—CCAOH 结合形成氨酰 tRNA 的过程，这一反应由氨酰 tRNA 合成酶（aminoacyl-tRNA synthetase）催化完成，并分两步进行：第一步是氨酰 tRNA 合成酶识别它所催化的氨基酸及另一底物 ATP，并在酶的催化下，氨基酸的羧基与 AMP 上磷酸之间形成一个酯键，生成氨酰 AMP-E 的中间复合物，同时释放出 1 分子 PPi。第二步是氨酰 AMP-E 的中间复合物与 tRNA 作用生成氨酰 tRNA，并重新释放出 AMP 和酶。

$$氨基酸 + ATP-E \rightarrow 氨酰\ AMP-E + PPi$$
$$氨酰\ AMP-E + tRNA \rightarrow 氨酰\ tRNA + AMP + E$$

总反应式为：

$$氨基酸 + tRNA + ATP \xrightarrow{\text{氨酰 tRNA 合成酶}} 氨酰\ tRNA + AMP + PPi$$

反应中氨基酸的 α-羧基与 tRNA 的 3′端—CCAOH 以酯键连接，形成氨酰 tRNA。细胞中的焦磷酸酶不断分解反应生成的 PPi，促进反应持续向右进行，每活化 1 分子氨基酸需要消耗 2 个高能磷酸键。

氨基酸与 tRNA 分子的正确结合，是决定翻译准确性的关键步骤之一，氨酰 tRNA 合成酶在其中起着主要作用。氨酰 tRNA 合成酶存在于细胞质的无结构部分，对底物氨基酸和 tRNA 都有高度特异性。该酶通过分子中相分隔的活性部位分别识别结合 ATP、特异的氨基酸和携带简并密码子的数种 tRNA。原核细胞中有 30~40 种不同的 tRNA 分子，而真核生物中有 50 种甚至更多，因此一种氨基酸可以和 2~6 种 tRNA 特异地结合，故把装载同一氨基酸的所有 tRNA 称为同工接受体（isoacceptor）。与同一氨基酸结合的所有同工接受体均被相同的氨酰 tRNA 合成酶所催化，因此只需 20 种氨酰 tRNA 合成酶就能催化氨基酸以酯键连接到各自特异的 tRNA 分子上，可见该酶对 tRNA 的选择性较对氨基酸的选择性稍低。

此外，氨酰 tRNA 合成酶还具有校正活性（proofreading activity），也称编辑活性

（editing activity），即酯酶的活性。它能把错配的氨基酸水解下来，再换上与反密码子相对应的氨基酸。

2. 氨酰 tRNA 的表示方法 如用三字母缩写代表氨基酸，各种氨基酸和对应的tRNA结合形成的氨酰 tRNA 可以如下方法表示，如原核生物的天冬氨酸、丝氨酸表示为 fAsp-tRNA^{fAsp}，fSer-tRNA^{fSer}，真核生物的天冬氨酸、丝氨酸表示为 Asp-tRNA^{Asp}，Ser-tRNA^{Ser}。

密码子 AUG 可编码甲硫氨酸（Met），同时作为起始密码子。在真核生物中与甲硫氨酸结合的 tRNA 至少有两种：在起始位点携带甲硫氨酸的 tRNA 称为起始 tRNA（initiator-tRNA），简写为 tRNA$_i^{Met}$；在肽链延长中携带甲硫氨酸的 tRNA 称为延长 tRNA（elongation-tRNA），简写为 tRNAe^{Met}。Met-tRNA$_i^{Met}$、Met-tRNAe^{Met}可分别被起始、延长过程起催化作用的酶和因子识别。

原核生物的起始密码子只能识别甲酰化的甲硫氨酸，即 N-甲酰甲硫氨酸（N-formyl methionine，fMet），因此起始位点的甲酰化甲硫氨酰 tRNA 表示为 fMet-tRNA^{fMet}。N-甲酰甲硫氨酸中的甲酰基从 N^{10}-甲酰四氢叶酸（THFA）转移到甲硫氨酸的 α-氨基上，由转甲酰基酶催化。

$$
\begin{array}{ccc}
& CH_3 & \\
& | & \\
& S & \\
& | & \\
& CH_2 & \\
& | & \\
& CH_2 & \\
H_2N-CHCOO-tRNA^{fMet} + THFA-CHO & \xrightarrow{\text{转甲酰基酶}} & HC-NH-CHCOO-tRNA^{fMet} \\
Met-tRNA^{fMet} & & fMet-tRNA^{fMet}
\end{array}
$$

二、原核生物蛋白质的合成

蛋白质生物合成的早期研究工作都是利用大肠杆菌的无细胞体系进行，所以对大肠杆菌的蛋白质合成过程了解较多。为了便于阐述，将翻译过程分为起始（initiation）、延长（elongation）和终止（termination）三个阶段，这三个阶段都是在核糖体上完成的，即广义的核糖体循环。原核生物肽链的合成过程涉及众多的蛋白质因子（表15-4）。

表15-4 参与原核生物肽链合成的各种蛋白质因子及其生物学功能

	种类	生物学功能
起始因子	IF1	占据 A 位防止结合其他氨酰 tRNA
	IF2	促进 fMet-tRNA^{fMet}与 30S 小亚基结合
	IF3	促进大、小亚基分离，提高 P 位对结合 fMet-tRNA^{fMet}的敏感性
延长因子	EF-Tu	结合 GTP，携带氨酰 tRNA 进入 A 位
	EF-Ts	调节亚基
	EF-G	有转位酶活性，促进 mRNA-肽酰 tRNA 由 A 位移至 P 位，促进 tRNA 卸载与释放
释放因子	RF1	特异识别 UAA、UAG，诱导肽酰转移酶转变成酯酶
	RF2	特异识别 UAA、UAG，诱导肽酰转移酶转变成酯酶
	RF3	可与核糖体其他部位结合，有 GTP 酶活性，能介导 RF1 及 RF2 与核糖体的相互作用

（一）肽链合成的起始

肽链合成的起始阶段是指 mRNA、起始氨酰 tRNA 分别与核糖体结合而形成翻译起始复合体（translational initiation complex）的过程。除需要 30S 小亚基、mRNA、fMet-tRNA^{fMet} 和 50S 大亚基外，此过程还需要起始因子（initiation factor，IF）、GTP 和 Mg^{2+} 参与。原核生物有三种起始因子，即 IF1、IF2 和 IF3。

1. 核糖体大、小亚基分离 蛋白质肽链合成连续进行，在肽链延长过程中，核糖体的大、小亚基是聚合的，一条肽链合成终止实际上是下一轮翻译的起始。此时在 IF3 和 IF1 的作用下，IF3、IF1 与小亚基结合，促进大、小亚基分离。

2. mRNA 与核糖体小亚基定位结合 在原核细胞中，一条 mRNA 链上可以有多个起始密码子 AUG，形成多个 ORF，编码出多条多肽链。原核生物 mRNA 准确结合在核糖体小亚基上，涉及两种机制：①在各种 mRNA 起始密码子 AUG 上游 8～10 个碱基左右的位置，存在一段由 4～9 个核苷酸组成的共有序列（—AGGAGG—），称为 Shine-Dalgarno 序列（SD 序列），它与原核生物核糖体小亚基 16S rRNA 3′端富含嘧啶的短序列（—UCCUCC—）互补，从而使 mRNA 与小亚基结合。因此，mRNA 的 SD 序列又称为核糖体结合位点（ribosomal binding site，RBS）。一条多顺反子 mRNA 序列上的每个基因编码序列均拥有各自的 SD 序列和起始 AUG。②mRNA 上紧接 SD 序列之后的一小段核苷酸序列，又可被核糖体小亚基蛋白 rpS-1 识别结合（图 15-3）。原核生物通过上述 RNA-RNA、RNA-蛋白质的相互作用，mRNA 序列上的起始密码子 AUG 即可在核糖体的小亚基上精确定位而形成复合体。

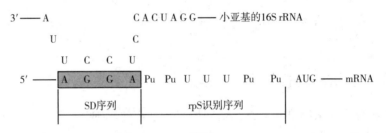

图 15-3 原核生物 mRNA 与核糖体小亚基的结合定位

3. fMet-tRNA^{fMet} 的结合 fMet-tRNA^{fMet} 与核糖体的结合受 IF2 的控制。起始时 IF1 结合在 A 位，阻止氨酰 tRNA 的进入。IF2 首先与 GTP 结合，再结合 fMet-tRNA^{fMet}。在 IF2 的帮助下，fMet-tRNA^{fMet} 识别对应核糖体 P 位的 mRNA 起始密码子 AUG，并与之结合，促进 mRNA 的准确就位。

4. 翻译起始复合体的形成 IF2 有完整核糖体依赖的 GTP 酶活性。当上述结合了 mRNA、fMet-tRNA^{fMet} 的小亚基再与 50S 大亚基结合生成完整核糖体时，IF2 结合的 GTP 被水解释能，促使 3 种 IF 释放，形成由完整核糖体、mRNA、起始氨酰 tRNA 组成的翻译起始复合体（图 15-4）。此时，结合起始密码子 AUG 的 fMet-tRNAi^{fMet} 占据 P 位，而 A 位留空，并对应 mRNA 上紧接在 AUG 后的三联体密码，为肽链延长做好了准备。

（二）肽链的延长

肽链的延长是指在 mRNA 密码子序列的指导下，氨基酸依次进入核糖体并聚合成多肽链的过程。肽链延长需要 GTP 和延伸因子（elongation factor，EF）的参与。

由于肽链延长的过程是在核糖体上连续循环进行的，故称为核糖体循环（ribosomal cycle）。每次循环分三个阶段：进位（entrance）、成肽（peptide bond formation）和转位

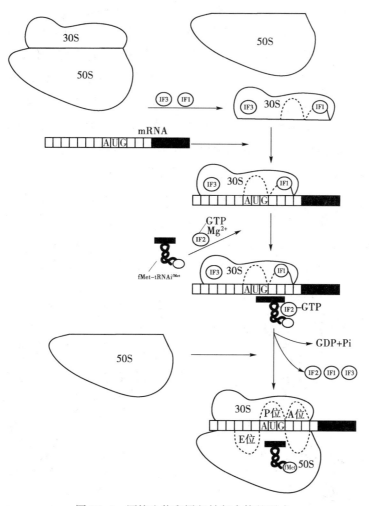

图 15-4　原核生物翻译起始复合体的形成

（translocation）。循环一次，肽链增加一个氨基酸残基，直至肽链合成终止。

1. 进位　进位又称注册（registration），是指一个氨酰 tRNA 按照 mRNA 模板的指令进入并结合到核糖体 A 位的过程。肽链合成起始后，核糖体 P 位已被起始氨酰 tRNA 占据，但 A 位是留空的，并对应 AUG 后下一组三联体密码，进入 A 位的氨酰 tRNA 即由该密码子决定。

进位需要延伸因子 EF-T 的参与。EF-T 由 EF-Tu 和 EF-Ts 两个亚基构成，当 EF-Tu 结合 GTP 时，便与 EF-Ts 分离，使 EF-Tu-GTP 处于活性状态；而当 GTP 水解为 GDP 时，EF-Tu-GDP 就失去活性。氨酰 tRNA 进位前，必须首先与活性的 EF-Tu-GTP 结合，才能被带入核糖体 A 位，使密码子与反密码子配对结合。同时，EF-Tu 的 GTP 酶发挥作用，促使 GTP 水解，驱动 EF-Tu-GDP 从核糖体释出，进而 EF-Ts 与 EF-Tu 结合将 GDP 置换出去，并重新形成 EF-Tu-Ts 二聚体。由此可见，EF-Ts 实际上是 GTP 交换蛋白，可将 EF-Tu 上的 GDP 交换成 GTP，使 EF-Tu 进入新一轮循环，继续催化下一个氨酰 tRNA 进位（图 15-5）。

2. 成肽　成肽是在肽酰转移酶催化下肽键形成的过程。进位后，核糖体的 A 位和 P 位各结合了一个氨酰 tRNA。在肽酰转移酶的催化下，P 位上起始氨酰 tRNA 的 *N*-甲酰甲硫氨酰基或肽酰 tRNA 的肽酰基转移到 A 位，并与 A 位上氨酰 tRNA 的 α-氨基形成肽键的过程。随后肽酰转移酶在释放因子的作用下发生别构，表现出酯酶的水解活性，使 P 位上的肽链与 tRNA 分离。第一个肽键形成以后，二肽酰 tRNA 占据核糖体 A 位，而空载的 tRNA 仍在

P 位（图 15-5）。起始的 N-甲酰甲硫氨酸的 α-氨基被持续保留而成为新生肽链的 N 端。

3. 转位 转位是在 EF-G（具有转位酶活性）作用下，核糖体向 mRNA 的 3′端移动一个密码子的距离，使 mRNA 序列上的下一个密码子进入核糖体的 A 位，而占据 A 位肽酰 tRNA 移至 P 位的过程（图 15-5）。同时，P 位的卸载 tRNA 进入 E 位，并由此排出。在原核生物中，转位依赖于延伸因子 EF-G 和 GTP。EF-G 有转位酶（translocase）活性，可结合并水解 1 分子 GTP，促进核糖体向 mRNA 的 3′端移动，移动一个密码子，使 A 位对应新的一组密码子，准备相应的氨酰 tRNA 进位，开始下一轮核糖体循环。

第一轮核糖体循环后，mRNA 分子上的第三个密码子进入 A 位，为下一个氨酰 tRNA 进位做好准备。再进行第二轮循环，进位-成肽-转位，P 位将出现三肽酰 tRNA。A 位又空出，再进行第三轮循环，这样每循环一次，肽链将增加一个氨基酸残基。如此重复进位—成肽—转位的循环过程，核糖体依次沿 5′→3′方向阅读 mRNA 的遗传密码，肽链不断从 N 端向 C 端延长（图 15-5）。

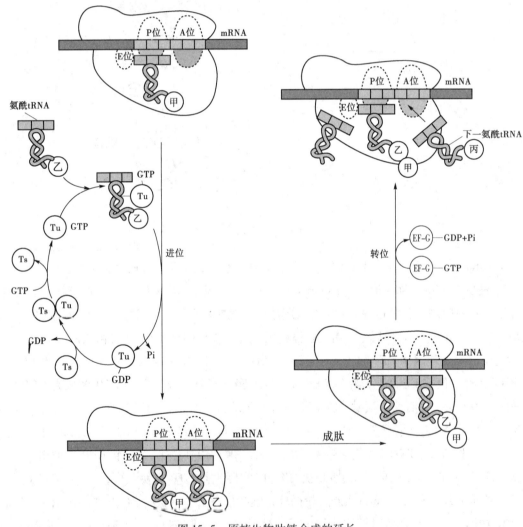

图 15-5 原核生物肽链合成的延长

在肽链延长连续循环时，核糖体空间构象也发生着周期性改变，转位时卸载的 tRNA 进入 E 位，可诱导核糖体构象变化，有利于下一个氨酰 tRNA 进入 A 位；而氨酰 tRNA 的进位又诱导核糖体产生别构，促使卸载 tRNA 从 E 位排出。

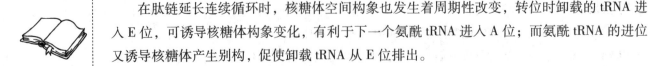

（三）肽链合成的终止

肽链合成的终止是指核糖体 A 位出现 mRNA 的终止密码子后，多肽链合成停止，肽链从肽酰 tRNA 中释出，mRNA 及核糖体大、小亚基等分离的过程。

终止过程需要的蛋白质因子称为**终止因子**（termination factor），又称释放因子（release factor，RF）。原核生物有三种 RF，即 RF1、RF2 和 RF3。RF1 能特异识别终止密码子 UAA、UAG；RF2 可识别 UAA、UGA；RF3 具有 GTP 酶活性，可结合并水解 1 分子 GTP，促进 RF1 和 RF2 与核糖体的结合。

原核生物翻译终止的过程如下：肽链延长到 mRNA 的终止密码子进入核糖体 A 位时，终止密码子不被任何氨酰 tRNA 识别和进位，只有释放因子 RF1 或 RF2 可在 RF3-GTP 的帮助下识别结合终止密码子，并触发核糖体构象改变，将肽酰转移酶活性转变为酯酶活性，水解新生肽链与结合在 P 位的 tRNA 之间的酯键，把多肽链从 P 位肽酰 tRNA 上释放出来，并促使 mRNA、卸载的 tRNA 及 RF 从核糖体脱离，核糖体大、小亚基解离，开始下一起始过程（图 15-6）。

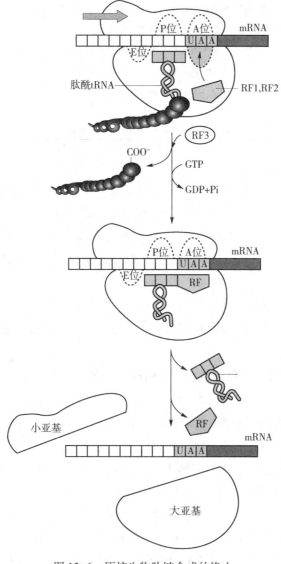

图 15-6　原核生物肽链合成的终止

三、真核生物蛋白质的合成

真核生物的肽链合成过程与原核生物的肽链合成过程基本类似，只是反应更复杂，涉及的蛋白质因子更多。参与真核生物翻译的各种蛋白质因子及其生物学功能见表 15-5。

表 15-5 参与真核生物翻译的各种蛋白质因子及其生物学功能

因子名称	种类	生物学功能
起始因子	eIF1	多功能因子，参与翻译的多个步骤
	eIF2	促进起始 Met-tRNA$_i^{Met}$ 与 40S 小亚基结合
	eIF2B	结合小亚基，促进大、小亚基分离
	eIF3	结合小亚基，促进大、小亚基分离；介导 eIF4 复合物-mRNA 与小亚基结合
	eIF4A	eIF4F 复合物成分，有 RNA 解旋酶活性，解除 mRNA 的 5′端发夹结构，使其与小亚基结合
	eIF4B	结合 mRNA，促进 mRNA 扫描定位起始密码子 AUG
	eIF4E	eIF4F 复合物成分，结合 mRNA 的 5′端帽结构
	eIF4G	eIF4F 复合物成分，连接 eIF4E、eIF3 和 PAB
	eIF5	促进各种起始因子从核糖体释放，进而结合大亚基
	eIF6	促进无活性的 80S 核糖体解聚生成大、小亚基
延长因子	eEF1α	结合 GTP，携带氨酰 tRNA 进入 A 位，相当于 EF-Tu
	eEF1βγ	调节亚基，相当于 EF-Ts
	eEF2	有转位酶活性，促进 mRNA-肽酰 tRNA 由 A 位移至 P 位，促进 tRNA 卸载与释放，相当于 EF-G
释放因子	eRF	识别所有终止密码子，具有原核生物各类 RF 的功能

（一）肽链合成的起始

真核生物的翻译起始过程与原核生物相似，但顺序不同，所需的成分也有区别。如核糖体为 80S，起始因子（eIF）数目更多，起始甲硫氨酸不需甲酰化。真核生物 mRNA 为单顺反子，起始密码子 AUG 上游没有 SD 序列，但有 5′端帽结构和 3′端 poly（A）尾结构。小亚基首先识别结合 mRNA 的 5′端帽结构，再移向起始位点，并在那里与大亚基结合。具体过程如下。

1. 核糖体大、小亚基的分离 在前一轮翻译终止时，真核细胞起始因子 eIF2B、eIF3 与核糖体小亚基结合，并在 eIF6 的参与下，促进 80S 核糖体解聚生成 40S 小亚基和 60S 大亚基。

2. 起始 Met-tRNA$_i^{Met}$ 与核糖体小亚基结合 与原核生物不同，真核细胞小亚基先与起始氨酰 tRNA 结合，再与 mRNA 结合。首先 Met-tRNA$_i^{Met}$ 与 eIF2、1 分子 GTP 结合成为三元复合物，然后与游离状态的核糖体小亚基 P 位结合，形成 43S 的前起始复合体。

3. mRNA 与核糖体小亚基的结合 真核细胞 mRNA 不含 SD 序列，其在核糖体小亚基上的定位依赖于由多种蛋白质因子组成的帽结合蛋白复合物（eIF4F 复合物）。上述 43S 的前起始复合体在帽结合蛋白复合物的帮助下，与 mRNA 的 5′端结合。eIF4F 复合物包括 eIF4E、eIF4A 和 eIF4G 各组分，它通过 eIF4E（也称帽结合蛋白）结合 mRNA 5′端帽。poly（A）结合蛋白［poly（A）binding protein，PAB 或 PABP］可结合 mRNA 的 3′端 poly（A）尾。结合了 mRNA 首尾的 eIF4E 和 PAB 再通过 eIF4G 和 eIF3 与核糖体小亚基结合成复合物。eIF4A 具有解旋酶活性，与 eIF4E 形成复合物后定位于 mRNA 起始密码子 AUG 上游的引导区。在 eIF4B 的作用下，eIF4A 通过消耗 ATP 将 mRNA 引导区的二级结构解链，以利于 Met-tRNA$_i^{Met}$ 以 5′→3′ 的方向沿 mRNA 进行扫描，直到起始密码子 AUG 与 Met-tRNA$_i^{Met}$ 的反密码子配对结合，使 mRNA 最终在小亚基准确定位。

4. 翻译起始复合体的形成　已经结合 mRNA、Met-tRNA$_i^{Met}$ 的小亚基，在 eIF5 的作用下，迅速与大亚基结合形成翻译起始复合体，并促使各种 eIF 从核糖体上释放（图 15-7）。

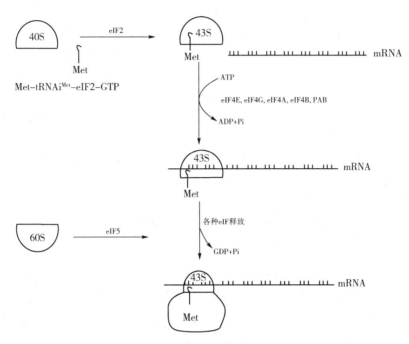

图 15-7　真核生物肽链合成的起始

（二）肽链的延长

真核生物肽链延长过程和原核生物的基本相似，只是反应体系和延伸因子不同。

（三）肽链合成的终止

真核生物翻译终止过程与原核生物的相似，但只有 1 种释放因子 eRF1，可以识别所有终止密码子，激发终止反应。

真核生物与原核生物肽链合成的主要步骤相同，但其过程具有许多差别（表 15-6）。

表 15-6　原核生物与真核生物肽链合成过程的主要差别

	原核生物	真核生物
mRNA	一条 mRNA 编码几种蛋白质（多顺反子）	一条 mRNA 编码一种蛋白质（单顺反子）
	转录后很少加工	转录后进行首、尾修饰及剪接
	转录、翻译和 mRNA 降解可同时发生	mRNA 在核内合成，加工后进入胞质，再作为模板指导翻译
核糖体	30S 小亚基+50S 大亚基=70S 核糖体	40S 小亚基+60S 大亚基=80S 核糖体
起始阶段	起始氨酰 tRNA 为 fMet-tRNA$_i^{fMet}$	起始氨酰 tRNA 为 Met-tRNA$_i^{Met}$
	核糖体小亚基先与 mRNA 结合，再与 fMet-tRNA^{fMet}结合	核糖体小亚基先与为 Met-tRNA$_i^{Met}$ 结合，再与 mRNA 结合
	mRNA 的 SD 序列与 16S rRNA 3′端的一段互补序列结合	mRNA 的帽结构与帽结合蛋白复合物结合

续表

	原核生物	真核生物
	有 3 种 IF 参与起始复合体的形成	有至少 10 种 eIF 参与起始复合体的形成
延长阶段	延伸因子为 EFTu、EFTs 和 EFG	延伸因子为 eEF1α、eEF1βγ 和 eEF2
终止阶段	释放因子为 RF1、RF2 和 RF3	释放因子为 eRF

无论原核细胞还是真核细胞，1 条 mRNA 模板链上可附着 10~100 个核糖体。这种多个核糖体与 mRNA 的聚合物称为多核糖体（polyribosome 或 polysome）（图 15-8）。当一个核糖体与 mRNA 结合并开始翻译，沿 mRNA 向 3′端移动一定距离（约 80 个核苷酸）后，第二个核糖体又在 mRNA 的翻译起始部位结合，以后第三个、第四个核糖体相继结合到 mRNA 的翻译起始位点，这样在一条 mRNA 上常结合有多个核糖体，呈串珠状排列，同时进行多条肽链的合成，大大增加了细胞内蛋白质的合成速率。原核生物 mRNA 转录后不需加工即可作为模板，转录和翻译偶联进行。因此在电子显微镜下可以看到，原核细胞 DNA 分子上连接着长短不一正在转录的 mRNA 分子，每条 mRNA 又附着在多个核糖体上进行翻译，显示为羽毛状现象。真核生物的 mRNA 上也可形成多核糖体。翻译时加工完成（成熟）的 mRNA 形成环状结构，其编码区两端的起始密码子和终止密码子相互靠近，核糖体在终止密码子位点解离后很容易进到起始密码子位点，启动新一轮翻译。

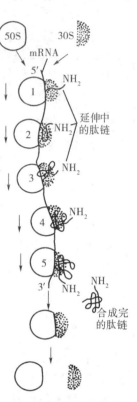

图 15-8 原核生物多核糖体循环

蛋白质生物合成是耗能过程。首先，每分子氨基酸活化生成氨酰 tRNA，消耗 2 个高能磷酸键；其次，在肽链延长阶段，进位和转位各消耗 1 个高能磷酸键。但为保持蛋白质合成的高度保真性，任何步骤出现不正确连接都需消耗能量而被水解掉，因此肽链每增加 1 个肽键实际消耗可能多于 4 个高能磷酸键，这使多肽链以高速度合成，但出错率低于 10^{-4}。

四、蛋白质合成后的加工

新生多肽链不具备蛋白质生物学活性，必须经过复杂的加工修饰过程才转变为具有天然构象的功能蛋白质，该过程称为翻译后加工（post-translation processing），主要包括多肽链折叠为天然的三维构象、肽链一级结构的修饰和肽链空间结构的修饰等。

（一）多肽链的折叠

核糖体上新合成的多肽链需要被逐步折叠成正确的天然构象（native conformation）才能成为有功能的蛋白质。新生多肽链的折叠在肽链合成中、合成后完成，新生多肽链氨基端（N 端）在核糖体上一出现，肽链的折叠即开始。可能随着序列的不断延伸而逐步折叠，产生正确的二级结构、模体、结构域直到形成完整的空间构象。这种折叠过程的意义有两点：①如果肽链折叠错误，就无法形成具有特定生物学活性的蛋白质分子；②至少在人体中，很多疾病如退行性神经系统疾病（阿尔茨海默病、人纹状体脊髓变性病等）都被发现与蛋白质分子的不正确折叠而导致的蛋白质聚集有关。

蛋白质折叠的信息全部储存于肽链自身的氨基酸序列中，即蛋白质的空间构象由一级结构所决定。从热力学角度来看，蛋白质多肽链折叠成天然空间构象是一种释放自由能的自发过程。但实际上，细胞中大多数天然蛋白质折叠都不是自动完成，而需要其他酶、蛋白质辅助。这些辅助性蛋白质可以指导新生蛋白质按特定方式进行正确的折叠。下面讨论几种具有促进蛋白质折叠功能的大分子。

1. 分子伴侣　分子伴侣（molecular chaperone）是细胞中一类保守蛋白质，可识别肽链的非天然构象，促进各种功能域和整体蛋白质的正确折叠。分子伴侣有以下功能：①刚合成的蛋白质以未折叠的形式存在，其中的疏水性片段很容易相互作用而自发折叠，分子伴侣能有效地封闭蛋白质的疏水表面，防止错误折叠的发生；②对已经发生错误折叠的蛋白质，分子伴侣可以识别并帮助其恢复正确的折叠；③创建一个隔离的环境，使蛋白质的折叠互不干扰。

细胞内的分子伴侣至少有两大类：热激蛋白（heat shock protein，HSP）和伴侣蛋白（chaperonin）。实际上，分子伴侣并未加快折叠反应速度，只是通过消除不正确折叠，增加功能性蛋白质折叠产率而促进天然蛋白质折叠。

2. 蛋白质二硫键异构酶　多肽链内或肽链之间二硫键的正确形成对稳定分泌型蛋白、膜蛋白等的天然构象十分重要，这一过程主要在细胞内质网中进行。多肽链的几个半胱氨酸残基间可能出现错配二硫键，影响蛋白质正确折叠。蛋白质二硫键异构酶（protein disulfide isomerase，PDI）在内质网腔活性很高，可在较大区段肽链中催化错配二硫键断裂并形成正确二硫键连接，最终使蛋白质形成热力学最稳定的天然构象。

3. 肽-脯氨酰顺反异构酶　脯氨酸为亚氨基酸，多肽链中肽酰脯氨酸间形成的肽键有顺、反异构体，空间构象明显差别。天然蛋白质多肽链中肽酰脯氨酸间肽键绝大部分是反式构型，仅6%为顺式构型。肽-脯氨酰顺反异构酶（peptide prolyl *cis-trans* isomerase，PPI）可促进上述顺反两种异构体之间的转换，在肽链合成需形成顺式构型时，可使多肽在各脯氨酸弯折处形成准确折叠。肽-脯氨酰顺反异构酶也是蛋白质三维空间构象形成的限速酶。

（二）肽链一级结构的修饰

1. 肽链 N 端的修饰　在蛋白质合成过程中，新生多肽链的第一个氨基酸总是甲硫氨酸（真核生物）或 *N*-甲酰甲硫氨酸（原核生物）。但多数天然蛋白质并不是以甲硫氨酸或 *N*-甲酰甲硫氨酸为 N 端的第一位氨基酸。细胞内有脱甲酰酶或氨肽酶可以除去 *N*-甲酰基、N 端甲硫氨酸或 N 端附加序列。这一过程可在肽链合成中进行，不一定等肽链合成终止时才发生。

2. 个别氨基酸的共价修饰　某些蛋白质肽链中存在共价修饰的氨基酸残基，是肽链合成后特异加工产生的，主要包括磷酸化、甲基化、乙酰化、羟基化和羧基化等，这些修饰对于维持蛋白质的正常生物学功能是必需的。如某些信号蛋白质分子的丝氨酸、苏氨酸或酪氨酸残基被磷酸化修饰参与细胞信息传递过程；某些凝血因子中谷氨酸残基的 γ-羧基化，使凝血因子侧链产生负电基团而能结合 Ca^{2+}；组蛋白分子的精氨酸可进行乙酰化修饰，从而改变染色质的结构，影响基因表达；胶原蛋白前体的赖氨酸、脯氨酸残基发生羟基化，对成熟胶原形成链间共价交联结构是必需的；肽链中半胱氨酸残基间可形成链内或链间二硫键，参与维系蛋白质的空间构象。

3. 多肽链的水解修饰　某些无活性的蛋白质前体可经蛋白酶水解，生成具有活性的蛋白质或多肽，如胰岛素原酶解生成胰岛素，多种蛋白酶原经裂解激活成蛋白酶。另外，真核细胞某些大分子多肽前体，经翻译后加工，水解生成小分子活性肽类。例如腺垂体促黑激素与 ACTH 的共同前身物——鸦片促黑皮质素原（proopio-melano-cortin，POMC）是由 265 个氨基酸残基构成的多肽，经不同的水解加工，可生成至少 10 种不同的肽类激素，包括：ACTH（三十九肽）、α-促黑素（α-MSH）、β-促黑素（β-MSH）、γ-促黑素（γ-MSH）、α-内啡肽（α-endorphin）、β-内啡肽（β-endorphin）、γ-内啡肽（γ-endorphin）、β-促脂解素（β-lipotropin，β-LT）、γ-促脂解素（γ-lipotropin，γ-LT）和甲硫氨酸脑啡肽等活性物质（图 15-9）。

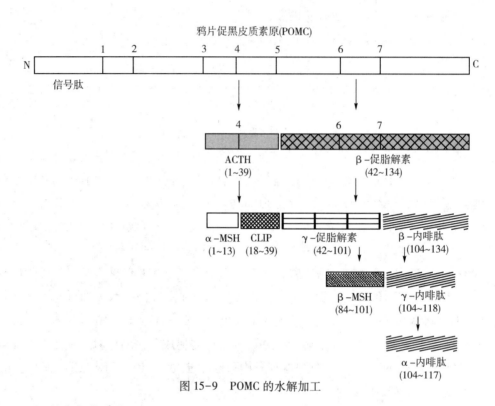

图 15-9　POMC 的水解加工

POMC 的水解位点由 Arg-Lys、Lys-Arg、Lys-Lys 序列构成，用数字 1~7 表示。各活性物质上方括号内的数字为其在 POMC 中对应的氨基酸编号。

（三）肽链空间结构的修饰

多肽链合成后，除了正确折叠成天然空间构象之外，还需要经过某些其他的空间结构的修饰，才能成为有完整天然构象和全部生物功能的蛋白质。

1. 亚基聚合　具有四级结构的蛋白质由两条以上的肽链通过非共价聚合，形成寡聚体（oligomer）。蛋白质各个亚基相互聚合所需的信息仍储存在肽链的氨基酸序列之中，而且这种聚合过程往往有一定顺序，前一步骤常可促进后一步骤的进行。如血红蛋白分子 $\alpha_2\beta_2$ 亚基的聚合。质膜镶嵌蛋白、跨膜蛋白也多为寡聚体，虽然各亚基各自有独立功能，但又必须互相依存，才能够发挥作用。

2. 辅基连接　对于结合蛋白来讲，如糖蛋白、脂蛋白、色蛋白、金属蛋白及各种带辅基的酶类等，其非蛋白质部分（辅基）都是合成后连接上去的，这类蛋白质只有结合了相应辅基，才能成为天然有活性的蛋白质。辅基（辅酶）与肽链的结合过程十分复杂，很多细节尚在研究中。如蛋白质添加糖链辅基又称糖基化（glycosylation），是一种较为复杂的化学修饰过程。这类修饰主要发生在真核细胞的质膜蛋白质或分泌型蛋白质上，由多种糖基转移酶催化，在细胞内质网及高尔基体中完成。

3. 疏水脂链的共价连接　某些蛋白质，如 Ras 蛋白、G 蛋白等，翻译后需要在肽链特定位点共价连接一个或多个疏水性强的脂链、多异戊二烯链等。这些蛋白质通过脂链嵌入膜脂质双层，定位成为特殊质膜内在蛋白质，才成为具有生物学功能的蛋白质。

第三节　药物对蛋白质生物合成的影响

蛋白质生物合成在细胞生理过程中有核心作用，因此也成为很多药物如抗生素、毒素的作用靶点。抗生素等就是通过阻断真核、原核生物蛋白质合成体系中某组分的功能，干扰和抑制蛋白质生物合成过程而起作用的。真核、原核生物的翻译过程既相似又有差别，这些差别在临床医学中有重要价值。如抗生素能杀灭细菌，但对真核细胞无明显影响，可针对蛋白质生物合成所必需的关键组分作为研究新抗菌药物的作用靶点，并可设计、筛选仅对病原微生物特效，而不损害人体的药物。某些毒素也作用于基因信息传递过程，因此对毒素作用原理的了解，不仅能研究其致病机制，还可从中发现寻找新药的途径。

下面讨论某些干扰和抑制翻译过程的抗生素或生物活性物质的作用及机制。

一、抗生素类

抗生素为一类微生物来源的药物，可杀灭或抑制细菌等病原体。抗生素可以通过阻断细菌蛋白质的生物合成而起到抑制细菌生长和繁殖的作用。某些抗生素抑制蛋白质生物合成的机制见表 15-7。

表 15-7　常用抗生素抑制蛋白质生物合成的原理与应用

抗生素	作用点	作用原理	应用
伊短菌素	真核、原核细胞核糖体小亚基	阻碍翻译起始复合体的形成	抗肿瘤药
四环素族	原核细胞核糖体小亚基	抑制氨酰 tRNA 与小亚基结合	抗菌药
链霉素、卡那霉素	原核细胞核糖体小亚基	改变构象，引起读码错误，抑制起始	抗菌药
氯霉素、林可霉素	原核细胞核糖体大亚基	抑制肽酰转移酶，阻断肽链延长	抗菌药
红霉素	原核细胞核糖体大亚基	抑制转位酶（EF-G），妨碍转位	抗菌药
放线菌酮	真核细胞核糖体大亚基	抑制肽酰转移酶，阻断肽链延长	医学研究
嘌呤霉素	真核、原核细胞核糖体	氨酰 tRNA 类似物，进位后引起未成熟肽链脱落	抗肿瘤药

（一）影响翻译起始的抗生素

伊短菌素（edeine）和螺旋霉素（pactamycin）可引起 mRNA 在核糖体上错位，从而阻碍翻译起始复合体的形成，对所有生物的蛋白质合成均有抑制作用。伊短菌素还可以影响起始 tRNA 的就位和 IF3 的功能。

（二）影响翻译延长的抗生素

1. 四环素族　四环素族（tetracyclin）包括土霉素、四环素等，能与原核生物核糖体小亚基 A 位结合，妨碍氨酰 tRNA 的进位，抑制细菌蛋白质生物合成。

2. 氨基糖苷类 氨基糖苷类（aminoglycoside）主要抑制革兰阴性菌的蛋白质合成，如链霉素（streptomycin）和卡那霉素（kanamycin）能与原核生物核糖体小亚基结合，改变其构象，引起读码错误，使毒素类细菌蛋白质失活。高浓度时可抑制起始过程。结核杆菌对这两种抗生素敏感。

3. 氯霉素类 氯霉素类（chloramphenicol）属于广谱抗生素，能与原核生物核糖体大亚基结合，阻止由肽酰转移酶催化的肽键形成，阻断翻译延长过程。高浓度时，可对真核生物线粒体蛋白质合成有抑制作用，造成对人的毒性。

4. 大环内酯类 大环内酯类（macrolide）抑制葡萄球菌、链球菌等革兰阳性菌的蛋白质合成，机制是作用于 50S 大亚基，抑制转位酶 EF-G 活性，阻止肽酰 tRNA 从 A 位转到 P 位，使翻译中断，例如红霉素（erythromycin）、阿奇霉素（azithromycin）和克拉霉素（clarithromycin）。

5. 氨基核苷类 氨基核苷类（aminonucleoside）例如嘌呤霉素（puromycin），其结构与氨酰 tRNA 相似，可取代一些氨酰 tRNA 进入核糖体 A 位，但延长中的肽酰-嘌呤霉素容易从核糖体脱落，中断肽链合成。嘌呤霉素对原核、真核生物翻译过程均有干扰作用，难用作抗菌药物，可试用于治疗肿瘤。

6. 林可酰胺类 林可酰胺类（lincosamide）作用于敏感菌核糖体大亚基 A 位和 P 位，阻止 tRNA 在这两个位置就位，抑制肽键形成，从而在翻译延长阶段抑制细菌的蛋白质合成，例如林可霉素（lincomycin）和克林霉素（clindamycin）。

二、其他干扰蛋白质生物合成的物质

（一）毒素

抑制人体蛋白质合成的毒素，常见者为细菌毒素与植物毒素。细菌毒素有多种，如白喉毒素、绿脓毒素和志贺毒素等，它们多在肽链延长阶段抑制蛋白质的合成，其中以白喉毒素的毒性最大。

1. 白喉毒素 白喉毒素（diphtheria toxin）是白喉杆菌产生的毒蛋白，其主要作用就是抑制蛋白质的生物合成。

白喉毒素作为一种修饰酶，可使真核生物延伸因子 eEF2 发生 ADP 糖基化共价修饰，生成 eEF2 腺苷二磷酸衍生物，使 eEF2 失活。它的催化效率很高，只需微量就能有效抑制蛋白质的生物合成，对真核生物的毒性极强。

除白喉毒素外，现知铜绿假单胞菌（曾称绿脓杆菌）的外毒素 A 也与白喉毒素一样，以相似机制起作用。

2. 植物毒素 某些植物毒蛋白（foxoprotein）也是肽链合成的阻断剂。如蓖麻籽所含的蓖麻蛋白（ricin）都可催化真核生物核糖体 60S 大亚基的 28S rRNA 的特异腺苷酸发生脱嘌呤基反应，使 28S rRNA 降解，引起核糖体大亚基失活，抑制肽链延长。

（二）干扰素

干扰素（interferon，IFN）是真核细胞感染病毒后分泌的一类具有抗病毒作用的蛋白质，它可抑制病毒繁殖，保护宿主细胞。干扰素分为 α（白细胞）型、β（成纤维细胞）型和 γ（淋巴细胞）型三大族类，每族类各有亚型，分别有各自的特异作用。

干扰素抑制病毒的作用机制有两方面：①干扰素在某些病毒等双链 RNA 存在时，能诱导 eIF2 蛋白激酶活化，该活化的激酶使真核生物 eIF2 磷酸化失活，从而抑制病毒蛋白质合成；②干扰素先与双链 RNA 共同作用活化 2'-5'寡聚腺苷酸合成酶，使 ATP 以 2'-5'磷酸二酯键连接，聚合为 2'-5'寡聚腺苷酸（2'-5'A）。2'-5'A 再活化内切核酸酶 RNase L，后者使病毒 mRNA 发生降解，阻断病毒蛋白质的合成（图15-10）。

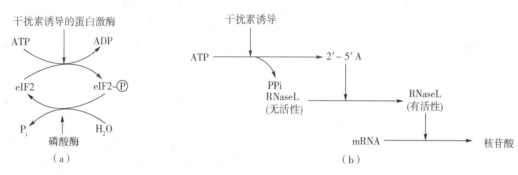

图 15-10 干扰素抗病毒作用的分子机制

（a）干扰素诱导 eIF-2；（b）干扰素激活内切核酸酶

实验证明，干扰素这两方面的作用各自独立，没有相互依赖关系。它除具有抗病毒作用外，还有调节细胞生长分化、激活免疫系统等作用，因此临床应用十分广泛。目前我国已能用基因工程技术生产人类各种干扰素。干扰素是继基因工程胰岛素之后，较早获准在临床使用的基因工程药物。

知识拓展

遗传密码的破译

20 世纪 60 年代初，M. W. Nirenbreg 等人推断出 64 个密码子，并利用人工合成的多尿嘧啶核苷酸［poly(U)］为模板，在体外无细胞蛋白质合成体系中合成了多苯丙氨酸，从而确定 UUU 代表苯丙氨酸。其后，又用同样的方法证明了 CCC、AAA 分别代表脯氨酸和赖氨酸。另外，H. G. Khorana 等将化学合成与酶促合成巧妙地结合起来，合成含有重复序列的多核苷酸共聚物，并以此为模板确定了半胱氨酸、缬氨酸等密码子。R. W. Holley 则成功地制备了一种纯的 tRNA，标志着有生物学活性的核酸完成了化学结构的确定。

经过多位科学家的共同努力，1966 年 64 个密码子的意义被确定，在现代生物学研究史上写下了不朽的篇章。Har Gobind Khorana，Robert Holley 和 Marshall Nirenberg 这三位美国科学家因此共同荣获 1968 年诺贝尔生理学或医学奖。

重点小结

重　点	难　点
1. 3 种 RNA 在蛋白质合成中起重要作用：mRNA 是蛋白质生物合成的直接模板；核糖体是蛋白质生物合成的场所；tRNA 是结合并运载氨基酸的工具	1. 翻译的起始阶段是指 mRNA、起始氨酰 tRNA 分别与核糖体结合而形成翻译起始复合体的过程。在原核生物中，mRNA 和甲酰甲硫氨酰 tRNA 先后与核糖体结合，组装形成翻译起始复合体
2. 遗传密码的特点：方向性、连续性、简并性、摆动性和通用性	2. 肽链延长的过程是在核糖体上连续循环进行，称为核糖体循环。每次循环分三个阶段：进位、成肽和转位。每循环一次，肽链增加一个氨基酸残基，消耗 4 个高能磷酸键，直至肽链合成终止
3. 蛋白质生物合成体系包括 20 种原料氨基酸、3 种 RNA、某些重要的酶类、蛋白质因子、能源物质及无机离子等	3. 翻译后加工是指新合成的无生物活性的多肽链转变为有天然构象和生理功能的蛋白质的过程，主要包括多肽链折叠为天然的三维构象、肽链一级结构的修饰、肽链空间结构的修饰等
4. 在翻译过程中，核糖体从可读框的 5′-AUG 开始向 3′端阅读 mRNA 上的三联体遗传密码，而多肽链的合成是从 N 端向 C 端，直至终止密码子出现	4. 无论原核细胞还是真核细胞，1 条 mRNA 模板链上可附着 10～100 个核糖体。这种多个核糖体与 mRNA 的聚合物称为多核糖体
5. tRNA 与氨基酸的结合由氨酰 tRNA 合成酶催化，此过程称为氨基酸的活化	5. 某些药物和生物活性物质能抑制或干扰蛋白质的生物合成。多种抗生素通过抑制蛋白质的生物合成而发挥杀菌、抑菌作用。白喉毒素、干扰素等作用的实质，也是通过特异的靶点干扰或抑制蛋白质的生物合成

简答题

1. 参与蛋白质生物合成体系的组分有哪些？它们具有什么功能？
2. 遗传密码有什么特点？
3. 原核、真核细胞内蛋白质生物合成的差别有哪些？
4. 举例说明常用抗生素抑制细菌生长繁殖的作用机制。

（宋高臣）

扫码"练一练"

第十六章　基因表达调控

多细胞生物从具有一套遗传基因组的受精卵最终演变成具有不同形态和功能的多组织、多器官的个体，其关键奥妙在于基因的表达调控。因此，基因表达调控的研究是生命科学研究领域不可或缺的内容。

第一节　基因表达的基本规律

基因表达（gene expression）是指基因经过转录和翻译，合成具有特定生理功能产物的过程。

一、基因表达的特异性

1. 基因表达的时间特异性　基因表达的时间特异性（temporal specificity）是指不同基因在生命的同一生长发育阶段的表达是不一样的；同一基因在生命的不同生长发育阶段其表达也是不一样的；而同一基因在不同个体同一生长发育阶段的表达是一样的。多细胞生物从受精卵到组织、器官形成的各个发育阶段，相应基因也严格按照一定的时间顺序开启或关闭。基因表达的时间特异性与分化、发育阶段相一致，所以又称时间特异性为阶段特异性（stage specificity）。

2. 基因表达的空间特异性　基因表达的空间特异性（spatial specificity）是在细胞分化所形成的组织器官中表现的，所以又称细胞特异性（cell specificity）或组织特异性（tissue specificity）。多细胞生物个体的基因表达具有空间特异性，即在同一生长发育阶段，不同基因在同一组织器官的表达是不一样的，同一基因在不同组织器官的表达也是不一样的，而同一基因在不同个体的同一组织器官的表达则是一样的。

二、基因表达的方式

基因表达调控（regulation of gene expression）就是指细胞或生物体在接受内外环境信号刺激时，或适应环境变化的过程中，在基因表达水平上做出应答的分子机制，即位于基因组内的基因如何被表达成为有功能的蛋白质（或 RNA），在什么组织表达，什么时候表达，表达多少等。不同基因的性质与功能不同，对内、外环境信号刺激的反应性不同，表达调控的方式也不同。基因表达的特异性是由基因表达调控的方式决定的。基因表达调控的生物学意义在于适应环境，维持细胞正常的生长、增殖和分化，维持个体发育。基因表达异常或者失控往往导致某些疾病的发生和发展。

1. 组成型表达　有些基因在生命活动的全过程中都是必需的，而且在一个生物个体的几乎所有细胞内都持续表达，这类基因通常称为管家基因（house-keeping gene），又称持家基因。这种表达方式也称为组成型表达（constitutive expression）。当然，管家基因的表达水平并非永远不变，只是变化相对较小。

2. 诱导表达和阻遏表达　与管家基因不同，其他基因的表达极易受环境变化的影响。有些基因的表达因环境信号的刺激而开放或增强，基因表达水平升高，这一过程称为诱导型表达（inducible expression）。例如当 DNA 损伤时，细菌中编码 DNA 修复系统的基因就会被诱导激活，使其修复能力增强。相反，有些基因的表达因环境信号的刺激而关闭或减弱，基因表达水平下降，这一过程称为阻遏表达（repression expression）。例如当培养基中色氨酸供应充足时，细菌编码与色氨酸合成有关酶的基因就会被抑制。诱导和阻遏是同一事物的两种表现形式，在生物界普遍存在，也是生物体适应环境的基本途径。

3. 协同表达　在生物体内，各代谢途径通常由一系列化学反应组成，并且需要多种酶、多种蛋白质参与代谢物的代谢与转运，这些酶及转运蛋白基因的表达必须受到统一调控，使其表达产物的量比例适当，才能确保代谢有条不紊地进行。这种在一定机制的控制下，功能相关的一组基因协调一致，共同表达的方式称为协同表达（coordinate expression），相应的调控方式称为协同调控（coordinate controll）。

三、基因表达调控序列和调节蛋白

基因表达的调节与基因的结构、性质，生物个体或细胞所处的内、外环境，以及细胞内所存在的转录调节蛋白有关。仅就基因转录激活而言，其调控与下列基本要素有关。

（一）决定基因转录活性的特异 DNA 序列

基因特异的表达方式与基因结构有关，这里主要指具有调控功能的 DNA 序列。原核生物大多数基因的表达调控通过操纵子机制实现。操纵子（operon）通常由 2 个以上的编码序列（coding sequence）、启动子（promoter）、操纵基因（operator）以及其他调节序列在基因组中成簇串联组成。启动子是 RNA 聚合酶结合并启动转录的特异 DNA 序列。在各种原核基因启动序列的特定区域内，通常在转录起始位点上游 -10 及 -35 区域存在一些高度保守的序列，称为共有序列（consensus sequence）。*E. coli* 及一些细菌启动序列的共有序列在 -10 区域通常为 TATAAT，又称 Pribnow 框（Pribnow box），在 -35 区域通常为 TTGACA（图 16-1）。

这些共有序列中的任一碱基发生突变或变异都会影响 RNA 聚合酶与启动子的结合和转录起始。因此，共有序列决定启动子的转录活性大小。操纵基因与启动子毗邻或接近，其 DNA 序列常与启动子交错、重叠，它是原核阻遏蛋白的结合位点。当操纵基因结合有阻遏蛋白时，会阻碍 RNA 聚合酶与启动子的结合，或使 RNA 聚合酶不能沿 DNA 向前移动，从而阻遏转录，介导负性调节。原核操纵子调节序列中还有一种特异 DNA 序列，其结合激活蛋白后使 RNA 聚合酶活性增强，从而激活转录，介导正性调节。

真核基因组结构庞大，参与真核生物基因转录激活调节的 DNA 序列比原核更为复杂。

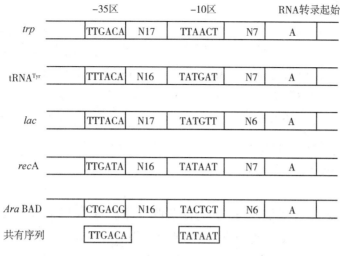

图 16-1 五种 *E.coli* 启动序列的共有序列

绝大多数真核基因的调控机制涉及编码基因两侧的 DNA 序列，即顺式作用元件。顺式作用元件（*cis*-acting element）是指可以影响自身基因表达活性的 DNA 序列。图 16-2 中，A，B 分别代表同一 DNA 分子中的两段特异 DNA 序列。B 序列通过一定机制影响 A 序列，并通过 A 序列调控该基因转录起始的准确性及频率。A、B 序列就是调控这个基因转录活性的顺式作用元件。顺式作用元件可直接调节基因，无需像图 16-2（a）一样：B $\xrightarrow{\text{调节}}$ A $\xrightarrow{\text{调节}}$ 基因，如图 16-2（b）所示。

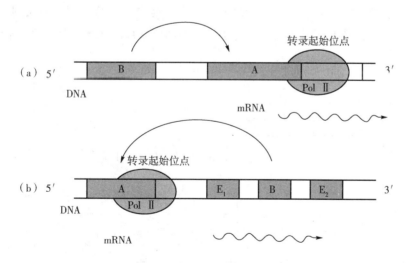

图 16-2 顺式作用元件作用机制

（a）位于转录起始位点上游的顺式作用元件；（b）位于转录起始位点下游的顺式作用元件

不同基因具有各自特异的顺式作用元件。与原核基因类似，在不同真核基因的顺式作用元件中也会时常发现一些共有序列，如 TATA 框、CCAAT 框等。这些共有序列就是顺式作用元件的核心序列，它们是真核 RNA 聚合酶或特异转录因子的结合位点。顺式作用元件通常是非编码序列，但并非都位于转录起始位点的上游（5′端）。根据顺式作用元件在基因中的位置、转录激活作用的性质及发挥作用的方式，可将真核基因的这些功能元件分为启动子、增强子及沉默子等。

（二）转录调节蛋白

1. 原核生物基因转录调节蛋白 原核生物基因转录调节蛋白分为三类：特异因子、阻遏蛋白和激活蛋白，其都是一些 DNA 结合蛋白。特异因子决定 RNA 聚合酶对一个或一套启动子的特异性识别和结合能力。阻遏蛋白（repressor）可以识别、结合特异 DNA 基因——操纵基因，抑制基因转录，介导负性调节。激活蛋白（activator）可结合启动子附近的 DNA 序列，提高 RNA 聚合酶与启动子的结合能力，从而增强 RNA 聚合酶的转录活性。分解代谢物基因激活蛋白（catabolite gene activator protein，CAP）就是一种典型的激活蛋白。有些基因在没有激活蛋白存在时，RNA 聚合酶很少或根本不能结合启动子，导致基因不能转录。

2. 真核生物基因转录调节蛋白 转录调节蛋白又称转录调控因子或转录因子（transcription factors）。绝大多数真核转录调节蛋白由它的编码基因表达后，通过与特异的顺式作用元件的识别、结合（即 DNA-蛋白质间相互作用），反式激活另一基因的转录，故也称反式作用蛋白或反式作用因子（*trans*-acting factors）。并不是所有的真核转录调节蛋白都有反式作用，有些基因产物也可特异识别、结合自身的调节序列，调节自身基因的开启或关闭，发挥顺式调节作用。具有这种调节方式的转录调节蛋白称为顺式作用蛋白或顺式作用因子。如图 16-3 所示，蛋白质 A 由它的编码基因表达后，通过与 B 基因特异的顺式作用元件的识别、结合，反式激活 B 基因的转录，蛋白质 A 即为反式作用蛋白或反式作用因子。B 基因产物也可特异识别、结合自身基因的调节序列，顺式调节自身基因的开启或关闭，因此，蛋白质 B 称为顺式作用蛋白发挥顺式调节作用。大多数转录调节蛋白（转录因子）是 DNA 结合蛋白；还有一些真核转录调节蛋白不能直接结合 DNA，而是通过蛋白质-蛋白质相互作用参与 DNA-蛋白质复合物的形成，影响 RNA 聚合酶活性，调节基因转录。

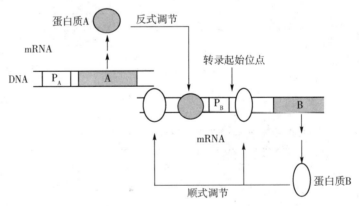

图 16-3 反式与顺式作用蛋白

（三）DNA-蛋白质、蛋白质-蛋白质的相互作用

1. DNA-蛋白质的相互作用 DNA-蛋白质的相互作用（DNA-protein interaction）是指反式调节蛋白与顺式作用元件之间的特异识别与结合。这种结合通常是非共价结合，被调节蛋白所识别的 DNA 结合位点通常呈对称或不对称结构。这种蛋白质结合位点所在的双螺旋 DNA 的大沟和小沟暴露的碱基侧链不同，当调节蛋白落入 DNA 的大沟或小沟时，调节蛋白的某些氨基酸残基的侧链就会与 DNA 中的某些碱基相互联系，形成 DNA-蛋白质复合物。

2. 蛋白质-蛋白质的相互作用 有些调节蛋白在结合 DNA 前，需要通过蛋白质-蛋白质相互作用（protein-protein interaction）形成二聚体（dimer）或多聚体（polymer）。二聚体的形式包括同二聚体（homodimer）和异二聚体（heterodimer），一般来说，异二聚体比同二聚体具有更强的 DNA 结合能力；但由于调节蛋白结构不同，二聚化后也可能丧失结合 DNA 的能力。调节蛋白的二聚化或多聚化在原核、真核生物中都存在。

除二聚化或多聚化反应外，还有一些调节蛋白不能直接结合 DNA，而是通过蛋白质—蛋白质相互作用间接结合 DNA，调节基因转录，这在真核生物中很常见。因为不同的真核细胞中所存在的转录调节蛋白种类不同，即使有相同的转录调节蛋白，其浓度也可能不同，所以同一基因在不同细胞中的表达状态不同。

四、基因表达调控的多层次和复杂调控

从理论上讲，一个基因的编码产物——酶或蛋白质在细胞内的水平至少在以下几个环节受到调控，即基因激活、转录起始、转录后加工、mRNA 降解、翻译、翻译后修饰和蛋白质降解等。研究表明，它们的确是基因表达的调控环节，可见基因表达调控是在多级水平上进行的复杂事件，其中转录起始是基因表达的基本控制点。因此，下面主要从转录水平阐述原核生物和真核生物基因表达调控的特点。

第二节 原核生物基因表达调控

原核生物没有细胞核及细胞器结构，基因组结构也比真核生物简单，因此原核生物的基因表达调控有一些不同于真核生物之处。本节以大肠杆菌为例介绍原核生物基因在转录水平上的调控。

一、原核生物基因表达调控的特点

每个原核细胞都是独立的生命体，其一切代谢活动都是为了使自己适应环境而更好地生存和繁殖。

1. 原核生物与周围环境关系密切 原核生物是单细胞生物，没有能量储备系统，在长期进化过程中演变出对环境的高度适应性。原核生物必须不断地调控各种基因的表达，以适应生存环境和营养环境的变化，使其生长繁殖达到最优化。

2. 原核生物基因以操纵子为单位进行转录 操纵子（operon）是原核生物绝大多数基因的转录单位，由启动子、操纵基因和受操纵基因调控的一组结构基因组成，每个结构基因序列都含有一个独立的可读框，指导合成一种蛋白质，该 RNA 分子称为多顺反子 mRNA（polycistronic mRNA）。原核生物基因的协同表达通过调控启动子的活性来实现（图 16-4）。

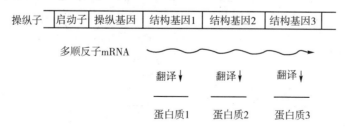

图 16-4　操纵子和多顺反子 mRNA

3. 原核生物基因转录的特异性由 σ 因子决定 大肠杆菌 RNA 聚合酶由核心酶（$\alpha_2\beta\beta'\omega$）

和 σ 因子组成。σ 因子协助核心酶识别并结合启动子，启动转录。不同的 σ 因子可以竞争结合核心酶，以决定哪个基因被转录。环境变化可以诱导产生特定的 σ 因子，启动转录特定基因。

4. 原核生物基因表达存在正调控和负调控　基因表达调控通过调控蛋白与调控序列的直接结合实现。如果调控蛋白与调控序列结合的结果促进基因表达，则为正调控（positive control）；如果调控蛋白与调控序列结合的结果阻抑基因表达，则为负调控（negative control）。原核生物基因表达既存在正调控，又存在负调控。

二、原核生物转录水平调控——操纵子学说

操纵子机制在原核基因表达调控中具有普遍意义。大多数原核生物的多个功能相关基因串联在一起，依赖同一调控序列对其转录进行调节，使这些相关基因实现协同表达。以下即以乳糖操纵子为例介绍原核生物的操纵子调控模式。

大肠杆菌乳糖操纵子（lac operon）编码催化乳糖代谢的酶类，受阻遏蛋白和激活蛋白双重调控。

（一）乳糖操纵子的结构

E. coli 的乳糖操纵子包含 *Z*、*Y*、*A* 三个结构基因，分别编码 β-半乳糖苷酶（β-galactosidase）、乳糖通透酶（lactose permease）和硫代半乳糖苷转乙酰基酶（thiogalactoside transacetylase）。结构基因 *Z* 上游存在一个操纵基因 *O*（operator *O*）、一个启动子 *P*（promoter *P*）及一个调节基因 *I*。*I* 基因具有独立的启动子（*PI*），编码一种阻遏蛋白，后者与操纵基因 *O* 结合，使操纵子受阻遏而处于关闭状态。别乳糖或异丙基硫代 β-D-半乳糖苷（IPTG）等可以结合阻遏蛋白，使其构象变化而去阻遏（图 16-5）。在启动子 *P* 上游还有一个分解代谢物激活蛋白（catabolite activator protein，CAP）的结合位点。由启动子 *P*、操纵基因 *O* 和 CAP 的结合位点共同构成乳糖操纵子的调控区，三个酶的编码基因即由同一调控区调节，实现基因产物的协同表达。

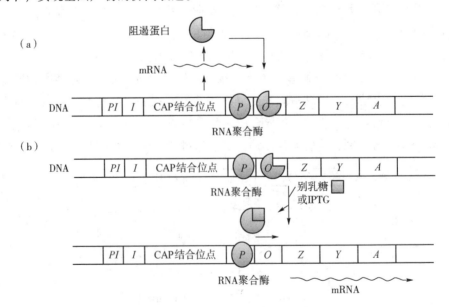

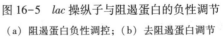

图 16-5　*lac* 操纵子与阻遏蛋白的负性调节

（a）阻遏蛋白负性调控；（b）去阻遏蛋白调节

（二）乳糖操纵子受到阻遏蛋白和 CAP 的双重调节

1. 阻遏蛋白的负性调节 乳糖操纵子上游的调节基因 *I* 编码阻遏蛋白 LacI。LacI 是一个同四聚体，在没有乳糖存在时，阻遏蛋白 LacI 与 *lacO* 结合，阻挡 RNA 聚合酶沿 DNA 移动，阻抑转录。当有乳糖存在时，乳糖通过细胞内已有的少量通透酶的作用进入细胞，再由 β-半乳糖苷酶催化，异构产生别乳糖（β-半乳糖苷酶催化乳糖水解生成半乳糖和葡萄糖，别乳糖为其催化反应的副产物）。别乳糖作为诱导剂，与阻遏蛋白 LacI 结合，使阻遏蛋白 LacI 的构象发生改变，不能与 *lacO* 结合，失去阻抑作用，于是 RNA 聚合酶可以转录结构基因（图 16-5）。

2. CAP 的正性调节 CAP 是乳糖操纵子的激活蛋白，是一个同二聚体，每个亚基都含有两个结构域：DNA 结合域和 cAMP 结合域。CAP 必须与 cAMP 结合成复合物后才能结合到乳糖操纵子的 CAP 结合位点，促进转录，所以，CAP 的激活效应受 cAMP 浓度控制。

大肠杆菌细胞内 cAMP 的浓度与葡萄糖的浓度呈负相关。当缺乏葡萄糖时，cAMP 浓度高，CAP-cAMP 复合物浓度高，与 CAP 结合位点的结合效应强，促进乳糖操纵子转录；当存在葡萄糖时，cAMP 浓度低，CAP-cAMP 复合物浓度低，与 CAP 位点的结合效应弱，不利于乳糖操纵子转录。

对于乳糖操纵子来说，CAP 是正调控因素，阻遏蛋白 LacI 是负调控因素，两者根据存在的碳源种类（葡萄糖/乳糖）及水平共同调控乳糖操纵子的表达。当阻遏蛋白 LacI 与 *lacO* 结合时，CAP 对该系统不能发挥作用，乳糖操纵子不表达；但是如果没有 CAP 的正调控作用，即使在诱导剂别乳糖的作用下，阻遏蛋白 LacI 不与 *lacO* 结合，乳糖操纵子的表达仍然很弱（图 16-6），可见，两者相辅相成、相互协调、相互制约。由于野生型 *lacP* 为弱启动子，RNA

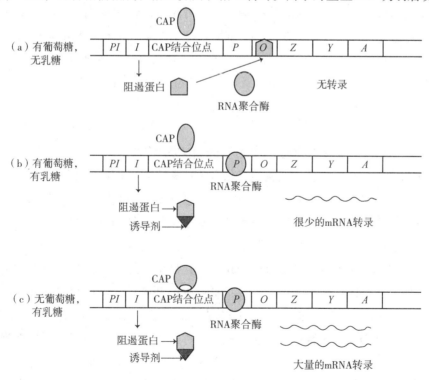

图 16-6 CAP、阻遏蛋白、cAMP 和诱导剂对 *lac* 操纵子的调节

（a）当葡萄糖存在，没有乳糖存在时，阻遏蛋白封闭转录，CAP 不能发挥作用；（b）当乳糖存在时，去阻遏；但因有葡萄糖存在，CAP 不能发挥作用；（c）当葡萄糖不存在，乳糖存在时，即去阻遏，CAP 又能发挥作用，对 *lac* 操纵子有强的诱导调节

聚合酶与之结合的能力很弱，只有 CAP 结合到 CAP 结合位点之后才能促使 RNA 聚合酶与 *lacP* 结合，进行有效转录，所以 CAP 是必不可少的。

三、原核生物翻译水平的调控

与转录类似，翻译一般在起始和终止阶段受到调节，尤其是起始阶段。翻译起始的调节主要靠调节分子，调节分子可直接或间接决定翻译起始位点能否为核糖体所利用。调节分子可以是蛋白质，也可以是 RNA。

1. 蛋白质分子结合于启动子或在启动子周围进行自体调控 无论是单顺反子还是多顺反子 mRNA，许多体系应用了类似的机制：调节蛋白结合 mRNA 靶位点，阻止核糖体识别翻译起始区，从而阻断翻译。调节蛋白一般作用于自身 mRNA，抑制自身的合成，因而这种调节方式称自体调控（autogenous control）。

2. 反义 RNA 结合于 mRNA 翻译起始位点的互补序列对翻译进行调节 某些 RNA 分子也可调节基因表达，这种 RNA 称为调节 RNA。细菌中有一种被称为反义 RNA 的调节 RNA，含有与特定 mRNA 翻译起始位点互补的序列，通过与 mRNA 杂交阻断 30S 小亚基对起始密码子的识别及与 SD 序列的结合，抑制翻译起始。这种调节称为反义控制（antisense control）。

第三节　真核生物基因表达调控

真核生物基因表达调控的显著特征是在特定时间激活特定细胞内的特定基因，从而实现预定的有序分化发育过程。真核生物的基因表达调控是比原核生物的基因表达调控复杂而精细的多级调控过程，涉及 DNA 和染色体水平、转录水平、转录后加工水平、翻译水平和翻译后修饰水平等调控环节，其中转录水平依然是最主要的调控环节。

一、真核生物基因表达调控的特点

与原核生物相比，真核生物的基因表达调控有以下特点：

1. 基因激活与转录区染色体结构的变化有关 真核生物 DNA 与蛋白质形成复杂而有序的染色体结构。基因表达过程中 DNA 必须与蛋白质解离，暴露特定的 DNA 序列。

2. 转录和翻译分开进行并具有时空差别 真核生物的细胞核和细胞质被核膜隔开，使真核生物可以通过信号传送调控基因表达。

3. 转录后的加工更复杂 与原核生物相比，真核生物的 mRNA 前体只是一个初级转录产物，其后加工过程是真核生物基因表达必不可少的环节。mRNA 前体只有经过加工成为成熟 mRNA，才能转运到细胞质，指导合成蛋白质，这也是基因表达调控的一个环节。

4. 既有瞬时调控又有发育调控 瞬时调控又称可逆性调控，相当于原核细胞对环境变化作出的反应，是通过改变代谢物水平或激素水平、引起细胞内酶活性或功能蛋白质的量来实现。发育调控又称不可逆调控，是真核生物基因表达调控的精髓。在正常情况下，体细胞的生长和分化按一定程序严格调控，使个体发育顺利进行，细胞的类型不同，所处的发育阶段不同，表达基因的种类和强度也就不同。因此，基因表达调控决定真核细胞生长和分化的全过程。

5. 转录调控以正调控为主　真核生物 RNA 聚合酶对启动子的亲和力小，必须依赖调控蛋白才能结合。真核生物调控蛋白包括起正调控作用的激活蛋白和起负调控作用的阻遏蛋白，但负调控并不普遍，真核生物基因组广泛存在着正调控。

二、真核生物 DNA 水平的调控

真核生物 DNA 水平调控的本质是改变 DNA 和染色体的结构，这种调控稳定持久。

1. 染色体结构改变　染色体由 DNA 与组蛋白、非组蛋白、少量 RNA 等结合而形成。

（1）组蛋白与 DNA 的结合和解离是真核生物基因表达调控的主要环节之一。组蛋白是碱性蛋白，其赖氨酸和精氨酸含量达 25%。组蛋白氨基端保守的丝氨酸的磷酸化及赖氨酸和精氨酸的乙酰化均使组蛋白所带正电荷减少，从而降低组蛋白与 DNA 的亲和力，解除其对基因表达的抑制。

（2）染色体的疏松是基因激活的前提。组蛋白的高乙酰化使染色体疏松，更易于结合调控蛋白，从而有利于转录。

2. DNA 甲基化　真核生物 DNA 的碱基可以被甲基化，而且甲基化程度与基因表达呈负相关，即甲基化程度低或不甲基化的基因表达效率高，而甲基化程度高的基因表达效率低。激素或致癌物可以作用于低表达基因的调控序列，使其脱甲基，从而激活基因。DNA 甲基化主要是特定 GC 序列中的胞嘧啶被甲基化，形成 5-甲基胞嘧啶；另有少量腺嘌呤也被甲基化，形成 N_6-甲基腺嘌呤。甲基化调控基因表达的机制是改变染色体结构、DNA 构象、DNA 稳定性以及 DNA 与蛋白质的相互作用方式。

3. 基因重排　基因重排是指基因片段相互换位，由此组合成新的基因表达单位。基因重排不仅可以形成新的基因，还可以调控基因表达，例如免疫球蛋白基因重排。基因重排是 DNA 水平的重要调控方式之一。

4. 基因扩增　基因扩增是细胞内某一特定基因获得大量单一拷贝的现象，是细胞在短时间内大量表达某一基因产物的一种有效方式，可以满足生长发育的需要。基因扩增是真核生物基因表达的普遍现象。例如甲氨蝶呤抑制肿瘤细胞二氢叶酸还原酶的活性，使 dTMP 合成减少，从而杀死细胞；但在甲氨蝶呤培养基中培养一段时间后，一些肿瘤细胞会产生抗药性，可以抵抗更高浓度甲氨蝶呤的杀伤作用，原因是二氢叶酸还原酶基因扩增后，拷贝数可增加 200～250 倍。

5. 染色体丢失　染色体丢失是指某些低等真核生物在细胞发育过程中可丢失染色体或染色体片段的现象。在丢失这些片段之前，某些基因并不表达，丢失之后才表达。因此，这些片段的存在可能抑制了一些基因的表达。高等生物也有染色体丢失，例如红细胞在成熟过程中丢失整个细胞核。染色体丢失属于不可逆调控。

三、真核生物转录水平的调控

真核生物转录水平的调控实际上是对 RNA 聚合酶活性的调控。真核生物有三种 RNA 聚合酶，其中，RNA 聚合酶 II 可转录合成 mRNA 前体，mRNA 前体经加工可成为成熟 mRNA。不论是调控蛋白的基因还是受调控蛋白调控的基因，其表达过程均包括转录合成 mRNA，所以 RNA 聚合酶 II 是转录调控的核心。转录水平的调控主要通过 RNA 聚合酶、调控序列和调控蛋白的共同作用来实现。

（一）调控序列

真核生物的调控序列又称为顺式作用元件（cis-acting element），是指与结构基因串联、对基因的转录启动和转录效率起重要作用的 DNA 序列，包括启动子、增强子和沉默子。启动子是启动转录所必需的；增强子介导正调控作用，促进转录；而沉默子介导负调控作用，抑制转录。

1. 启动子　RNA 聚合酶结合模板 DNA 的部位称为启动子（promoter）。真核生物基因的启动子有三类，三种 RNA 聚合酶各识别一类启动子。RNA 聚合酶Ⅱ识别的启动子通常含有转录起始位点及 TATA 框、GC 框、CCAAT 框等保守序列。①TATA 框：又称为 Hogness 框，一般位于-25 核苷酸附近，共有序列是 TATAAAA，是通用转录因子的结合位点。②CCAAT 框：一般位于-70～-90 区，共有序列是 CCAAT，是特异转录因子的结合位点。③GC 框：位于-100 核苷酸附近，富含 GC，共有序列是 GGGCGG 和 CCGCCC，是特异转录因子的结合位点。

2. 增强子　促进基因转录的调控序列称为增强子（enhancer）。增强子与启动子可以相邻、重叠或包含。增强子的作用通常与位置、方向、距离无关。增强子没有基因特异性，但有组织或细胞特异性，因为增强子必须与调控蛋白结合才能发挥作用，而很多调控蛋白只在特定组织细胞合成。从功能上讲，没有增强子存在，启动子通常不能表现活性；没有启动子时，增强子也无法发挥作用，所以它们相互依存，相互作用，决定基因表达的时空特异性。

3. 沉默子　抑制基因转录的调控序列称为沉默子（silencer）。沉默子与相应的调控蛋白结合后，对基因转录起阻抑作用，使正调控失去作用。沉默子对选择基因的表达起重要作用。

沉默子和增强子协同作用可以决定基因表达的时空顺序。有些调控序列既可以是增强子，也可以是沉默子，这取决于与之结合的调控蛋白的性质。

（二）调节蛋白

调控真核生物基因表达的调节蛋白即转录因子（transcription factor），通过识别并结合调控序列等调控基因表达。调节蛋白本身就是基因表达产物，其调控作用属于一个基因的表达产物调控另一个基因的表达，所以调节蛋白又称为反式作用因子（transacting factor）。真核生物的转录因子包括以下三类。

1. 通用转录因子　是与启动子特异结合并启动转录的调节蛋白，是 RNA 聚合酶转录各种基因所必需的。

2. 转录调节因子　是通过与增强子或沉默子结合来调控转录的调节蛋白，其中促进转录的称为转录激活因子，阻抑转录的称为转录阻抑因子。

3. 共调节因子　不直接与 DNA 结合，而是通过蛋白质-蛋白质的相互作用改变通用转录因子或转录调节因子的构象，从而调控转录。其中促进转录的称为共激活因子，阻抑转录的称为共阻抑因子。

真核基因转录的调控方式复杂多样。不同调控序列通过组合作用可以产生多种类型的转录调控方式，多种转录因子又可以与相同或不同的调控序列结合。在与调控序列结合之前，特异转录因子常需通过蛋白质-蛋白质的相互作用形成二聚体。组成二聚体的亚基不同，二聚体与调控序列结合的能力也不同，对转录过程所产生的效果各异，有正调控或负调控之分。这样，基因调控序列不同，存在于细胞内的转录因子种类、性质及浓度不同，所发生的 DNA-蛋白质、蛋白质-蛋白质的相互作用类型也就不同，从而产生协同、竞争或拮抗，以调控基因表达。

四、真核生物转录后水平的调控

对基因转录产物进行的一系列修饰、加工可归结为转录后水平的基因表达调控。它们可以体现在对 mRNA 前体 hnRNA 的剪接和加工，由胞核转至胞质及其定位，mRNA 的稳定性，RNA 编辑等多个环节进行调控。

1. 对 hnRNA 加工成熟的调控　hnRNA 是在核内进行加工修饰的。加工过程包括加帽、加尾、剪接、碱基修饰和编辑等。

2. 对 mRNA 的运输、胞质内稳定性的调控　RNA 无论是在核内进行加工，由胞核运至胞质，还是在胞质内停留（至降解），都是通过与蛋白质结合形成核糖核蛋白复合体（ribonucleoprotein complex）［简称核糖核蛋白（ribonucleoprotein，RNP）］进行。mRNA 的运输、在胞质内的稳定性等均与某些蛋白质成分有关。

在所有 RNA 类型中，mRNA 寿命最短。mRNA 的稳定性由合成速率和降解速率共同决定。大多数高等真核生物细胞的 mRNA 半衰期较原核生物的长，一般为几个小时。mRNA 的半衰期可影响蛋白质合成的量，通过调节某些 mRNA 的稳定性，即可使相应蛋白质的合成量受到一定程度的控制。

五、真核生物翻译水平及翻译后水平的调控

蛋白质生物合成过程复杂，涉及众多成分。通过调节许多参与成分的作用而使基因表达在翻译水平及翻译后阶段得到控制。在翻译水平上，目前发现的一些调节点主要在翻译的起始阶段和延长阶段，尤其是起始阶段。如对起始因子活性的调控、Met-tRNA^{met} 与小亚基结合的调控、mRNA 与小亚基结合的调控等。其中，通过磷酸化作用改变起始因子活性这一点备受关注。mRNA 与小亚基结合的调控对某些 mRNA 的翻译控制也具有重要意义。近年来，小分子 RNA 对基因表达调控的影响成为新的研究热点。

1. 对翻译起始因子活性的调控　主要通过磷酸化修饰进行。蛋白质合成速率的快速变化很大程度上取决于起始水平，通过磷酸化调节真核起始因子（eukaryotic initiation factor，eIF）的活性对起始阶段有重要控制作用。如 eIF2α 亚单位的磷酸化可阻碍 eIF 的正常运行，从而抑制蛋白质合成的起始。

2. RNA 结合蛋白的调控　RNA 结合蛋白（RNA binding protein，RBP），是指那些能够与 RNA 特异序列结合的蛋白质。基因表达的许多环节都有 RBP 的参与，如转录终止、RNA 剪接、RNA 转运、RNA 胞质内稳定性控制以及翻译起始等。

3. 对翻译水平及翻译产物活性的调控　可以快速调控基因表达。新合成的蛋白质的半衰期长短是决定蛋白质生物学功能的重要影响因素。因此，通过对新生肽链的水解和运输，可以控制蛋白质的浓度在特定的部位或亚细胞器保持在合适的水平。此外，许多蛋白质需要在合成后经过特定的修饰才具有功能活性。通过对蛋白质进行可逆的磷酸化、甲基化、酰基化修饰，可以达到调节蛋白质功能的作用，也是基因表达的快速调节方式。

4. 小分子 RNA 对基因表达的调控　与原核基因表达调节一样，某些小分子 RNA 也可

调节真核基因表达。这些 RNA 都是非编码 RNA（non-coding RNA，ncRNA）。除了具有催化活性的 RNA（核酶）、核小 RNA（snRNA）以及核仁小 RNA（snoRNA）外，目前被广泛关注的非编码 RNA 有：微 RNA（microRNA，miRNA）和干扰小 RNA（small interfering RNA，siRNA）。细胞内存在的小分子 RNA 种类繁多，功能多样，由此产生了 RNA 组学（RNomics）。

≫ 知识拓展 ≪

RNA 干扰与药用植物代谢工程

2006 年，Craig C. Mello 和 Andrew Fire 因为发现 RNA 干扰机制而获得诺贝尔生理学或医学奖。RNA 干扰（RNA interference，RNAi）是一种发生在 mRNA 水平上的基因沉默现象，即主动降解已经合成的成熟 mRNA，抑制基因表达，这种现象又称为转录后基因沉默（post-transcriptional gene silencing，PTGS）。

RNA 干扰现在已经发展成为一项分子生物学技术，其基本过程是：①将外源双链 RNA（double、stranded RNA，dsRNA）导入特定细胞，dsRNA 被细胞内的 Dicer 聚体（特异性 RNase 家族的一个成员）切割成 21～23bp 的双链短核苷酸片段，称为小片段干扰核酸（small interfering RNA，siRNA）；②siRNA 与 RNase 复合物结合，形成 RNA 诱导的基因沉默复合体（RNA-induced silencing complex，RISC）；③RISC 将 siRNA 双链解链，成为活性 RISC；④活性 RISC 依靠 siRNA 识别并结合细胞内具有同源序列的 mRNA；⑤活性 RISC 将 mRNA 降解，从而抑制内源基因表达，产生转录后基因沉默。

药用植物代谢工程主要是利用分子生物学方法阐明植物次生代谢产物的合成机制，获得代谢途径上的相关基因，并通过转基因技术和其他方法在植物细胞、组织或完整的植株中表达这些基因，从而达到改造代谢途径、培育出药用植物新品种的目的。由于 RNA 干扰技术可以方便、快捷、高效地抑制基因表达，调控代谢途径，因此其目前已经成为药用植物代谢工程研究中的一颗明星。

▰ 重点小结

重　点	难　点
1. 基因表达是指基因通过转录和翻译等一系列复杂过程，指导合成具有特定生理功能的产物。基因表达的功能产物包括蛋白质、mRNA、rRNA、tRNA 和 snRNA 等 2. 在个体生长和发育过程中，基因的适度表达可产生特定的生物效应，基因表达随着环境变化而变化，呈现一定的时间特异性和空间特异性，这就是基因表达调控 3. 基因表达调控的生物学意义在于适应环境，维持细胞正常的生长、增殖和分化，维持个体发育。基因表达异常或者失控会导致某些疾病的发生和发展 4. 基因表达调控的基础是基因表达方式。不同的基因有不同的表达方式：管家基因的表达为组成型表达；可诱导基因应答环境信号而开放或增强表达；可阻抑基因应答环境信号而关闭或降低表达	原核生物基因表达主要的调控环节是转录起始，调控因素包括 RNA 聚合酶、调控序列（启动子、终止子、操纵基因和 CAP 结合位点）和调控蛋白（特异因子、激活蛋白和阻遏蛋白）

续表

重　点	难　点
5. 基因表达调控是在多级水平上进行的，包括基因激活、转录起始、转录后加工、mRNA 降解、翻译、翻译后修饰和蛋白质降解等环节，其中转录是最重要的调控环节 6. 原核生物基因表达具有以下特点：原核生物与周围环境关系密切，基因表达以操纵子为转录单位，转录特异性由 σ 因子决定，转录活性受到正调控和负调控 7. 乳糖操纵子是大肠杆菌的一个操纵子，由编码乳糖代谢酶的结构基因、操纵基因、启动子和 CAP 位点组成，受阻遏蛋白的阻遏调控和 CAP 的激活调控 8. 真核生物的基因表达调控有以下特点：基因激活与转录区染色体结构的变化有关，转录和翻译分隔进行，转录后加工更复杂，既有瞬时调控又有发育调控，转录调控以正调控为主 9. 真核生物的基因表达调控涉及 DNA 和染色体水平、转录水平、转录后加工水平、翻译水平和翻译后修饰水平等环节，其中转录水平依然是最主要的调控环节	2. 真核生物基因表达转录水平的调控主要通过 RNA 聚合酶、调控序列和调控蛋白的共同作用来实现。调控序列又称为顺式作用元件，包括启动子、增强子和沉默子。调控蛋白又称为转录因子、反式作用因子，包括通用转录因子、转录调节因子和共调节因子。调控蛋白通过识别并结合调控序列等调控基因表达

简 答 题

1. 什么是基因表达？
2. 什么是基因表达的时空特异性？
3. 基因表达调控分为哪些层次？其中最重要的是哪一个阶段的调控？
4. 原核生物基因表达调控的要素有哪些？
5. 以乳糖操纵子模式为例，简述原核生物基因表达调控的方式。

（陈美娟）

扫码"练一练"

第四篇
药学生化

第十七章 药物在机体内的生物转化

扫码"学一学"

> **要点导航**
>
> **掌握** 药物生物转化的概念、特点、发生部位、酶系及反应类型。
> **熟悉** 药物的相互作用对药物生物转化的影响。
> **了解** CYP 超家族，药物生物转化的意义，影响药物生物转化的因素。

药物代谢（drug metabolism）是指药物在生物体内的吸收、分布、生物转化和排泄等过程的动态变化。药物在体内的生物转化对药物吸收、转运、分布、有效血药浓度、药效、药物的相互作用等过程都有影响，因此药物生物转化是药物代谢的重要环节。药物经口服、喷雾或静脉注射等给药途径吸收入血后，除部分直接在肝进行生物转化外，大多数药物通过体循环运至靶器官发挥药理作用后再进入肝进行生物转化，然后经肾随尿液排出体外，或随胆汁分泌入肠道，随粪便排出体外。本章主要对药物在体内的生物转化进行阐述。

第一节 概 述

一、药物生物转化的概念

药物发挥药理作用后，在体内经化学转变，改变其极性或水溶性，使其易于随胆汁或尿液排出的过程称为药物生物转化，又称药物的代谢转化。多数药物经过生物转化作用后，药理活性或毒性减小，水溶性或极性增大，易于随胆汁或尿液排泄。但有些药物经过初步生物转化作用后，其药理活性或毒性不变或较原来增大。也有少数药物经过生物转化作用后溶解度反而降低。

二、药物生物转化发生的主要部位和特点

（一）药物生物转化发生的主要部位

药物生物转化主要在肝进行，如药物的氧化反应大多数是在肝细胞微粒体中进行。药物生物转化也可在肺、肾和肠黏膜等肝外组织进行，如葡糖醛酸或硫酸盐的结合反应在肠黏膜进行。

药物代谢酶主要存在于肝细胞微粒体，催化药物多种类型的氧化、偶氮或硝基的还原、酯或酰胺的水解、甲基和葡糖醛酸结合反应等；其次存在于细胞质，催化醇的氧化和醛的氧化以及硫酸化、甲基化、乙酰化和谷胱甘肽等结合反应；少数药物代谢酶也存在于线粒体，催化胺类的氧化脱氢以及甘氨酸结合等反应。

（二）药物生物转化的特点

1. 具有连续性 药物的生物转化可分为两相反应，第一相反应包括氧化（oxidation）、还原（redution）和水解（hydrolysis）；第二相反应又称结合反应（conjugation）。有些药物经过第一相反应，分子中的一些非极性基团转变为极性基团，其极性和水溶性增加，即可排出体外。但也有一些药物，经过第一相反应后极性和水溶性变化不明显，还需要进行第二相反应，进一步与极性更强的物质如葡糖醛酸、硫酸结合，使其溶解度进一步增大，最终排出体外。有时一种药物需要连续进行几种类型的生物转化反应后才能顺利排出体外，如阿司匹林在体内通常先水解生成水杨酸，然后与葡糖醛酸结合才能排出体外。

2. 具有反应类型多样性 由于药物的化学结构中常常含有一种以上可进行生物转化的基团，因此，同一种药物在体内可以进行不同类型的生物转化反应，产生不同的转化产物。例如，阿司匹林在体内水解生成水杨酸后，既可以与甘氨酸结合转化成水杨酰甘氨酸，也可与葡糖醛酸结合生成 β-葡糖醛酸苷，还可氧化生成羟基水杨酸，再进行结合反应。

3. 具有解毒与致毒双重性 药物在机体内经生物转化作用后，其药理活性或毒性多是降低。通常，结合反应产物的药理活性或毒性都会降低，而非结合反应产物的多数活性或毒性降低，也有一些非结合反应产物的活性或毒性改变不大或反而增高，但可以进一步进行结合反应，使其活性或毒性降低并排出体外。如大黄酚、非那西汀、水合氯醛、百浪多息以及有机磷农药在体内经过氧化或还原反应后，药理活性或毒性增高，再通过乙酰结合或葡糖醛酸结合及水解，使其活性或毒性降低。

三、药物生物转化的意义

（一）药物生物转化的生理意义

药物生物转化的生理意义在于：一方面通过生物转化对体内的药物进行了化学转变，使其生物学活性降低或消失（灭活），或使有毒物质的毒性降低或消除（解毒作用，detoxification）；另一方面，通过生物转化作用，使药物的极性或水溶性增加，易于随胆汁或尿液排出。但应注意的是，有些药物经过生物转化作用以后，毒性反而增强或水溶性反而降低。因此，不能将体内的生物转化作用简单地理解为"解毒作用"。

（二）药物生物转化的研究意义

1. 阐明药物不良反应的原因 大多数药物需通过肝酶系进行生物转化而使其药理活性减弱或消失（药物失活）。当肝功能受损时，肝的生物转化能力下降，药物的代谢速率可降低，容易造成药物蓄积，引起 A 型药物不良反应（如呕吐、腹泻、粒细胞和血小板减少、运动失调、眼球震颤和昏睡）。体内细胞色素 P_{450} 酶（微粒体药物氧化酶）在某些情况下具有基因的多态性，导致对某些药物的生物转化反应快慢不一。药物生物转化慢者容易发生一些与浓度相关的药物不良反应，而药物生物转化快者则对药物之间的相互作用易感，其中产生抑制的药物相互作用可能会由于药物在血浆中浓度的增加而导致毒性。如酮康唑、红霉素等药物系已知的细胞色素 P_{450} 酶抑制剂，在体内可抑制西沙必利的生物转化作用，使其血药浓度升高可引起不良反应。

2. 对研发新药具有指导性 研究药物生物转化对研发新药具有的指导性，主要体现在以下方面。

（1）使药物活性由低效转化为高效　有些药物本身药理活性很低，但进入机体后，在体内经过生物转化第一相反应（氧化或还原），化学结构发生改变，转化为药理活性高的化合物，由此为新药的设计提供了思路。例如低抗菌活性的百浪多息，在体内经过生物转化作用可生成高抗菌活性的磺胺，这一发现指导了后来磺胺类药物的合成。

（2）使药物活性由短效转化为长效　有些药物在体内容易发生生物转化而灭活，作用时间短，可通过改变其在体内容易被转化灭活的基团，使其在体内不易被灭活，从而延长其在体内的作用时间。如甲苯磺丁脲的甲基在体内容易发生生物转化生成羟甲基和羧基而被灭活，如把甲基改构为氯，使其成为氯磺丙脲，则在体内不易被转化，药理活性大为提高，作用时间延长。

（3）指导药物或药物前体的合成　有些药物毒性较强，但若是使其毒性降低又能发挥药理作用，可通过化学合成改变其结构，使其药理活性或毒性降低，当其进入体内到达靶器官后，再经生物转化作用生成活性强的化合物而发挥其药理作用。例如通过化学合成使氮芥与环磷酰胺结合，该结合产物的毒性只有氮芥的数十分之一，且在体外无药理活性，但进入机体后，在靶细胞经酶的催化发生生物转化作用，使—NH⁻转化为—NOH⁻，该基团可与癌细胞 DNA-鸟嘌呤 N_7 交联而发挥抗癌作用。

3. 为合理用药提供依据　药物的生物转化作用主要发生在肝，药物口服时，首先到达肝，然后进入体循环，因此，容易在肝发生转化而被灭活的药物，口服效果较差，以注射给药为好；另外，某些药物可作为另一些药物的代谢酶诱导剂；所以临床用药要充分考虑两种以上药物同时使用时，可能引起的药效降低或毒副作用增加等问题。此外，某些药物可诱导本身生物转化的酶系生成，因此有些药物经常服用，容易被耐受。

第二节　药物生物转化的类型和酶系

小分子或极性强的药物进入机体后，在生理 pH 条件下可完全电离，由肾直接排出，从而终止药效。但大多数药物为脂溶性药物，极性较低，在生理 pH 条件下不电离或仅部分电离，并常与血浆蛋白结合，不易通过肾小球滤过膜。因此，脂溶性药物在体内通常需要经过生物转化作用，使其极性或水溶性增强才能排出体外。

药物的生物转化反应可分为氧化反应、还原反应、水解反应和结合反应四种类型，其中氧化反应、还原反应和水解反应是药物分子本身发生的初步化学反应，不需要与特殊的结合物结合，称为第一相反应。结合反应需要与特殊的结合物结合才能改变药物的极性，称为第二相反应。结合反应的结合剂有多种，如葡糖醛酸、硫酸盐、甲基化试剂、谷胱甘肽、氨基酸（如甘氨酸、鸟氨酸、赖氨酸和丝氨酸等）以及乙酰化试剂等。

催化药物在体内生物转化的酶系称为药物代谢酶。肝参与生物转化的主要酶类见表 17-1。

表 17-1　参与生物转化作用的酶类

酶　类	辅酶或结合物	细胞内定位
第一相反应		
氧化酶类		
单加氧酶系	NADPH+H$^+$、O$_2$、细胞色素 P$_{450}$	微粒体
胺氧化酶类	黄素辅酶	线粒体
脱氢酶类	NAD$^+$	细胞质或线粒体
还原酶类		
硝基还原酶	NADH+H$^+$ 或 NADPH+H$^+$	微粒体
偶氮还原酶	NADH+H$^+$ 或 NADPH+H$^+$	微粒体
水解酶类		细胞质或微粒体
第二相反应		
葡糖醛酸基转移酶	尿苷二磷酸葡糖醛酸（UDPGA）	微粒体
硫酸基转移酶	3′-磷酸腺苷-5′-磷酰硫酸（PAPS）	细胞质
乙酰基转移酶	乙酰辅酶 A	细胞质
酰基转移酶	甘氨酸	线粒体
甲基转移酶	S-腺苷甲硫氨酸（SAM）	细胞质与微粒体
谷胱甘肽-S-转移酶	谷胱甘肽（GSH）	细胞质与微粒体

现将药物生物转化类型和酶系详述如下。

一、药物生物转化的第一相反应

氧化、还原和水解使药物的某些基团发生转变，从而改变其理化性质和药理活性。

（一）氧化反应

氧化反应是最多见的生物转化第一相反应。催化氧化反应的药物代谢酶主要有微粒体氧化酶系、单胺氧化酶系和脱氢酶系。

1. 微粒体药物氧化酶系　催化药物氧化反应最为重要的酶是定位于肝细胞微粒体的依赖细胞色素 P$_{450}$ 的单加氧酶系（cytochromc P$_{450}$ monooxygenases，CYP）。它所催化的反应是在底物分子（RH）上加一个氧原子，因此称为单加氧酶系或羟化酶系。它所催化的氧化反应与细胞线粒体进行的生物氧化不同，需要还原剂 NADPH+H$^+$ 和分子氧参与，由于在反应中一个氧原子被还原为水，另一个氧原子使底物氧化，所以又称为混合功能氧化酶系。

$$RH + O_2 + NADPH + H^+ \longrightarrow ROH + NADP^+ + H_2O$$

（1）CYP 超家族　一般将不同的来源细胞色素 P$_{450}$ 的氨基酸序列同源性在 40% 以上者，归于同一家族，以阿拉伯数字来表示。如人肝细胞 CYP 分为 5 个家族：CYP1、CYP2、CYP3、CYP7 和 CYP27。在同一家族中，氨基酸序列同源性在 55% 以上者，归于同一亚家族，以大写字母 A、B、C 等表示，字母后面的阿拉伯数字表示不同的酶。CYP1、CYP2、CYP3 家族约占肝细胞色素 P$_{450}$ 含量的 70%，并负责大多数药物的生物转化。

1）CYP1 家族　肝细胞微粒体的 CYP1 家族以 CYP1A2 含量最多，CYP1A2 主要催化芳香胺的氧化反应，如他克林、罗比卡因、R-华法林和咖啡因的羟化，萘普生的 O-去甲基，非那西汀的脱烃基。苯妥英钠、苯巴比妥和奥美拉唑可诱导该酶生成，喹诺酮类抗生素（如环丙沙星）与酶结合可抑制 CYP1A2。

2）CYP2 家族　CYP2 家族是一个大家族，包括 CYP2A、CYP2B、CYP2C、CYP2D、CYP2E 亚家族。

对人 CYP2A 亚家族的研究尚不多。CYP2A6 是一种重要的肝酶，可羟化香豆素类化合物。

CYP2B 亚家族对人肝药物生物转化的作用较为有限。

CYP2C 亚家族酶可使三环类抗抑郁药（阿米替林、丙米嗪）及地西泮去甲基，还可氧化奥美拉唑。CYP2C9 的底物是甲苯磺丁脲、苯妥英钠和双氯芬酸。CYP2C10 参与环己巴比妥及甲苯磺丁脲的羟化。苯磺唑酮和硫苯拉唑可抑制 CYP2C9 和 CYP2C10。CYP2C19 参与地西泮、环己巴比妥和 S-美芬妥英的生物转化。

对 CYP2D6 的研究很多，它参与大量药物如异喹胍、三环类抗抑郁药、镇痛药（可待因、右美沙芬）、抗心律失常药（金雀花碱、氟卡龙）、β 阻滞药（美托洛尔）的生物转化，CYP2D6 的活性呈双峰分布，提示人群中显性和隐性等位基因的存在。药物对同工酶无诱导作用，奎尼丁和选择性 5-羟色胺再摄取抑制药可与该酶紧密结合并产生抑制作用。

CYP2E 亚家族仅包括一个基因，是毒理学中一个重要的酶。CYP2E1 负责许多挥发性麻醉药（如安氟醚、甲氧氟烷、异氟醚、乙醚、三氯乙烯和三氯甲烷、乙醇及芳香类化合物）的生物转化。异烟肼和乙醇可诱导 CYP2E1，并为戒酒硫所抑制，慢性乙醇中毒因诱导 CYP2E1 可增加苯巴比妥、甲苯磺丁脲和利福平的代谢率，而急性酗酒则竞争性地抑制 CYP2E1，从而降低吗啡、华法林、苯二氮䓬类、巴比妥类及吩噻嗪类药物的代谢。

3）CYP3 家族　CYP3 家族参与大量内源性和外源性非营养物质的生物转化。CYP3A 是肝内最常见、最丰富的细胞色素亚家族。CYP3A 亚家族所代谢的内源性化合物包括皮质醇、孕酮、睾酮和雄烯二酮。CYP3A 亚家族代谢的外源性化合物包括红霉素、环孢素、咪达唑仑、利多卡因、阿芬太尼和尼非地平，可被大环内酯类抗生素、抗真菌药、苯巴比妥及类固醇诱导。氧化反应类型包括羟化、去烷基化和硝基还原等。人 CYP3A 亚家族受 *CYP3A3*、*CYP3A4*、*CYP3A5*、*CYP3A7* 四个基因控制。利福平、苯巴比妥和苯妥英钠可诱导 CYP3A，其中最有力的诱导剂是利福平。红霉素、西咪替丁、酮康唑、醋竹桃霉素则可抑制 CYP3A。

（2）微粒体药物氧化酶系的作用机制　CYP 是一个复合体，含多种组分：一种是细胞色素 P_{450} 酶（简称 Cyt P_{450}），包括四种（a、b、c、d），属于细胞色素 b 类，通过辅基血红素中 Fe 离子价键变化进行单电子传递；另一种组分是 NADPH-细胞色素 P_{450} 还原酶（FP_1），属于黄素酶类，辅基是 FAD，催化 NADPH 和细胞色素 P_{450} 之间电子传递，并且可能与一种含非血红素铁硫的铁硫蛋白结合成复合体。微粒体药物氧化酶系还含有 NADH-细胞色素 b_5 还原酶系（FP_2），此酶系属于另一种黄素酶，催化 NADH 与细胞色素 b_5 之间的电子传递。

微粒体单加氧酶系作用机制比较复杂，在光滑型内质网上，药物 RH 首先与氧化型细胞色素 P_{450}（Cyt P_{450}^{3+}）形成氧化型细胞色素 P_{450}-药物复合物（Cyt P_{450}^{3+}-RH），然后在 NADPH-细胞色素 P_{450} 还原酶（FP_1）的催化下，接受 NADPH 经 FP_1 传递提供的一个电子（此时 H^+ 留于介质中），还原为还原型细胞色素 P_{450}-药物复合物（Cyt P_{450}^{2+}-RH），此复合物进一步与分子氧结合成含氧复合物（Cyt P_{450}^{2+}-O_2-RH），并将电子转移给氧，生成活性氧复合物（Cyt P_{450}^{3+}-O_2^--RH），后者在 NADH-细胞色素 b_5 还原酶（FP_2）催化下再接受由 NADH 提供的一个电子（此时又有一个 H^+ 游离在介质中），使氧分子活化为氧离子（O_2^{2-}），形成 Cyt P_{450}^{3+}-O_2^{2-}-RH；氧分子中一个氧原子氧化药物，而另一个氧原子被两个电子还原为 O^{2-}，并和介质中的两个游离 H^+ 结合成水，生成氧化型细胞色素 P_{450}-含氧药物复合物（Cyt P_{450}^{3+}-ROH），后者分解并释放出氧化产物 ROH，同时重新成为 Cyt P_{450}^{3+}，至此完成了药物或毒物的羟化作用，Cyt P_{450}^{3+} 可再循环被利用。整个过程中从外界共接受两个电子，分别来自 NADPH 或 NADH，而游离在介质中的 $2H^+$ 即与活化的氧原子 O^{2-} 结合成水（图 17-1）。大多数药物经过羟化后，药理活性改变，极性增强，水溶性增加，易于排出体外。微粒体药物氧化酶系专一性低，对多数药物都有作用，但对一般正常代谢则无作用（少数除外）。正常代谢的生物氧化由于电子传递链在线粒体，其酶系一般不催化药物的氧化。

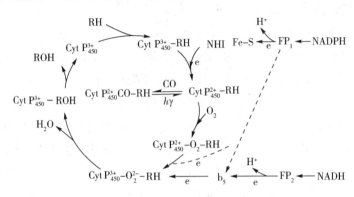

图 17-1　药物在肝微粒体的氧化机制

（3）细胞色素 P_{450} 的分布、特征及诱导与抑制

1）细胞色素 P_{450} 的分布　细胞色素 P_{450} 在生物体中广泛分布，该酶是目前已知底物最广泛的生物转化酶类。据估计，人类基因组至少编码 14 个家族的 CYP。此酶在肝和肾上腺的微粒体中含量最多，某些组织的线粒体内膜上也存在少量细胞色素 P_{450}。

2）细胞色素 P_{450} 的特征　还原型细胞色素 P_{450} 与 CO 结合后在波长 450nm 处出现最大吸收峰，因此得名。

3）细胞色素 P_{450} 的诱导与抑制　某些化合物可诱导生成细胞色素 P_{450}，如苯巴比妥可诱导生成 CYP2B，多环碳氢化合物可诱导生成 CYP1A，乙醇可诱导 CYP2E 生成，糖皮质激素可诱导 CYP3A 生成，氯贝丁酯可诱导生成 CYP4A。

许多药物可导致细胞色素 P_{450} 的活性受到抑制。如奎尼丁对细胞色素 P_{450} 底物的竞争性抑制，醋竹桃霉素的氧化产物及西咪替丁与血红素结合导致细胞色素 P_{450} 失活。氯霉素、司可巴比妥及环磷酰胺的氧化产物可与细胞色素 P_{450} 不可逆结合，抑制细胞色素 P_{450} 活性。西咪替丁通过咪唑核的一个氮原子与细胞色素 P_{450} 血红素铁的直接相互作用实现对氧化的非选择性抑制作用。

〘知识链接〙

与细胞色素 P_{450} 酶相关的中药相互作用研究

与西药相比，中药通常被认为不良反应少，使用更安全，但由于中药成分复杂，要对其发生的药物不良反应作出精确解释很困难。随着中草药日益被广泛应用，中药用药的安全性和不良反应问题逐渐显现。中药相互配伍在临床应用上意义重大，有些药物协同作用可增进疗效，有些药物则由于相互作用而使药效减弱。

细胞色素P_{450}酶是机体对药物进行生物转化第一相反应的最主要的药物代谢酶。联合用药时，常常会发生一种药物诱导或抑制细胞色素P_{450}特定的亚型，从而影响另一种药物在肝中的生物转化，出现药物相互作用的问题。中药以合并用药为主，由于某些中药成分可能是细胞色素P_{450}的底物、诱导剂或抑制剂，故可能存在与细胞色素P_{450}有关的中药相互作用。

有人对十八反中各组药物与细胞色素P_{450}的关系进行了研究。结果显示，人参、苦参、丹参或它们与藜芦合用均会不同程度地抑制CYP3A及CYP2E1的酶活性，提示可能由于人参、苦参、丹参对CYP3A及CYP2E1的抑制作用，减慢了藜芦中毒性成分的生物转化速率，导致毒性增加。半夏、白及、瓜蒌、贝母或它们与乌头合用均可抑制CYP3A和CYP1A2的酶活性，提示可能由于半夏、白及、瓜蒌、贝母对CYP3A和CYP1A2的抑制作用减缓了乌头碱在体内的生物转化速率，因而提高了乌头碱的血药浓度，导致毒性增加。甘草或它与大戟、芫花、海藻合用均可诱导CYP3A生成，提示可能由于甘草对CYP3A的诱导会加速大戟、芫花、海藻相关毒性成分的生物转化，使毒性降低。

研究中药对细胞色素P_{450}的调控不仅对安全合理使用中药以及解释相关中草药的药物代谢机制具有指导作用，而且对于发现新药及与国际医药研究接轨也有重要意义。

（4）微粒体药物氧化酶系催化的反应类型　微粒体药物氧化酶系所催化的反应类型包括羟化、脱烃基、脱氨基、S-氧化、N-氧化、N-羟化以及脱硫代氧。

1）羟化　主要有芳香族环上的羟化和侧链羟基的羟化。芳香族环的羟化，包括苯、乙酰苯胺、水杨酸、萘、萘胺等的羟化。例如乙酰苯胺可在苯环上羟化生成对乙酰氨基酚或邻乙酰氨基酚，使其毒性降低。

CH₃CONH—⟨苯环⟩ —[O]→ CH₃CONH—⟨苯环⟩—OH 或 CH₃CONH—⟨苯环⟩

乙酰苯胺　　　　　　　乙酰氨基酚　　　　　　邻乙酰氨基酚

某些化学致癌物本身无致癌作用，但在体内由于发生羟化而成为致癌物，如3,4-苯并芘、黄曲霉毒素、甲基胆蒽等。

3,4-苯并芘　　→　环氧化物　　→　7,8-二氢二醇　　→

7,8-二氢二醇-9,10-环氧化物　　→

侧链烃基的羟化，如中药大黄所含的泻下成分大黄酚，其分子结构中的甲基可在体内羟化为羟甲基，生成芦荟大黄醇，后者可继续氧化为大黄酸，但氧化中间产物醛基不易分离。

$$RCH_3 \xrightarrow{[O]} RCH_2OH \xrightarrow{[O]} RCHO \xrightarrow{[O]} RCOOH$$

2）脱烃基氧化　包括 N-脱烃基、S-脱烃基、O-脱烃基氧化反应。

$$RXCH_2R' \longrightarrow \underset{\underset{OH}{|}}{[RXCHR']} \longrightarrow O{=}CHR' + RXH （X{=}O,N,S）$$

N-脱烃基是将仲胺或叔胺脱烃基生成伯胺和醛。如致癌物二甲基亚硝胺 N-脱烃基后生成活性甲基，可使 DNA 的鸟嘌呤甲基化，致癌。S-脱烃基是将硫烃基脱烃基生成巯基和醛。O-脱烃基是将醚或酯类脱烃基生成酚和醛。如镇痛药非那西汀，在体内经 O-脱烃基生成乙醛和对乙酰氨基酚。对乙酰氨基酚的镇痛作用强于非那西汀，而且不良反应较小。

$$CH_3CONH-\text{(苯环)}-OC_2H_5 \xrightarrow{(O)} [CH_3CONH-\text{(苯环)}-OCH_2CH_2OH] \xrightarrow{CH_3CHO} CH_3CONH-\text{(苯环)}-OH$$

非那西汀

3）脱氨基氧化　不被胺氧化酶作用的胺类可在微粒体氧化酶的作用下发生脱氨基氧化作用，如苯丙胺脱氨基生成苯丙酮和氨。

$$\text{(苯环)}-CH_2-\underset{\underset{NH_2}{|}}{CH}-CH_3 \xrightarrow{(O)} [\text{(苯环)}-CH_2-\underset{\underset{NH_2}{|}}{\overset{\overset{OH}{|}}{C}}-CH_3] \xrightarrow{NH_3} \text{(苯环)}-CH_2COCH_3$$

4）S-氧化　如氯丙嗪的氧化。

$$\text{(氯丙嗪结构)} \xrightarrow{(O)} \text{(氧化产物结构)}$$

氯丙嗪

5）N-氧化和羟化　如 2-乙酰氨基芴（化学致癌物）的 N-羟化。

$$\text{(芴结构)}-\underset{\underset{H}{|}}{N}COCH_3 \xrightarrow{(O)} \text{(芴结构)}-\underset{\underset{OH}{|}}{N}-COCH_3$$

6）脱硫代氧　如对硫磷（有机磷农药）在体内脱硫代氧转化为毒性更强的对氧磷。

2. 单胺氧化酶　单胺氧化酶（monoamine oxidase，MAO）存在于肝细胞线粒体，属于黄素蛋白酶类。蛋白质腐败作用产生的胺类物质（如酪胺、色胺、组胺、精胺等）以及某些拟肾上腺素能药物如儿茶酚胺类和5-羟色胺可在单胺氧化酶的催化下发生氧化脱氨基作用，生成相应的醛类。

$$RCH_2NH_2 + O_2 + H_2O \longrightarrow RCHO + NH_3 + H_2O_2$$

3. 醇脱氢酶与醛脱氢酶　肝细胞细胞质中存在有以 NAD$^+$ 为辅酶的醇脱氢酶（alcohol dehydrogenase，ADH），可催化醇脱氢，氧化生成相应的醛，后者再由线粒体或细胞质中存在的醛脱氢酶（aldehyde dehydrogenase，ALDH）催化，氧化生成相应的酸。

$$RCH_2OH \xrightarrow[NAD^+ \quad NADH+H^+]{\text{醇脱氢酶}} RCHO \xrightarrow[H_2O+NAD^+ \quad NADH+H^+]{\text{醛脱氢酶}} RCOOH$$

乙醇被机体吸收后90%～98%在肝中进行生物转化。乙醇由肝细胞中乙醇脱氢酶氧化生成乙醛，再经乙醛脱氢酶氧化成乙酸而进入三羧酸循环。长期大量饮酒及慢性乙醇中毒时，乙醇除经ADH氧化外，还可启动肝微粒体乙醇氧化系统（microsomal ethanol oxidizing system，MEOS）。MEOS是乙醇-细胞色素P_{450}单加氧酶，产物为乙醛，该系统仅在血液中乙醇浓度很高时起作用。应注意的是：乙醇诱导MEOS的活性增加，不但不能使乙醇彻底氧化产生ATP，还可增加氧和NADPH的消耗，造成肝能源耗竭，导致肝细胞损伤。ADH与MEOS的细胞定位及特性见表17-2。

表17-2　ADH 与 MEOS 的比较

	ADH	MEOS
细胞定位	肝细胞细胞质	肝细胞微粒体
底物与辅酶	乙醇、NAD^+	乙醇、NADPH、O_2
乙醇的诱导作用	无	有
与乙醇氧化相关的能量变化	氧化磷酸化释能	耗能

（二）还原反应

硝基还原酶和偶氮还原酶是催化生物转化还原反应的主要酶类，除此之外，醛酮还原酶也能催化相应的还原反应。

1. 硝基或偶氮化合物还原酶　肝细胞微粒体中存在有硝基还原酶（nitroreductase）和偶氮还原酶（azoreductase），辅酶为NADH或NADPH，可催化硝基苯和偶氮苯还原为苯胺。

硝基还原酶催化硝基苯还原为苯胺。

$$\text{\phenyl}-NO_2 \rightarrow \text{\phenyl}-NO \rightarrow \text{\phenyl}-NHOH \rightarrow \text{\phenyl}-NH_2$$

偶氮还原酶催化偶氮苯还原为苯胺。

$$\text{\phenyl}-N{=}N-\text{\phenyl} \rightarrow \text{\phenyl}-NH-NH-\text{\phenyl} \rightarrow 2\ \text{\phenyl}-NH_2$$

例如含硝基的氯霉素，可在硝基还原酶催化下转化成胺类物质而失去药理活性，而含偶氮基的抗菌药百浪多息本身是无活性的药物前体，在偶氮还原酶催化下生成具有抗菌活性的对氨基苯磺酰胺。

2. 醛酮还原酶　该酶系存在于肝细胞细胞质中，辅酶为NADH或NADPH，能催化酮基或醛基还原生成醇。例如催眠药三氯乙醛在醛酮还原酶催化下还原为三氯乙醇而失去催眠作用。

$$CCl_3CHO \xrightarrow{2H} CCl_3CH_2OH$$

（三）水解反应

酯酶、酰胺酶和糖苷酶是催化生物转化水解反应的主要酶类，它们存在于肝细胞微粒体或细胞质中，分别催化脂质、酰胺类和糖苷类化合物水解生成相应的羧酸。经过水解反应，许多药物药理活性降低或失效。

如普鲁卡因在肝细胞酯酶的催化下迅速水解，故注入机体后很快失效。

$$H_2N-\text{〈〉}-\overset{\overset{O}{\|}}{C}-OCH_2CH_2N(C_2H_5)_2 \quad \xrightarrow[H_2O]{\text{快}} \quad H_2N-\text{〈〉}-COOH + HOCH_2CH_2N(C_2H_5)_2$$

普鲁卡因

而普鲁卡因酰胺在肝细胞酰胺酶的催化下发生水解，由于水解速度较慢，注入机体后可维持较长的作用时间。

$$H_2N-\text{〈〉}-\overset{\overset{O}{\|}}{C}-NHCH_2CH_2N(C_2H_5)_2 \quad \xrightarrow[H_2O]{\text{慢}} \quad H_2N-\text{〈〉}-COOH + NH_2CH_2CH_2N(C_2H_5)_2$$

普鲁卡因酰胺

抗结核药异烟肼在肝细胞微粒体酰胺酶的催化下被水解生成异烟酸。

$$\underset{\text{异烟肼}}{\text{〈N〉CONHNH}_2} \quad \xrightarrow{H_2O} \quad \underset{\text{异烟酸}}{\text{〈N〉COOH}} \quad + \quad NH_2NH_2$$

乙酰水杨酸（阿司匹林）在肝细胞酯酶的催化下水解生成水杨酸和乙酸。

$$\underset{\text{乙酰水杨酸}}{\text{〈〉}\overset{OCOCH_3}{\underset{COOH}{}}} \quad \xrightarrow[\text{酯酶}]{\text{水解}} \quad \underset{\text{水杨酸}}{\text{〈〉}\overset{OH}{\underset{COOH}{}}} \quad + \quad \underset{\text{乙酸}}{CH_3COOH}$$

需要注意的是：药物或毒物经过生物转化第一相反应后，其产物常常需要进一步转化，使极性和水溶性进一步增大。如乙酰水杨酸的水解产物水杨酸，还需进行与葡糖醛酸的结合反应才能顺利排出体外。

二、药物生物转化的第二相反应

药物生物转化的第二相反应是结合反应，这是体内最重要的生物转化方式。有些药物经过第一相反应后，极性和水溶性仍然不够强，还需进一步与极性更强的物质结合，才能具有较大的溶解度。凡是含有或在体内氧化可生成含有羟基、羧基或氨基的药物，在肝细胞中可与某些基团如葡糖醛酸基、硫酸基、乙酰基和甲基等结合，从而遮盖其功能基团，增强其极性，使之转变为失去原有药理作用，容易随尿液或胆汁排泄的物质。常见结合反应类型如下。

1. 葡糖醛酸结合反应 葡糖醛酸结合反应是最普遍和最重要的结合反应。此反应需葡糖醛酸转移酶（glucuronyl transferases，GT）催化，该酶主要存在于肝细胞微粒体，专一性低。

葡糖醛酸结合反应的结合基团葡糖醛酸是由其活化形式尿苷二磷酸葡糖醛酸（UDPGA）提供的。

许多药物如吗啡、可待因及大黄蒽醌衍生物等在体内可与葡糖醛酸结合。这些药物主要是通过分子结构中的醇或酚羟基、胺类的氮、羧基的氧以及含硫化合物的硫与葡糖醛酸的第一位碳结合成葡糖醛酸苷。由于葡糖醛酸含有多个羟基，水溶性极强，所以葡糖醛酸结合物几乎都是活性降低，水溶性增加，易从尿和胆汁排出。

$$\text{UDPGA} \qquad + \text{ROH} \xrightarrow{\text{UDPGA转移酶}} \beta\text{-苯葡糖醛酸苷} \qquad + \text{UDP}$$

UDPGA　　　　　　　苯酚　　　　　β-苯葡糖醛酸苷　　　　　UDP

2. 硫酸结合反应　硫酸结合反应也是一种常见的结合反应。此反应需要硫酸基转移酶（sulfotransferase，SULT）催化，该酶存在于肝细胞细胞质中。硫酸结合反应的结合基团硫酸是由其活化形式 3′-磷酸腺苷-5′-磷酰硫酸（PAPS）提供的。硫酸基的结合点主要是醇或酚性羟基及芳香族胺类的氨基。如雌酮的酚性羟基发生硫酸结合后生成硫酸酯，使其溶解性增强，易于排出体外而灭活。

$$\text{雌酮} \quad + \text{PAPS} \xrightarrow{\text{硫酸基转移酶}} \text{雌酮硫酸} \quad + \text{PAP}$$

雌酮　　　　　　　　　　　　　　　　雌酮硫酸

硫酸结合反应与葡糖醛酸结合反应有竞争性作用，如乙酰氨基酚的羟基和氨基既可发生硫酸结合，也可发生葡糖醛酸结合，但由于体内硫酸来源有限，容易发生饱和，所以与葡糖醛酸结合占优势。硫酸结合反应的饱和可被甲硫氨酸或胱氨酸消除。

3. 乙酰化结合反应　许多含伯胺基或磺酰氨基的药物或生理活性物质如异烟肼、磺胺类药物、苯胺及组胺在体内可发生乙酰化结合，形成乙酰化衍生物。催化此反应的酶是乙酰基转移酶（acetyltransferase），主要存在于肝细胞细胞质中。乙酰化结合反应的结合基团乙酰基是由其活性供体乙酰辅酶 A 提供的。大部分磺胺类药物在肝内通过乙酰化结合反应灭活，在通常情况下，磺胺乙酰化即失去抗菌活性，但应注意，磺胺类药物乙酰化后，水溶性反而降低，在酸性尿中容易析出，可以引起尿道结石。故服用磺胺类药物时应碱化尿液（如服用适量的碳酸氢钠）并大量饮水，以提高其溶解度，利于随尿排出。

$$\text{H}_2\text{N}\!\!-\!\!\bigcirc\!\!-\!\!\text{SO}_2\text{NHR} + \text{CH}_3\text{CO}\!\sim\!\text{SCoA} \xrightarrow{\text{乙酰基转移酶}} \text{CH}_3\text{CONH}\!\!-\!\!\bigcirc\!\!-\!\!\text{SO}_2\text{NHR} + \text{HSCoA}$$

磺胺　　　　　　　乙酰辅酶A　　　　　　　　　　N-乙酰磺胺　　　　　　　辅酶A

异烟肼在肝内乙酰基转移酶的催化下发生乙酰化失去药理活性。由于乙酰基转移酶的表达呈多态性，个体的乙酰化有快速与迟缓之分，会影响异烟肼等药物的血液清除率，迟缓乙酰化的个体对异烟肼的毒性反应比快速乙酰化个体敏感。

4. 甲基化结合反应 甲基化结合反应的结合基团甲基是由其活性供体 S-腺苷甲硫氨酸（SAM）提供的，在甲基转移酶的催化下将甲基转移给受体（如药物）的羟基或氨基上，生成相应的甲基化衍生物。甲基转移酶存在于许多组织细胞（尤其是肝和肾）的细胞质和微粒体中。许多酚、胺类药物或生理活性物如肾上腺素、去甲肾上腺素、多巴胺、5-羟色胺、组胺、苯乙胺等能在体内进行 N-甲基化或 O-甲基化。儿茶酚胺类活性物的生成和灭活均需发生甲基化反应。如去甲肾上腺素 N-甲基化生成肾上腺素，肾上腺素 O-甲基化灭活。一般来说，甲基化产物极性和水溶性反而降低。

$$
\begin{array}{ccc}
\text{去甲肾上腺素} & \xrightarrow{N\text{-甲基化}} & \text{肾上腺素（生成）} & \xrightarrow{O\text{-甲基化}} & \text{间甲肾上腺素（灭活）}
\end{array}
$$

5. 甘氨酸结合反应 含羧基的药物、毒物在酰基辅酶 A 连接酶的催化下活化为酰基辅酶 A，然后在肝细胞线粒体中酰基辅酶 A-氨基酸-N-酰基转移酶的催化下与甘氨酸结合生成相应的结合产物。如甘氨酸与苯甲酸结合生成马尿酸。

$$
\text{苯甲酸} \xrightarrow[\text{HSCoA}]{\text{ATP}} \cdots \xrightarrow{H_2NCH_2COOH} \text{马尿酸} + \text{HSCoA}
$$

6. 谷胱甘肽结合反应 肝细胞的微粒体和细胞质中存在谷胱甘肽-S-转移酶（glutathion-S-transferase，GST），可催化谷胱甘肽（GSH）与某些致癌物、抗癌药物和毒物结合生成硫醚氨酸类物质。如环氧化物可与细胞内生物大分子如 DNA、RNA 及蛋白质发生共价结合而导致细胞损伤，通过与 GSH 结合减低其细胞毒性，增加其水溶性，利于排出体外。卤化有机物溴丙烷，在大鼠体内可与 GSH 结合而解毒。

$$
CH_3CH_2CH_2Br + GSH \xrightarrow{\text{谷胱甘肽-S-转移酶}} CH_3CH_2CH_2SG \longrightarrow CH_3CH_2CH_2SCH_2CHNHCOCH_3
$$

溴丙烷　　　　　　　　　丙基谷胱甘肽　　　　　　丙基硫醚氨酸

第三节 影响药物代谢的因素

药物的生物转化主要依靠肝细胞各种药物代谢酶催化，药物代谢酶的活性受到药物相互作用及年龄、性别、营养、疾病、遗传等诸多因素影响。

一、药物的相互作用

两种或多种药物同时应用，可出现药物的相互作用（drug interaction），有时可使药效加强，有时也可使药效减弱或不良反应加重。药物的相互作用影响药物生物转化主要体现在药物诱导和药物抑制。

1. 药物诱导 已知有许多种化合物可促进有关药物代谢酶的生物合成，称为药物代谢酶诱导剂。实验证明，苯巴比妥类药物可诱导肝细胞微粒体药物代谢酶（细胞色素 P_{450}、NADPH-细胞色素 P_{450} 还原酶等）、葡糖醛酸基转移酶的合成而加速药物代谢。已知的药物代谢酶诱导剂约有 200 余种，药物导剂不仅可促进其本身的生物转化，也可促进其他药物生物转化的速率。药物诱导是耐药性产生的重要原因。药物的耐受性是指机体对药物反应的一种适应性状态和结果。当反复使用某种药物时，机体对该药物的反应性减弱，药效降低；为达到与原来相等的反应和药效，就必须逐步增加用药剂量，这种通过叠加和递增剂量以维持药效作用的现象，称药物耐受性。药物代谢酶诱导剂多数是脂溶性化合物，并且具有专一性，如镇静催眠药（巴比妥、甲丙氨酯）、抗风湿药（氨基比林、保泰松）、麻醉药（乙醚、N_2O）、降血糖药（甲磺苯丁脲）、中枢兴奋药（尼可刹米、贝美格）、甾体激素（睾酮、糖皮质激素）、肌松药、抗组胺药、致癌剂（3-甲基胆蒽）及维生素 C 等。

药物代谢酶诱导剂可以增强药物的生物转化作用，在多数情况下，药物经过生物转化，药理活性或毒性降低，因此药物代谢酶诱导剂在多数情况下可以促进药物的活性或毒性降低，极性或水溶性增强，有利于药物排出体外。动物实验证明：预先给予苯巴比妥，由于药物代谢酶被诱导生成，增强了有机磷化合物的生物转化，可降低有机磷农药的毒性。临床上用苯巴比妥防治胆红素血症，其原理是苯巴比妥可诱导 Y 蛋白及葡糖醛酸转移酶生成，促进肝细胞对胆红素的摄取和葡糖醛酸的结合而易排出体外。但是，有些药物经过生物转化，药理活性或毒性反而增加，在这种情况下，药物代谢酶诱导剂将会促进药物的活性或毒性增加。例如预先给予苯巴比妥，由于药物代谢酶被诱导合成，可促使非那西汀羟化为毒性更大的对氨基酚，对氨基酚可使血红蛋白转变为高铁血红蛋白，苯巴比妥导致非那西汀副反应的增加就是这个原因，临床用药配伍应特别注意。

肿瘤的多药耐药性（multiple drug resistance，MDR）是指肿瘤细胞对一种抗肿瘤药物具有耐药性的同时，对其他结构不同、作用靶点不同的抗肿瘤药物也具有耐药性。肿瘤细胞的多药耐药性是由于细胞膜上过度表达外排抗肿瘤药物的蛋白质引起的，如 P 糖蛋白的过度表达。多药耐药性是导致肿瘤化疗失败的重要原因之一。

2. 药物抑制 另有许多化合物可以抑制某些药物的生物转化，称为药物代谢酶抑制剂。有的药物代谢酶抑制剂本身就是药物，可以抑制其他药物的代谢。如氯霉素或异烟肼能抑制肝细胞药物代谢酶，可使同时合用的苯妥英钠、甲苯磺丁脲、巴比妥类及双香豆素类药物的生物转化速率降低，使其药理作用和毒性增加。别嘌呤醇能抑制黄嘌呤氧化酶，使 6-巯基嘌呤和硫嘌呤生物转化速率减慢，毒性增加。单胺氧化酶抑制剂可延缓酪胺、苯丙胺、左旋多巴及拟交感胺类的生物转化，使升压作用和毒性反应增加。

有的药物代谢酶抑制剂本身无药理作用，而是通过抑制其他药物的代谢发挥其作用。药物代谢的抑制包括竞争性抑制和非竞争性抑制。

由于多种药物的生物转化反应常常由同一酶系催化，在同时服用这些药物时，这些药物能对该酶系发生竞争性抑制，从而使这些药物的转化速率都降低，引起药物的系统作用。如保泰松可抑制体内双香豆素类药物的生物转化，两者同时服用时，由于保泰松的竞争性抑制，双香豆素类药物的代谢减慢，其抗凝作用增强，容易发生出血现象。又如没食子酚对肾上腺素-O-甲基转移酶的抑制。在 O-甲基转移酶的催化下，肾上腺素 3 位羟基发生甲基化而成为甲氧基，从而实现灭活。没食子酚可与O-甲基转移酶竞争结合，导致肾上腺素与O-甲基转移酶的结合概率降低，从而影响肾上腺素的灭活，因此没食子酚可延长儿茶酚胺类活性物质的作用。酯类和酰胺类化合物对普鲁卡因水解酶也有竞争性抑制作用。因此同时服用多种药物应予注意。

SKF-525A（普罗地芬）及其类似物在多数情况下是药物代谢酶的非竞争性抑制剂，其本身并无药理作用，可抑制微粒体药物代谢酶系如药物氧化酶、硝基还原酶、偶氮还原酶及葡糖醛酸转移酶的活性。但 SKF-525A 对水解普鲁卡因的酯酶是竞争性抑制。由于 SKF-525A 对许多药物代谢酶有抑制作用，因此可以延长多种药物的作用时间。

此外，有些药物对某些药物的代谢有促进作用，而对其他药物的代谢则有抑制作用。例如保泰松对洋地黄苷和氨基比林的代谢有促进作用，而对苯妥英钠和甲丁脲的代谢则有抑制作用。而某些药物服用后，随时间会呈现抑制和促进两相作用，如 SKF-525A 服用 6 小时内对药物的生物转化呈抑制作用，但 24 小时后却转变为促进作用。

二、其他因素

1. 年龄因素 新生儿肝生物转化酶系发育还不完善，对药物及毒物的转化能力较弱，容易发生药物及毒素中毒。老年人因器官退化，肝血流量和肾的廓清速率下降，导致其生物转化能力下降，因此老年人血浆药物的清除率降低，药物在体内的半衰期延长，常规剂量用药可发生药物蓄积，药效强且副作用大。临床用药时，新生儿和老年人的剂量应较成年人低，有些药物要求儿童和老年人慎用或禁用。

2. 性别因素 不同性别对药物的生物转化能力不尽相同，有不同的耐受性。一般来说，雌性对药物敏感性高，而雄性相对较低，可能与雄激素是药物代谢诱导剂有关，以致雄性体内药物代谢酶活性比雌性高。例如幼鼠注射睾酮，药物转化能力增强，去势雄鼠药物转化能力降低，再注射睾酮，药物转化可以恢复正常。但也有例外，对于人类，如氨基比林在男性体内的半衰期约 13.4 小时，而在女性体内则只有 10.3 小时，说明女性对氨基比林的生物转化能力强于男性，有较大的耐受性。

3. 营养状况 营养情况对药物生物转化也有影响，饥饿时通常可使肝微粒体药物代谢酶活性减低。如饥饿 7 天左右，会导致肝谷胱甘肽-S-转移酶活性降低，使谷胱甘肽结合反应水平降低。此外，低蛋白膳食及维生素 C、A、E 的缺乏均可使肝微粒体药物氧化酶活性降低。维生素 B_2 缺乏时会引起药物还原酶活性降低，缺乏钙、铜、锌和锰则会引起细胞色素 P_{450} 含量降低。

4. 严重肝病 药物主要在肝代谢，当肝功能受损时，肝对药物的生物转化能力通常会降低，可使药物作用延长或增强，甚至导致药物中毒。

5. 给药途径 口服或腹腔注射时，药物首先到达肝，然后进入体循环。由于药物在肝被迅速代谢，因此通过体循环到达靶细胞的未代谢药物会减少，药效较差。例如口服异丙肾上腺素时，其 3,4-羟基可在肝和肠黏膜进行甲基化和硫酸盐结合而被灭活，因此异丙肾上腺素口服几乎无效。而静脉注射时，药物先到达体循环，血药浓度较高，药效较强。

6. 种属差异 不同种属动物对药物代谢的方式和速度也不相同。例如鱼类不能对药物进行氧化和葡糖醛酸结合反应。两栖类也不能对药物进行氧化，但可以进行葡糖醛酸或硫酸结合反应。猫不能进行葡糖醛酸结合，但硫酸盐结合反应很强，而犬则相反。2-乙酰氨基芴-N-羟化物可致癌，豚鼠由于无此 N-羟化，故不致癌，而鼠、犬、兔则有 N-羟化，故能致癌。因此动物药理实验应用于人要慎重。

7. 遗传因素　遗传变异可引起个体之间药物代谢酶类的差异，许多肝药酶存在酶活性异常的多态性，如葡糖醛酸基转移酶和醛脱氢酶等。通过遗传变异产生的低活性肝药酶会导致药物蓄积，而变异产生的高活性肝药酶则会导致药效降低或药物转化毒性产物增多。

重点小结

重　点	难　点
1. 药物的生物转化是指体内生理条件下不应有的外来有机化合物（药物和毒物）在体内进行的代谢转化过程。多数药物经过生物转化作用后，药理活性或毒性减小，水溶性或极性增大，易于随胆汁或尿液排泄。但有些药物经过初步生物转化作用后，其药理活性或毒性不变或较原来增大。也有少数药物经过生物转化作用，水溶性降低 2. 药物的生物转化作用具有连续性、反应类型的多样性以及解毒与致毒的双重性特点 3. 药物的生物转化可分为两相反应：第一相反应（或称非结合反应）和第二相反应（或称结合反应）。第一相反应包括氧化、还原和水解。第二相反应的结合剂有多种，如葡糖醛酸、硫酸盐、甲基化试剂、谷胱甘肽、氨基酸以及乙酰化试剂等 4. 药物代谢酶主要定位在肝细胞微粒体，催化药物多种类型的氧化、偶氮或硝基的还原、酯或酰胺的水解、甲基和葡糖醛酸结合反应等；其次定位在细胞质，催化醇的氧化和醛的氧化以及硫酸化、甲基化、乙酰化、和谷胱甘肽等的结合反应；也有少数药物代谢酶定位在线粒体，催化胺类的氧化脱氢以及甘氨酸结合等反应	1. 细胞色素 P_{450} 酶在生物中广泛分布，该酶是目前已知底物最广泛的生物转化酶类。还原型细胞色素 P_{450} 与 CO 结合后在波长 450nm 处出现最大吸收峰，因此得名。某些化合物可诱导生成细胞色素 P_{450}，而许多药物则导致细胞色素 P_{450} 的活性受到抑制 2. 许多化合物可促进有关药物代谢酶的生物合成，称为药物代谢酶诱导剂。药物代谢酶诱导剂可以增强药物的生物转化作用，在多数情况下可以促进药物的活性或毒性降低，极性或水溶性增强，有利于药物排出体外。但某些情况下，药物代谢酶诱导剂会促进药物的活性或毒性增加。药物代谢酶诱导剂不仅可促进其本身的生物转化，也可促进其他药物生物转化的速率，这是耐药性产生的重要原因。肿瘤的多药耐药性是导致肿瘤化疗失败的重要原因之一 3. 许多化合物可以抑制某些药物的生物转化，称为药物代谢酶抑制剂。有的药物代谢酶抑制剂本身就是药物，可以抑制其他药物的代谢。有的药物代谢酶抑制剂本身无药理作用，而是通过抑制其他药物的代谢而发挥其作用

简答题

1. 试述药物生物转化作用的概念、特点及反应类型。
2. 试述细胞色素 P_{450} 的分布、特征及诱导与抑制。
3. 试述药物生物转化第二相反应的酶类、细胞内定位及结合物。
4. 试述影响药物生物转化的因素。

（汪　红）

扫码"练一练"

第十八章　生物药物

要点导航

掌握　生物药物的概念，生物药物的基本特点，生物技术药物的概念和特点。
熟悉　生物药物的分类，生物药物的临床用途，生物技术药物研究热点。
了解　生物药物的发展史和研究发展趋势。

生物药物与化学药物、中草药是制药业的三大药源，生物药物多来自于生物体，服务于人类的防病治病。现代生物技术极大地推动了生物药物的发展，特别是 20 世纪 80 年代基因工程技术的兴起，使生物药物成为制药业中异军突起、快速发展的领域之一。本章将重点介绍生物药物的概念、基本特点及作为生物药物重要分支的生物技术药物的概念、特点及研究热点等，并简要介绍生物药物的分类、临床用途及发展历程。

第一节　概　述

一、生物药物的概念

生物药物（biopharmaceutics）是指利用生物体、生物组织或其成分，综合应用生物学、生物化学、微生物学、免疫学、物理化学和药学等的原理与方法制造而成的用于预防、诊断、治疗疾病的制品。广义的生物药物还包括从各种生物体中制取的以及运用现代生物技术生产的各种天然生物活性物质及其人工合成或半合成的天然活性物质的类似物。生物药物包括生化药物（biochemical drugs）、生物技术药物（biotechnology drugs）和生物制品（biologicals）。

（1）生化药物　是指从生物体分离纯化所得，用于预防、治疗和诊断疾病的生化基本物质以及人工合成的生化基本物质及其类似物。这些生化基本物质包括氨基酸、肽和蛋白质、酶与辅酶、脂质、多糖、核酸等及其降解物。生化药物的基本特点是：其一，来自生物体；其二，是生物体的基本生化成分。因此，生化药物能直接参与人体新陈代谢，补充、调整、增强、抑制、替换或纠正人体的代谢失调。

（2）生物技术药物　是指以 DNA 重组技术生产的蛋白质、多肽、酶、激素、疫苗、单克隆抗体和细胞生长因子等药物。现代生物技术是应用基因工程（含蛋白质工程）、酶工程、细胞工程和发酵工程，以生物体为依托发展各种生物产业的技术，基因工程技术是现代生物技术的核心，因此，生物技术药物又称为基因工程药物（gene engineering drugs）。应用生物技术研究开发的反义药物、基因治疗药物和核酶也属于生物技术药物。第一代生物技术药物是指利用基因工程生产体内缺乏的多肽、蛋白质等物质，以治疗由于这些物质缺乏所致的疾病，如人胰岛素、胰高血糖素、人生长激素、降钙素、促生长素和促红细胞生成素等；第二代生物技术药物是指应用基因工程（包括蛋白质工程）技术制造的体内稀有的或不存在的物质，如干扰素（IFNα、IFNγ）、粒细胞集落刺激因子（G-CSF）、粒细胞-巨噬细胞集落刺激因子（GM-CSF）等。可将药物供给人体，然后借其天然活性治疗疾病。现代生物技术日新月异，点突变技术、融合蛋白技术、基因插入及基因打靶等技术使生物技术药物新品种迅速增加。

（3）生物制品 指以生物材料为原料，采用生物化学、生物物理学等方法制备的用于预防、诊断和治疗传染病、免疫病等疾病的制剂。生物制品包括菌苗、疫苗、抗毒素、抗血清及血液制品等。随着现代生物技术的发展，生物制品不再只限于来自天然生物材料的加工生产，也可以来自人工合成的化合物，而且生物制品种类越来越多，应用范围越来越广。

随着现代生物技术的快速发展和基因工程药物、基因药物和单克隆抗体等的不断涌现及各学科的发展、交叉和渗透，生化药物、生物技术药物和生物制品之间有时已无明显界限，它们之间的关系愈来愈密切，内涵也愈来愈接近。

二、生物药物的发展历程

生物药物的发展具有悠久的历史。我国古代就有使用生物药物防病治病的记录，如公元前 597 年使用类似植物淀粉酶制剂的麹来治疗消化不良；公元 4 世纪用海藻酒治疗瘿病（即地方甲状腺肿）；用含维生素 A 丰富的猪肝治疗夜盲症；用胎盘作强壮剂；用蟾蜍治创伤；用羚羊角治脑卒中；用鸡内金治遗尿及消食健胃等。公元 11 世纪沈括所著《沈存中良方》记录的秋石治病更是生物药物早期成功应用的实例。1921 年，加拿大科学家 F. Banting 和 C. Best 最早发现并纯化了胰岛素并用于治疗糖尿病，开创了近代生物制药的先河，此后大批生物药物如甲状腺素、各种必需氨基酸和必需脂肪酸、多种维生素等相继应用于临床。20 世纪 50 年代又发现和纯化了肾上腺皮质激素和脑垂体激素，60 年代以来，从生物体分离、纯化酶制剂的技术日趋成熟，酶制剂如尿激酶、链激酶、溶菌酶、天冬酰胺酶、激肽释放酶（血管舒缓素）等相继问世并在临床上得到应用。80 年代以来，我国生物药物中的生化药物品种快速增加，生化药物无论是在数量还是质量上都有了长足的进步。目前，国外已正式生产的主要生化药物品种，我国多数已有产品或正在研制，还独创了一些新品种，如天花粉蛋白、人工牛黄等。

20 世纪 80 年代，以基因工程技术为标志的现代生物技术极大地推动了生物药物的发展。1982 年重组胰岛素的上市，标志着生物技术药物进入新的里程碑，此后生物技术药物的研制与开发飞速发展，如干扰素、白介素、集落刺激因子、人生长激素、促红细胞生长素等相继上市。截至 2009 年底，经美国药品管理局（FDA）批准上市的 163 种生物技术药物中有一半以上品种是近 10 年研发上市的。我国生物技术药物的研发起步较晚，但也得到快速发展。1989 年人血白细胞干扰素（IFNα1b）研制成功并于 1993 年上市；2015 年底，我国有 900 多家生物技术药物的研发机构；800 多家生物制药生产企业，已有 50 多种生物技术药物上市销售。

20 世纪以来，生物制品也取得快速的发展，品种日益增加，制造工艺日新月异。特别是 80 年代后期，应用基因工程技术成功研制出乙型肝炎疫苗、狂犬病疫苗、口蹄疫疫苗和

AIDS 病疫苗，使得各种免疫诊断制品和治疗用生物制品相继上市，如各种单克隆抗体诊断试剂、甲型肝炎诊断试剂、乙型肝炎诊断试剂、丙型肝炎诊断试剂、风疹病毒诊断试剂、水痘病毒诊断试剂、胰岛素、干扰素、白介素-2、凝血因子Ⅷ、转移因子等。

按照生物药物研发生产的纯度、工艺特点和临床疗效特征，生物药物的发展大致经历了三个发展阶段。第一代生物药物主要是利用生物材料加工制成的含有某些天然活性物质与其他共存成分相混合的粗制剂，如脑垂体后叶制剂、肾上腺提取物、眼制剂、骨制剂、胎盘制剂等。这类药物虽然有效成分不明确，制造工艺简单，但有一定的疗效，因而部分仍在临床使用。第二代生物药物是根据生物化学和免疫学原理，应用近代生化分离、纯化技术从生物体制得的具有针对性治疗作用的特异生化成分或合成与部分合成的制剂，如胰岛素、尿激酶、肝素、香菇多糖、前列腺素 E、人丙种球蛋白、转铁蛋白、狂犬病免疫球蛋白等。这类药物成分明确、纯度较高、疗效确切、质量标准的可控性强，因而仍有一定的发展空间。第三代生物药物是应用现代生物技术生产的天然生物活性物质及其类似物或与天然生物活性物质结构不同的全新的药理活性成分，如人胰岛素、干扰素、白介素-2、乙型肝炎疫苗等。这类药物可以利用现代生物技术快速、大量生产、不受原材料资源的限制，将成为生物药物开发和生产的主流方向。目前上述三代生物药物形成了并存、竞争、相互补充及共同发展的格局。

三、生物药物的特点

（一）生物药物在生产制备过程中的特点

1. 原料中有效成分含量低 制备生物药物的生物原料中杂质种类多且含量高，具有药理活性的有效成分含量甚微而且提纯工艺复杂。如胰腺中胰岛素的含量仅为 0.002%，其中还含有多种蛋白质、酶、核酸等杂质，提纯工艺很复杂。

2. 稳定性差 生物药物的分子结构中一般由特定的活性部位来维持其功能，特别是生物大分子药物，一旦活性部位结构遭到破坏，就会失去其药理作用。生物活性的破坏（如被自身酶水解等）和理化因素的破坏（如温度、pH、重金属等）都可引起这些生物药物药理作用的丧失，因此，生物药物对各种理化因素和环境条件的变化非常敏感，稳定性差，在生产制备过程中要注意低温，无菌操作，添加蛋白酶抑制剂、EDTA 等保护剂；在贮存和运输中，除另有规定外，多数生物药物适宜在 2~10℃ 干燥、低温条件下保存和运输。

3. 易腐败 生物药物原料和制剂均为营养价值高的物质，因而极易染菌、腐败，造成有效物质的破坏和活性的丧失，并产生热原或致敏物质等。因此，生物药物在制备和贮存过程中对于低温、无菌操作等要求严格。

4. 注射用药有特殊要求 生物药物易被胃肠道中的酶分解，多采用注射给药。因此，对药物制剂的均一性、安全性、稳定性、有效性等都有严格要求，同时对其理化性质、检验方法、剂型、剂量、处方、贮存方式等亦有明确的规定。

（二）生物药物在质量控制环节中的特点

1. 质量控制严格 有些生物药物（如细胞生长因子药物、激素等）极微量就可产生显著的效应，任何药物性质或剂量的偏差，都可能造成严重后果，因此，生物药物质量控制非常严格，不仅要有理化检验指标，更要有生物活性检验指标，这也是生物药物质量控制的关键。

2. 检测方法多样 单一的检测分析方法很难确保药物的安全，要综合利用生物化学、免疫学、微生物学、细胞生物学及分子生物学等多学科的相关理论和技术进行检测，才可能保证生物药物的安全、有效。

3. 质量控制环节多 生物药物的生产不但要严格执行《药品生产质量管理规范》（GMP），还要从原材料来源和制备工艺、质量标准等方面严格管理，特别是对于基因工程药物，不但要鉴定最终产品，还要从基因来源、菌种、原始细胞库等方面进行质量控制，对培养、纯化等各个环节都要严格把关。

（三）生物药物的药理学特点

1. 治疗疾病的针对性强 生物药物治疗疾病的生理、生化机制合理，针对性强，疗效可靠，如细胞色素 c 可治疗组织缺氧；胰岛素可治疗糖尿病等。

2. 药理活性高 生物药物是从大量生物原料中精制的高活性物质，具有高效的药理活性，如注射纯的 ATP 可以直接为机体供给能量；注射人生长激素可治疗儿童侏儒症，效果显著。

3. 营养价值高、毒副作用程度较轻 生物药物是由生物体基本物质制成，主要有蛋白质、核酸、糖类、脂质等。这些物质在体内可降解为氨基酸、核苷酸、单糖、脂肪酸等小分子物质，是人体重要的营养物质，毒副作用程度较轻。

4. 常有生理副作用发生 生物药物虽然是从生物原料制得的，但由于不同生物甚至相同生物的不同个体之间的活性物质的结构存在很大差异，所以造成使用生物药物时常会出现免疫反应、过敏反应等不良反应。

第二节 生物药物的分类与临床用途

一、生物药物的分类

生物药物的分类方法有多种，可按生物药物的来源分类，也可按生物药物的化学特性或按生物药物的用途分类。

（一）按生物药物的来源分类

1. 动物来源 许多生物药物来源于动物的组织、器官、腺体、血液、毛发、胎盘和蹄甲等。药物原料主要来自于猪、牛、羊、家禽（鸡、鸭等）和海洋动物的脏器，其次来自于各种小动物，如昆虫、蚯蚓等。药物原料资源丰富、品种繁多，可以制备人体所需的多种天然活性物质，是生产天然生物药物的主要来源。

2. 微生物来源 微生物易于培养，繁殖快，产量高，成本低，便于大规模工业生产，许多复杂的难以实现的化学反应，可利用微生物的酶促反应专一和迅速地完成。微生物及其代谢物资源丰富，用微生物作为原料制备生物药物具有广阔的前景，尤其是应用微生物发酵法生产生物药物已成为现代制药业的重要技术和途径，如氨基酸、核酸及其降解物、酶和辅酶等，还有多肽、蛋白质、糖、脂质、维生素、激素及有机酸等都可以通过微生物发酵法生产。此外，利用微生物生产酶抑制剂和免疫调节剂也是一种颇有前景的途径。

3. 植物来源 我国药用植物的资源极为丰富，但从植物中研制的生物药物的品种不多。

已开发利用的药用植物天然活性成分包括糖和糖苷类、苯丙素类（如香豆素）、醌类（辅酶 Q_{10}、紫草苏）、黄酮类（黄酮醇、花色素、黄芩苷等）、鞣质（奎宁酸、槲皮醇等）、萜类（青蒿素、齐墩果酸等）、甾体类（毛地黄毒苷元、乌沙苷元等）、生物碱（咖啡因、喜树碱、茶碱等）。近年来从植物寻找有效生物药物已受到高度重视，获得了不少可用作生物药物的活性物质，如红豆杉的紫杉醇、月见草的 γ-亚麻酸、无花果蛋白酶、天麻素、人参多糖等。

4. 海洋生物来源 海洋生物是丰富的药物资源宝库，海洋生物活性物质不但具有抗病毒、抗肿瘤、抗心血管疾病、延缓衰老和免疫调节等药理作用，还可能成为新药设计的分子模型，为人工合成或创造基因工程新药提供先导化合物。迄今已发现了 5000 余种海洋生物活性物质，其中部分已被开发成药物，如阿糖胞苷、河豚毒素、角鲨烯、牡蛎胶囊、鲨鱼油口服乳剂等。

5. 化学合成 利用化学合成或半合成法不但可生产许多小分子生物药物，如氨基酸、多肽、维生素、某些激素、核酸降解物及其衍生物，还可以通过对天然生物药物的结构进行修饰、改造而使之具有高效、长效和高专一性等优势。有些大分子生物药物（如酶）也可通过化学修饰来提高其稳定性和降低其抗原性。

6. 现代生物技术产品 目前通过现代生物技术生产的生物药物主要包括：利用基因工程技术生产的重组活性多肽、蛋白质类药物、基因工程疫苗、单克隆抗体及多种细胞生长因子等；利用转基因技术生产的生物药物及利用蛋白质工程技术改造天然蛋白质而生产的新颖、优良的蛋白质类生物药物，还包括应用生物技术研究开发的反义药物、基因治疗药物和核酶等。

（二）按生物药物的化学特性分类

1. 氨基酸及其衍生物类药物 这类药物包括天然的氨基酸和氨基酸混合物以及氨基酸衍生物，如谷氨酸、复方氨基酸注射液（3AA）、N-乙酰半胱氨酸、氮杂丝氨酸等。

2. 多肽和蛋白质类药物 多肽类药物主要有多肽类激素和其他生物活性肽等，如降钙素、胰高血糖素、抗菌肽、谷胱甘肽等。蛋白质类药物主要为体内的活性蛋白质，如胰岛素、促甲状腺素、血清清蛋白、丙种球蛋白等；多肽和蛋白质的化学本质相同，性质相似，但由于分子大小不同而引起的生物学性质（如免疫原性等）的差异则较大。

3. 酶与辅酶类药物 酶类药物主要从动物组织提取或通过微生物发酵、细胞培养及基因工程等技术制备，如胰酶、超氧化物歧化酶（SOD）、天冬酰胺酶等。辅酶种类繁多，结构各异，其中一部分也属于核酸类药物（如 CoA、Co I 、Co II 等）。

4. 核酸类药物 这类药物包括核酸（DNA、RNA）、多聚核苷酸、单核苷酸、核苷、碱基及其衍生物等，如反义核酸类、核酶、多聚胞苷酸、ATP、利巴韦林（三氮唑核苷）等，人工修饰合成的核苷、碱基衍生物，如 5-氟尿嘧啶、6-巯基嘌呤、阿糖胞苷等也属于此类药物。

5. 糖类药物 糖类药物多为糖胺聚糖。多糖类药物由于多糖分子中单糖结构与糖苷键的位置不同，因而种类繁多，药理功能各异，如肝素（抗凝血、抗过敏）、透明质酸（用于治疗关节病及眼科手术的辅助剂）、硫酸软骨素（防治动脉粥样硬化）。近年从真菌及中药材中制取了多种活性多糖，如香菇、灵芝、银耳多糖及人参、红花、黄芪多糖等，这些活性多糖一般均具有促进免疫、抗辐射、抗感染，促进核酸和蛋白质生物合成，增强机体免疫功能等药理作用。

6. 脂质类药物 这类药物性质相似，都能溶于有机溶剂而不易溶于水，但化学结构差异较大。脂质药物主要包括脂肪酸类、磷脂类、胆酸类、固醇类、卟啉类等。

7. 细胞生长因子类 细胞生长因子是人类或动物多种细胞分泌的能调节细胞生长分化，调节免疫功能，参与炎症发生和细胞修复的高活性、多功能的多肽或蛋白质类物质。细胞生长因子种类繁多，迄今已发现 100 多种。众多的细胞生长因子有如下共同特点：分泌量极低而活性极高；需与特异受体结合起作用而表现出细胞组织特异性；多功能性；存在相互作用及低免疫原性等。按细胞生长因子对细胞增殖效应的不同分为细胞生长刺激因子和细胞生长抑制因子，属于细胞生长刺激因子的如神经生长因子、表皮生长因子、促红细胞生成素（erythropoietin，EPO）、成纤维细胞生长因子、胰岛素样生长因子、血小板源生长因子、肝细胞生长因子、各种集落刺激因子和白介素等；属于细胞生长抑制因子的有干扰素、肿瘤坏死因子和转化生长因子等。细胞生长因子类药物是近年来发展最迅速、现代生物技术运用最广泛的生物药物之一。

8. 生物制品类 从微生物、原虫、动物或人体材料直接制备或用现代生物技术、化学方法制成作为预防、治疗、诊断特定传染病或其他疾病的制剂，统称为生物制品，如疫苗、抗毒素、抗血清、类毒素、血液制剂等。

（三）按生物药物的用途分类

生物药物在防病治病和疾病的诊断方面有着独特优势，按生理功能和用途分类主要包括四大类。

1. 治疗药物 生物药物对于许多常见病、多发病有较好的疗效。对遗传病和目前严重危害人类健康的一些疾病如肿瘤、艾滋病、糖尿病、心脑血管疾病、乙型肝炎、免疫性疾病、内分泌障碍等，生物药物的治疗效果是其他药物无法比拟的。

2. 预防药物 许多疾病，尤其是传染性疾病，如天花、麻疹、百日咳等，预防比治疗更为重要，通过预防药物的干预使疾病得以控制，直至根除。生物药物在预防疾病方面将显示出越来越重要的地位。常见的预防性生物药物包括菌苗、疫苗、类毒素等。

3. 诊断药物 生物药物用作临床诊断试剂是其重要用途之一。生物药物作为诊断试剂具有速度快、灵敏度高、特异性强等特点。绝大多数现在使用的临床诊断试剂都来自生物药物，如免疫诊断试剂、酶诊断试剂、单克隆抗体诊断试剂、放射性诊断药物和基因诊断药物等。一些生物活性物质也可作为检测疾病的指标，如天冬氨酸氨基转移酶、乳酸脱氢酶、甲胎蛋白等。

4. 其他生物医药用品 生物药物除了应用于临床疾病预防、诊断和治疗外，也广泛应用于研制生化试剂、保健食品、化妆品、生物医用材料等多个领域。

上述分类方法各有其侧重点和优势，但也都有其不足。如果根据基因重组药物、基因治疗学的发展及全部药物的现状综合分析，现代生物药物又可分为四大类：①基因药物，即基因治疗剂、基因疫苗、反义药物和核酶等；②基因重组药物，即应用重组 DNA 技术（包括基因工程技术、蛋白质工程技术）制造的重组多肽、蛋白质类等药物；③天然生物药物，即来自动物、植物、微生物和海洋生物的天然产物；④合成与部分合成的生物药物。这种分类包含药物更全面、界限更清晰、识别更容易。

二、生物药物的临床用途

（一）作为治疗药物

如前所述，由于生物药物在临床治疗某些疾病方面显示出其他药物无法比拟的优势，所以生物药物用于治疗疾病是其最主要的临床用途之一。按药理作用划分，治疗性生物药物主要类型见表18-1。

表18-1 治疗性生物药物的类型和常见药物

生物药物类型	常见生物药物
呼吸系统药物	平喘药，如前列腺素、肾上腺素、茶碱类、肾上腺皮质激素类药等 祛痰药，如脱氧核糖核酸酶、乙酰半胱氨酸等 镇咳药，如蛇胆、磷酸可待因等 慢性气管炎治疗剂，如核酪注射剂等
抗病毒药物	抑制病毒核酸合成的药物，如碘苷、阿昔洛韦 抑制病毒繁殖相关酶的药物，如阿糖腺苷、双脱氧肌苷 抑制病毒蛋白质合成的药物，如干扰素 调节免疫剂，如异丙肌苷、人参多糖、干扰素
抗辐射药物	超氧化物歧化酶、猴菇多糖、香豆素及其衍生物、2-巯基丙酰甘氨酸（MPG）、硫辛酸及其衍生物等
抗肿瘤药物	核酸类抗代谢物，如阿糖胞苷、5-氟尿嘧啶、6-巯基嘌呤、甲氨蝶呤等 天然抗癌生物活性物质，如门冬酰胺酶、云芝多糖（PSK）、秋水仙碱等 免疫增强剂，如白介素-2、干扰素、集落细胞刺激因子等 辐射增敏药，如血卟啉衍生物、马蔺子甲素等 抗体类药物，如抗CD20人源化单克隆抗体奥法木单抗、抗VEGF人源化单克隆抗体贝伐珠单抗、抗HER-2人源化单克隆抗体曲妥珠单抗等
内分泌障碍治疗剂	治疗相应的激素分泌障碍所致的疾病，如胰岛素及其突变体、生长素、甲状腺素、胰高血糖素
维生素类药物	治疗各种维生素缺乏症，如可用维生素D防治佝偻病；维生素A可防治夜盲症等
消化系统药物	助消化药，如胰脂肪酶、胃蛋白酶等 溃疡治疗剂，如胃膜素、氯化甲硫氨基酸 止泻药，如鞣酸蛋白、黄连素等
心血管系统药物	抗高血压药，如弹性蛋白酶、血管舒缓素等 降血脂药，如二十碳五烯酸、猪去氧胆酸等 冠心病防治药物，如硫酸软骨素A、类肝素、冠心舒等 溶血栓药物，如尿激酶（UK）、链激酶（SK）、葡激酶（SAK）、组织型纤溶酶原激活剂（tPA）和tPA突变体（TNK-tPA、rPA）及尿激酶型纤溶酶原激活剂（uPA）等
血液和造血系统药物	抗贫血药，如血红素、叶酸、维生素B_{12}、促红细胞生成素等 抗凝药，如肝素、香豆乙酯、重组水蛭素、来匹卢定等 纤溶剂-血栓药，如UK、tPA、蚓激酶、蛇毒溶栓酶等 止血药，如凝血酶、血凝酶等 血容量扩充剂，如右旋糖酐、羟乙基淀粉代血浆、人血白蛋白等 凝血因子制剂，如凝血因子Ⅷ和Ⅸ、人纤维蛋白原等
中枢神经系统药物	如咖啡因用于治疗神经衰弱和昏迷复苏；L-多巴治疗帕金森病；单唾液酸四己糖神经节苷脂用于治疗脑脊髓创伤、脑血管意外、帕金森病；人工牛黄具有镇静、抗惊厥功效；脑啡肽用于镇痛等
免疫系统疾病治疗药物	治疗常见自身免疫性疾病，如类风湿关节炎（RA）、银屑病、银屑病关节炎（PsA）、系统性红斑狼疮（SLE）等的常用生物药物，如甲氨蝶呤（MTX）、糖皮质激素、硫唑嘌呤、抗TNFα的抗体类药物（依那西普、英夫利普单抗、阿达木单抗）、抗CD11a人源化抗体依法利珠单抗、CTL4-Fc融合蛋白阿巴西普及完全人源化抗B淋巴细胞刺激因子的抗体贝利木单抗等 免疫抑制剂，如抑制器官移植排斥反应的环孢素A、皮质类固醇及某些抗体［如马源淋巴细胞免疫球蛋白、兔源胸腺细胞球蛋白和抗CD25人源化抗体（达珠单抗）］等

续表

生物药物类型	常见生物药物
遗传性疾病治疗药物	治疗血友病的凝血因子Ⅶa 和抗血友病因子 治疗 Gaucher's 病的葡糖脑苷脂酶伊米苷酶 治疗 Fabry's 病的重组半乳糖苷酶 治疗囊性纤维化的链道酶-α
计划生育用药	助孕药，如促黄体生成素、促卵泡激素重组 FSH-α 和重组 FSH-β 避孕药，如复方炔诺酮 催产和引产药，如催产素、天花粉、前列腺素（PG）及其类似物，如 PGE$_2$、PGF2a、 15-甲基 PGF2a、16,16-二甲基 PGF2a
生物制品类治疗药	各种人血免疫球蛋白，如破伤风免疫球蛋白、狂犬病免疫球蛋白等 抗毒素，白喉抗毒素、破伤风抗毒素、肉毒抗毒素 抗血清，如狂犬病抗血清、蛇毒抗血清

（二）作为预防药物

许多疾病，尤其是传染病（如细菌性和病毒性传染病等）预防比治疗更有效和重要。通过预防使疾病得以控制，直到灭绝。如我国已灭迹的天花、鼠疫就是广泛开展预防接种痘苗、鼠疫菌苗所取得的重大成果。临床常见的预防药物主要有菌苗、疫苗、类毒素，另外还有冠心病防治药物（如类肝素和多种不饱和脂肪酸）等。

疫苗（vaccine）是指由病原微生物（如细菌、立克次体、病毒等）及其代谢产物（如细菌类毒素等），经过人工减毒、灭活或利用基因工程等方法制成的用于预防传染病的主动免疫制剂。目前常用的疫苗主要是预防性疫苗。习惯上把用细菌制成的制剂称为"菌苗"；把病毒、立克次体等制成的制剂称为"疫苗"；用甲醛处理细菌产生的致病毒素，使之失去致病性但具有免疫原性，由此纯化制成的生物制剂称为"类毒素"，但按照国际惯用名称，近年来科学界普遍倾向将它们统称为疫苗。疫苗的分类如下。

1. 按照疫苗的成分分类 分为细菌类疫苗、病毒类疫苗和联合疫苗等。细菌类疫苗指由细菌或细菌类毒素制成的疫苗。病毒类疫苗指由病毒、衣原体、立克次体等制成的疫苗。联合疫苗指由多种疫苗抗原联合制成的疫苗，其意义在于提高疫苗覆盖率和接种率，减少接种次数，降低接种和管理费用等。现有的联合疫苗有：百白破联合疫苗、肺炎球菌多价疫苗、麻疹腮腺炎联合减毒活疫苗等。

2. 按照疫苗的制备技术特点分类 分为传统疫苗和新型疫苗两大类。

（1）传统疫苗 包括灭活疫苗、减毒活疫苗和纯化疫苗。①灭活疫苗是用物理或化学方法将免疫原性强的病原微生物的培养物灭活而制成的疫苗。灭活疫苗无致病力，但仍具有免疫原性，可刺激机体产生免疫力。使用较安全，不良反应较轻，易于保存。但由于疫苗被灭活并失去了繁殖能力，疫苗接种后对机体的免疫力维持时间较短（6 个月到 24 个月），需多次强化接种，如乙型肝炎灭活疫苗、百日咳灭活疫苗等。②减毒活疫苗指由人工选育的减毒或自然无毒的病原微生物制成的具有免疫原性而不致病的制剂，又称为活疫苗。活疫苗具有接种量小，接种次数少（一般只需一次），免疫效果好和免疫时间长（3～5年），不良反应较重（发热、局部或全身反应），不易保存等特点。常见的减毒活疫苗如麻疹减毒活疫苗、脊髓灰质炎减毒活疫苗糖丸等。③纯化疫苗是纯化细菌、病毒等培养物中的有效成分（非细胞抗原）后制成的疫苗。这类疫苗不是完整的病原体，只是病原体的一部分组分或代谢产物（如类毒素），故称为亚单位疫苗或组分疫苗。纯化疫苗具有免疫原性，可使免疫动物产生免疫力，同时大大降低了疫苗接种的不良反应，保证了疫苗的安全性。常见的纯化疫苗有：A 群脑膜炎球菌多糖疫苗、幽门螺杆菌尿素酶 B 亚单位疫苗、吸附无细胞百日咳疫苗等。类毒素也是一种亚单位疫苗，如白喉类毒素、破伤风类毒素等。

（2）新型疫苗　主要指应用基因工程技术研制的疫苗，即基因工程疫苗，包括基因工程亚单位疫苗、基因工程活载体疫苗、基因缺失疫苗、核酸疫苗及蛋白质工程疫苗等。

基因工程疫苗指利用 DNA 重组技术，将特异抗原基因定向插入载体（大肠杆菌、酵母菌等），获得重组菌，分离纯化重组菌培养增殖中所表达的特异性抗原而制成的制剂。这类疫苗具有安全、有效、免疫应答持久、易于实现联合免疫等优点。如将乙型肝炎表面抗原基因插入酵母菌基因组，制得的重组乙型肝炎疫苗；将乙型肝炎表面抗原、流感病毒血凝素、单纯疱疹病毒基因插入牛痘苗基因组生产的多价疫苗。

1）基因工程亚单位疫苗　是将微生物保护性抗原基因重组于载体质粒后导入受体菌或细胞，使该基因在受体菌或细胞内高效表达，产生大量的保护性抗原肽段，并加佐剂制成的制剂。这类疫苗由于某些技术的限制还未得到推广。

2）基因工程活载体疫苗　又称为重组活病毒疫苗，是将微生物保护性抗原基因插入载体病毒（痘病毒、疱疹病毒等）的特定位置上，使载体病毒转染细胞，并在宿主细胞内表达出外源基因产物，即抗原。一个载体病毒中可同时插入多个外源基因，表达多种病原微生物的抗原，使宿主细胞可预防多种传染病侵害。目前研究最多、最深入的是以痘病毒为载体生产疫苗。

3）基因缺失疫苗　是利用基因工程技术去除病毒致病基因，使之失去致病力，成为基因缺失株，但保留其免疫原性及复制能力。这种基因缺失突变株具有突变性状明确、比较稳定、毒力不易恢复等优点，因而是研究安全有效的新型疫苗的重要途径。

4）核酸疫苗　包括 DNA 疫苗和 RNA 疫苗，但目前的核酸疫苗主要指 DNA 疫苗，究其原因，是缺乏解决 RNA 疫苗制备过程中的高成本，运输、保存、使用中的稳定性等方面的技术。DNA 疫苗又称为基因疫苗（genetic vaccine），是将含有编码某种抗原蛋白的外源基因克隆在表达载体（质粒）上，形成重组体，并将该重组体直接注入动物体内，使外源基因在活体内表达抗原并诱导机体产生免疫应答，产生抗体，从而激活机体的免疫力。DNA 疫苗具有安全性高，免疫效果好，制备成本低，保存、运输和使用的稳定性较好等优点，已经在许多难治性感染性疾病、自身免疫性疾病、过敏性疾病和肿瘤的预防领域显示出广泛的应用前景。

5）蛋白质工程疫苗　是将抗原基因加以改造（点突变、插入、缺失、构型改变、不同基因或部分结构域的人工组合等），使基因编码产物的免疫原性增强；反应谱扩大；从而去除有害作用或副反应的一类疫苗。因涉及基因的改造，对蛋白质工程抗原应用的效果和安全性考虑必须十分周全。

6）其他新型疫苗　包括合成肽疫苗、独特抗体疫苗、遗传重组疫苗和微胶囊疫苗等。

现代疫苗的发展已经从传统的细菌、病毒等疫苗发展到寄生虫疫苗、T 细胞疫苗、树突细胞疫苗、肿瘤疫苗、避孕疫苗等，从预防性疫苗发展到治疗性疫苗。

（三）作为诊断药物

绝大部分临床诊断试剂都来自生物药物，生物药物用作诊断试剂是其最突出又独特的临床用途之一。诊断药物发展迅速，品种繁多，剂型不断改进，并形成了更具特异性、敏感性、快速简便的发展趋势。

1. 放射性核素诊断药物 放射性核素标记的药物具有能聚集在不同组织或器官的特性，故可检测药物进入体内后的吸收、分布、转运、利用及排泄等过程，并对器官形态显像，供疾病诊断。如 ^{131}I 血清清蛋白用于心脏放射性核素显像、测定心排血量及脑扫描；柠檬酸 ^{59}Fe 用于诊断缺铁性贫血；^{75}Se-甲硫氨酸用于胰脏扫描和淋巴瘤、淋巴网状细胞瘤及甲状旁腺组织瘤的诊断；^{99m}Tc、^{125}I、^{111}In 标记的单克隆抗体用于肿瘤、动脉粥样硬化、炎症、血栓、骨和骨髓病变的显像诊断及利用放射免疫技术显像，指导手术和治疗。

2. 酶诊断试剂 利用酶促反应的特异性和快速灵敏的特点，可定量测定体液内的某一成分变化，作为疾病诊断的参考。诊断试剂中常用的酶有氧化酶、脱氢酶、激酶和水解酶等。临床用的酶诊断试剂盒是一种或几种酶及其辅酶组成的一个多酶反应系统，通过酶促反应的偶联来检测最终反应产物，作为疾病诊断的指标。目前已有 40 余种酶诊断试剂盒供临床应用，如乙型肝炎表面抗原酶联免疫诊断试剂盒、艾滋病诊断试剂盒等。通过酶诊断试剂开展的常规检测项目包括血清胆固醇、三酰甘油、葡萄糖、血氨、阿司匹林耐量试验、尿素、乙醇及血清丙氨酸氨基转移酶和天冬氨酸氨基转移酶等的检测。

3. 免疫诊断试剂 利用高度特异性和敏感性的抗体，可检测样品中有无相应的抗原或抗体，为临床疾病诊断提供依据。免疫诊断试剂主要有诊断抗原和诊断血清。常见的诊断抗原有：①细菌类，如伤寒、副伤寒菌、布氏菌、结核菌素等；②病毒类，如乙型肝炎表面抗原血凝制剂、乙型脑炎和森林脑炎抗原、麻疹血凝素；③毒素类，如链球菌溶血素 O、锡克及狄克诊断液等。常见的诊断血清有：①细菌类，如沙门菌诊断血清、痢疾杆菌分型血清；②病毒类，如乙型肝炎病毒诊断血清；③肿瘤类，如甲胎蛋白诊断血清；④抗毒素类，如白喉抗毒素；⑤激素类，如绒毛膜促性腺激素；⑥血型及人类白细胞抗原诊断血清，如人 ABO 血型诊断血清；⑦其他类，如转铁蛋白诊断血清。

4. 器官功能诊断药物 是指利用某些药物对特定器官功能的影响来检查器官的功能是否正常的药物，如磷酸组胺主要用于胃液分泌功能的检查；胰功肽（苯替酪胺，BT-PABA）用于测定胰腺外分泌功能等。

5. 诊断用单克隆抗体 诊断用单克隆抗体（monoclonal antibody，McAb）的专一性强，一个 B 细胞所产生的抗体只针对抗原分子上的一个特异抗原决定簇。应用 McAb 诊断血清能专一检测病毒、细菌、寄生虫或细胞的一个抗原分子片段，因此，测定时可以避免交叉反应。McAb 诊断试剂已广泛用于测定体内激素的含量（如绒毛膜促性腺激素、催乳素、前列腺素）、诊断 T 淋巴细胞亚群和 B 淋巴细胞亚群及检测肿瘤相关抗原。McAb 对病毒性传染源的分型，有时是惟一的诊断工具，如脊髓灰质炎有毒株或无毒株的鉴别、登革热不同型的区分、肾病综合征的诊断等。

6. 基因诊断芯片 基因诊断芯片是基因芯片（gene chip）的一大类，它是将大量的分子识别基因探针固定在微小基片上，与被检测的标记的核酸样品进行杂交，通过检测每个探针分子的杂交强度而获得大量基因序列信息（特别是与疾病相关的信息）。目前主要用于疾病的分型与诊断，如用于急性脊髓白血病和急性淋巴细胞白血病的分型，以及对乳腺癌、前列原癌的分型及各类癌症或其他疾病的基因诊断。

（四）用作其他生物医药用品

生物药物应用的另一个重要发展趋势就是渗入到生化试剂、生物医学材料、日用化工品、保健食品和化妆品等各个领域。

1. 生化试剂系列 生化试剂品种繁多，不胜枚举，如细胞培养剂、细菌培养剂、电泳与色谱配套试剂，DNA 重组用的一系列工具酶、植物血凝素，放射性核素标记试剂和各种抗血清与免疫试制等。

2. 生物医学材料 主要用于器官的修复、移植或外科手术矫形及创伤治疗等的一些生物材料，如止血海绵，人造皮，牛、猪心脏瓣膜，人工肾，人工胰脏等。

3. 营养保健品及美容化妆品 这类药物已进入到广大群众的日常生活中，前景可观。如各种软饮料及食品添加剂的营养成分，包括多种氨基酸、维生素、甜味剂、天然色素以及各种有机酸，如苹果酸、枸橼酸、乳酸等。另外，众多的酶制剂（如 SOD）、生长因子（如表皮生长因子、碱性成纤维细胞生长因子）、多糖类（如肝素、脂多糖）、脂质（如胆固醇、不饱和脂肪酸）和多种维生素均已广泛用于制造化妆品类。

第三节 生物技术药物

在传统分类范畴上，生物技术药物属于生物药物，但由于其发展迅速和新产品层出不穷，实际上已具备独立成为一大类药物的条件，因此，本章将生物技术药物单独作为一节，一方面为了顺应生物技术快速发展的趋势，更多、更详细地介绍有关知识；另一方面也为了彰显生物技术药物在生物药物及制药业中日益突出的重要地位。

一、生物技术药物的特点

1. 分子量大且结构复杂 生物技术药物是应用基因修饰活的生物体而产生的蛋白质或多肽类产物，或是依据靶基因化学合成的互补寡核苷酸，因此，药物的分子量较大，并具有复杂的分子结构。

2. 存在种属特异性 许多生物技术药物的药理活性与动物种属及组织特异性有关，主要是编码药物本身及药物受体和代谢酶的基因序列存在种属差异。如人源基因编码的蛋白质和多肽类药物，有的与某些动物的相应蛋白质和多肽的同源性差别很大，因此，对这些动物不敏感，甚至无药理活性。

3. 活性强、安全性较高 生物技术药物多为人体内存在的蛋白质或多肽，用量极少就可以产生显著效应。因此，相对来说药物的副作用较小，毒性较低，安全性较高。

4. 稳定性较差 生物技术药物中的活性蛋白质或多肽药物较不稳定，易变性，易失活，也容易被微生物污染或被酶解破坏。

5. 药物来源的基因的稳定性非常重要 药物来源的基因的稳定性、生产菌种和细胞系的稳定性及生产条件的稳定性都非常重要，任何一个要素的变异都可能导致药物生物活性的变化，甚至产生意外的或不希望具有的生物学特性。

6. 具有免疫性 许多来源于人的生物技术药物，可对其他动物有免疫原性，因而重复给予动物这些药物时，动物便会产生抗体。有些人源性蛋白质在人体内也能产生血清抗体，主要可能是因为生物技术药物中的蛋白质在结构上与人体天然蛋白质有所不同。

7. 半衰期短 很多生物技术药物在体内的半衰期短，迅速降解，且在体内降解的部位广泛。

8. 具有特殊的受体效应 许多生物技术药物需要与特异受体结合，通过信号转导机制发挥药理作用，而受体的分布具有种属或组织特异性，因而药物在体内的分布具有组织特异性和药效反应快的特点。

9. 具有多效性和网络性效应 许多生物技术药物可作用于多种组织或细胞，且在人体内相互诱生、相互调节，彼此协同或拮抗，形成网络效应，因而具有多种功能，可发挥多种药理作用。

二、生物技术药物的主要类型

生物技术药物的主要类型见表18-2。

表 18-2 生物技术药物的主要类型

药物类型	药物种类
干扰素类	干扰素 α（α1b，α2a，α2b）、干扰素 β 和干扰素 γ
白介素类	白介素-2（IL-2）和突变型白介素-2，正在研制的还有 IL-1，IL-3，IL-4，IL-5，IL-6，IL-11 和 IL-12 等
肿瘤坏死因子类	肿瘤坏死因子类主要有 TNFα 和 TNF 受体
造血系统生长因子类	粒细胞集落刺激因子（G-CSF）、巨噬细胞集落刺激因子（M-CSF）、巨噬细胞粒细胞集落刺激因子（GM-CSF）、促红细胞生成素（EPO）、促血小板生成素（TPO）、干细胞生长因子（SCF）等
生长因子类	胰岛素样生长因子（IGF）、血小板源生长因子（PDGF）、表皮生长因子（EGF）、转化生长因子（TGF-α 与 TGF-β）、神经生长因子（NGF）及各种神经营养因子
重组蛋白质与多肽类激素	重组人胰岛素、人生长激素（rhGH）、促卵泡激素（FSH）、促黄体生成素（LH）和绒毛膜促性腺激素（HCG）等
心血管病治疗剂与酶制剂	凝血因子Ⅷ、水蛭素、tPA、尿激酶、链激酶、葡激酶、门冬酰胺酶、超氧化物歧化酶、葡萄糖脑苷酶及 DNase 等
重组疫苗与单克隆抗体制品	重组乙型肝炎表面抗原疫苗、乙型肝炎基因疫苗、艾滋病疫苗和肿瘤疫苗等抗 CD20 人源化单克隆抗体（奥法木单抗）、抗 VEGF 人源化单克隆抗体（贝伐珠单抗）、抗 HER-2 人源化单克隆抗体（曲妥珠单抗）等。
基因药物	基因治疗药物 反义药物，如福米韦森（Fomivirsene）、肽核酸 核酶类药物

三、生物技术药物的研究热点

（一）新型疫苗

1. 病毒疫苗 正在研究或已开发成功的重要病毒疫苗主要有：AIDS 疫苗、SARS 疫苗、人乳头瘤病毒（HPV）疫苗、流感疫苗、水痘带状疱疹疫苗、Epstein-Barr 病毒（EB 病毒，属于 γ-疱疹病毒家族，与鼻咽癌关系密切）疫苗等。

2. 治疗（预防）性疫苗 传统疫苗主要是针对健康人群，对某些疾病（特别是传染性疾病）具有预防作用，而治疗性疫苗是对一些慢性感染、肿瘤、自身免疫功能紊乱、过敏性疾病等具有治疗意义的生物制品，它很可能可以化解一些常规预防与治疗手段难以解决的问题，有着广阔的发展前景。2009 年我国率先在世界上研制成功"口服重组幽门螺杆菌疫苗"，临床研究表明，对幽门螺杆菌感染患者有预防和治疗作用。目前正在研发的治疗（预防）性疫苗主要包括：①乙型肝炎（HBV）治疗性疫苗，如 Ag-Ab 复合型乙型肝炎治疗性疫苗，已进入Ⅲ期临床试验，并获美国、中国发明专利。②自身免疫性疾病的治疗性疫苗，如 Copolymer 为合成多肽疫苗，正在进行 Ⅱ 期临床试验，临床研究表明，对多发性硬化症有效。③心血管病疫苗，如载脂蛋白 B100 疫苗、胆固醇酯转运蛋白疫苗、CD 40 疫苗、肺炎衣原体（Cpn）疫苗（Cpn 是导致动脉粥样硬化的危险因素）、抗动脉粥样硬化疫苗（AnsB-TTP-PADRE-CETPC 融合蛋白）、高血压疫苗等。④肿瘤疫苗，正在研制的有以肿瘤细胞为载体的肿瘤疫苗［MHC 分子转基因疫苗，共刺激分子转基因肿瘤疫苗，细胞因子转基因肿瘤疫苗，转入诱导细胞凋亡、抑制细胞增长的基因（*mad-7* 基因）肿瘤疫苗］，以树突状细胞（dendritic cells, DC）为载体的肿瘤疫苗，单克隆抗体肿瘤疫苗，基因工程肿瘤疫苗，多肽肿瘤疫苗等。

除以上这些疫苗外，还有糖尿病疫苗、避孕疫苗（抗精子疫苗、抗透明带疫苗、抗人类绒毛膜促性腺激素疫苗）及治疗酗酒、毒瘾等疾病的疫苗正在研制中。

（二）治疗性抗体

治疗性抗体特别是单克隆抗体被称为"魔弹"（magic bullet），能特异性识别靶抗原而发挥选择性治疗作用，具有治疗专一性强、疗效好、副反应小的特点，已成为生物技术制药的重要支柱，是生物制药产业中重要的研究、开发和生产领域，也是全球制药企业重点发展和争夺的领域。国际上批准的治疗性抗体药物已达 24 种，占生物技术药物产业份额的 1/4～1/3。抗体技术发展经历了从鼠源单克隆抗体→嵌合单克隆抗体→人源化单克隆抗体→人源性单克隆抗体→人源性多克隆抗体的演变过程，人源性单克隆抗体与人源性多克隆抗体将成为今后治疗性抗体的主体。特别是人源性单克隆抗体已成为生物技术药物研发的热点课题。近年研制的治疗性抗体主要是经过人源化或人源性改构的基因工程抗体药物。

（三）蛋白质工程药物

依据发现的药物新靶标，应用蛋白质工程技术，研究开发新的治疗性重组蛋白质药物，并以蛋白质构效关系为基础，通过定向改造蛋白质分子的设计与模拟或翻译后修饰，研发出创新药物，是重组蛋白质药物开发研究的新特点。蛋白质工程药物不同于自然界中的天然蛋白质类药物，它是通过蛋白质工程技术对天然蛋白质药物进行新的设计和改造，来克服天然蛋白质药物的缺陷，提高其药效和减少其毒副作用，使其具有更好的或新的药理特性。蛋白质工程药物在生物技术药物中所占比重日益增长，将成为未来生物制药业发展的重要方向之一。

1. 融合蛋白　融合蛋白是通过将编码一种蛋白质的部分基因移植到另一种蛋白质基因上，或将不同蛋白质基因的片段组合在一起，形成融合基因，而产生的兼有不同蛋白质特性的活性蛋白质。如胸腺素 α_1-复合干扰素融合蛋白（既具有胸腺素 α_1 促淋巴细胞增殖的活性，也具有干扰素的抗病毒活性）、血小板生成素（thrombopoietin, TPO）-干细胞因子（stem cell factor, SCF）融合蛋白（同时具有 TPO 和 SCF 的生物活性，能促进造血细胞增殖）等。利用融合蛋白技术研发溶栓药物取得了很大突破，目前常用的溶栓药物有尿激酶（urokinase, UK）、链激酶（streptokinase, SK）、葡激酶（staphyloikinase, SAK）、组织型纤溶蛋白原激活剂（tissue-type plasminogenactivator, tPA）等，单独使用上述药物不能有效防止再栓塞的发生。通过融合蛋白技术研制的新型溶栓药物，既有较高的溶栓活性，又有较强的纤维蛋白亲和性或抑制血栓形成的活性。如将水蛭素 12 肽通过柔性肽（Gly）$_3$ 与 rPA（tPA 突变体）连接，经克隆、表达，生成的融合蛋白的溶纤比活性达到 8400U/mg，抗凝比活性达到 930 ATU/mg，具有较高的靶向溶栓和抗凝特性。基于融合蛋白具有的独特的多功能新型蛋白优势，它在新的生物技术药物的开发上占有重要的地位。

2. 靶向性治疗蛋白 靶向性治疗蛋白主要是将毒素抗体等与功能性蛋白融合形成具有靶向性的融合蛋白，如 IL-10-铜绿假单胞菌外毒素 40、白介素-2 融合毒素、重组 TNFα 受体-抗体融合蛋白等。

肿瘤靶向药物是指与肿瘤发生、生长、转移和凋亡密切相关的分子或基因为靶向而设计的药物，应用肿瘤靶向药物是肿瘤治疗的首选策略。肿瘤靶向药物包括蛋白酪氨酸激酶靶向药物、抑制肿瘤血管形成的靶向药物、诱导肿瘤细胞凋亡的靶向药物以及信号转导的靶向药物等。近年来，从抑制肿瘤血管形成，切断肿瘤细胞的营养供应，到抑制肿瘤生长的研究已取得良好进展。如贝伐单克隆抗体（bevacizumab）已批准上市，还有多个单克隆抗体、靶向药物也已进入临床试验阶段。细胞凋亡机制的阐明，为基于特异性诱导肿瘤细胞凋亡，而对正常细胞和组织没有毒副作用的抗肿瘤靶向药物设计提供了崭新的理论依据，因此，诱导肿瘤细胞凋亡的靶向药物的研究更具有吸引力。如肿瘤坏死因子相关凋亡诱导配体（tumor necrosis factor-related apoptosis inducing ligand，TRAIL），又称 ADP-2 配体，可诱导多种肿瘤细胞凋亡。重组可溶性 TRAIL 及其衍生物可用于治疗非霍奇金淋巴瘤、小细胞肺癌、黑色素瘤和胰腺癌等。

3. 长效治疗性蛋白质类药物 多肽、蛋白质类药物一般在血浆中半衰期比较短，容易被迅速降解。而长效治疗性蛋白质类药物是通过对药物进行化学修饰，提高其糖基化程度，并将药物与清蛋白融合及采用纳米颗粒包埋技术等获得的，这种方法可以使蛋白质类药物在血浆中的半衰期延长，血药浓度更稳定，疗效增强，副反应减少。实现蛋白质药物长效性的方法主要如下。

（1）聚乙二醇修饰法 聚乙二醇（PEG）是由乙二醇单体聚合而成的无毒、高亲水性的大分子聚合物，PEG 修饰就是将活化的 PEG 通过化学方法共价偶联到多肽或蛋白质类药物上。PEG 修饰后，可以增加蛋白质分子量；减少药物排泄及机体免疫清除作用；保护蛋白质，使其不易被蛋白酶水解，延长蛋白质药物的半衰期及提高药物在体内的活性。如超氧化物歧化酶（SOD）在 PEG 修饰前半衰期为 5 分钟，PEG 修饰后半衰期延长至 4.2 小时；尿激酶原在 PEG 修饰前半衰期为 5.28 分钟，PEG 修饰后半衰期则延长至 69.8 小时。

（2）抗体 Fc 片段融合蛋白法 将蛋白质与抗体 Fc 融合，形成抗体 Fc 片段融合蛋白，不仅可延长蛋白质药物在体内的半衰期，而且还可使其由单价变成双价，提高了其与靶蛋白的结合力。如 TNFα 可溶性受体与 IgG$_1$Fc 的融合蛋白 TNFR/Fc，可用于治疗类风湿性关节炎和脓血症。

（3）人血清白蛋白融合蛋白法 人血清白蛋白（HSA）是血浆的重要成分，主要由肝产生的含有 585 个氨基酸残基的单肽链蛋白质组成，分子呈心型，分子量约为 66500，正常情况下不易透过肾小球，体内分布极广，且没有酶学和免疫学活性，是理想的药物载体。HSA 自身在血浆中的半衰期长达 19 天，而将 HSA 与治疗性蛋白融合，形成 HSA 融合蛋白后，可具有比 PEG 修饰的蛋白质药物更长的半衰期。如 HSA-IFNα 融合蛋白（Albuferon-α）已完成Ⅱ期临床试验，结果表明，其平均半衰期为 148 小时，比 PEG-IFNα2a（平均半衰期 80 小时）和 PEG-IFNα2b（PEG-Intron，平均半衰期 40 小时）的半衰期更长。

（4）蛋白质高度糖基化法 糖基化修饰能增加蛋白质分子量、稳定性、亲水性，阻碍蛋白酶对蛋白质的降解作用等。如通过定点突变，在 EPO 上引入两个 N-糖基化位点，使

N-糖基数提高到 5 个，这种高糖基化的 EPO 被命名为新型红细胞生成刺激蛋白（novel erythropoiesis stimulating protein，NESP），其活性、药效和生物利用度与 EPO 相似，但血清中半衰期明显增加，蛋白质的稳定性、可溶性得到提高，从而减少了用药的频率，减少了患者的痛苦，提高了患者的依从性。

另外，对于半衰期短的多肽、蛋白质药物也可以采取改变剂型的形式延缓其在体内的释放来延长药物作用时间。纳米粒子作为一种控释、缓释、靶向制剂，越来越广泛地用于多肽、蛋白质药物的输送系统。近些年来，壳多糖已被广泛用作蛋白质、非病毒基因载体。壳多糖基纳米粒子比微米粒子具有更多的优越性，可使大分子顺利通过上皮组织，促进药物的渗透吸收，延长药物在体内的循环时间，有效地提高药物的利用度，减少副作用。

（四）多肽类药物

多肽类药物是国际医药界的热门开发产品，已有不少多肽类药物成为国际市场上的热销药品。多肽类药物主要包括多肽类激素和活性肽，其中抗菌肽的研究颇受重视，这主要是由于近几十年来临床滥用抗生素所引起的耐药微生物的不断产生和扩展，使治愈或控制感染性疾病更加困难。抗菌肽（antibacterial peptide，ABP）是一类生物来源的、具有广谱抗菌活性的小分子多肽，它们的作用靶点主要是微生物的细胞膜，由于是通过诱导微生物的细胞膜去极化，使细胞破裂而发挥作用，因而不会导致微生物产生抗性。抗菌肽除了具有抗菌作用以外，有的还有抗病毒、抗真菌、抗寄生虫及抗肿瘤等生物学活性，抗菌肽构成了机体的非特异性第二防御体系。防御素（cathelicidins）家族抗菌肽具有更加广谱高效的抗微生物活性、低溶血活性及细胞毒性，在新型抗菌药物的开发领域显示出巨大潜力。如重组人源抗菌肽 LL-37 是目前发现的惟一内源性抗菌多肽类物质——防御素家族抗菌肽，具有抗菌活性高、抗菌谱广、靶菌株不易产生抗性等特点。其他抗菌肽还有牛抗菌肽 Bectenecin 7（Bac7）、天蚕素 D（Cecropin D）、中国家蚕抗菌肽 CM4、β-防御素（β-defensins）、鲎防御素（tachyplesins）及抗真菌肽等。抗菌肽也能以融合蛋白形式存在，主要融合方式包括：①抗菌肽-抗菌肽融合，如天蚕素 A-蛙皮素杂合肽、天蚕素-马盖宁杂合肽、牛抗菌肽 Bac7-Bac5 融合蛋白等；②抗菌肽-其他功能性蛋白融合，如天蚕素 A-蜂毒杂合肽、抗菌肽-人酸性成纤维细胞生长因子融合蛋白、天蚕素 B-肿瘤血管生长抑制因子 Kringle5 融合蛋白、重组天蚕素 B -人溶菌酶融合蛋白、抗菌肽 CM4-人可溶性 B 淋巴因子 hsBAFF 融合蛋白、血管内皮生长因子 121（VEGF121）-抗菌肽 KLAK（一种由赖氨酸、亮氨酸、丙氨酸、赖氨酸构成的，具疏水和亲水两性的抗菌肽）融合蛋白等。

多肽结构的改造是药物开发的有效途径。先导肽的结构改造可以通过非蛋白质性氨基酸反应产生改构肽；或通过缀合环化端基衍生产生多肽修饰物；或通过全新结构模拟，合成拟肽。通过结构改造已研究成功许多在临床上有效的药物，如近十种促黄体生成素 GnRH 的结构类似物；由生长抑素十四肽改构而成的奥曲肽（8 肽）。

（五）酶类药物

酶类药物的新品种不断涌现，如 tPA 衍生物、尿激酶原、纳豆激酶、重组蚓激酶等，还有抗肿瘤作用的 RNA 酶和核酶以及酶替代治疗药物（如玻璃酸酶）等。酶类药物的研发热点主要集中在以下几个方面：①重组人源性治疗酶，如重组尿激酶、重组半乳糖苷酶等。②经蛋白质工程技术改造的治疗酶，改构酶可以提高疗效或降低毒副作用与免疫原性。如第三代 tPA 溶栓药物——重组人组织型解溶酶原激活剂 TNK 突变体（rhTNR-tPA）的安全性和有效性非常高，通栓率达 82.8%，没有出现任何与药理作用无关的副反应。③化学修饰酶，酶的化学修饰可提高酶的稳定性和生物利用度，并延长半衰期，如 PEG-腺苷脱氨酶、PEG-门冬酰胺酶等。

另外，酶对许多药物（如抗肿瘤药物、抗生素、激素、细胞毒素类药物等）具有增效作用，这可能为酶应用于临床疾病治疗开拓了新的途径，如重组人锰超氧化物歧化酶（rhMnSOD）与阿霉素（ADR）联合应用，可以通过应激免疫系统和促进淋巴细胞进入肿瘤组织后杀死肿瘤细胞，具有明显增效作用。

（六）RNA 干扰（RNAi）药物

RNA 干扰药物在治疗高胆固醇血症、心脑血管疾病、呼吸系统疾病和眼部疾病及抗病毒、抗肿瘤等方面，取得了许多新进展。目前发现的具有治疗作用的小分子 RNA 主要包括干扰小 RNA（siRNA）和微 RNA（miRNA）。美国已有十几个 siRNA 药物进入临床研究阶段，主要用于治疗老年性黄斑变性、糖尿病性黄斑水肿、呼吸道合胞病毒感染、乙型肝炎、艾滋病、实体瘤等。另外，在人体中还发现了 500 多种 miRNA，一个单一的 miRNA 可与多达 200 个功能不同的靶标结合，因此，miRNA 通过对靶基因表达的特异性调节，可能控制人类约 1/3 的 mRNA 表达。miRNA 将成为开发核酸药物和基因治疗的新靶点。

此外，基因治疗、免疫细胞治疗、干细胞治疗和细胞再生工程技术与诱导性多能干细胞（induced pluripotent stem cell，IPSC）等领域的研究也是具有巨大发展潜力的热点。

四、生物技术药物的发展现状

2006 年，全球销售排名前 100 位药物中，生物技术药物仅占 21%；2013 年增至 45%，预计到 2020 年，将超过 50%，达 52%。全球生物技术药物销售额，2006 年为 790 亿美元，2013 年增至 1650 亿美元，预计到 2020 年达 2910 亿美元，占全球医药销售额的 1/4。生物技术药物已成为制药工业中发展最快的支柱产业。

1. 国外生物技术药物发展现状　美国、欧洲、日本等国家和地区的生物技术药物发展处于领先和主导地位。截至 2013 年，全球已上市生物技术药物共有 1275 种，其中，美国 FDA 已批准上市 302 种，处于临床试验的生物技术药物越有 800 多种；欧洲已批准上市的生物技术药物有 191 种，约有 290 种生物技术药物进入临床试验；日本已上市的生物技术药物 110 种，正在进行临床研究的约为 230 多种。2008 年有 29 种生物技术药物世界年销售额超过 10 亿美元，其中销售额超过 40 亿美元的"超级重磅炸弹"药物共 16 种，而基因工程蛋白质类药物就占 7 种；年销售额超过 1 亿美元的 56 种重组药物，产值达 835 亿美元，占全球生物制药市场的 99.5%。这充分显示出生物技术药物在医疗领域中的强势地位。

2. 国内生物技术药物发展现状　我国的生物技术药物的研发起步较晚，"七五"计划将生物技术列入国家科技攻关项目，近 20 年来，国家加大了对生物技术及其产业发展的支持力度。国家"863 计划""973 计划"、自然科学基金等重大研究发展规划对生物技术的总投资接近 60 亿元，医药生物技术及其产业发展初具规模。从 20 世纪 90 年代起，基因工程药物在我国登场，截至 2013 年，我国已批准生产的生物技术药物达 454 种，包括：基因工程乙型肝炎疫苗、干扰素（α1b，α2b，α2a，γ）、重组人胰岛素、白介素-2（^{125}Ala，^{125}Ser）、重组人粒细胞集落刺激因子（rhG-CSF）、重组人粒细胞巨噬细胞集落刺激因子（rhGM-CSF）、重组改构人肿瘤坏死因子-α 衍生物、促红细胞生成素、链激酶、葡激酶，人、牛碱性成纤维细胞生长因子，重组人表皮生长因子，碘［^{131}I］美妥昔单克隆抗体，重组人血小板生成素，重组人 5 型腺病毒注射液，重组人 p53 腺病毒注射液，重组人源化抗人表皮生长因子受体单克隆抗体，重组人 II 型肿瘤坏死因子受体-抗体融合蛋白，重组人脑利钠肽，重组人血管内皮抑制素，重组人血小板生成素，重组甘精胰岛素注射液、重组赖脯胰岛素注射液，重组人白介素-11、重组人组织型纤溶酶原激酶衍生物，重组人生长激素注射液，尼妥珠单克隆抗体注射液等。目前，我国生物技术药物销售额仅占全球销售额的 2% 左右，但已形成了以国药集团为龙头的产业集群，相信其未来发展空间和潜力巨大。

近年我国批准进入临床试验的生物技术药物有 70 多种，具体见表 18-3。

表 18-3 近年我国已批准进入临床试验的生物技术药物

药物类型	药物种类
单克隆抗体	重组人鼠嵌合抗 CD20 单克隆抗体注射液、注射用重组抗 HER2 人源化单克隆抗体、抗人 T 淋巴细胞单克隆抗体、注射用重组人 CTLA4-抗体融合蛋白、注射用鼠抗人 T 淋巴细胞 CD25 抗原单克隆抗体、碘（^{131}I）肿瘤细胞人鼠嵌合单克隆抗体注射液、人源化抗人表皮生长因子受体单克隆抗体 h-R3 注射液、重组人血管内皮生长因子受体-抗体融合蛋白注射液等
融合蛋白	重组人肿瘤坏死因子受体-Fc 融合蛋白、冻干注射用重组抗肿瘤融合蛋白、注射用重组人 CTLA4-抗体融合蛋白、注射用重组人 LFA3-抗体融合蛋白、重组人血清白蛋白-干扰素 α2b 融合蛋白注射液、冻干重组人促黄体激素释放激素-绿脓杆菌外毒素 A 融合蛋白
治疗体细胞	细胞因子诱导的杀伤细胞（CIK）、与树突状细胞共培养的细胞因子诱导的杀伤细胞制剂、骨髓原始间充质干细胞、脐带血红系祖细胞注射液、自体外周血来源细胞因子诱导的杀伤细胞、间充质干细胞心梗注射液
细胞因子	注射用重组人干细胞因子、冻干重组人角质细胞生长因子-2、注射用新型重组人肿瘤坏死因子、重组人血小板源生长因子（rhPDGF-BB）凝胶剂、重组人干扰素 β1b、重组人心钠肽（rhANP）、重组人血管内皮抑素、注射用重组人干扰素 γ、注射用重组人胸腺素 α₁、重组人新型复合 α 干扰素（^{122}Arg）注射液、注射用重组双功能水蛭素、注射用重组人组织型纤溶酶原激活剂 TNK 突变体（rhTNK-tPA）等
PEG 化细胞因子	PEG 化重组人粒细胞集落刺激因子注射液、PEG 化重组人巨核细胞生长因子注射液
腺病毒、质粒-基因重组药物	重组腺病毒-肝细胞生长因子注射液、重组质粒-肝细胞生长因子注射液、重组人肝细胞生长因子裸质粒注射液、重组人白介素-2 腺病毒注射液、重组腺病毒-胸苷激酶基因制剂、溶瘤性重组腺病毒注射液、重组人内皮抑素腺病毒注射液、重组腺病毒-胸苷激酶基因制剂
其他生物技术药物（包括激素、酶、多肽、蛋白质、疫苗）	重组人甲状旁腺素（1～34）、注射用重组假丝酵母尿酸氧化酶、冻干重组人胰岛素原 C 肽、重组人胰高血糖素类多肽-1（7～36）、注射用重组腺病毒巨噬细胞炎性蛋白、静脉注射用重组天花粉蛋白突变体、自体肝癌细胞及脾 B 淋巴细胞融合瘤苗、口服重组幽门螺杆菌疫苗等

虽然我国的医药生物技术经过近 20 年的快速发展取得了很大进步，但与国外发展相比，仍存在明显的差距，主要体现在低水平重复多，源头创新少，仿制产品和重复生产现象严重；上下游技术研究成果转化率低；另外，对抗体药物和受体药物的研究较少，与国外反差巨大。

第四节 生物药物的发展趋势

一、以天然活性物质为先导化合物，研制开发新型生物药物

天然活性物质的有效成分具有特定的功能和活性。随着生命科学的发展，人们从天然

产物中不断研究发现了许多新的活性物质，如从动物与人体的呼吸系统内发现多种神经肽，从心房中分离出心钠素，从脑分离出脑钠素；对细胞生长调节因子的研究，使免疫调节剂大量面世。因此，对天然活性物质的研究必将随着生命科学研究技术的发展而不断深入。

众多的天然产物除可直接开发成为有效的生物药物外，还可应用现代生物技术生产重组药物和通过组合化学与合理药物设计开发新药物的先导化合物。以天然活性物质为先导化合物，研制开发新型生物药物的研究发展趋势主要包括以下几个方面。

1. 深入广泛地研究、开发动物来源的天然活性物质　深入发掘哺乳动物体内新的活性物质及更广泛地研究其他动物来源的活性物质，是未来生物药物研究开发的重要方向之一。如从红细胞分离获得新型降压因子；从猪胸腺分离出淋巴细胞抑素（lymphocyte chalone, LC）；从猪脑制得抗阿片镇痛肽（antiopioid peptide，AOP，分子量为 12000）；从鸟类、昆虫类、爬行类、两栖类等动物中寻找具有特殊功能的天然药物等，已研究成功蛇毒降纤维酶、蛇毒镇痛肽，还发现了多种抗肿瘤蛇毒成分。

2. 深入研究、开发人体来源的新型生物药物　人体血浆蛋白由于成分繁多、含量低、难于纯化等原因，目前已被利用的不多，从中发掘更多的活性物质的关键是要进行综合应用，提高纯化技术水平与效率。如纤维蛋白原，凝血因子 II、VII、IX、X，蛋白 C，α_2-巨球蛋白，β_2-微球蛋白，多种补体成分，抗凝血酶 III，α_1-抗胰蛋白酶，转铁蛋白，铜蓝蛋白，触球蛋白，CI 酯酶抑制剂，前清蛋白等均是亟待开发的活性物质；还有各种人胎盘因子以及人尿中的各种活性物质也有良好的研究价值。

3. 促进和加快海洋活性物质的开发研究　海洋天然活性物质丰富，分子结构新颖，化学组成复杂，生理活性独特，但至今深入研究和利用的较少。海洋活性物质在抗肿瘤、抗炎、抗心脑血管疾病、抗辐射和降血脂研究及海洋生物前列腺素的研制等方面已取得重要进展，今后要加快对海洋活性物质（如多肽、萜类、大环内酯类、聚醚类、海洋毒素等化合物）的筛选及其化学修饰和半合成研究，以获得活性强、毒副作用少的药用活性物质。另外，充分利用海洋资源，积极研发海洋保健功能食品、医用材料及开发海洋中成药都是亟待发展的重要领域。

4. 综合应用现代生物技术，加速天然生物药物的创新和产业化　通过基因工程、细胞工程、酶工程、发酵工程和抗体工程、组织工程等现代生物技术的综合应用，不仅可以使天然生物活性物质的生产规模化，而且可以对活性多肽、多糖及核酸等生物大分子进行结构修饰、改造，进而开展生物药物的创新设计和结构模拟，再通过合成或半合成技术，创制和大量生产疗效独特、毒副作用少的新型生物药物。

5. 中医药学与现代生物技术结合，创制新型生物药物　中医药学在发掘中医、中药，创制具有我国特色生物药物方面已取得了可喜的成果，如人工麝香、天花粉蛋白、骨肽注射液、香菇多糖、复方干扰素、药用菌和食用菌及植物多糖等，都是在整理和发掘我国医药遗产及民间验方的基础上应用生物化学等方法开发研制成功的。中医药学与现代生物科学结合，一定可以创制一批具有中医药特色的新型生物药物，如应用分子工程技术将毒素（如天花粉蛋白、蓖麻毒蛋白、相思豆蛋白等）和抗体相偶联，所构成的导向药物（免疫毒素）为开发研制抗癌药物带来新希望。应用生物分离工程技术从斑蝥、全蝎、地龙、蜈蚣等动物类中药中分离纯化活性物质，再应用重组 DNA 技术进行克隆表达生产也是实现中药现代化的一条重要途径。

二、生物技术药物的发展趋势

近年来，生物技术药物的品种和市场份额明显增加。随着人类基因组计划的实现，新的靶基因或靶蛋白将成为开发生物新药的源泉。可以预见，生物技术药物在未来医药工业经济中将占有重要地位，其研究发展趋势主要有以下几个方面。

1. 已进入蛋白质工程药物新时期　通过蛋白质工程技术可以提高药物的活性和生物利用度，改善其稳定性，延长药物在体内的半衰期及降低其免疫原性等。如天然胰岛素制剂在储存中易形成二聚体和六聚体，使胰岛素从注射部位进入血液迟滞，从而延缓了降血糖作用，也增加了抗原性，这些不良反应由胰岛素 B 链的 B_8、B_9、B_{12}、B_{13}、B_{16} 和 $B_{23} \sim B_{28}$ 氨基酸残基的特定结构引起。通过蛋白质工程技术改变这些残基，则可以降低聚合作用，产生速效胰岛素。通过定位突变的手段对药物结构进行改造，已经获得人降钙素突变体、重组水蛭素突变体等。通过将干扰素α结构中活性强的氨基酸片段反复相连，形成了由 165 个氨基酸组成的复合干扰素，其活性比干扰素α高 10 倍，使用剂量减小了 10 倍，副反应大大减少。

2. 发展新型生物技术药物　新型生物技术药物的近期发展重点有 5 个类型：单克隆抗体、反义药物、基因治疗剂、可溶性的蛋白质治疗药物和疫苗。在进入临床试验的 364 种生物技术药物中，有 175 种用于肿瘤治疗，其他的主要适用于治疗感染性疾病、心脑血管病、神经系统和呼吸系统疾病、遗传病、糖尿病、器官移植、不育症、骨质疏松症、肥胖症等。正在研究开发的新型生物技术药物中以疫苗为最多，达 98 种，多为基因工程疫苗，主要用于防治肿瘤、呼吸道疾病、AIDS/HIV 和感染性疾病治疗。单克隆抗体品种研究居于第二位，主要用于肿瘤、炎症性疾病、器官移植、呼吸道疾病、神经紊乱和自身免疫性疾病等。治疗性抗体发展迅速，FDA 已批准 17 种治疗性抗体，抗体类药物销售额已占生物技术药物市场的 1/5。

3. 开展新的高效表达系统的研究与应用　已上市的基因工程药物多数以大肠杆菌表达系统生产（如胰岛素、tPA），其次是酿酒酵母（如用毕赤酵母 *Pichia pastoris* 生产人体清蛋白）和哺乳动物细胞（中国仓鼠卵细胞 CHO 和幼仓鼠肾细胞 BHK）等。哺乳动物细胞已成为生物技术药物最重要的表达或生产系统，尤其是分子量大、二硫键多、空间结构复杂的糖蛋白等。FDA 在 2000 年以后批准的创新生物技术药物中用酵母表达的有 2 种，用大肠杆菌表达的有 4 种，而通过动物细胞培养生产的生物技术产品则有 22 种，其中大多数是结构复杂的糖蛋白类产品，这些蛋白质只有使用 CHO 等哺乳动物细胞表达系统才能生产。另外，表达相同的蛋白质，以哺乳动物细胞表达的产品比活性往往高于以大肠杆菌表达的产品，例如哺乳动物 CHO 细胞表达的干扰素β1a 的比活为 $2.0 \times 10^8 \mathrm{IU/mg}$，而大肠杆菌表达的产品干扰素β1b 的比活为 $3.2 \times 10^7 \mathrm{IU/mg}$。

正在研究的重组蛋白表达系统有真菌、昆虫细胞和转基因动物和转基因植物表达系统。转基因动物作为新的表达系统能更廉价地大量生产复杂产品。应用转基因动物已生产出多种产品（主要有凝血因子Ⅸ、tPA、α-抗胰蛋白酶、α-葡糖苷酶和抗凝血酶Ⅲ等）进入临床实验，尚有 20 多种产品正在用转基因山羊、绵羊或牛进行研究开发。另外，可利用克隆动物生产重组药物，如用克隆山羊制备凝血因子Ⅸ也取得良好进展。

4. 开展生物技术药物新剂型的研究　生物技术药物多数易受消化道酸碱环境的作用及

各种消化酶的降解而失活，其体内半衰期较短、生物利用度较低，需频繁给药，给患者造成心理与身体的痛苦。另外，多数多肽和蛋白质类药物不易透过膜障，致使药效难以充分发挥，因而生物技术药物的新剂型发展十分迅速。如对药物进行化学修饰、制成前体药物、应用吸收促进剂、添加酶抑制剂、增加药物透皮吸收及设计各种给药系统等。研究的主攻目标是开发方便、安全、合理的新剂型和给药途径。研究的方向主要包括：埋植剂和缓释注射剂；纳米粒给药系统；非注射剂型（可通过口服、鼻腔、直肠、肺部和透皮给药等制剂）。

（1）埋植剂　包括以下几种类型：①细棒型埋植剂，外形为一空心微型细棒，一头封闭，另一头开口，棒材为聚四氟乙烯等非生物降解聚合物。腔内灌入药物与硅胶混合物。埋植剂埋入人体皮下，药物通过硅胶基质开口处缓慢释放。②微型渗透泵埋植剂，其外形像胶囊的埋植剂，该制剂埋植于皮下或其他部分，体液可渗透过外壳，溶解夹层电解层，使体积膨胀的夹层压向塑性内腔，促使药物溶液从开口定速释放。有不少生物大分子药物，如胰岛素、肝素、神经生长因子等埋植剂在动物体内外的研究报道。埋植剂对需要长期用药的慢性患者的治疗具有积极的意义。③可注射的埋植剂，以可生物降解聚合物作为埋植型或注射型缓释制剂骨架，包括天然聚合物（如明胶、葡聚糖、白蛋白、壳多糖等）及合成聚合物（如聚乳酸、聚丙交酯、聚乳酸-羟乙酸、聚丙交酯乙交酯、聚己内酯、聚羟丁酸等）。Zenica公司研制成功戈舍瑞林注射型埋植剂，将多肽药物戈舍瑞林（goserelin）与聚乳酸-羟乙酸熔融混合，经多孔装置挤出，形成直径为1mm的条状物，而后切成小段，灭菌后密封于一次性注射器内，可供肌内注射或皮下注射。

（2）微球注射剂　采用生物可降解聚合物，特别是聚乳酸-羟乙酸为骨架，包裹多肽、蛋白质药物制成可注射微球剂，使在体内达到缓释效果。最成功的品种是黄体激素释放激素（LHRH）类似物（如曲普瑞林、亮丙瑞林、丙氨瑞林）微球，其缓释作用达到1~3个月，用于治疗前列腺癌、子宫肌瘤、子宫内膜异位症及青春期性早熟等。另外，还有疫苗微球注射剂，如破伤风类毒素微球注射剂等。

（3）纳米粒给药系统　纳米粒（nanoparticle）是粒径小于1 μm的聚合物胶体给药体系，常见的有纳米球（nanospheres）和纳米囊（nanocapsules），如环孢素A纳米球、胰岛素钠米粒、降钙素钠米粒。纳米粒给药系统能促进药物溶解、改善药物吸收、提高药物靶向性等，特别是对多肽和蛋白质药物，纳米粒给药系统具有更有效的缓释作用和更高的生物利用度，因此，纳米粒给药系统在输送生物技术药物方面具有广阔的前景。

5. 运用生物芯片技术研究开发药物　生物芯片（biochip）是指通过微加工和微电子技术在固体载体的表面上构建的可准确、大信息量检测生物组分的微型分析系统，它包含基因芯片（gene chip）、蛋白质芯片（protein chip）、细胞芯片（cell chip）、组织芯片（tissue chip）和小分子芯片（small-molecule chip）及芯片实验室（lab-on-a-chip）或微流控芯片（microfluidic chip）等种类。目前基因芯片和蛋白质芯片的应用有了较大的突破。

基因芯片技术可用于对药物的生物活性和不良反应进行检测和评估。基因芯片可快速高通量地鉴别和确认药物作用的靶标，并且能从基因水平研究药物的作用机制和对药物进行筛选，从而可对药物的生物活性和不良反应进行检测和评估。

基因芯片具有可大量生产制造，而且具有所需待测样品用量小、快速、高效、敏感等特点，很适合疾病的诊断和大规模筛查，是诊断技术发展的重要方向。诊断基因芯片可用于以下几个方面：①遗传性疾病诊断，如 *p53* 突变检测芯片用于检测 *p53* 基因是否突变，以评价患癌症的可能性和早期诊断；细胞色素 P_{450} 芯片能诊断药物代谢缺乏症等。②病原体的检测。基因芯片可对病原体的种类、分型、变异、突变和核酸含量等进行高通量、平行的检测，如用于乙型肝炎病毒（HBV）、丙型肝炎病毒（HCV）、甲型肝炎病毒（HAV）、巨细胞病毒（CMV）、梅毒、弓形虫、结核杆菌等多种病原体的检测。③肿瘤疾病相关基因的检测，如对卵巢癌 *tp53* 基因突变的检测，其检测准确率为 94%，特异性为 100%。④细胞因子和激素的检测，如对血管内皮细胞生长因子和人促黄体生成激素等的检测。此外，血液 RhD 等 23 种红细胞抗体系统以及高血压病因等也都有了诊断基因芯片。

利用蛋白质芯片技术可以从正常细胞和病变细胞中发现疾病相关蛋白质，经研究筛选后这些疾病相关蛋白质可能成为药物的新靶标。如借助蛋白质芯片等技术对正常前列腺组织细胞和前列腺癌患者的组织细胞进行分析，发现几种神经内肽酶表达存在显著差异，尤其是神经内肽酶 CD10，在前列腺癌患者组织细胞中表达明显低于正常细胞，甚至完全缺失，经过进一步鉴别和确认，神经内肽酶 CD10 等成为前列腺癌的诊断治疗和研制抗前列腺癌药物的新靶点。目前蛋白质芯片已成功地应用于诊断白血病、乳腺癌、心力衰竭等疾病。

6. 研究与开发反义药物　反义药物是根据碱基互补配对原则，用人工合成或体内合成的寡聚核苷酸与特定的靶基因或 mRNA 相结合，封闭或抑制转录、翻译等。反义药物主要包括反义 DNA、反义 RNA 和核酶（ribozyme）。

反义 DNA（autisense DNA）主要指反义脱氧寡核苷酸，其核苷酸序列可与靶 DNA 或 mRNA 互补结合，使基因表达沉默或诱导 RNase H 降解靶 mRNA，阻断翻译。第一代反义寡核苷酸药物，如硫代磷酸型 DNA 片段、双硫代磷酸 DNA 片段等其本质就是反义 DNA。

反义 RNA 指核苷酸序列能与所调控的靶 RNA 序列互补的 RNA 片段。它通过与靶 mRNA 互补结合，阻止翻译，从而抑制基因表达。第二代反义寡核苷酸药物，如甲氧或乙氧基反义寡核苷酸实际上就是反义 RNA。1998 年美国 FAD 批准上市的福米韦森（fomivirsen）是全球获准上市的第一个反义药物（反义 RNA），用于治疗艾滋病所致的巨细胞病毒性视网膜炎。肽核酸（peptide nucleic acid，PNA）是肽和核酸的嵌合体（chimera），是以类氨基多肽链（N-氨基乙烷基乙酸链）代替 DNA 中的核糖磷酸骨架，并与互补的 DNA 或 RNA 特异性结合，从而抑制或封闭基因表达。其特点是与靶基因结合能力强、稳定性好、易吸收，在体内具有内切核酸酶活性和抑制端粒的作用。PAN 被称为第三代反义寡核苷酸药物。

核酶是一类具有酶催化活性的 RNA 分子，能酶解靶序列。研究应用最多的是具锤头结构（hammer-head）的核酶，但其酶活性较低，限制了其药物的开发。

反义药物与常规药物相比，有许多优点：如疾病的靶基因 mRNA 序列是已知的，合成与设计特异性的反义药物较容易；反义寡核苷酸与靶基因通过碱基配对发生特异和有效地结合，调节基因表达；反义药物更具靶向性，更高效、低毒等。基于以上特点，反义药物可广泛应用于治疗肿瘤、病毒感染、炎症和移植免疫反应，包括银屑病（牛皮癣）和肠易激综合征等，已经成为药物研究和开发的热点。因此，可以预计未来反义药物的研究和开发将会取得迅猛发展。

7. 将基因组学和蛋白质组学研究成果转化为生物技术新药　人类基因组计划的研究成

果与生物信息学的结合将极大地加快生物技术药物的研发速度。现有药物的作用靶标约为500 个，通过药物基因组学和药物蛋白质组学的研究，药物作用的靶标将增至 3000～10000个，也将揭示出在一个特定的细胞内或者在特异疾病状态下或代谢状态下表达的蛋白质组，从而为药物研究提供更多的信息。这些新靶点一旦被确定，通过分子模拟的合理药物设计与蛋白质工程技术，可以设计出更多的新药或获得具有更优异治疗特性的蛋白质。目前从人类基因组计划的初步研究结果中已获得 3000 多个基因，可用来研究、开发生物技术药物，这将助推生物技术药物的更快发展。

8. 发展非专利生物药物　非专利生物药物是指专利期限过后，由不同的生产企业开发出的与专利生物药物同等、同质的药品。非专利生物药物不同于非专利化学药物。因为非专利化学药物只要主要化学结构式与专利药的相同，并在制剂中不含有其他杂质就可以达到要求，而以蛋白质药物为主的生物药物，其组成、空间结构及翻译后修饰等在生产过程中都难以控制，所以要制造一个与专利药完全相同的蛋白质药物是不太可能的。英国和日本都在积极拟定非专利生物药物指南，相信非专利生物药物在世界各国一定会获得更快发展，这对于国内生物制药业的市场开发也是一个良好的机遇。

知识拓展

孤儿条例

孤儿药（orphan drug）指用于预防、治疗、诊断罕见病的药品。世界卫生组织将罕见病定义为患病人数占总人口 0.65%～1% 的疾病或病变，如多发性硬化症、戈谢病、苯丙酮尿症、糖原贮积症、地中海贫血、脊髓小脑性共济失调症（小脑萎缩症）、成骨不全症等。目前已确认的罕见病有 5000～6000 种，约占人类疾病的 10%。由于罕见病患病人群少、药物市场需求少、研发成本高，很少有制药企业关注其治疗药物的研发，因而这些药物被形象地称为"孤儿药"。美国于 1983 年颁布实施孤儿药条例，鼓励药物生产商投资开发用于罕见病的药物，作为对药物研发生产企业投资风险的回报，第一个被批准的孤儿药可以独占市场 7 年，从而避免同其他被批准的"同种药物"相竞争。最显著的案例就是促红细胞生成素，Amgen 公司在 1989 年 6 月获得 FDA 批准，被允许生产销售 Epogen（促红细胞生成素 α），用于治疗晚期肾病相关贫血的透析患者，Epogen 在最初两年销售额达到了 3 亿美元。而 Genetics Institute 公司当时也平行开发了重组促红细胞生成素，但至今未获 FAD 批准，主要是因为 Amgen 孤儿药有索赔要求。

重点小结

重　点	难　点
1. 生物药物是指利用生物体、生物组织或其成分，综合应用生物学、生物化学、微生物学、免疫学、物理化学和药学等的原理与方法制造而成的用于预防、诊断、治疗疾病的制品。广义的生物药物还包括从各种生物体中制取的以及运用现代生物技术生产的各种天然生物活性物质及其人工合成或半合成的天然活性物质的类似物。生物药物包括生化药物、生物技术药物和生物制品三大类	1. 生物药物的特点：①药物生产制备过程中的特性，主要包括：原料中有效成分含量低；稳定性差；易腐败；注射用药有特殊要求。②药物质量控制环节的特性，包括：质量控制严格；检测方法多样；质量控制环节多。③生物药物的药理学特性，主要包括：治疗疾病的针对性强；药理活性高；毒副作用小；营养价值高；常有生理副作用发生

重　点	难　点
2. 生化药物是指从生物体分离纯化所得，用于预防、治疗和诊断疾病的生化基本物质以及人工合成的生化基本物质及其类似物。主要包括氨基酸、肽和蛋白质、酶与辅酶、脂质、多糖、核酸等及其降解物。生化药物的基本特点是：其一，来自生物体；其二，是生物体的基本生化成分 3. 生物技术药物是指以 DNA 重组技术生产的蛋白质、多肽、酶、激素、疫苗、单克隆抗体和细胞生长因子等药物。生物技术药物又称基因工程药物。应用生物技术研究开发的反义药物、基因治疗药物和核酶也属于生物技术药物 4. 生物制品指以生物材料为原料，采用生物化学、生物物理学等方法制备的用于预防、诊断和治疗传染病、免疫病等疾病的制剂。生物制品包括菌苗、疫苗、抗毒素、抗血清及血液制品等 5. 生物药物的临床用途主要有以下几个方面。①治疗药物：生物药物对于许多常见病、多发病有较好的疗效。②预防药物：许多疾病，尤其是传染性疾病，如天花、麻疹、百日咳等，通过生物药物的有效干预使疾病得以控制，直至根除。常见的预防性生物药物包括菌苗、疫苗、类毒素等。③诊断药物：生物药物作为诊断试剂具有速度快、灵敏度高、特异性强等特点。绝大多数临床诊断试剂都来自生物药物，生物药物用作临床诊断试剂是其重要用途之一。④用作其他生物医药用品：生物药物除了应用于临床疾病预防、诊断和治疗外，也广泛应用于制备生化试剂、生物医学材料及日用化工品、保健食品和化妆品等各个领域 6. 生物技术药物有以下几大类：干扰素类、白介素类、肿瘤坏死因子类、造血系统生长因子类、重组蛋白质与多肽类激素类、生长因子类、心血管病治疗剂与酶制剂、重组疫苗与单克隆抗体制品及基因药物	2. 生物技术药物的特点，包括：分子量大且结构复杂；存在种属特异性；活性强；安全性较高；稳定性较差；药物来源的基因的稳定性非常重要；具有免疫性；半衰期短；具有特殊的受体效应；具多效性和网络性效应 3. 生物技术药物的研究热点，主要有以下几个方面：①新型疫苗，如病毒疫苗、治疗（预防）性疫苗以及近年研究的糖尿病疫苗、避孕疫苗（抗精子疫苗、抗透明带疫苗、抗人类绒毛膜促性腺激素疫苗）及治疗酗酒、毒瘾等疾病的疫苗。②治疗性抗体，特别是单克隆抗体被称为"魔弹"，能特异性识别靶抗原而发挥选择性治疗作用。人源性单克隆抗体与人源性多克隆抗体将成为今后治疗性抗体的主体。特别是人源性单克隆抗体已成为生物技术研发的热点课题。③蛋白质工程药物，如融合蛋白、靶向性治疗蛋白、长效治疗性蛋白药物。④多肽类药物，如抗菌肽等。⑤酶类药物。⑥RNA 干扰（RNAi）药物。此外，基因治疗、免疫细胞治疗、干细胞治疗和细胞再生工程技术与诱导性多能干细胞等领域的研究也是具有巨大发展潜力的研究热点

简 答 题

1. 什么是生物药物？简述生物药物的特点。
2. 简述生物药物的临床用途。
3. 简述生物技术药物的特点和种类。
4. 举例说明生物药物在防病治病方面的应用前景。

（崔炳权）

扫码"练一练"

第十九章　药物研究与生物化学技术

扫码"学一学"

要点导航

> **掌握**　生物技术的相关概念，生物药物分离制备的方法及原理，重组 DNA 技术的基本步骤和必备条件。
>
> **熟悉**　药物生物合成技术，药物作用的生物化学基础，新药筛选的生物化学方法。
>
> **了解**　生物药物的制备特点，药物设计的生物化学原理，生物药物质量控制的生化分析方法。

药物是具有预防、诊断、缓解、治疗疾病及调节机体生理功能等效应的一类物质，药物的开发研究是医学和药学研究领域的一个重要分支。在药物的发现、设计与制备、药效的机制研究等药物研究环节都离不开生物化学理论与技术。随着现代生物技术的迅猛发展，基因工程、蛋白质工程、细胞工程等现代生物化学和分子生物学技术与药物研究的结合日益紧密。利用生物技术制备药物已经成为药物研发的热点领域。

第一节　生物药物制备与生物化学技术

生物药物是以生物学与化学结合的方法或者利用生物技术直接或间接从生物材料制得。生物药物制备的方法与其他药物相比，有其独特的特点。

一、生物药物制备方法的特点

1. 生物药物制造无固定工艺可循　获取的目的物存在于组分复杂的生物材料中，其中的成千上万种化合物的大小、形状、分子形式和理化性质各不相同，甚至还有不少是未知物，而且在制备过程中，有效物质尚处于代谢动态中，故常无固定操作工艺可循。

2. 生物活性成分的分离难度大　生物活性成分离开生物体后，易变性、易被破坏，因此，为保护有效物质的生物活性，分离过程必须十分小心，这是生物药物的制备过程的难点。

3. 生物药物制造工艺复杂　为了保护目的物的活性及结构完整性，生物制药工艺多采用温和的"多阶式"方法，即"逐级分离"法。为了纯化一种有效物质常常需要多个步骤，变换不同类型的分离方法交互进行，才能达到目的。因此工艺流程长，操作繁琐。

4. 生物药物制造工艺可重复性差，影响因素多　生物药物的制造过程几乎都在溶液中进行，各种生物学因素和理化因素（温度、pH、离子强度）对溶液中各种组分的综合影响常常难以确定，以致许多工艺设计理论性不强，实验结果常带有很大经验成分。因此，要使实验能够获得很高的重复率，在材料、方法、条件及试剂、药品等方面都必须严格规定。

5. 生物药物的均一性检测与化学上的纯度概念不完全相同　由于生物药品对环境变化十分敏感，结构与功能的关系复杂、多变，因此对其均一性的评估常常是有条件的，或者只能通过不同角度测定，最后才能给出相对"均一性"的结论。因此，只凭一种方法得到的纯度结论往往是片面的，甚至是错误的。

6. 生物药物制备不易获得高收率　生物材料组成非常复杂，有些目的物在生物材料中含量极微，因此分离纯化步骤多，难于获得高收率。

二、生物药物分离制备方法的原理

制备一个具体的生物药物，常常需要根据它的多种理化性质和生物学特性，将多种分离方法进行有机结合，方能达到预期目的。分离制备生物药物的方法主要依据以下原理。

1. 根据不同组分分配率的差别进行分离　常用的方法有盐析、溶剂萃取、吸附色谱、分配色谱、结晶等，许多小分子生物药物如氨基酸、脂质药物和固醇类药物及某些维生素等多采用这类制备方法。

2. 根据生物大分子的特性采用多种分离手段交互进行　如蛋白质、酶、多肽、多糖、核酸类等药物常常需要将多种分离方法交互组合才可达到纯化目的。生物大分子类药物分离纯化的主要方法有：①按分子大小和形状不同的分离方法，如凝胶过滤、超滤、膜分离透析、电透析、差速离心、超离心等；②按分子电离性质（带电性）不同的分离方法，如离子交换法、电泳法和等电聚焦法；③按分子极性大小与溶解度不同的分离方法，如溶剂提取法、逆流分配法、分配色谱法、盐析法、等电点沉淀法和有机溶剂分级沉淀法；④按配基特异性不同的分离方法，如亲和色谱法。

三、生物药物制备涉及的生物技术

生物技术（biotechnology）是当代新技术革命主要领域之一，是利用生物有机体（动物、植物和微生物）或其组成部分（包括器官、组织、细胞或细胞器等）发展新产品或新工艺的一种技术体系。生物技术是以基因工程为主导，以发酵工程为基础，还包括酶工程、细胞工程、生化工程。现代生物技术的核心内容是重组 DNA 技术和单克隆抗体技术。生物工程药物是指运用重组 DNA 技术和单克隆抗体技术生产的多肽、蛋白质、激素和酶类药物以及疫苗、单抗和细胞生长因子类药物等。

（一）重组 DNA 技术

重组 DNA 技术（recombinant DNA technique）又称基因工程，其操作过程主要包括：①目的基因的获取；②基因载体的选择与构建；③目的基因与载体的拼接；④重组 DNA 导入受体细胞；⑤筛选并无性繁殖含重组分子的受体细胞（转化子）；⑥工程菌（或细胞）的大量培养与目的蛋白的生产。（图 19-1）

1. 目的基因的获得　基因工程流程的第一步就是获得目的 DNA 片段，获得目的 DNA 片段是基因工程的关键问题。所需目的基因的来源，不外乎是分离自然存在的基因或人工合成基因。常用的方法如下。

（1）氨基酸序列合成法　对于已知其一级结构的简单多肽类，可依据这些氨基酸编码的核苷酸序列来合成其基因，这种方法目前仅限于合成核苷酸对较少的一些简单基因。

（2）直接从染色体 DNA 中分离　适合于从简单的基因组中分离目的基因，如质粒或病

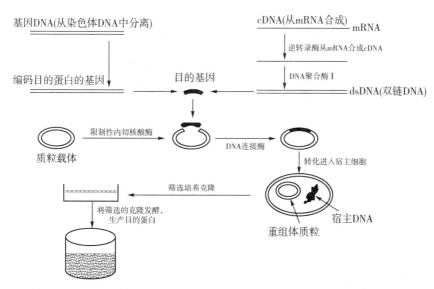

图 19-1 构建重组 DNA 生产目的蛋白的基因工程流程示意图

毒可采用这种方法。真核细胞中基因总量较大，从染色体中直接分离纯化目的基因极为困难，对于真核生物不能用直接法取得。

（3）PCR 扩增获得目的基因 如果已知目的基因的全序列或其两端的序列，则可通过合成一对与目的基因互补的引物，利用 PCR 技术有效地扩增出所需的目的基因。主要方式为：①直接从基因组中扩增，适用于扩增原核生物基因；②利用 RT-PCR 技术从 mRNA 中扩增，首先提取基因组总 mRNA，然后以 mRNA 为模板，用逆转录酶合成一个互补的 DNA，即 cDNA 单链，再以此单链为模板合成出互补链，形成双链 DNA 分子。根据目的基因序列设计引物，采用 PCR 扩增目的基因的方法适合于扩增真核生物基因。

（4）基因文库 基因文库（gene library）是指将生物体全部 DNA 提纯，用限制性内切核酸酶随机切割成数以万计的片段，并将所有片段重组入同一类载体上，得到许多重组体，再全部转化入宿主菌中保存起来而建立的文库，应用时，用探针杂交技术把需用的目的基因再"钓"取出来。

2. 基因载体的选择 载体是指运载外源 DNA 有效进入受体细胞内的工具。常用的基因载体（vector）有质粒载体、噬菌体载体、病毒载体。病毒 DNA 载体是将外源基因导入动物细胞的载体。这些载体在宿主细胞内可独立复制完整的 DNA 分子，但需要利用宿主的酶系统，才有基因表达能力，即转录和翻译。

质粒（plasmid）是存在于细菌染色体外的环状双链 DNA，大小 1～200kb 不等，每个细胞所容纳的质粒数目称为拷贝数（copy numbers）。拷贝数越多，对基因工程产品的生产越有利。质粒能在宿主细胞内独立自主地进行复制，易从一个细胞转入另一个细胞。理想的质粒对同一种限制性内切核酸酶只有一个切口，且质粒上往往带有 1～3 个耐药性基因，使宿主菌具有耐药性表型，这是筛选转化子细菌的依据。例如，pBR322 质粒的大小为 4361bp，具有四环素抗性基因（tet^r）和氨苄西林（氨苄青霉素）抗性基因（amp^r）。目前使用广泛的多种质粒载体几乎都是由此发展而来。图 19-2 示常用的质粒 pBR322 的基因结构简图。

3. 目的基因与载体的拼接 即表达载体的构建过程，是基因工程的核心技术。

（1）限制性内切核酸酶 限制性内切核酸酶（restriction endonuclease）简称限制性酶，

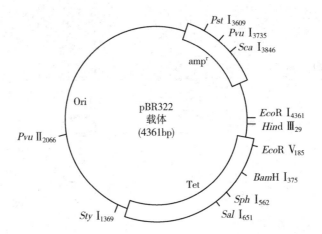

图 19-2　pBR322 质粒（限制性内切核酸酶下方的数字为核苷酸编码号）

可以识别 DNA 的特异序列，长度一般为 4～6 个碱基对，这种碱基序列都有回文结构（palindrome），即双链 DNA 含有的两个结构相同、方向相反的序列。限制性内切核酸酶在识别序列的特定位点对双链 DNA 进行切割，其切口有两种类型：一种为平端切口（blunt end）；另一种为黏端切口（sticky end），即两链的切口错开 2～4 个核苷酸。如果切口为 4 个核苷酸，则切口的概率应是 $(1/4)^4 = 1/256$，即 DNA 长链上每 256 个核苷酸的长度可能会有一个切口，如果酶识别的切口是 6 个核苷酸，切口概率为 $(1/4)^6 = 1/4096$，即每 4096 个核苷酸长度才有一个切口，在基因载体上，最好一种酶只有一个切口，不然就会把载体切成多个片段，难于处理。现已有 400 多种提纯的商品酶可供选用，常用的限制性内切核酸酶见表 19-1。

表 19-1　常用的限制性内切核酸酶

酶	辨认的序列和切口	切口类型
Alu I	—AGCT— —TCCA—	平端切口
_Bam_H I	—GGATCC— —CCTAGG—	黏端切口
Bgl I	—AGATCT— —TCTAGA—	黏端切口
_Eco_R I	—GAATTC— —CTTAAG—	黏端切口
Hind Ⅲ	—AAGCTT— —TTCGAA—	黏端切口

续表

酶	辨认的序列和切口	切口类型
Sal I	——GTCGAC—— ——CAGCTG——	黏端切口
Sma I	——CCCGGG—— ——GGGCCC——	平端切口

（2）重组体的构建　用同种限制性内切核酸酶切割载体及目的基因后，无论产生的是平端切口还是黏端切口，都可以用 DNA 连接酶把载体和目的基因连接起来，形成 DNA 重组体。如用 *Eco*R I 分别切割目的基因和质粒 DNA，然后混合在一起，用 DNA 连接酶作共价连接形成 DNA 重组体，这种方法称为黏端连接方式（图 19-3）。

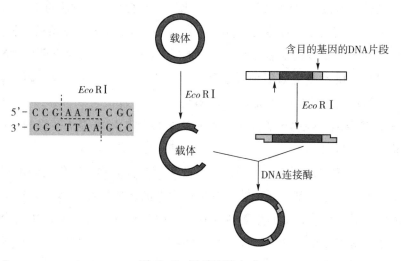

图 19-3　黏端连接方式

具有非互补黏性末端的两种 DNA 片段之间，可以通过"尾接法"进行连接。首先把它们各自的黏端切口用专门作用于单链 DNA 的 S1 核酸酶切平，然后在末端核苷酸转移酶作用下，催化脱氧单核苷酸加于 DNA 的 3′ 端，使其形成黏端结构。如一股 DNA 加上 poly（C），另一股 DNA 的 3′端加 poly（G），因 C-G 互补配对，两种 DNA 经 DNA 连接酶处理，也可以形成共价结构的重组体。

4. 重组 DNA 导入宿主细胞　重组的 DNA 分子只有进入适宜的宿主细胞后才能进行大量扩增和有效表达。重组体导入宿主细胞的方法如下。

（1）转导　转导（transduction）是指将以噬菌体为载体构建的重组体导入宿主细胞的过程。例如，重组体为噬菌体 DNA 时，可通过体外包装，成为有浸染力的噬菌体，从而导入宿主细胞；也可用氯化钙处理宿主细胞，将重组 DNA 直接引入细胞。

（2）转化作用　转化作用（transformation）是指将重组质粒导入宿主细胞内，并在宿主细胞内稳定和持续表达的过程。例如，重组体为大肠杆菌质粒，可先在 0～4℃用氯化钙处理大肠杆菌，以增大其细胞膜的通透性，然后再将氯化钙处理过的受体细菌与重组质粒温育，使质粒进入菌体。

5. 重组体的筛选与鉴定　重组体导入宿主细胞后，经初步扩增后应加以筛选，以获得含目的基因的工程菌（或细胞），并鉴定之。筛选和鉴定重组体的主要方法和基本原理如下。

（1）根据载体表型特征进行筛选　在基因工程中使用的所有载体分子，都带有一个可选择遗传标志或表型特征。因此，可采用以下两种方法筛选：①利用载体质粒对抗生素的抗药性进行筛选，例如质粒 pBR322 对四环素及氨苄西林有耐药性，将携带目的基因的 pBR322 重组体导入无耐药性的细菌后，可在培养基中加入上述抗生素予以筛选，未转化的细菌被杀死，而转化的细菌则生成菌落。②利用对营养素的依赖表现来筛选，例如目的基因是亮氨酸自养型时，可把重组体转化在亮氨酸异养型的宿主中，放在不含亮氨酸的培养液中培养。能长出菌落的，表示含目的基因的重组体已导入宿主菌中，而未导入重组体的亮氨酸异养型宿主菌则不能生长。

（2）利用限制性酶切图谱进行鉴定　提取的重组体 DNA，经限制性内切核酸酶切割后，用琼脂糖凝胶电泳检测 DNA 片段的大小，来区分质粒是否已发生重组。

（3）利用核酸杂交技术进行鉴定　将待选菌株在平板上培养成菌落后，将菌落 DNA 转移到硝酸纤维素膜上，以放射性核素标记的目的基因为探针，与含有菌落 DNA 的薄膜杂交，利用放射自显影技术鉴定菌落是否含有目的基因，含有目的基因的菌落与探针结合，在菌落处呈现出影像，由此检出正确的重组菌落。

6. 目的蛋白的表达　经筛选鉴定的阳性克隆可以被扩增培养，使目的基因大量表达，从而进一步获得目的蛋白。

DNA 重组技术在生物制药方面用于大量生产基因工程药物，利用基因工程技术生产药物的优点：①大量生产过去难以获得的具有生理活性的蛋白质和多肽，为临床使用提供有效的保障；②可以提供足够数量的生物活性物质，便于对其生理、生化和结构进行深入的研究；③可以发现和挖掘更多的内源性生物活性物质；④可通过基因工程和蛋白质工程对内源生物活性物质进行改造和去除，纠正药物存在的不足之处；⑤可获得新型化合物，扩大药物筛选来源。

（二）细胞工程技术

细胞工程技术是应用细胞生物学、发育生物学、遗传学和分子生物学等方法，按照人们的预先设计，有计划地改造细胞的遗传基础，以期获得人类所需要的具有某些特性和功能的新细胞的一门综合性技术。它是通过细胞融合、核质移植、染色体或基因移植以及组织和细胞培养等方法，快速繁殖和培养出人们所需要的新物种的生物工程技术。

1. 基因的直接移植与转基因动物　采用体外培养细胞显微注射技术进行基因的转移，采用显微吸管吸取基因或携带基因的质粒，在显微镜下借助特殊的注射装置，把目的基因注入受体细胞核内。通常是将目的基因注入早期胚胎内或受精卵内，如果导入基因与受精卵里的染色体整合在一起，细胞分裂时，染色体倍增，基因也随之倍增，则导入的基因即可稳定地遗传到下一代，这样产生的新个体，称为转基因动物。转基因动物是获得低成本、高活性的基因工程药物的新途径，也是培育药物筛选新病理模型的有效方法。

2. 单克隆抗体技术　单克隆抗体（monoclonal antibody）是由一个杂交瘤细胞及其后代产生的抗体，具有单一、特异与纯化的特性。正常情况下，B 淋巴细胞在抗原的刺激下，能够分化增殖，形成具有针对这种抗原分泌特异性抗体的能力，但 B 细胞不能持续分化增殖，因此产生抗体的能力也是极其微小。如果将这种 B 细胞与非分泌型的骨髓瘤细胞融合形成杂交瘤细胞，再进一步克隆化，则克隆化的杂交瘤细胞既具有瘤的无限生长的能力，又具有产生特异性抗体的 B 淋巴细胞的能力，将这种克隆化的杂交瘤细胞进行培养或注入到小鼠体内，即可获得大量的、高效价的、单一的特异性抗体，这种技术即单克隆抗体技术。单克隆抗体主要用于人类疾病的诊断、预防和治疗，因此，在疾病诊断和治疗上具有良好应用前景。

单克隆抗体可通过杂交瘤细胞产生。杂交瘤细胞是将骨髓瘤细胞与受免疫的脾淋巴细胞融合而获得。杂交瘤细胞继承了两个亲本细胞的遗传特性，既能分泌抗体又能快速无限地生长繁殖。通过融合与筛选，将具有两种亲本细胞遗传特性的融合细胞分离出来，使未融合的细胞死亡，从而获得既能无限生长繁殖，又能分泌特异抗体的无性繁殖细胞，即单克隆抗体细胞株。由此细胞株分泌的抗体分子，其分子结构、亲和力、氨基酸序列、生物专一性和其他生物学特性均相同。所以，单克隆抗体就是由单个 B 淋巴细胞分泌的，针对单一抗原决定簇的均质单一抗体。制备单克隆抗体主要包括三个步骤：①将抗原注射到小鼠体内，对其进行免疫，然后取出受免疫的脾淋巴细胞，与骨髓瘤细胞融合；②用选择性培养基培养，筛选杂交瘤细胞，并逐一克隆扩增，从中挑出能产生单克隆抗体的杂交瘤细胞株；③将杂交瘤细胞进行扩大培养或接种到腹腔，形成腹水癌，然后从培养液中或动物腹水中分离纯化单克隆抗体（图 19-4）。

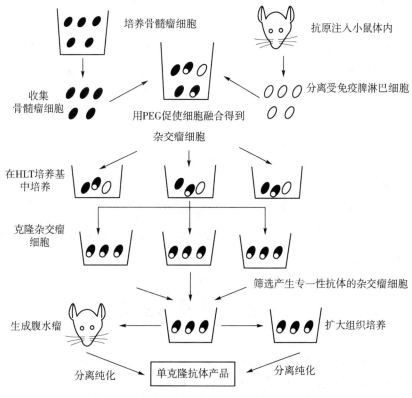

图 19-4 杂交瘤细胞与单克隆抗体制造示意图

单克隆抗体的问世使人们对一种新的治疗疾病的抗体药物充满期待，然而鼠源性抗体往往会受到人体免疫系统的排斥，用人抗体取代鼠抗体，是克服鼠单克隆抗体临床应用障碍的关键，因而，抗体的人源化成为治疗性抗体的发展趋势。

人源化抗体（humanized antibody）是指鼠源单克隆抗体通过基因克隆及 DNA 重组技术的改造重新表达的抗体，其大部分氨基酸序列被人源序列取代，即抗体的可变区部分（即 V_H 和 V_L 区）或抗体的所有全部氨基酸序列均由人类抗体基因所编码。该抗体基本保留了亲本鼠单克隆抗体的亲和力和特异性，降低了其异源性，有利于应用于人体。随着分子生物学研究的深入和一些技术的突破，抗体人源化技术日益成熟。目前人源化抗体通过嵌合、重构和表面重塑等方法构建出以下四种。

（1）嵌合抗体　嵌合抗体（chimeric antibody）属于第一代人源化抗体，是利用 DNA 重组技术，将非人源化抗体的可变区移植到含有人抗体恒定区的表达载体中，转化哺乳动物细胞而表达出的。这样表达的抗体分子，近 2/3 部分都是人源化的，因此该嵌合抗体的异源性抗体的免疫原性降低，但保留了亲本抗体特异性结合抗原的能力。

（2）改型抗体　又称互补决定区（complementarity-determining region，CDR）植入抗体（CDR grafting antibody），改型抗体就是移植非人源化抗体的 CDR 到人抗体骨架区（framework region，FR），抗体可变区的 CDR 是抗体识别和结合抗原的区域，直接决定抗体的特异性。将鼠源单克隆抗体的 CDR 移植到人源化抗体可变区，替代人源化抗体 CDR，可使人源化抗体获得鼠源单克隆抗体的抗原结合特异性，同时减少其异源性。但这种鼠源 CDR 和人源 FR 相嵌的 V 区，可能会影响单克隆抗体原有的 CDR 构型，导致其结合抗原的能力下降。

（3）表面重塑抗体　表面重塑抗体（resurfacing antibody）是将非人源化的单克隆抗体可变区（F_V）表面非人源化的氨基酸残基替换为人源化的氨基酸残基，使非人源化抗体 F_V 区的表面人源化，降低其免疫原性，同时不影响 F_V 区的整体空间构象，从而保留其抗原结合部位的结构。但所替换的区段不应过多，影响抗体 CDR 构象的残基尽量不替换。

（4）全人源化抗体　全人源化抗体（fully humane antibody）是指将人类编码抗体的基因通过转基因或转染色体技术，全部转移至由基因工程改造的抗体基因缺失的动物中，使动物表达人类抗体，达到抗体全人源化的目的。

人源化抗体具有较长的半衰期和低免疫原性，还能与天然效应因子相互作用，通过与治疗或诊断的相应物质连接，可增强其治疗效果或提高诊断的敏感性。人源化抗体药物在肿瘤、器官移植排斥反应、自身免疫性疾病、心血管疾病、病毒感染等疾病的临床诊断和治疗中显示出广阔的应用前景。随着抗体工程技术的发展，全人源化抗体已成为治疗性抗体的发展趋势。

第二节　药物生物合成与生物化学技术

药物生物合成是指利用生物细胞的代谢反应（更多的是利用微生物转化反应）来合成化学方法难于合成的药物或药物中间体的一种药物合成方法，简而言之，就是利用微生物代谢过程中的某种酶对底物进行催化反应，生成所需的活性物质。

药物生物合成技术是指通过生物体的代谢来合成特定药物的生物技术，是现代发酵工程的扩展。现已形成一个以基因工程为指导，以发酵工程为基础，将细胞工程和酶工程有机结合的生物合成技术体系。药物主要来源于生物的初、次生代谢产物。目前的主要发展领域是在基因工程和细胞工程的基础上应用发酵法和酶法合成技术生产抗生素、维生素、甾体激素、氨基酸、小肽、辅酶和寡核苷酸等生化活性物质。

微生物转化是利用微生物代谢过程中的某种酶对底物进行催化反应来生成所需要活性物质的一种药物合成方法。由于微生物转化产物具有立体构型单一，转化条件温和，后处理简便，公害少，且能进行某些难于进行或不能合成的化学反应等特点，因此微生物转化在制药工业中被愈来愈广泛应用。已知的可以利用微生物转化进行的有机反应达 50 多种，如水解、脱氢、氧化、羟基化、环氧化、还原、氢化、酯化、水解、异构化、氮杂基团氧化、氮杂基团还原、硫杂基团氧化、硫醚开裂、胺化、酰基化、脱羟和脱水反应等。例如青蒿素的生物合成，就是利用合成生物学构建人工生命体及采用组装生物合成途径生产出来的。它是在酵母中构建与大肠杆菌中同样的代谢途径后，将大肠杆菌和青蒿的若干基因导入酵母 DNA 中，导入的基因与酵母自身基因组相互作用，产生出青蒿素的前体；最后将从青蒿中克隆的 P_{450} 基因在产青蒿素前体的酵母菌株中进行表达，将其转化为青蒿素。

一、发酵工程

发酵工程又称微生物工程，是采用现代工程技术手段，利用微生物生命活动的某些特定功能，为人类生产有用的产品，或直接把微生物应用于工业生产过程的一种生物技术。其最基本的原理（生物学原理）是采用工程技术手段，利用生物（主要是微生物）和有活性的离体酶的某些功能，生产特定的产品。发酵工程在医药领域中用于制备抗生素、核苷酸、氨基酸、维生素、甾体激素等类药物。发酵工程包括菌种的选育、培养基的配制、灭菌、扩大培养和接种、发酵过程和产品的分离纯化等方面。目前的发酵类型可以分为以下五种：微生物菌体发酵、微生物酶发酵、微生物代谢产物（包括初生代谢产物和次生代谢产物）发酵、微生物转化发酵和生物工程细胞发酵。

发酵产物的分离纯化包括发酵液的预处理和菌体的分离、提取、精制、成品加工，是多种生物化学技术综合利用的过程。首先进行细胞破碎，然后进行初步提取，除去与目标产物性质有很大差异的物质，使产物浓缩，产品质量得到提高。常采用的方法有沉淀、吸附、萃取等。最后是高度纯化（精制），采用对产品有高度选择性的分离技术，除去与产物理化性质相近的杂质。典型的方法有色谱、离子交换等技术。成品加工常用浓缩、结晶、干燥等技术方法。

二、酶工程与半合成技术

1. 酶工程 酶工程是利用酶、细胞器或细胞所具有的特异催化功能，或对酶进行修饰改造，并借助生物反应器和工艺过程来生产人类所需产品的生物工程技术。即通过人工操作获得所需酶，并使其发挥催化功能的技术，包括酶的固定化技术、细胞的固定化技术、酶的修饰改造技术及酶反应器的设计等。酶工程制药是利用酶的催化功能、动力学性质、可固定化性质生产一种药物或药物中间体的技术。

酶工程制药的成功实例：6-氨基青霉烷酸（6-aminopenicillanic acid，6-APA）的生产。青霉素 G（或 V）经青霉素酰化酶作用，水解除去侧链后的产物称为 6-氨基青霉烷酸（图 19-5），也称无侧链青霉素。6-APA 是生产半合成青霉素的最基本原料。固定化细胞法生产 6-氨基青霉烷酸的过程，是将大肠杆菌 D816（产青霉素酰化酶）斜面培养后，用无菌水制成菌细胞悬液，接种至装有发酵液培养基的摇瓶进行扩大培养，培养结束后收集菌体；将湿菌体与戊二醛等混匀形成固体凝胶，粉碎和过筛，使大肠杆菌成为颗粒状固定化大肠杆菌细胞。用其制备固定化大肠杆菌反应堆，加入青霉素进行转化培养，收集转化液过滤，然后将滤液抽提得到6-APA。

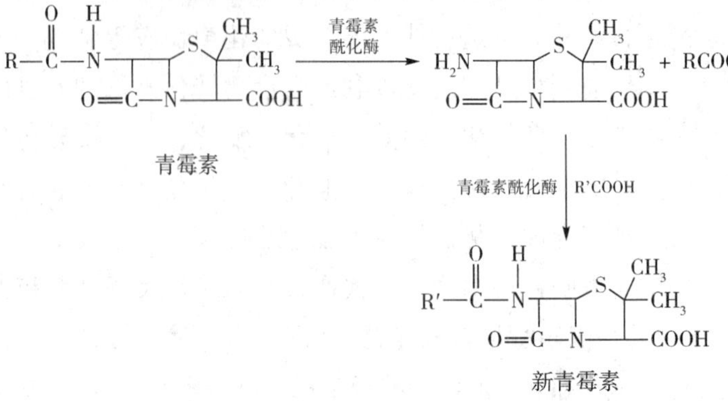

图 19-5　酶法合成 6-APA 和新青霉素

酶工程在制药方面主要应用于：①手性药物的合成和拆分；②药物的改造；③简化药物生产过程；④酶制剂直接用于疾病诊断、治疗、药物生产等方面。

2. 半合成技术　半合成技术是生物合成技术的另一领域。它是以天然产物中提取的化合物或通过微生物发酵提取的化合物为母体，应用微生物转化法或用化学合成法制得新药的一种技术。微生物转化法是将化学合成的中间产物，通过某些生物合成步骤来解决药物合成中难于进行的化学反应，从而获得最终有效化合物。如应用真菌孢子进行黄体酮的 11α-羟基反应，用球状分枝杆菌转化可的松为氧化泼尼松。又如用青霉素酰化酶水解青霉素生成 6-氨基青霉酸（6-APA）和用头孢菌素 C 酰化酶水解头孢菌素 C 生成 7-氨基头孢羧酸（7-ADCA），用以生产多种更有效的半合成青霉素类似物和头孢菌素 C 类似物（图 19-6）。

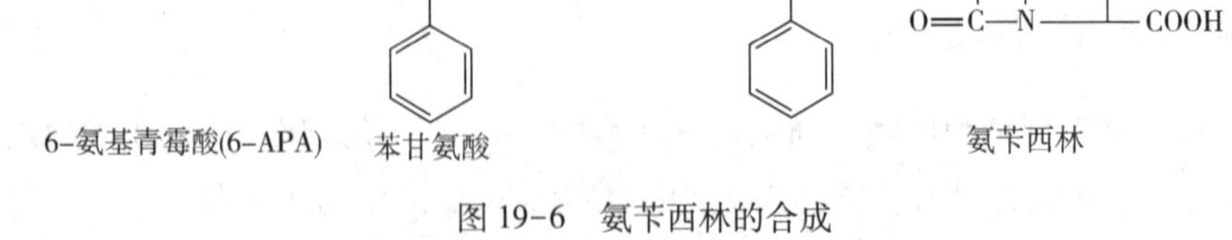

图 19-6　氨苄西林的合成

第三节　药物药理学研究与生物化学方法

现代药理学研究已从整体、系统、器官、组织、细胞进入到亚细胞、分子甚至量子水平，因此生物化学和分子生物学已成为现代药理学的重要理论基础。药物在生物体内能够发挥各种药理作用，本质在于药物与生物体内的各种靶点产生特异性和非特异性结合，从而影响生物的各种生理过程。药物作用的生物靶点为酶、核酸、载体蛋白类、糖脂类及受体（包括离子通道）等。

一、药物作用的生物化学基础

药物作用的分子基础是药物小分子与机体生物大分子的相互作用，药物产生疗效的本质是与受体进行有效接触，从而诱发机体微环境产生与药效相关的一系列生物化学反应。药物与受体结合引发的这些生理生化反应包括：受体蛋白的构象变化、细胞膜的通透性改变、酶活性的变化、能量代谢的变化等。药物很小的剂量就能引发显著的生物学效应的原因，是其可以与靶器官上的特异性受体发生相互作用。

（一）受体的结构与功能

受体（receptor）是位于细胞膜或细胞内能识别相应化学信使（包括神经递质、激素、生长因子、化学药物等），并与化学信使能特异结合，产生某些生物学效应的一类物质。受体的化学本质为蛋白质，部分为糖蛋白或脂蛋白。在细胞表面的受体大多为糖蛋白，而且由多个亚基组成，含调节部位与活性部位。外界的化学信息特异性地与受体的调节部位结合时，引起受体结构变化，使受体活性部位被激活。有些受体被激活后不仅有酶的催化功能，而且还有某种离子载体的功能。能识别信号分子并与之结合的受体多数存在于细胞膜上，并成为膜的组成部分，有些受体如甾体激素受体则存在于细胞内。

1. 膜受体　根据膜受体进行信号转导的方式，将其分为以下三种类型（图19-7）。

（1）离子通道偶联受体　离子通道偶联受体（ion-channel linked receptor）本身构成离子通道。当受体的调节部位与配体结合后，受体别构，使通道开放或关闭，引起或切断阳离子、阴离子的流动，从而传递信息。如谷氨酸受体是一价阳离子通道，当其与谷氨酸结合时，一价阳离子通道开放，突触后膜对 Na^+、K^+ 的通透性增加。γ-氨基丁酸受体有 A、B 两种亚型，A 型受体控制着 Cl^- 的内流，导致突触后膜超极化，对神经元有普遍抑制作用。B 型受体与 K^+ 及 Ca^{2+} 通道偶联，参与突触偶联。许多药物都是通过激动或拮抗这类受体而发挥疗效，如异丙肾上腺素是肾上腺素受体的激动药，而普萘洛尔是其拮抗药。

（2）G 蛋白偶联受体　G 蛋白偶联受体（G-protein linked receptor）是与 G 蛋白有信号连接的一大类受体家族，是人体内最大的膜受体蛋白家族，是一类具有 7 个 α 螺旋的跨膜蛋白受体，它们几乎参与了生物体中所有的生命活动。在真核细胞中，G 蛋白是鸟苷酸结合蛋白（guanine nucleotide-binding protein）的简称，也是存在于细胞膜结构中的一类蛋白质家族，G 蛋白在联系细胞膜受体与效应蛋白质中起着重要的介导作用。不同激素作用于细胞膜上的特异性受体，通过不同的 G 蛋白影响质膜上某些酶或离子通道的活性，改变细胞内第二信使浓度，从而产生相应的生物学效应。在基础状态，α 亚基结合 GDP，并与 β、γ 亚基构成无活性三聚体。当受体与激素结合后，受体被激活，活化受体与 G 蛋白相互作用，G 蛋白释出 GDP，并立即结合 GTP。结合 GTP 后的 G 蛋白通过改变构象使其与激素-受体复合体分离，并降低激素与受体的亲和力，使两者解离。同时 G 蛋白的 α 亚基与 β、γ 亚基解离，游离的 α 亚基-GTP 对效应蛋白起调节作用，最后 G 蛋白的 α 亚基将 GTP 水解成 GDP 并释放出 Pi，结合 GDP 的 α 亚基与 β、γ 亚基亲和力高，所以与效应蛋白解离，重新与 β、γ 亚基结合成 G 蛋白三聚体（图19-7）。

（3）酶联受体　酶联受体（enzyme-linked receptor）本身是一种跨膜结合的酶蛋白，自身具有酶的性质，或者与酶结合在一起。其胞外域与配体结合而被激活，通过内侧激酶反应将细胞外信号传至细胞内，这类受体多数为蛋白激酶或与蛋白激酶结合在一起，当它们被激活后，可使靶细胞中专一的蛋白质磷酸化，导致蛋白质功能改变。例如，酪氨酸蛋白激酶型受体（receptor tyrosine kinase，RTK）是最典型的例子。酪氨酸蛋白激酶受体超家族的共同特征是受体本身具有酪氨酸蛋白激酶（tyrosine protein kinase，TPK）的活性，配体主要为生长因子。TPK 介导的信号转导途径与细胞增殖肥大及肿瘤的发生关系密切。当配体与生长因子受体结合后，受体发生二聚化，受体的酪氨酸蛋白激酶的功能被激活，可催化受体胞内区酪氨酸残基自身磷酸化，这些蛋白质本身被磷酸化而被激活，激活后又能磷酸化下游的蛋白质，构成了激酶的级联反应，产生了放大信息的效果。受体型 TPK 的下游信号转导通过多种丝氨酸/苏氨酸蛋白激酶的级联激活：①激活丝裂原活化蛋白激酶（MAPK）；②激活蛋白激酶 C（PKC）；③ 激活磷脂酰肌醇 3 激酶（PI3K），从而引发相应的生物学效应。

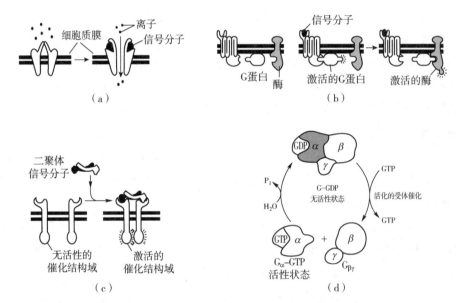

图 19-7　细胞膜表面受体与信号转导机制示意图

(a) 离子通道偶联受体；(b) G 蛋白偶联受体；(c) (d) 酶联受体

2. 胞内受体——转录因子型　细胞内受体分布于胞质或核内，本质上都是受配体调控的转录因子，它们均在核内启动信号转导并影响转录，统称为核受体。核受体作为反式作用因子，基本结构都很相似，有极大同源性。例如在受体的 N 端含有 DNA 结合的结构域，在受体的 C 端含有与激素结合的结构域。当激素与受体结合时，受体构象发生变化，暴露出受体的核内转移部位及 DNA 结合部位。当激素-受体复合物向核内转移，并结合于 DNA 特异基因邻近的激素反应元件（hormone response element，HRE）上，调节基因转录。能与该型受体结合的信息物质有类固醇激素、甲状腺激素和维甲酸等。（图 19-8）

（二）跨膜信号转导与细胞内信号转导

跨膜信号转导是一个重要的基本现象，各种细胞时时刻刻都在与周围环境发生交流、联系和协调，以保持机体与外环境及生物体本身的平衡与统一。细胞外部信号与刺激都要跨越细胞膜进入细胞，并经过细胞内不同信号转导途径将信号传递入细胞核，从而诱导相应基因表达，产生各种生物效应。跨膜信号转导还调控许多生命过程，包括生长、发育、

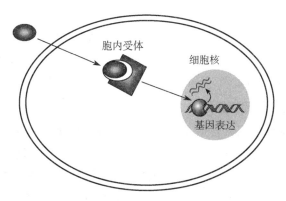

图 19-8　胞内受体的信号转导

神经传导、激素分泌、学习与记忆、衰老与死亡等，也包括细胞的增殖、细胞迁移、细胞周期调控、细胞形态与功能、免疫、应激、细胞恶变与细胞凋亡等。细胞外的刺激信号少部分可跨膜引起生理效应，多数只能被质膜上的受体识别后通过膜上信号转换系统，再转变为细胞内信号。

在细胞中有许多生物反应途径，比如物质代谢途径、基因表达途径和 DNA 复制途径等。信号转导途径是非线性排列的，细胞内的各种信号转导途径是相互联系的，许多信号转导途径可以通过一系列的蛋白质与蛋白质相互作用而形成一张遍布整个细胞的信号转导途径网络。细胞内信号转导途径网络主要基于以下两点。

1. 不同种类的受体用共同组分构成转导信号　多种细胞因子受体与 RTK 引发的下游信号转导方式十分相似，它们用共同的组分发信号，在引发特殊信号转导途径中，被激活的 TPK 起核心作用。激活的细胞因子受体和胞质 TPK 两者都可募集含有 SH_2 结构域的信号转导分子作为建立信号转导途径的基础。SH_2 结构域可以专一性地结合含有磷酸酪氨酸残基的模体，不同蛋白质上的 SH_2 结构域在三维结构上很相似，大约由 100 个氨基酸残基组成。另外，它们所建立的每一条转导信号途径所构成的组分也有共同功能，如 PDGF 和 EGF 等生长因子与它们各自的 RTK 结合后，可使 JAK 家族的特殊成员发生酪氨酸磷酸化反应，并激活含有特定 STAT 的转录因子复合物。这些现象表明，在细胞内存在许多条信号转导途径，每条信号转导途径都使用不只一种信号转导分子，而且多种信号转导分子不只参加一条信号转导途径。

2. 不同类型的磷酸化在信号转导途径中同时发挥作用　信号途径可以千差万别，但都存在蛋白激酶和蛋白磷酸酶的激活。蛋白质磷酸化和脱磷酸化是各种胞外信号所启动细胞内信号转导的共同途径，是细胞代谢、生长、发育、凋亡和癌变的调控中心。在信号转导途径中，导致蛋白质磷酸化的酶包括蛋白质酪氨酸磷酸化酶和丝氨酸/苏氨酸磷酸化酶。研究发现，在信号转导中酪氨酸磷酸化起着特别重要的作用，丝氨酸/苏氨酸磷酸化也不可或缺，两种磷酸化同时起作用。两种激酶在各种信号转导途径上交叉穿梭催化磷酸化反应，从而形成细胞内信号转导途径网络。如在 IFN-γ 诱导单核细胞分化为成熟的巨噬细胞时，要求转录因子复合物 γ-干扰素活化因子发生丝氨酸和酪氨酸双重磷酸化，从而增加其与 DNA 的结合能力。细胞在响应 EGF 或 IL-6 的刺激时，激活的转录复合物 STAT3 中存在酪氨酸磷酸化，同时伴有丝氨酸磷酸化时，活性达到高峰。细胞信号转导的分子基础表明，细胞内信号转导途径之间是相互交流、形成网络的。这个网络的特点是：①它由配体、受体、激酶、连接物和转录因子等五大要素组成；②组成信号转导途径的分子常常有密切关系，它们的基因多是一些多基因家族的成员；③由关系密切的分子所组成的各种各样信号转导途径具有重复性；④含有共享组分的各种因子之间可以在许多水平上进行对话交流。信号转导途径编织成的复杂网络，使机体细胞能够对外来信号作出恰当的应答。

（三）细胞信号转导与药物研究

细胞信号转导是维持细胞正常代谢和存活所必需的功能，与人类的健康密切相关，许多疾病的发生是由于信号转导过程异常所致。在对各种疾病信号转导分子结构与功能的研究中，研究者不断认识到各种疾病过程中的信号转导异常，而这种信号转导途径的异常变化为新药的筛选和开发提供了线索，从而使研究者设计出以信号转导途径中起调节介导作用的信号分子为靶点的药物。许多药物可以通过影响信号转导途径中的蛋白质或激酶活性进而影响细胞的代谢或功能，由此产生了信号转导药物这一概念。

信号转导分子的激动剂和抑制剂是研究信号转导药物的出发点。分子肿瘤学的发展使人们认识到，信号转导失调是细胞癌变的本质，细胞信号转导分子是寻找新型抗肿瘤药物的重要切入点。癌变是因为调控细胞的分子信号从细胞表面向核内转导的过程中的某些环节发生病变，使细胞失去正常调节而发生的。以这些病变环节为靶点的信号转导阻遏剂有望成为高效低毒的抗癌药物。一种信号转导干扰药物是否可以用于疾病的治疗而又具有较少的副作用，主要取决于以下两点：①它所干扰的信号转导途径在体内是否广泛存在；如干扰的信号转导途径广泛存在，副作用难以控制；②药物自身的选择性，选择性越高，副作用就越小。根据上述两点，人们正在努力筛选和改造已有的化合物，以发现具有更高选择性的信号转导分子干扰剂，同时也在努力了解信号转导分子在不同细胞的分布情况。目前已经设计和制造了一些专门针对信号转导途径中激酶的药物和针对配基或受体的药物。例如，针对激酶的药物（PKC 活性调节剂、PKA 抑制剂、PTK 抑制剂和受体介导的钙通道调节剂）等抗肿瘤药物。它们之中有的已经进入临床试验。

（四）药物作用与酶

现有药物中，除以受体为作用靶点的药物外，以酶为作用靶点的药物占 20%，特别是酶抑制剂，在临床用药中具有特殊地位。由于酶参与一些疾病的发病过程，机体在酶催化下产生一些病理反应介质或调控因子，因此，酶成为一类重要的药物作用靶点。药物对酶的影响主要是通过调节酶量和酶的活性来实现的，此类药物中以酶的抑制剂为主，全球销量排名前 20 位的药物，有 50% 是酶抑制剂。酶抑制剂一般对靶酶具有高度的亲和力和特异性，酶抑制剂种类繁多，药理效应各异。临床上常用的以酶为作用靶点的代表药物，如抗高血压药物卡托普利，是血管紧张素 I 转换酶的抑制剂；解热镇痛药阿司匹林可为环氧合酶-2 的抑制剂，降脂药洛伐他汀为 HMG-CoA 还原酶抑制剂。

（五）细胞凋亡的生物化学机制

细胞凋亡（apoptosis）是一种有序的或程序性的细胞死亡方式，是在某些生理或病理条件下，由基因控制的自主有序的细胞死亡过程。在维持机体生长发育和组织器官细胞数目恒定以及内环境平衡方面起很大作用。这一过程对控制细胞增殖，防止肿瘤的发生与生长有重要意义。

1. 细胞凋亡的生化特征 细胞凋亡的发生是不可逆过程，一旦启动，就会发生一系列生物化学和代谢变化，引发基因组 DNA 的降解，从而导致细胞死亡。

（1）胞质 Ca^{2+} 和 H^+ 浓度升高　与细胞凋亡相关的最主要酶是凋亡性内切核酸酶（apoptotic endonuclease），该种酶能够被 Ca^{2+} 和 Mg^{2+} 激活。凋亡的细胞内游离 Ca^{2+} 和 H^+ 浓度显著上升，大量资料表明，胞质 H^+ 浓度的增加可促发细胞凋亡的形成，其机制可能与相关蛋白酶类的激活有关。发现当细胞 pH 降至 6.8 以下后，才相继出现 "梯状 DNA 片段" 及凋亡的形态特征，表明了酸性 pH 参与调控细胞凋亡的发生。

（2）DNA 片段化　是细胞凋亡的重要特征。对于绝大多数类型的细胞来说，凋亡过程的最后阶段都会发生细胞核 DNA 的降解，成为片段化小体。由于内切核酸酶被激活，基因组的 DNA 在核小体连接处发生非随机性降解，产生相当于核小体（180～200 bp）倍数的寡核小体片段。因此，凋亡细胞在凝胶电泳图谱上呈阶梯状 DNA 区带图谱。

（3）细胞膜磷脂酰丝氨酸外翻　细胞内 Ca^{2+} 升高，引起谷氨酰胺转移酶和钙蛋白酶被激活，钙蛋白酶引起细胞膜发生改变——磷脂酰丝氨酸显露，细胞骨架崩解，谷氨酰胺转移酶促进谷氨酰胺与赖氨酸之间的交联，使胞质蛋白质之间发生连接，在脂质膜下形成蛋白质网，有助于保持凋亡小体（apoptotic body）暂时的完整性，防止胞质蛋白质的组分外漏，避免炎症反应发生。

（4）线粒体变化　膜电位和膜通透性的变化也是凋亡细胞一个重要特点。在细胞凋亡早期，线粒体会发生两个主要变化：一是跨膜电位下降；二是膜的通透性增强。当线粒体膜外电势差减少时，线粒体膜电位降低，并引发膜内一系列生化改变，如胱天蛋白酶（caspase）被活化等。

（5）一些特殊蛋白质和 RNA 的产生及合成　细胞凋亡的启动往往源于细胞内或细胞外的死亡信号，经一系列信息传递，触发某些基因转录和翻译，从而导致与细胞死亡相关的特殊蛋白质的合成，它们作用于细胞的各种结构，引起一系列形态学和生物化学改变，最终导致细胞凋亡。

2. 细胞凋亡的酶学基础　细胞凋亡过程是细胞内一系列蛋白酶和核酸酶被活化的结果。参与细胞凋亡的主要酶如下。

（1）内切核酸酶　细胞质和细胞核中均含有内切核酸酶，正常情况下，内切核酸酶以无活性形式存在，当细胞内 Ca^{2+} 浓度升高时，内切核酸酶被活化，切割染色体 DNA，使 DNA 在核小体处断裂，形成 180～200bp 倍数的寡核小体片段，诱导细胞凋亡发生。

（2）胱天蛋白酶　胱天蛋白酶家族即天冬氨酸特异性半胱氨酸蛋白酶。凋亡细胞的多数形态变化均由半胱氨酸蛋白酶系引发，一旦胞内的这些酶被特异性激活，细胞即进入凋亡。胱天蛋白酶是细胞内的一类蛋白裂解酶，正常情况下在胞内以无活性的酶原形式存在，当细胞接受死亡信号刺激时，引起细胞凋亡的执行者胱天蛋白酶家族的活化，这些蛋白酶灭活凋亡抑制物，水解蛋白质结构，形成凋亡小体，使细胞发生凋亡。

诱导细胞发生凋亡的因素很多，细胞凋亡过程失调包括不恰当的激活或抑制，不仅可使生物个体失去机体的稳定性，还会导致严重的疾病。凋亡异常是肿瘤发生和发展的重要方面，诱导肿瘤细胞凋亡也是治疗肿瘤的一条有效途径。此外，许多神经系统退行性疾病、自身免疫性疾病以及白血病也都与细胞凋亡异常相关。

二、新药筛选的生物化学方法

研究治疗某种疾病的药物，首先要有能反映预期药理作用的筛选模型。新药筛选模型可分为整体动物、细胞和亚细胞以及分子水平三个层次。生物化学理论与实验方法常作为新药筛选与药效学研究的主要技术手段。

（一）生化代谢检测法

体内存在着一整套复杂又十分完整的代谢网络以及调控机制，各种代谢相互联系，有序进行。人体疾病的发生往往由代谢调节网络的失衡所致，如糖代谢紊乱导致糖尿病，脂质代谢异常导致高脂血症与肥胖。因此，生化代谢功能分析是研究纠正代谢紊乱与失调药物的有效实验方法，可以用于以下药物的筛选。

1. 降血糖药物的筛选　观察药物对血糖影响的最有效方法是检测血糖含量的变化。目前最常用的方法葡萄糖氧化酶法测血糖。此外，还有磷钼酸比色法、邻甲苯胺法、碱性碘化铜法、铁氰化钾法以及酶电泳法、酶试纸法。用于筛选抗糖尿病药物常用的动物模型包括四氧嘧啶或链佐霉素损伤所致的糖尿病模型、胰腺切除法及转基因动物糖尿病模型。

2. 调血脂药及抗动脉粥样硬化药的筛选　测定血脂水平和建立动脉粥样硬化动物模型，是研究调血脂药及动脉粥样硬化药物的重要手段。如用酶法测定血清总胆固醇酯和游离胆固醇，用乙酰丙酮显色法和酶法测定血清三酰甘油，用电泳法测定血清脂蛋白以及用免疫分析法测定载脂蛋白等。调血脂药及抗动脉粥样硬化药的筛选模型：①通过喂养胆固醇和高脂质饲料使动物形成病理状态；②采用免疫学方法将大白鼠主动脉匀浆，然后给兔注射，从而引起血胆固醇、低密度脂蛋白和三酰甘油升高。

3. 凝血药和抗凝血药的筛选　在筛选促进和抑制凝血作用的药物时，常有多种实验方法，如测定血浆中凝血酶活力、抗凝血酶活性物质及纤维蛋白原的含量，测定纤维蛋白稳定因子等。

（二）酶学实验法

药物的代谢或清除作用一般通过肝代谢或肾排泄途径完成。肝的消除主要由位于肝细胞内质网的细胞色素 P_{450} 酶系完成，肝的细胞色素 P_{450} 系统在药物代谢中起关键作用，肝药酶代谢药物的分子机制及其与毒理学的关系是药理学基础理论研究的重要内容之一。其主要采用了以下方法研究：如用诱导肝药酶的方法研究药物对肝药酶的影响；观察药物对细胞色素 P_{450} 活性及含量的影响以及对药物与细胞色素 P_{450} 结合后进行光谱分析；制备肝微粒和线粒体用于体外药物代谢研究；测定药物受肝药物代谢酶的水解作用和药物经葡糖醛酸转移酶、谷胱甘肽-S-转移酶的作用所产生的结合反应等。

（三）膜功能研究法

对药物作用机制的研究越来越多地集中在细胞膜或分子水平上。通过对线粒体内膜上ATP酶亚基的分离与重组的研究丰富了人们对氧化磷酸化过程的认识。细胞膜钠泵的研究推动了对强心苷作用机制的深入了解。药理学研究中常见的有代表性的膜制备技术与功能研究方法如下。

1. 心肌细胞膜的制备与功能测定　存在于细胞膜上的钠泵（Na^+,K^+-ATP 酶）在维持细胞膜电位和去极化、复极化过程所产生的动作电位中起重要作用。钠泵是镶嵌在细胞膜脂质双分子层中的一种特殊蛋白质，贯穿于细胞膜的内、外两面，应用差速离心法制备的细胞膜可作为细胞膜上酶活性的测定材料。例如，心脏细胞膜上的钠钾泵是强心苷类药物（如地高辛）的重要作用目标。钠通道阻滞药类抗心律失常药的作用机制与心肌细胞膜上的 Na^+,K^+-ATP 酶的活性有关，β肾上腺素能拮抗药的作用机制与膜上专一性受体及腺苷酸环化酶的功能有关。因此，心肌细胞膜的功能分析可作为这类药物筛选的研究手段。

2. 钙调蛋白-红细胞膜的制备及钙调蛋白功能的测定 钙离子在生命活动中的作用主要是通过钙调蛋白（CaM）实现。虽然无法测定 CaM 本身的活性，但可通过检测相关靶酶的活性来反映其调节功能的强弱。Ca^{2+}, Mg^{2+}-ATP 酶是一种与钙离子转运密切相关的 CaM 靶酶。应用高速离心法制备含有 Ca^{2+}, Mg^{2+}-ATP 酶的红细胞膜，测定 CaM 激活 Ca^{2+}, Mg^{2+}-ATP 酶活性的变化可观察钙离子拮抗类药物的药理活性。

（四）放射配体受体结合法

配体与受体结合及两者相互作用引起的生物效应见图 19-9。

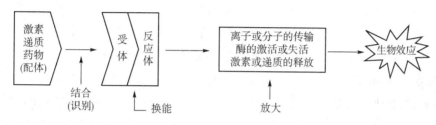

图 19-9 受体-配体结合的模式图

放射配体与受体结合分析是药物筛选的有效方法之一，由于配体与受体结合反应的独特性，此方法在制药界已广泛用于新药研究中。其原理是受体与药物（配体）结合的特异性和结合强度与产生生物效应的药效强度有关。实验方法是以待筛选的药物（非标记配体）与放射性核素标记的配体进行受体结合实验，在一定条件下，配体与受体相结合形成配体-受体复合物，随后反应达到平衡，然后分离除去游离配体，分析药物与标记配体对受体的竞争性结合程度，观察药物对受体的亲和力和结合强度，从而判断其药理活性。

（五）逆向药理学

以往的药理学研究模式是配体（药物）→受体→基因模式，即先发现作用于某一类受体或受体亚型的药物，然后确定受体的存在，进行受体分离，进一步研究受体的相关基因家族。随着分子生物学的快速发展，有人提出从基因→受体→药物的逆向药物研究模式。这一模式的理论基础是：首先从各种受体的相关基因家族中分离得到第一代基因，通过分析研究，发现同一基因家族的受体中含有许多一级结构相似性受体。应用基因克隆技术可以从同一基因家族变体中构建出许多原来未知的受体基因，并表达出许多新的未知受体，从而为开发选择作用性药物提供机会。例如，通过对许多 G 蛋白偶联受体超基因家族的某些受体基因进行克隆，结果发现了大麻碱受体、腺苷受体以及一些尚未知道的甾族化合物受体，这就为设计作用于单个亚型的受体的药物提供了新的生物学基础。

第四节 药物设计与生物化学原理

药物设计就是狭义的药物发现过程，是通过科学的构思与方法，提出具有特异药理活性的新化学实体（new chemical entities，NCE）或新化合物结构。药物设计是药物研究开发的中心环节，是研究和开发新药的重要手段与途径。通过合理设计研发的药物往往药理活性强、作用专一、毒副作用低。生物化学与分子生物学是与药物设计密切相关的重要学科，药物设计的基本原理是基于靶点和配体的相互作用。

一、基于靶点的药物设计

基于靶点的药物设计是以生命科学为基础，根据疾病的病理机制，研究和发现药物作用的靶点以及与预防相关的调控途径来设计药物。基于对疾病过程中分子病理生理学的研究，通常将机体的酶、受体、离子通道、核酸等作为药物潜在的靶标或靶点。

（一）酶与药物设计

酶在代谢中发挥的重要作用，常与疾病的发生相关，因此，酶常作为药物作用的靶点。一些重要治疗药物的作用机制就在于它们抑制了一种靶酶，如毒扁豆碱是一种可逆性胆碱酯酶抑制剂，通过抑制乙酰胆碱酯酶，阻止乙酰胆碱的水解，发挥拟胆碱剂的作用，主要用于青光眼缩瞳作用。作用于病原体内靶酶的药物常常是有效的抗感染、抗病毒和抗寄生虫的药物制剂，如磺胺类药物是对氨基苯甲酸的竞争性抑制剂，可抑制细菌体内二氢叶酸合成酶；三甲氧苄氨嘧啶（TMP）是二氢叶酸还原酶的有效抑制剂，两者合用时可以增强其抑菌作用；抗血吸虫药物（葡糖酸锑钠和锑波芬）能选择性地抑制血吸虫的磷酸果糖激酶，阻止寄生虫的果糖-6-磷酸转化为果糖-1,6-双磷酸，从而阻断了血吸虫赖以生存的葡萄糖无氧代谢。

以酶作为药物设计的靶标具有较大的优势，首先，人们已掌握了酶催化反应的相关知识；其次，许多酶已经被精制和鉴定，有的还从其晶体的 X 射线衍射研究中得到了结构与机制方面的精确资料；再者，酶的作用机制符合有机化学的基本规律，研究者比较容易根据其结构的测定来设计与其直接作用的抑制剂或过渡化合物。基于酶结构的药物设计主要是设计特定靶酶的抑制剂或激动剂。如免疫缺陷病毒 HIV 蛋白水解酶抑制剂的设计就是一个成功的实例。HIV-1 蛋白水解酶在免疫缺陷病毒导入人体细胞过程中发挥了重要作用，高效的蛋白水解酶抑制剂则是治疗艾滋病的有前途的药物。另一个突出例子是抗肿瘤药物胸腺嘧啶核苷酸合成酶抑制剂，它是基于该酶活性中心区域的结构而设计的，目前正在临床试用。蛋白激酶类抑制剂的设计是当前的热点，如酪氨酸蛋白激酶，它在细胞的生长、增殖以及代谢中具有重要作用，细胞表面酪氨酸蛋白激酶受体及细胞内的酪氨酸蛋白激酶异常常会导致炎症、动脉粥样硬化、癌症等疾病。酪氨酸蛋白激酶抑制剂的设计是促进有效药物发展的基础。

（二）受体与药物设计

1. 受体介导的靶向药物设计　利用受体学说指导靶向药物设计，常以受体的配体为药物载体，将有效药物选择性地通过受体导向特定的细胞部位，以达到治疗疾病和减少毒副作用的目的。受体具有识别特异性配体（药物）的能力，两者结合具有高度的结构专一性，受体的结合部位能特异性地识别相应配体，并与之结合。因此，利用无药理活性的受体的配体作为药物载体制作靶向药物，可增加药物作用的选择性。

根据靶向药物的导向机制可将其分为被动靶向、主动靶向和物理靶向。

（1）被动靶向　是指药物通过正常的生理转运和潴留达到靶部位，如用各种具有生物相容性和生物降解性材料制备的脂质体微球、毫微球等。

（2）主动靶向　是指通过生物识别设计，如抗体识别、受体识别、免疫识别等将药物导向特异靶部位。

（3）物理靶向　是指通过温度、电场或磁场等因素把药物导向靶部位，如热敏脂质体、磁性微球等。

2. 药物与受体结合的构象分析 药物与受体结合的构象分析有助于设计新的有效结构物。随着分子生物学和结构生物学的发展,越来越多的生物大分子结构被解析。对于一些未知的三维结构的受体大分子,目前的研究方法主要是从与受体结合的一系列药物的结构来反推受体构象。采用的主要手段有磁共振技术、X 射线晶体衍射分析技术、波谱和量子化学计算等,或用类似结构的刚性化合物进行实验。可用于受体蛋白三维结构的研究方法如下。

(1)同源分子法 利用同源蛋白质分子结构的相似性,在同源蛋白质分子的三维结构图形上利用转换或变换氨基酸残基等分子图形学操作,对分子能量进行局部优化,可使未知三维结构的受体蛋白的三维结构趋于逼真。

(2)归纳法 利用严格的统计学方法,根据受体的一级结构独立地预测其相应的三维结构。

(3)演绎法 通过对药物分子系统的修饰,观测其对生物活性乃至与受体结合强度的影响,推断出与受体结合的可能部位。

(4)比较分子力场分析法 计算被研究化合物的优势构象,将系列化合物的优势构象在空间彼此重叠,设计一个三维的网格,以不同的探针(原子或水分子等),在网格中以一定的步长移动,计算每个点与化合物构象间的范德华力、静电势和疏水作用,然后经最小二乘法研究可区分被研究化合物活性的最少网格点,得出三维结构定量构效关系(3D-QSAR)方程,应用于预测新设计的化合物的活性。

二、药物代谢转化与前体药物设计

研究药物代谢的主要目的是确定药物在体内转化的途径,并定量地确定每一代谢途径及其中间体的药理活性。研究药物在体内代谢过程中发生的化学变化,更能阐明药理作用的特点、作用时程、结构的转变以及产生毒副作用的原因。药物代谢转化除了极性发生变化外,还伴随着药理活性的改变。例如,苯妥英在体内代谢后生成羟基苯妥英,失去了生物活性;而保泰松在体内经代谢后生成羟基保泰松,其抗炎作用比保泰松强,但毒副作用比保泰松低。许多实例表明,药物在代谢过程中,较常见的是代谢产物比原药具有更好的生物活性,甚至一些不具药理活性的化合物,经过代谢转化生成了有效、低毒的药物。所以,药物作用的强弱和效果不仅取决于其分子结构的药效学性质,也与药代动力学性质有关。目前已使用的药物存在不少缺陷,比如口服吸收不完全、体内分布不理想、水溶性低以及在体内半衰期太短等。为了改善药物的药代动力学性质,克服其生物学和药学方面的某些缺点,常常根据药物代谢转化的研究结果,对药物的化学结构进行改造与修饰,并将其制成前体药物(prodrug)。前体药物是指活性药物衍生而成的药理惰性物质,能在体内经化学反应或酶作用转化成活性的母体药物,再发挥其治疗作用的化合物。前体药物设计的思想,即通过对生物活性化合物进行化学修饰形成新的化合物,使该化合物在生物体内酶的作用下转化成活性母体药物而发挥治疗作用。应用前体药物的原理已开发了许多新药,因此前体药物的设计已成为新药设计的重要组成部分。

三、生物大分子的结构模拟与药物设计

基于模拟生物大分子结构的药物设计包括 RNA 的结构模拟和反义 RNA 的分子设计;

蛋白质空间结构的模拟和分子设计；具有不同功能域的复合蛋白质以及连接肽的设计；生物活性分子的电子结构计算和设计；纳米生物材料的模拟与设计；基于酶和功能蛋白质结构、细胞表面受体结构的药物设计；基于 DNA 结构的药物设计等。当前基于生物大分子结构模拟的药物设计有两个热点。

1. 应用蛋白质工程技术改造具有明显生物功能的天然蛋白质分子 以蛋白质的结构规律及其生物功能为基础，通过分子设计、基因修饰或基因合成对现有蛋白质加以定向改造，可以构建出比天然蛋白质更加符合人类需要的新型活性蛋白。应用蛋白质工程技术已获得多种自然界不存在的新型基因工程药物，例如，长效胰岛素（甘精胰岛素）是用甘氨酸替换人胰岛素 A 链第 21 位的天冬氨酸，并在 B 链羧基末端增加了 2 个精氨酸；瑞替普酶（retavase）为重组组织型纤溶酶原激活剂，它除去 tPA 5 个结构域中的 3 个结构域（N 端指型结构域、EGF 结构域、Kringgle2 结构域，保留了天然 tPA 的两个结构域，具有更快的溶栓作用。常用的蛋白质工程药物分子设计方法有：①用点突变技术或盒式替换技术更换天然活性蛋白质的某些关键氨基酸残基，使新的蛋白质分子具有更优越的药效学性能；②通过定向进化与基因打靶等技术删除、增加或调整分子上的某些肽段、结构域或寡糖链，使之改变活性，生成合适的构型，产生新的生物功能；③通过融合蛋白技术将功能互补的两种蛋白质分子在基因水平上进行融合表达，生成嵌合型药物，其功能不仅仅是原有药物功能之和，往往还会出现新的药理作用。如 PIXY321 是 GM-CSF/IL-3 的融合蛋白，它不仅保留了对 GM-CSF 受体的天然亲和力，同时增高了对 IL-3 受体的亲和力。

2. 基于生物大分子的结构进行的药物设计 由于结构生物学的发展，揭示了大量蛋白质分子、核酸和多糖等生物大分子的精确立体结构，阐明了药物分子与这些生物分子的相互作用方式，这就使得基于蛋白质和 DNA 结构的药物设计成为可能，并已发展成为一种新的药物设计方法——合理药物设计（rational drug design）。其研究过程是先分离和鉴定药物受体、酶或与疾病发生有关的蛋白质，然后通过 X 射线衍射分析技术及使用计算机模拟其三维结构，描画受体分子的指纹结构域，了解药物进入受体活性中心的拓扑结构状态，按照药物与受体有效结合的结构模型，设计分子结构大小和形状适合的新化合物，进而合成一系列新的化学实体，同时进行药理活性筛选与评估。如抗高血压药阿托普利就是通过合理药物设计研究成功的，通过设计，它可以与血管紧张素转化酶的活性中心结合，抑制血管紧张素 I 转变成血管紧张素 II，从而达到防止血管壁收缩，降低血压的作用。

四、药物基因组学与药物研究

药物基因组学（pharmacogenomics）是研究基因序列的多态性对药物反应（包括药物吸收、代谢、分布和排泄，药物安全性、耐受性和有效性）影响的一门科学。它近年的发展是将研究人类基因组与功能基因组过程中的新技术［如高通量扫描、生物芯片、高密度单核苷酸多态性（SNP）、遗传图谱、生物信息学等］、新知识，融入分子医学、药理学、毒理学等诸多领域，并运用这些技术与知识从整个基因组层面系统地去研究不同个体的基因差异与药物疗效的关系，了解具有重要功能意义和影响药物吸收、转运、代谢、排泄的多态性基因，从而明确药理学作用的分子机制以及各种疾病致病的遗传学机制，并以此为平台开发药物，最终达到指导临床合理用药、引导市场开发好药的目的，从而提高用药的安全性和有效性，避免不良反应，减少药物治疗的费用和风险。

药物基因组学是基于药物反应的遗传多态性提出的，遗传多态性是药物基因组学的基础。药物遗传多态性表现为药物代谢酶的多态性、药物受体的多态性和药物靶标的多态性等。药物基因组学利用基因组技术（如基因测序、基因表达分析、统计遗传学等），通过对疾病相关基因、药物作用靶点、药物代谢酶谱、药物转运蛋白的基因多态性进行分析，寻找出与药物作用靶点或控制药物作用、分布、排泄相关的基因变异，即在药物发现、药物作用机制、药物代谢转化、药物毒副作用的产生等方面发现相关的个体遗传差异，从而发现新的药物先导化合物和新的给药方式，改变药物的研究开发方式和临床治疗模式。而DNA 阵列技术、高通量筛选系统及生物信息学等技术的发展，为药物基因组学研究提供了多种技术手段和思路。

许多疾病是由基因改变引起的，通过分析这些疾病的相关基因结构，有可能找到与这些疾病发生相关的作用靶标。对多基因疾病，每种疾病的相关基因一般为 5～10 个；对常见 100 种疾病，相关基因则有 500～1000，如果在信号转导中，每种基因与 3～10 种蛋白质发生相互作用，则能从这些途径中找到疾病相关的因子成为药物作用的靶标。目前，作为已知治疗药物的受体总数是 417 个，这就意味着药物作用靶标的总数将增加一个数量级，除受体蛋白作为药物的靶标外，广义的受体已将酶、抗体、DNA、RNA、癌基因与抑癌基因表达产物、基因转录因子以及通道蛋白等均作为药物设计的有效靶标。

药物基因组学在药学领域的具体应用如下。

（1）指导临床用药，实现个体化治疗　①检测、评估个体对某种药物的适用程度，使药物的有效性达到最大化；②检测药物应答基因的多态性，依据个体的遗传差异实现个性化用药。如对一些疾病相关基因的 SNP 检测，进而对特定药物具敏感性或抵抗性的患病人群进行 SNP 差异检测，指导临床开出"适合基因"的药方，使患者得到最佳治疗效果，从而达到真正"用药个体化"的目的。

（2）促进新药的研究与开发　药物基因组学是根据不同的药物效应对基因分型，并发现、克隆得到新的基因，借助疾病模型，研究基因和疾病的关系，确定有效靶点，优化药物设计。应用药物基因组学开发新药具有快速、高效的优点。

五、系统生物学与药物发现研究

系统生物学是研究一个生物系统中所有组成成分（基因、mRNA、蛋白质等）的构成，以及在特定条件下这些组分间相互关系的学科。它不同于以往的实验生物学（仅关心个别的基因和蛋白质），是以整体性研究为特征的一种大科学，它要研究所有的基因、所有的蛋白质以及各组分间的所有相互关系。其研究内容主要包括：①系统内所有组分的阐释；②系统内各组分间相互作用与所构成的生物网络的确定；③系统内信号转导过程；④揭示系统内部新的生物过程（特性）。

系统生物学研究的基本流程分为 4 个阶段：①系统初始模型的构建。对选定的某一生物系统的所有组分进行分析和鉴定，描绘出该系统的组成、结构、代谢途径和基因相互作用网络，以及细胞内和细胞间的作用机制，以此构建出一个初步的系统模型。②系统干涉信息的采集和整合。系统地改变被研究对象的内部组成成分（如基因突变）或外部生长条件，然后观测在这些情况下系统组分或结构所发生的相应变化，包括基因表达、蛋白质表达和相互作用、代谢途径等的变化，并把得到的有关信息进行整合。③系统模型的调整与修订。把通过实验得到的数据与根据模型预测的情况进行比较，并对初始模型进行调整与修订。④系统模型的验证和重复，根据修正后的模型预测或假设，设定和实施新的改变系统状态的实验，重复②和③，不断地通过实验数据对模型进行修订和精练。所以系统生物学的研究目标就是对于某一生物系统，建立一个理想的模型，使其理论预测能够反映出生物系统的真实性。

系统生物学最重要的研究手段是干涉（perturbation）。系统生物学的发展正是由于对生物系统的干扰手段不断进步而促成的，主要指在系统内添加新的元素，观察系统变化，或是改变系统内部结构的某些特征，从而改变整个系统。系统生物学的研究方法包括实验性方法和数学建模方法两类，即与干性计算机模拟、模型分析和湿性的实验室内研究相结合。其主要的研究特点是以科学假设和海量数据为驱动，从系统层次综合研究多种系统组分及其关系。

系统生物学是解决药物发现研究中所遇到的一些挑战性问题的有效途径，具有以下作用。

（1）加速药物的发现和开发进程　系统生物学在疾病相关基因调控途径和网络水平上对药物的作用机制、代谢途径和潜在毒性等进行多层次研究，使研究者在细胞水平上能全面评价候选化合物的成药可能性。高通量筛选使研究者在新药研究的早期阶段就能获得活性化合物对细胞产生的多重效应的详细数据，包括其对代谢的调节、对其他靶点的非特异作用以及细胞毒性等，从而可以显著提高发现先导化合物的速率，增加药物后期开发的成功率。

（2）药物作用靶点的发现与确证　疾病的发生往往体现多个环节的失调，系统生物学研究使研究者可以通过比较疾病与正常状态下的网络，鉴别有效的关键药物作用靶点。在选择药物作用靶标时，首先要考虑药物靶标的有效性，其次是靶标与毒副作用的相关性以及药效作用以外的其他靶点与药物作用可能产生的毒副作用。通过系统生物学研究就可以提前了解先导化合物对药物作用靶标的有效性与毒副作用以及对其他靶点的作用可能产生的毒副作用。

（3）发现用于跟踪药物临床疗效的代表性标志物　利用系统生物学研究，结合计算机模拟设计，通过评价疾病状态和药物治疗后的蛋白质组表达，及利用多参数分析蛋白质组网络的变化，研究者可以发现有代表性的临床监控标志物。评价临床疗效的合适标志物可以通过对少数病例的分析，快速满意地获得。

（4）建立个性化用药方案　利用系统生物学方法，建立调节网络的整合模型，分析基因多态性以及蛋白质组表达模式，对患者的基因亚型进行定义与分类，针对每个患者精确的系统动力学特征，进行个性化药物治疗方案设计，可以大大提高治疗效率，降低治疗费用和减少药物不良反应的发生。

第五节　药物质量控制与生物化学技术

药物作为一种直接用于人体的特殊商品，必须达到一定的质量标准才能进入临床，"质量可控、安全有效"是药品的基本属性。采用药物分析的方法和手段，对药物的质量进行控制，是保障药物"安全、有效"的前提和重要方面。为了控制药物质量，保证用药的安全、合理有效，在药品生产工艺的全过程必须经过严格的质量控制，包括药品的研究、生产、调配、供应、保管以及临床应用等过程。药品质量控制主要包括药品的鉴别、含量测定及药品的杂质检查。生化分析方法是药品质量控制中经常采用的方法。

一、药物质量控制的常用生化分析法

生化分析法具有操作简便、灵敏度高、专一性强等优点，因此在药品分析中经常采用。如用微量凯氏定氮法检测含氮有机药品，用酶法分析具有几何异构体或旋光异构体的药品，用放射酶法检测微生物药品，用免疫法分析具有抗原或半抗原性质的药品。

（一）酶法分析

酶法分析（enzymatic method assay）是以酶为试剂测定酶促反应的底物、辅酶、辅基、激活剂或抑制剂，以及利用酶促反应测定酶活性的一类方法。表 19-2 列举了酶法分析的主要特点。

表 19-2　酶法分析的特点

性　质	特　性
选择性	极高，原则上允许类似物共存
反应速度	快，条件温和，酶促反应大多在 30 分钟内可以完成
灵敏度	很高，检出限量 $<10^{-7}$ mol/L，如与荧光法结合，可达 10^{-18} mol/L
精确度	与仪器误差和组合方法有关
简便性	较差，必须有酶分析操作的专门训练
经济性	酶用量甚微，所以比较经济
适用范围	有一定局限性，只限于酶、底物、辅酶、激动剂或抑制剂的测定

酶法分析主要有以下三类测定法。

1. 终止反应法　系在恒温反应系统中进行反应，间隔一定时间分次取出一定体积的反应液进行检测，然后即刻终止反应，分析底物、产物、辅酶、激动剂或抑制剂的变化量。在分析酶活性时，底物浓度应大于酶浓度；在以酶为工具对底物、辅酶、激动剂或抑制剂进行分析时，所用酶量应大于待测物质的量。底物浓度与反应速度之间呈线性关系的范围，即为 $0.2K_m$ 值以上，在这个范围可依据反应速度来测定底物浓度。

2. 连续测定法　此法不需要取样终止反应，而是基于反应过程中温度、黏度、酸碱度、光吸收以及气体体积等的变化，用仪器跟踪监测，计算酶活性或待测物质的浓度。

3. 酶循环分析法　酶循环（enzyme cycling）具有化学性放大作用，理论上可无限放大其灵敏度，目前可准确定量 $10^{-15}\sim10^{-18}$ mol/L 的生化物质。酶循环分析法含有三个步骤：①转换反应，以试样中的待测组分为底物，经特异反应生成与待测组分相当的定量循环底物；②循环反应，生成的循环底物反复参加由两个酶反应组成的偶联反应，所得产物量为循环底物的若干倍；③指示反应，以酶法分析反应产物量。由反应产物量及循环次数（时间）计算循环底物量，再推算试样中待测组分的量。如测定胆汁酸浓度时，在 3α-羟基类固醇脱氢酶与辅酶 I 的作用下，胆汁酸与 3α-酮类固醇之间构成循环，不断产生硫代还原型辅酶 I，如此循环往复，放大了微量的胆汁酸量，在 405nm 处测定生成的硫代 NADH 的吸光度变化，即可求得胆汁酸的含量。反应如下，见图 19-10。

酶法分析具有专属性强、灵敏度高的优点，与其他紫外、荧光、电化学或免疫方法联用可用于酶活性分析以及与酶作用的底物或产物的分析。现酶法分析已广泛用于多种药物分析。

图 19-10 酶循环法测定胆汁酸浓度

（二）免疫分析法

免疫分析法是以特异性抗原-抗体的反应为基础的分析方法。免疫分析技术和放射性核素示踪技术、酶促反应或荧光分析等高灵敏度的分析技术相结合，具有高特异性和高灵敏度的特点，特别适合测定复杂体系中的微量组分，以及药物生产中发酵液或细胞培养液中有效成分的快速测定。例如，酶联免疫吸附法用于基因工程药品中微量致敏性杂质青霉噻唑蛋白的测定等。免疫分析技术与色谱的联用，是利用色谱技术对药物、激素等分子间微小差别的高识别性，提高免疫分析的选择性与灵敏度。基于抗原、抗体特异结合反应发展起来的分析方法，常见的有免疫扩散法、免疫电泳法、放射免疫法与酶联免疫测定法。

1. 免疫扩散法　在一块琼脂凝胶平板上面打几个大小合适的小孔，分别加入抗原和抗体，使两者互相扩散，当反应物比例适当时形成免疫沉淀线，本法可用于未知样品的抗原组成及不同样品的抗原特性比较鉴定。

2. 免疫电泳法　免疫电泳是一种将区带电泳和双向免疫扩散相结合的免疫化学分析技术。利用带电蛋白质在电场作用下具有不同的迁移率，将抗原分开，再与抗体进行免疫扩散反应，根据沉淀弧的数量、位置和形状与已知标准抗原进行比较，可分析、鉴定样品中所含的抗原成分及其性质。本法可用于检查抗原制剂的纯度和分析抗原混合物的组分。常见的方法有简易免疫电泳和对流免疫电泳。

3. 放射免疫测定法　放射免疫测定法（radio immunoassay，RIA）是利用抗原和抗体相互反应的高度特异性，与放射性核素测量技术的高度灵敏性相结合而形成的超微量分析方法，广泛应用于生物医学研究和临床诊断领域中各种微量蛋白质、激素、小分子药物和肿瘤标志物的定量分析。其原理是以标记抗原（Ag^*）与反应系统中未标记抗原（Ag）竞争结合特异性抗体（Ab）来测定待检样品中抗原量。

$$
\begin{array}{ccc}
Ag & & Ag\text{-}Ab \\
+ \ Ab & \rightleftharpoons & + \\
Ag^* & & Ag^*\text{-}Ab
\end{array}
$$

当标记抗原与抗体浓度固定时，两者通过竞争方式与抗体结合；随着未标记抗原的增加，则标记抗原-抗体复合物（Ag^*-Ab）生成量便会减少，而游离状态的标记抗原量便会增加，从而可以判断非标记抗原的存在量。通常先以不同浓度的标准抗原和一定量的标记抗原及适量抗体进行作用后，测定在各种标准浓度抗原存在时的标记抗原-抗体复合物的放射性，求出结合率、绘制标准曲线（剂量反应曲线），从此曲线上查得相应的待测抗原的结合率，则可求知待测抗原的量。

在药物分析中，免疫分析法可用于测定药物的生物利用度和药物代谢动力学参数，监测药物血液浓度，快速测定组织细胞液中有效组分的含量以及对药品中是否存在特定的微量有害杂质进行评价。

4. 酶联免疫吸附测定法 酶联免疫吸附测定法（enzyme-linked immunosorbent assay，ELISA）是把抗原-抗体特异性反应和酶的高效催化作用相结合的一种敏感性很高的免疫标记技术。该技术是以酶代替放射性核素对抗原或抗体进行标记，使酶与抗原或抗体共价连接，故称为酶联免疫吸附测定。该技术用化学方法使酶与抗原或抗体结合，形成酶标抗体或抗原，或通过免疫方法将酶与抗酶抗体相结合，生成酶-抗体结合物。酶标记物和酶抗体结合物保留酶的活性和免疫学活性，这种酶标记的抗原或抗体与相应的抗体或抗原特异性结合，生成酶标记的结合物。加入该酶相应的底物时，底物被酶催化生成有色产物，可根据呈色深浅来判断待测抗原或抗体的活性和浓度。

（三）电泳分析法

电泳是带电粒子在直流电场中向着电性相反的电极方向移动的现象。电泳技术就是利用在电场作用下，由于待分离样品中各种物质带电性质、分子大小和性状等性质的差异，导致各种物质迁移方向和速度不同，从而对样品进行分离和鉴定。影响颗粒电泳迁移率的因素主要有：①电场强度，粒子在电场中的移动速度与电势梯度呈正比。②缓冲液的性质，缓冲液的 pH 直接影响分子的解离与带电性质、状态，因而会影响迁移率和分离效果，缓冲液的离子强度一般以 0.05～0.10mol/L 浓度为宜。③支持介质，支持介质解决了电泳过程中样品的扩散问题。支持介质种类很多，对电泳行为影响各异。有的支持介质具有分子筛效应，支持介质的筛孔大小直接影响待分离物质的电泳迁移率，比如粒子在琼脂糖凝胶或聚丙烯酰胺凝胶中电泳时，粒子的迁移率不仅与其带电性质有关，而且与它们的分子大小和分子形状有关。常用的介质电泳有纸电泳、乙酸纤维素膜电泳、聚丙烯酰胺凝胶电泳和琼脂糖电泳。

毛细管电泳又称高效毛细管电泳（high performance capillary electrophoresis，HPCE），是一种高效快速分离的新技术。它是以高压直流电场为驱动力，以毛细管为分离通道，根据样品中各组分的淌度和分配行为的不同进行分离的一种分析方法。可用于分离无机离子、有机离子、小分子和大分子等物质，在生命科学、化学、药学等领域得到了广泛的应用，在毛细管内的粒子运动受电场力和电渗流两方面的作用，离子的迁移速度决定于粒子泳动速度和电渗作用的大小，而且液体在毛细管中的流动呈扁平型的塞子流，这种流型导致了毛细管电泳的高效分离。HPCE 根据不同的分离模式主要分成：高效毛细管区带电泳、高效毛细管色谱电泳、高效毛细管凝胶电泳、高效毛细管等速电泳和高效毛细管等电聚焦电泳 5 个种类。目前毛细管电泳分析仪的诞生，特别是美国生物系统公司的高效电泳色谱仪为 DNA 片段、蛋白质及多肽等生物大分子的分离、回收提供了快速、有效的途径。HPCE 是将凝胶电泳解析度和快速液相色谱技术融为一体，在从凝胶中洗脱样品时，连续的洗脱液流载着分离好的成分，通过一个连机检测器，将结果显示并打印记录。HPCE 既具有凝胶电泳固有的高分辨率，生物相容性的优点，又可方便地连续洗脱样品。

二、生物药物质量控制的常用生化分析方法

根据各类生物药物的生化本质，可应用生化分析法分析鉴定它们的结构、纯度与含量，

从而有效地控制生物药物的质量。

（一）多肽与蛋白质类药物的主要分析方法

1. 蛋白质的定量测定法 根据蛋白质的性质，蛋白质的定量测定方法有以下几类。

（1）物理性质 紫外分光光度法、折射率法、比浊法。

（2）化学性质 凯氏定氮法、双缩脲比色法、福林-酚法、BCA 法。

（3）染色性质 考马斯亮蓝 G-250 结合法、银染法、金染法。

（4）其他 荧光激发法。

目前最常用的方法主要包括紫外分光光度法、双缩脲法、福林-酚法、考马斯亮蓝 G-250 结合法。二喹啉甲酸（bicinchoninic acid，BCA）法是一种较新的方法。在碱性条件下，蛋白质将 Cu^{2+} 还原成 Cu^+，Cu^+ 与 BCA 形成紫色络合物，在 562nm 处具有最大光吸收，其吸收值与蛋白质浓度呈正比。

$$蛋白质 + Cu^{2+} \xrightarrow[H_2O]{OH^-} Cu^+ \xrightarrow{BCA试剂}$$

2. 胶体金比色法 胶体金是一种带负电荷的疏水性胶体，加入蛋白质后，红色的胶体金溶液转变为蓝色，其颜色的改变与加入的蛋白质量有定量关系，可在 595nm 处测定样品的吸光度，计算含量。

3. 多肽与蛋白质分子量测定法 根据蛋白质分子的不同理化性质，采用黏度法、凝胶（过滤）色谱法、SDS-凝胶电泳法、渗透压法、质谱法、光散射法、超速离心沉降法等，可以测定其分子量。较常用方法是超速离心法、凝胶色谱法和 SDS-聚丙烯酰胺凝胶电泳法等。

（1）凝胶色谱法 凝胶色谱法是以多孔性凝胶填料为固定相，按分子大小顺序分离样品中各个组分的液相色谱方法。当样品通过凝胶过滤时，不同分子量的蛋白质在凝胶中被排阻和扩散的程度不同，样品在色谱中的洗脱体积与其分子量有直接的定量关系，可根据样品在凝胶色谱中的洗脱性质测定其分子量。因为大分子通过凝胶柱的速度不仅与其分子大小有关，而且与形状也有关。测定时，应使待测分子与标准分子量的分子具有相同形状，以直接给出精确的分子量数值。一般常使用葡聚糖凝胶或聚丙烯酰胺凝胶（PAGE）。

（2）SDS-PAGE 法 SDS-PAGE 法，即十二烷基硫酸钠-聚丙烯酰胺凝胶电泳法，其原理是利用 SDS 的阴离子表面活性剂性质，在溶液中，它与蛋白质分子定量结合，使蛋白质分子表面带上大量的阴离子，从而消除了蛋白质分子间的电荷差异，使被分离分子的迁移率和分子大小有关，电泳迁移率与一定范围内的分子量对数值呈线性关系。

4. 蛋白质药物的纯度分析法 纯度控制是每一种药物都必须进行的质量保证手段。蛋白质的纯度一般指的是样品有无含其他杂蛋白，但不包括盐类、缓冲液离子、SDS 等小分子在内。蛋白质的纯度检定方法有：聚丙烯酰胺凝胶电泳、SDS-PAGE、毛细管电泳、等电聚焦、HPLC（包括凝胶色谱、各种反相 HPLC）、离子交换色谱、疏水色谱等。此外，可采用一些化学法观察末端残基氨基酸是否均一等。在进行蛋白质药品纯度鉴定时，至少应该用两种以上方法，且两种方法的分离机制应不同，只有这样，其结果判断才比较可靠。

5. 生物质谱法 质谱分析法（mass spectrometry，MS）是将样品转化为运动的带电气态离子，于磁场中按质荷比（m/z）的不同进行分离测定，从而进行成分和结构分析的一种方法。生物质谱法（bio-mass spectrometry，Bio-MS）是用于生物分子分析的质谱技术。随着电喷雾电离（ESI）和基质辅助激光解吸电离（MALDI）技术的完善和成熟，生物大分子的质谱分析才得以实现。多肽和蛋白质的分子量可用 MALDI/MS 或 ESI/MS 直接测定，用生物质谱法测定蛋白质分子量简便、快速、灵敏、准确。生物质谱法还用于测定蛋白质的肽图谱及氨基酸序列。近来，生物质谱法还用于研究蛋白质-蛋白质间的相互作用、蛋白质的磷酸化、糖基化修饰，乃至基因表达水平的变化等。

（二）核酸类药物的主要分析方法

核酸分子中含有碱基、戊糖和磷酸。定量核酸的方法可测定三者中的任何一种，从而计算样品中的核酸含量。

1. 紫外分光光度法 用于测定核酸含量。核酸、核苷酸及其衍生物在260nm处吸收紫外光，通过测定样品在260nm处的吸光度值即可测定样品中的核酸含量，但应避免核苷酸与蛋白质杂质的干扰。

2. 地衣酚法 用于测定RNA含量。当RNA与浓盐酸在100℃下煮沸后，即发生降解，产生核糖，并进而转变为糠醛，在$FeCl_3$或$CuCl_2$催化下，糠醛与3,5-二羟基甲苯（地衣酚）反应生成绿色复合物，在670nm处有最大吸收，当RNA浓度为20～250μg/ml时，吸光度值与RNA浓度成正比。测定时应注意其他戊糖与DNA的干扰。

核糖 → 糠醛 → 绿色复合物

3. 二苯胺法 用于测定DNA含量。DNA分子中2-脱氧核糖残基在酸性溶液中加热后降解，产生2-脱氧核糖，并生成ω-羟基-γ-酮基戊醛，后者与二苯胺反应生成蓝色化合物，在595nm处具有最大吸收，当DNA浓度为40～400μg/ml时，其吸光度值与DNA浓度成正比。在反应液中加入少量乙醛，有助于提高反应灵敏度。

脱氧核糖残基 —浓HCl→ HO—CH₂—C—CH₂—CH₂—CHO —二苯胺→ 蓝色化合物
（ω-羟基-γ-酮基戊醛）

（三）重组DNA药物中杂质的检查方法

重组DNA药物中的杂质包括：残留外源性DNA、宿主细胞蛋白质、内毒素、蛋白质突变体及蛋白质裂解物等，对这些杂质采用以下方法检查。

1. 外源性DNA的测定 重组DNA药物中残留的外源性DNA来源于宿主细胞，每种制品都有其独特的残留DNA，因此产品中必须控制外源性DNA残留量。测定残留DNA的有效方法是 DNA 分子杂交技术，可采用放射性核素标记法和地高辛苷配基标记法标记探针，标记探针与待检样品中的目的 DNA 杂交后，用酶联免疫吸附法检测杂交分子。我国参照世界卫生组织标准，规定新生物制品要求每剂量中残余外源性 DNA 应低于 100pg。

2. 宿主细胞蛋白质的测定 宿主细胞蛋白质是指生产过程中来自培养基或宿主中的残留蛋白质或多肽等杂质。通过测定制品中的宿主细胞蛋白质含量检测药品质量，一般常采用 ELISA 法或蛋白质印迹法（Western blotting）作宿主细胞蛋白质的限度检查。

3. 二聚体或多聚体的测定 常采用凝胶色谱法测定二聚体或多聚体的含量限度。二聚物或多聚物分子较单体分子量大一倍或数倍，因此进行色谱分析时，先于单体出峰。

4. 降解产物的测定 离子对反相色谱法（ion pair reverse phase chromatography）是把离子对试剂加入到含水流动相中，被分析的组分离子在流动相中与离子对试剂的反离子生成不带电荷的中性离子，从而增加溶质与非极性固定相的作用，使分配系数增加，改善分离效果。鉴于降解产物的基本结构通常与未降解的重组药物相似，对降解产物的测定多采用离子对反相色谱法。其原理是对于结构相似的离子化合物，使其与反离子（counter ion）作用生成离子对，使之在非极性固定相和极性流动相中的分配情况发生了变化，从而通过反相色谱法进行分离测定。

（四）酶类药物的分析方法

酶类药物的主要质量指标是它的催化活力。酶的比活力是酶浓度和酶纯度的衡量标准。测定酶的比活力应满足如下条件：①底物对酶远远过量，底物浓度通常为 K_m 值的 3～10 倍；②被测的酶量适当；③最适 pH 反应体系；④适宜的反应温度；⑤有可被检测且能反映酶反应进行程度的信号物；⑥测定时间在酶促反应初速度范围内。大多数酶对底物都有严格特异性，因此不同的酶有不同的活力测定方法，酶活力的测定方法包括比色法、紫外分光光度法、旋光测定法、电化学法和液闪计数法等。

◈◈ 知识拓展 ◈◈

生物信息学与新药开发

生物信息学是建立在应用数学、计算机科学和生命科学的基础上形成的一门新型交叉学科，其主要任务为：①生物数据库的设计、建立和优化；②从数据库中提取有效信息的算法；③为用户设计查询信息的界面；④开发数据可视化的有效方法；⑤与多种资源和信息建立有效连接；⑥开发数据分析的新方法；⑦发展预测的算法，对新产品、新功能、疾病诊断和治疗等进行预测。

生物信息学是一种强有力的药物开发工具，它为药物设计研究提供了崭新的研究思路和手段，已经在新药研究的各个环节，如初始阶段、生物活性筛选、合理药物设计，以及新药开发阶段发挥重要的作用。随着大量的生物数据信息（核苷酸序列库、蛋白质序列库、蛋白质结构库等各种数据库）的不断增加和积累；新的技术和方法（微点阵技术、抗体与蛋白质阵列技术）的飞速发展；新的算法和数据处理工具不断产生和发展，生物信息学在药物研究中发挥越来越重要的作用。由于生物信息学提供了大量的数据资源（表达序列标记、微生物基因组序列、模式生物序列、单核苷酸多态性、基因表达数据、蛋白质组数据）、各种算法和数据软件工具，使得它可以为药物研究提供新的作用靶位，有助于计算机进行药物分子模拟，改善药物的临床前评价和临床评价的现状。

　　生物信息学在中药研究中有非常重要的价值。应用基因芯片技术和蛋白质组相关分析技术研究中药复方对细胞基因表达谱和蛋白质表达谱的影响，可以建立基因芯片及蛋白质组学和生物信息学等技术平台，利用此平台将中药复方多组分、多靶点、多途径作用与基因、蛋白质表达关联起来，比较复方中不同配伍组方及活性成分与相应酶、受体、基因、蛋白质表达的差异，从而探讨不同配伍组方的分子作用机制，阐明药物作用的物质基础及内存的配伍规律，从中发现治疗相关疾病的复方新药。这种方法对于中药及其复方的研究与开发以及中药走向世界均具有重要的实际意义。

重点小结

重　点	难　点
1. 生物药物的制备技术（包括重组 DNA 技术、单克隆抗体技术等）；药物生物合成技术（包括发酵工程、酶工程与半合成技术）	1. 基因工程技术操作流程（限制性内切核酸酶酶切、重组体的构建、重组体的筛选与鉴定等）
2. 药物药理作用机制的分子基础，药物靶点以及酶作为药物靶点在药物研究的应用。细胞凋亡的生物化学特征	2. 单克隆抗体的制备技术是获得大量的高效价、单一的特异性抗体的方法，制备单克隆抗体的主要步骤，人源化抗体的构建方法（嵌合、重构和表面重塑）
3. 药物设计的原则与方法：基于靶点的药物设计（包括受体、酶与药物设计）；药物代谢转化与前体药物的设计；生物大分子的结构模拟与药物设计（应用蛋白质工程技术改造具有明显生物功能的天然蛋白质分子和基于生物大分子的结构进行的药物设计）	3. 受体的类型以及其引发信号转导的机制在药物研究中的应用
	4. 基于靶点的药物设计，受体介导的靶向药物设计和药物与受体结合的构象分析。生物大分子的结构模拟与药物设计的关系。基因组学和系统生物学在药物研发中的应用
4. 生物化学技术在药物质量控制中的应用，常用生化分析方法包括免疫分析测定法、电泳技术、酶法分析	5. 生物化学技术在药物质量控制中的应用。用酶法分析具有几何异构体或旋光异构体的药物，用放射免疫测定法检测微生物药品，用免疫法分析具有抗原或半抗原性质的药物。蛋白质类药物的纯度检测、分子量测定、重组 DNA 药物中杂质的检查
5. 质量控制的生化分析方法，包括多肽与蛋白质类药物的主要分析方法（蛋白质纯度、含量检测的方法）；核酸类药物中核酸含量的测定；重组 DNA 药物中杂质的检查等	

简答题

1. 何为生物药物？简述生物药物的来源与制备特点。

2. 何为生物技术，现代生物技术的核心内容是什么？

3. 什么是生物工程药物？

4. 简述基因重组技术的操作过程。

5. 何为转导和转化作用？

6. 何为人源化抗体？简述制备单克隆抗体的主要步骤。

7. 简述药物作用的生物化学基础。

8. 简述新药筛选的生物化学方法。

9. 简述药物基因组学在药学领域的应用。

10. 简述生物药物质量控制的常用生化分析法。

（李爱英）

扫码"练一练"

参考文献

［1］王凤山．生物技术制药［M］．2版．北京：人民卫生出版社，2011．

［2］王继峰．生物化学［M］．2版．北京：中国中医药出版社，2008．

［3］姚文兵．生物化学［M］．7版．北京：人民卫生出版社，2011．

［4］查锡良．生物化学与分子生物学［M］．8版．北京：人民卫生出版社，2013．

［5］郭葆玉．生物技术制药［M］．北京：清华大学出版社，2011．

［6］哈珀．生物化学［M］．25版．北京：科学出版社，2003．

［7］王镜岩，朱圣庚．生物化学［M］．3版．北京：高等教育出版社，2003．

［8］金国琴．生物化学［M］．2版．上海：上海科学技术出版社，2011．

［9］国家药典委员会．中华人民共和国药典［M］．2010年版．北京：中国医药科技出版社，2010．